気体力学

リープマン・ロシュコ著
玉 田 珖 訳

物理学叢書
15

吉 岡 書 店

物理学叢書

編集
小谷正雄 東京大学教授
小林稔 京都大学教授
上本常修 京都大学助教授
井本稔 京都大学教授
山高信二 京都大学教授

Dr. H. W. LIEPMANN
Professor of Aeronautics
California Institute of Technology

Dr. A. ROSHKO
Associate Professor of Aeronautics
California Institute of Technology

ELEMENTS
OF
GASDYNAMICS

BY

H. W. LIEPMANN
A. ROSHKO
California Institute of Technology

GALCIT AERONAUTICAL SERIES

Copyright © 1960

NEW YORK
JOHN WILEY & SONS, Inc.
LONDON · CHAPMAN & HALL, Limited

編 集 者 序

　本書の目指すところは，1947年，GALCIT* シリーズの一巻として出版された Hans W. Liepmann と Allen E. Puckett による圧縮性流体力学の取扱いを最新化し拡張することである．この新書には過去十年間に技術者科学者の関心を集めるようになった高速空気力学上の諸問題の概観がつけ加えられている．空気力学的問題の取扱いにおけるこのような拡張に加えて，最後の章で気体運動論の基礎的概念を略述し，また第一章で質量作用の法則や解離現象のような空力熱化学上の二三の問題にも言及したことは読者の歓迎するところであると信ずる．航空工学の分野においては，最近，物理学や化学反応論等の一部基礎事項が次第に重要となりつつあるように思われる．

　本書は主として航空科の学生用として書かれたものであるが，圧縮性流体力学に関連する問題にたずさわる実際面の技術者科学者にも有用であることを希うものである．

　1956年11月

THEODORE VON KÁRMÁN
CLARK B. MILLIKAN

---

* Guggenheim Aeronautical Laboratory, California Institute of Technology

著　者　序

　　圧縮性流体の流れの問題は古くから研究されている．例えば，衝撃波の研究は前世紀に始まり，ホドグラフ法の一部は既に1900年頃に研究せられ，また，ノズル内の流れや超音速噴流などに関する多くの事柄も殆んど同年代に知られている．超音速薄翼理論の基礎公式は Rayleigh 卿の名著 "音の理論" の中に見出すことができる！　しかしながら当時この領域に興味をもったのはごく限られた人達にすぎなかった．すなわち一方では，物理学者の一部が未解決の問題に興味をもった以外，大部分はこの分野はすでに完了し，従って興味がないものと考えた．他方，気体力学の応用は殆んど弾道学と蒸気タービンの設計に限られ，従って関心をもつ技術者も少ない有様であった．

　　この事情は第二次大戦中，高速航空機，ミサイル，大エネルギーを開放する爆発物などの発達により大きく変わった．圧縮性流体の流れの理論にもとづく考え方は突如非常に多くの数学者，物理学者，技術者にとって "大切" なものとなった．以来この領域は異常な速度を以て進歩し拡大して来たのである．

　　A. E. Puckett と年長の著者による**圧縮性流体力学序論** (*Introduction to Aerodynamics of a Compressible Fluid*) は1947年に刊行された．この本は，著者等の担当した戦時教育課程をまとめたもので，その頃航空への応用上最も重要と考えられた気体力学の各題目を統一的に論述することを意図したものである．しかしながら以来多年を経過した今日，これに改訂増補を施し版を改める必要の生じたことは明白である．発刊当時，この本は事実上この方面の唯一の英字教科書であった．しかしその後多くの優れた類書が現われ，また今日では圧縮性流れに関するある程度の初歩は大抵の流体力学の教科書にも含められるようになった．

　　それでこの際，旧著を改訂することは取止め，かわりにすっかり書き直してみようと考えた次第である．今日では題材の選択は**序論**発刊当時よりずっと困難な問題である．種々考慮の結果，題材を二つの別の書物に分けることにした．その一つである本書には気体力学の基礎的事項だけを含め．応用面は，理論の説明に必要なもの以外には立ち入らないことにした．著者はこの書に続いて航空及びミサイルの領域に重点をおいたより

程度の高い専門的な GALCIT*シリーズの一巻が別に刊行されることを望む者である．

かようにこの本は気体力学の基礎一般を扱かうことを目的とするものである．それにしても項目の選択はなお容易ではなかった．旧著よりあまり膨大にならず高価にならない範囲で最新のものにするためには，十年前に比べ現在ではあまり重要ではなくなった題目や方法のあるものを割愛せざるを得なかった．これらの事柄は今では主として古典的歴史的興味または或種の研究における限られた興味をもっているにすぎない．これらを省略したからといって，気体の流れの基礎的事項に関する役に立つ理解を与えるというこの本の目的を変更するつもりはいささかもないのである．

序論に比べてこの本は多少程度を高めてある．しかしこれは全く最近の物理学工学教育上の一般的傾向に沿ったものであって，本書は**序論**が当時対象にしたのと大体同じ教育計画上の段階に適するものと信じている．旧著と同じく本書は専門的な文献を勉強するための基礎を作り，またこの分野の原論文を読むのに必要な智的背景を与えることを目指すものである．そして如何なる意味においてもハンドブックたらんとするものではない．あらゆる手段や方法を並べたてたり，工学設計の特殊用途のための表やグラフや図表をもれなく収録するということは全く企図していない．これらの題材をとり入れるとその本は工学的使途に "実用向" になるという意見もよく耳にする．しかし著者等はそうは思わず，これらの材料を含めることはかえってその本を極めて "非実用的" ならしめ，非常に速かに時代おくれならしめるものと信ずる．例えば最適の翼や，風洞や，衝撃波管等の個々の形状の選定は多くのやかましい制約に左右されるものである．一般的原理や基本的事項は本書のような教科書にも含められるが，これらを個々の設計に如何に応用するかは設計者自身にまかさなければならない．このようなわけで，各種設計資料を省略したのは工学的設計を高く評価するからに他ならず，決してその反対の意味からではないのである！

巻末に附した練習問題は主として本文中の項目の用途を例証し，また附加的な題目や結果や式などを略述するためのものである．単に数値を代入するだけのような問題は，殆んどすべて省いてある．この種の問題は指導者が作るのが一番よく，場合によっては学生自身でも作れると信ずる．これらを教科書に含めると相当な紙数を要する割合に，

---

* Guggenheim Aeronautical Laboratory, California Institute of Technology.

指導者も学生も得る所は少ないように思われる．いいかえると，指導者の役割と能力をちょうど設計者の場合と同じように評価しているのである．

この本に対する一般的要請は，大学の専門課程及び大学院第一次課程の教科書として使えることである．カリフォルニア工科大学では，内容の一部は入門的課程で，一部はより進んだ大学院課程で教授される．本書はある程度の計算力と物理学の初歩的智識を読者に予想している．所々星印を附したやや程度の高い項目が挿入してあるが，これらは本文のつながりに大きい影響はなく，最初読むときには省いても差支えない．

本文中に言及した文献は大抵特殊の最近のものを引用した場合に限っている．また"古典"となった研究に対する言及も系統的に行なったわけではない．推選したい参考文献の表を巻末に掲げてある．文献引用の仕方が系統的でなく，その結果生じた明白な怠慢や矛盾については許しを乞わなければならない．活溌で緊密な研究グループの一員である著者は誰でも，そのグループの形勢や関心に傾くものである．著者等も例外ではないので本書のある部分では GALCIT の題材が優先しがちになった．

本書を書くにあたっては，多くの同僚との討論によって得る所が多かった．特に，Z. Bleviss, J. D. Cole, E. W. Graham, P. A. Lagerstrom, C. B. Millikan の諸氏に感謝したいと思う．また第5章の項目の大部分は P. Wegener 博士との討論を発展させたものである．なお，W. D. Hayes 博士には初期の原稿への批判的建設の意見に対し，また Brodford Sturtevant 氏には綿密かつ有能な校正に対し負う所が大きい．Beverly Cottingham 及び Alrae Tingley 両夫人には原稿作成と仕上げにつき大へんお世話になった．

1956年11月

カリフォルニア州パサデナにて

H. W. LIEPMANN

A. ROSHKO

訳　者　序

　本書の著者の一人 H. W. Liepmann は現在 C. I. T. (*California Institute of Technology*) の教授で，米国における空気力学研究の一方の旗頭である．どちらかといえば実験家であろうが，仲々理屈っぽいことは本書の内容の示す通りで乱流理論にも手を出すなど相当な理論家でもある．今一人の著者 A. Roshko は現在同じく C. I. T. の準教授で，乱流，高速気流の実験方面に業績のある気鋭の空気力学者である．

　本書の特徴は著者の序文にもうたわれている通り，高速流体力学の基礎を極力物理的に記述することに努めた点であろう．熱力学，分子運動論等の基礎的事項に力を注ぎ，よって高速流体力学上の種々の結果に透徹した物理的解釈を加え，流体運動と流体の物性との結びつきに対するより深い理解へとみちびくように仕組まれている．これは反応性気流や稀薄気体の流れ等最近の気体力学の趨勢と展開に対する著者の深い配慮に基づくもので，本書訳出の意義も主としてこの点にあるものと考える．

　翻訳にあたっては，なるべく原文に忠実であるように努めたのはもちろんであるが，かなわぬときはむしろ内容に重点を置いた．従って原文の難解な個所は，訳者の解釈で割切ってあるので，或は意味をとり違え，また逸脱している部分があるかもしれない．この点については大方の叱正を期待したい．なお，随所に主として本文の推論を補なう意味の訳者註を加え，また明らかな原文の誤りはことわりなしに訂正しておいた．

　本書の翻訳に当っては，桜井健郎，森岡茂樹，曽根良夫，桜田小夜子の諸氏に一方ならぬお世話になった．無精者の訳者がとにかくこの仕事を果し得たのは，一にこれらの人達の暖かい援助と，吉岡書店のスタッフの真摯強力な推進力に負う所が大きい．

１９６０年１０月

京都大学工学部航空工学教室

玉　田　珖

目　　次

写　　真

序　　文

訳　者　序

第1章　熱力学からの概念

1. 1　ま え が き …………………………………………………… 1
1. 2　熱 力 学 的 系 …………………………………………………… 2
1. 3　状　態　量 …………………………………………………… 3
1. 4　第 一 主 則 …………………………………………………… 5
1. 5　非可逆と可逆変化 …………………………………………… 7
1. 6　理 想 気 体 …………………………………………………… 8
1. 7　可逆過程に対する第一法則の応用，比熱 ………………… 11
1. 8　非可逆過程への第一法則の応用 …………………………… 16
1. 9　エントロピーの概念，第二法則 …………………………… 19
1. 10　正規状態方程式，自由エネルギーと自由エンタルピー … 23
1. 11　可 逆 関 係 式 ………………………………………………… 25
1. 12　エントロピーと輸送過程 …………………………………… 26
1. 13*　平 衡 の 条 件 ………………………………………………… 27
1. 14*　理想気体の混合気体 ………………………………………… 29
1. 15*　質量作用の法則 ……………………………………………… 31
1. 16*　解　　　　　離 ……………………………………………… 33
1. 17*　凝　　　　　縮 ……………………………………………… 38
1. 18　気体力学における実在気体 ………………………………… 39

第2章 一次元気体力学

- 2.1 まえがき … 45
- 2.2 連続の方程式 … 46
- 2.3 エネルギー方程式 … 47
- 2.4 貯気槽状態 … 50
- 2.5 Euler の方程式 … 52
- 2.6 運動量方程式 … 54
- 2.7 等エントロピーの条件 … 56
- 2.8 音速, Mach 数 … 58
- 2.9 断面積と速度の関係 … 59
- 2.10 エネルギー方程式からの結果 … 60
- 2.11 Bernoulli の式, 動圧 … 63
- 2.12 断面積一定の流れ … 64
- 2.13 理想気体の場合の垂直衝撃波の関係式 … 65

第3章 一次元の波動

- 3.1 まえがき … 71
- 3.2 衝撃波の伝播 … 71
- 3.3 一次元の等エントロピー運動の式 … 74
- 3.4 音波の方程式 … 76
- 3.5 音波の伝播 … 78
- 3.6 音の速さ … 79
- 3.7 音波の圧力と粒子速度 … 81
- 3.8 衝撃波管の線型理論 … 83
- 3.9 有限振巾の等エントロピー波 … 84
- 3.10 有限振巾の波の伝播 … 86

- 3. 11 有心膨脹波 ··· 88
- 3. 12 衝撃波管 ··· 90

第4章 超音速流中の波

- 4. 1 まえがき ··· 95
- 4. 2 斜め衝撃波 ·· 95
- 4. 3 β と θ の間の関係 ··· 97
- 4. 4 くさびを過ぎる超音速流 ··· 99
- 4. 5 Mach 線 ··· 100
- 4. 6 ピストン類推 ·· 102
- 4. 7 弱い斜め衝撃波 ··· 103
- 4. 8 曲壁による超音速圧縮 ··· 105
- 4. 9 曲がりによる超音速膨脹 ·· 109
- 4. 10 Prandtl-Meyer 函数 ·· 110
- 4. 11 単一領域および単一でない領域 ·· 113
- 4. 12 斜め衝撃波の反射および干渉 ··· 113
- 4. 13 同じ群に属する衝撃波の交差 ··· 115
- 4. 14 離れた衝撃波 ··· 116
- 4. 15 Mach 反射 ·· 120
- 4. 16 衝撃波—膨脹波の理論 ··· 120
- 4. 17 薄翼理論 ··· 122
- 4. 18* 揚力のある平板翼 ··· 127
- 4. 19* 抵抗の減少法 ··· 129
- 4. 20* ホドグラフ面 ·· 132
- 4. 21 超音速流の中の円錐 ··· 134

第5章　管および風洞中の流れ

5. 1　まえがき ……………………………………………… 138
5. 2　断面の変化する管の中の流れ ……………………… 138
5. 3　断 面 積 関 係 …………………………………………… 139
5. 4　ノズルの流れ …………………………………………… 141
5. 5　垂直衝撃波による回復 ………………………………… 144
5. 6　第二のスロートの効果 ………………………………… 145
5. 7　風洞デイフューザの実際の性能 ……………………… 147
5. 8　風 洞 圧 力 比 …………………………………………… 148
5. 9　超 音 速 風 洞 …………………………………………… 150
5. 10　風 洞 特 性 …………………………………………… 152
5. 11*　圧縮機の適合 ………………………………………… 154
5. 12　他の風洞および試験方法 …………………………… 157

第6章　測　定　法

6. 1　まえがき ……………………………………………… 160
6. 2　静　　　圧 …………………………………………… 160
6. 3　総　　　圧 …………………………………………… 163
6. 4　圧力測定から Mach 数 ……………………………… 164
6. 5　くさびや円錐を使っての測定 ……………………… 166
6. 6　速　　　度 …………………………………………… 166
6. 7　温度と熱伝達の測定 ………………………………… 167
6. 8　密 度 の 測 定 ………………………………………… 169
6. 9　屈　折　率 …………………………………………… 170
6. 10　シユリーレン系 ……………………………………… 174
6. 11　ナイフエッジ ………………………………………… 175

6. 12	二三の実用上の考察	178
6. 13	直接投影法	179
6. 14	干渉法	181
6. 15	Mach-Zehnder 干渉計	183
6. 16	干渉計法	185
6. 17	X線吸収法およびその他の方法	187
6. 18	表面摩擦の直接測定法	188
6. 19	熱線探子	190
6. 20	衝撃波管装置	195

第7章 摩擦のない流れの方程式

7. 1	まえがき	196
7. 2	記号	196
7. 3	連続の方程式	199
7. 4	運動量方程式	201
7. 5	エネルギー方程式	204
7. 6	Euler 微分	205
7. 7	エネルギー式の分割	207
7. 8	全エンタルピー	209
7. 9	自然座標, Crocco の定理	210
7. 10	渦度の循環および回転との関係	213
7. 11	速度ポテンシャル	216
7. 12	非回転流	217
7. 13	運動方程式についての注意	220

第8章 微小変動理論

| 8. 1 | まえがき | 222 |

8. 2	変動方程式の誘導	223
8. 3	圧 力 係 数	226
8. 4	境 界 条 件	226
8. 5	波状壁を過ぎる二次元流	228
8. 6	超音速流中の波状壁	233
8. 7	超音速薄翼理論	236
8. 8	平面に近い流れ	238

第9章　回転体，細長物体の理論

9. 1	ま え が き	239
9. 2	円 柱 座 標	240
9. 3	境 界 条 件	242
9. 4	圧 力 係 数	245
9. 5	軸 対 称 流	245
9. 6	亜 音 速 流	247
9. 7	超 音 速 流	248
9. 8	超音速場の速度	250
9. 9	円錐に対する解	252
9. 10	他の子午断面形	254
9. 11	細長円錐に対する解	255
9. 12	細長物体の抵抗	257
9. 13*	超音速流中における迎角をもった回転体	262
9. 14*	横断流の境界条件	263
9. 15*	横 断 流 の 解	265
9. 16	細長回転体の横断流	266
9. 17	細長回転体の揚力	266
9. 18	細長物体理論	270
9. 19*	Rayleigh の公式	272

第10章 高速気流の相似法則

- 10.1 まえがき … 276
- 10.2 二次元の線型流れ，Prandtl-Glauert および Göthert の法則 … 277
- 10.3 二次元の遷音速流，von Kármán の法則 … 282
- 10.4 線型軸対称流 … 283
- 10.5 平面に近い流れ … 286
- 10.6 相似法則の総括と応用 … 287
- 10.7 Mach 数が大きい場合，極超音速相似法則 … 289

第11章 遷音速流

- 11.1 まえがき … 297
- 11.2 遷音速領域の定義 … 297
- 11.3 くさび翼型を過ぎる遷音速流 … 298
- 11.4 円錐を過ぎる遷音速流 … 304
- 11.5 滑らかな二次元物体を過ぎる遷音速流，衝撃波のない流れの可能性 … 306
- 11.6* ホドグラフ変換 … 308

第12章 特性曲線法

- 12.1 まえがき … 312
- 12.2 双曲型の方程式 … 313
- 12.3 適合の条件 … 313
- 12.4 計算方法 … 316
- 12.5 内点および境界点 … 318
- 12.6* 軸対称流 … 320
- 12.7* 等エントロピーでない流れ … 323

xvii

12. 8　平面流れに関する諸定理 ………………………………………… 325
12. 9　弱い有限の波による計算法 ……………………………………… 327
12. 10　波の相互作用 ……………………………………………………… 328
12. 11　超音速ノズルの設計 ……………………………………………… 331
12. 12　特性曲線法と波の方法の比較 …………………………………… 333

第13章　粘性および熱伝導性の影響

13. 1　ま え が き ………………………………………………………… 335
13. 2　Couette の流れ …………………………………………………… 336
13. 3　回 復 温 度 ………………………………………………………… 340
13. 4　Couette の流れの速度分布 ……………………………………… 341
13. 5　Rayleigh の問題，渦度の拡散 …………………………………… 344
13. 6　境界層の概念 ……………………………………………………… 347
13. 7　平板に対する Prandtl の式 ……………………………………… 350
13. 8　境界層方程式から導かれる特徴的な結果 ……………………… 352
13. 9　境界層の排除効果，運動量およびエネルギーの積分 ………… 355
13. 10　変 数 変 換 ………………………………………………………… 358
13. 11　平板以外の物体の境界層 ………………………………………… 360
13. 12　衝撃波の内部構造 ………………………………………………… 363
13. 13*　Navier-Stokes の方程式 ………………………………………… 367
13. 14　乱 流 境 界 層 ……………………………………………………… 373
13. 15　層外の流れに対する境界層の影響 ……………………………… 376
13. 16　衝撃波と境界層の相互作用 ……………………………………… 378
13. 17　乱　　　　　　れ ………………………………………………… 383
13. 18　解離気体の Couette 流れ ………………………………………… 385

第14章　気体運動論からの概念

- 14.1 まえがき ... 390
- 14.2 確率の概念 ... 392
- 14.3 分布函数 ... 397
- 14.4 Clausius のビリアル定理 ... 399
- 14.5 理想気体の状態方程式 ... 400
- 14.6 Maxwell-Boltzmann 分布 ... 401
- 14.7* 気体の比熱 ... 405
- 14.8 分子衝突，平均自由行路と緩和時間 ... 409
- 14.9 ずれの粘性および熱伝導 ... 411
- 14.10 非常に稀薄な気体の Couette 流れ ... 413
- 14.11 滑りと適応の概念 ... 416
- 14.12 内部自由度の緩和効果 ... 418
- 14.13 連続体理論の限界 ... 421

練習問題 ... 423

参考文献 ... 452

表
- I. 種々の気体についての臨界値と特有温度 ... 455
- II. 亜音速流れについての M と流れのパラメータ ... 456
- III. 超音速流れについての M と流れのパラメータ ... 459
- IV. 衝撃波流れのパラメータ ... 468
- V. Prandtl-Meyer 函数対 Mach 数および Mach 角 ... 475

図表
- 斜め衝撃波図表 1 ... 478
- 斜め衝撃波図表 2 ... 480

---

†, ††, § は原著者脚註
*, ** は訳者脚註

第1章　熱力学からの概念

1.1　まえがき

物理理論はすべて一連の実験的結果に基礎をおいている．すなわち，限られた一次的観察から一般的な原理を導き，それを言葉または数式で表現する．次にこれらの原理を応用して一群の物理現象を関係づけ，説明し，さらに新しい現象を予言する．

熱力学の実験的基礎はいわゆる主則の形に表現される．エネルギーの保存則は，力学や電気力学におけると同じく，これらの主則の一つである．これは系の内部エネルギーなる概念を導入する．熱力学の今一つの主則は，エントロピーと温度とを導入し，定義する．この二つは熱力学に特有の基礎的概念である．

これらの法則に含まれる原理は，物質の全体としての平衡状態の間の関係に適用せられるものである．たとえば，熱力学は圧力一定および体積一定のもとにおける比熱の間の関係をあたえる．それはまた蒸気圧の温度による変化を気化の潜熱と結びつける．あるいはまた，循環過程の効率の上限をあたえるなどである．

完全流体の流体力学，すなわち粘性や熱伝導性のない流体の力学は，平衡熱力学の流体運動への拡張にあたる．この際には，流体が静止状態でもつ内部エネルギーのほかに，流体の運動エネルギーをつけ加えて考えなければならない．単位質量についての運動エネルギーと単位質量あたりの内部エネルギーとの比は，流れの問題に固有の無次元量であり，最も簡単な場合には Mach 数の自乗に正比例する．熱力学の結果はほとんどそのまま完全流体の流れにひきうつすことができる．

実在流体の流体力学は，古典熱力学の範囲を越えるものである．そこでは運動量と熱の輸送過程が重要になってくる．そして物質の一様な流れといったような自明のばあいを除き，一般に運動量や熱や物質などの輸送がおこっている系は熱力学的平衡状態にはない．

しかし，熱力学は実在流体の流れのすべての状態に直接完全には適用できないにしても，始めと終りの状態を結びつけるためには非常に有用であることが多い．この種の問題は次の簡単な例によって最もよく説明される．すなわち熱を伝えない閉じた容器が膜

によって二つの部屋にしきられているとする．各部屋には同じ気体が入っているがその圧力 p_1, p_2, 及び温度 T_1, T_2, は異なる．いま突然，膜を取り去るとすれば，衝撃波および膨脹波からなる複雑な波動現象が発生するが，やがて粘性の減衰作用によって静まるであろう．この最後の状態における圧力および温度は熱力学によって容易に予言することができるのである．これに対して実在流体の流体力学は，容器中の各部分の圧力や温度などを時間の函数として計算するという，はるかにやっかいな問題と取りくまねばならない．長時間の後には，圧力や温度は熱力学で計算される値に近づくはずであるが，この最後の平衡状態における値だけが必要であるという場合には実在流体の流れを含む問題においても熱力学的考察は非常に有用なわけである．

おそい流れの流体力学においては熱力学的考察は必要ではない．すなわちこのときには流体の含熱量は流れの運動エネルギーにくらべて非常に大きいので全運動エネルギーが熱にかわったとしても温度はほとんど変化しない．

最近の高速気流の問題においては全く逆の場合も起りうる．すなわち運動エネルギーは気体の含熱量に比べて非常に大きく，そのため温度の変化は非常に大きくなりうる．したがって，熱力学的概念は最近ますます重要になりつつある．そこでこの章には，後の大部分の章には必ずしも必要ではない多少進んだ事柄をも含めてある．これらの事項（星印を付した節）は最初はとばして読んでもつながりを失なわないようになっている．

1.2 熱力学的系

熱力学的系とは，境界によって"外界"または"環境"から切り離された物質の集りをいう．この系は，外界において行われ記録される測定の助けをかりて研究される．たとえば，系に挿入された温度計は外界の一部であると考えるべきである．また，ピストンを動かすことによって加えられる仕事は外界に置かれたバネの伸びまたはおもりの動き等によって測られる．系に与えられる熱量もまた外界における変化によって測せられる．すなわち，たとえば熱は電熱線を通じて与えることができるが，その際の電力は外界において測定せられるのである．

境界は必ずしも容器の壁のような固体壁である必要はない．境界はただ閉じた面をなし，その上の各点で性質がはっきりわかっていさえすればよい．境界は熱を伝えてもよいし，また断熱的であってもよい．形が変わり，それによって系に仕事を伝えうるよう

なものでもよい．また物質を通過させうるようなものであってもよい．実在の境界壁は，すべてこれらの性質のどれをもある程度は具えている．すなわち，完全な剛体壁などというものは実在しないし，また完全な断熱壁もあり得ない．しかし理想化された境界，たとえば，完全に断熱的であるというように性質のはっきり定義された部分からなる境界を考えることは便利であり，有用である．

この本の目的のためには，流体系のみを取扱かえば充分であろう．故に，ここで考察の対称とする系は次のようなものに限る：

(a) 単一気体または液体からなる単純かつ一様な系
(b) 二種以上の気体の一様な混合系
(c) 単一物質の液相および気相からなる非一様な系

1.3 状態量

ある系が充分長い時間孤立して放置されたならば，すなわちこの時間中，全然，熱も質量も与えられることなく，また仕事を加えられることもなく経過したとすれば，この系は一つの平衡状態に達するであろう．すなわち巨視的に測りうるすべての量は，時間に無関係な一定値になるであろう．たとえば，圧力 p，体積 V，温度 θ は巨視的に測定可能であり，それらは平衡状態においては時間に無関係になる．

系の状態だけで定まるような変数のことを**状態量**という．p や V は明らかにこのような変数であり，この二つは力学においてすでにおなじみのものである．ある系を熱力学的に完全に記述するためには，力学にはあらわれなかった新しい状態量が必要になってくる．すなわち経験によれば，たとえば系の圧力はその体積だけで定まるものではない．そこで新しい状態量として，温度 θ を導入しなければならない．これを用いると単純系については

$$p = p(V, \theta) \tag{1.1}$$

R. H. Fowler に従って"熱力学第零法則"を述べれば，

温度 θ なる状態量が存在する．そして熱的に接触する二つの系，すなわち熱を伝えうる境界によって隔てられた二つの系は，両方の θ が等しいときに限って平衡状態にある．

故に，(1.1) より任意の一つの系の圧力と体積とを温度計として用いることができる．

次に一つの系とその周囲との間の仕事や熱のやりとりを論ずる場合には，系に貯えられるエネルギーの高を表わすために，内部エネルギー E なる状態量を考える必要がある．すなわち後に述べるように，**熱力学第一法則**は E なる概念を導入する．

さらにまたエントロピー S という状態量を考えることも必要になってくる．これはたとえば，ある状態が安定な平衡であるかどうかを定める際に要求されるものである．**熱力学第二法則**は S を導入し，その性質を定義する．

単純系では E や S は p, V, θ の関数である．ところが，式 (1.1) から p は V と θ で表わされるから

$$E = E(V, \theta) \tag{1.2}$$
$$S = S(V, \theta) \tag{1.3}$$

のように表わすことができる．(1.1), (1.2), (1.3) のような関係式を**状態方程式**と呼ぶ．特に (1.1) は，"熱的"状態方程式，(1.2) は"熱量的"状態方程式といわれる．個々の物質はそれぞれ特有の状態方程式を持っている．この方程式の形は，熱力学によっては定め得ないものであって，これを定めるには実験によるか，又は個々の分子模型について統計力学あるいは気体運動論を適用しなければならない．

状態量というものは，系の一つの平衡状態に対して，唯一に定まるべきものである．たとえば，ある系が，A という平衡状態から B という他の平衡状態へ移ったとき，$E_B - E_A$ は，変化の際にたどった道すじの如何には無関係であるべきである．状態量のこの性質から色々重要な結果が導かれるが，これについては，後で述べることにする．

状態量には**強度的**なものと**範囲的**なものとがある．ある状態量の値が，系の質量に関係するとき，それは範囲的であるといわれる．従って系の質量自身も範囲的な量であり，E, V, S 等もそうである．たとえば気体の内部エネルギー E は，気体の質量が倍になれば倍にふえる．また数個の部分からなる系のエネルギーは，各部分のエネルギーの和に等しい．

系の全質量の如何に関係しない状態量を強度的な量であるという．p と θ は代表的な強度的量である．すべての範囲的な量，たとえば E について，単位質量あたりのエネルギーすなわち比エネルギー e を強度的な量として導入することができる．同様に

比体積 v, 比エントロピー s 等を定義することができる。以下これら比のつく量は小文字で表わすことにしよう。

1.4 第一主則

　断熱容器の中に一つの流体が入って居り，その中には，外部のおもりの落下によって回転させることができる羽根車が装置されているとしよう。系の圧力は一定に保たれるものとする。最初に温度 θ および体積 V を測る（状態 A）。次におもりをわかった距離だけ落下させ，系内の運動が収まり，新しい平衡状態 B に達してから再び θ および V を測る。

　このとき，おもりのポテンシャルエネルギーの減少に等しいだけの仕事 W が系に加えられたわけである。エネルギー保存則によればこの仕事は系内に貯えられなければならない。故に次のような函数 $E(V, \theta)$ が存在する。すなわち

$$E_B - E_A = W \tag{1.4}$$

　また仕事を以て電流を起し，この仕事を電熱線から放散される熱の形で系に与えることも可能である。これらの実験は，両方とも Joule によって熱の仕事当量に関する古典的研究の際に行われたものである。系に加えられた一定の量の仕事は，仕事のなされる早さとか，どのような形で加えられるかということには無関係に，内部エネルギーに同じだけの変化を生ぜしめる。さらに，上記の完全断熱という条件はゆるめることができる。すなわち境界を通じてある量の熱 Q を出入りさせてもよい。Q は，一定量の水の温度変化によって熱量的に定義することができるし，また Joule の実験によって Q を純力学的単位で定義することもできる。ただし，Q や W は外界において測られた変化をもとにして定義すべきであることは重要である。

　このようにして，第一法則は次のようにまとめられる：

　内部エネルギー E なる状態量が存在する。一つの系が平衡状態 A から他の状態 B に移り，その際，ある量の仕事 W が外界によってなされ，またある量の熱 Q が外界から失われたとすると，系の内部エネルギーの変化は Q と W との和に等しく

$$E_B - E_A = Q + W . \qquad \blacktriangleright (1.5)$$

　簡単で理想化された境界，すなわち 1.1 図のようなシリンダーピストン装置の場合を

論ずるのが便利であることが多い．シリンダーの壁は剛体であると仮定する．壁はまた問題にする過程に応じて断熱的であるとしてもよいし，熱を伝えうるとしてもよい．外界のなす仕事はピストンの移動によってのみなされる．仕事 W は力学におけると同様に力のベクトル $\mathbf{F}$ と変位 $d\mathbf{r}$ とを以て次のように定義される：

$$W = \int \mathbf{F} \cdot d\mathbf{r}. \tag{1.6}$$

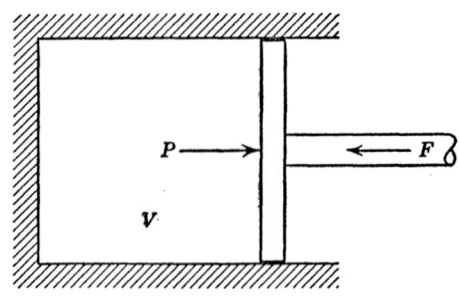

1.1 図　シリンダーピストン装置

いまの場合，ピストンにはたらく力は変位に平行である．それで圧力を p，ピストンの表面積を A とすれば

$$W = \int pA\, dr = -\int p\, dV \tag{1.7}$$

のように書かれる．但し dV は系の体積が**増加**するときに正であるとする．任意の形の変形しうる境界の場合にも (1.6) から (1.7) を導きうることを示すことはむつかしくはない（なお，ずれ応力をも取入れることができるが，これについては後に13章で実在流体の運動を論ずる際に述べることにする）．状態の微小な変化に対しては，(1.5)は次の微分形に書かれる：

$$dE = dQ + dW. \tag{1.8}$$

あるいは (1.7) を使って

$$dE = dQ - p\, dV \tag{1.8a}$$

＊　ピストンを急に動かした場合には，p はピストン面の局所的圧力であって系の状態量としての p ではない事に注意．

1.5 非可逆過程と可逆過程

(1.8a) はまた単位質量あたりについて次のように書かれる：

$$de = dq - p\,dv \qquad \blacktriangleright (1.8\,\mathrm{b})$$

ここで E は状態量であるが，Q や W は状態変化の際にたどる道すじによってちがってくる．このことを表わすのに dW や dQ の代りに δW や δQ のように書く記法がよく用いられる．しかしここではこの習慣には従わないことにする．

1.5 非可逆過程と可逆過程

ある系の状態変化は

$$\Delta E = Q + W$$

がなり立つような過程によってのみ実現可能である．第一法則は過程が可能であることに対してこれ以上の制限を加えることはない．

しかし Joule の羽根車の実験において現象の進みかたを逆にすることは明らかに不可能である．羽根車に系から ΔE だけのエネルギーを抽出させ，おもりを上昇させることはできない．故にこの過程は**非可逆**である．これと似たような状況は他にいくらでも見出される，というより実際のところ天然現象あるいは"**自然**"の過程はすべて非可逆的である．これらの非可逆過程をくわしく調べてみると，その過程の**間における**系の平衡からのずれが最も重要であることが明らかになる．流体をかきまわすというような運動，急激な加熱等の操作は系内に**流れ**を誘起する．**流れ**という言葉はある量，たとえば熱や質量，運動量などの流動を意味する．もし有限の温度差が存在すれば熱の流れが生じ，ある成分の密度差があれば質量の流れが起り，また速度の差があれば運動量の流れが発生する．

系の中に全然流れがないとき，その系は平衡状態にある． ある状態から他の状態へ移る過程の間を通じて系が平衡状態にあるならば，すなわち仕事 W および熱量 Q が流れを生じないように与えられるならば，その過程は**可逆**である．このような理想的な可逆過程は実験において極めてよい近似で実現することができる．たとえば羽根車を用いる代りにゆっくりピストンを動かすことによって仕事 W を断熱された系に加えることができ，その際全過程を通じていつも圧力や温度が系全体にわたって一様であるようにすることができるであろう（練習問題 1.9 に簡単かつ啓発的な非可逆過程の例が与えてある）．

これ迄に考えた状態変化は，系の一つの静的状態から他の静的状態へ移るものであった．しかし，時と共に定常的に進行する過程を考える方が一層便利である場合も少なくない．これは熱力学における測定について大低いえることであり，また流体力学にとっては特に重要である．すなわち，たとえば Joule の実験のように閉じた"熱量計"の中の羽根車を考える代りに，一つの断熱された流路を考え，その中を流体がタービン車あるいは風車を通過して定常的に流れる場合を考えてもよいのである．この際，羽根車を動かす前の状態と止ってから後の状態とを取扱かうかわりに，風車の上流および下流における流体を取り扱かうことになる．我々の熱力学的平衡の定義は，この場合に対しても容易に拡張することができる．なお，Joule の実験のような熱力学的過程と直接比較できるためには，流体は非常にゆっくり流れ，その運動エネルギーが無視できることが必要である．次の章ではこの制限を除き，上と同様の考察を流体の高速の流れにまで拡張する．

1.6 理想気体

この段階で理想気体の概念を導入するのが好都合である．理想気体は，熱力学における最も簡単な作業流体であり，従って熱力学的過程の立ち入った研究のためには非常に有用なものである．さらに航空力学への応用という点では，この概念は一層重要度を増す．というのは，そこで取扱われるのは，ほとんど気体のみに限られ，しかもそれらが理想気体に近いふるまいをするような状態の場合が多いからである．

気体の熱的諸性質の測定によって，密度が低い場合にはすべての気体の熱的状態方程式は，同一の形に近づくことがわかる，すなわち

$$pv = R(\theta + \theta_0) , \qquad (1.9)$$

あるいは密度 $\rho = 1/v$ を用いて

$$p = \rho R(\theta + \theta_0) .$$

ここに θ_0 は固有温度であるが，この値は**すべての気体に共通**であることがわかる．また R はそれぞれの気体に特有の常数である．

方程式 (1.9) を厳密に満たすような一つの"**理想**"気体または"**完全**"気体を定義するのが便利である．もっと正確にいえば，(1.9) は R の各値につき一つずつの理想

1.6 理想気体

気体の一族を定義する．すべての気体は充分低い密度においてはそれぞれ特有の R 値をもった理想気体に近づくのである．

θ_0 はすべての気体に対し同一であることが知られているので，新らしいもっと便利な温度 T:

$$T = \theta + \theta_0$$

を定義することができ，従って (1.9) は

$$p = \rho RT \qquad \blacktriangleright (1.10)$$

で置きかえられる．T は**絶対温度**と呼ばれる．T はここでは気体温度として定義されたがこれはすべての熱力学系に対して意味をもっていることを示すことができる．T の目盛と零点は θ_0 を測るのに用いた温度計の目盛と零点から定められる．すなわち摂氏目盛では

$$\theta'_0 = 273.16°$$

であり，華氏目盛では

$$\theta_0 = 459.69°$$

となる．それで絶対温度 T は次のように書くことができる：

$T = \theta + 273.16$ 度，絶対摂氏　あるいは Kelvin (°K)

$T = \theta + 459.69$ 度，絶対華氏　あるいは Rankine (°R)

式 (1.10) に定義される R は (速度)^2/(温度) の次元をもっている．R は気体中の音の速度 a と関係づけられ，後に示すように $R \sim da^2/dT$ の関係がある．

与えられた質量 M に対して $\rho = M/V$ によって式 (1.10) を書き直すと

$$pV = MRT \qquad (1.10\,a)$$

の形になる．種々の気体のふるまいに関する研究の結果，気体は多くの分子からできていること，(1.10) や (1.10 a) で定義される理想気体の一族の特性を定めるものはこれらの分子の質量であるということがかなり古くからわかっている．そこで分子一個の質量を m とするとき無次元質量比 $M/m = \mu$ を用いて (1.10 a) を書き直してみる．この還元形または"相似"形に書くと式 (1.10) の一族はただ一個の式

$$\frac{pV}{\mu} = kT \qquad (1.10\,b)$$

に帰着せられる．ただし k は普遍定数であって，Boltzmam の定数と呼ばれるものである．分子の質量 m のかわりに相対単位として"分子量" m を用いることも多い．たとえば $m_{\text{oxygen}}=32$. m を使うと[p.9]

$$\frac{pV}{\mu} = RT \ . \tag{1.10c}$$

ここに $\mu=M/m$, このとき R は普遍気体定数と呼ばれる．さらに質量の単位として mole を用い (1.10c) の μ を1ならしめることもできる．このとき V は mole volume となるわけである．しかし以下の各節においてはこの mole を用いることはしないでもと通り単位質量についていい表わすことにしよう．そして大低の場合，理想気体の法則を $p=\rho RT$ (式 (1.10)) の形において用いることにする．

理想気体の内部エネルギー E は，温度だけの函数である．すなわち

$$E = E(T) \ . \tag{1.11}$$

(1.11) は経験的結果と考えて差支えないが，後に示すようにこの式は，また式 (1.10) から直接導くこともできる．

式 (1.11) がさらに簡単になって

$$E = \text{const.}\,T \tag{1.12}$$

がなりたつとき，気体は"熱量的に完全"であるということがある．(1.12) は (1.10) から単に熱力学的推論のみによって導かれる性質のものではない．しかし，温度のある限られた範囲内では，これは経験的に立証することができるし，また統計力学からも誘導しうる (14 章参照)[†]．

式 (1.10) によって実在気体を近似しうる程度を判定するために，実在気体の状態方程式について少しつけ加えておこう (1.18 節においてもう一度この問題にたちもどるつもりである)．

すべての実在気体は，液化することができる．液化が起りうる最も高い温度を**臨界温**

[†] 式 (1.11) は，E の零点まで定義するものではない．すなわちエネルギーは一個の附加定数を除いて定義されるのみである．単一物質の単一相に対しては，この定数は重要でなく (1.12) のように零ととってよい．同様のことがその他の範囲的な状態量についてもいえる．

度 T_c といい，そのときの圧力および密度を**臨界圧力** p_c および**臨界密度** ρ_c という．これらの臨界量は，その気体に特有のもので，それは分子間力に依存するものである．

従って，実在気体の状態方程式は，R の他に少くとも二つのパラメータたとえば，T_c と p_c を含んでいなければならない．これは有名な **van der Waals** の状態方程式の場合であって，この方程式によって，中程度の密度において，実在気体を理想気体とみなすときの近似の精度を見積ることができる．van der Waals 方程式は

$$p = \rho RT \left[\frac{1}{1-\beta\rho} - \frac{\alpha\rho}{RT} \right], \tag{1.13}$$

ただし

$$\frac{\alpha}{\beta} = \frac{27}{8} RT_c; \quad \frac{\alpha}{\beta^2} = 27 p_c .$$

p. 10
van der Waals 気体の内部エネルギーは

$$E = E_0(T) - \frac{\alpha}{V} \equiv E(V, T) \tag{1.14}$$

となる．式 (1.13) (1.14) と α, β の値の表とを用いて任意の気体に対する (1.10) や (1.11) の近似度を判定することができる．もっと一般的な方法については 1.18 節において略述する．

1.7 可逆過程に対する第一法則の応用，比熱

単位質量について書いた第一法則の微分形は (1.8b) すなわち

$$de = dq - p\,dv . \tag{1.15}$$

可逆過程を考える場合には，p や T は，系の圧力および温度である[**]．

比熱　　比熱 c は

$$c = \frac{dq}{dT} \tag{1.16}$$

---

* この式は，内部エネルギーに対する26頁の (1.55) に相当する式から容易に導かれる．

** 6 頁の訳者註参照．

によって定義される．すなわち，c は系の単位質量の温度を1度だけ高めるに要する熱量である．c の値は，q を与える過程によって変わる．単純な系では，エネルギー e および圧力 p は v と T のみによってきまる．故に任意の可逆過程は，v, T 図における一つの曲線として表わすことができる（1.2 図）．$p=p(v, T)$ だから，もちろん p, T 図または p, v 図を用いてもよい．

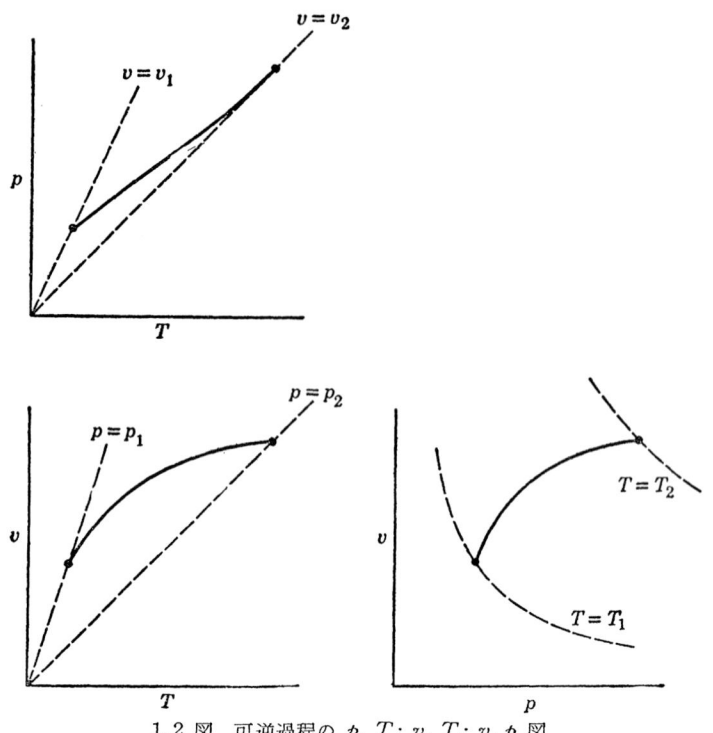

1.2 図　可逆過程の $p, T; v, T; v, p$ 図

従って二つの違った過程に対する比熱を知れば，すべての過程に対する c がわかることになる．ふつうは体積一定の許における比熱 c_v と圧力一定の許における比熱 c_p とを採用する．すなわち

$$c_v = \left(\frac{dq}{dT}\right)_v \qquad (1.17\text{a})$$

$$c_p = \left(\frac{dq}{dT}\right)_p . \qquad (1.17\text{b})$$

1.7 可逆過程に対する第一法則の応用，比熱

e は $e(v, T)$ であるから (1.15) は次のように書きうる†

$$de = \frac{\partial e}{\partial v} dv + \frac{\partial e}{\partial T} dT = dq - p\, dv \ .$$

従って

$$c_v = \frac{\partial e}{\partial T} \tag{1.18}$$

$$c_p = \frac{\partial e}{\partial T} + \left(\frac{\partial e}{\partial v} + p\right)\left(\frac{\partial v}{\partial T}\right)_p \ . \tag{1.19}$$

(1.15) には，dv が陽にあらわれているから，e に対する自然な状態量は v である．従って v を一定に保った場合には，(1.18) のような簡単な表式が得られた反面，p を一定に保った場合にはやや複雑な (1.19) 式が出たのである．そこで今度は，p が自然な独立変数となるような，何か e に関連した別の状態量があるのではないかということが考えられる．この函数がエンタルピー，すなわち熱函数 h であって

$$h = e + pv \tag{1.20}$$

あるいは

$$H = E + pV$$

のように定義せられるものである．従って

$$dh = de + p\, dv + v\, dp \ .$$

第一法則は

$$dh = dq + v\, dp \qquad \blacktriangleright (1.21)$$

のように書かれる．前のように c_v および c_p を作ると

$$c_v = \frac{\partial h}{\partial T} + \left(\frac{\partial h}{\partial p} - v\right)\left(\frac{\partial p}{\partial T}\right)_v \tag{1.22}$$

$$c_p = \frac{\partial h}{\partial T} \tag{1.23}$$

---

† 熱力学では，偏微分をする場合にどの変数を一定に保つかを示すために添字をつけるのがふつうである．たとえば $(\partial e/\partial v)_T$ は T を一定に保つことを意味する．ここでは一定と考えている変数がはっきりしない恐れのある場合に限ってこの記号を用いる．

が得られる．理想気体の場合には，

$$e = e(T)$$
$$h = e(T) + pv = e(T) + RT = h(T).$$

従って，(1.18) および (1.19) から

$$c_v = \frac{de}{dT}$$
$$c_p = c_v + p\left(\frac{\partial v}{\partial T}\right)_p = c_v + R.$$

が得られ，また同様に(1.22)，(1.23) から次の結果が得られる：

$$c_p = \frac{dh}{dT}$$
$$c_v = c_p - v\left(\frac{\partial p}{\partial T}\right)_v = c_p - R$$

従って，理想気体に対しては，次の重要な関係がなり立つ．

$$c_p - c_v = R \qquad \blacktriangleright (1.24)$$
$$e(T) = \int c_v \, dT + \text{const.} \qquad \blacktriangleright (1.25)$$
$$h(T) = \int c_p \, dT + \text{const.} \qquad \blacktriangleright (1.26)$$

c_p 及び c_v が一定で温度によらない場合には，その気体は**熱量的に完全** (calorically perfect) であるということがある．この特殊な場合には

$$e = c_v T + \text{const.} \qquad (1.25\,\text{a})$$
$$h = c_p T + \text{const.} \qquad (1.26\,\text{a})$$

となる．(1.24) は，c_p や c_v が一定でなくてもなりたつことに注意すべきである．

断熱可逆過程　断熱可逆過程，すなわち系に対する熱伝達がなく，また仕事が可逆的になされるような過程は，流体の流れに対して後程非常に大切な応用面をもつ．この過程においては，変数として v, T をとるか p, T をとるかに従って (1.15) または (1.21) を適用することができる．すなわち断熱可逆過程は

$$de = -p\,dv \qquad (1.27)$$

1.7 可逆過程に対する第一法則の応用,比熱

または
$$dh = v\,dp \tag{1.28}$$

によって与えられる. (1.27) から

$$\frac{\partial e}{\partial v}dv + \frac{\partial e}{\partial T}dT = -p\,dv.$$

また (1.28) より

$$\frac{\partial h}{\partial p}dp + \frac{\partial h}{\partial T}dT = v\,dp$$

となるから,断熱可逆過程に対して,次の各式がなりたつ:

$$\frac{dT}{dv} = -\frac{1}{c_v}\left(\frac{\partial e}{\partial v}+p\right) \tag{1.29}$$

$$\frac{dT}{dp} = -\frac{1}{c_p}\left(\frac{\partial h}{\partial p}-v\right) \tag{1.30}$$

$$\frac{dp}{dv} = -\frac{p}{v}\frac{dh}{de}. \tag{1.31}$$

特に理想気体については

$$\frac{v}{T}\frac{dT}{dv} = -\frac{R}{c_v} \tag{1.29 a}$$

$$\frac{p}{T}\frac{dT}{dp} = \frac{R}{c_p} \tag{1.30 a}$$

$$\frac{v}{p}\frac{dp}{dv} = -\frac{c_p}{c_v} \tag{1.31 a}$$

がなりたつ.

$R=c_p-c_v$ であるから,上式の右辺はみな $c_p/c_v=\gamma$ なる比によって表わすことができる. γ は,気体が熱的にも完全である場合を除けば一般に T に関係する. しかしいずれにしても,理想気体に対する上の関係式は積分可能である. すなわちたとえば,
p. 14
$\ln v = -\int\frac{dT}{T(\gamma-1)}$; もし γ が一定であれば,結果は非常に簡単になり,

$v = \text{const.}\ T^{-1/(\gamma-1)}$ ▶(1.29 b)

$p = \text{const.}\ T^{\gamma/(\gamma-1)}$ ▶(1.30 b)

$p = \text{const.}\ v^{-\gamma}$ ▶(1.31 b)

後に示すように，断熱可逆過程は**等エントロピー**過程，すなわちエントロピーが一定に保たれるような過程である．

上にあげた例はもちろん可逆過程に対する第一法則の応用の一部に過ぎない．しかしこれによって使い方の大体を知ることはできるであろう．

1.8 非可逆過程への第一法則の応用

非可逆過程の最初の代表的場合として**気体の断熱膨脹**をとり上げよう．問題の系は，熱を通さない剛体の壁をもった器からなっている．仕切膜によって器は体積 V_1, V_2 の二つの部分に分けられている（1.3図）．両方の部屋には同じ温度 T の同種の気体が入

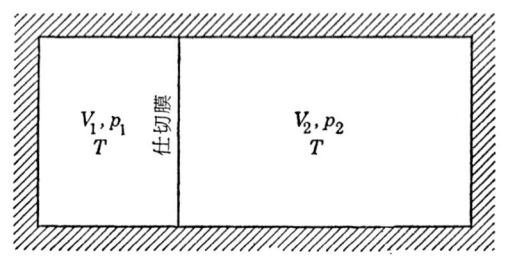

1.3 図　仕切膜をもった断熱容器

っているが，その圧力 p_1, p_2 は異なるものとする．このような条件のもとに起るべき**流れ**を考察することは，後の各章にゆずり，今はこの系の熱力学のみを問題にしようとするのである．

時刻 $t=0$ に膜が破られたとしよう．そうすれば気体の烈しい流れが起る．すなわち低圧側へは衝撃波，高圧側へは膨脹波が伝播し，また反射と屈折によって複雑な波の系が発生するであろう．この現象は，粘性と内部熱伝導の作用によって，次第に静まり，やがて気体はあたらしい熱力学的平衡状態に達して再び静止する．そこで我々は最初の状態から最後の状態に至る変化に対して第一法則を適用することにしよう．明らかに外界からの熱の供給はないし，また外界は何等の仕事もしていない．故に (1.5) によって

1.8 非可逆過程への第一法則の応用

$$E_B - E_A = 0 \qquad (1.32)$$

を得る．すなわち**膨脹過程においては，内部エネルギーは保存される**．気体が近似的に理想気体であると考えうる場合には，$E=E(T)$ であり，従って (1.32) 式により，

$$T_B = T_A \qquad (1.32\,\mathrm{a})$$

すなわち理想気体の断熱非可逆膨脹においては，初めと終りの状態の温度は相等しい．歴史的には，こ〔の〕ような実験を始めて行なったのは Gay Lussac である．彼は初めと終りの温度を測ってそれが等しいことを知り，これから理想気体に対しては $E=E(T)$ がなりたつことを推論した．

第二の例として，前と同じような装置において，今度は両方の部屋の圧力 p は等しいが，温度 T_1, T_2 が異なる場合を考えよう．仕切りの膜は熱を通さないものとする．いまこの膜を取り除いたとすると，温度が等しくなろうとして，再び流れが生ずるが，やがて収まるであろう．この場合についても最初と最後の状態に対してやはり (1.32) が適用できる．両方の部屋の気体の質量を M_1, M_2 とし，比エネルギー e を用うると，

$$\begin{aligned} E_A &= M_1 e(T_1, v_1) + M_2 e(T_2, v_2) \\ E_B &= (M_1 + M_2) e(T_B, v_B) \end{aligned} \qquad (1.33)$$

であるが，特に理想気体の場合を考え，第一法則を用いると

$$M_1 e(T_1) + M_2 e(T_2) = (M_1 + M_2) e(T_B) \qquad (1.33\,\mathrm{a})$$

さらに，もし気体が熱量的に完全であるとすれば，$e = c_v T$ と書け，従って T_B は陽に求められる：

$$T_B = \frac{M_1 T_1 + M_2 T_2}{M_1 + M_2} \qquad (1.33\,\mathrm{b})$$

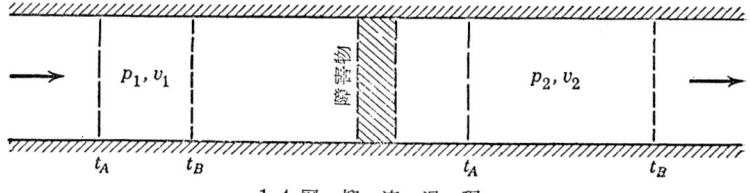

1.4 図　抑　流　過　程

最後の例として，流体力学への応用上，最も重要な非可逆過程である抑流過程（throttling process）すなわち Joule-Thomson 過程を考えることにしょう．前の例では第一法則を**静止状態**の気体に対して適用したが，ここでは**定常的**に**運動している**流体に対して直接に適用する．熱を通さない管があり，その一断面にたとえば絞り弁，多孔質の栓，網等の**障害物**（抵抗）が置かれている場合を考える（1.4図）．流体は左から右へこの障害物を通って充分ゆっくり流れる．その際，単位質量あたりの運動エネルギー $\frac{1}{2}u^2$ は，単位質量あたりのエンタルピーに比べて無視できるものとする．この条件の妥当性は，後で運動エネルギーの入ってくる場合を論ずるときに明らかになるであろう．

問題の系として，障害物の左側および右側に考えた二つの検査面の間に含まれる流体の部分を選ぶ．検査面は流体と共に動くものとし，これと管の壁をあわせて容器と考える．残りの流体と管の外部および障害物は外界を形成する．

二つの時刻 t_B，および t_A における系の状態に注目しよう．ただし，便宜上 $t_B - t_A$ 時間内にちょうど単位質量だけの流体が障害物を通過したものと考える．この時間内に(1)の側から(2)の側へ流体の単位質量が移動するので，系の内部エネルギーは，

$$\Delta E = e_2 - e_1 \tag{1.34}$$

だけ変化することになる．外界から熱が与えられることはないが，ある量の仕事 W は外界によってなされる．それは二つの検査面がそれぞれちがった圧力に抗してちがった距離だけ動かされるからである（検査面をピストンで置きかえて考えてももちろん差支えない）．

正味のなされた仕事 W は，従って

$$W = W_1 + W_2 = \int_{(1)} p\,dv + \int_{(2)} p\,dv$$

である．さらに p_1, p_2 は一定であり，また**体積の変化量**はどちらの側でも単位質量あたりの体積に等しいから

$$W = p_1 v_1 - p_2 v_2 \tag{1.35}$$

となる．従って第一法則より

$$\Delta E = W$$

あるいは

$$e_1 + p_1 v_1 = e_2 + p_2 v_2$$

すなわち

$$h_1 = h_2 \tag{1.36}$$

1.9 エントロピーの概念,第二法則

が得られる.それで**抵抗を通過する断熱流の場合には,上流側および下流側の,流体の単位質量あたりのエンタルピーは相等しい**ということができる.この結果は流体の流れに多くの応用をもち非常に重要である.そして第2章で述べる通り,容易に高速の流れの場合に拡張される.特に理想気体の場合を考えると

$$T_2 = T_1 . \qquad (1.36\mathrm{a})$$

歴史的には,上のような実験は Joule および Thomson (Lord Kelvin) によって,温度 T_1 および T_2 の測定から気体のエネルギー函数の形を定める目的のもとに行われた.

1.9 エントロピーの概念,第二法則

p. 17
前章で論じた過程やその他の過程,たとえば Joule の羽根車の実験などにおいては,過程は常に**一方向にのみ進行する**という共通の事実が見出される.すなわち,外界と熱的に遮断された系においては,気体の膨脹や初期温度の異なる気体の混合にみられるようにその圧力や温度は,常に一様になろうとする傾向がある.また気体は上流の圧力が下流に比べて大きいときにのみ抵抗を通して流動する,等々である.このような一般的事実は熱力学第二法則に対する実験的基礎を構成する.次の段階は,これらの経験的事実から,数式で表現しうる明確な法則を抽出することである.

ここで再び気体の膨脹の場合を考察しよう.二つの平衡状態を観察することによって,どちらの状態が自然に他方の状態へ移るかを判定することができるであろうか? これに対しては,圧力の不連続は不安定であり,これを含むような状態は自然に圧力一様の状態へ移るものであると答えうるであろう.また1.8節の第二の例においては温度の不連続についてやはり同じように答えることができるであろう.このようにして非可逆性の目安をつけることはたしかに可能ではあるが,一般性に欠けるのであまり有用ではない.我々は一般的な判定条件,上のような素朴な条件が特別の場合として出てくるような条件を求めたいのである.

これはエントロピー S と呼ばれる新しい状態量を導入することによって達せられる.S と T は共に熱力学に特有の概念である.実際,S は形式的に次のように導入することができる: まず内部エネルギー E は,**ポテンシャルエネルギーの性格をも**っ

ている．すなわち熱的に閉じた系の可逆的な状態変化に対して（たとえば (1.27) 式）

$$p = -\frac{\partial E}{\partial V}$$

がなりたつ．すなわち圧力は内部エネルギーの体積に関する導函数，いいかえると力は E の変位に関する導函数に等しい．このことから温度 T に対しても同じような関係がなりたつのではないかということが考えられる．そこで E を二つの変数の函数として，各変数に関する偏導函数が p と T とを与えるように E を書いてみる．このとき一方の変数を S と呼ぶのである．すなわちかりに

$$E = E(S, V)$$

とするとき

$$-p = \left(\frac{\partial E}{\partial V}\right)_S$$
$$T = \left(\frac{\partial E}{\partial S}\right)_V \qquad \blacktriangleright (1.37)$$

であるとするのである．従って

$$dE = \left(\frac{\partial E}{\partial V}\right)dV + \left(\frac{\partial E}{\partial S}\right)dS = -p\,dV + T\,dS$$

また (1.8 a) の形の第一法則から

$$dE = -p\,dV + dQ$$

が得られるので

$$T\,dS = dQ \qquad (1.37\,\mathrm{a})$$

であることがわかる．従って $T\,dS$ は可逆過程において加えられた熱量の微分に等しい．積分すれば

$$S_B - S_A = \int_A^B \frac{dQ}{T} \qquad \blacktriangleright (1.38)$$

ただし積分は状態 A と状態 B とを結ぶ一つの可逆過程について計算しなければならない．

S は式 (1.37) において一つの状態量として定義された．従ってこれを dQ と結び

1.10 エントロピーの概念,第二法則

つけるためには系は熱力学的平衡状態になければならない.そしてそれ故に**可逆過程を仮定しなければならないのである**.さて次に (1.38) または (1.37) で定義された S が始めに期待した性質を持っていることを明らかにしよう.この目的のために簡単な非可逆過程,たとえば温度がはじめ一様でない熱量的に完全な気体の混合の過程 (1.8 節の第二の例) に対して式 (1.38) をくわしく計算してみよう.系を可逆的に最初の状態にもどすような過程を考える:すなわち状態 B は温度 T_B で質量が (M_1+M_2) の気体からなっているとし,これを状態 A,すなわち質量 M_1 の部分は温度 T_1 で,質量 M_2 の部分は温度が T_2 であるような状態へもどすことを考えるのである.簡単のため $M_1=M_2=M$ であるとしよう.計算は次のように進める:まず容器を二つの等しい部分に仕切る.従って各部分には等しい質量の気体が入っている.次に一つの部屋を温度 T_1 まで熱し,他方を温度 $T_2 (T_1 > T_2$ と仮定) まで冷やす.ただし加熱および冷却は充分ゆっくり,すなわち可逆的に行なう.この結果,温度は状態 A の値になるが,圧力は互に異なり,たとえば p_1 および p_2 になるであろう.そこで今度は仕切りを静かに低圧側に動かし,圧力を等しくならしめる.ただしこの際,外部との熱の交換を許し,温度が変化しないようにする.

このようにして二つの段階における $\int \dfrac{dQ}{T}$ の寄与を計算することができる:

(a)
$$\int \dfrac{dQ}{T} = \int \dfrac{dE + p\,dV}{T} = \int_{T_B}^{T_1} \dfrac{dE}{T} + \int_{T_B}^{T_2} \dfrac{dE}{T}$$

あるいは
$$\int_{(a)} \dfrac{dQ}{T} = -Mc_v \left(\ln \dfrac{T_B}{T_1} + \ln \dfrac{T_B}{T_2} \right) \qquad (1.39\,\text{a})$$

(b)
$$\int \dfrac{dQ}{T} = \int \dfrac{dH - V\,dp}{T} = -\dfrac{1}{T_1} \int_{p_1}^{p} V\,dp - \dfrac{1}{T_2} \int_{p_2}^{p} V\,dp$$

あるいは
$$-\int_{(b)} \dfrac{dQ}{T} = MR \left(\ln \dfrac{p}{p_1} + \ln \dfrac{p}{p_2} \right) \qquad (1.39\,\text{b})$$

しかるに T_B は (1.33 b) によって T_1, T_2 と結ばれており

$$T_B = \dfrac{T_1 + T_2}{2}$$

また状態方程式から

$$\frac{p}{p_1} = \frac{T_B}{T_1} \; ; \quad \frac{p}{p_2} = \frac{T_B}{T_2}$$

従ってエントロピーの差は，$c_p = R + c_v$ を考えて

$$S_B - S_A = -\int_{(a)} \frac{dQ}{T} - \int_{(b)} \frac{dQ}{T} = Mc_p \ln \frac{(T_1 + T_2)^2}{4T_1 T_2} \quad (1.40)$$

となる．ところが $T_1 \neq T_2$ なる限り $\frac{(T_1 + T_2)^2}{4T_1 T_2} > 1$ であり，$T_1 = T_2$ ならば，これは 1 である．従って始めの温度が等しいというつまらない場合を除けば必ず $S_B > S_A$ である．1.8節の最初の例，理想気体の膨脹の場合に対しては同様にして

$$S_B - S_A = MR \ln \frac{(p_1 + p_2)^2}{4p_1 p_2} \quad (1.41)$$

を示すことができる．一方 1.7節の断熱可逆過程に対しては，$dE + pdV = 0$ であるから (1.37) または (1.37 a) より直ちに $S_B - S_A = 0$ が導かれる．従って (1.37) または (1.38) で定義される関数 S は少くとも理想気体に対しては期待した通りの性質をもっている．このことは実はすべての熱力学系に対してもやはりいいうることなのである．この証明はいわゆる Carnot サイクルを使うか，もっときれいに直接的には Caratheodory の方法によって行える．これについては熱力学の然るべき教科書を参照せられたい．

以上により第二法則を次のように要約することができる：

（a）範囲的な状態量であるエントロピー S および強度的な状態量である絶体温度 T が存在する．二つの状態 A と B の間のエントロピーの差は

$$S_B - S_A = \int_A^B \frac{dQ}{T}$$

で与えられる．ただし積分は A から B に至る任意の可逆過程について行ない，また T は理想気体の方程式によって定義される温度にほかならない．

（b）**閉じた系**，すなわち外界と熱および仕事の交換のない系においては S はすべての自然過程によって増大する．そして S が極大値に達したとき系の平衡が成立する．

すべての自然な，すなわち非可逆な過程に対して $dS > \frac{dQ}{T}$ であることを示すことができる．実際，閉じた系の非可逆過程においては $dQ = 0$ であるが $dS > 0$ である．従

1.10 正規状態方程式，自由エネルギーと自由エンタルピー

って全く任意の過程を考えるならば (1.38) は次のように書き直すことができる：

$$S_B - S_A \geqq \int_A^B \frac{dQ}{T} \qquad (1.42)$$

理想気体の場合には，S あるいは比エントロピー s は V と T または p と T の関数として陽に書き表わすことができる．ただし S は E や H と同様一つの付加定数だけ不定である：

$$S = \int \frac{dE + p\,dV}{T} = M \int \frac{de + p\,dv}{T} + \text{const.}$$

故に

$$\frac{S}{M} = s = \int c_v \frac{dT}{T} + R \ln v + \text{const.} \qquad (1.43\,\text{a})$$

また $S = \int \frac{dH - V\,dp}{T}$ から，次の形がえられる：

$$\frac{S}{M} = s = \int c_p \frac{dT}{T} - R \ln p + \text{const.} \qquad (1.43\,\text{b})$$

これらの式は熱的に完全な気体に対するものである．もし熱量的にも完全（c_p および c_v は定数）であれば，これらの式は

$$s - s_1 = c_p \ln T/T_1 - R \ln p/p_1 \qquad \blacktriangleright (1.43\,\text{c})$$
$$s - s_1 = c_v \ln T/T_1 + R \ln v/v_1 \qquad \blacktriangleright (1.43\,\text{d})$$

の形に書かれる．ただし (p_1, v_1, T_1) はある標準状態における値を表わす．

1.10 正規状態方程式，自由エネルギーと自由エンタルピー

小さな可逆的状態変化に対しては $TdS = dQ$ であり，従って

$$dE = T\,dS - p\,dV \qquad \blacktriangleright (1.44\,\text{a})$$

または

$$dH = T\,dS + V\,dp \qquad \blacktriangleright (1.44\,\text{b})$$

熱量 dQ が TdS によって置換えられたので (1.44a) および (1.44b) は**状態量のみを含む式**になった．これらの式から，E に対して自然に選ばれる変数は S と V であ

り，H に対しては S と p であることがわかる．(1.44) から

$$\left(\frac{\partial E}{\partial S}\right)_V = T; \quad \left(\frac{\partial E}{\partial V}\right)_S = -p \tag{1.45 a, b}$$

$$\left(\frac{\partial H}{\partial S}\right)_p = T; \quad \left(\frac{\partial H}{\partial p}\right)_S = V \tag{1.46 a, b}$$

単純系の場合には，$E(S, V)$ がわかっていると (1.45) によって熱量的および熱的の状態方程式を両方とも求めることができる．同じことは H が $H(S, p)$ のようにわかっている場合についてもいわれる．S と T および V と p を共軛変数という．また

$$E = E(S, V)$$
$$H = H(S, p)$$

の関係を"正規状態方程式"と呼ぶことがある．このいずれか一つによって，単純系は完全に記述することができるのである．二番目の形は H および S を座標軸とする平面上に過程を表わすいわゆる **Mollier** の図において用いられる．Mollier の図は流れの過程を図的に表わすのに大変便利である．たとえば，風洞のような断熱路の中の流れは一部分は等エントロピー（$S=$一定）で一部分は等エンタルピー（$H=$一定）である．正規状態方程式の一例として再び熱的および熱量的に完全な気体を考えよう．これに対しては，(1.43 c) および (1.26 a) から容易に導かれる通り，単位質量について書いた正規方程式は

$$h = \text{const.}\, c_p \exp(s/c_p) p^{R/c_p} \tag{1.47}$$

従って (1.46 a) および (1.46 b) から

$$T = \frac{\partial h}{\partial s} = \text{const.} \exp(s/c_p) p^{R/c_p} = \frac{h}{c_p} \tag{1.48 a}$$

$$v = \frac{\partial h}{\partial p} = \text{const.}\, R \exp(s/c_p) p^{(R/c_p)-1} = \frac{Rh}{c_p p} \tag{1.48 b}$$

故に (1.48 a) は熱量的状態方程式 $h = c_p T + \text{const}$ を与え，さらに (1.48 b) は熱的状態方程式 $pv = RT$ を与える．

独立変数としてはいつでも S と V または S と p を用いるのが実際的であるとは

1.11 可逆関係式

限らない. それで E, S 及び H と結びついた函数で V と T および p と T を自然変数とするようなものが作れないかと考えるのは自然である. 同じような考えはすでに (1.20) で H を導くときに使っている.

そこで我々は次のように定義されるいわゆる**自由エネルギー** F (有効エネルギーあるいは仕事函数ともいわれる) および**自由エンタルピー** G (Gibbs の自由エネルギーまたは熱力学的ポテンシャルとも呼ばれる) を導入する:

$$F = E - TS \qquad (1.49\,\mathrm{a})$$
$$G = H - TS \qquad (1.49\,\mathrm{b})$$

従って (1.44 a) および (1.44 b) を用い

$$dF = dE - S\,dT - T\,dS = -S\,dT - p\,dV \qquad (1.50\,\mathrm{a})$$
$$dG = dH - S\,dT - T\,dS = -S\,dT + V\,dp \qquad (1.50\,\mathrm{b})$$

が得られる. 故に F に対する自然変数は V, T であり, G に対するものは p, T である. また (1.45) と類似の関係として

$$\left(\frac{\partial F}{\partial T}\right)_V = -S; \quad \left(\frac{\partial F}{\partial V}\right)_T = -p \qquad (1.51\,\mathrm{a})$$

$$\left(\frac{\partial G}{\partial T}\right)_p = -S; \quad \left(\frac{\partial G}{\partial p}\right)_T = V \qquad (1.51\,\mathrm{b})$$

たとえば理想気体の比自由エンタルピーは

$$g = \int c_p\,dT - T\int c_p\frac{dT}{T} + RT\ln p - Ts_0 + h_0 \qquad \blacktriangleright(1.52)$$

これは (1.26) および (1.43 b) から容易に導かれる.

1.11 可逆関係式

第二法則の微分形

$$T\,ds = dh - v\,dp \qquad (1.53)$$

から熱量的および熱的の二つの状態方程式を結ぶ有用な関係式を求めることができる. $s = s(p, T)$ の関係から

$$ds = \frac{\partial s}{\partial T}dT + \frac{\partial s}{\partial p}dp$$

また同様に $h=h(p, T)$ から

$$dh = \frac{\partial h}{\partial T}dT + \frac{\partial h}{\partial p}dp$$

従って (1.53) から

$$\frac{\partial s}{\partial T} = \frac{1}{T}\frac{\partial h}{\partial T} \qquad (1.54\,\text{a})$$

$$\frac{\partial s}{\partial p} = \frac{1}{T}\left(\frac{\partial h}{\partial p} - v\right) \qquad (1.54\,\text{b})$$

が得られる．(1.54) を"可逆関係式"と呼ぶ．(1.54 a) を p で，(1.54 b) を T で微分し，両辺の差をとって s を消去すれば

$$\frac{1}{T}\frac{\partial^2 h}{\partial p \partial T} - \frac{\partial}{\partial T}\frac{1}{T}\left(\frac{\partial h}{\partial p} - v\right) = 0$$

すなわち

$$\frac{\partial h}{\partial p} = v - T\frac{\partial v}{\partial T} \qquad \blacktriangleright (1.55)$$

なる式が得られる．これは熱量的および熱的の状態方程式を結びつける関係である．

たとえば，試みに理想気体を考えると

$$v = \frac{RT}{p}$$

であるから

$$\frac{\partial h}{\partial p} = \frac{RT}{p} - T\frac{R}{p} = 0$$

従って

$$h = h(T)$$

が得られる．なお $e(v, T)$ に対しても (1.55) と同様の関係式を導くことができる．

1.12 エントロピーと輸送過程

　非可逆な状態変化は必ず系内に各種の流れをひき起す．従って非可逆過程の間に生ずるエントロピーの増加はこれらの流れと関係づけられるはずである．

1.13 平衡の条件

我々は古典熱力学の範囲を超えて前進し，非可逆過程の進行中における**エントロピー増加の割合**というものを定義することを考える．エントロピーは過程の進行中に生成され，系内に残されるということができる．このように考えると，恰度密度に対して連続方程式を得たのと同様に比エントロピーに対する連続方程式を定義することができる．すなわち，ある定まつた体積内における比エントロピーの変化の割合を，二つの寄与，すなわちその体積へのエントロピーの正味**流入**とその体積内におけるエントロピーの**生成**とにもとづくものとして式を立てることができるのである．この方法の具体例は後章で述べることにして，ここでは主として生成項に注目することにしよう．流れのないところにエントロピーの生成はないことから，エントロピーの生成は"流れ"に依存するものであることは明らかである．一方，流れは，温度や密度などの状態量の場所的変化の割合と熱伝導率や拡散率などの輸送係数とに依存するものである．

よってエントロピー生成を表わす式の形は少くとも次の二条件を満たすものでなければならない：

 (a) 流れが止まると生成も消失すること
 (b) 生成量はいつも正であること

等方的な媒質（古典流体力学上のすべての流体を含む）の中の弱い一次元的な流れという最も簡単な場合，この考えから次の結果が得られる．すなわち単位時間，単位体積あたりのエントロピー変化の割合を σ と記せば，熱伝導の場合には

$$\sigma = \frac{k}{T^2}\left(\frac{dT}{dx}\right)^2$$

となる．ただし，k は熱伝導率を表わす．また音波や衝撃波の場合のように流れの方向の運動量の変化にもとづくエントロピーの生成は

$$\sigma = \frac{\tilde{\mu}}{T}\left(\frac{du}{dx}\right)^2$$

で与えられる．ここに $\tilde{\mu}$ は粘性の係数である[*]．

1.13 平衡の条件

---

[*] これらの式の導出については，365頁あたりを参照せられたい．なお $\tilde{\mu}$ はふつうの粘性係数とは常数倍だけ異なる．

自然の変化がまったく止ったとき，その系は平衡状態に達したことになる．**自然の変化に対しては** $dS \geq \dfrac{dQ}{T}$ **がなりたつ．**したがってどんな過程に対しても

$$\delta S \leq \frac{\delta Q}{T} \qquad (1.56)$$

あるいは第一法則を用いて

$$T\delta S - (\delta E + p\delta V) \leq 0 \qquad (1.57\text{a})$$
$$T\delta S - (\delta H - V\delta p) \leq 0 \qquad (1.57\text{b})$$

がなりたてば，系は安定な平衡状態にある．ここに δQ, δS 等の記号はいわゆる"仮想"変位すなわち，系の束縛を破らない小さな変化変数を表わす．(1.57) から，種々の束縛に対して，"熱力学的ポテンシャル" S, E, H, F, G の満たすべきそれぞれの条件が導かれる．すなわち

1. 閉じた系，たとえば固定した断熱容器の中の気体の膨脹のようなばあいには，$\delta E = 0$, $\delta V = 0$ だから

$$\delta S \leq 0 \qquad \blacktriangleright (1.58)$$

すなわち，エントロピーは極大値に達する（任意の仮想過程に対して S は減少し得るのみ，従って S は極大値をとる）．

2. V と T または，p と T とが一定に保たれる場合には，$F = E - TS$ および $G = H - TS$ を導入する．(1.57) により，平衡状態においては

$$\delta F \geq 0 \quad \delta T = 0 \quad \delta V = 0 \qquad \blacktriangleright (1.59)$$
$$\delta G \geq 0 \quad \delta T = 0 \quad \delta p = 0 \qquad \blacktriangleright (1.60)$$

でなければならない．すなわち，自由エネルギー F および自由エンタルピー G はそれぞれの束縛条件の許に平衡の極小値をとる．

p. 25
上の二つの場合は我々の目的のためには最も重要な場合であるが，もちろんこれ以外の場合も考えられる．

熱力学的平衡の研究は Gibbs によって発展せしめられたものである．Gibbs は力学における平衡の条件にならって理論を構成した．

1.14 理想気体の混合気体

空気力学における作業流体はたいてい気体の混合物である．そして状態量の変化は通常，成分気体がほとんど理想気体に近い範囲に限られる．したがって理想気体の混合物は空気力学的応用に対して最も重要な熱力学的系を表わす．

このような混合物は，平衡状態においてすべての状態量が系全体にわたって一様であるならば一様系である．しかし混合物は単純系ではない．なぜなら単純系の普通の状態量以外に成分気体の質量 x_i を指定しなければならないからである．

そこでたとえば E や H は

$$E = E(S, V, x_i) \qquad (1.61\,\mathrm{a})$$
$$H = H(S, p, x_i) \qquad (1.61\,\mathrm{b})$$

のようになるであろう．

もし成分気体が**不活性**であれば，その間に反応は起らないから，定まった量の混合気体については x_i は温度や圧力によらず一定である筈である．この場合，混合気体は**単一の理想気体**のようにふるまうであろう．たとえば空気は N_2, O_2 および僅かの A, CO_2 等の混合物であるが，かなり広い範囲の温度や圧力にわたって成分気体は不活性であり，したがって空気は単一の理想気体として取扱うことができる．

他方，すべての二原子気体（あるいはもちろんすべての多原子気体）は高温では**解離**し，**反応性混合物**を形成する．たとえば高温における窒素は N_2 と N との混合物からなり，その時の質量 x_{N_2} および x_N は圧力と温度によって変わる．同じことは化学的に反応する気体の場合にも，また電離の過程に対してもいえる．

さて，x_i がたとえば p と T との函数としてわかると (1.61 a) または (1.61 b) によって混合気体の熱力学的性質は完全にいい表わされる．x_i をきめる式は後で示すように前節の平衡条件から導かれるいわゆる**質量作用の法則**によってあたえられる．

混合気体に平衡条件を適用するためには，まず複合系の状態量を成分気体の状態量で表わす方法を考えなければならない．

いま，ある量の気体を体積 V の中に入れると，それは全体積を満たすであろう．この際圧力は自動的に調節される．これは気体に特有の性質である．理想気体の場合には，この全体積を占めることおよび圧力の調節作用は V の中に他の気体があることに**無関**

p. 26
係に行なわれる．したがって理想気体の混合物の場合には i 番目の成分気体に対して分圧 p_i を考えることができる．p_i は理想気体の方程式

$$p_i = \rho_i R_i T = \frac{x_i}{V} R_i T \tag{1.62}$$

を満たすであろう．そして混合気体の合圧 p は分圧の和

$$p = \sum p_i \qquad \blacktriangleright (1.63)$$

に等しい．(1.62) および (1.63) は **Dalton の法則** として知られている．

さて i 番目の気体の比エネルギーおよび比エンタルピーは温度だけの函数であり，温度はすべての成分気体に共通である．したがって混合気体の E と H は

$$E = \sum E_i = \sum x_i e_i(T) \qquad \blacktriangleright (1.64\,\text{a})$$

$$H = \sum H_i = \sum x_i h_i(T) \qquad \blacktriangleright (1.64\,\text{b})$$

のように表わされる．比エントロピー s_i は，体積と温度または圧力と温度とに関係するから，混合気体のエントロピー S は

$$S = \sum S_i = \sum x_i s_i(v_i, T) \tag{1.65}$$

あるいは

$$S = \sum S_i = \sum x_i s_i(p_i, T) \qquad \blacktriangleright (1.66)$$

のように与えられる．

従って混合気体のエントロピーを成分エントロピーの和として求める際には，どの変数をとるかについて幾分の注意が必要である．すなわち V や T は各成分気体に共通であるが，$v_i = V/x_i$ と p_i は成分ごとに異なる．もし圧力と温度を変数に選ぼうとするならば，各成分気体は各々の分圧 p_i をもっていることに留意しなければならないのである．上の二式の中 (1.66) の方が使うのに便利である．

(1.26) および (1.43 b) によって H_i と S_i の形はわかっているから

$$H = \sum x_i \left[\int (c_p)_i \, dT + (h_0)_i \right] \tag{1.67}$$

$$S = \sum x_i \left[\int (c_p)_i \frac{dT}{T} - R_i \ln p_i + (s_0)_i \right] \tag{1.68}$$

1.15 質量作用の法則

が得られる.

質量作用の法則を導くために自由エンタルピー $G=H-TS$ が必要になるが，これは (1.67) と (1.68) より直ちに求められ

$$G = \sum x_i[\omega_i(T) + R_i T \ln p_i] \qquad (1.69)$$

となる. ここに ω_i は,

$$\omega_i \equiv \int (c_p)_i\, dT - T \int (c_p)_i \frac{dT}{T} + (h_0)_i - (s_0)_i T. \qquad (1.69\,\text{a})$$

1.15★ 質量作用の法則

p. 27
反応性理想気体の混合物を考えよう. 反応は一般に

$$2H_2 + O_2 \leftrightarrows 2H_2O$$

$$2N \leftrightarrows N_2 \quad \text{etc.}$$

等のような反応式によって表わされる. たとえば水素2分子と酸素1分子から水蒸気2分子ができる. H_2, O_2, H_2O の質量をそれぞれ x_1, x_2, x_3 とすれば, 反応式を満たさなければならないことから dx_1 は dx_2 および dx_3 と無関係ではあり得ないことは明らかである. m_1, m_2, m_3 を H_2, O_2, H_2O 分子の質量として, 次のような変数 λ

$$dx_1 = 2m_1\, d\lambda$$
$$dx_2 = m_2\, d\lambda$$
$$dx_3 = -2m_3\, d\lambda$$

を導入すれば, λ の任意の変化は H_2O 反応における dx_1, dx_2, dx_3 の間の正しい関係を与える. 一般的に書けば, 次の関係によって λ を導入するのである:

$$dx_i = \nu_i m_i\, d\lambda \qquad (1.70)$$

ただし ν_i は反応式における整数を表わす.

次にいよいよ平衡条件の適用に進もう. ポテンシャルとしては自由エンタルピー G を用いる. 圧力および温度が与えられるとき, G が極小値をとれば平衡が成立する. すなわち $G=G(p, T, x_i)$ において p と T は一定であり, x_i は既知の定数 ν_i, m_i および変数 λ によって表わされるから平衡の条件は

$$\frac{dG}{d\lambda} = 0 \qquad (1.71)$$

となる。G は (1.69) によって

$$G = \sum x_i[\omega_i(T) + R_iT \ln p_i]$$

のように与えられるから

$$\frac{dG}{d\lambda} = \sum \left\{ \frac{dx_i}{d\lambda}[\omega_i(T) + R_iT \ln p_i] + x_i R_i T \frac{d}{d\lambda} \ln p_i \right\}. \qquad (1.72)$$

この式の最後の項は p_i が x_i 従って λ に関係するから（式 (1.62)）一応必要であるが，実はこの項は消える。それは

$$\sum x_i R_i T \frac{d \ln p_i}{d\lambda} = \sum \frac{x_i R_i T}{p_i} \frac{dp_i}{d\lambda}$$

p. 28 において，$p_iV = x_i R_i T$ であり，また $p = \sum p_i$ および $p = $ 一定なることを考慮すれば

$$\sum \frac{x_i R_i T}{p_i} \frac{dp_i}{d\lambda} = V \sum \frac{dp_i}{d\lambda} = V \frac{dp}{d\lambda} = 0$$

となるからである。従って結局 (1.70) と (1.71)，(1.72) から

$$\sum [\nu_i m_i \omega_i(T) + \nu_i m_i R_i T \ln p_i] = 0$$

または $R_i = k/m_i$ であるから

$$\sum \ln p_i^{\nu_i} = -\frac{1}{kT} \sum \nu_i m_i \omega_i(T) \qquad (1.73)$$

これすなわち**質量作用の法則**である。指数函数形に変えると，(1.73) は

$$p_1^{\nu_1} p_2^{\nu_2} p_3^{\nu_3} \cdots \equiv \prod p_i^{\nu_i} = K(T) \qquad \blacktriangleright (1.74)$$

$$K(T) = \exp \frac{-\sum \nu_i m_i \omega_i(T)}{kT}$$

のようにも表わされる。(1.74) は Gibbs によって導かれた式である。この式にいわゆる基準状態を導入することもよく行なわれる。すなわち各成分気体に対してそれぞれの

基準圧力 $\tilde{p}_i$ を選び，次に (1.73) の両辺から $\sum \nu_i \ln \tilde{p}_i$ を差引くと

$$\sum \ln \left(\frac{p_i}{\tilde{p}_i}\right)^{\nu_i} = -\frac{1}{kT} \sum \nu_i m_i [\omega_i(T) + R_i T \ln \tilde{p}_i] \qquad (1.73\text{a})$$

が得られる．ここで

$$\omega_i(T) + R_i T \ln \tilde{p}_i = g(T, \tilde{p}_i)$$

は T および $\tilde{p}_i$ において測った自由エンタルピー，すなわち"基準の"エンタルピーである．故に本によっては (1.73 a) を次の形に書くものもある：

$$\sum \ln \left(\frac{p_i}{\tilde{p}_i}\right)^{\nu_i} = -\frac{\Delta \tilde{g}}{kT} \qquad \blacktriangleright (1.73\text{b})$$

ただし，$\Delta \tilde{g}$ は $\sum \nu_i m_i g(T, \tilde{p}_i)$ の略記である．たとえば，すべての i に対して $\tilde{p}_i$ を 1 気圧に選ぶこともできる．そうすると

$$\sum \nu_i \ln p_i = -\frac{\Delta \tilde{g}}{kT} \qquad (1.73\text{c})$$

となるが，ここで p_i は気圧単位で測り，また $\tilde{g}$ は1気圧における"基準の"自由エンタルピーを表わす．

1.16★ 解　離

p. 29
非常に重要な例として，酸素のような二原子分子の解離の問題を考えよう．充分高い温度（≈3000°K）ではこの気体は O_2 と O の両方を含み反応性混合気体となる．

混合気体の中にある O と O_2 の質量を x_1 および x_2 としよう．**解離度** $\alpha = \dfrac{x_1}{x_1 + x_2}$ を導入し，また単位質量の混合気体を考えることにすると $x_1 + x_2 = 1$ であり

$$x_1 = \alpha \quad x_2 = 1 - \alpha$$

となる．従って混合気体のエンタルピー h は O および O_2 の比エンタルピー h_1 および h_2 によって次のように表わされる：

$$h = \alpha h_1 + (1 - \alpha) h_2 = h_2 + \alpha(h_1 - h_2) \qquad \blacktriangleright (1.75)$$

(1.75) は混合気体の熱量的な状態方程式ということになる．$\alpha = \alpha(p, T)$ だから，この式より．$h = h(p, T)$ であるという重要な結果が出る！すなわちこの混合物は理

想気体でできているにも拘らず，理想気体のふるまいはしない．理想気体ならば，h は T だけの函数であるはずである．熱的な状態方程式は

$$p_1 = \frac{x_1}{v} R_1 T = \frac{\alpha}{v} R_1 T$$
$$p_2 = \frac{x_2}{v} R_2 T = \frac{1-\alpha}{v} R_2 T$$
(1.76)

から求められる．O_2 の分子量は O の分子量の2倍であるから，$R_1 = 2R_2$ であり*，従って (1.76) から

$$p = p_1 + p_2 = \frac{R_2 T}{v}(1+\alpha) \qquad \blacktriangleright (1.77)$$

故に混合気体の熱力学的ふるまいは $\alpha(p, T)$ がわかりさえすれば完全に定まる．α は質量作用の法則 (1.74) によって与えられる．今の場合，反応式は

$$2O \rightleftarrows O_2$$

であるから $\nu_1 = 2, \nu_2 = -1$ であり，従って (1.74) 式は

$$\frac{p_1^2}{p_2} = K(T)$$

となる†．これは (1.76), (1.77) によって次のように書ける：

$$\frac{4\alpha^2}{1-\alpha^2} = \frac{K(T)}{p} \qquad \blacktriangleright (1.78)$$

$K(T)$ は (1.74) で与えられており，従ってわかった T の函数である．以下の目的のためには，K はどんな型の反応に対しても表または曲線で表わすことができるということを了解すれば充分である．K がわかると (1.75), (1.77) および (1.78) によって混合気体の性質はすべて完全に導き出すことができるわけである．

特に，次の二つの関係は一般的になりたつものであるが，この特別の例についても容易に導びくことができる：

（a）**解離熱** l_D すなわち p および T 一定の許で単位質量の O_2 を解離させるの

---

† (1.78) のもっと簡単な導きかたを練習問題 1.10 に示してある．
* $R_i = \mathbf{k}/m_i$

1.16 解離

に必要な熱量は

$$l_D = h_1 - h_2 \qquad \blacktriangleright (1.79)$$

によって与えられる。この式は第一法則から直ちに次のようにして得られる：

$$dq = dh - v\,dp = \frac{\partial h}{\partial T}dT + \left(\frac{\partial h}{\partial p} - v\right)dp + \frac{\partial h}{\partial \alpha}d\alpha$$

従って

$$l_D \equiv \left(\frac{dq}{d\alpha}\right)_{p,T} = \frac{\partial h}{\partial \alpha}$$

これに (1.75) を用いると (1.79) が得られる。

(b)

$$\frac{d\ln K}{dT} = \frac{l_D}{R_2 T^2} \qquad \blacktriangleright (1.80)$$

(1.80) を導くには，可逆関係 (1.55) すなわち

$$\frac{\partial h}{\partial p} = v - T\frac{\partial v}{\partial T}$$

に (1.75) および (1.77) を用いる。その結果まず

$$l_D \frac{\partial \alpha}{\partial p} = -\frac{R_2 T^2}{p}\frac{\partial \alpha}{\partial T}$$

が得られるが，ここでさらに (1.78) を用いると，直ちに (1.80) が導かれるのである。

(1.79) および (1.80) は両方とも一般の場合にもなりたち，この特別の例だけに限る結果ではない。

解離熱 l_D は T の函数である。しかし解離熱の温度による変化は大低の場合第一近似的に無視することができる。このときには (1.80) は積分されて

$$K = \text{const.}\, e^{-l_D/R_2 T} \qquad (1.80\,\text{a})$$

となる。1.5図に O_2 の場合について $\ln K$ を $1/T$ に対して描いた結果を示す。この曲線は殆んど直線に近いから (1.80 a) はよい近似でなりたつ。l_D/R_2 は明らかに温度の次元をもっているので**解離の特有温度** θ_D と呼ぶべきものである。

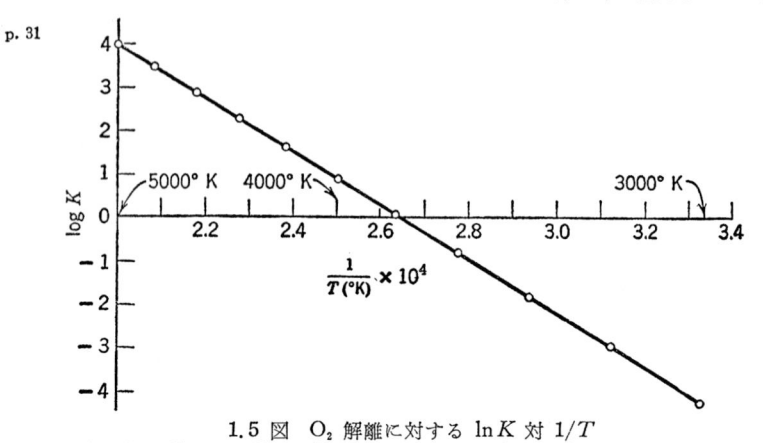

1.5 図 O_2 解離に対する $\ln K$ 対 $1/T$
(H. W. Woolley, "Effect of Dissociation on Thermodynamic Properties of Pure Diatonic Gases", *NACA Tech. Note* 3270 による)

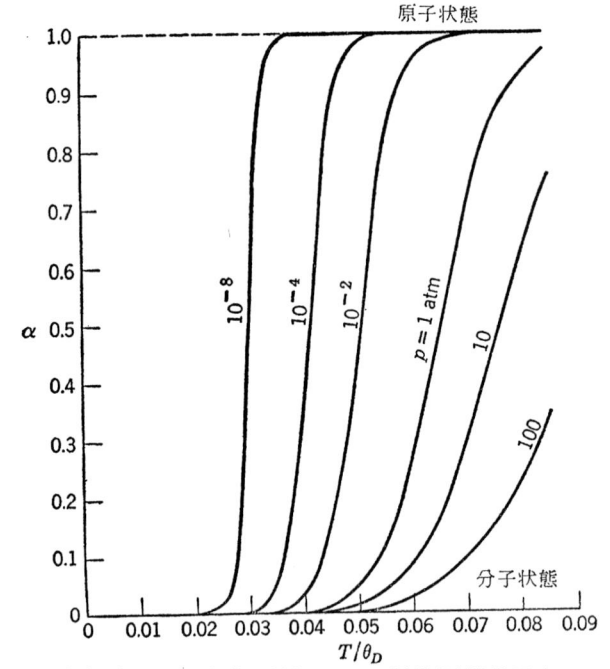

1.6 図 二原子気体の解離における解離度対換算温度
(*NACA Tech. Note* 3270 による)

1.16 解離

p. 32
解離をともなう二原子気体の状態量を p と T の函数としてグラフを描くと，そのグラフは気体ごとに異なる．しかし T の代りに換算温度 T/θ_D を用いると，すべての二原子気体に対して近似的に同一のグラフを適用することができるようになる．1.6 図および 1.7 図に α および h に対するその代表的グラフを示す．

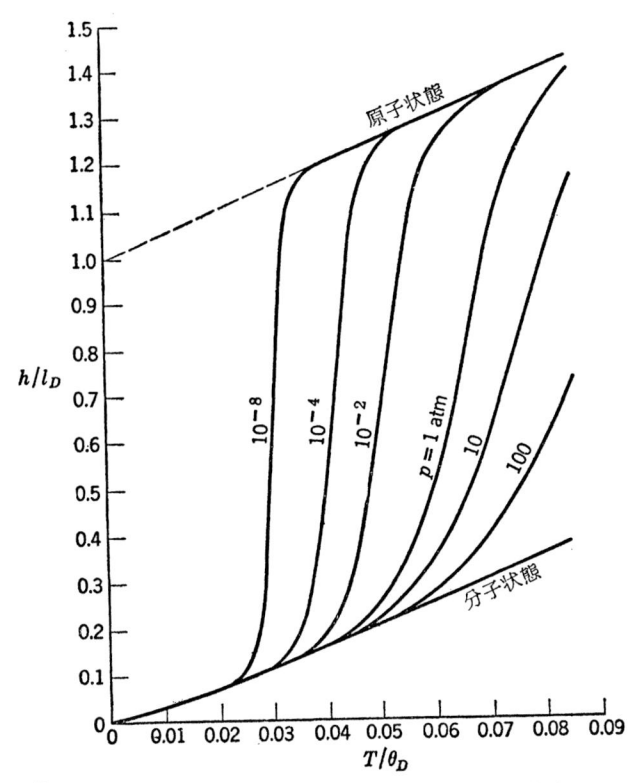

1.7 図 二原子気体の解離における換算エンタルピー対換算温度
(*NACA Tech. Note* 3270 による)

多原子気体の解離の場合または解離しない成分気体も共存する場合等に対しても上と同じように質量作用の法則を適用することができる．最後に，重要な問題である**電離**の場合もよい近似で解離の問題と同様に取扱かうことができる．

たとえば，非常に高温で解離が完了し，気体は酸素原子 O だけからなる場合を考えよう．温度がさらに充分高められると O 原子は電子 ε を失ない，気体は O^+, ε 及び

O の混合物すなわち**電離した** O と電子と中性の O からなる混合物になるであろう．
そしてこのような高温では三成分とも理想気体として取り扱かうことができる．従って反応式

$$O^+ + \epsilon \rightleftarrows O$$

がなりたち，これに対して質量作用の法則および上に用いたと同様の考えかたが適用できるのである．

1.17★ 凝　　縮

ある種の応用特に高速風洞の設計においては，かなりの低温における気体のふるまいもまた重要である．従って気体力学においては，一つの物質の気相および液相からなる**多相系**もまた時に考察の対象になる．

これに対する熱力学的諸関係は平衡条件から求めることができるが，このふつうのやりかたは，練習問題として残しておく．ここでは問題をやや違った観点から取扱かう．気体力学においては，液化を伴なう気体の液相は流れと共に運ばれる微小な液滴になっているのがふつうであり，また気相は理想気体とみなしうる場合が多い．このような場合，**これらの液滴は非常に重い気体の分子であるかのように考えることができる**．そこで気体とこの液滴との間の"反応"に対して再び質量作用の法則を適用することができるのである．たとえば凝縮を伴なう窒素 N_2 に対して"反応式"は

$$nN_2 \rightleftarrows D$$

と書くことができる．但し D は"液滴"を表わし，また n は気体力学で現われるような微小な液滴の場合でも非常に大きな数となる．

この反応に質量作用の法則 (1.74) を適用すると

$$\frac{p_1^n}{p_2} = K(T) \tag{1.81}$$

または対数形で

$$n \ln p_1 - \ln p_2 = \ln K(T) = -\frac{1}{kT}(nm_1\omega_1 - m_2\omega_2)$$

が得られる．ここに p_1, m_1, ω_1 は N_2 気体に関するもので，p_2, m_2, ω_2 は"液滴"気

1.18 気体力学における実在気体

体に関するものを表わす. さて $m_2=nm_1=nm$ と書けば

$$n \ln p_1 - \ln p_2 = -\frac{n}{RT}(\omega_1 - \omega_2) \quad (1.82)$$

n が大きいとき第二項は無視でき*, また $p=p_1+p_2 \fallingdotseq p_1$ である. 従って n で割れば, 次の結果が得られる.

$$\ln p = -\frac{\omega_1 - \omega_2}{RT} = \frac{1}{n}\ln K$$

$$\frac{d\ln p}{dT} = \frac{1}{n}\frac{d\ln K}{dT} = \frac{l_v}{RT^2} \quad \blacktriangleright (1.83)$$

p. 34
ここで l_v は "気化熱" であって, これは (1.79) や (1.80) における解離熱と全く同様に導入されたものである. (1.83) 式は相平衡における圧力に対する Clapeyron-Clausius の式の一つの形である. 潜熱 l_v はここでは液滴1個をその成分分子に分解するために必要なエネルギーの尺度である. このように考えると液化が解離や電離とよく似た現象であることが明白になる. そして上のようなやりかたを採用した理由もここにある. なお, 上記の l_v は表面張力の影響をも含んでいるが, ふつうのやりかたではこの影響は別に考えなければならないものである. エンタルピー, エントロピー等も解離の場合と同じようにして得ることができる.

1.18 気体力学における実在気体

圧縮性流体の流れの理論における明確な結果の大部分は一定比熱をもった理想気体の場合に導かれている. これは扱かう流体が簡単であれば, 一々面倒な計算をしなくても, 流れの物理をはっきりさせることができるからにほかならない. しかし熱的および熱量的に完全な気体というのは一つの理想化であって, 実在の流体は大なり小なりこれから外れるものである. この第1章最後の節においては, これらのいわゆる "実在気体効果" について簡単に述べることにしよう. 幸いに航空の応用に関係する気体の数は燃焼の問題を除けば比較的僅少である. ふつう取扱わなければならないのは, O_2, N_2, NO, He などの気体であり, まれに H_2O や CO_2 も扱われるが, この二つより複雑な気体

---
* (1.62) で $R_2=k/m_2=\frac{1}{n}R_1$, $n\gg1$ を考慮すればよい.

が表われることは殆んどない．またふつうの問題では比較的温度は高く密度は小さい．従って，"実在気体効果"の議論は，関係する気体の種類および圧力や温度の範囲が限られているので非常に簡単化される．

熱的な状態方程式　実在気体の状態方程式は，"圧縮度係数" Z を使って形式的に次のように書くことができる：

$$\frac{pv}{RT} = Z(p, T) \tag{1.84}$$

従って $Z=1$ は理想気体の式を与える．Z の1からのずれは主として次の二つの影響によって生ずる：**温度が低くまた圧力が高いとき**には，分子間力が重要になってくる．これは van der Waals の力と呼ばれ気体の液化の可能性を説明するものである．また**温度が高く，圧力が低いとき**には解離や電離の現象が起り，これらの過程は粒子の数を変えるから Z は1からずれる．ただしこのようにいう場合の R は一定の基準値を表わす（式 (1.77) 参照）．van der Waals の力の影響は第一近似においては，いわゆる

p. 35

"第二ビリヤル係数"によって表わすことができ，(1.84) は次の形に書かれる：

$$\frac{pv}{RT} = Z = 1 + b(T)\frac{p}{RT} \tag{1.85}$$

b/R は明らかに個々の気体に特有の函数であるから補正項 bp/RT は気体が変れば変るべきものである．しかし，ここで考える少数の気体に対しては無次元の変数を導入し (1.85) を普遍な形に書き直すことができる．

T_c, p_c, v_c をそれぞれ臨界温度，圧力，比体積としよう．$b(T)$ が体積の次元をもつことに注意し，(1.85) を無次元変数で表わすと

$$\frac{pv}{RT} = 1 + \frac{p_c v_c}{RT_c}\frac{p}{p_c}\frac{T_c}{T}\frac{b(T)}{v_c} \tag{1.86}$$

ここで，$p_c v_c/RT_c = \kappa$ は定数で，我々の各気体については殆んど同じ値 $\kappa = 0.295$ である（巻末の表をも参照）．また b/v_c はこれらの気体に対しては T_c/T の普遍函数であるとみてよい．従って (1.86) は次の便利な形

$$\frac{pv}{RT} = 1 + \frac{p}{p_c}\phi\left(\frac{T_c}{T}\right) \tag{1.87}$$

11.8 気体力学における実在気体

に書くことができ，$\phi(T_c/T)$ は我々の気体に共通の函数である．数値的な見積りのためには次の ϕ の表を用いると便利である．[†]

T_c/T	0.1	0.2	0.4	0.6	0.8
ϕ	0.009	0.015	-0.005	-0.067	-0.18

p_c, T_c の値は巻末の表に与えてある．

解離を伴なう二原子気体の状態方程式は 1.16 節 (1.77) で求めた通り

$$\frac{pv}{RT} = 1 + \alpha \qquad (1.88)$$

である．故に Z はこの場合，解離度 α と簡単に結びついており，従って p と T との函数である．解離の特有温度は反応熱 l_D を用いて $\theta_D = l_D/R$ のように定義した．（気化熱 l_v による同じような定義を van der Waals の力の影響の際に用いることもできるわけであるが，この場合には臨界値を用いるのがならわしである．）

さて l_D は原子を分子の**中につなぎ止めている**力に関係し，l_v は**分子間の力**に関係する．故に $l_D \gg l_v$ であり，従って解離の影響があらわれる温度範囲は van der Waals の力が重要になるような範囲からはるかに離れているのがふつうである．従って気体力学の与えられた問題において両方の影響が同時に起る困難になやまされることはめったにない．

同じような推察は電離の場合にもあてはまる．このときには電子を原子内に結びつける力とそれに対応する電離のエネルギー l_i とが関係する．

熱量的な状態方程式 理想気体の場合には熱量的な状態方程式は

$$h = \int c_p \, dT + h_0 \qquad (1.89)$$

であって，c_p と c_v は

$$c_p - c_v = R \qquad (1.90)$$

なる関係で結ばれている．(1.89) と (1.90) は，$pv = RT$ から直接導かれる結果であ

[†] b/v_c の値は E. A. Guggenheim, *Thermodynamics*, North Holland Publishing Co., Amsterdam, 1950 p. 140 から取った．

る．しかし c_p の T による変化は熱力学では与えられず，これは実験または統計力学から求めるべきものである．古典統計力学によれば適当な分子模型の"自由度の数" n_f によって c_p に対する簡単な表式が導かれる（第14章参照）：

$$c_p = \frac{n_f + 2}{2} R \tag{1.91}$$

滑らかな球または質点模型では $n_f=3$ である．これは一原子気体たとえば He, A 等に対するよい模型である．実際，このような気体についての実験によれば液化点の近くから電離が起るまでの非常に広い温度範囲において

$$c_p = \tfrac{5}{2} R$$

がなりたつことが示される．従って一原子気体は殆んど熱量的に完全である．

二原子分子に対する最も簡単な模型は剛体の亜鈴であって，これは $n_f=5$ である．二原子気体（および CO_2 のような線状の三原子気体）も室温においては，(1.91) で $n_f=5$ と置いた値，すなわち

$$c_p = \tfrac{7}{2} R$$

なる比熱をもっている．

しかし高温になると c_p は T の増加と共に $\tfrac{7}{2}R$ より増大する[†]．これは二原子分子の中の原子は剛体的に結びつけられているのではなく，振動することができるからである．古典的には，この振動によってさらに二つの自由度が加わり，c_p は

$$c_p = \tfrac{9}{2} R$$

になるもの期待される．比熱が $\tfrac{7}{2}R$ から $\tfrac{9}{2}R$ へ移る温度およびこの遷移領域における $c_p(T)$ の函数形を決めることは，古典統計力学のなし得ないことである．しかしこれは量子統計力学によれば可能である．解離から van der Waals 効果の領域にわたる温度範囲において二原子気体の比熱は次の式によってよく表わされる：

[†] 低温では回転の自由度が"凍結"するので c_p は $\tfrac{7}{2}R$ より下りうる．しかし N_2 や O_2 等では回転に対する特有温度は 2°K の附近にあり，我々の問題の範囲外になる．回転の影響が問題になるのは H_2 だけである．

1.18 気体力学における実在気体

$$\frac{c_p}{R} = \frac{7}{2} + \left[\frac{\theta_v/2T}{\sinh(\theta_v/2T)}\right]^2 \tag{1.92}$$

ここに θ_v は振動エネルギーに対する特有温度を表わす (種々の気体に対する θ_v の値は巻末の第1表に示してある). (1.92) によれば上に予期した通り $T \ll \theta_v$ に対しては $c_p/R \to 7/2$ であり, $T \gg \theta_v$ に対しては, $c_p/R \to 9/2$ となる. (1.92) の統計的導出については 14.7 節に概説した.

H_2O のような三原子気体も同じような挙動をしめす. ただしこれは自由度 6 から出発するので定数項は $8/2=4$ である. そしてふつう 2 個以上の振動様式が重要となる.

最後に, 熱的な状態方程式が理想気体の式からずれれば必ずそれは熱量的な状態方程式に影響する. それは両者は (1.55) すなわち

$$\frac{\partial h}{\partial p} = v - T\left(\frac{\partial v}{\partial T}\right)_p$$

によって結ばれているからである. (1.84) の形の状態方程式を入れると

$$\frac{\partial h}{\partial p} = -\frac{RT^2}{p}\left(\frac{\partial Z}{\partial T}\right)_p \tag{1.93}$$

さらにまた $c_p - c_v \neq R$ である. なぜなら (1.22) から

$$c_p - c_v = \left(v - \frac{\partial h}{\partial p}\right)\left(\frac{\partial p}{\partial T}\right)_v$$

従って[*]

$$c_p - c_v = R\frac{\left(Z + T\frac{\partial Z}{\partial T}\right)^2}{Z - p\frac{\partial Z}{\partial p}} \tag{1.94}$$

以上の簡単な議論によって理想気体近似の適用限界の大要を知ることができる.

要約 (1) 低温および高圧において, 気体は分子間力のために熱的および熱量的に不完全となる. このとき $Z \neq 1$ であって $h = h(p, T)$.

(2) 高温および低圧においては $Z=1$ で $h=h(T)$, ただし振動からの c_p への寄

---

[*] $(\partial p/\partial T)_v$ は (1.84) において $p(v, T)$ として微分すれば得られる.

与が温度によるために $c_p=c_p(T)$ である.

p. 38

(3) さらに高温になると，解離および電離が起り，粒子の数が変るので $Z\neq 1$ で $h=h(p, T)$.

(4) 気体は，$T_o \ll T \ll \theta_v$ で $p \ll p_o$ であれば熱的にも熱量的にも完全である.

(5) 一原子気体では振動および解離にもとづく影響はない.

第2章　一次元気体力学

2.1　まえがき

p. 39
　圧縮性流体の運動の研究を，**一次元の流れ**の場合からはじめることにしよう．一次元の流れというのは，2.1図に示すような細長い管の中の流れなどの場合である．ただし，この管は，軸にそった断面積の変化 $A=A(x)$ によって特徴づけられ，各断面内で流れの特性は一様，すなわち $p=p(x)$, $\rho=\rho(x)$ であるとする．同様に，速度 u は断面に垂直で，各断面内で一様，すなわち $u=u(x)$ であるとする．流れが非定常であれば，これらの量はまた時間の函数でもある．

　これらの条件はみかけほどきゆうくつなものではない．たとえば，途中に流れの状態が一様ではない断面があっても，状態が一様なすなわち一次元的な二つの断面の間では，なおこの結果を用いることができる．また，流れの

2.1 図　流管中の一次元の流れ

状態が一様でない断面においても，適当な平均値に対して用いることができる．
　さらに一次元の結果は一般の三次元の流れの個々の流管にも適用することができる．この場合，x は流管にそった座標となる．†　第7章で，その際さらにどんな関係が必要であるかを述べる．
　非圧縮性流体の場合には，一次元の流れについてのあらゆる事柄は一切，"u が A に逆比例する"という運動学的関係に含まれる．そして圧力は（独立な）Bernoulli の式から得られる．しかし圧縮性流れでは密度が変化するので，連続の式と運動量の式は互いに関係する．したがって，速度と断面積との間の関係は，それほど簡単にはならない．

---

†　第7章では，流線座標に対して s を用いる．しかしここでは x の方が都合がよいと思われる．

2.2 連続の方程式

p. 40
2.1 図の管の中の流れが定常であれば，ある断面を通過する流体は，それより下流にあるすべての断面を通過しなければならない．これは単に質量保存の法則を言い表わすものにすぎない．状態が一様な任意の二つの断面では，流量は等しい．すなわち，

$$\rho_1 u_1 A_1 = \rho_2 u_2 A_2 \qquad \blacktriangleright (2.1)$$

この形の連続の式は非常に一般的である．何故ならば，たとえこれらの断面の途中で状態が一様でなくても成り立つからである．流れがどの断面でも一様であれば，方程式は

$$\rho u A = \text{const.} = m \qquad (2.2)$$

と書くことができる．そして，管にそってどこでも適用することができる．これを微分すると，定常な連続の式の微分形が得られる：

$$\frac{d}{dx}(\rho u A) = 0 \qquad \blacktriangleright (2.3)$$

流れが非定常の場合は，連続の式は次のようにして得られる．2.2 図で，断面1と2の間に含まれた質量は $\rho A \Delta x$ である．そして，$\frac{\partial}{\partial t}(\rho A \Delta x)$ の割合で増加する．これは，1を通る流れから2を通る流れを差引いたものに等しくなければならない．したがって，正味の流入量は†

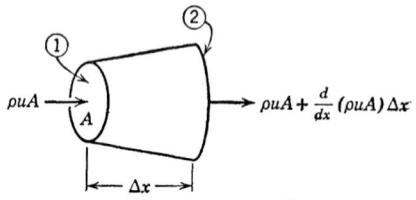

2.2 図 管の中の流れ

$$-\frac{\partial}{\partial x}(\rho u A) \Delta x = \frac{\partial}{\partial t}(\rho A \Delta x)$$

Δx は時間に関係しないから，全体を Δx で割れば，

$$\frac{\partial}{\partial x}(\rho u A) + \frac{\partial}{\partial t}(\rho A) = 0 \qquad \blacktriangleright (2.4)$$

---

† 断面間に吹出しのある場合は除く．

2.3 エネルギー方程式

p. 41
1.8 節では熱力学の第一法則を用いて,抑流過程における平衡状態を調べた.これは一つの**流れ過程**である.一方,1.8 節で述べた非可逆膨脹の実験のような場合は,平衡状態は静的であった.後者では,

$$e_1 = e_2$$

であるが,前者では,

$$h_1 = h_2 .$$

両者の違いは,流れ過程では"流れの仕事"が存在することである.したがって,**流れている流体に対しては,基礎の熱力学的量は,内部エネルギーよりもむしろエンタルピーである**.

1.8 節の Joule-Thomson の過程では,流れは非常におそく,その運動エネルギーは無視できると仮定した.流速が任意の場合への拡張は,流体の総エネルギーに運動エネルギーを含めるだけでよい.流体のエンタルピー h は,流体と共に動く"観測者"によって測定されるエンタルピーとして定義する.平衡の条件は,この観測者に対して,エネルギー,運動量等の流れがあってはならないということである(1.5 節).方程式に外部からの加熱や流れの断面積の変化を加えて一次元の流れに対するエネルギー方程式を求めることは容易である.詳細は,1.8 節の Joule-Thomson の過程に対応して次のようになる.

2.3 図で,断面 1 と 2 の間にある流体の一定部分を"系"としてえらぶ.下側の図は,この系を流体の代りに 1 と 2 にあるピストンで境した図である.これらのピストンはもとの流体と等価であって,定まった流体部分よりなる系になされる仕事を明らかにするためのものである.

この流体の部分が微小時間内に断面 $1'$ と $2'$ で境される領域へ移動し,その間に熱量 q が加えられるものとする.このとき,エネルギーの法則によって次の関係が成り立つ:

$$q + (なされた仕事) = (エネルギーの増加) \qquad (2.5)$$

仕事を計算するために,1 から移動した体積は比体積 v_1 であるとし,したがって,その質量は 1 であるとする.そうすると定常状態では,2 から移動した質量も 1 で従っ

て体積は v_2 である．この移動の間に，ピストンによってこの系になされた仕事は，$p_1v_1-p_2v_2$ である（1と2の間に機械があって，これに外から附加的な仕事がなされるかも知れないが，このような場合は考えない）．そこで，次の関係が得られる：

$$（なされた仕事）= p_1v_1 - p_2v_2. \tag{2.6}$$

最後に，系のエネルギーの変化を計算しなければならない．流れている流体は（単位質量について）**内部エネルギー** e の他に，**運動エネルギー** $\frac{1}{2}u^2$ をもっている．したがって，その局所エネルギーは単位質量当り $e+\frac{1}{2}u^2$ である．移動した後の系のエネルギーを移動する前のそれと比較すると，2 から $2'$ までの移動に応じて $e_2+\frac{1}{2}u_2^2$ だけのエネルギーの増加があり，1 から $1'$ までの移動に応じて $e_1+\frac{1}{2}u_1^2$ だけの減少があることがみとめられる．故に差引きの結果は，

$$（エネルギーの増加）=(e_2+\tfrac{1}{2}u_2^2)-(e_1+\tfrac{1}{2}u_1^2) \tag{2.7}$$

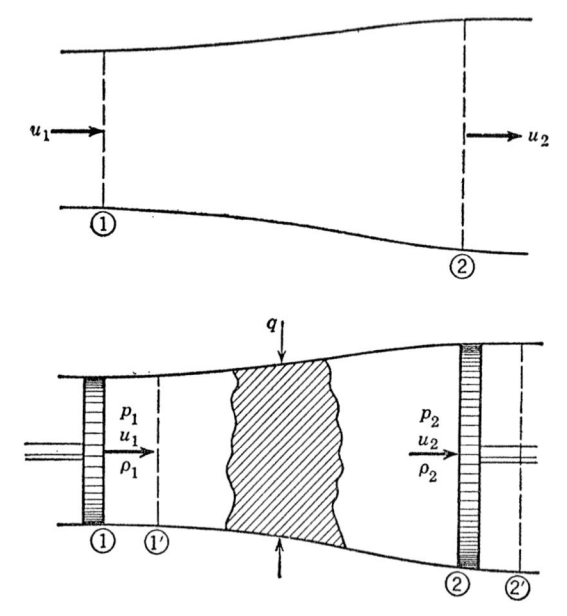

2.3 図 流れのエネルギーを計算するための系

2.3 エネルギー方程式

そこで，定常な流れに対するエネルギーの式は，次のようになる．

$$q + p_1v_1 - p_2v_2 = (e_2 + \tfrac{1}{2}u_2^2) - (e_1 + \tfrac{1}{2}u_1^2) \tag{2.8}$$

これは，エンタルピー

$$h = e + pv$$

を導入すると，次のように簡単になる：

$$q = h_2 - h_1 + \tfrac{1}{2}u_2^2 - \tfrac{1}{2}u_1^2 \qquad \blacktriangleright (2.8\,\text{a})$$

図に示すように，q は壁の外側から加えられた"外部熱"である．（凝縮や化学反応等の熱は h に含まれる．[†]）

p. 43
$q=0$ の場合には，**断熱エネルギー式**が得られる：

$$h_2 + \tfrac{1}{2}u_2^2 = h_1 + \tfrac{1}{2}u_1^2 \qquad \blacktriangleright (2.9)$$

(2.8) および (2.9) は，流れの二つの**平衡状態**(1)と(2)とにおける状態を関係づける．これらの関係は，たとえ断面 1 と 2 との間に粘性応力，熱伝達，またはその他の非平衡な状態があっても，(1) および (2) 自身が平衡状態にあるかぎり成り立つものである．

もし流れにそって，すべての点で平衡にあれば，平衡の式はどこでも成立つ．そして次のように書くことができる：

$$h + \tfrac{1}{2}u^2 = \text{const.} \tag{2.10}$$

これは各断面に適用できる．そこで次の微分形に書くことができる：

$$dh + u\,du = 0 \ . \tag{2.10\,a}$$

もし気体が**熱的**に完全であれば[††]，h は T のみによる．そして，上式は次のように書くことができる．

$$c_p\,dT + u\,du = 0 \ . \tag{2.10\,b}$$

さらに，気体が**熱量的**に完全であれば，c_p は一定であるから，

$$c_p T + \tfrac{1}{2}u^2 = \text{const.} \tag{2.10\,c}$$

[†] 非定常な流れに対する式は，第7章で導びく（式 (7.25) 参照）．
[††] すなわち，理想気体の式 (1.10) を満たす．

(熱的にも熱量的にも完全な気体は，はっきり区別する必要がないときには単に理想的であるという。)

2.4 貯気槽状態

(2.10) の定数は，$u=0$ で流体が平衡にある場所で定めるのが便利である，すなわち，
$$h + \tfrac{1}{2}u^2 = h_0 \ . \tag{2.11}$$
h_0 は澱み点エンタルピーまたは貯気槽エンタルピーと呼ばれる．というのは，それは，2.4 図に示したような実際上，速度が零とみられる大きな貯気槽内のエンタルピーだからである．

さらに 2.4 図で，二つの貯気槽の間の流れになんらの加熱もないならば，h_0 はまた第二の貯気槽のエンタルピーの値でもある．すなわち，**断熱的な流れでは**，
$$h'_0 = h_0 \ . \tag{2.13}$$
実は，これは 1.8 節の Joule-Thomson の過程の場合に得られた結果に過ぎない．今の場合，"抵抗"または"栓"は貯気槽の間の連結管である．これについては次にもっと詳しく考えよう．

p. 44
理想気体の場合には，$h = c_p T$．そしてエネルギーの式は，
$$c_p T + \tfrac{1}{2}u^2 = c_p T_0 \tag{2.12}$$
となる．ここで，T_0 は澱み点温度または貯気槽温度である．故に理想気体では，二つの貯気槽内の温度は，それぞれの圧力がどうであろうとも同じである．すなわち，
$$T'_0 = T_0 \ . \tag{2.13 a}$$
もし理想気体でなければ，(2.13 a) は必ずしも成り立たないが，(2.13) はなりたつ．

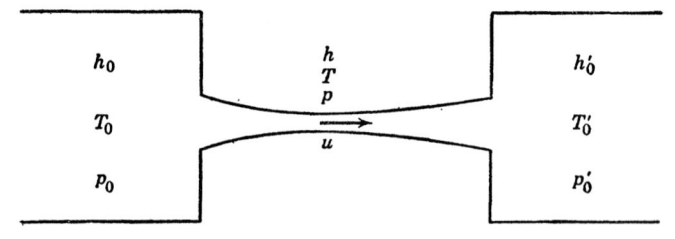

断熱流では $h_0 = h + \tfrac{1}{2}u^2 = h'_0$
2.4 図 二つの貯気槽間の流れ

2.4 貯気槽状態

熱力学の第二法則によって，第二の貯気槽のエントロピーは第一の貯気槽のエントロピーよりも小さいことはあり得ない．すなわち，

$$s'_0 - s_0 \geq 0 \quad . \tag{2.14}$$

この結果を理想気体について確かめるために，(1.43c) からの関係：

$$s'_0 - s_0 = R \ln p_0/p'_0 + c_p \ln T'_0/T_0 \tag{2.15}$$

に注目する．$T'_0 = T_0$ であるから最後の項は零である．したがって，

$$p_0/p'_0 \geq 1 \tag{2.14a}$$

なることが必要である．これは，下流の貯気槽の圧力が上流の貯気槽の圧力より大きいことはあり得ないという直観と一致する．この結果は実際，任意の気体に対してなりたつ．なぜなら，エントロピーの定義から†

$$\left(\frac{\partial s}{\partial p}\right)_h = -\frac{1}{\rho T} < 0$$

なることが導かれ，したがって澱み点エンタルピーが一定ならばエントロピーが増加すれば澱み点圧力は減少しなければならないからである．

(2.14) の表わすエントロピーの非可逆的な増加およびこれに対応する澱み点圧力の減少は，貯気槽間の流れにおける**エントロピーの生成**に基づくものである．散逸過程のない場合にのみ，すなわち流れが到る所で平衡にある場合にのみエントロピーの生成はない．等号 $s_0' = s_0$ および $p_0' = p_0$ はこのような**等エントロピー流れ**に対してのみなりたつ．

我々が，貯気槽状態または澱み点状態と呼んでいる状態はまた，**総状態**（Total Condition）たとえば総圧などと呼ばれる．これらの言葉は貯気槽における状態に限らず流れの中の任意の点における状態を定めるために，もっと広い意味で用いられる．**流れの中の任意点における局所的総状態は，そこの流れが等エントロピー的に止められたときに達するであろう状態である．**

たとえば，理想気体の断熱的な流れにおいては局所澱み点温度は到る所で T_0 である．

---

† $\quad ds = \frac{1}{T}(dh - \frac{1}{\rho}dp)$

しかし，局所澱み点圧力は p_0 より小さいか，せいぜい p_0 に等しい．その値は，流体が考えている点に来るまでに受けた散逸の量によって異なる．

仮想の局所せきとめ過程は等エントロピー過程であるから，局所澱み点エントロピーは定義によって，局所静エントロピーに等しい．すなわち，$s_0' = s'$．したがって，添字をつける必要はない．そこで，理想気体のばあいには，局所エントロピーは (2.15) によって，総圧と結びつけられる．すなわち，$T_0' = T_0$ であるから

$$s' - s = -R \ln p'_0/p_0 \qquad \blacktriangleright (2.15\,\mathrm{a})$$

したがって，局所総圧を測定すれば流れのエントロピーの尺度が得られる．適当な条件の許に，その測定は簡単なピトー探子によって行うことができる（第5章参照）．

澱み点状態であるためには速度が零であるということだけでは充分でなく，平衡状態にあることが必要である．たとえば流れ中に置かれた温度計は，たとえその表面で流れが静止したとしても局所総温度を示さない．なぜなら表面の流体は平衡状態にはない．すなわち普通，大きな粘性応力や熱伝達が存在し，これは大きなエネルギーや運動量の"流れ"に相当する．粘性によるずれや熱伝導が存在するばあいの表面圧力や温度については，第13章で論ずる．

2.5 Euler の方程式

この節では，Newton の法則を流れている流体に適用しよう．Newton の法則は，

$$\text{力} = \text{質量} \times \text{加速度}$$

なることを述べるものである．我々は Euler 的な見方をとることにする．すなわち，管の中の各場所における流体粒子の加速度を観察するのである．

加速度は速度の時間的変化の割合であり，二つの効果によって生ずる．まず，状態が管にそって変るから流れの方向に速度勾配 $\dfrac{\partial u}{\partial x}$ がある．速度の変化する割合はこの勾配と粒子の動く速さに比例する．したがって，速度勾配の中の"対流"に基ずく加速度は

$$u \frac{\partial u}{\partial x}$$

である．第二に，もし流れが非定常であれば，**ある断面の状態は時間的に変化しうる．**

2.5 Euler の方程式

これは，非定常項

$$\frac{\partial u}{\partial t}$$

を与える．そこで，粒子の加速度は一般に

$$a_x = \frac{\partial u}{\partial t} + u \frac{\partial u}{\partial x} \qquad (2.16)$$

となる．

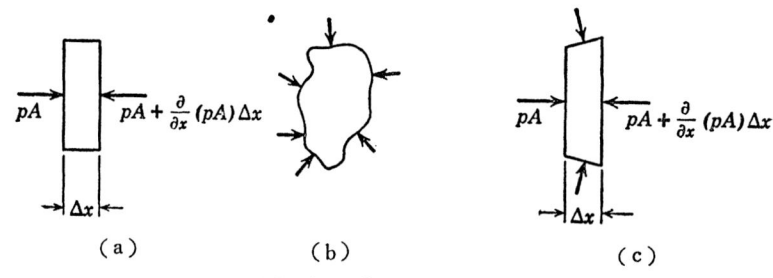

(a)　(b)　(c)

2.5 図　流体粒子に働く圧力

次に，粒子に働く力を計算しなければならない．2.5a 図 に示した粒子を考える．この簡単な形の場合には，x 方向の力は容易に計算されて，$-\frac{\partial p}{\partial x}(\Delta x A)$ となる．これを粒子の体積 $A\Delta x$ で割れば，単位体積あたりの力として $-\frac{\partial p}{\partial x}$ が得られる．最後に，全体を密度で割れば，**単位質量あたりの力**として，

$$f_x = -\frac{1}{\rho}\frac{\partial p}{\partial x} \qquad (2.17)$$

が得られる．この結果は，任意な形の粒子，たとえば 2.5b 図のような形の粒子についてもなりたち，これは Gauss の定理を用いて証明することができる（第7章）．故に，この結果はまた 2.5c 図のような粒子，従って拡がったり狭まったりする流管についてもなりたつ．この最後の結果は，側面に働く圧力を考慮すれば，直接に示すことも容易である．

上の力の計算には，粘性項，すなわち側面に働くずれの応力や両端面に働く垂直粘性応力を含んでいない．よって，(2.17)は，これらが無視できる場合，すなわち非粘性の流れにのみあてはまる．

力 f_x および加速度 a_x に対する表式を，単位質量について書いた Newton の法則に入れると，

$$a_x = f_x$$

または

$$\frac{\partial u}{\partial t} + u\frac{\partial u}{\partial x} = -\frac{1}{\rho}\frac{\partial p}{\partial x} \qquad \blacktriangleright (2.18)$$

となる．これは **Euler の方程式**と呼ばれる．

定常な流れの場合，第一項は零となる．そして，残りの項は全微分になり

$$udu + \frac{dp}{\rho} = 0 \qquad \blacktriangleright (2.18\,\mathrm{a})$$

あるいは，積分形で

$$\frac{u^2}{2} + \int \frac{dp}{\rho} = \mathrm{const.} \qquad (2.18\,\mathrm{b})$$

と書くことができる．これが圧縮性流れに対する Bernoulli の式である．積分は後で計算する．差当り，非圧縮性流れ，$\rho = \rho_0$ の場合には Bernoulli の式はよく知られた形

$$\tfrac{1}{2}\rho_0 u^2 + p = \mathrm{const.}$$

となることだけを注意しておこう．

2.6 運動量方程式

連続の式を導いたときのように，ある固定された表面および断面で限られた空間を通る流れを観察すると便利である場合が多い（2.2 図）．この見方においては"検査面"内の流体の運動量の変化を記述する式が必要である．これは Euler の式を連続の式と結びつけることによって，次のように得られる．

Euler の式 (2.18) に A を掛け，また連続の式 (2.4) に u を掛けると，それぞれ

$$\rho A \frac{\partial u}{\partial t} + \rho u A \frac{\partial u}{\partial x} = -A\frac{\partial p}{\partial x}$$

$$u\frac{\partial}{\partial t}(\rho A) + u\frac{\partial}{\partial x}(\rho u A) = 0$$

となる．これらを加え合せて，適当な項を組合せると，一次元の運動量の式が得られる：

2.6 運動量方程式

$$\frac{\partial}{\partial t}(\rho uA) + \frac{\partial}{\partial x}(\rho u^2 A) = -A\frac{\partial p}{\partial x} = -\frac{\partial}{\partial x}(pA) + p\frac{\partial A}{\partial x}$$

そこで，これを x について任意の二つの断面の間で積分すると，

$$\frac{\partial}{\partial t}\int_1^2 (\rho uA)\,dx + (\rho_2 u_2^2 A_2 - \rho_1 u_1^2 A_1) = (p_1 A_1 - p_2 A_2) + \int_1^2 p\,dA$$

が得られる．最初の積分は1と2の間に囲まれた流体の運動量である(2.6図)．また最後の積分は平均圧力 p_m を定義すれば計算できる．そこで

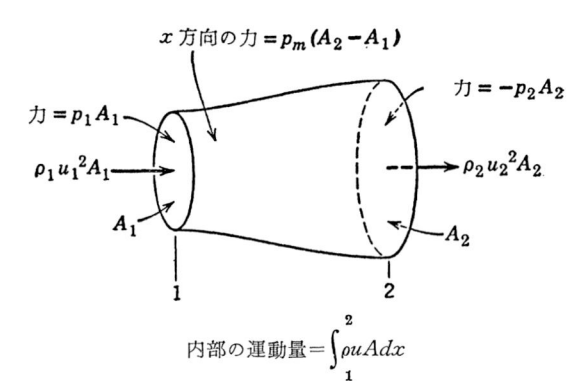

x 方向の力 $= p_m(A_2 - A_1)$
力 $= p_1 A_1$
力 $= -p_2 A_2$
$\rho_1 u_1^2 A_1$
$\rho_2 u_2^2 A_2$
A_1
A_2

内部の運動量 $= \int_1^2 \rho uA\,dx$

2.6図 検査面における力および運動量の流れ

$$\frac{\partial}{\partial t}\int_1^2 (\rho uA)\,dx + (\rho_2 u_2^2 A_2 - \rho_1 u_1^2 A_1) = (p_1 A_1 - p_2 A_2) + p_m(A_2 - A_1) \quad (2.19)$$

この式の左辺は1と2の間の空間内の運動量の変化する割合である．そして，これは二つの項，すなわち，その空間内の**非定常**な変化からの寄与と，両端の断面を通して空間に入る運動量の輸送からの寄与とからなっている．右辺は両端面および壁に働く圧力による x 方向の力である．

定常な流れの場合には，(2.19)の第一項は零となる．

運動量の式の積分形は，上に述べたことから考えられるよりも，実際にはもっと一般的である．というのは，たとえ検査面**内**に摩擦力や散逸領域があっても，断面1と2にはそれらが存在しないならばなりたつからである．この一般性は次のような理由から生ずる．微分形の運動量の式を積分することは，物理的には2.7図に示すように，隣り合った流体素片に働く力およびそれらに入る流れの総和をとることに相当する．**内部の境**の面に働く力は，大きさが等しく向きが反対であるから和をとると打消し合う．同様に

境の面を通る流入と流出も和をとる際に打消し合う．そして結局，検査面での力と流れだけが残る．たとえこの検査面内に平衡でない領域があっても，積分した結果には影響はない．

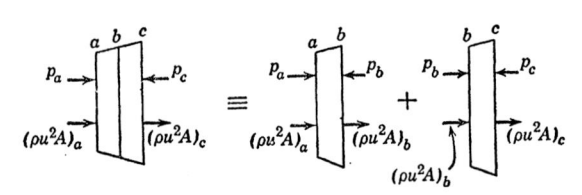

2.7 図　検査面内の体積素片の和

しばしば Euler の方程式の代りに，積分形の運動量の式を基本法則として採用する場合がある．第7章においてもそのような立場をとる．

一定断面の管の中の定常な流れに対しては，運動量の式は特に簡単になって，

$$\rho_2 u_2^2 - \rho_1 u_1^2 = p_1 - p_2 \qquad \blacktriangleright (2.20)$$

2.7　等エントロピーの条件

断熱的で平衡にある流れが**等エントロピー的**であることは，2.4節でのべた．これは，すでに導いたエネルギーおよび運動量の式から証明することもできる．断熱，非伝導の流れに対しては，

$$dh + u\,du = 0$$

の形のエネルギー式が流れのいたるところでなりたつ．また，摩擦力のない場合には，Euler の式

$$u\,du + \frac{dp}{\rho} = 0$$

も同様に適用できる．これらの二式から u を消去すれば，熱力学的変数の間の関係：

$$dh - dp/\rho = 0$$

が得られる．しかるに，流れのエントロピーは，(1.53) によって，これらの変数と結びつけられているから，流れにそって

2.7 等エントロピーの条件

すなわち
$$ds = \frac{1}{T}(dh - dp/\rho) = 0$$

$$s = \text{const.} \tag{2.21}$$

このように,断熱,非粘性,非伝導性の流れは等エントロピー的である.そこで,この場合には,運動量の式またはエネルギーの式のいずれかを (2.21) で置きかえることができる.理想気体については,この条件は

$$p/p_0 = (\rho/\rho_0)^\gamma = (T/T_0)^{\gamma/(\gamma-1)} \tag{2.21a}$$

と書くこともできる.

平衡の状態は,実在の一様でない流れでは厳密には達せられない.それは流体粒子は次々に出会う新しい状態に絶えず順応しなければならないからである.順応速度は流れの勾配できまり,同時に流体が平衡からずれている程度を示す.実際,これはエントロピー生成速度の正確な尺度となるものである.一次元の流れにおいて,エントロピーを生み出す項は

$$\frac{\tilde{\mu}}{T}\left(\frac{\partial u}{\partial x}\right)^2 \quad \text{および} \quad \frac{k}{T^2}\left(\frac{\partial T}{\partial x}\right)^2$$

である(第13章参照).これらはそれぞれ速度および温度の勾配の自乗に比例するからつねに正である.係数 $\tilde{\mu}$ および k は粘性係数および熱伝導係数である.

実在する流体では,これらのエントロピーを生み出す項は,決して厳密には零ではない.なぜなら,勾配はつねに存在し,また $\tilde{\mu}$ および k は有限だからである.しかしながら,それらを無視することによって得られる理想化された流れは,空気力学および流体力学一般における主な問題の大きな有用な部分をなしている.この理想化を表わす普通の方法は,流体を非粘性かつ非伝導性 ($\tilde{\mu}=0$, $k=0$) として記述することである.

この理想化は,$\tilde{\mu}$ および k の実際の値が小さければ小さいほどよくなる.しかしながら,これは比較的な事柄であって,粘性および伝導性が非常に小さい流体においても,勾配が非常に大きな領域では,非平衡の項を無視することはできない.このような領域は,すべての実在の流れでは必ず起り,境界層,後流,渦の中心部,それに超音速流で

---

† 単に"非粘性"といえば"普通非伝導性"という意味をも含んでいる.

は衝撃波となって現われる．流体の流れの理解における最近の進歩は，この狭い非平衡領域を別に解析して，後これを非粘性の流れの場にうまく接続する方法を見出したことに負うところが非常に大きい．

2.8 音速，Mach 数

圧縮性流れの理論における基本的なパラメータは**音速** a である．次の章で示すようにそれは圧縮性流体の中を微小変動（波）が伝播する速さである．音速と流体の圧縮率との間には

$$a^2 = \left(\frac{\partial p}{\partial \rho}\right)_s \qquad \blacktriangleright (2.22)$$

p. 51
の関係がある．音波によって流体中にひき起される変動（もっと正確には，温度および速度の勾配）は非常に小さいので，各流体粒子はほぼ等エントロピー過程に従がう[†]．波の速さを計算するために，過程は厳密に等エントロピー的であると仮定する（3.2 及び 3.6 節参照）．したがって，(2.22)の導函数は等エントロピー関係によって計算する．理想気体の場合，これは，

$$p = \text{const.}\, \rho^\gamma$$

従って

$$a^2 = \frac{\gamma p}{\rho} = \gamma RT \,. \qquad \blacktriangleright (2.23)$$

流れている流体においては，音速は流れの速さと比較してはじめて圧縮性の影響を表わす重要な尺度となる．そこで，**Mach 数**と呼ばれる無次元パラメータが入ってくる：

$$M = u/a \qquad \blacktriangleright (2.24)$$

これは圧縮性流れの理論においてもっとも重要なパラメータである．

一般に M の値は，流れの中の各点で異なる．なぜならば，u が変化するだけでなく，

[†] 普通いわれる理由は，音波における変化が非常に**速やか**なので，流体粒子が熱を失うこともまた得ることもできないということである．かような説明は要点を間違えているだけでなく，誤解を招く．本当は，この過程が等エントロピー的であるのは，粒子の受ける変化が**充分ゆるやか**で，速度および温度の勾配が小さく保たれるからである．たとえば振巾一定の波でも振動数が充分増大すると，これらの勾配は非常に大きくなるので，過程は等エントロピー的であると考えることはできない．

a もまた (2.23) に従ってその点の状態によるからである．後で求める関係によって，a の局所的な値は u の局所的な値と結びついている．しかし差当りは，断熱流の場合，u が増せば必ず M は増すということだけを注意しておこう．

流速が局所音速を越えるならば，Mach 数は1より大きく，流れは**超音速**であるといわれる．Mach 数が1以下の場合には流れは**亜音速**である．

2.9 断面積と速度の関係

圧縮性の影響の一部は断面積の変る流管内の定常な断熱流を考えることによって簡単に示される (2.8図)．連続の式 (2.2) から，

$$\frac{d\rho}{\rho}+\frac{du}{u}+\frac{dA}{A}=0 \tag{2.25}$$

が得られる．非圧縮性流れ $d\rho=0$ の場合には，この式は速度の増加が断面積の減少に比例するという簡単な結果に帰着する．これが圧縮性によってどのように修正せられるかは，Euler の式 (2.18 a) を用いて密度変化と速度変化との間の関係を求めてみればわかる．(2.18 a) は次の形に書直すことができる†：

2.8 図 管のスロウト

$$u\,du = -\frac{dp}{\rho} = -\frac{dp}{d\rho}\frac{d\rho}{\rho} = -a^2\frac{d\rho}{\rho}$$

Mach 数を導入すると，

$$\frac{d\rho}{\rho} = -M^2\frac{du}{u} \tag{2.26}$$

この式を見れば，M が圧縮性の尺度となることがよくわかる．Mach 数が非常に小さいときには，密度変化は速度変化にくらべて非常に小さいので流れの場を計算する際に無視できる．すなわち $\rho=$ 一定 と考えてよい．"非圧縮性流れ"の等価な定義は，$a=\infty$ または $M=0$ である．

---

† 断熱，非粘性流れは等エントロピー的である．したがって，$dp/d\rho=(\partial p/\partial\rho)_s$．3.6節参照．

この関係を (2.25) に代入すると,断面積と速度との関係が得られる:

$$\frac{du}{u} = \frac{-dA/A}{1-M^2} \qquad \blacktriangleright (2.27)$$

これは次のような Mach 数の影響をあらわす.

(1) $M=0$ において,断面積が減少するとそれに**比例して速度は増加する**.

(2) M が 0 と 1 の間にあるとき,すなわち亜音速においては,上の関係は,定性的には,非圧縮性流れの場合と同様である.すなわち断面積が減少すると,速度は増加する.しかし,分母が 1 より小さいから,速度への影響は非圧縮性の場合よりも大きい.

(3) 超音速においては分母は負になり,断面積が増加すると速さも増加する.非圧縮性流れを考え慣れた者にとって,この振舞は全く変った事柄に思われる.これは,超音速においては,"密度の減少が速度の増加よりも速やかである"ので断面積は質量の連続性を保つために増加せねばならないという事実による.このことは (2.26) からわかる.この式は,$M>1$ の場合,密度の減少が速度の増加より大きいことを示す.

次に,**音速** $M=1$ で何が起るかという問題を考えよう.速度が零から連続的に増加し,最後に超音速になる管を考える.上の議論によれば,管は亜音速部分では狭まり超音速部分では拡がらねばならない.故にちょうど $M=1$ のところに**スロウト** (Throat) がなければならない (2.8 図).これはまた (2.27) から明らかである.この式は $M=1$ では $dA/A=0$ の場合にのみ du/u が有限であり得ることを示す.速度が超音速から亜音速へ連続的に減少する場合にも,同じ議論が適用できる.ここで重要なことは,$M=1$ という状態が**管のスロウトのところでのみ起り得る**ということである.(この逆はなりたたない.すなわち,M はスロウトのところで必ずしも 1 ではない.しかし,このときには (2.27) はスロウトが $du=0$ に対応することを示す.すなわち,流れが亜音速であるか超音速であるかに従って,速度はそこで最大または最小になる.)

$M=1$ の近くでは,(2.27) の分母は小さいから,流れは断面積の変化に非常に敏感である.

2.10 エネルギー方程式からの結果

2.3 節で示したように,断熱的な流れでは,**理想気体に対する**エネルギーの式は[†]

[†] 気体が熱量的に完全でないならば,h の代りに $c_p T$ と書くことはできない.

2.10 エネルギー方程式からの結果

$$\tfrac{1}{2}u^2 + c_p T = c_p T_0 \qquad (2.28)$$

である．音速の式 $a^2=\gamma RT$ によって，これは

$$\frac{u^2}{2} + \frac{a^2}{\gamma-1} = \frac{a_0^2}{\gamma-1} \qquad \blacktriangleright (2.29)$$

となる．そこで，この式に $(\gamma-1)/a^2$ を掛けると，

$$\frac{a_0^2}{a^2} = \frac{T_0}{T} = 1 + \frac{\gamma-1}{2} M^2 \qquad (2.30)$$

が得られる．

等エントロピー関係 (2.21a) を用いると，次の関係が得られる：

$$\frac{p_0}{p} = \left(1 + \frac{\gamma-1}{2} M^2\right)^{\gamma/(\gamma-1)} \qquad \blacktriangleright (2.31)$$

$$\frac{\rho_0}{\rho} = \left(1 + \frac{\gamma-1}{2} M^2\right)^{1/(\gamma-1)} \qquad \blacktriangleright (2.32)$$

(2.28), (2.29), (2.30) で，T_0 および a_0 の値は流れのいたる所で一定である．したがって，実際の貯気槽内の値とみることができる．(2.31) および (2.32) で，p_0 および ρ_0 の値は**局所的な** "貯気槽の値" である．これらは，流れが等エントロピー的である場合にのみ，いたる所で一定である．

熱力学的変数と Mach 数との間のこれらの関係は，空気について $(\gamma=1.40)$，巻末の表 I および II にかかげてある．

エネルギーの式の定数を定めるのに，貯気槽の代りに，流れ内の任意の他の点を用いてもよい．特に有用なのは $M=1$ の点，すなわちスロウトのところである．そこでの流れの変数は，"音速状態" と呼ばれ，添字 * で表わす．したがって，流速および音速はそれぞれ u^* および a^* である．しかるに Mach 数が 1 であるから，これらは等しく $u^*=a^*$ である．そこでエネルギーの式は

$$\frac{u^2}{2} + \frac{a^2}{\gamma-1} = \frac{u^{*2}}{2} + \frac{a^{*2}}{\gamma-1} = \frac{1}{2}\frac{\gamma+1}{\gamma-1} a^{*2} \qquad (2.33)$$

となる．(2.29) と比較すると，スロウトにおける音速と貯気槽における音速の間には，

$$\frac{a^{*2}}{a_0^2} = \frac{2}{\gamma+1} = \frac{T^*}{T_0} \tag{2.34}$$

の関係がある．このように，一つの流体については，音速点の温度と貯気槽内の温度との比は一定である．したがって，T^* は断熱流のいたる所で一定である．空気の場合，その数値は

$$T^*/T_0 = 0.833, \quad a^*/a_0 = 0.913 \tag{2.35}$$

音速点の圧力比および密度比もまた，(2.34) に等エントロピー関係を用いるか，または，(2.31) および (2.32) で $M=1$ と置くことによって得られる．結果は

$$\frac{p^*}{p_0} = \left(\frac{2}{\gamma+1}\right)^{\gamma/(\gamma-1)} = 0.528$$
$$\frac{\rho^*}{\rho_0} = \left(\frac{2}{\gamma+1}\right)^{1/(\gamma-1)} = 0.634 \quad . \tag{2.35 a}$$

もちろん，音速における値を基準として用いる場合，必ずしも流れ中にスロウトが実際に存在する必要はない．

ある種の問題特に遷音速の問題では速度比 u/a^* が便利である．これはときには

$$M^* = u/a^* \tag{2.36}$$

で表わされる．（これは量に星印をつけることに対する我々の規約と厳密には一致しない．もしそれに従えば $M^*=1$ である．しかしながら，(2.36) の記号を認めることは便利でありまた混同の恐れもないであろう．）M^* と M との関係は，(2.33) の両辺を u^2 で割ることによって得られる．M^{*2} または M^2 について解いた結果は，

$$\left(\frac{u}{a^*}\right)^2 \equiv M^{*2} = \frac{\dfrac{\gamma+1}{2}M^2}{1+\dfrac{\gamma-1}{2}M^2} = \frac{\gamma+1}{\dfrac{2}{M^2}+\gamma-1} \qquad \blacktriangleright (2.37\text{ a})$$

$$M^2 = \frac{M^{*2}}{\dfrac{\gamma+1}{2}-\dfrac{\gamma-1}{2}M^{*2}} = \frac{2}{\dfrac{\gamma+1}{M^{*2}}-(\gamma-1)} \qquad \blacktriangleright (2.37\text{ b})$$

p. 55
これらの式から，$M<1$ に対して $M^*<1$，また $M>1$ に対して $M^*>1$ であることが

2.11 Bernoulli の式，動圧

わかる．

2.11 Bernoulli の式，動圧

エネルギーの式 (2.28) は，気体法則 $p=R\rho T$ を用いて T を消去すると，次のように書直すことができる：

$$\frac{1}{2}u^2 + \frac{\gamma}{\gamma-1}\frac{p}{\rho} = \frac{\gamma}{\gamma-1}\frac{p_0}{\rho_0}$$

これは断熱流に対してなりたつ式であるが，さらに等エントロピーの条件がなりたてば，$p/\rho^\gamma = p_0/\rho_0^\gamma$ を用いて ρ を消去することができる．その結果は

$$\frac{1}{2}u^2 + \frac{\gamma}{\gamma-1}\frac{p_0}{\rho_0}\left(\frac{p}{p_0}\right)^{(\gamma-1)/\gamma} = \frac{\gamma}{\gamma-1}\frac{p_0}{\rho_0} \qquad (2.38)$$

これは Bernoulli の積分 (2.18 b) に他ならない．

圧縮性流れでは，動圧 $\frac{1}{2}\rho u^2$ は，非圧縮の場合のように単に澱み点圧と静圧との差とはならない．これは静圧と同時に Mach 数にも関係する．理想気体の場合この関係は次のようになる：

$$\frac{1}{2}\rho u^2 = \frac{1}{2}\rho a^2 M^2 = \frac{1}{2}\rho\left(\frac{\gamma p}{\rho}\right)M^2 = \frac{1}{2}\gamma p M^2 \qquad \blacktriangleright (2.39)$$

動圧は圧力および力の係数を定義するのに用いられる．たとえば，圧力係数は，

$$C_p = \frac{p-p_1}{\frac{1}{2}\rho_1 U^2} = \frac{p-p_1}{\frac{1}{2}\gamma p_1 M_1^2} = \frac{2}{\gamma M_1^2}\left(\frac{p}{p_1}-1\right) \qquad \blacktriangleright (2.40)$$

ここで，U および M_1 は基準の速度および Mach 数である．

等エントロピー流れの場合，(2.31) を用いてこれを局所 Mach 数で書直すと，

$$C_p = \frac{2}{\gamma M_1^2}\left\{\left[\frac{2+(\gamma-1)M_1^2}{2+(\gamma-1)M^2}\right]^{\gamma/(\gamma-1)} - 1\right\} \qquad (2.40\text{ a})$$

最後に，$M_1^2 = U^2/a_1^2$, $M^2 = u^2/a^2$ を導入し，エネルギーの式

$$\frac{u^2}{2} + \frac{a^2}{\gamma-1} = \frac{U^2}{2} + \frac{a_1^2}{\gamma-1}$$

を用いて a^2 を消去すれば，圧力係数は次の形になる：

$$C_p = \frac{2}{\gamma M_1^2}\left\{\left[1 + \frac{\gamma-1}{2}M_1^2\left(1 - \frac{u^2}{U^2}\right)\right]^{\gamma/(\gamma-1)} - 1\right\}. \quad (2.40\text{b})$$

p.56
2.12 断面積一定の流れ

非平衡領域（2.9a図の斜線部分）を通る断熱的な断面積一定の流れを考える．もし断面1および2がこの領域の外側にあれば，連続の式，運動量の式，およびエネルギーの式は

$$\rho_1 u_1 = \rho_2 u_2 \quad (2.41\text{a})$$

$$p_1 + \rho_1 u_1^2 = p_2 + \rho_2 u_2^2 \quad (2.41\text{b})$$

$$h_1 + \tfrac{1}{2}u_1^2 = h_2 + \tfrac{1}{2}u_2^2 \quad (2.41\text{c})$$

これらの方程式を解けば，二つの断面における流れの変数の間の関係が得られるが，その計算は次節で行なう．

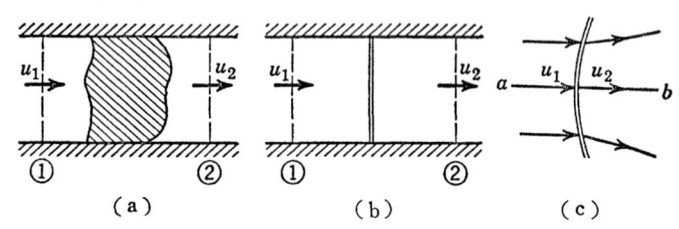

2.9図 断面積一定の流れにおける平衡状態の変化
（a）一様でないまたは散逸のある領域の両側における一様な状態．（b）垂直衝撃波．（c）流線 $a\text{-}b$ 上で流れに垂直な衝撃波．

考えている断面が散逸領域の外側にある限り，散逸領域の大きさや様子は問題にならない．特に2.9b図のように理想化して，非常に薄い領域にしてもよい．そして，そこを通るとき，流れの変数は"跳ぶ"．この場合，検査面1および2はいくらでもそれに近づけることができる．かような不連続は**衝撃波**と呼ばれる†．もちろん実在の流体では

---

† この本では，2.9bおよびc図のように，衝撃波はいつも二重の線で表わす．もちろんこれは衝撃波の構造を表わしているわけではないが，直接投影法では（たとえば2.10b図で）衝撃波は暗い線とそれに続く明るい線となって現われる．その理由は6.13節で説明する．

2.13 理想気体の場合の垂直衝撃波の関係式

本当の不連続は起り得ない．これは，状態1から2へ移る際，衝撃波内で実際に生ずる非常に高い勾配を理想化したものにすぎない．これらの激しい勾配は，衝撃波の内部に粘性応力や熱伝導のような非平衡な現象をひき起す．

衝撃波の作られる機構および散逸領域の内部の詳しい状況は後程論ずる．大抵の空気力学の問題への応用に際しては，衝撃波を不連続とみなし平衡値の跳びを計算するだけで充分である．検査面は衝撃波にいくらでも近づけることができるのでこの結果は一定断面の管の場合のみならず，衝撃波が流線に垂直であれば，衝撃波の両側の状態に**局所的に適用することができる**（2.9c図）．

もちろん，衝撃波の式は，2.9a図のような，実在の断面積一定の管の平衡断面の間に適用することができる．しかしその際，運動量の式の形から考えて，壁の上の摩擦力が無視できることが必要である．一例としては，断面積一定の超音速ディフューザ (Diffuser) がある．そこでは，逆の圧力勾配により壁の摩擦は無視できるほど小さくなる．減速は衝撃波と境界層の間の干渉を含んだ複雑な三次元の過程を通して起る．平衡状態に到達するためには，ディフューザは長くなければならないが，これは非常に短い距離で平衡状態になる垂直衝撃波とくらべると奇妙な対照をなす．

2.10a図は，一定断面の管における圧縮の例を示す．これに対して，2.10b図は垂直衝撃波の例を示す．

2.13 理想気体の場合の垂直衝撃波の関係式

(2.41) は垂直衝撃波に対する一般式である．普通これは数値的に解かなければならない（練習問題3.6参照）．しかし，熱的および熱量的に完全な気体の場合には，衝撃波の前の Mach 数 M_1 で解を陽に表わすことができる．

運動量の式 (2.41b) の両辺をそれぞれ $\rho_1 u_1$ および $\rho_2 u_2$ ——連続の式からこれは等しい——で割ると

$$u_1 - u_2 = \frac{p_2}{\rho_2 u_2} - \frac{p_1}{\rho_1 u_1} = \frac{a_2^2}{\gamma u_2} - \frac{a_1^2}{\gamma u_1}$$

が得られる．ただし，理想気体の関係 $a^2 = \gamma p/\rho$ を使った．そこで理想気体に対するエネルギーの式

(a)

(b)

2.10 図 断面一定の流れの圧縮 （a） 正方形断面の管の中の広い圧縮領域の例. 流れは境界層と干渉する複雑な衝撃波を通して超音速から亜音速へ圧縮される. (J. Lukasiewicz, *J. Aeronaut. Sci., 20* (1953) p. 618)
（b） 非常に狭い圧縮領域の例. 流れは一つの垂直衝撃波を通して超音速から亜音速に圧縮される. 衝撃波管内を右から左へ動く衝撃波の直接投影法による写真 (W. Bleakney, and C. H. Fletcher, *Rev. Sci. Instr., 20* (1949), p. 807)

2.13 理想気体の場合の垂直衝撃波の関係式

$$\frac{u_1^2}{2} + \frac{a_1^2}{\gamma-1} = \frac{u_2^2}{2} + \frac{a_2^2}{\gamma-1} = \frac{1}{2}\frac{\gamma+1}{\gamma-1}a^{*2}$$

を用いて a_1^2 および a_2^2 を消去し,少し書直すと,次の簡単な関係が得られる:

$$u_1 u_2 = a^{*2} \qquad \blacktriangleright (2.42)$$

これは Prandtl または Meyer の関係として知られている。

速度比 $M^* = u/a^*$ を用いると,この式は次のようになる:

$$M^*_2 = 1/M^*_1 \qquad (2.43)$$

さて, $M^* \gtreqless 1$ は $M \gtreqless 1$ に対応するので Prandtl の関係は,垂直衝撃波を横切っての速度変化が超音速から亜音速,またはその逆の何れかでなければならぬことを示す。しかし後でわかるように前者の場合のみが起り得る。これは散逸の影響によって速度が増すことはありそうもないことからも予想される。

p. 59

M^* と M との間の対応は 2.10 節で求めた通り

$$M^{*2} = \frac{(\gamma+1)M^2}{(\gamma-1)M^2+2} \qquad (2.44)$$

である。これを用いて Prandtl の式の M_1^* 及び M_2^* を置かえると,Mach 数の間の関係が得られる:

$$M_2^2 = \frac{1 + \dfrac{\gamma-1}{2}M_1^2}{\gamma M_1^2 - \dfrac{\gamma-1}{2}} \qquad \blacktriangleright (2.45)^\dagger$$

速度の比も全く簡単に求めることができる:

$$\frac{u_1}{u_2} = \frac{u_1^2}{u_1 u_2} = \frac{u_1^2}{a^{*2}} = M^*_1{}^2 \qquad (2.46)$$

これは (2.44) と共に他の式を導くのに有用である。たとえば,連続の式を用いると,密度の比は,

$$\frac{\rho_2}{\rho_1} = \frac{u_1}{u_2} = \frac{(\gamma+1)M_1^2}{(\gamma-1)M_1^2+2} \qquad \blacktriangleright (2.47)$$

---

† この式及び他の衝撃波の関係式は巻末の表 IV にかかげてある。

圧力の関係式を求めるためには，まず運動量の式から

$$p_2 - p_1 = \rho_1 u_1^2 - \rho_2 u_2^2 = \rho_1 u_1 (u_1 - u_2)$$

ここで，最後の変形には連続の式を用いた．これは無次元の形で次のようになる：

$$\frac{p_2 - p_1}{p_1} = \frac{\rho_1 u_1^2}{p_1}\left(1 - \frac{u_2}{u_1}\right)$$

最後に $a_1^2 = \gamma p_1/\rho_1$，及び u_2/u_1 に対して (2.47) を用いると，圧力の跳びが次の形に得られる：

$$\frac{p_2 - p_1}{p_1} = \frac{\Delta p_1}{p_1} = \frac{2\gamma}{\gamma + 1}(M_1^2 - 1) \qquad (2.48)$$

$\Delta p_1/p_1$ なる比は**衝撃波の強さ**を定義するのにしばしば用いられる．また

$$\frac{p_2}{p_1} = 1 + \frac{2\gamma}{\gamma + 1}(M_1^2 - 1) \qquad \blacktriangleright (2.48\,\mathrm{a})$$

なる比も用いられる．

温度の比は，$T_2/T_1 = (p_2/p_1)(\rho_1/\rho_2)$ を用いて，(2.47) および (2.48 a) から得られる．あるいは，エネルギーの式から直接出発して，(2.46) を用いて少し書きかえると次の結果が得られる：

p. 60

$$\frac{a_2^2}{a_1^2} = \frac{T_2}{T_1} = 1 + \frac{2(\gamma - 1)}{(\gamma + 1)^2}\frac{\gamma M_1^2 + 1}{M_1^2}(M_1^2 - 1) \qquad \blacktriangleright (2.49)$$

最後にエントロピーの変化を計算しよう．これは (1.43 c) から次のように書ける：

$$\frac{s_2 - s_1}{R} = \ln\left[\left(\frac{p_2}{p_1}\right)^{1/(\gamma-1)}\left(\frac{\rho_2}{\rho_1}\right)^{-\gamma/(\gamma-1)}\right]$$

ρ_2/ρ_1 および p_2/p_1 に対して (2.47) および (2.48) を用いると，

$$\frac{s_2 - s_1}{R} = \ln\left[1 + \frac{2\gamma}{\gamma + 1}(M_1^2 - 1)\right]^{1/(\gamma-1)}\left[\frac{(\gamma + 1)M_1^2}{(\gamma - 1)M_1^2 + 2}\right]^{-\gamma/(\gamma-1)}$$

$$(2.50)$$

$M_1^2 - 1 = m$ とおいて，もっと便利な形を導くことができる．すなわち，

2.13 理想気体の場合の垂直衝撃波の関係式

$$\frac{s_2 - s_1}{R} = \ln\left\{\left(1 + \frac{2\gamma}{\gamma+1}m\right)^{1/(\gamma-1)}(1+m)^{-\gamma/(\gamma-1)}\left(\frac{\gamma-1}{\gamma+1}m+1\right)^{\gamma/(\gamma-1)}\right\}$$

この式はまだ厳密である．M_1 が 1 に近ければ m は小さく，括弧の中の各項は $1+\varepsilon$，$\varepsilon \ll 1$ のようになるから式は簡単化できる．積の対数を和に直すことによって得られる三つの項はどれも $\ln(1+\varepsilon)$ の形であり，それは級数 $\varepsilon - \frac{\varepsilon^2}{2} + \frac{\varepsilon^3}{3} + \cdots$，に展開できる．各項を集めると，$m$ および m^2 の係数は零となることがわかり，結局

$$\frac{s_2 - s_1}{R} = \frac{2\gamma}{(\gamma+1)^2}\frac{m^3}{3} + \text{高次の項}$$

すなわち

$$\frac{s_2 - s_1}{R} \doteqdot \frac{2\gamma}{(\gamma+1)^2}\frac{(M_1^2-1)^3}{3}. \qquad \blacktriangleright (2.51)$$

断熱的な流れではエントロピーが減少することはないから，(2.51) により $M_1 > 1$ であることがわかる．かようにして，まえに得られた二つの可能性のうちで，超音速から亜音速への跳びのみが起り得る．(2.47)，(2.48)，(2.49) を調べると，これに対応する密度，圧力，温度の跳びは低い値から高い値へ移ることがわかる．よって，衝撃波は流れを**圧縮する**といえる．

重要なことはエントロピーの増加が (M_1^2-1) について**三次の程度**であるということである．これは (2.51) に (2.48) を用いることにより，衝撃波の強さで表わすことができる：

$$\frac{s_2 - s_1}{R} \doteqdot \frac{\gamma+1}{12\gamma^2}\left(\frac{\Delta p_1}{p_1}\right)^3 \qquad (2.52)$$

p. 61
かように，小さいが有限な圧力変化は，速度，密度，温度の一次の変化に対応するが，エントロピーには三次の変化を与えるにすぎない．よって弱い衝撃波はほぼ等エントロピー的な状態変化を起す．

最後に，澱み点圧又は総圧の変化を求める．$T_{02} = T_{01}$ であるから，2.4 節で示したように，エントロピーの変化は

$$\frac{s_2 - s_1}{R} = \ln \frac{p_{01}}{p_{02}} \qquad (2.53)$$

によって総圧と結びついている． $p_{02}=p_{01}+\Delta p_{01}$ だからこれは $\frac{\Delta S}{R}=-ln\left(1+\frac{\Delta p_{01}}{p_{01}}\right)$ と書くことができる．弱い衝撃波の場合には，$\Delta p_{01}/p_{01} \ll 1$ であるから

$$\frac{s_2-s_1}{R} \doteqdot -\frac{\Delta p_{01}}{p_{01}} = \frac{2\gamma}{(\gamma+1)^2}\frac{(M_1^2-1)^3}{3} \qquad (2.53\text{ a})$$

それゆえ，小さなエントロピー変化は，総圧の変化に正比例する．これから，総圧の変化も衝撃波の強さの三次の程度であることがわかる．

総圧の比に対する正確な式は (2.53) および (2.50) から次のように得られる：

$$\frac{p_{02}}{p_{01}} = \left[1+\frac{2\gamma}{\gamma+1}(M_1^2-1)\right]^{-1/(\gamma-1)}\left[\frac{(\gamma+1)M_1^2}{(\gamma-1)M_1^2+2}\right]^{\gamma/(\gamma-1)}$$

▶(2.54)

第3章 一次元の波動

3.1 まえがき

p. 62
　運動している物体によって流体中にひき起された変動は，流体の他の部分に伝わっていく．変動の，流体に相対的な運動を**波動**といい伝播の速さを**波の速さ**という．このような機構によって物体の各部は流体や物体の他の部分と互に干渉し，またこのような機構によって物体に働く力も定まる．したがって波動は，流体の運動に関するすべての問題の基礎となるものであるが，いつもそれを表に出すことは必ずしも便利ではなくまた必要でもない．

　この章では，一定断面の管の中などの一次元運動の場合，すなわち"平面波"の場合だけを研究する．管の中のピストンの運動によって作り得るような一連の流れの例を"ピストン問題"ということがある．

　この章の結果は，後の章――そこでは，普通の空気力学の見地から，再び定常な流れの場合に立ち戻る――にとっては必ずしも必要でない．しかし，波動の研究は，簡単な一次元の場合の研究でさえ，二次元および三次元の定常流についての基礎的な機構のいくつかを理解する上に有用である．管の中の運動はまた風洞の始動過程や衝撃波管に関連して大きな実用的意味をもっている．

3.2 衝撃波の伝播

　2.13節では3.1a図に示すように，衝撃波が静止しているとして，それを横切る流れの状態を調べた．流体は速さ u_1 で衝撃波に流れ込む．これはまた，衝撃波が速さ u_1 で**流体中を**伝播していくといってもよい．このことは，3.1a図に一様な速度変換を施して得られる 3.1b 図でもっとはっきり表わされる．衝撃波の前方の流体は静止しており，波は速さ

$$c_s = u_1 \tag{3.1a}$$

でその中を伝わっていく．そして，波の後の流体は，速さ

$$u_p = u_1 - u_2 \tag{3.1b}$$

で"ついていく".

p. 63
衝撃波の両側の密度，圧力，温度は，変換によって影響されないので，やはり (2.47)，(2.48)，(2.49) によって関係づけられる．したがって，静止流体中を伝播する衝撃波は流体の運動を起し，圧力，密度，温度を高める．

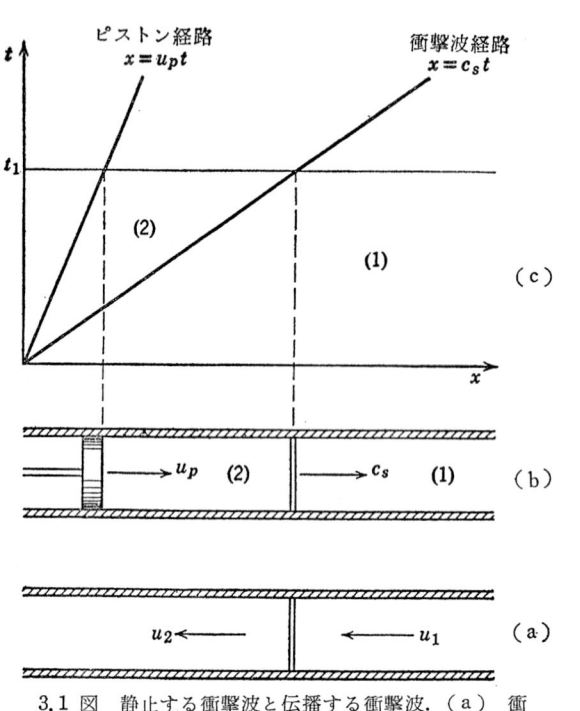

衝撃波後の流体は，3.1 b 図に示すように u_p の速さで動くピストンによって駆動されるものと考えることができる．実際，x-t 図 (3.1 c 図) に示すその運動は，我々がすでに計算した条件のすべてを満足している．図においてピストンは，時刻 $t=0$ に速さ u_p で突然動き出す，そして速さ c_s で前方へ走る衝撃波を作る．ピストン上の圧力は p_2 である．衝撃波とピストンの間の圧縮された流体の領域は，$(c_s - u_p)$ の割合で長さを増す．

3.1 図 静止する衝撃波と伝播する衝撃波．(a) 衝撃波は静止．(b) (1)の流体は静止（時刻 t_1 の状態）．(c) (b)の流れの x-t 図．

ピストンが突然に動き出すのではなく，徐々に u_p の速度に達する場合でも，圧縮領域の非一様性（波）は衝撃波面に追付き吸収されるので，結局運動状態は一様になる[*]．この効果は3.10節で論ずる．

---

[*] ピストンの速度は u_p に達してからは一定に保たれるものとする．

3.2 衝撃波の伝播

この運動ピストンの例は,まえがきで述べた一般的効果すなわち,運動する物体はある波動を起し,それに応ずる"ピストン圧力"をその表面に生ずることを説明するものである.

2.13節で求めた衝撃波前後の"跳び"の関係式は,変換式 (3.1) を用いて c_s および u_p について書直すことができる.たとえば,衝撃波の Mach 数は

$$M_1 = c_s/a_1$$

ただし,$a_1{}^2 = (dp/d\rho)_1$ である.

実際問題へ応用する場合,基礎の独立変数として圧力比 p_2/p_1 を用いると便利なことが多い.そうすると,すべての他の量はこの比と乱されない流体の状態とから計算することができる.たとえば,(2.48a) を用いて p_2/p_1 を Mach 数に結びつけると,衝撃波の速度は理想気体の場合次のようになる.

$$c_s = M_1 a_1 = a_1 \left(\frac{\gamma-1}{2\gamma} + \frac{\gamma+1}{2\gamma} \frac{p_2}{p_1} \right)^{1/2} \qquad \blacktriangleright (3.2)$$

密度比および温度比は,Rankine-Hugoniot の関係によって,次のように与えられる (練習問題 2.5):

$$\frac{\rho_2}{\rho_1} = \frac{1 + \dfrac{\gamma+1}{\gamma-1}\dfrac{p_2}{p_1}}{\dfrac{\gamma+1}{\gamma-1} + \dfrac{p_2}{p_1}} = \frac{u_1}{u_2} \qquad \blacktriangleright (3.3)$$

$$\frac{T_2}{T_1} = \frac{p_2}{p_1} \frac{\dfrac{\gamma+1}{\gamma-1} + \dfrac{p_2}{p_1}}{1 + \dfrac{\gamma+1}{\gamma-1}\dfrac{p_2}{p_1}} \qquad \blacktriangleright (3.4)$$

衝撃波後の流体の速度は

$$u_p = u_1 - u_2 = c_s(1 - u_2/u_1)$$

(3.2) および (3.3) を代入すると,これは次のようになる:

$$u_p = \frac{a_1}{\gamma} \left(\frac{p_2}{p_1} - 1 \right) \left\{ \frac{\dfrac{2\gamma}{\gamma+1}}{\dfrac{p_2}{p_1} + \dfrac{\gamma-1}{\gamma+1}} \right\}^{1/2} \qquad \blacktriangleright (3.5)$$

弱い衝撃波は圧力の跳びの程度が非常に小さい衝撃波として定義される．すなわち，

$$\frac{\Delta p}{p_1} = \frac{p_2 - p_1}{p_1} \ll 1$$

p. 65
このとき，上の諸式を $\Delta p/p_1$ について級数に展開し，第一項だけを残せば，他の量の変動も同程度に小さいことがわかる．すなわち

$$\frac{\Delta \rho}{\rho_1} \doteq \frac{1}{\gamma} \frac{\Delta p}{p_1} \doteq \frac{u_p}{a_1} \tag{3.6 a}$$

$$\frac{\Delta T}{T_1} \doteq \frac{\gamma - 1}{\gamma} \frac{\Delta p}{p_1} \tag{3.6 b}$$

$$c_s \doteq a_1 \left(1 + \frac{\gamma + 1}{4\gamma} \frac{\Delta p}{p_1}\right) \tag{3.6 c}$$

最後の式から非常に弱い衝撃波の速さはほぼ a_1 に等しいことがわかる．

非常に強い衝撃波は圧力比 $\frac{p_2}{p_1}$ が非常に大きい衝撃波として定義される．この場合には次の結果が得られる：

$$\frac{\rho_2}{\rho_1} \to \frac{\gamma + 1}{\gamma - 1} \tag{3.6 aa}$$

$$\frac{T_2}{T_1} \to \frac{\gamma - 1}{\gamma + 1} \frac{p_2}{p_1} \tag{3.6 bb}$$

$$c_s \to a_1 \left(\frac{\gamma + 1}{2\gamma} \frac{p_2}{p_1}\right)^{1/2} \tag{3.6 cc}$$

$$u_p \to a_1 \sqrt{\frac{2}{\gamma(\gamma + 1)} \frac{p_2}{p_1}} \tag{3.6 dd}$$

3.3 一次元の等エントロピー運動の式

衝撃波の伝播は次のような一般的な問題すなわち，ある時刻 t に"変動"の形が与えられるときそれはその後どのように変化するか，またその際いろいろの量の間にどのような関係があるか，という問題の一例をなすものである．この問題は一般には上の例のように対応する定常な問題へ帰着させることはできず，解は非定常な運動方程式から求めなければならない．以下まず断熱，非粘性運動の場合から考察しよう．

3.3 一次元の等エントロピー運動の式

連続および運動量の微分方程式 (2.4 および 2.18) は第2章で求めた. 断面積一定の管の場合, 連続の式から A がくくり出せるので,

$$\frac{\partial \rho}{\partial t} + \rho \frac{\partial u}{\partial x} + u \frac{\partial \rho}{\partial x} = 0 \qquad \blacktriangleright (3.7)$$

p. 66
Euler 形の運動量の式は

$$\frac{\partial u}{\partial t} + u \frac{\partial u}{\partial x} + \frac{1}{\rho} \frac{\partial p}{\partial x} = 0 \qquad \blacktriangleright (3.8)$$

摩擦項のないこの方程式は, 速度勾配が充分小さくて摩擦が無視できるような場合にだけなりたつ. これはまた (外部からの加熱はないとして) 状態変化が等エントロピー的であることを意味する. p と ρ の間の等エントロピー関係は, 差当り函数形

$$p = p(\rho)$$

のままで残しておく. このように, 圧力は密度のわかった函数だから問題における独立変数ではなく

$$\frac{\partial p}{\partial x} = \frac{dp}{d\rho} \frac{\partial \rho}{\partial x} = a^2 \frac{\partial \rho}{\partial x} \qquad (3.9)$$

の関係によって運動方程式から消去することができる. ただし a^2 は圧力と密度の関係 $dp/d\rho$ を表わす.

変動または"摂動"を $u=0$, $\rho=\rho_1$ で**静止している**流体部分に相対的に定義するものとする. すなわち u と零との差および ρ と ρ_1 との差を摂動と呼ぶ. それらは必ずしも小さくはない.

$$\rho = \rho_1(1 + \tilde{s}) \qquad (3.10\text{a})$$

の定義を導入すると便利である. 無次元量 $\tilde{s} = (\rho - \rho_1)/\rho_1$ を**濃縮度** (Condensation) と呼ぶ.[†]

これらの定義によって, 運動方程式を次のように書くことができる:

$$\rho_1 \frac{\partial \tilde{s}}{\partial t} + \rho_1 \left(\frac{\partial u}{\partial x} + \tilde{s} \frac{\partial u}{\partial x} \right) + \rho_1 u \frac{\partial \tilde{s}}{\partial x} = 0 \qquad (3.11\text{a})$$

$$\frac{\partial u}{\partial t} + u \frac{\partial u}{\partial x} + \frac{a^2}{1 + \tilde{s}} \frac{\partial \tilde{s}}{\partial x} = 0 \qquad (3.11\text{b})$$

[†] 普通の記号は s であるが, エントロピーと区別するために $\tilde{s}$ を用いる.

これらの二つの方程式により基本的な変動量，すなわち，**粒子速度** u と**濃縮度** $\tilde{s}$ の間の関係が定まる．圧力は等エントロピー関係によって $\tilde{s}$ と結びつけられ，**理想気体**の場合，これは，

$$\frac{p}{p_1} = \left(\frac{\rho}{\rho_1}\right)^\gamma = (1 + \tilde{s})^\gamma \tag{3.10b}$$

同様に，温度は，

$$\frac{T}{T_1} = (1 + \tilde{s})^{\gamma-1} \tag{3.10c}$$

から得られる．

3.4 音波の方程式

p. 67
前節で得た方程式は，運動が摩擦を伴わず，熱伝導のない限り厳密である．しかし，これを積分することは容易でない．主な困難は，$u\,\partial u/\partial x$ および $\tilde{s}\,\partial u/\partial x$ のように，従属変数がその導函数の係数となっている**非線型項**から生ずる．しかし微小変動を仮定することによって方程式を**線型化**し，問題を著しく簡単にすることができる．

たとえば，$\tilde{s} \ll 1$ とすれば，(3.11) で $\tilde{s}\,\partial u/\partial x$ を $\partial u/\partial x$ にくらべて無視することができる．$u\,\partial\tilde{s}/\partial x$ および $u\,\partial u/\partial x$ の項も同程度の大きさであるから無視してよい．(これは，後程 u と $\tilde{s}$ の間の関係を求めると，はっきりする．) (3.11b) に出てきた a^2 は，乱されない流体での値 a_1^2 のまわりに Taylor 級数に展開できる．すなわち，

$$a^2 = \frac{dp}{d\rho} = \left(\frac{dp}{d\rho}\right)_1 + \left(\frac{d^2p}{d\rho^2}\right)_1 (\rho - \rho_1) = a_1^2 + \rho_1 \tilde{s}\left(\frac{d^2p}{d\rho^2}\right)_1$$

従って，a^2 もまた乱されない流れに対する値との差は小さい．ゆえに (3.11b) の最後の項は $a_1^2\,\partial\tilde{s}/\partial x$ で近似することができる．

そこで，微小変動の場合には，厳密な運動方程式系は，非線型項を含まない次の一組の方程式で近似することができる：

3.4 音波の方程式

$$\frac{\partial \tilde{s}}{\partial t} + \frac{\partial u}{\partial x} = 0 \qquad \blacktriangleright (3.12\,\text{a})$$

$$\frac{\partial u}{\partial t} + a_1^2 \frac{\partial \tilde{s}}{\partial x} = 0 \qquad \blacktriangleright (3.12\,\text{b})$$

これらは,音波の変動が定義により非常に小さいことから,**音波の方程式**と呼ばれる.

理想気体の等エントロピー関係式 (3.10 b および 3.10 c) の対応する近似は,

$$\frac{p}{p_1} = 1 + \gamma \tilde{s} \qquad (3.13\,\text{a})$$

$$\frac{T}{T_1} = 1 + (\gamma - 1)\tilde{s} \ . \qquad (3.13\,\text{b})$$

(3.12) の両式から従属変数のどちらかを消去することができる.$\frac{\partial^2 u}{\partial x \partial t} = \frac{\partial^2 u}{\partial t \partial x}$ だから,各式を交互に微分することにより

$$\frac{\partial^2 \tilde{s}}{\partial t^2} - a_1^2 \frac{\partial^2 \tilde{s}}{\partial x^2} = 0 \qquad \blacktriangleright (3.14\,\text{a})$$

p. 86
また同様に

$$\frac{\partial^2 u}{\partial t^2} - a_1^2 \frac{\partial^2 u}{\partial x^2} = 0 \qquad (3.14\,\text{b})$$

$\tilde{s}$ および u を支配するこの形の方程式は,**波動方程式**と呼ばれる.これは,"変動" が定った**信号速度**または**波の速度**で伝播する現象に特有の方程式である.次に示すように,ここでの信号速度は a_1 である.

波動方程式の解は非常に一般的な形に書くことができる:

$$\tilde{s} = F(x - a_1 t) + G(x + a_1 t) \qquad \blacktriangleright (3.15\,\text{a})$$

ただし F および G はそれぞれ $(x - a_1 t)$ および $(x + a_1 t)$ の任意の函数を表わす.これは,波動方程式に直接代入することによって検証できる.すなわち,$\xi = x - a_1 t$; $\eta = x + a_1 t$ とすれば,

$$\frac{\partial \tilde{s}}{\partial t} = \frac{dF}{d\xi}\frac{\partial \xi}{\partial t} + \frac{dG}{d\eta}\frac{\partial \eta}{\partial t} = a_1(-F' + G')$$

ここで，ダッシュは変数 ξ, η についての微分を示す．同様に，$\partial^2 \tilde{s}/\partial t^2 = a_1{}^2(F''+G'')$ および $\partial^2 \tilde{s}/\partial x^2 = F''+G''$ が示され，したがって，(3.14a) が満足される．

u についての解も，同様に，二つの任意函数によってかくことができる：

$$u = f(x - a_1 t) + g(x + a_1 t) \tag{3.15b}$$

勿論，もとの式 (3.12) によって u と $\tilde{s}$ が結びついているので，f と g は F と G に結びついている．その関係は

$$f = a_1 F \tag{3.15c}$$
$$g = -a_1 G \tag{3.15d}$$

であればよい．これもまた直接代入すれば確かめられる．

3.5 音波の伝播

解 (3.15a) の特性は，まず $G=0$ ととることによって説明することができる．その場合，時刻 t における密度分布は

$$\tilde{s} = F(x - a_1 t)$$

で与えられる．これは，時刻 $t=0$ に（任意な）形

$$\tilde{s} = F(x)$$

をもち，時刻 t には形は全く同じだが対応点が右の方へ距離 $a_1 t$ だけ移動する変動または波を表わす (3.2 図)．すなわち，波の各点の速度したがって波自身の速度は a_1 である．

このように伝播速度が一方向に限られる波を**単一波**と呼ぶ．もし $F=0$ で，波が

$$\tilde{s} = G(x + a_1 t)$$

で表わされるとすれば，速さ a_1 で**左の方へ**伝わる単一波が得られる．一般解 (3.15) は，二種の単一波，すなわち一つは左の方へ他は右の方へ伝わる波の重ね合せである．任意の音波は二つの単一波に分解できる．その方法は 3.8 節の例で説明する．

波の進みかたを表わす x-t 面の直線すなわち，傾斜 $dx/dt = \pm a_1$ の直線を波動方程式の**特性曲線**と呼ぶ (3.2 図)．

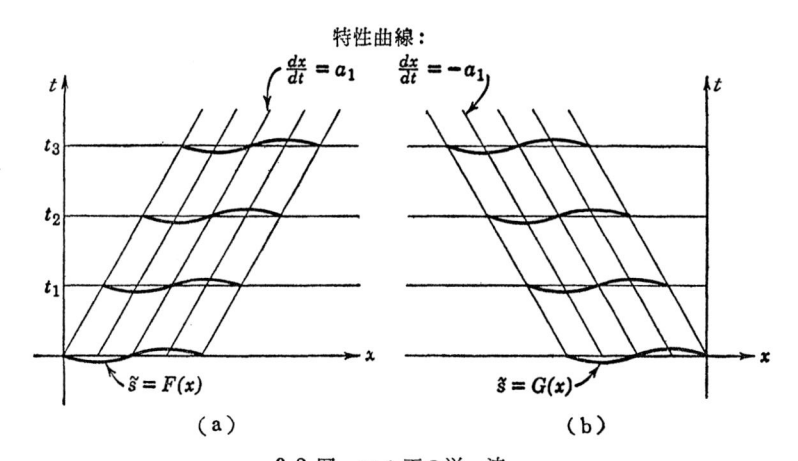

3.2 図 x, t 面の単一波.
(a) 右へ伝わる波, $\mathfrak{s}=F(x-a_1t)$.
(b) 左へ伝わる波, $\mathfrak{s}=G(x+a_1t)$.

3.6 音の速さ

$a=\sqrt{dp/d\rho}$ は変動が流体中を伝わる速さであるから，**音速**と呼ばれる．前節においてこの結果を導く際，基礎式で摩擦は無視し得るものと仮定した．したがってこの結果は，その仮定がなりたつような充分小さい変動に対してのみ適用できる．音波は定義により，"充分に小さい"．そして，その要点は変動による速度勾配が摩擦力を無視し得るほど充分に小さいことおよび $u/a_1 \ll 1$ なることである．

エントロピーの生成は速度勾配（また温度勾配）の自乗に比例し，無視し得るから，音波における運動は等エントロピー的である．したがって，音波における圧力-密度関係は**等エントロピー**の関係でなければならない．そして a^2 は，正確には

$$a^2 = \left(\frac{\partial p}{\partial \rho}\right)_s \tag{3.16}$$

と書くべきである．

普通の可聴音の振巾は充分小さいので，実際上エントロピーの局所的な生成は無視で

きる．したがって，伝播の速度は (3.16) によって充分正確に計算される†．有限振巾の音に対する誤差の概算は，(3.6c) から得られる．

パラメータ a^2 は流体の圧力-密度関係に他ならないから，圧縮性流れの理論で非常に重要な役割を演ずる．それは，運動量の式（たとえば 2.9 および 7.12 節）から

$$\frac{\partial p}{\partial x} = \frac{dp}{d\rho}\frac{\partial \rho}{\partial x} = a^2\frac{\partial \rho}{\partial x}$$

によって圧力を消去するのに用いられる．ここで全微分記号を用いたのは，p が ρ だけの函数，すなわち $p=p(\rho)$ であることをはっきりさせるためである．また a^2 を導入したのは，この圧力-密度関係が等エントロピー的であることを意味している．したがって，上の置きかえは，等エントロピー的流れについてのみなりたつ．摩擦，熱伝導，その他なんらかの等エントロピーでない過程を伴う場合には，圧力はエントロピーにも関係し $p=p(\rho,s)$ である．したがって，

$$\frac{\partial p}{\partial x} = a^2\frac{\partial \rho}{\partial x} + \left(\frac{\partial p}{\partial s}\right)_\rho \frac{\partial s}{\partial x}$$

この場合には，$\partial s/\partial x$ を含むエントロピーの項が表面に現われる．

最後に，a^2 はつねに (3.16) を用いて状態方程式から評価できることを注意しておこう．理想気体の場合 ((3.10b) 参照)，これは

$$a^2 = \gamma p/\rho = \gamma RT \quad .$$

a^2 は，たとえばエネルギーの式などで，温度の代りに用いられることが多い．しかし，この置きかえができるのは理想気体の場合だけである．上式を空気（$\gamma=1.4$, $R=1715$ ftlb/slug°F$=2.87\times10^6$ erg/g°C）の場合について計算すると，音速として次の値が得られる：

$T=500°\mathrm{R}(41°\mathrm{F})$ で $\quad a=1095\mathrm{ft/sec}$

$T=300°\mathrm{K}(27°\mathrm{C})$ で $\quad a=348\mathrm{m/sec}$

他の温度における値は，これらの値から

---

† 普通の音では速さを計算する場合には，摩擦（及び局所的なエントロピーの生成）は無視できる．しかし，摩擦の影響が集積して振巾が減少する傾向は無視できない．

$$\frac{a_2}{a_1} = \sqrt{\frac{T_2}{T_1}}$$

の関係を用いて容易に求められる.

3.7 音波の圧力と粒子速度

理想気体の場合,密度波に伴う圧力変動は (3.13 a) から得られる:

$$\frac{p - p_1}{p_1} = \frac{\Delta p}{p_1} = \gamma \tilde{s} \qquad (3.17)$$

したがって,圧力波は密度波と同じ形をもち,ただ定数因子 γ だけ異なる.

波が流体中を進むとき,圧力変動は流体に運動を起し速度 u を与える.この速度を**粒子速度**と呼ぶ.これは**波の速さ** a_1 と混同してはならない.a_1 は普通ずっと大きい.衝撃波の場合これらに対応する速度は u_p および c_s である.

右へ伝わる単一波 $\tilde{s} = F(x - a_1 t)$ は,(3.15) により,(3.2節)

$$u = a_1 F(x - a_1 t) = a_1 \tilde{s} \qquad (3.18\,\text{a})$$

の速度変動をひき起す.左の方へ伝わる波については,

$$u = -a_1 G(x + a_1 t) = -a_1 \tilde{s} \qquad (3.18\,\text{b})$$

二種の単一波における $\tilde{s}$ と u の間のこれらの関係を 3.3 図に示す.

密度が乱されない値 ρ_1 より大きいか小さいかに従って,波の各部分を,**濃縮部** (condensation)[†] または**稀薄部** (Rarefaction) と呼ぶ.

波が流体に及ぼす影響はこの密度(および圧力)分布の**勾配**および波の運動**方向**によって異なる.そして波が通過するとき密度を増加させる部分を**圧縮部**と呼び,また密度を減少させる部分を**膨脹部**と呼ぶ.

対応する粒子速度の分布は 3.3 図に示す通りで,右へ伝わる波および左へ伝わる波に対して,それぞれ,

$$u = \pm a_1 \tilde{s} \qquad \blacktriangleright (3.19)$$

[†] これは (3.10 a) で定義された $\tilde{s}$ の呼び方のもとである.

である．この結果から圧縮部は波の進む方向に流体を加速し，膨脹部は減速することがわかる．単一波でない一般の場合，すなわち，二つの単一波 (3.18) の重ね合せの場合には，粒子速度と密度の比は

$$\frac{u}{a_1\tilde{s}} = \frac{F-G}{F+G}$$

であって，空間的および時間的に変化する．

後の引用のために，変動が非常に小さくなった極限では，変動量を微分形にかけることを注意しておこう．u および $\tilde{s}$ を微分 du および $d\rho/\rho_1$ で置きかえると，(3.19)

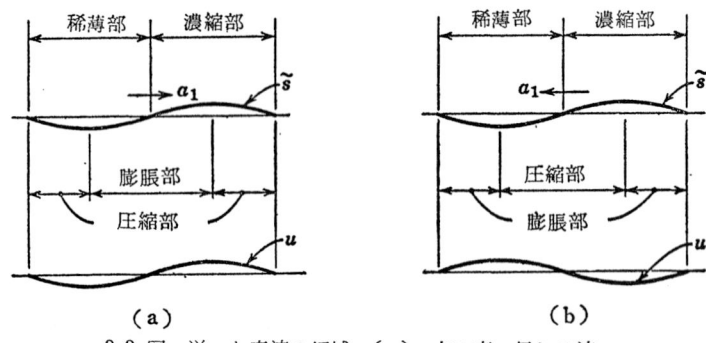

3.3 図 単一な音波の領域 (a) 右の方へ伝わる波：$\tilde{s}=F(x-a_1t), u=a_1F(x-a_1t)$；(b) 左の方へ伝わる波：$\tilde{s}=G(x+a_1t), u=-a_1G(x+a_1t)$

および (3.17) は次のようになる：

$$du = \pm a_1 \frac{d\rho}{\rho_1} \tag{3.20 a}$$

$$\frac{dp}{p_1} = \gamma \frac{d\rho}{\rho_1} \tag{3.20 b}$$

これからまた次の結果が得られる：

$$dp = \frac{\gamma p_1}{\rho_1} d\rho = \pm \rho_1 a_1 \, du \tag{3.20 c}$$

---

† この結果から $u\dfrac{\partial \tilde{s}}{\partial x} = \tilde{s}\dfrac{\partial u}{\partial x}$ であることがわかるが，これにより (3.11) のすべての項の正確な比較ができる．また (3.12) を導くときの非線型項の省略の妥当性が示される．

3.8 衝撃波管の線型理論

音波の方程式の個々の問題への応用例を示すために、まず、衝撃波管（3.4図）を考える。これは、膜で圧力の違う二つの室に仕切られた管に過ぎない。膜を突然に取除く
p 73
（破る）と波動が起る。もし圧力差が非常に小さくて、運動が近似的に音波の方程式によって記述できるとすればこれは"音波的"または"線型化された"衝撃波管といわれる。衝撃波管についての厳密な式は（3.12）節で求める。

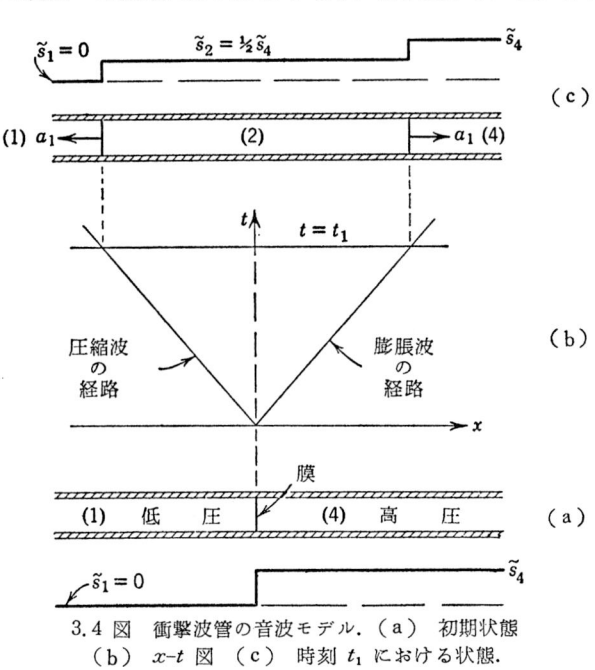

3.4 図　衝撃波管の音波モデル．（a）初期状態　（b）x-t 図　（c）時刻 t_1 における状態．

低圧室(1)を基準にとる（$\tilde{s}_1=0$）。初期時刻 $t=0$ すなわち膜を取除いた直後には、波は図に示したような形であり、密度は"階段"分布をしている。この最初の瞬間の粒子速度は到る所で零である。したがって、$t=0$ における波の形は次の式で与えられる:

$$\tilde{s}(x,0) = F(x) + G(x) = \tilde{s}_0(x) = \begin{cases} \tilde{s}_4 & x > 0 \dagger \\ 0 & x < 0 \end{cases}$$

$$u(x,0) = a_1 F(x) - a_1 G(x) = 0$$

これらの方程式を連立的に解くと、

---

† 添字は、3.12 節で論ずる衝撃波管の流れに対応するように選んである．

$$F(x) = G(x) = \tfrac{1}{2}\bar{s}_0(x) = \begin{cases} \tfrac{1}{2}\bar{s}_4 & x > 0 \\ 0 & x < 0 \end{cases}$$

p. 74
したがって，その後の任意の時刻における運動は次の式で与えられる：

$$\bar{s}(x, t) = \tfrac{1}{2}\bar{s}_0(x - a_1 t) + \tfrac{1}{2}\bar{s}_0(x + a_1 t) \quad = \begin{cases} \bar{s}_4 & x > a_1 t \\ \tfrac{1}{2}\bar{s}_4 & -a_1 t < x < a_1 t \\ 0 & x < -a_1 t \end{cases}$$

$$u(x, t) = \tfrac{1}{2}a_1\bar{s}_0(x - a_1 t) - \tfrac{1}{2}a_1\bar{s}_0(x + a_1 t) = \begin{cases} 0 & x > a_1 t \\ -\tfrac{1}{2}a_1\bar{s}_4 & -a_1 t < x < a_1 t \\ 0 & x < -a_1 t \end{cases}$$

時刻 t_1 における密度分布を 3.4 図に示す．低圧側(1)へ圧縮波が伝わり，高圧側(4)へ同じ強さの膨脹波が伝わる（実際には，3.10 節で証明するように，有限の強さの不連続膨脹波は存在し得ない．しかし，音波の理論では圧縮波と膨脹波の性質のこの違いは現われない）．衝撃波と膨脹波の間の領域(2)における粒子速度は一様である．上の解からそれは

$$u = u_2 = -\tfrac{1}{2}a_1\bar{s}_4$$

なる値をもつことがわかる．

3.9 有限振巾の等エントロピー波

波の速度が一定であるとか，単一波の形が不変であるなどの，音波の簡単な特性は，方程式の線型化によるものである．そして線型化は，振巾および勾配が無限小であるという仮定に基づく．このような仮定ができない場合には，波のある点の状態を乱されない流体中の状態で近似することはできない．そのような場合，波の速度は場所場所で異なり，単一波は伝播するにつれて変形する．かような有限の変動を調べるためには，完全な非線型方程式 (3.7) および (3.8) を解くことが必要である．解は約一世紀前に Riemann および Earnshaw によって得られている．ここでは数学的形式解を述べる代りに，† もっと物理的な取扱いをする．それは，局所粒子速度で運動する観測者からみれば，**局所的に**音波の理論が適用できるということに要約される．

---

† 練習問題 3.4 参照．

3.9 有限振巾の等エントロピー波

この間の事情を3.5図に示す.そこには有限振巾の波があって,その上の $x=x_n$ のところに"小さな波"が重ね合されている.局所流体速度 u_n で動く観測者からみると,小さな波は局所音速 $a_n=(dp/d\rho)_n^{\frac{1}{2}}$ で伝わるが,一方,乱されない流体に固定した座標系に対しては $c_n=a_n+u_n$ で伝わる.小さな波はどこに考えてもよいから,結局,任意の x_n における波の局所速度は,明らかにこの式あるいは一般に

p. 75

$$c = a \pm u \tag{3.21}$$

で与えられる.ただし波が左へ進むときは,負の符号をとる.この符号は,u は速度(x 軸の正方向に向うとき正)であって c と a は速さ(つねに正)であるとしてきめてある.*

線型理論の場合とちがって波の速さはもはや一定ではない.なぜなら,この場合には音速 a が変るばかりでなく,粒子速度 u もまた無視できないからである.

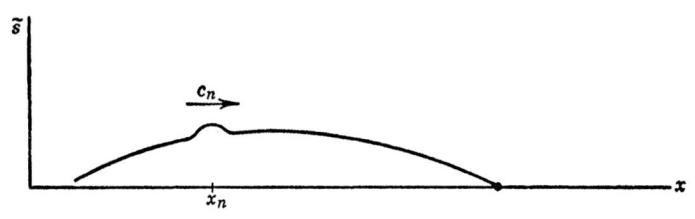

3.5図 有限振巾の波の上の"小さな波"

これらを密度で表わすために,局所的に音波の理論を適用する.まず,局所音速を密度で表わす.等エントロピーの関係を用いて $a^2=\gamma p/\rho$ から p を消去すると,理想気体について

$$a = a_1\left(\frac{\rho}{\rho_1}\right)^{(\gamma-1)/2} \tag{3.22}$$

を得る.次に(3.20a)を局所的に用いて,粒子速度を密度で表わすと,

$$du = \pm a\left(\frac{d\rho}{\rho}\right).$$

a に(3.22)を代入すると,上式は次のように積分できる:

---

* ここでは $|u|\ll a$ の場合を念頭に置いているようであるが,一般には c は負になりうる.この式はむしろ音速 a を右向,左向に従って $\pm a$ のように"速度"化し,$c=\pm a+u$ とすべきであろう.

86   第3章　一次元の波動

$$u = \pm \int_{\rho_1}^{\rho} a \frac{d\rho}{\rho} = \pm \frac{2a_1}{\gamma - 1}\left[\left(\frac{\rho}{\rho_1}\right)^{(\gamma-1)/2} - 1\right] = \pm \frac{2}{\gamma - 1}(a - a_1) \quad (3.23)$$

$$a = a_1 \pm \frac{\gamma - 1}{2}u \quad (3.23\text{a})$$

局所音速に対するこの表式を (3.21) に代入すると，波の速さは

$$c = a_1 \pm \frac{\gamma + 1}{2}u \quad (3.21\text{a})$$

p. 76
または

$$c = a_1\left\{1 \pm \frac{\gamma + 1}{\gamma - 1}\left[\left(\frac{\rho}{\rho_1}\right)^{(\gamma-1)/2} - 1\right]\right\} \quad \blacktriangleright(3.21\text{b})$$

となる．ここで a_1 は乱されない流体中の音速である．

3.10 有限振巾の波の伝播

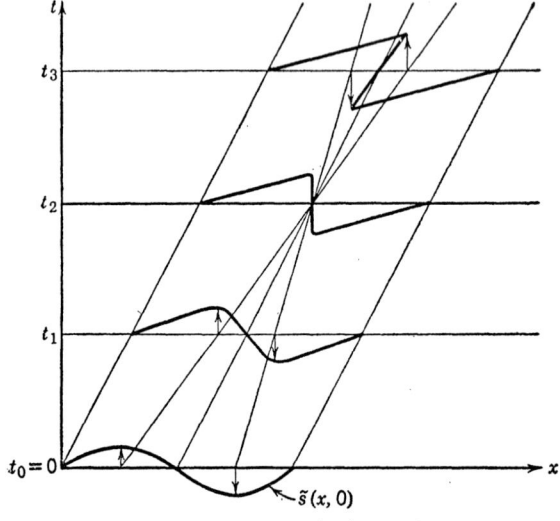

"非線型"波がこのような速度をもっていることからどんな結果が生ずるかは，有限振巾の単一波の伝播を考えるとよくわかる．

3.2図と比較するために，初期密度分布が $t=t_0=0$ に3.6図に示すような分布であると仮定する．右の方へ伝わる波の場合には，前節の方程式の符号は正をとるべきである．

3.6 図　有限振巾の波の伝播[*] （矢印は波の中の同じ状態の点を示す）

---

* (3.21b) により，c は $\tilde{s}$ と乱されない流体の性質だけから定まる．従って，波の上で $\tilde{s}$ の値が定まった点は一定の速度で伝わる．すなわち，x, t 面におけるその軌跡は直線になる．

3.10 有限振巾の波の伝播

(3.21 b)によれば，波の速さは濃縮領域 ($\rho > \rho_1$) では a_1 より大きく，稀薄領域では a_1 より小さい．このことから波は伝播するに従って変形し，3.6図に示したように濃縮度の高い領域が低い領域に追つく傾向のあることが判る．**特性曲線**(3.5節)は濃縮度の高い領域ほど傾く．それは，特性曲線の傾斜が波の速さに逆比例するからである．

   3.3図に定義した圧縮および膨脹領域でいうならば，上の効果は圧縮領域を急にし，膨脹領域を平らにする．そしてこの場合，特性曲線はそれぞれ集るか拡がる．圧縮領域では，特性曲線は結局交り，$t=t_2$ の場合に示したような状態になる．しかし，これは物理的に不可能である．なぜならそれは与えられた点 x での密度の値が三つあることを意味するからである．実際には，これが起る前すなわち $t=t_2$ の状態に達する以前に，圧縮領域の速度および温度勾配が非常に大きくなり，**摩擦や熱伝達の影響**が重要となる．これらは勾配を急にする傾向を打消す拡散作用をもっている．この二つの正反対の効果は釣合に達する．そして，波の圧縮部分がそれ以上に変形することなく伝播するという意味で"定常"になる．これが衝撃波である．

   圧縮領域では，等エントロピーの関係は，摩擦や熱伝達が重要となりはじめるまでしかなりたたない．一方，ひとたび拡散項と勾配を急にする項が釣合い，定常状態に達すると，波面の両側の状態は3.2節の衝撃波関係式によって結ばれる．衝撃波内部の状態は13.12節で論ずる．非定常で，等エントロピー的でない途中の状態は，摩擦や熱伝達を含む完全な非定常方程式によらなければ取扱うことはできない．そしてこの意味で，もっとも複雑な場合である．

   かように，有限振巾の場合には，圧縮波と膨脹波の振舞には大きな違いがある．圧縮波は，急になり，"定常"状態に達する傾向がある．そして，定常状態になれば，等エントロピー的でなくなる．一方，膨脹波はいつまでも等エントロピー的である．なぜなら，膨脹波は平坦になり，したがって速度および温度の勾配をさらに減少させる傾向をもつからである．膨脹波は決して"定常"な状態には達しない．そしてこれは衝撃波の理論で"膨脹衝撃波"が存在しないという事実に対応する．

   ここで働いている機構は，本質的には第4章で述べる定常な二次元超音速流における機構と同様であり，またそれのもたらす影響も同様である．たとえば，定常な二次元超音速流の膨脹領域では，特性曲線またはMach線は拡がる．一方，圧縮領域では，それらは集り，衝撃波を形成する．

3.2節で論じた衝撃波の運動ではピストンが速度 u_p で突然に動かされ，したがって衝撃波が瞬間的に速さ c_s で出発すると仮定した．しかしこれまでの議論から，たとえピストンの速度が徐々に増加して u_p に達し，したがって圧縮が最初等エントロピー的であるとしても，結局は，勾配を急にする効果によって，ピストンを急に動かす場合と同じ様な衝撃波が発生することがわかる．実際，この効果は，圧力を増加する波の勾配をつねに急にし，また凹凸をとる傾向をもっている．たとえば，爆発の初期や，衝撃波管の膜の破裂のような複雑な運動でも，結局は，勾配の急な衝撃波面が一つあるような波動になる．

3.11 有心膨脹波

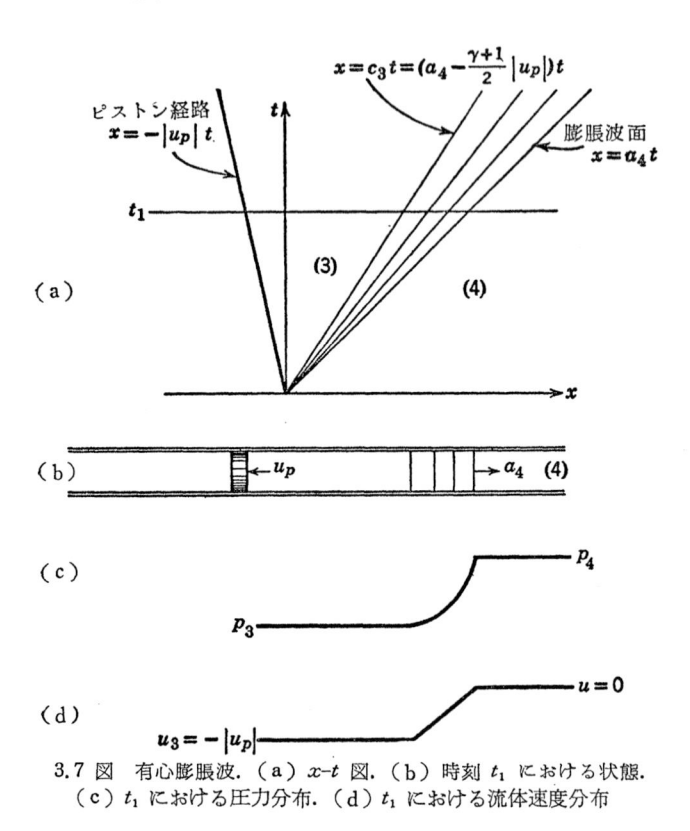

p. 78
3.1図のようにピストンを流体中へ押込む代りに，3.7図のようにひき出すときは，膨脹波が出来る．ピストンが速さ $|u_p|$ で急に動き出せば，最初の瞬間の粒子速度の分布は"階段的"である．しかし膨脹波の場合，この階段分布は保たれないで，波が

3.7図 有心膨脹波．（a）x-t 図．（b）時刻 t_1 における状態．（c）t_1 における圧力分布．（d）t_1 における流体速度分布

3.11 有心膨脹波

伝播しはじめるとすぐに"平らに"なりはじめる。少し後の時刻 t_1 には、粒子速度は 3.7 d 図に示すような直線分布になり，これに応じて圧力は 3.7 c 図に示すような分布になる。[*]

波面は速さ a_4 で乱されない流体 (4) 中へすなわちピストンおよび流体の運動とは反対の方向へ伝わる（任意の等エントロピー波の先頭波面は乱されない流体中の音速で傳わる）。先頭波面より後の部分での波の速さは (3.21 a) で与えられる。すなわち

$$c = a_4 + \frac{\gamma+1}{2} u$$

$u<0$ だから後方の波になる程 c は小さい。3.7 図に示した扇状の直線群は c が一定，したがって u および ρ が一定な直線群である。これらの直線は特性曲線である。時間がたつにつれて扇の巾は広くなり，波は"平ら"になって速度，密度等の勾配は小さくなる。従って波はいつまでも等エントロピー的である．

最後の特性曲線は

$$x/t = c_3 = a_4 - \frac{\gamma+1}{2} |u_p|$$

で与えられ，$a_4 \gtreqless \frac{1}{2}(\gamma+1)|u_p|$ にしたがって，右または左へ傾むく。[**] この特性曲線とピストンとの間では，流体の特性は一様な値 ρ_3, p_3, a_3 等をもつ．理想気体ではこれらは，3.9 節の等エントロピー関係によって (4) の状態から求められる．たとえば (3.23) から

$$\frac{\rho_3}{\rho_4} = \left(1 - \frac{\gamma-1}{2}\frac{|u_p|}{a_4}\right)^{2/(\gamma-1)} \tag{3.24 a}$$

$$\frac{p_3}{p_4} = \left(1 - \frac{\gamma-1}{2}\frac{|u_p|}{a_4}\right)^{2\gamma/(\gamma-1)} \tag{3.24 b}$$

圧力比 p_3/p_4 によって膨脹波の強さが定義される．

可能な膨脹の中，最大のものは $p_3=0$ の場合であるが，それは，(3.24 a) により，

[†] 83頁の脚注参照．

[*] $x=ct=a_4 t + \frac{\gamma+1}{2}ut$，これより時刻 t における u の分布は直線的であることがわかる．

[**] 85頁の脚注参照．

$|u_p|=2a_4/(\gamma-1)$ の場合に起る．このとき $p_3=T_3=0$．すなわち流体のすべてのエネルギーは流れの運動エネルギーに転換される．ピストンの速度をこの極限値より大きくしても，流れはそれ以上変らない．

上に述べたピストンを突然引出すことによって生ずる波は，x-t 面の特性曲線の扇のような形から，**有心膨脹波**と呼ばれる．有心膨脹波と衝撃波とを駆使して，種々の有限振巾の波の問題を解くことができる．しかしながら，衝撃波および一般の有限振巾の波は簡単に重ね合すことができないことを忘れてはならない．二三の相互作用は特性曲線法で取扱うことができる．この方法については，今の場合と方程式が類似している定常な超音速流の場合について第12章で述べる．

3.12 衝撃波管

衝撃波および膨脹波について前節で求めた解は，**衝撃波管**の流れの状態を解析するのに用いることができる．衝撃波管の基礎原理は3.8節で述べた．そこでは，，非常に小さい圧力比の場合について"音波的"な線型化された解を求めた．

流れの領域および記号の約束を3.8図に示す．$x=0$ にある膜は低圧（膨脹）室(1)と高圧（圧縮）室(4)とを分離する．衝撃波管の基礎のパラメータは膜の圧力比 p_4/p_1 である．二つの室の温度 T_1 と T_4 は違っていてもよいし，また気体定数 R_1 および R_4 の異なる気体がはいっていてもよい．

膜を破る最初の瞬間には，図の $t=0$ の場合のように，圧力分布は理想的には"階段的"である．線型化された例の場合のように，これは低圧室に速さ c_s で伝わる衝撃波と，先頭波面の速さ a_4 で高圧室に伝わる膨脹波とに"分れる"．衝撃波が通過した後の流体の状態を(2)で，また，膨脹波が通過した後の状態を(3)で示す．領域2と3の境界面を**接触面**と呼ぶ．これは最初，膜の両側にあった流体間の境界を表わす．拡散を無視すれば，これらは混合しないで接触面により分離されたまま動く．接触面は低圧室に進むピストン面に似ている．

接触面の両側では，温度 T_2' と T_3 および密度 ρ_2 と ρ_3 は一般に異なる．しかし，圧力と流体速度は同じでなければならない．すなわち，

$$p_2 = p_3$$
$$u_2 = u_3$$

3.12 衝撃波管

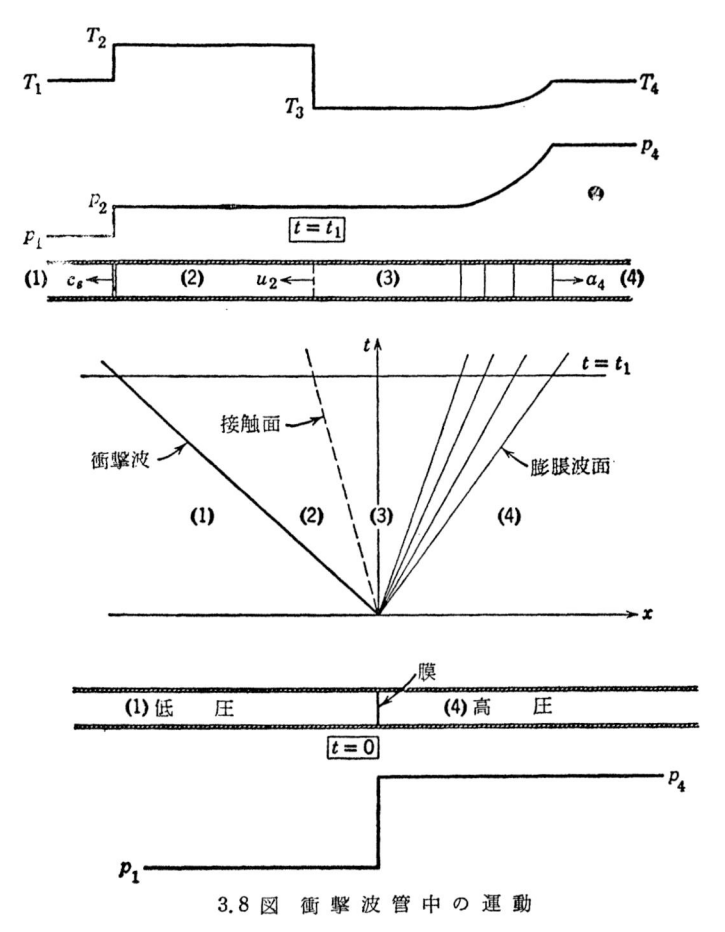

3.8図 衝撃波管中の運動

従って，後者は接触面の速度である．これら二つの条件から，**衝撃波の強さ** p_2/p_1 および**膨脹波の強さ** p_3/p_4 が膜の圧力比 p_4/p_1 によって次のように定まる： u_2 および u_3 の値は衝撃波及び膨脹波それぞれに対する (3.5) および (3.24) から計算できる．少し書きかえて添字を今の場合に対応させると，

$$u_2 = a_1 \left(\frac{p_2}{p_1} - 1\right) \sqrt{\frac{2/\gamma_1}{(\gamma_1+1)p_2/p_1 + (\gamma_1-1)}} \quad (3.25\text{a})$$

$$u_3 = \frac{2a_4}{\gamma_4 - 1}\left[1 - \left(\frac{p_3}{p_4}\right)^{(\gamma_4-1)/2\gamma_4}\right] \qquad (3.25\text{ b})$$

これらの式から $u_2=u_3$ を消去し，$p_3=p_2$ を代入すれば，衝撃波管の基礎の方程式を得る：

$$\frac{p_4}{p_1} = \frac{p_2}{p_1}\left[1 - \frac{(\gamma_4-1)(a_1/a_4)(p_2/p_1 - 1)}{\sqrt{2\gamma_1}\sqrt{2\gamma_1 + (\gamma_1+1)(p_2/p_1 - 1)}}\right]^{-2\gamma_4/(\gamma_4-1)} \quad \blacktriangleright (3.26)$$

これを解けば，衝撃波の強さ p_2/p_1 が膜の圧力比 p_4/p_1 の関数として定まる．膨脹波の強さは

$$\frac{p_3}{p_4} = \frac{p_3}{p_1}\frac{p_1}{p_4} = \frac{p_2/p_1}{p_4/p_1} \qquad (3.27)$$

から定まる．衝撃波の強さがわかれば，他のすべての流れの量は垂直衝撃波の関係から容易に決定できる (2.13 および 3.2 節)．

衝撃波の側および膨脹波の側から計算した u および p の値は一致しなければならないが，ρ および T はその要はなく，事実一般にこれらは異なる．すなわち衝撃波後の領域は膨脹波後の領域とは違っていて，これらは接触面によって隔てられている．接触面の両側で圧力および流体速度は同じであるが密度と温度は異なる．膨脹波の後の温度 T_3 は等エントロピーの関係によって定まる：

$$\frac{T_3}{T_4} = \left(\frac{p_3}{p_4}\right)^{(\gamma_4-1)/\gamma_4} = \left(\frac{p_2/p_1}{p_4/p_1}\right)^{(\gamma_4-1)/\gamma_4} \qquad (3.28)$$

衝撃波後の温度 T_2 は Rankine-Hugoniot の関係 (3.4) から定まる．

$$\frac{T_2}{T_1} = \frac{1 + \dfrac{\gamma_1-1}{\gamma_1+1}\dfrac{p_2}{p_1}}{1 + \dfrac{\gamma_1-1}{\gamma_1+1}\dfrac{p_1}{p_2}} \qquad (3.29)$$

したがって，これに対応する音速および密度の比も容易に書くことができる．接触面の速度は (3.25 a) または (3.25 b) のいずれかによって定まる．

実験的には，膜の破裂は複雑な三次元的現象であるから，理想的に流れを出発させることはできない．しかし，圧縮波には勾配を急にする効果があるから，直径の数倍の距

3.12 衝撃波管

離を進む間に平面衝撃波が出来上る.衝撃波の速さおよび強さは低い圧力比では理論値とよく一致するが (3.9図), 圧力比が高くなると不一致が現れはじめることが知られている. これらの不一致はいくつかの影響, すなわち, (1)膜の破裂が三次元的で有限時

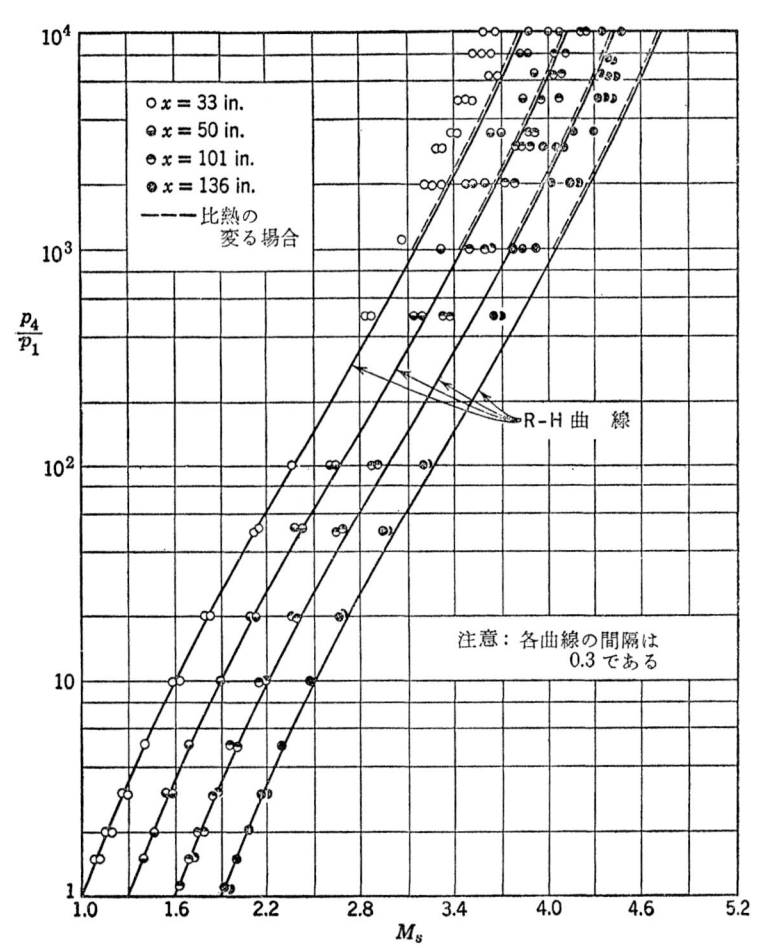

凡例:
- ○ $x = 33$ in.
- ◐ $x = 50$ in.
- ◑ $x = 101$ in.
- ◉ $x = 136$ in.
- ----- 比熱の変る場合

R-H 曲線

注意: 各曲線の間隔は 0.3 である

縦軸: $\dfrac{p_4}{p_1}$, 横軸: M_s

3.9 図 初期衝撃波速度の膜圧力比および距離 (x) による変化. (両方の室とも空気)(実線は理想気体の場合の Rankine-Hugoniot の値. 破線は比熱の温度変化に対する補正) I. I. Glass and G. N. Patterson, *J. Aeronaut. Sc.*, 22 (1955), p 73

間を要すること，(2)衝撃波管の壁上に境界層が出来ることに関連する粘性の影響，(3)衝撃波後の高温による気体の性質の変化などに基づく．

衝撃波以外の流れの領域についてはよくわかっていないが，上の効果は特に圧力比が高い場合にそれらの領域にも重要な影響を及ぼすであろう．

流れの持続時間は低圧室および高圧室の長さによって制限される．それは，衝撃波および膨脹波がそれぞれの室の端で反射し，互いに干渉し合うからである．

衝撃波管は種々の方面に適応性と応用をもっている．たとえば衝撃後の一様流は持続時間の短い風洞として用いられる．この場合，衝撃波管は間歇風洞または吹出し風洞に似ている．ただし，流れの持続時間はずっと短く，普通 $\frac{1}{1000}$ 秒程度であるという相異がある．一方，衝撃波管では他の型の設備では容易に得られないような作動状態（特に高い澱み点エンタルピーの状態）が実現できる．

p. 83

衝撃波面での流れの状態の急激な変化は，過渡的な空気力学的効果の研究や力学的および熱的応答の研究に利用される．

分子物理学の分野では衝撃波管は緩和効果や反応速度等を観測するために流体の状態を急速に変える簡単な方法を提供する．高いエンタルピーが得られるので，解離や電離等を研究することもできる．

第4章 超音速流中の波

4.1 まえがき

p. 84
　前の章で論じたピストンの運動による一次元波動の例から，流体中の波動とピストン上の圧力との間にはある関係が存在することがわかる．この例は一般の運動を一種のピストン運動とみるとき，その最も簡単な場合という意味において重要である．すなわち静止している流体中を任意の物体が運動する場合は，この見方から説明することができる．物体のすぐ隣りの流体部分の変動は波の伝播によって物体の他の部分に伝達される．この際波動は物体の運動と矛盾しないように起るべきことから物体上の圧力がきまってくる．もちろん三次元の場合には，一般の三次元波動方程式を用いる必要はあるけれども，原理的には主として幾何学的複雑さが増すだけのことである（9.19節参照）．

　もちろんこの見方から流体中の物体の運動を研究することがいつでも便利であるとは限らない．特に**定常な**運動の場合には，普通，物体が静止していて流体がそれを過ぎて流れるような座標系から観察する方がはるかに簡単である．このような場合，特に流れが亜音速の場合には，波動の見方を採らないのが一般である．しかし相対速度が**超音速**であれば，波は物体のごく近くより前方へ伝わることはできず，**また波系は物体と共に進む**．したがって，物体が静止している座標系では波系もまた静止する．それゆえこの場合は波系と流れの場との間の対応は全く直接的である．

　この章ではおもに**定常な二次元の**（**平面的な**）**超音速流**の問題を考察する．この種の流れには定常な波系が存在するという事実を用いて，間接的な方法によって解を求めることにしよう．すなわち，まず流れの中に簡単な定常波が存在しうる条件を調べ，次に，この条件に対応または適合する流れの境界を見出すのである．この際，超音速場では**上流への影響が限られる**という特性が非常に役に立つ．それは，これによって流れを一歩一歩解析または構成することができるからである．このような方法は亜音速の場合には用いることはできない．

4.2 斜め衝撃波

まず流れの方向に対して**傾いている**定常衝撃波に対する条件を調べよう（4.1図）．これは新しい速度成分をつけ加えて考えると，垂直衝撃波の場合と同じ方法（2.13節）で運動方程式から直接に導くこともできる．しかし垂直衝撃波の結果を以下のように利用すると計算の一部をさけることができる．

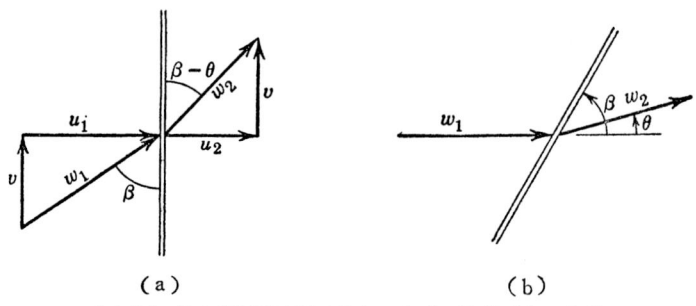

（a）　　　　　　　　　　　　　（b）
4.1 図　斜め衝撃波を通る流れ　（a）　速度成分の分解
（b）　普通の記法

一様な速度 v を垂直衝撃波の流れの場に重ね合すと，v の大きさおよび方向を加減するだけで，衝撃波前方の合速度は任意の方向に調節することができる．4.1a図に示したように v を衝撃波と平行にとれば，衝撃波前方の合速度の大きさは $w_1 = \sqrt{u_1^2 + v^2}$．また衝撃波に対する傾きは $\beta = \tan^{-1} \dfrac{u_1}{v}$ である．さて u_2 と u_1 とは等しくないから，衝撃波後の流れの傾きは衝撃波の前の傾きとは違っている．すなわち，流れは衝撃波で**突然向きを変える**．u_2 はつねに u_1 より小さいから，この方向変換は常に衝撃波に近づくように起り，従って 4.1 図に定義したふれの角 θ は正である．図の（b）は近づく流れが都合のよい方向をとるように（a）の流れを回転したものである．

一様な速度 v を重ね合せても，垂直衝撃波の場合（2.13節）に定義した静圧その他の静的パラメータは何等影響を受けないから，衝撃波の前後の状態の間の関係を求めることは容易である．垂直衝撃波の場合と変ってくるのは，今の場合，最初の Mach 数が $M_1 = w_1 / a_1$ であり，また $u_1 = w_1 \sin \beta$ であることである．すなわち，

$$\frac{u_1}{a_1} = M_1 \sin \beta \tag{4.1}$$

したがって，(2.47), (2.48), (2.49) および (2.50) に現われる u_1/a_1 はすべて $M_1 \sin \beta$ で置換えるべきことがわかる．このようにして斜め衝撃波の場合の対応する

4.3 β と θ の間の関係

関係を求めると：

$$\frac{\rho_2}{\rho_1} = \frac{(\gamma+1)M_1^2 \sin^2\beta}{(\gamma-1)M_1^2 \sin^2\beta + 2} \qquad \blacktriangleright (4.2)$$

$$\frac{p_2 - p_1}{p_1} = \frac{2\gamma}{\gamma+1}(M_1^2 \sin^2\beta - 1) \qquad \blacktriangleright (4.3)$$

$$\frac{T_2}{T_1} = \frac{a_2^2}{a_1^2} = 1 + \frac{2(\gamma-1)}{(\gamma+1)^2}\frac{M_1^2 \sin^2\beta - 1}{M_1^2 \sin^2\beta}(\gamma M_1^2 \sin^2\beta + 1) \qquad \blacktriangleright (4.4)$$

$$\frac{s_2 - s_1}{R} = \ln\left[1 + \frac{2\gamma}{\gamma+1}(M_1^2 \sin^2\beta - 1)\right]^{1/(\gamma-1)}$$

$$\times \left[\frac{(\gamma+1)M_1^2 \sin^2\beta}{(\gamma-1)M_1^2 \sin^2\beta + 2}\right]^{-\gamma/(\gamma-1)} = \ln\frac{p_{01}}{p_{02}} \qquad (4.5)$$

言いかえれば，静的な熱力学的変数の比は速度の垂直成分のみによってきまる．垂直衝撃波の解析から，この成分は超音速，すなわち，$M_1 \sin\beta \geqslant 1$ でなければならない．これは与えられた Mach 数に対する**波の最小の傾き**を定める．最大の波の傾きはもちろん $\beta = \pi/2$ である．従って，最初の Mach 数が与えられたとき，波の傾き角の可能な範囲は

$$\sin^{-1}\frac{1}{M_1} \leq \beta \leq \frac{\pi}{2} \qquad (4.6)$$

である．（与えられた M_1 に対し）波の角 β のそれぞれの値について対応するふれの角 θ が存在する．これらの間の関係は次節で求める．

衝撃波後の Mach 数 M_2 は，$M_2 = w_2/a_2$ 及び (4.1a 図から) $u_2/a_2 = M_2 \sin(\beta - \theta)$ なることに注意すれば得られる．すなわちこの u_2/a_2 を (2.45) の M_2 に代入すれば

$$M_2^2 \sin^2(\beta - \theta) = \frac{1 + \dfrac{\gamma-1}{2}M_1^2 \sin^2\beta}{\gamma M_1^2 \sin^2\beta - \dfrac{\gamma-1}{2}} \qquad (4.7)$$

$\gamma = 1.4$ の理想気体に対する斜め衝撃波の諸関係の数値は巻末の図表に掲げてある．

4.3 β と θ の間の関係

4.1 図から次の二つの関係を得る：

$$\tan \beta = \frac{u_1}{v} \qquad (4.8\,\text{a})$$

p. 87
$$\tan (\beta - \theta) = \frac{u_2}{v} \qquad (4.8\,\text{b})$$

v を消去し,連続の式および (4.2) を用いると,

$$\frac{\tan (\beta - \theta)}{\tan \beta} = \frac{u_2}{u_1} = \frac{\rho_1}{\rho_2} = \frac{(\gamma - 1)M_1^2 \sin^2 \beta + 2}{(\gamma + 1)M_1^2 \sin^2 \beta} \qquad (4.9)$$

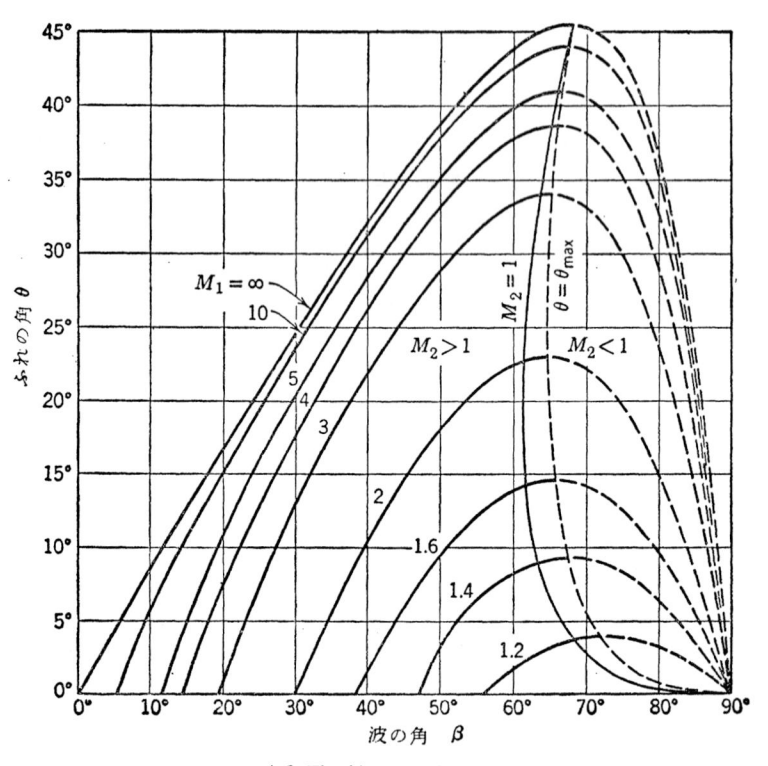

4.2 図 斜め衝撃波の解

M_1 を与えると,この式によって β と θ との関係を知ることができる.さらに多少の三角法計算を行なうと,θ を陽に解くことができて,

4.4 くさびを過ぎる超音速流

$$\tan\theta = 2\cot\beta \frac{M_1^2\sin^2\beta - 1}{M_1^2(\gamma + \cos 2\beta) + 2} \qquad \blacktriangleright (4.10)$$

この式は $\beta=\pi/2$ および $\beta=\sin^{-1}(1/M_1)$ で零となる．これは (4.6) で定義した範囲の限界に他ならない．θ はこの範囲内では正であるから，θ は極大値をもつはずである．これは M_1 のいろいろの値について θ と β の間の関係を曲線にした 4.2 図を見れば明らかである．M_1 の各値に対してそれぞれ θ の最大値が存在する．

$\theta<\theta_{\max}$ ならば，同じ θ および M の値に対して違った β の値をもつ二つの解が存在する．β の大きい方が強い衝撃波を与える．4.2 図では，強い衝撃波の解は破線で示してある．

図にはまた $M_2=1$ であるような解の軌跡も示してある．**強い衝撃波をもつ解では流れは波の後で亜音速となる．**弱い衝撃波をもつ解では $\theta_{\max}$ よりわずかに小さい θ の範囲を除いて流れは超音速にとどまる．

θ と β との間の関係は (4.9) を次のように再整理して別の有用な形にかくことができる．すなわち，右辺の分子，分母を $\frac{1}{2}M_1^2\sin^2\beta$ で割り，これを解いて

$$\frac{1}{M_1^2\sin^2\beta} = \frac{\gamma+1}{2}\frac{\tan(\beta-\theta)}{\tan\beta} - \frac{\gamma-1}{2}$$

さらに変形すれば

$$M_1^2\sin^2\beta - 1 = \frac{\gamma+1}{2}M_1^2\frac{\sin\beta\sin\theta}{\cos(\beta-\theta)} \qquad \blacktriangleright (4.11)$$

ふれの角 θ が小さい場合には，これは近似的に

$$M_1^2\sin^2\beta - 1 \doteqdot \left(\frac{\gamma+1}{2}M_1^2\tan\beta\right)\cdot\theta \qquad (4.11\text{a})$$

のように書ける．ここでもし M_1 が非常に大きければ，$\beta\ll 1$ でも $M_1\beta\gg 1$．したがって (4.11a) は次の形になる：

$$\beta = \frac{\gamma+1}{2}\theta \qquad (4.11\text{b})$$

4.4 くさびを過ぎる超音速流

非粘性流れでは，任意の流線を固体壁で置きかえることができる．したがって，前節

で述べた斜め衝撃波の流れは，4.3a図に示したような**凹角にそう超音速流の解を**与える．M_1 および θ の値を与えると，β および M_2 の値がきまる（図表1および2）．さしあたり $M_2 > 1$ の場合だけを考えることにしよう．これは二つの可能な斜め衝撃波の中の弱い方だけを考えることにあたり，また θ が $\theta_{\max}$ より小さいことが必要である．も一つの（強い方の）解および $\theta > \theta_{\max}$ の場合については後で論ずることにする．

対称性により頂角が 2θ のくさびを過ぎる流れも同時に得られる（4.3b図）．しかしくさびが対称であるということは重要なことではない．4.3c図で，くさびの各側の流れはそれぞれの側の面の傾きだけできまる．これはくさびに限らず一般に言えることである．すなわち，衝撃波の上流へは物体の影響は及ばないから，**衝撃波が先端に附着しているかぎり，上下の面は互いに独立である**．

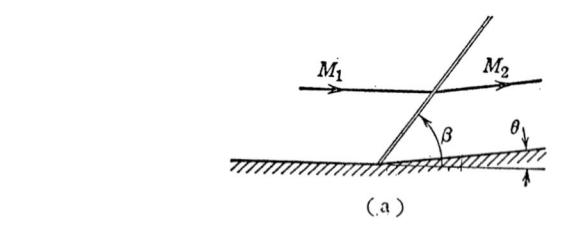

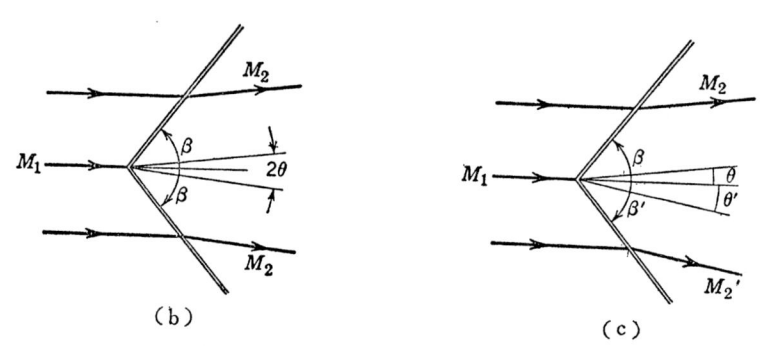

4.3 図　斜め衝撃波を伴なう超音速流　（a）凹角
　　　（b）迎角零のくさび　（c）迎角のあるくさび

4.5　Mach 線

4.2図の今考えている部分（$M_2 > 1$）では，くさび角 θ が減少すれば，それに応じて

4.5 Mach 線

波の角 β も減少することがわかる．θ が零まで減少するとき，β は (4.11) から次の式：

$$M_1^2 \sin^2 \mu - 1 = 0 \qquad (4.12)$$

によってきまる極限値 μ (4.4b図) まで減少する．跳びの量 (4.2—4.5) のどれかによって定められる "波" の強さもまた零となることが示される．実際このときには流れの中になんらの変動も存在しない．したがって4.4b図で P 点は何等特別な点ではなくなり流れの中の任意の点であって差支えない．このとき角 μ は，

$$\mu = \sin^{-1} \frac{1}{M} \qquad \blacktriangleright (4.13)$$

の関係で Mach 数と結びつけられる特性角となる．これは Mach 角と呼ばれる．

流れ場の中の任意点で描くことのできる傾き μ の線を Mach 線または時として Mach 波という．しかし，後の呼び方は誤解を招きやすい．それは，小さな変動によって起される有限の弱い波に対しても漠然と用いられることが多いからである．

流れが一様でないときは，μ は M と共に変化し，Mach 線は曲がる．

場の中の任意の点 P において，流線と角 μ で交る二つの線がつねに存在する（4.4c図）．（三次元の流れでは Mach 線は P を頂点とする円錐面を作る）したがって，二次元超音速流はつねに二群の Mach 線と関連している．これらは 4.4c 図に示したように符

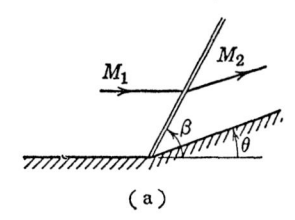

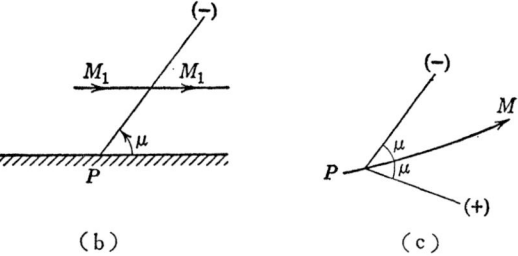

4.4 図 斜め衝撃波の比較 (a) ふれ θ による斜め衝撃波 (b) $\theta \to 0$ のときの Mach 線への退化 (c) 流れの中の任意点で左右に走る Mach 線

号(+)および(−)をつけて区別するのが便利である．(+)の組の Mach 線は流線の右へ走り，また(−)の組の Mach 線は流線の左へ走る．これらはまた**特性曲線**とも呼ばれる．この名は流れを記述する双曲型微分方程式の数学的理論から来たものである．実際これらは x-t 面で一次元の波の伝播を表わす二群の特性曲線（3.5節）と同種のものである．第12章では特性曲線系を基礎として一つの有力な計算法を導きうることを示す．

x-t 面の特性曲線と同様に，Mach 線は特定の方向，すなわち流れの方向または"時間の増加する"方向に傾いているこれは，明らかに超音速流では**上流にさかのぼる影響**がないという事実と結びついている．

4.6 ピストン類推

音波の問題における特性曲線と二次元超音速流における Mach 線との間の類似は，4.5図に示したように波の伝播の別の面においてもみられる．4.5a図では第3章の x-t 面を t 軸が水平になるように回転してある．$t=0$ にピストンは速度 u_p で突然動き出し，速さ c_s で前方へ進む衝撃波を生ずる．x-t 面におけるピストンおよび衝撃波の経路は x_1-x_2 面におけるくさびの表面および衝撃波に対応する（4.5b図）．この類似では x 軸は"時間的"である．

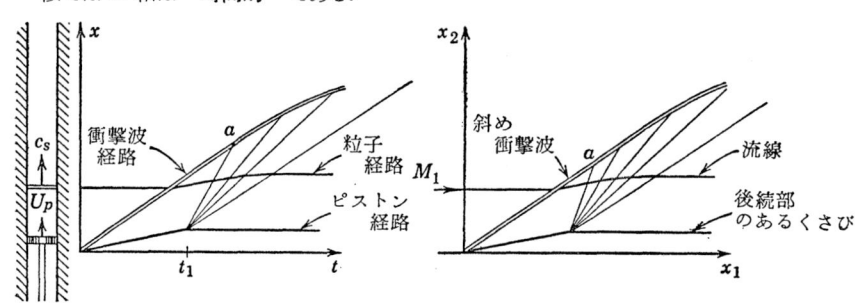

(a) x-t 面でのピストンおよび波の運動　(b) 後続部のあるくさびを過ぎる二次元超音速流
4.5図　x-t 面と x_1-x_2 面との間の類似

ピストンが $t=t_1$ に急に止められると，そののちの経路は x の一定の直線になる．くさびの場合，これはくさびの肩およびこれに続く主流に平行な表面をもった後続部に対応する．ピストン問題では，これによって t_1 に放射状の膨張波が発生する．くさびの問題では，同じような膨張波が肩から出る．その位置は流線に対して局所 Mach 角

だけ傾いた直線の Mach 線群によって示される．この膨脹"扇"のところの流れの関係式は 4.10 節で求める．

x-t 面で膨脹波の先頭波面は a 点で衝撃波に追いつく．その後の相互作用で衝撃波は連続的に弱まり，その速度は減少する（音速 a_1 に近づく）．そして，最初の点から非常に遠く離れたところではその強さは無視できるまで弱まる（ピストンに向って反射される非常に弱い波は示してない）．同様に，くさびを過ぎる流れの場合，肩の影響は膨脹扇の先頭の Mach 波が衝撃波に"追いつく"点 a より前方の衝撃波の部分には及ばない．このように超音速の流れでは上流への影響が限られるということがもっとも重要な特徴であって，これにより流れの場を一歩一歩構成してゆくことができるのである．

注意すべきことは上に述べた類似は形式的なものに過ぎず，二つの面の実際の幾何学的構造を文字通り互に結びつけることはできないということである．たとえば，くさびの肩からでる先頭の Mach 線は**上流側へ傾きうるが**，ピストン問題では特性曲線を t の負の側へ傾けることはできない．とはいうもののこの類似はやはり有用で，特に x-t 面における波の干渉の一般的性質を描像するのに助けになる．

4.7 弱い斜め衝撃波

ふれの角 θ が小さい場合，斜め衝撃波の式は非常に簡単な形になる．このときの近似式（これから他の関係も導かれる）はすでに (4.11a) で与えた通り

$$M_1^2 \sin^2 \beta - 1 \doteqdot \left(\frac{\gamma+1}{2} M_1^2 \tan \beta\right) \cdot \theta.$$

θ が小さいとき β の値は $M_2<1$ または $M_2>1$ にしたがって（4.2 図参照）$\pi/2$ または μ のいずれかに近づく．さしあたり我々は後の場合 ($M_2>1$) だけを考えているのであるが，このときには次の近似を用いることができる：

$$\tan \beta \doteqdot \tan \mu = \frac{1}{\sqrt{M_1^2 - 1}}$$

そこで前の式は

$$M_1^2 \sin^2 \beta - 1 \doteqdot \frac{\gamma+1}{2} \frac{M_1^2}{\sqrt{M_1^2 - 1}} \theta \tag{4.14}$$

に帰着する．斜め衝撃波の関係はみな垂直成分 $M_1\sin\beta$ に依存するから，これはすべての他の近似式を得るための基礎となる関係式である．たとえば，圧力変化は (4.3) から容易に次のように得られる：

$$\frac{p_2-p_1}{p_1}=\frac{\Delta p}{p}\doteqdot\frac{\gamma M_1{}^2}{\sqrt{M_1{}^2-1}}\theta \qquad (\blacktriangleright 4.15)$$

これより**波の強さはふれの角に比例する**ことがわかる．

エントロピー以外の流れの諸量の変化もまた θ に比例する．しかし，エントロピーの変化は衝撃波の強さの三乗に比例する（2.13節）．したがってまた，ふれの角の三乗に比例する：

$$\Delta s \sim \theta^3 \qquad (4.16)$$

波の角 β の Mach 角 μ からのずれに対する表式を求めるために

$$\beta = \mu + \epsilon$$

とおく．ただし $\epsilon \ll \mu$．$\sin(\mu+\epsilon)$ を展開し $\sin\epsilon\doteqdot\epsilon$, $\cos\epsilon\doteqdot 1$ の近似を用いると

$$\sin\beta \doteqdot \sin\mu + \epsilon\cos\mu$$

定義によって $\sin\mu = 1/M_1$ および $\cot\mu = \sqrt{M_1{}^2-1}$ であるから，これは

$$M_1\sin\beta \doteqdot 1 + \epsilon\sqrt{M_1{}^2-1} \qquad (4.17\text{a})$$

または

$$M_1{}^2\sin^2\beta \doteqdot 1 + 2\epsilon\sqrt{M_1{}^2-1} \qquad (4.17\text{b})$$

を与える．(4.14) と比較すると，ϵ と θ との間の関係は，

$$\epsilon = \frac{\gamma+1}{4}\frac{M_1{}^2}{M_1{}^2-1}\theta, \qquad (4.18)$$

すなわち，ふれの角 θ が有限な場合，波の方向は Mach 方向と ϵ だけ異なり，**これは θ と同じ程度の大きさである**．

波を通過するときの流速の変化も必要になるが，これは次の比から見出される（4.1図参照）．

$$\frac{w_2{}^2}{w_1{}^2}=\frac{u_2{}^2+v^2}{u_1{}^2+v^2}=\frac{(u_2/v)^2+1}{(u_1/v)^2+1}=\frac{\tan^2(\beta-\theta)+1}{\tan^2\beta+1}=\frac{\cos^2\beta}{\cos^2(\beta-\theta)}$$

4.8 曲壁による超音速圧縮

ただし (4.8) を用いて u_2/v および u_1/v を置きかえた．最後の式で，$\cos^2\beta$ は (4.17 b) から

$$\cos^2\beta = 1 - \sin^2\beta = \frac{M_1{}^2 - 1}{M_1{}^2}\left(1 - \frac{2\epsilon}{\sqrt{M_1{}^2 - 1}}\right)$$

またこの式で ϵ を $\epsilon-\theta$ で置きかえると，$\cos^2(\beta-\theta)$ に対しても同様な式が得られる．θ^2 および高次の項をすべて落すと，最後の結果は次のようになる：

$$\frac{w_2}{w_1} \doteq 1 - \frac{\theta}{\sqrt{M_1{}^2 - 1}} \qquad (4.19\text{ a})$$

$$\frac{\Delta w}{w_1} \doteq -\frac{\theta}{\sqrt{M_1{}^2 - 1}} \qquad (4.19\text{ b})$$

4.8 曲壁による超音速圧縮

衝撃波はそれを通過する流体の圧力および密度を増大させる．すなわち，流れを**圧縮する**．超音速流を圧縮する一つの簡単な方法は，4.6 a 図に示したように壁を角 θ だけ曲げることによって，斜め衝撃波を通して流れを曲げることである．

曲壁は 4.6 b 図に示すように，もっと小さい角 $\Delta\theta$ のかどをなすいくつかの部分に分割してもよい．この場合圧縮は次々の斜め衝撃波を通して起る．これらの衝撃波は壁の近くの場をいくつかの一様な流れの部分に分ける．ずっと外側では，これらの衝撃波は集まって来て互いに交るようになる．しかし，さしあたり壁の近くの流れだけを考えることにしよう．この領域では流れの各部分は次に続く流れに無関係である．すなわち，流れは下流へ向って一歩一歩構成することができる．この**上流への影響が限られる**特性は，曲がりが大きくて流れが亜音速にならない限り存在する．

4.6 図の (a) と (b) の二つの場合の圧縮を比較するには，前節で得た弱い衝撃波に対する近似式を用いることができる．(b) の各波に対して

$$\Delta p \sim \Delta\theta$$
$$\Delta s \sim (\Delta\theta)^3$$

全体の曲がりが n 個の部分からなるときは，

$$\theta = n\,\Delta\theta$$

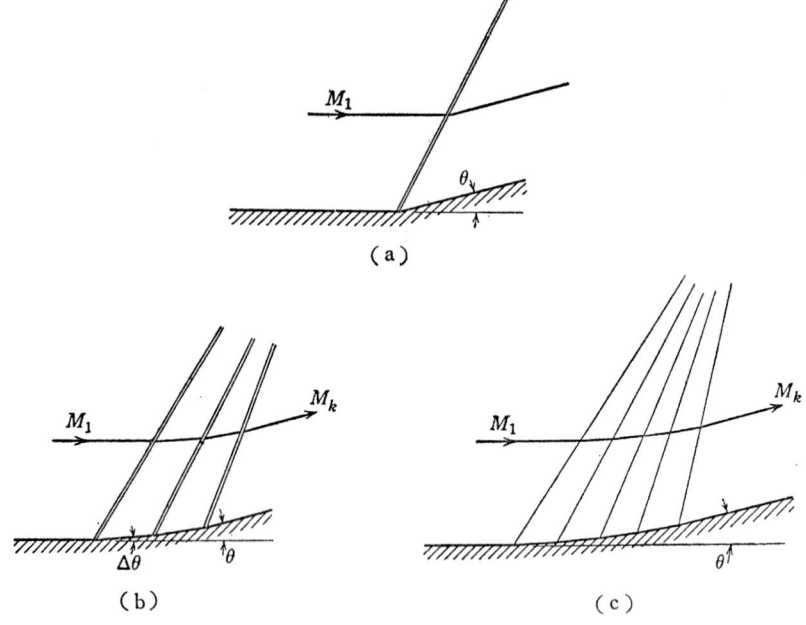

4.6図 角 θ 曲げることによる超音速流の圧縮 (a) 強さ θ の一つの衝撃波 (b) 各々の強さが $\Delta\theta$ のいくつかの弱い衝撃波 (c) 滑らかな連続圧縮

故に，圧力およびエントロピーの合計の変化は

$$p_k - p_1 \sim n\,\Delta\theta \sim \theta$$

$$s_k - s_1 \sim n(\Delta\theta)^3 \sim n\,\Delta\theta(\Delta\theta)^2 \sim \theta(\Delta\theta)^2$$

したがって，多くの弱い波を用いて圧縮すると，同じ正味の偏角を与える一つの衝撃波による圧縮にくらべてエントロピーの増加を非常に減らすことができる．減少は $1/n^2$ の程度である．

分割の操作を続ければ，曲がりの各部分をいくらでも小さくすることができ，$\Delta\theta \to 0$ となしうる．そして，極限においては 4.6c 図の**滑らかな曲壁**が得られる．このとき，エントロピーの増加は無限に小さくなる．すなわち，**圧縮は等エントロピー的となる**．

この極限操作によってまた次の結果が得られる．(1) 衝撃波の群は無限に弱くなり，極限におけるそれらの位置はまっすぐな **Mach** 線となる．4.6c 図にはその幾つかを示

4.8 曲壁による超音速圧縮

してある.(2) 各一様流領域は無限に狭くなり,最後には Mach 線と一致する. したがって,各 Mach 線上で流れの傾きおよび Mach 数は一定である.(3) 上流への影響が限られるという特性は保存される.すなわち,ある Mach 線より上流の流れはそれより下流の壁の形を変えても影響は受けない.[†] (4) 弱い衝撃波を通過するときの流速に対する近似式

$$\frac{\Delta w}{w} = -\frac{\Delta \theta}{\sqrt{M_1^2 - 1}}$$

は微分表式

$$\frac{dw}{w} = -\frac{d\theta}{\sqrt{M_1^2 - 1}} \qquad \blacktriangleright (4.20)$$

になる.同様に 4.7 節の他の近似関係式も微分形に書くことができる.

(4.20) は等エントロピーな曲がりを行なうあいだ連続的になりたつ.ゆえに,積分すると θ と M の間の関係 (4.10節) が得られるが,さしあたりそれを単に

$$\theta = fn(M) \qquad (4.20\,\text{a})$$

の形に書いておこう.

さて,4.6b図の衝撃波や4.6c図の Mach 線が集中してくる外の方の流れでは,どんなことが起るかという問題に立ちかえろう.衝撃波相互の干渉については4.12節で考えることにし,ここでは連続的な圧縮の場合 (4.7a図にもう一度示す) だけを問題にすることにしよう.

Mach 線が集ってくるので,流線 b における M_1 から M_2 までの変化は,流線 a におけるよりも短い距離の間で起る.したがって,b 上の速度および温度の勾配は a 上の勾配よりも大きい.Mach 線が交わると一つの点に二つの M の値が存在することになり,これは勾配が無限大になることを意味する.しかしこのようなことは起り得ない.なぜなら,Mach 線が交わる前に,Mach 線が集中する領域で勾配が非常に大きくなるので,流れの状態はもはや等エントロピーではなくなるからである.その結果,ここで詳しく論ずる余地はないが,定性的には図に示したような衝撃波が現われることに

[†] かように極限として得られる滑らかな流れにおいては,速度や流れの傾きは**連続**でなければならない.しかし,これらの導函数は不連続であっても差支えない.

なる.

4.7b図は衝撃波形成の様子を縮小して示したものである. かどから遠く離れたところでは, M_1 および θ について4.2節で論じた単一の斜め衝撃波があらわれなければならない. 実際, もし, かどの両側のまっすぐな壁が無限遠までのびているとすれば,

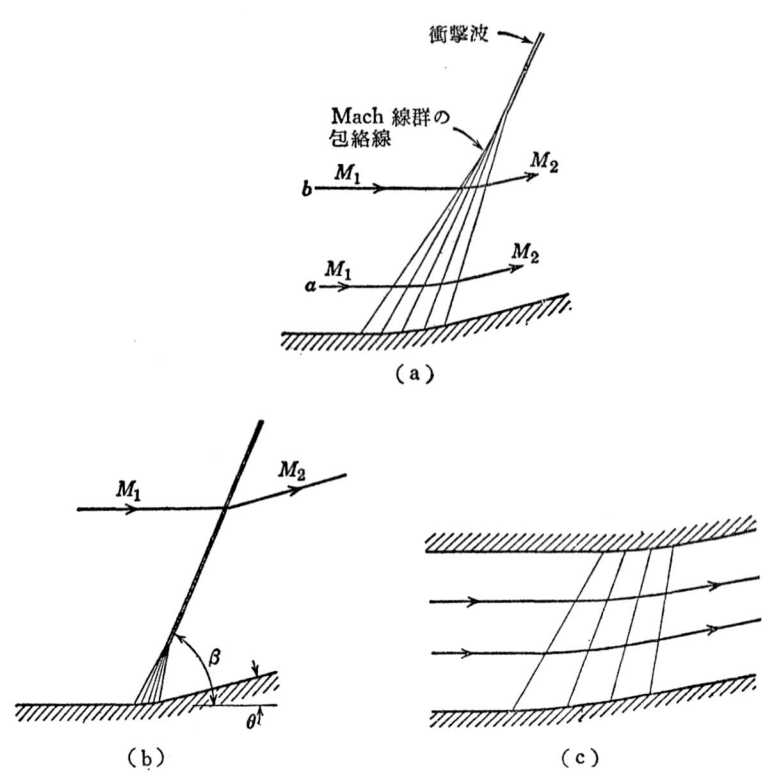

4.7 図 圧縮における Mach 線の集まる様子 （a） 衝撃波の形成 （b） 衝撃波の形成を小さな尺度で示す （c） 滑らかな圧縮の流線に一致した流管

尺度は相対的な事柄であるから, "非常な遠方" から見れば, 曲壁は鋭いかどのように見える.

圧縮の場合に Mach 線が集ってくることは典型的な非線型効果である. Mach 数が減ってくることは流れの傾きが増えてくることと相まって次々の Mach 線の傾きを次

4.9 曲がりによる超音速膨脹

第に急にする傾向をもつ.同じような非線型効果によって,非定常流の場合に衝撃波が作られることについては3.10節で論じた.

勾配がまだ大きくなくて,流れが等エントロピー的であるような流線の一つ,たとえば,4.7a図の b を壁で置きかえると,4.7c図に示すように,曲がった管の中での等エントロピー的圧縮が得られる.この流れは等エントロピー的であるから,熱力学の第二法則を破ることなく流れの向きを逆にすることができるということは注目に値する.この逆向の流れは膨脹流である.

4.9 曲がりによる超音速膨脹

今までは凹の曲壁,すなわち,壁が流れの"中へ"曲がるような場合だけを考えてきた.凸な曲壁,すなわち,壁が流れから"離れる"ように曲がる場合にはどうなるであろうか.特に,4.8a図に示したような凸角を越える超音速流では何が起るであろうか.

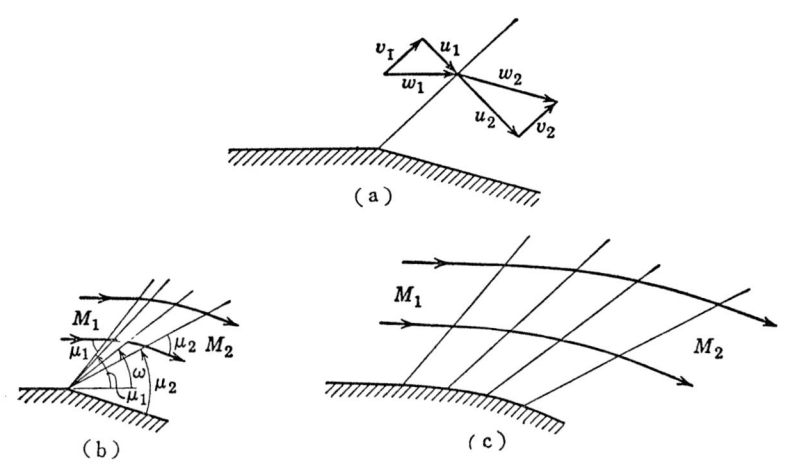

4.8 図 超音速脹膨 (a) 熱力学的理由で不可能
(b) 有心膨脹波 (c) 単一波膨脹

4.8a図に示したような単一の斜め衝撃波による曲がりは不可能である.すなわちこのとき簡単なベクトルの考察からわかるように,速度の接線成分 v_1, v_2 の等しいことから衝撃波後の速度の法線成分 u_2 は前方の法線成分 u_1 より大きいということになる.

この結果はべつに運動方程式とは矛盾しないが，2.13節で示したようにエントロピーが減少する結果になり，したがって物理的に起り得ない．

実際に起るのは次のようなものである．圧縮の勾配を急にする非線型機構（4.8節）は膨張の場合には逆の効果を生ずる．Mach 線は集まるのではなくて，4.8b 及び c 図に示したように**発散する**．そしてその結果勾配は減少する傾向にある．したがって，**膨脹の場合は至るところで等エントロピー的**である．

p. 98
かどにおける膨脹（4.8b 図）は，直線 Mach 線群の"扇"で定められる**有心波**を通して起る．この結論は次の議論のいずれかによって導かれる．

(1) かどに達するまでの流れは Mach 数 M_1 の一様な流れである．したがって先頭の Mach 波は Mach 角 μ_1 をなす直線でなければならない．上流への影響が限られることから，これより後の流れの各部分に同じ論法が次々に適用できる．後尾の Mach 線は下流の壁に対して角 μ_2 をなす．

(2) この配置には何等尺度となる固有の長さはないから，流れのパラメータが変化し得るのは，かどから測った角座標についてのみである．すなわち，流れのパラメータはかどから出る放射線にそって一定でなければならない．これは 4.21 節で述べる"円錐流"の論法である．

(3) 有心波の存在はピストン問題との類似（4.5図）において示されている．

この有心波は普通 **Prandtl-Meyer 膨脹扇**と呼ばれることが多いが，これは凹角にできる斜め衝撃波に相対するものとして凸角に生ずるものである．

4.8c 図は連続な凸曲壁を過ぎる際の典型的な膨脹を示す．流れは等エントロピー的であるから可逆的である．たとえば任意の二つの流線によって作られる管の中で，前向きの流れが膨脹であれば，逆向きの流れは圧縮である．

これらの等エントロピー曲がりの場合の流れの傾きと Mach 数との関係は，(4.20a)においては一般的に

$$\theta = fn(M)$$

のように表わしておいたが，次にこの函数形を定めることを考えよう．

4.10 Prandtl-Meyer 函数

4.10 Prandtl-Meyer 函数

曲がりによる等エントロピー的な圧縮または膨脹の場合の θ と M の間の微分関係を与える (4.20) は次のように書くことができる:

$$-d\theta = \sqrt{M^2 - 1}\,\frac{dw}{w}$$

または

$$-\theta + \text{const.} = \int \sqrt{M^2 - 1}\,\frac{dw}{w} = \nu(M) \qquad (4.21\,\text{a})$$

この積分を計算し,函数 ν の具体的な形を見出すために w を M で表わす.すなわち

$$w = aM$$

および

$$\frac{a_0^2}{a^2} = 1 + \frac{\gamma - 1}{2}M^2$$

より

p. 99

$$\frac{dw}{w} = \frac{dM}{M} + \frac{da}{a} = \frac{dM}{M}\left(\frac{1}{1 + \dfrac{\gamma - 1}{2}M^2}\right)$$

したがって,函数 $\nu(M)$ は

$$\begin{aligned}\nu(M) &= \int \frac{\sqrt{M^2 - 1}}{1 + \dfrac{\gamma - 1}{2}M^2}\,\frac{dM}{M}\\ &= \sqrt{\frac{\gamma + 1}{\gamma - 1}}\tan^{-1}\sqrt{\frac{\gamma - 1}{\gamma + 1}(M^2 - 1)} - \tan^{-1}\sqrt{M^2 - 1}\end{aligned} \blacktriangleright (4.21\,\text{b})^\dagger$$

これは **Prandtl-Meyer** 函数と呼ばれる.積分定数は $\nu=0$ が $M=1$ に対応するように適当に選んである.(4.21 b) からはラジアンで表わした ν が得られるが,これは流れの傾きを計算するのに便利なように度に換算するのが普通である.ν の整数値(度で)に対する M の値は巻末の表 V に与えてある.圧力比その他の対応する値は等エントロピー方程式(2.10 節)から求められる.表 V にはこの中のいくつかを併せ掲げてある.なお M に対する ν の値は表 III に記載してある.

---

† この積分演算は相当めんどうである.この結果を求めるもっと簡単な間接的方法を練習問題 4.7 に示す.

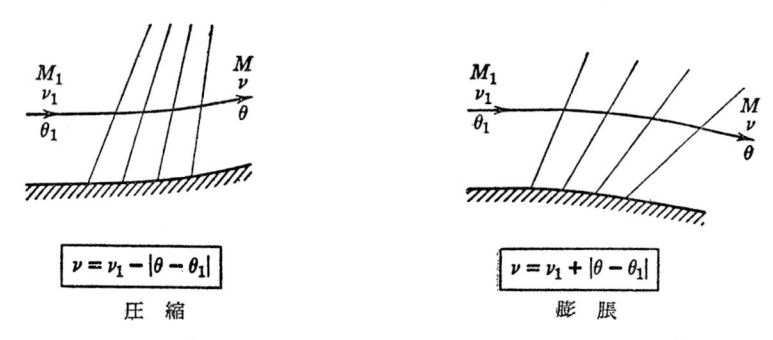

$$\nu = \nu_1 - |\theta - \theta_1|$$
圧　縮

$$\nu = \nu_1 + |\theta - \theta_1|$$
膨　脹

4.9 図　簡単な等エントロピー的曲がりにおける ν と θ の関係

このように，超音速の Mach 数 M はつねに函数 ν のある値と結びついている．M が 1 から ∞ まで変るとき，ν は 0 から $\nu_{\max}$ まで単調に増加する．そして，

$$\nu_{\max} = \frac{\pi}{2}\left(\sqrt{\frac{\gamma+1}{\gamma-1}} - 1\right) \qquad (4.22)$$

4.9図は Prandtl-Meyer 函数 ν，したがってまた，Mach 数 M と流れの傾き θ と
p. 100
の関係を，圧縮曲がりおよび膨脹曲がりの両方の場合について説明したものである．前節では θ はふれによって圧縮が起る側を正と考えた．しかし今は流れの偏角の絶対値を用いることによって，代数的符号の問題を避けた方が賢明であろう．したがって，圧縮および膨脹曲がりに対して，それぞれ

$$\nu = \nu_1 - |\theta - \theta_1| \quad （圧　縮） \qquad (4.23\text{a})$$

$$\nu = \nu_2 + |\theta - \theta_2| \quad （膨　張） \qquad (4.23\text{b})$$

特別な場合に必要とあれば，θ についての符号の規約を復活させることは容易である．

圧縮曲がりの場合には ν は減少し，膨脹曲がりの場合には ν は増加するが，いずれの場合にも増減量はつねに流れの偏角に等しい．最初の値 $\nu_1 = \nu(M_1)$ は表Vから求められる．そこで θ の任意の値に対して ν の値を計算すれば，対応する M の値が求められる．普通，偏角だけが問題になることが多いが，このようなときには $\theta_1 = 0$ とおくのが便利である．

一例をあげると，Mach 数 $M_1 = 2$ の流れは $\nu_1 = 26.38°$ に対応するが，いまこの流れが $10°$ の曲がりで圧縮されるとすると，ν の最終値は $16.38°$ となり，これに対応する

4.11 単一領域および単一でない領域　　　　　　　　　　　　113

Mach 数は 1.652 となる（表 V の内挿）．また，10°の曲がりで**膨脹**する場合には，$\nu = 36.38°$ で $M = 2.386$ となる．

4.11 単一領域および単一でない領域

これまでの数節で論じた等エントロピー的な圧縮波および膨脹波は**単一波**と呼ばれる．単一波は，Mach 線が直線であること，その上で流れの状態が一定であること，および流れの偏角と Prandtl-Meyer 函数との間に簡単な関係 (4.23) がなりたつこと等の特徴をもっている．一般に波は，4.10図に示すように流れの左側の壁から出るか右側の壁から出るかによって，二つの群（＋または−）のいずれかに分けられる（また 4.4 図も参照）．

反対の群に属する二つの単一波が互に干渉する領域では，流れは**単一ではない**．すなわち，ν と θ の間の関係は (4.23) で与えられるような簡単なものではない．このような領域は特性曲線法で取扱うことができる．これについては第12章で述べるが，その際，単一および単一でない領域についての議論をつけ加える．

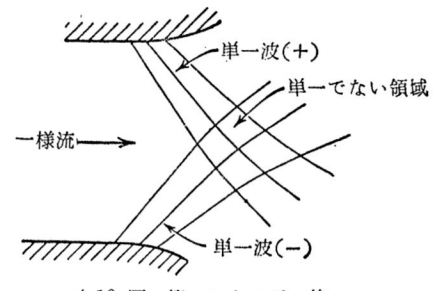

4.10 図　等エントロピー的超音速流の領域

4.12 斜め衝撃波の反射および干渉

p. 101
斜め衝撃波を壁でさえぎるとそれは 4.11a 図のように"反射"される．入射衝撃波は流れを壁の方へ角 θ だけ曲げる．反射した第二の衝撃波——反対の群に属する——は，流れを再び角 θ だけ曲げもどして壁の条件に適合させるようなものでなければならない．

二つの衝撃波によって起る流れの偏角の大きさは等しいが，$M_2 < M_1$ であるから圧力比は等しくない．流線および壁の上の典型的な圧力分布を図に示してある．反射の強さは始めと終りの圧力比

$$\frac{p_3}{p_1} = \frac{p_3}{p_2}\frac{p_2}{p_1}$$

で定義することができる．これは個々の衝撃波の強さの積である．

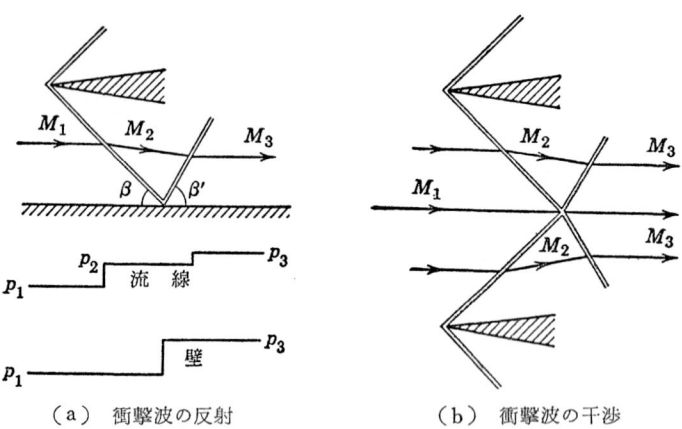

(a) 衝撃波の反射　　　　　　(b) 衝撃波の干渉
4.11 図　衝撃波の反射及び干渉

反射は一般に鏡面的でない．すなわち，反射衝撃波の傾き β' は入射衝撃波の傾き β と等しくはならない．これは二つの効果に起因する．すなわち，第二の衝撃波の前の Mach 数および流れの傾きが共に第一の衝撃波の前の値よりも小さいことによる．この二つの効果は互いに逆に働き，正味の結果は M_1 および θ の値によって変ってくる．そのためこれを一般式の形に表わすことはできないが，個々の場合については衝撃波図表から容易に知ることができる．Mach 数が高い場合には $\beta'<\beta$ で，Mach 数が低い場合には $\beta'>\beta$ である．この分れ目の Mach 数は θ によって異なる．

4.11 a 図の壁の流線はまた，4.11 b 図に示す対称な流れの中心流線とみなすことができる．これは等しい強さの，反対の群に属する二つの衝撃波が**交差**する場合にあたる．衝撃波は互いに"**つきぬける**"が，この際わずかに"**曲折する**"．衝撃波系の下流の流れは最初の流れに平行である．

交差衝撃波の強さが**等しくない**場合には（4.12図）新しい特徴が現われる．交点を通る流線は流れを二つの部分に分けるが，これらの部分は衝撃波系を通過するとき異なる変化を受ける．波系を完全に通り過ぎれば，二つの部分は**同じ圧力**および**同じ流れの方**

向をもたなければならない．後者は一般に始めの流れの方向と一致する必要はない．これら二つの要求によって最終の方向 δ および最終の圧力 p_3 が定まる．

そうすると他のすべてのパラメータもまた決定されるが，しかし，これらは分割流線（破線で示す）の両側で同じ値を取らない．実際，この流線はその両側で速度の大きさが異なるので，**滑り流**またはずれの層である．これはまたその両側で温度や密度が異なっていることから**接触面**とも呼ばれる．基本的には，これらの喰違いは流体の受ける正味のエントロピー変化が交点の両側で違っているということに関係している．衝撃波管においても同じような効果が存在したことを注意しておこう（3.12節）．

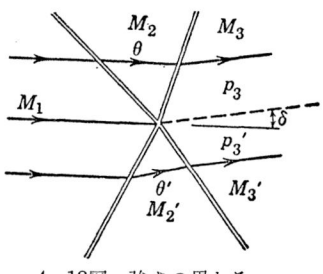

4.12図 強さの異なる衝撃波の干渉

4.13 同じ群に属する衝撃波の交差

二つの衝撃波が同じ群に属する場合，たとえば一つの壁の次次のかどによって作られる場合には配置は4.13a図のようになる．この場合，二つの衝撃波は互いに"つきぬける"ことはできないので，合体して一つの強い衝撃波を作らなければならない．このとき交点 o の両側の流れは再び異なるエントロピー変化を受け，滑り流 od が発生する．なお，滑り流の両側の圧力を等しくするために反対の群に属する今一つの波 oe が必要になる．これはそのときの配置および Mach 数によって圧縮波であることも膨脹波であることもあるが，いずれにしても最初の波にくらべて非常に弱い．

第二の衝撃波 bo が第一の衝撃波 ao より非常に弱ければ，oe はつねに圧縮波である．この相互作用は次のように巧く言表わし得る：すなわち，第二の衝撃波は一部分 oc にそって"伝わり"したがって，第一の衝撃波を強め，また一部分は oe にそって"反射する"．

同様に，膨脹波と同じ群の衝撃波との干渉においては（4.13c図），主な効果は衝撃波を減衰させることであるが，このときまた，膨脹波の一部は反対の群に属する Mach 線にそって反射される．これらの反射波はいつももとの波にくらべて**非常に弱い**から，最大級の干渉の場合を除いてはいつも無視することができる．一つの滑り流 od に代って，

干渉部の下流全体にわたって渦の**領域**，すなわち，エントロピーの場が現われる．

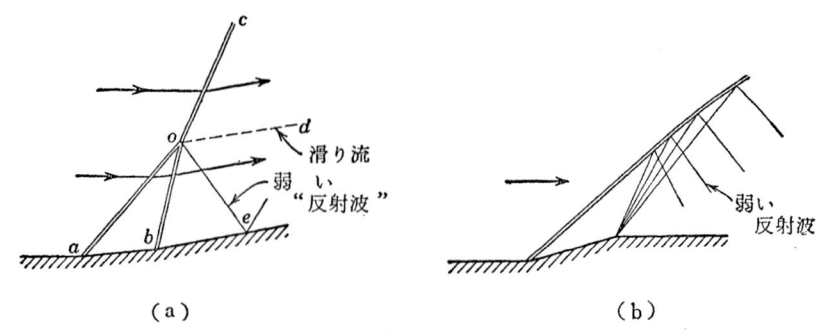

4.13 図　同じ群に属する波の干渉　(a)　二つの衝撃波による強い衝撃波の形成　(b)　膨脹波による衝撃波の減衰

4.14　離れた衝撃波

今までは衝撃波後の流れが超音速にとどまる場合だけを考えて来た（4.2 図参照）．ここでは 4.4 節で後回しにした斜め衝撃波の可能な解に関する疑問，すなわち，今一つの（強い方の）解はどんな流れ模様を表わすか，および壁の曲がりの角またはくさびの角 θ が θ_{max} より大きい場合には何が起るか，という問題に立ち帰らなければならない．まず第二の問題から考えることにしよう．

偏角が θ_{max} より大きい場合の問題については，実際厳密な解析的取扱いは存在しない．実験的には 4.14 図に描いたような流れの模様が観測されている．

流れはくさびの前方ある距離だけ離れた曲がった衝撃波を通して圧縮される．衝撃波の形および物体までの距離は Mach 数 M_1 および**物体の形に関係する**．

衝撃波が垂直である中心流線上やほぼ垂直であるその近くの流線上では，流れは亜音速の状態にまで圧縮される．もっと外側では，衝撃波は弱くなるにしたがって次第に斜めになり，漸近的に Mach 角に近づく，かように離れた衝撃波上の各点の状態は与えられた Mach 数に関する斜め衝撃波解の全領域にわたる．強い方の解にあたる衝撃波の分枝はこれ以外にも複雑な波系の一部分として現われることもある．

この例や同種の例が複雑になるのは**亜音速**領域が現われることに起因する．衝撃波後の流れが亜音速であると，もはや衝撃波はずっと下流の状態にも無関係であり得ない．

4.14 離れた衝撃波

亜音速部分の形や圧力が変わると，さかのぼって衝撃波までの流れ全体が影響を受けるので，衝撃波自身も新しい状態に適合するように変化する．

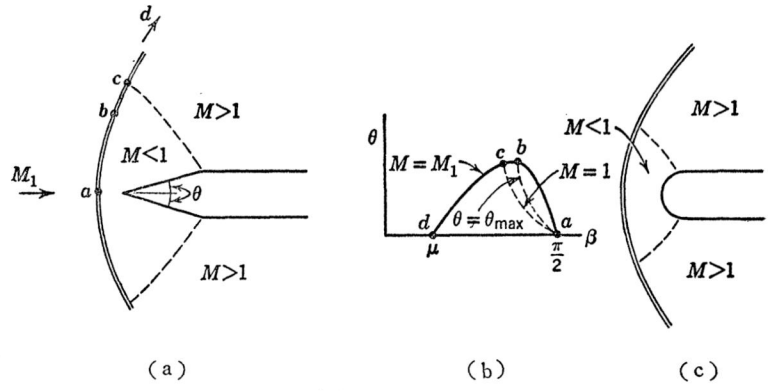

(a)　　　　　　　　(b)　　　　　　　　(c)

4.14 図　離れた衝撃波　(a) 後続体をもつくさびによる離れた衝撃波（衝撃波上の文字を附した点の流れの偏角は(b)の対応点によって与えられる）(b) 一定の M_1 についての流れの偏角対波の傾き　(c) 端の丸い平板による離れた衝撃波

先のにぶい物体 (4.14c 図) の場合には衝撃波はすべての Mach 数において物体から離れており，したがって上に述べた場合と同様である．逆に，半頂角が $\theta > \theta_{max}^{*}$ のくさびはその主流に関する限り "先のにぶい" 物体である．

後続体をもつくさびを過ぎる流れの例を 4.5b, 6.15 および 11.1 図に示す．くさびの角を固定し，Mach 数を下げていくときの様子の移り変わりは次のようである．(1) M_1 が充分高いときは衝撃波は先端に附着していて，その直線部分はくさびの肩および後続体には無関係である (4.5b 図)．M_1 を減らすと，衝撃波の傾角は増加する．(2) さらに Mach 数を下げある値に達すると，衝撃波後の状態が亜音速になる．そうすると，肩は衝撃波全体に影響をおよぼすようになり，衝撃波は全体として曲ってくるが，なおくさびには附着している．この状態は 4.2 図の $M_2=1$ の線と $\theta=\theta_{max}$ の線の間の領域に対応する．(3) θ_{max} に対応する Mach 数で衝撃波は離れはじめる．これを離れの Mach 数 (Detachment Mach Number) という．(4) さらに M_1 を減らすと，離れた衝撃波は上流の方へ動く．

同様な移り変わりは後続円柱をもつ円錐を過ぎる流れにも起る．離れの Mach 数――

---

* θ_{max} はもちろん主流の Mach 数からきめた値．

p. 105
くさびの場合より低い——は 4.27 a 図に示してある.

現在のところ衝撃波の形及び離れの距離を理論的に予言することはできない[*]. 4.15図は平らな先端および円形(または球形)の先端をもった二次元および軸対称物体による

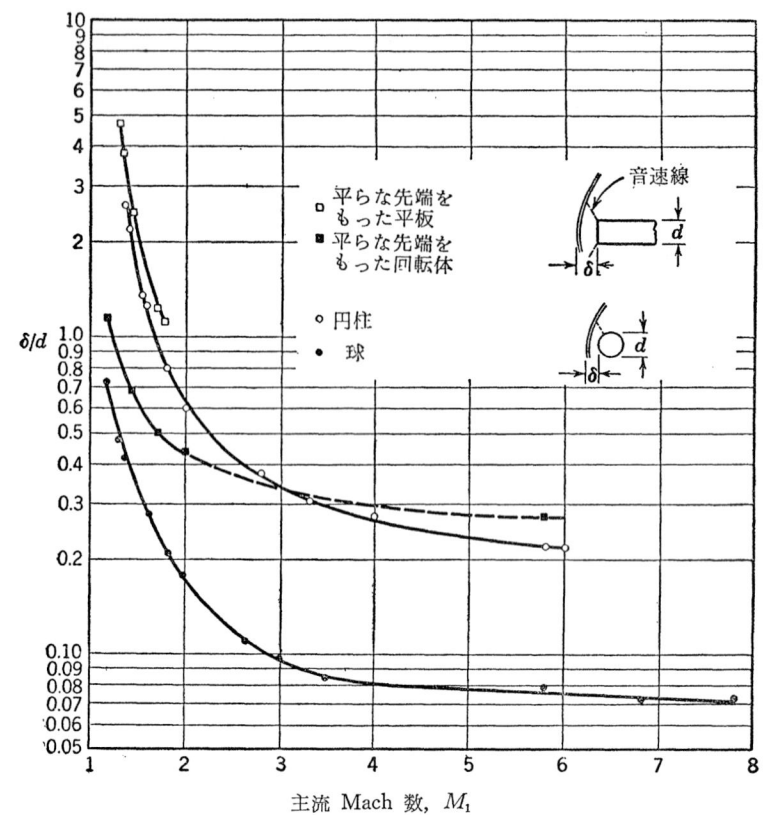

4.15 図　平面流および軸対称流に対する衝撃波の離れの距離
実験データの出所: G. E. Solomon, *N.A.C.A. Tech. Note* 3213; W. Griffith, *J. Aeronaut. Sci.*, 19 (1952); Heberle, Wood, and Gooderum, *N.A.C.A. Tech. Note* 2000; C. S. Kim, *J. Phys. Soc. Japan*, 11 (1956); U.S. Naval Ordnance Lab., 未公表データ; California Institute of Technology, 各種未公表データ (Alperin, Hartwig, Kubota, Oliver, Ruckett).
データは一定比熱の空気に対するもの.

---

[*] 信頼できる解析的方法がないという意味. 種々の近似解法や数値解法は提案されている.

4.14 離れた衝撃波

衝撃波の離れの距離についての数個の測定結果を示す.
平らな先端の平板および平らな先端の回転体に対する曲線はまたそれぞれくさびおよび円錐による離れた衝撃波の**極限**の位置を定める. すなわち, 後続体をもったくさびや円錐による離れた衝撃波は, 前方体 (くさびまたは円錐) がつけてない場合と実際上殆んど同じ位置をとるのである†. これは, 衝撃波の位置が主として音速線の位置によって支

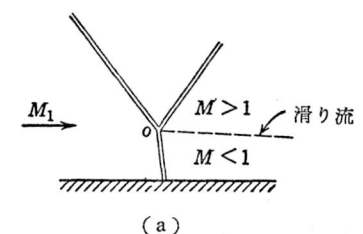

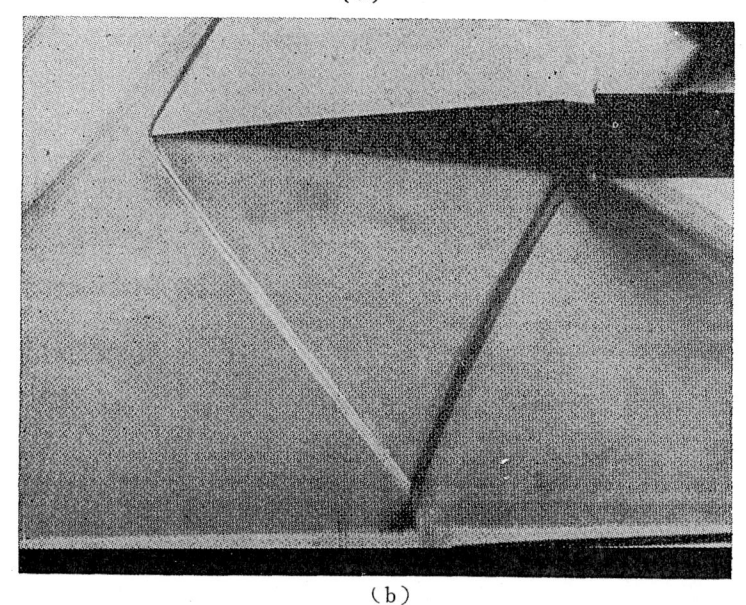

(a)

(b)
4.16 図 (a) Mach 反射 (b) Mach 反射のシュリーレン写真 $M_1=1.38$ くさび角 $2\theta=10°$ 弱い滑り流が三重点の下流に見られる. 反射点の下流の境界層にピトー探針が埋められている.

---

† Wayland Griffith, "Shock Tube Studies of Transonic Flow over Wedge Profiles," *J. Aeronaut. Sci*, 19 (1952), 249.

配せられ，この場合には音速線は肩に固定されているためである．

4.15 Mach 反射

流れの中に亜音速領域が現われることによる複雑化は，衝撃波の**反射**の際，衝撃波が非常に強くて 4.12 節の簡単な反射が不可能である場合にも起る．すなわち，もし入射衝撃波後の M_2 が θ に対する離れの Mach 数より低いとすれば，簡単な斜め衝撃波をもつ解はあり得ないことになる．このときには流れの配置は 4.16 図に示すようになる．これは **Mach 反射**と呼ばれる．壁の近くに現われる垂直またはほぼ垂直な衝撃波は入射衝撃波および反射衝撃波と共に o で三重点を形成する．三重点の上側と下側の流線のエントロピーが異なるので，三重点から下流にのびる流線は滑り流である．これは写真に見ることができる（4.16 b 図）．

ほぼ垂直な足の後の亜音速領域は，流れの配置を純局部的に記述することを不可能ならしめる．三重点を局部的に記述しようとする試みは無益のように思われる．なぜならある与えられた問題において固定されたパラメータは入射衝撃波ただ一つである．反射衝撃波，ほぼ垂直な足，滑り流などの強さはみな任意であり，o 点で局所的に矛盾のないようにこれらを配列する仕方は無数にあるからである．個々の問題で実際に生ずる三重点の解や三重点の位置は，流れの亜音速部分に影響を及ぼす下流の状態によって決定されるのである．

4.16 衝撃波-膨脹波の理論

斜衝撃波及び等エントロピー単一波はこれらの解の適当な組合せを単に"つぎ合す"ことによって二次元超音速流の多くの問題を組立てる（または解析する）材料となるものである．二次元翼断面を過ぎる流れについてのいくつかの例をそれぞれの圧力分布と共に 4.17 図に示す．

4.17 a 図の菱形断面の翼を考えよう．先端の衝撃波は流れを圧力 p_2 まで圧縮し，肩から出る膨脹波はそれを圧力 p_3 まで膨脹させ，後縁衝撃波はそれを（ほぼ）主流の値 p_4 まで再圧縮する．前向表面の圧力はふえ，後向表面の圧力は減るので翼型には抵抗が働く．単位翼巾あたりの抵抗は

$$D = (p_2 - p_3)t \tag{4.24}$$

4.16 衝撃波-膨脹波の理論

である。ただし t は翼型の肩の所の厚みである。p_2 および p_3 の値は衝撃波図表および Prandtl-Meyer 函数 ν の表から容易に求められる。

これは**超音速造波抵抗**なる現象を示すものである。超音速流においては理想化された非粘性流体の場合といえども抵抗が存在する。これは粘性流体の境界層に伴う剝離抵抗や摩擦抵抗とは本質的に異なるものである(もちろん、造波抵抗は、最後には衝撃波の内部で粘性の作用によって"散逸する"。しかし造波抵抗は粘性係数の値そのものには関係しない。これは衝撃波を通過するときのエントロピーの変化が衝撃波内部の細かい非平衡過程にはよらないことを別の面から言い表わすものである)。

4.17 b 図に示す第二の例は曲がった翼断面であって、これはその表面にそって**連続的な膨脹波**をともなう。衝撃波が附着しているためには先端および後尾が θ_{max} より小さな半頂角のくさび型であることが必要である。

4.17 c 図に示す第三の例は迎角 α_0 の平板の場合である。上流への影響はないから、前縁より前の流線はまっすぐであり、上面および下面を過ぎる流れは互に独立である。

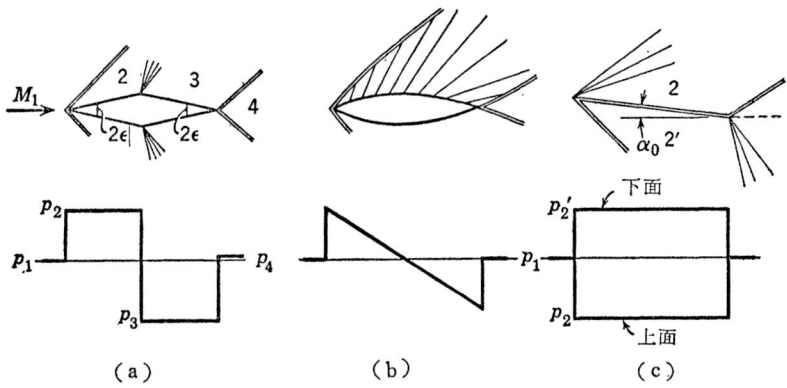

4.17 図 衝撃波-膨脹波理論,上;波の形.下;圧力分布
 (a) 対称菱形断面形 (b) レンズ断面形 (c) 揚力のある平板

したがって、上側の流れは先端から出る有心波によって、膨脹角 α_0 だけ曲げられる。一方、下側の流れは斜め衝撃波によって圧縮角 α_0 だけ曲げられる。両側の圧力は一様であるから、揚力や抵抗は非常に簡単に計算される:

$$L = (p'_2 - p_2)c \cos \alpha_0$$
$$D = (p'_2 - p_2)c \sin \alpha_0 \tag{4.25}$$

ここで c は翼弦長である．両側で衝撃波が異なる Mach 数で起るので，エントロピーの増加は上面に沿う流れと下面に沿う流れとでは等しくない．その結果後縁から出る流線は滑り流となり，主流に対して小さな角度だけ傾いている．

　これらの例において今までは衝撃波と膨脹波との干渉については何も述べなかった．これについては 4.18 図のように，流れの場のもっと大きな部分を調べる必要がある．
p. 109
この図は，前の例の二つを小さな尺度で描き直したものである．膨脹扇は衝撃波を弱め曲げる．非常な遠方ではこれらは漸近的に主流の Mach 線に近づく．

　前の図（4.17図）には反射波は示してないが，これは衝撃波-膨脹波理論では普通，反射波を考えないからである．反射波の影響は小さいが，厳密な解析では考慮する必要があるであろう．しかし菱形翼や揚力平板の場合には反射波は全然翼型には当らない[*]．したがって，圧力分布に対する衝撃波-膨脹波理論の結果には影響しない．

　波の系は物体から非常に遠く離れたところまで拡がり，結局すべての変動を消滅させるようになっている．

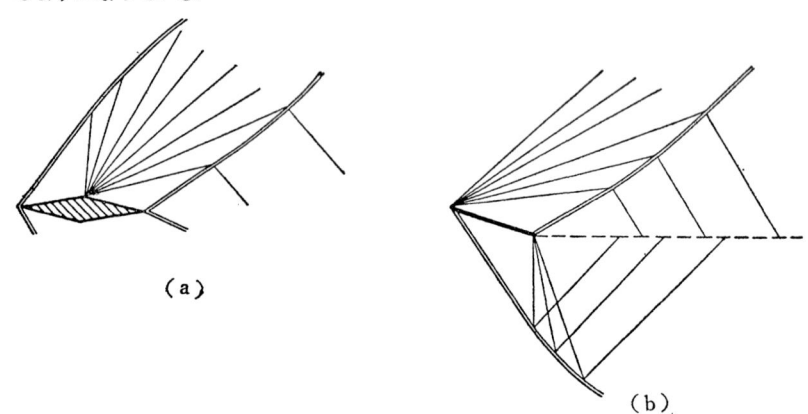

4.18 図　干渉による波の減衰　（a）　菱形翼に対する波系
　　　　（b）　揚力のある平板に対する波系（反射波は非常に弱い）

4.17　薄翼理論

前節の衝撃波-膨脹波理論によれば揚力や抵抗を計算する簡単で一般的な方法が得ら

---

[*] 菱形翼では Mach 数が充分大でなければならない．なお 4.18 a 図にも反射波は示してない．

4.17 薄翼理論

れ，これは衝撃波が物体に附着している限り適用できる．しかしながら，結果を簡潔な解析式に表わすことはできないので，この理論は主として数値解を得るために用いられる．翼型が薄く迎角が小さければ，すなわち流れの傾きがすべて小さければ，衝撃波-膨脹波理論は弱い衝撃波および膨脹波に対する近似式を用いて近似化することができ，この結果揚力および抵抗に対する簡単な解析式が導かれる．

圧力変化を計算するための基礎的近似式（4.15）は

$$\frac{\Delta p}{p} \doteqdot \frac{\gamma M^2}{\sqrt{M^2-1}} \Delta\theta$$

である．弱い波の近似では圧力 p は p_1 と余り違わないし，また M は M_1 と余り違
p. 110
わないからさらに近似を施こし，一次まで正しい関係として，

$$\frac{\Delta p}{p_1} \doteqdot \frac{\gamma M_1^2}{\sqrt{M_1^2-1}} \Delta\theta$$

が得られる．最後に，すべての圧力変化を主流の圧力（p_1）から，またすべての方向変化を主流の方向（零）から測るものとすれば，

$$\frac{p-p_1}{p_1} = \frac{\gamma M_1^2}{\sqrt{M_1^2-1}} \theta$$

が得られる．ただし，θ は主流に対する傾きである．θ の符号は場合に応じてすぐに決められる．

(2.40) すなわち，

$$C_p = \frac{p-p_1}{q_1} = \frac{2}{\gamma M_1^2} \frac{p-p_1}{p_1}$$

で定義される圧力係数はこの場合

$$C_p = \frac{2\theta}{\sqrt{M_1^2-1}} \qquad (\blacktriangleright 4.26)$$

となる．これは薄翼理論の基礎の関係式で，**圧力係数が各点の流れの傾きに比例する**ことを表わしている．

以上の結果を用いると，いろいろな翼断面の揚力係数や抵抗係数を求めることは簡単である．すなわち，たとえば，小さな迎角 α_0 をもつ**平板**（4.17 c 図）の場合には上下

面の圧力係数は

$$C_p = \mp \frac{2\alpha_0}{\sqrt{M_1{}^2 - 1}} \qquad (4.27)$$

揚力係数および抵抗係数は

$$C_L = \frac{(p_L - p_U)c\cos\alpha_0}{q_1 c} = (C_{p_L} - C_{p_U})\cos\alpha_0$$

$$C_D = \frac{(p_L - p_U)c\sin\alpha_0}{q_1 c} = (C_{p_L} - C_{p_U})\sin\alpha_0$$

α_0 は小さいから，$\cos\alpha_0 \fallingdotseq 1$，$\sin\alpha_0 \fallingdotseq \alpha_0$ としてよい．そこで (4.27) を入れて揚力のある平板の揚力係数および抵抗係数として，

$$C_L = \frac{4\alpha_0}{\sqrt{M_1{}^2 - 1}}$$

$$C_D = \frac{4\alpha_0{}^2}{\sqrt{M_1{}^2 - 1}} \qquad \blacktriangleright (4.28)$$

空力中心は翼弦の中点にある．比 $D/L^2 = \frac{1}{4}\sqrt{M_1{}^2 - 1}$ は α_0 に無関係である．

第二の例として 4.17 a 図に示すような迎角零で頂角 2ϵ の菱形断面の翼を考えよう．前面および後面上の圧力係数は

$$C_p = \pm \frac{2\epsilon}{\sqrt{M_1{}^2 - 1}}$$

したがって，圧力差は

$$p_2 - p_3 = \frac{4\epsilon}{\sqrt{M_1{}^2 - 1}} q_1$$

これによる抵抗は

$$D = (p_2 - p_3)l = (p_2 - p_3)\epsilon c = \frac{4\epsilon^2}{\sqrt{M_1{}^2 - 1}} q_1 c$$

したがって

$$C_D = \frac{4\epsilon^2}{\sqrt{M_1{}^2 - 1}} = \frac{4}{\sqrt{M_1{}^2 - 1}} \left(\frac{t}{c}\right)^2 \qquad \blacktriangleright (4.29)$$

4.17 薄翼理論

4.19 図 任意な翼型の揚力，反り，抵抗への一次分解

これら二つの例における揚力係数および抵抗係数の形は典型的なものである．任意の薄い翼型に適用できる一般的結果は次のようにして求められる．4.19図は厚み，反り，迎角をもった翼型を示す．上面および下面の圧力係数は，

$$C_{p_U} = \frac{2}{\sqrt{M_1^2-1}}\frac{dy_U}{dx}$$

$$C_{p_L} = \frac{2}{\sqrt{M_1^2-1}}\left(-\frac{dy_L}{dx}\right) \quad (4.30)$$

ただし y_U および y_L は上面および下面の形である．この翼型は対称な厚み分布 $h(x)$ と厚さ零の反り線 $y_c(x)$ に分解できる．すなわち，

$$\frac{dy_U}{dx} = \frac{dy_c}{dx} + \frac{dh}{dx} = -\alpha(x) + \frac{dh}{dx}$$

$$\frac{dy_L}{dx} = \frac{dy_c}{dx} - \frac{dh}{dx} = -\alpha(x) - \frac{dh}{dx} \quad (4.31)$$

ただし $\alpha(x) = \alpha_0 + \alpha_c(x)$ は反り線の局所的な迎角である．揚力および抵抗は次式で与えられる：

$$L = q_1 \int_0^c (C_{p_L} - C_{p_U})\, dx$$

$$D = q_1 \int_0^c \left[C_{p_L}\left(-\frac{dy_L}{dx}\right) + C_{p_U}\left(\frac{dy_U}{dx}\right)\right] dx$$

(4.30) および (4.31) をこれらの式に代入すれば，

$$L = \frac{2q_1}{\sqrt{M_1^2-1}} \int_0^c \left(-2\frac{dy_c}{dx}\right) dx = \frac{4q_1}{\sqrt{M_1^2-1}} \int_0^c \alpha(x)\, dx$$

$$D = \frac{2q_1}{\sqrt{M_1^2-1}} \int_0^c \left[\left(\frac{dy_L}{dx}\right)^2 + \left(\frac{dy_U}{dx}\right)^2\right] dx$$

$$= \frac{4q_1}{\sqrt{M_1^2-1}} \int_0^c \left[\alpha(x)^2 + \left(\frac{dh}{dx}\right)^2\right] dx$$

積分は平均値（横棒で示す）で置きかえることもできる．たとえば

$$\bar{\alpha} = \frac{1}{c}\int_0^c \alpha(x)\,dx$$

定義によって $\bar{\alpha}_c=0$ であるから，

$$\bar{\alpha} = \overline{(\alpha_0 + \alpha_c)} = \overline{\alpha_0} + \overline{\alpha_c} = \alpha_0$$

同様に

$$\overline{\alpha^2} = \overline{(\alpha_0 + \alpha_c)^2} = \overline{\alpha_0^2} + 2\overline{\alpha_0 \alpha_c} + \overline{\alpha_c^2} = \alpha_0^2 + \overline{\alpha_c^2}$$

そこで揚力係数 $\dfrac{L}{q_1 c}$ および抵抗係数 $\dfrac{D}{q_1 c}$ は次のように書ける：

$$C_L = \frac{4\bar{\alpha}}{\sqrt{M_1^2-1}} = \frac{4\alpha_0}{\sqrt{M_1^2-1}}$$

$$C_D = \frac{4}{\sqrt{M_1^2-1}}\left[\overline{\left(\frac{dh}{dx}\right)^2} + \overline{\alpha^2(x)}\right] \qquad \blacktriangleright (4.32)$$

$$= \frac{4}{\sqrt{M_1^2-1}}\left[\overline{\left(\frac{dh}{dx}\right)^2} + \alpha_0^2 + \overline{\alpha_c^2(x)}\right]$$

p. 113
これらは超音速流の中の薄い翼の揚力係数および抵抗係数に対する一般表式である．

薄翼理論では抵抗は三つの部分，すなわち，"厚みによる抵抗"，"揚力による抵抗" および "反りによる抵抗" に分けられる．揚力係数は平均の迎角のみによる．

このように揚力問題と抵抗問題とに分れることは，超音速流における "微小変動" の問題の典型的な性質である．これは第 8, 9 章でわかるように流れを支配する微分方程式が線型であるということの現れである．しかし，微小変動という条件たとえば流れの偏角が小さいということは，遷音速流（第12章）および極超音速流（8.2節）の場合でわかるように線型性を確保するに充分ではない．これらの場合には微小変動方程式でさえも非線型で，厚みと迎角の共存効果は単に重ね合せるだけでは得られない．

最後に注目すべきことは，揚力を計算する場合に，亜音速のとき必要であった **Kutta** の条件を表だてて課する必要はなかったことである．Kutta の条件は前縁と後縁を区別することによって時間の経過に結びつく一定の（空間的）方向を確立するものである．この意味では Kutta の条件は超音速流の場合にも満足されている．すなわち，時間の

4.18 揚力のある平板翼

増す方向は波の方向（下流に向う）の選びかたによって定められているのである（4.5節参照）.

4.18★ 揚力のある平板翼

この本では超音速翼の広範な問題に立ち入ることは不可能である. ただ, 大部分の理論は流れの傾きが小さいという仮定のもとに線型化された方程式に基礎をおいているので, 問題はつねに厚さの問題と揚力の問題とに分割できるということだけは心得ておく必要がある.

超音速流では影響領域が限られるために, 二次元の結果が直接適用できることが多い. 一つの例として迎角 α_0 をもつ平板矩形翼を考えよう（4.20 a 図）. 翼巾が有限であることは翼端領域内, すなわち, 翼の両端からでる Mach 円錐の内部でのみ感じられる. 両翼端の間の内方部分はあたかも無限に長い翼の一部分であるかのように振舞う. すなわち, この部分の流れは二次元的であって, 圧力係数は (4.27) で与えられる二次元の値 C_{p0} をもつ. したがって, 翼の内方部分は二次元の揚力を荷う.

翼端領域では揚力は減少し, 側縁では上下の圧力が等しくならなければならぬから, 揚力は零となる. 二つの代表的な翼巾方向の圧力分布として後縁および翼弦中央線に沿った圧力分布をそれぞれ 4.20 b 図に示す. 他の翼巾方向の圧力分布も同傾向である. というのは実際, 圧力は前縁の端から出る放射線にそって一定だからである（4.21節の議論参照）. 翼端領域では, 圧力分布の対称性からわかるように, **平均の圧力係数** は $\frac{1}{2}C_{p0}$ である. それゆえ, 翼全体の揚力係数は二次元的な値 C_{L0} より

$$\Delta C_L = \frac{\frac{1}{2}C_{L0}(\frac{1}{2}cd + \frac{1}{2}cd)}{cb} = \frac{\frac{1}{2}C_{L0}}{b/d} = \frac{\frac{1}{2}C_{L0}}{(b/c)(c/d)}$$

だけ小さくなる. 分母の各項は,

$$b/c = {\rm \AE} = 縦横比$$
$$c/d = \cot\mu = \sqrt{M_1{}^2 - 1}$$

である. これらを揚力欠損に対する上の式に代入すると, 矩形翼の揚力係数を二次元値を使って表わすことができる:

$$\frac{C_L}{C_{L0}} = 1 - \frac{1}{2 \mathcal{R} \sqrt{M_1^2 - 1}} \tag{4.33}$$

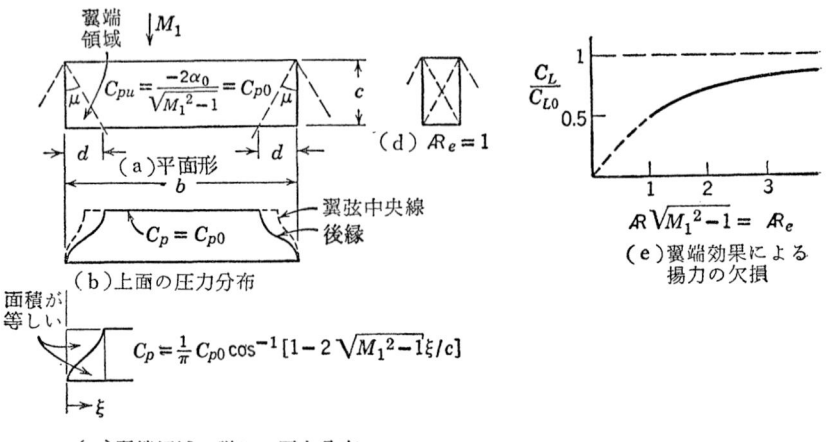

図中のラベル:
- 翼端領域 $\downarrow M_1$
- $C_{pu} = \dfrac{-2\alpha_0}{\sqrt{M_1^2-1}} = C_{p0}$
- (d) $\mathcal{R}_e = 1$
- (a) 平面形
- 翼弦中央線
- 後縁
- $C_p = C_{p0}$
- (b) 上面の圧力分布
- 面積が等しい
- $C_p = \dfrac{1}{\pi} C_{p0} \cos^{-1}[1 - 2\sqrt{M_1^2-1}\,\xi/c]$
- (c) 翼端領域の詳しい圧力分布
- (e) 翼端効果による揚力の欠損
- $\mathcal{R}\sqrt{M_1^2-1} = \mathcal{R}_e$

4.20 図 矩 形 平 板 翼 の 揚 力

この曲線を4.20e図に示す．この式は $\mathcal{R}\sqrt{M_1^2-1}$ の値が1に減少するまでなりたつ．$\mathcal{R}\sqrt{M_1^2-1}$ が1の場合には4.20d図のように尖端から出る Mach 線はちょうど反対側の縁と交わりはじめる．これより小さな値に対しては揚力係数の式は上と違ってくるが，破線で示したように零に近づく．

このように，翼端の影響すなわち縦横比が有限であることによる影響は，亜音速流の場合と同じように揚力を減らすことであるが，圧力分布には多少違った影響を及ぼす．(4.33) からわかるように Mach 数の違いによる影響もある．縦横比と Mach 数とによる影響は有効縦横比

$$\mathcal{R}_e = \mathcal{R}\sqrt{M_1^2 - 1}$$

によってまとめることができる．このことは一般的な相似性の考察からも示すことができる (第10章)．翼の寸法がきまっていても，有効縦横比は Mach 数が増えると大きくなる．もちろんこれは翼端の Mach 円錐が狭くなるためである．

揚力をもつ平板翼の例をさらに二つ翼端領域だけ 4.21 図に示す．4.21a 図 (および

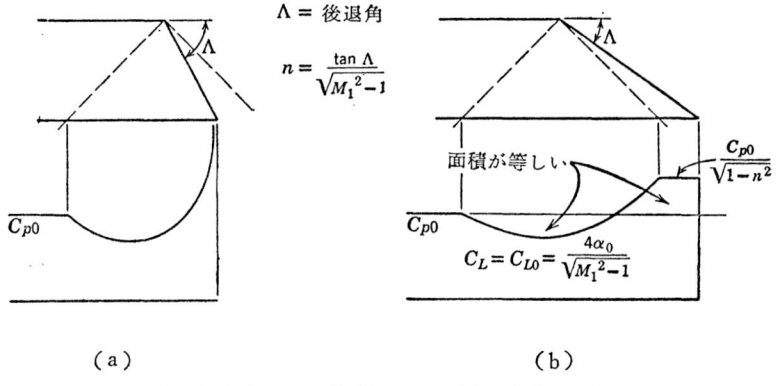

              (a)   (b)
     4.21 図 直角でない翼端部の圧力分布 (a) 亜音速縁
          (b) 超音速縁

4.20 a 図）の側縁は翼端 Mach 円錐の下流にあって**亜音速縁**と呼ばれる．一方，4.21 b 図の側縁は Mach 円錐の前方にあって超音速縁と呼ばれる．超音速縁では上下の面は互いに独立だから，側縁で上下の圧力が等しくなる必要はなく，また"漏れ"による揚力の損失も全くない．図に示すように，圧力分布の変更はあるけれども，超音速縁をもつ翼の揚力係数は二次元の値 C_{L0} となる[†]．一方，亜音速縁は亜音速薄翼理論特有の前縁特異性を示す．

4.19★ 抵抗の減少法

　4.17 節では超音速流に造波抵抗の現象のあることを知った．二次元翼型の場合，造波抵抗は厚み，揚力，反りによる抵抗に分けることができる．そしてそれらを別々に減少させることによってのみ造波抵抗を減らすことができる．しかし，三次元翼や，複葉，
p. 116
翼胴体結合などのような結合体では，各部分をお互いの間で有益な干渉が生ずるように並べて抵抗を軽減することができる．
　有名な例は **Busemann** の複葉であって，これは二つの面の間で波の相殺が起るようにしたものである．波の相殺の原理は 4.22 a 図に示す
上側の図は 4.12 節で論じた衝撃波の普通の反射を示す．また下側の図は入射衝撃波後

---
　† 　P. A. Lagerstrom & M. D. Van Dyke, "*General Consideration about Planar and Non-Planar Lifting Systems*" *Rep. S. M.* 13432 (1949) Douglas Aircraft Co.

波の反射

波の相殺
(a)

M_1
p_1 →

Busemann の複葉

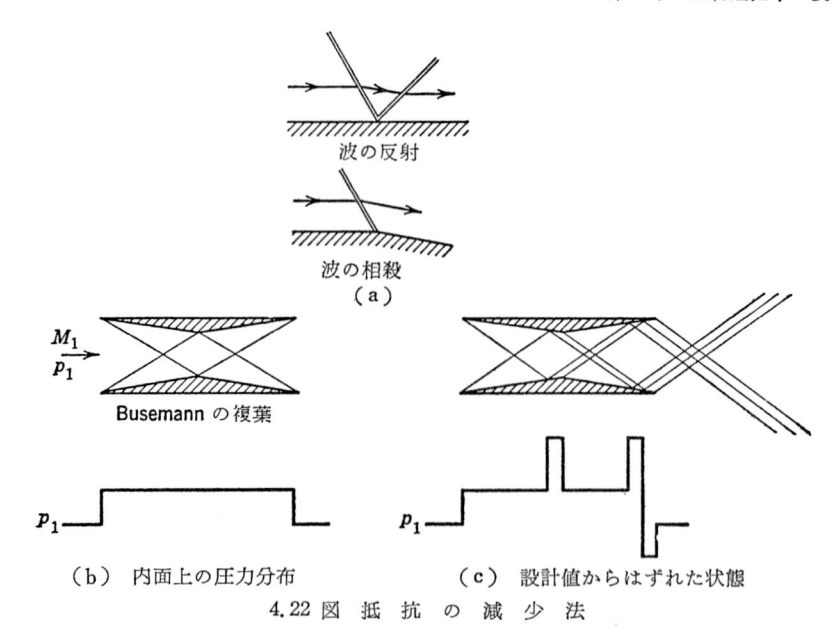

p_1

p_1

(b) 内面上の圧力分布   (c) 設計値からはずれた状態
4.22図 抵 抗 の 減 少 法

の流れの方向に壁を曲げることによって反射衝撃波を"相殺する"ことができる様子を示す．反射衝撃波がかどから出る膨脹波と相殺したということもできる．

零揚力における Busemann の複葉を4.22b図に示す．肩から出る膨脹波の一部は反対側の面の前縁から出る圧縮波を相殺し，図に示したような**対称な**圧力分布を生ずる．造波抵抗は零である．

設計値以外の Mach 数では4.22c図に示したように抵抗は部分的に相殺される．

抵抗が消失するのは，系の外に全く波が存在しないということに対応する．内部の波からの寄与は一次理論の範囲では無視することができる．Mach 数が設計値と異なる場合には波は系から"ぬけ出る"ので，抵抗は零ではなくなる．しかしながら他の二三の Mach 数，すなわち，前縁からの圧縮波がどちらかの肩にあたるような Mach 数ではまた完全な相殺が起るであろう．これは4.23a 図に示す通りであって，相殺 Mach 数で抵抗がなくなること，また中間の Mach 数で有限の抵抗値をもつことがわかる．

p. 118

$\sqrt{M_1^2-1}\,G/c > 1$ の場合には前縁の波は反対側の翼型には全然"当らない"ので干渉はなく，完全な"単葉"の抵抗を得る．

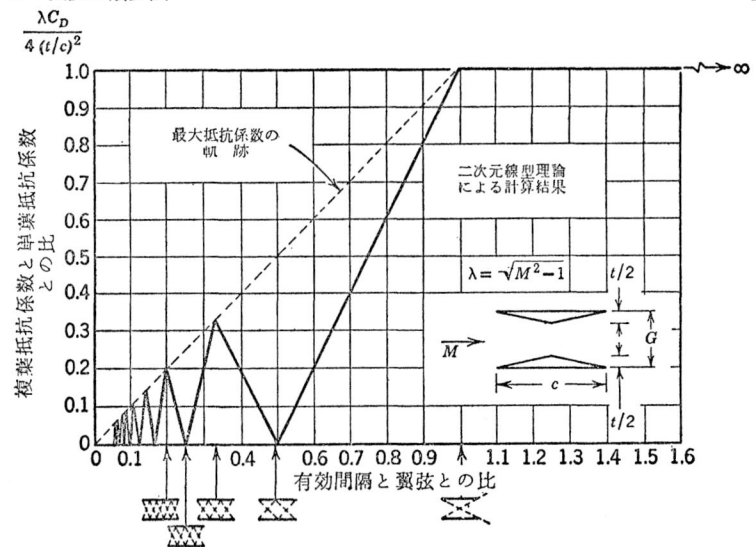

4.19 抵抗の減少法

p. 117 (a) 有効間隔と翼弦との比の函数として表わした Busemann 型複葉の抵抗

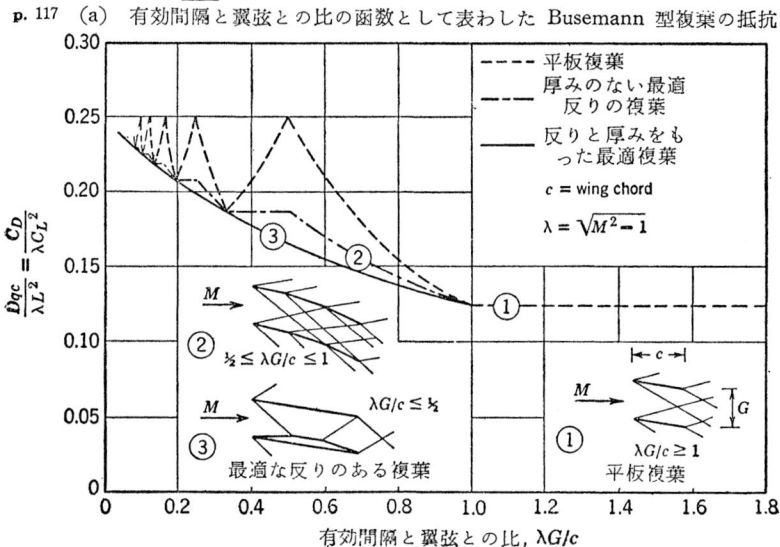

縦軸: $\dfrac{\lambda C_D}{4(t/c)^2}$ 複葉抵抗係数と単葉抵抗係数との比

横軸: 有効間隔と翼弦との比

図中: 最大抵抗係数の航跡／二次元線型理論による計算結果／$\lambda = \sqrt{M^2-1}$

(b) 揚力及び厚みにもとづく最小抵抗をもつた反りのある複葉の配置

縦軸: $\dfrac{D_{qc}}{\lambda L^2} = \dfrac{C_D}{\lambda C_L^2}$

横軸: 有効間隔と翼弦との比, $\lambda G/c$

凡例: 平板複葉 / 厚みのない最適反りの複葉 / 反りと厚みをもつた最適複葉 / c = wing chord / $\lambda = \sqrt{M^2-1}$

① 平板複葉 $\lambda G/c \geq 1$
② $\tfrac{1}{2} \leq \lambda G/c \leq 1$
③ 最適な反りのある複葉 $\lambda G/c \leq \tfrac{1}{2}$

4.23 図 超音速複葉 (a) B. J. Beane, "Notes on the Variation of Drag with Mach Number of a Busemann Biplane," *Rep. S. M.* 18737, Douglas Aircraft Co.; (b) R. M. Licher, "Optimum Two-Dimensional Multiplane in Supersonic Flow," *Rep. S. M.* 18688, Douglas Aircraft Co.

Busemann の複葉が揚力をもつ時には，揚力に基づく抵抗が発生する．揚力，厚み，反りの影響はもはや単葉（または平面）系の場合のように分離することはできない．しかしこれらを組合わせて有利な干渉をさせることができる．

4.23 b 図は比 D/L^2 を最良ならしめるいくつかの例を示す．この場合には最良値は有効間隔が翼弦にくらべて充分に大きく，干渉が存在しないときに得られる．間隔が小さくなると D/L^2 の値は増加するが，図に示すように反りや厚みを与えることによって改善することができる．

三次元平面翼の場合にもまた，厚み，反り，及びねじりを適当に分布することによって有益な干渉を起させ，与えられたパラメータの一定値たとえば揚力一定の許における最適配置を見出すことができる．翼胴体結合も最適化することができる．境界層摩擦や剝離の影響を含めると問題の範囲はさらに広くなる．抵抗軽減に関するあらゆる問題は非常に重要である．

4.20★ ホドグラフ面

流体力学の問題では**速度成分を座標または独立変数**とする**ホドグラフ面**の座標系がしばしば非常に有用である．まず第一に，この面は単にデータまたは解の表示のためおよび図式（ベクトル的）解法のために役に立つ．しかし，その重要性に対する最も大きな理由は，物理面では**非線型**な種々の問題をホドグラフ面で，すなわち速度成分を独立変数として，定式化し直せば**線型**になることである．このような応用については第11章で遷音速方程式に関連して簡単に論ずる．

斜め衝撃波を通る流れの表示を 4.24 図に示す．物理面は (a)，ホドグラフ面は (b) に示す．物理面の一点に対応するホドグラフ面上の点の位置は，その速度成分 (u, v) をたどって定められる．したがってホドグラフ面の原点からある点までひいた**ベクトル**は対応点における速度ベクトルを表わす．この例では，衝撃波より上流の**流れの場全体**はただ一つの点 A に変換され，また下流の流れの場は B 点に移る．この二点はこの例に現われるただ二つの速度に相当する．物理面からホドグラフ面またはその逆の写像は時折著るしい特異性を示す！ さらにこの写像は唯一でないこともある．たとえば斜め衝撃波の解で，色々の流線を境界壁として選ぶことにより物理面では多くの違った流れが得られるが，ホドグラフ面では，これらの流れはすべて二点 A, B で表わされて

4.20 ホドグラフ面

しまう.

上流の速度 U_1 あるいは Mach 数 M_1 を与えるとき,θ をパラメータとする一群の解が存在する.すなわち w_2 が θ と共に変化するにつれて点 B はある軌跡いわゆる**衝撃波極線** (shock polar) を描く.この軌跡を 4.24 c 図に示す.ただし速度は速度比 $(u/a^*, v/a^*)$ で描いてある.偏角 θ を与えたとき B 及び B' で示される二つの解が

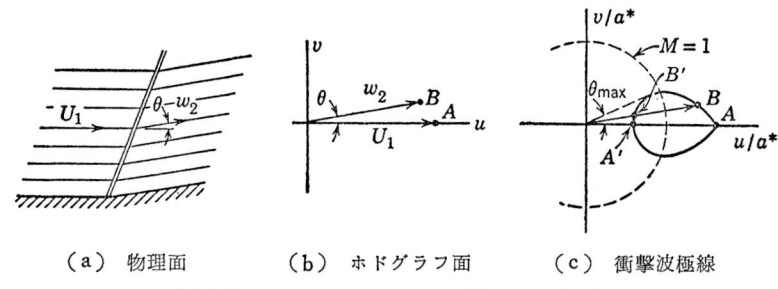

(a) 物理面　　　(b) ホドグラフ面　　　(c) 衝撃波極線

4.24 図　ホドグラフ面における斜め衝撃波の解

あることがわかる.後の解では,**音速円**の位置からわかるように衝撃波より下流の流れは亜音速である.この強い方の"解"についてはすでに 4.14 節で論じた.また θ には最大値があって,それを越えると斜め衝撃波の解がなくなる様子もみられる.

垂直衝撃波を通る流れは,二点 A および A' で表わされる.始めの Mach 数 A 点が変わるとまた新らしい衝撃波極線が描かれる.これらはみな同じような形をもち,小さな M_1 に対するものほど内側に入る.次に 4.10 節の等エントロピー的単一膨脹波または圧縮波について考える.これらもまた,ホドグラフ面上で追跡することができる.4.25 a 図に示した Prandtl-Meyer 膨脹の場合を考えよう.ホドグラフ面 (b) ではこれは**曲線** AB で表わされ,その上の点はある流線上の速度の一つを表わす.**すべて**の流線は,AB に写像される,これもまた特異写像——曲線 AB で物理面の流れの群全体が表わされる——である.逆の流れ BA は (c) に示す圧縮の場合の写像である.

すべての超音速 Mach 数に対する Prandtl-Meyer 函数 (4.10 節) は,4.25 d 図の実線のように表わされ,これは $M=1$ から $M=\infty$ までの膨脹を表わす.下側の曲線は θ が増加する場合,上側の曲線は θ が減少する場合にあたる.この曲線,一つの**エ**
p. 120
ピサイクロイド,の方程式は Prandtl-Meyer 函数から直接求めることができる (4.21

および4.23). すなわち

$$\pm\theta + \theta_1 = \sqrt{\frac{\gamma+1}{\gamma-1}} \tan^{-1}\sqrt{\frac{\gamma-1}{\gamma+1}(M^2-1)} - \tan^{-1}\sqrt{M^2-1}$$

ここで M は $\frac{w_1}{a^*}$ で書直すことができる．初めの方向 θ_1 が変わると，曲線は原点のまわりに角 θ_1 だけずれるだけである．これは（全く同じ）エピサイクロイドの一群全体を与える．破線で示すこれらの一つは（c）の流れにあたる部分 BA を含んでいる．

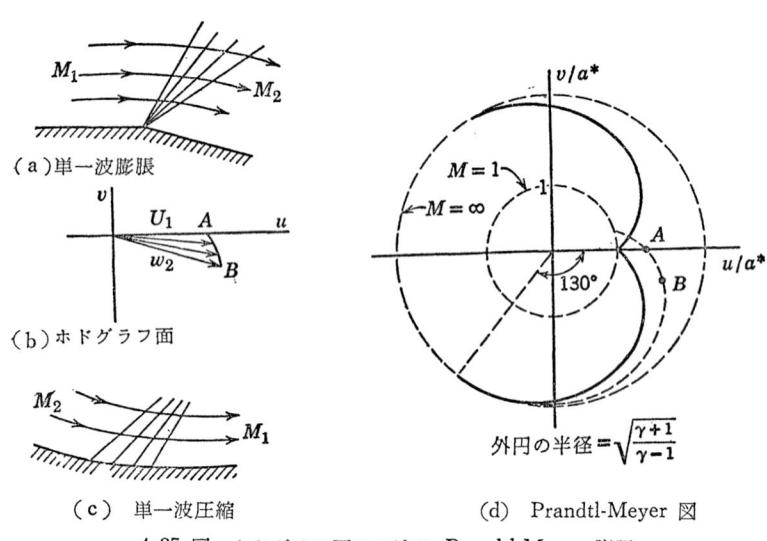

（a）単一波膨脹

（b）ホドグラフ面

（c）単一波圧縮

（d） Prandtl-Meyer 図

4.25 図　ホドグラフ面における Prandtl-Meyer 膨脹

この節で説明した二つの例すなわち斜め衝撃波を通る流れと単一波の等エントロピー流れは共にホドグラフ面への写像において特異性を示す．一般には物理面の流れは，ホドグラフ面のある領域全体に写像されるが，上の例のように特異点や特異曲線が現われる場合もある．与えられた物理面での境界条件にあうようなホドグラフ解を求める問題は一般にはなはだ困難である．

4.21　超音速流の中の円錐

円錐の場合の流れの場はくさびの場合ほど簡単ではない．後者の場合には，衝撃波と

4.21 超音速流の中の円錐

くさびの間の領域の流れは一様であるから，斜め衝撃波の解が直接うまくあてはまる．ところが三次元的な円錐の場合には，連続の式を満足しないことからもわかるように，衝撃波の下流の流れは一様ではあり得ない．

p. 121
しかしながらこの流れは解析する上に，非常に役立つ他の特性を具えている．上流への影響が限られることから，円錐は半無限であると仮定してかまわない（4.26 図）．そうすると問題には基準となる特性的な長さがないから流れの性質は角 ω に関して変るだけである．すなわち，**頂点からでる各"放射線"上で状態は一定である．** このような流れの場を錐状[†]であるといわれる．軸対称性から，4.26 図に示すような，ある一つの子午面内の放射線だけを考えればよい．衝撃波と円錐の間では状態は放射線毎に変り，従ってこれを横切る流線にそっては状態は変化する．

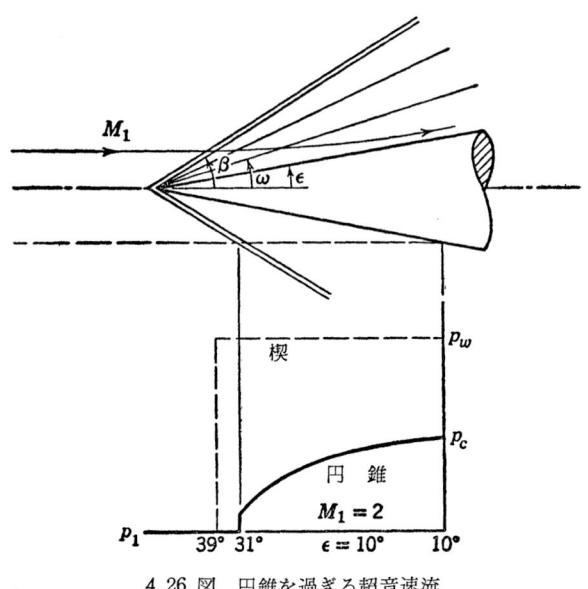

4.26 図 円錐を過ぎる超音速流

この解は最初は Busemann によって求められその後 Taylor と Maccoll によって違った形に与えられたが，その要点は，等エントロピー的な錐状流を円錐衝撃波に適合させることにある．流れの等エントロピー的な領域では三次元方程式（第 7 章）は一つの錐状変数 ω で書直され，非線型の常微分方程式になるが，これは数値的に解かなければならない[††]．一方，衝撃波直後の状態は簡単な斜衝撃波の"跳び"の関係（4.2, 4.3節）

[†] 以上の議論は亜音速流内の円錐には適用できない．それはこの場合には無限遠の境界条件が円錐場によっては満足されないからである．

[††] Z. Kopal; *Tables of Supersonic Flow about Cones*, MIT, 1947

・(a)

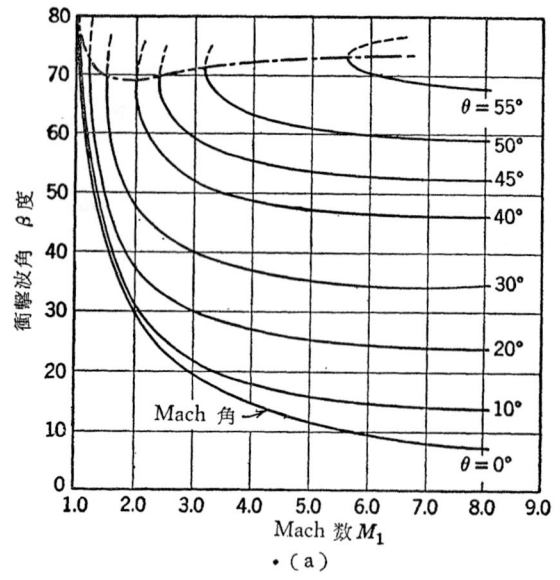

4.27 (a) 図　超音速流の中の円錐　種々な円錐角についての衝撃波角対 Mach 数
J. W. Macoll, "The Conical Shock Wave Formed by a Cone Moving at High Speed," *Proc. Roy. Soc. A*, 159 (1937), p. 459.

から直ちに与えられる．なぜならこの解は任意の衝撃波面に対してつねに**局所的**に適用できるからである．衝撃波直後の流れは，等エントロピー的な錐状の場に調和しなければならないが，この条件によって解を決めることができるのである．

$M_1=2$ で半頂角が $10°$ の円錐についての典型的な結果を4.26図に示す．図の圧力分布は円錐の軸に平行な線に沿ったものである．圧縮の一部は衝撃波を通るときに起るがさらに表面圧 p_c に至るまで等エントロピー的な圧縮がつづく．流線は曲っている．比較のため，同じ半頂角のくさびに対する圧力分布も示してある．三次元効果によって，円錐による圧縮はくさびによる圧縮よりもずっと弱い．これは表面圧力が低く，衝撃波角も小さいことから推察される．もう一つの違いは衝撃波がずっと低い Mach 数で離れることである．Mach 数および頂角の函数として描いた衝撃波角と表面圧力を4.27図に示す．

4.21 超音速流の中の円錐

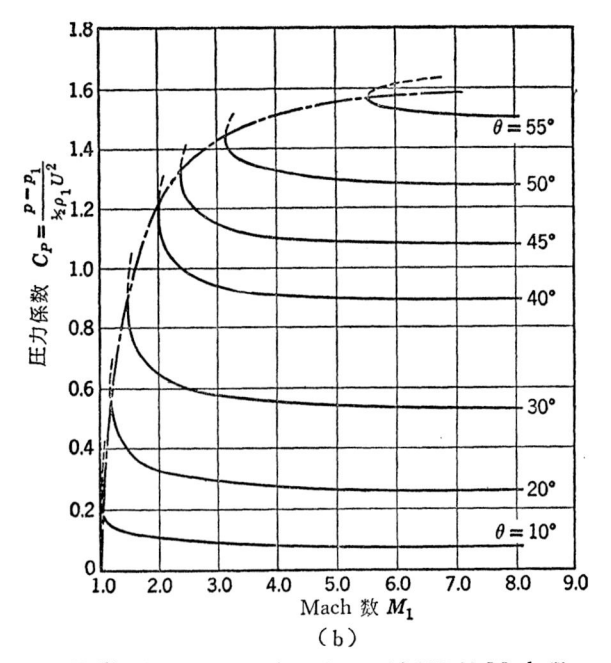

4.27 (b) 図　種々な円錐角に対する圧力係数対 Mach 数
J. W. Maccoll, "The Conical Shock Wave Formed by a Cone Moving at High Speed," *Proc. Roy. Soc. A*; 159 (1937), p. 459.

第5章 管および風洞中の流れ

5.1 まえがき

p. 124
この章では，今までに述べた一次元流の理論と斜め衝撃波の結果を用いて，圧縮性流れの二三の実際的な例を記述する．ノズルや風洞の中の流れは特殊の例ではあるが，流れの基本的関係のいくつかとその応用のしかたとを説明するのに役立つ．これらの関係は全く一般的であって，容易に他の場合へ拡張しうるが，その二三の例は練習問題に含めてある．

5.2 断面の変化する管の中の流れ

せばまり-ひろがり形の管は指定された流れを得るための，大抵の方法の基礎となる空気力学的部分である．これが風洞その他の空気力学系においてどのように利用されるかは後程わかるであろう．

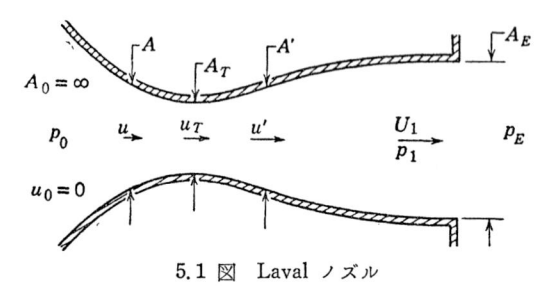

5.1 図 Laval ノズル

さしあたりは，5.1 図に示したもっとも簡単な配置を研究すれば充分である．この図で流体は管の入口から高い圧力 p_0 で供給せられ，出口から低圧力 p_E の中へ排出される．これは **Laval ノズル**と呼ばれる．ノズルは入口を高圧の貯気槽につないでその中の気体を大気中へ放出したり，反対に出口を真空タンクにつないで大気を吸い出したりすることができる．非常に高い圧力比を得るためにはノズルの入口を高圧の貯気槽につなぐと共にその出口を真空タンクにつなげばよい．

ノズルにそった流れのパラメータの変化を調べるために，流れが**一次元的**すなわち，各断面で状態が一様であるという近似をしよう．そしてこれらの状態と断面積との関係
p. 125
を問題にする．流れが**実際に**一次元的である程度は流れの傾きによってきまる．したがって長い"細い"ノズルでは，状態はほとんど一次元的である（粘性の影響を無視

して），いずれにしても，一次元の結果は流れが実際に一様である断面（たとえば測定部）に対してはいつでも正確に適用できるし，また，そうでない断面でも"平均の"状態に対して適用することができる．断面における状態が一様でない場合を厳密に解析する方法については，後程第12章で述べる．

　5.1図のような管の中の圧縮性流れの大体の様子は，すでに2.9節で論じたが，もう一度簡単に振返ってみよう．流れが至るところで**亜音速**であれば，最大速度は**スロート**と呼ばれる面積最小の断面で起る．亜音速風洞の場合はこれが**測定部**になる．さらに，スロートの上流および下流にある二つの等しい断面 A と A' では速度が等しくなる．流れはスロートに関して"対称的"である．一方，流れが超音速になる場合には流れは"非対称的"で，スロートの上流では亜音速，下流では超音速でなければならない．従ってスロート自身は**音速**でなければならない．

　これらの簡単な事実から二三の注目すべき結果が導かれる．亜音速では，下流の圧力（p_E）を減らすとスロート（したがって他の断面）の速度は増加する．しかしひとたびスロートの速さが音速になるとそれ以上増加することはできない．なぜなら**音速状態はスロートでのみ存在しうる**からである．p_E をそれ以上減らしても，スロートならびにノズルの上流部分の速さを変えることはできない．このために出口の圧力を下げることによって，ノズルから吸出しうる流量の最大値が定まってしまう．

　それではスロートで音速に達するに必要な値以下に p_E を減らしたとき，実際には何が起るであろうか？　この問に答えるには，まずノズルに沿ってどのような圧力分布が可能であるかを調べる必要がある．

5.3　断面積関係

　定常な流れの中の任意の二つの断面における状態の間の関係を求めるために一次元の連続の式から出発する：

$$\rho_1 u_1 A_1 = \rho_2 u_2 A_2$$

基準として**音速状態**を用いるのが便利である．すなわち

$$\rho u A = \rho^* u^* A^* \tag{5.1}$$

もし流れが至るところで亜音速であれば，A^* は流れ中に実際には存在しない仮想的な

第5章 管および風洞中の流れ

スロート断面積である．一方，音速または超音速に達したときには，$A^*=A_t$ で，A_t は実際のスロートの断面積である．

p. 126
$u^*=a^*$ であったから (5.1) は次のように書直される：

$$\frac{A}{A^*} = \frac{\rho^*}{\rho} \cdot \frac{a^*}{u} = \frac{\rho^*}{\rho_0} \frac{\rho_0}{\rho} \frac{a^*}{u}$$

右辺の各比はそれぞれ第2章の (2.35a), (2.32) および (2.37a) によって Mach 数の函数として与えられている．多少の計算の後，断面積-Mach 数の関係は次のように求められる：

$$\left(\frac{A}{A^*}\right)^2 = \frac{1}{M^2}\left[\frac{2}{\gamma+1}\left(1 + \frac{\gamma-1}{2}M^2\right)\right]^{(\gamma+1)/(\gamma-1)} \quad (5.2)$$

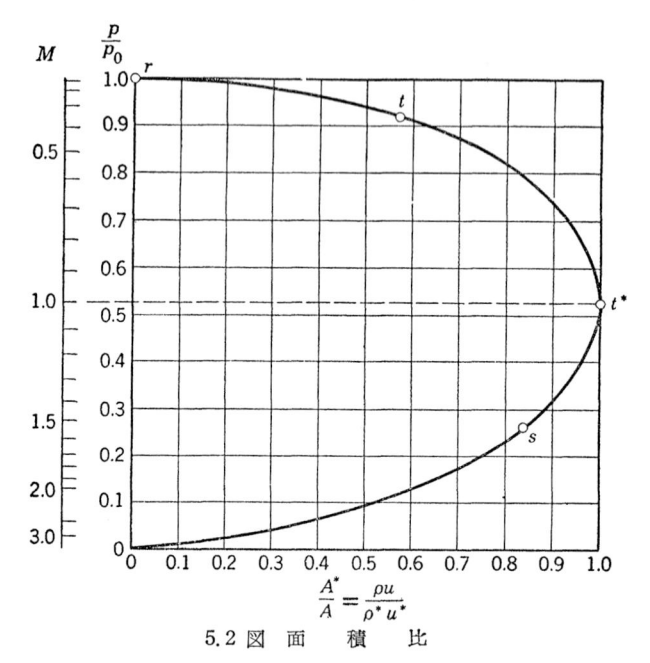

5.2 図　面　積　比

この結果は，ρ_0/ρ に等エントロピー関係を使ったから，**等エントロピー**流れの場合にだけ成り立つものである．流れの他のパラメータと断面積との関係は Mach 数を介して容易に得られる．たとえば，(2.31) を用いると，断面積と圧力との関係は次の形に

5.4 ノズルの流れ

書直すことができる：

$$\frac{A^*}{A} = \frac{\rho u}{\rho^* u^*} = \frac{\left[1 - \left(\frac{p}{p_0}\right)^{(\gamma-1)/\gamma}\right]^{1/2} \left(\frac{p}{p_0}\right)^{1/\gamma}}{\left(\frac{\gamma-1}{2}\right)^{1/2} \left(\frac{2}{\gamma+1}\right)^{(1/2)(\gamma+1)/(\gamma-1)}} \quad (5.3)$$

(5.2) および (5.3) のグラフを 5.2 図に示す．

5.4 ノズルの流れ

p. 127
断面積関係を用いると，与えられたノズルに沿う Mach 数および圧力の分布を描くことができる．5.2 図の曲線は，亜音速および超音速の二分枝をもち，二価になっている．流れは亜音速の枝に沿って点 r から出発する．もし流れが至るところ亜音速であれば

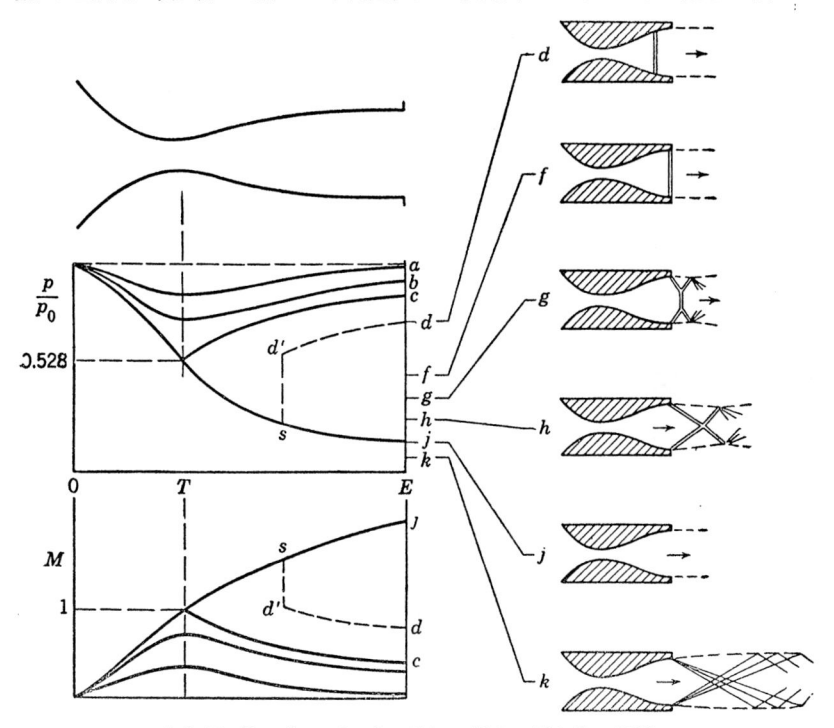

5.3 図 Laval ノズル内の流れに対する圧力比の影響

スロートの断面積 A_t は A^* より大きい. そして流れは点 t に達するだけでそこから同じ枝を後もどりする. 一方, スロートが音速になると, $A_t=A^*$ でスロートの流れは分岐点 t^* 上にあり, それより下流断面の流れは, 超音速の枝をある点 s までたどる.

代表的な種々の場合を 5.3 図に示す, これは種々の出口圧力に対する理論的な圧力分布の形と波の配置とを示したものである. 上の曲線 $a.b.c$ は, 完全に亜音速分枝の上にあって, 出口の圧力は, 管全体の流れを支配する. 曲線 c 上ではスロートはちょうど音速になる. したがって, スロート及びその上流の圧力はこれ以上に減少することはできない. このとき, 超音速分枝にのりかえると, 点 j に終るもう一つの等エントロピー的な解が可能である. しかしこの流れが存在するためには, 出口の圧力

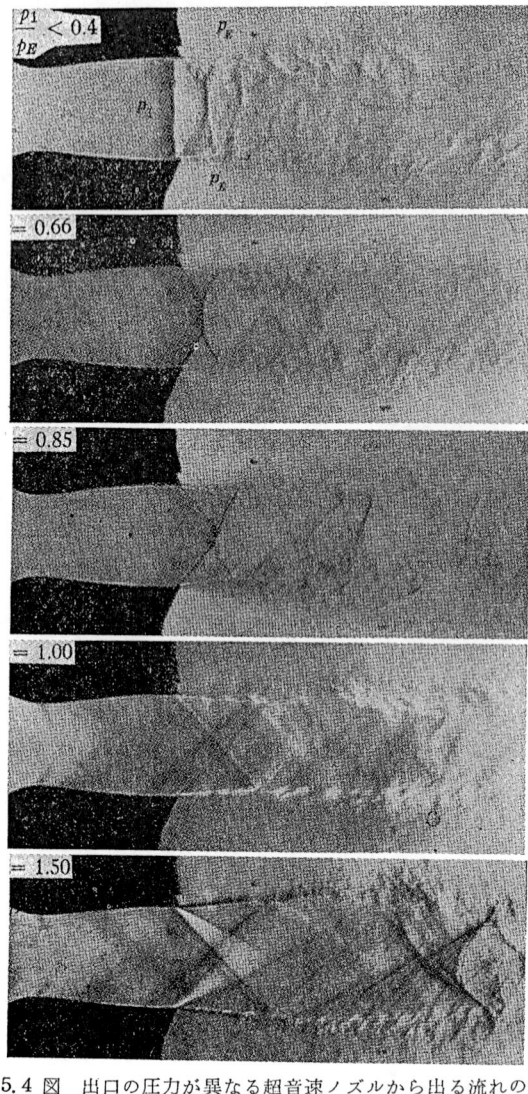

5.4 図　出口の圧力が異なる超音速ノズルから出る流れのシュリーレン写真. 　上から下までの写真はそれぞれ 5.3 図のスケッチ d, g, h, j, k, に対応する. L. Howarth (ed.) *Modern Developments in Fluid Dynamics, High Speed Flow*, Oxford, 1953. より複製.

5.4 ノズルの流れ

は p_c よりいちじるしく低い値 p_f にならなければならない．もし，出口圧力が p_c と p_f との間にあれば何が起るであろうか？ このときには**等エントロピー的な解は存在しない**．

たとえば出口圧力 p_d が p_c より幾分低い場合を考えよう．この p_d は破線 dd' で示す亜音速流——その澱み点圧 p_{0d} は p_0 より小さく，dd' にそうて圧力比 p/p_{0d} は断面積関係 (5.3) をみたす——によって到達できるであろう．これは流れのどこかで**等エントロピー的でない過程**（$p_{0d} \neq p_0$）が生ずることを意味する．そのためにはいろいろな可能性が考えられるが，粘性の影響を考えないもっとも簡単な仮定は，エントロピーの増加がただ一つの垂直衝撃波で起るとすることである．衝撃波の位置 s は点 d に達するための p_{0d} をちょうど与えるような Mach 数のところになければならない．超音速分枝上の衝撃波の各位置 s に対して到達できる出口圧力の値がそれぞれ対応する．

出口の圧力を減らすと共に，衝撃波は下流の方へ動き最後には出口に達し，圧力は p_f になる．出口の圧力をそれ以上に減少しても，ノズル内の流れはもはや影響を受けることなく，外圧との調和は，5.3 図のスケッチや 5.4 図の写真に示すように，斜め衝撃波の系を通じておこなわれる．

5.5 図は衝撃波がノズルの内部にある場合すなわち $p_E > p_f$ の場合におけるノズルの壁にそっての圧力分布の観測値の例を示す．圧力が急上昇している各点は，種々の p_E における衝撃波の位置を表わすものである．衝撃波とノズル壁上の境界層との干渉のた

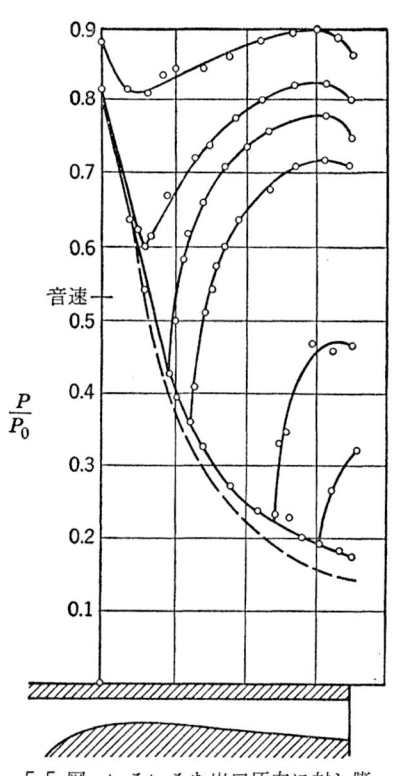

5.5 図 いろいろな出口圧力に対し膨脹ノズルの壁上で観測された圧力，*Handbuch der Physik*, Vol. VII の Ackeret による節から

めに，観測された圧力上昇は理想的な理論の場合のように"階段的"ではない（13.16節参照）．

出口圧力が p_f より低い場合，出口に至るまでの流れは完全に超音速である．したがって

$$p_E \leq p_f$$

ならば Laval ノズルは超音速風洞として用いることができる．実際これは高圧貯気槽から吹出すか，真空タンクへ吸込むか，あるいはその両方で運転する開路型の超音速風洞の原理である．充分な動力があれば，継続して流れを得ることができるが，そうでなければこの装置は**間欠**または**吹出し**風洞として用いられる．

5.5 垂直衝撃波による回復

もしノズルを直接排気槽へつなげば，測定部が完全に超音速流であるためには最小限

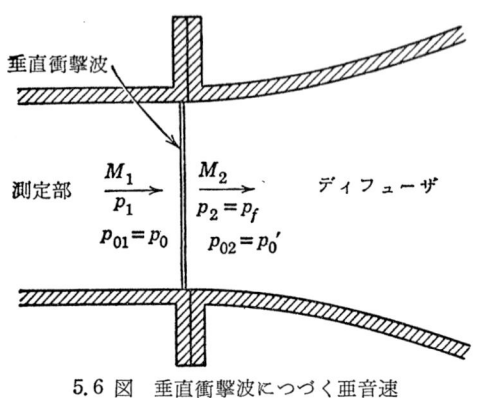

$$\left(\frac{p_0}{p_E}\right)_{\min} = \frac{p_0}{p_f}$$

の圧力比が必要である．ただし p_f は垂直衝撃波がノズルの出口に在るときの p_E の値である（5.3図）．しかしながら5.6図に示すようにノズルの出口にディフューザを接続すると，もっと低い圧力比で運転することができる．なぜなら衝撃波より下流の亜音速流は，原理的には，よどみ点圧 p_0' まで等エントロピー的に減速することができるからである．従って必要な圧力比は，測定部 Mach 数 M_1 における垂直衝撃波の両側のよどみ点圧の比となる，すなわち

$$\lambda_s = \frac{p_0}{p'_0} = \left[1 + \frac{2\gamma}{\gamma+1}(M_1^2 - 1)\right]^{1/(\gamma-1)} \left[\frac{(\gamma-1)M_1^2 + 2}{(\gamma+1)M_1^2}\right]^{\gamma/(\gamma-1)} \blacktriangleright (5.4)$$

この比は前に（2.54）で与えた．

5.6 図 垂直衝撃波につづく亜音速ディフューザによる拡散

5.6 第二のスロートの効果

p. 131
　実際には 5.6 図のディフューザは，予期したような（圧力）回復を与えない．すなわち衝撃波と境界層の相互作用によって上のモデルとは違った流れを生じ，そのため回復はもっと低いものしか得られないのがふつうである．

　垂直衝撃波による回復をもっとよく実現する他の装置がある．それは亜音速ディフューザの前に長い一定断面の管をつけたものである．このような管は，充分長ければ，全く違った機構ながら垂直衝撃波とほぼ同じ再圧縮を与える（2.12節）．この圧縮は厚くなった境界層と干渉する衝撃波の系によってもたらされる．**超音速流の場合**にはこれらの散逸過程によって実際にはかなり能率のよい再圧縮が得られるが，亜音速流の場合には，摩擦の影響は，回復可能な圧力を減らすだけであることは注目すべき事実である．もちろん，このような散逸系による回復は最も能率のよい方法ではないが，しばしばもっとも実用的である．その長所は，入口条件の変動に対して安定なことにある．結局，摩擦の影響を完全に避けることは不可能なことで，**ある特定の条件**に対してだけならばもっと能率のよい管を設計することはできるが，そうすると設計値以外の状態では非常に能率の悪いものになってしまう．

　完全な亜音速回復を仮定する (5.4) の "垂直衝撃波による圧力回復" は実際の超音速ディフューザや風洞の性能を比較するための便利な参考または標準となるものである．

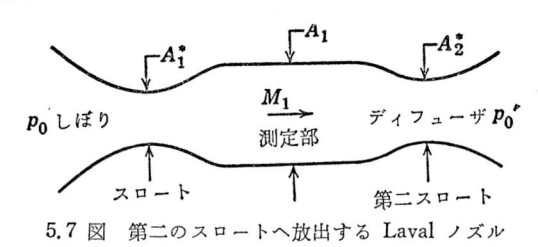

5.7 図　第二のスロートへ放出する Laval ノズル

5.6　第二のスロートの効果

　理想的には，垂直衝撃波回復による圧力比よりもっと低い圧力比でも作動させることができる．5.7 図に示したような装置を考える．もし測定部の超音速流を**第二スロート**で音速状態にまで等エントロピー的に圧縮できたとすれば，それからはディフューザで亜音速的に減速することができる．この理想的な場合には，衝撃波は全く生じないので，圧力は完全に回復し $p_0' = p_0$ となる．このような状態では，第二のスロートの断面積は第一のものと同じでなければならない： $A_2^* = A_1^*$ ．この理想的な，衝撃波を伴わない粘性のない流れには損失というものがないから，流れを保つための圧力差すなわ

ち動力は全然必要としない.
p. 132
しかしながら,それを**始動**させるためには,やはり最初に,圧力差を作り出す必要がある.この始動過程はまだ完全には解明されておらず,装置によっても違ってくる.しかし,次の一次元流のモデルは,少くとも低い超音速 Mach 数では実験結果とかなりよく一致する (5.7節).測定部に最初にできる流れはもちろん亜音速で,これがひきつづいて超音速になる.したがって流れの変化を準定常的に考えると測定部に垂直衝撃波のある 5.3d 図のような流れが生じなければならない.†

したがってこの衝撃波損失を補うに足る圧力比がなければならないし,また管の形はこのような流れと調和するものでなければならない.特に,第二スロートの断面積は,その前の測定部の中に垂直衝撃波があるときの流量を充分通すだけの大きさをもっていなければならない.ゆるしうる**最小**の断面積は音速状態に対応し,連続の式から定められる:

$$\rho^*_2 a^*_2 A^*_2 = \rho^*_1 a^*_1 A^*_1$$

断熱流では $T_2^* = T_1^*$ であるから $a_2^* = a_1^*$ であり,また $\rho_1^*/\rho_2^* = p_1^*/p_2^* = p_{01}/p_{02}$ それゆえ,第二スロートの最小始動断面積は次の比で与えられる:

$$\frac{A^*_2}{A^*_1} = \frac{p_{01}}{p_{02}} \left(\equiv \frac{p_0}{p'_0} \right) = \lambda_s \qquad (5.5)$$

この比の代りに測定部断面積とディフューザのスロート断面積の比,すなわち A_1/A_2^* を用いると便利なことが多い.これは**ディフューザしぼり比** ψ と呼ばれる.したがって始動のために許しうる最大のしぼり比は

$$\psi_{\max} = \frac{A_1}{A^*_2} = \frac{A_1}{A^*_1} \frac{A^*_1}{A^*_2} = \frac{A_1}{A^*_1} \frac{1}{\lambda_s} = f(M_1) \qquad (5.5\,\mathrm{a})$$

ここで λ_s は (5.4) から,また A_1/A_1^* は (5.2) の断面積-Mach 数関係から与えられる.これらの関係によって最大始動しぼり比が,測定部 Mach 数 M_1 の函数として求められる.これを 5.8a 図に示す.

第二スロートを,この最小断面積またはそれより大きい断面積にとれば,衝撃波は測

---

† これらは仮定であって,もっと現実的なモデルでは非定常効果や斜め衝撃波の可能性および境界層発達の役割を考慮しなければならない.

定部からディフューザのスロートの下流側へ"跳ぶ"ことができる．その様子からしてこれを衝撃波の"呑込み"といっている．これで測定部は完全に超音速になるが，都合の悪いことに，第二スロートおよびディフューザの一部も超音速になる．従ってこれでは一見損失の起る場所を，ディフューザ中の衝撃波に移したに過ぎないように見える．しかしここでなしうる肝心のことは，**流れが始動した後で**，第二スロートの断面積を減らすことである．A_2^* を減らすと，ディフューザの中の衝撃波は，スロートに向って上流へ動き同時に弱くなる．そして $A_2^*=A_1^*$ になると，ちょうどスロートに達すると共に強さは零になる．このとき，流れは超音速の測定部と等エントロピー的なディフューザとをもった理想的な流れになるわけである．

実際には，A_2^* をこの理想値まで減らすことはできないが，しかし始動後ある臨界値までしぼることは可能である．この臨界値を越えると，境界層の影響によって測定部を超音速に保つに充分なだけの流量が得られなくなり，流れはくずれてしまう．

5.7 風洞ディフューザの実際の性能

実際のディフューザの性能は，以上の議論で全く無視してきた境界層のふるまいによって左右される．ディフューザには，必ず強い**逆向圧力勾配**が存在するので境界層は厚くなり剝離しがちで，そのため管の有効寸法が変わってしまう．これは逆向圧力勾配をやわらげる調節作用であるからつねに再圧縮を弱めるように起る．この効果は亜音速流でもすでに現われるが，超音速の場合には一層複雑で衝撃波と境界層はつねに強く干渉し(13.16節)，また局所的な剝離や複雑な模様の衝撃波の反射を伴なうのが通例である．現在の知識では，これらの効果を理論的に取扱い，これによって，最良の(実用的)ディフューザを設計することは不可能である．

Lukasiewicz† によって集められたいくつかの実験結果を 5.8 図に掲げる．(a) は始動に必要な第二スロートの最小断面積の測定値を示す．これらは Mach 数の大きい場合をのぞいて (5.5a) の"理論"結果とよく一致している．Mach 数の大きい場合には始動断面積をもっと小さくしうることもわかる．5.8b 図は最小始動断面積に対応する圧力比 λ の値を示す．従って，このデータはまた**固定**スロートをもったディフューザの最適作動圧力比を示すが，このとき断面積は始動するのに充分な大きさをもっていな

---

† J. Lukasiewicz, *J. Aeronaut. Sci.*, **20** (1953), 617.

ければならない.

　始動後,第二スロートの断面積を減らすようにディフューザのスロートが調節できる場合にはもっと回復を向上させることができる.最小断面積とは許容流量が不足して流れがくずれる瞬間の断面積のことである.最適の回復は,通常このくずれ値よりわずかに大きな断面積で得られる.最適回復についての二三の実験値を5.8c図に与える."ψ_{max}における垂直衝撃波"と記した曲線は,理論的始動比までしぼったスロートに生ずる垂直衝撃波を通じての回復をあらわす.

　ディフューザについての議論はたとえば Lukasiewicz の文献を見られたい.

5.8 風洞圧力比

　5.8図に示したディフューザの圧力比は,実用的には,圧縮機系によって供給すべき風洞圧力比に等しい.配管や曲りかどや冷却器等における圧力降下は圧縮機の特性に含めればよい(5.11節).

　もっとも重大な未知の因子は,おそらく模型の干渉効果であろう.模型の後流は側壁の境界層や,ディフューザの有効寸度に影響を与え,ディフューザの性能に大きい影響

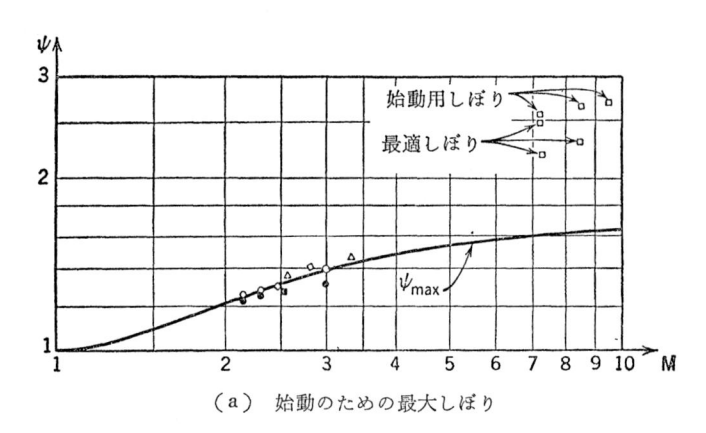

（a）　始動のための最大しぼり

5.8図　超音速ディフューザの性能（a）始動のための最大しぼり（b）固定スロートをもったディフューザの圧力比（c）調節可能なスロートをもったディフェーザの最適圧力比.
J. Lukasiewicz, *J. Aeronaut. Sci.*, **20**, 617, (1953).

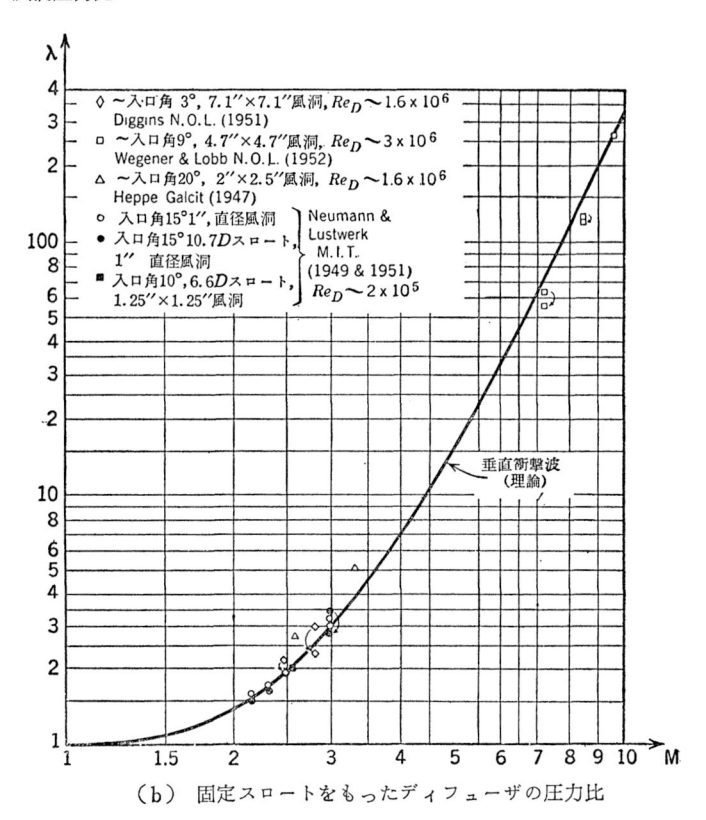

5.8 風洞圧力比

グラフ凡例:
- ◇ 〜入口角 3°, 7.1″×7.1″風洞, $Re_D \sim 1.6 \times 10^6$ Diggins N.O.L. (1951)
- □ 〜入口角 9°, 4.7″×4.7″風洞, $Re_D \sim 3 \times 10^6$ Wegener & Lobb N.O.L. (1952)
- △ 〜入口角 20°, 2″×2.5″風洞, $Re_D \sim 1.6 \times 10^6$ Heppe Galcit (1947)
- ○ 入口角 15°1″, 直径風洞 ⎫
- ● 入口角 15°10.7Dスロート, ⎬ Neumann & Lustwerk M.I.T. (1949 & 1951) $Re_D \sim 2 \times 10^5$
  1″ 直径風洞
- ■ 入口角 10°, 6.6Dスロート, ⎭
  1.25″×1.25″風洞

曲線ラベル: 垂直衝撃波(理論)

(b) 固定スロートをもったディフューザの圧力比

を及ぼすことがある．これはもちろん都合のよい干渉であるとは限らず，全系の回復をいちじるしくさまたげる可能性がある．二三の例を5.8図に示す．模型の姿勢や配置は全くさまざまでありその影響は容易に予測できないからひかえ目の見積りをすることが必要である．

ディフューザが調節できるスロートをもっているときには，5.8c図の最適圧力比で運転することができる．しかし始動しなければならないから，圧縮機はやはり5.8b図の最小始動圧力比を供給しうるようもなものでなければならない．一旦始動すれば，ディフューザのスロートを最適運転断面積までしぼることができる．そしてこれに応じて得られる圧力比の減少は，大きな装置では動力の経済のために重要な要素となりうるも

p. 136

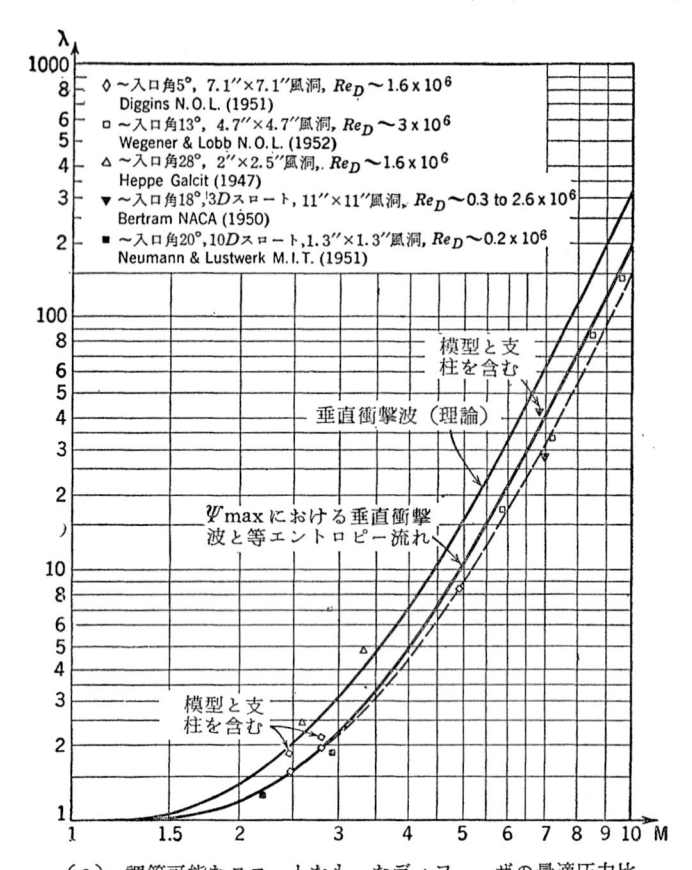

(c) 調節可能なスロートをもったディフューザの最適圧力比

のである.

5.9 超音速風洞

5.9図は閉路型連続運転式超音速風洞の典型的な配置を示す. 基本的な部分は次の通りである.

(1) **供給部**は回路の中で断面積のもっとも大きな部分である. ここでは流速は充分おそく, ほぼ澱み点状態 (p_0, ρ_0, T_0) が実現されている.

(2) 供給部からスロートまでの**しぼり部**は空気が一様に加速されるような形でなければならない. このためには壁の曲率をゆるやかにし, 圧力を単調に減少させることが

5.9 超音速風洞

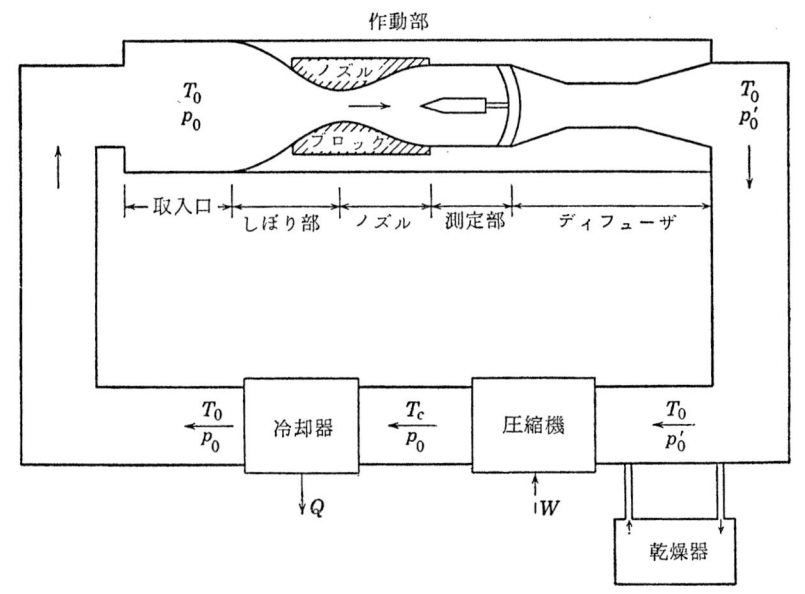

5.9 図 典型的な連続閉回流超音速風洞

必要である．剥離をさけるためにはどこにも逆向圧力勾配があってはならない．しぼり部の長さは，スロート附近の境界層厚さにはほとんど影響しない．

（3） **超音速ノズル**は流れをスロートのところの音速状態から測定部の速さまで膨脹，増速する．測定部の Mach 数を指定すると，測定部とスロートの断面積比は(5.2)で与えられる値をとらねばならないのはもちろん，さらに，**ノズルは測定部で衝撃波のない一様な流れを与えるように，適当な形をもっていなければならない**．ノズルの形を設計する方法は第12章で論ずる．ノズルの形，したがって Mach 数はノズルブロックを取替えることによって変えることができる（5.9図）．ある種の風洞では"フレキシブルノズル"を用いるが，これによれば，Mach 数を連続かつ急速に調節することができる．フレキシブルノズルの要点は壁が鋼板でできており，必要な壁の形に弾性的に曲げることができることである．

（4） **測定部**は基本的には断面積一定で（境界層の成長を考慮して多少の拡がりが必要）模型の支え，較正用探針などを内蔵する．通常，良質ガラスの窓が設けられ，模型や流れを光学的に観測できるようになっている．

(5) ディフューザはすでに前節で論じた通り，流れを減速し，もどり路へ放出する．
  (6) 圧縮機は流れを供給圧力 p_0 まで再圧縮するがその際，温度は T_0' まで上る．
  (7) 冷却器はその温度を供給値 T_0 まで下げる．このとき圧力は実際上不変で p_0 のままである．
  (8) 乾燥器は回路内の空気の一部分を側路に通し乾燥する．これは測定部の低い温度で水蒸気が凝結するのを防ぐために必要である．たいていの乾燥器では，アルミナとかシリカゲルのような無水性物質の床を用い，側路の空気をその上に通して乾燥する．一旦，回路が乾燥空気で満たされると，その後は乾燥器は，漏れによってはいってくる湿気を取りのぞくだけでよい．しかし回流式でない風洞では乾燥器は**全流量を乾燥する**に足るだけの容量をもっていなければならない．

極超音速風洞では供給部の中の空気を加熱し，T_0 を充分高くして，測定部で空気の成分（主として窒素）が凝縮するのを防ぐ必要が起りうる．

5.10 風洞特性

5.9 図の閉路型風洞内の流れは定常状態にある．**系のエネルギーは一定**で，圧縮機によりなされる仕事は冷却器により取除かれる熱にちょうど等しい：

$$W = Q$$

したがって，圧縮機と冷却器との組合せは回路に，全然正味のエネルギーを加えない．その機能は，流れの中の散逸過程によって断えず発生する**エントロピーを取除く**ことである．

もどり路の中の流速は小さいから圧縮機-冷却器系に入る空気は実際上ディフューザ出口の状態 (p_0', T_0) にある．またこれを出る空気は供給状態 (p_0, T_0) にある．したがって取除かれる単位質量あたりのエントロピーは (2.15a) で与えられ，

$$\Delta S = R \log p_0/p_0' = R \log \lambda \qquad (5.6)$$

ここで λ は**風洞圧力比**である (5.8節)．エントロピー除去**速度**は

$$m\,\Delta S = mR \log \lambda \qquad \blacktriangleright (5.6\text{a})$$

ただし m は流量すなわち単位時間にある断面を通過する質量である．

5.10 風洞特性

式 (5.6a) は風洞内の流れの系における二つの基本的な量,すなわち**全体の圧力比** λ と**流量** m(または**体積流量** $V = m/\rho$)を含んでいる.

以上の関係によって,指定された圧力比と流量をうるに必要な**動力の理想値**を計算することができる. 5.9節の風洞回路では,圧縮機および冷却器は 5.10 図に示すように

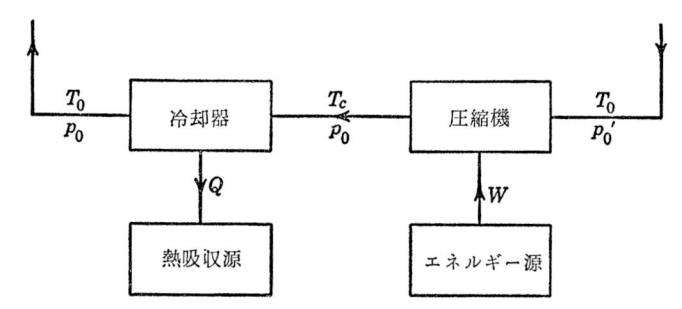

5.10 図 圧縮機─冷却器系の略図

配列されている.冷却器における熱伝達が圧力一定の許に可逆的に起ると仮定すれば,単位質量あたりの熱と温度の間の関係は

$$q = c_p(T_c - T_0) = w$$

冷却器の両側の温度の比 T_c/T_0 は圧縮機の両側の温度比と同じである.

圧縮が可逆的であると仮定すれば,T_c/T_0 は等エントロピー関係によって圧力比と結びつけられる:

$$\frac{T_c}{T_0} = \left(\frac{p_0}{p'_0}\right)^{(\gamma-1)/\gamma} = \lambda^{(\gamma-1)/\gamma}$$

したがって,流体の**単位質量あたり**の取除かねばならない熱,または供給しなければならぬ仕事は

$$w = c_p T_0 (\lambda^{(\gamma-1)/\gamma} - 1) = \frac{\gamma}{\gamma-1} RT_0 (\lambda^{(\gamma-1)/\gamma} - 1)$$

である.したがって**工率**すなわち理想的な風洞**動力**は

$$P = mw = m\frac{\gamma}{\gamma-1} RT_0 (\lambda^{(\gamma-1)/\gamma} - 1) \tag{5.7}$$

p. 139
で与えられる.これは流量 m の式を入れると,もっと便利な風洞パラメータで表わす

ことができる. 基準断面としてスロートをとれば,

$$m = \rho^* a^* A^* = \left(\frac{2}{\gamma+1}\right)^{(1/2)(\gamma+1)/(\gamma-1)} \rho_0 a_0 A^* \qquad \blacktriangleright (5.8)$$

ただし, ここで 2.10 節の ρ^*/ρ_0 及び a^*/a_0 の値を用いた. 空気の場合この関係は

$$m = 0.579 \rho_0 a_0 A^* \qquad (5.8\text{a})$$

となる. これはまた断面積-Mach 数関係 (5.2) を用いて, 測定部断面積と Mach 数で書き直すこともできる.

さて, (5.8) および理想気体の状態方程式を用いて, (5.7) を書き直せば

$$P = \frac{\gamma}{\gamma-1} \left(\frac{2}{\gamma+1}\right)^{(1/2)(\gamma+1)/(\gamma-1)} p_0 a_0 A^* (\lambda^{(\gamma-1)/\gamma} - 1) \qquad (5.7\text{a})$$

これによれば動力は, 澱み点圧, 澱み点音速 ($a_0 = \sqrt{\gamma R T_0}$), スロートの面積, および全系圧力比のある函数に比例することがわかる. 標準大気の澱み点状態に対しては p_0 =2116 lb/ft², a_0=1117 ft/sec だから**スロート断面積 1 平方呎あたりの馬力は**

$$P' = 8700(\lambda^{2/7} - 1) \qquad (5.9)$$

圧縮機の仕事は, 実際には理想的な可逆過程ではおこなわれ得ないので, 必要な実際の動力はこの理想値よりも大きい, この力学的非能率に加えて熱力学的非能率性がつねに存在する. これは定まった要素からなる装置を, あらゆる作動状態での流れからの要求に理想的に適合させることができないことに基づく. この適合の問題は次節で論ずることにする.

(5.9) に $\dfrac{A^*}{A}$ を掛けると**測定部断面積 1 平方呎あたりの動力の理想値が得られる**:

$$P_1 = 8700(\lambda^{2/7}-1) A^*/A \qquad (5.9\text{a})$$

5.11★ 圧縮機の適合

風洞の設計は次のどちらかの目的をもつ. すなわち (1) 指定された測定部の大きさ, Mach 数および圧力水準に対して**圧縮機をえらぶこと**, (2) 既存の圧縮機の最良の利用法をきめることである. 前者では, 風洞特性が選定を支配し, 後者では, 圧縮機特性を活用しなければならない. いずれの場合にも適合させるべき特性は, 全系圧力比

5.11 圧縮機の適合

と流量である.

圧縮機特性は，流量よりもむしろ**体積流量** V で与えられるのがふつうであるから，風洞特性も V で表わしておくのが便利である．これは

$$V = m/\rho$$

によって流量と結びつけられる．風路に沿うて密度は変化するから，m は一定でも体積流量は変化する．圧縮機では**吸込み量**

$$V'_0 = m/\rho'_0 \tag{5.10}$$

が指定される．これは要するにディフューザの終端の流れと同じである．

一方，供給部での流れは

$$V_0 = m/\rho_0 \tag{5.11}$$

m に (5.8) を用いると，

$$V_0 = \left(\frac{2}{\gamma+1}\right)^{(1/2)(\gamma+1)/(\gamma-1)} a_0 A^* = \left(\frac{2}{\gamma+1}\right)^{(1/2)(\gamma+1)/(\gamma-1)} \sqrt{\gamma R T_0}\frac{A^*}{A} A$$
$$= \text{const.}\sqrt{T_0}\,A(A^*/A) \tag{5.11a}$$

従って，与えられた気体については V_0 は澱み点温度，測定部断面積および測定部の Mach 数に依存する.

圧縮機の吸込流量と供給部の流量との間の関係は (5.10) および (5.11) から容易に求められる：

$$\frac{V'_0}{V_0} = \frac{\rho_0}{\rho'_0} = \frac{p_0}{p'_0}\frac{T'_0}{T_0} = \Lambda \tag{5.12}$$

$T'_0 = T_0$ であるから Λ は風洞が実際に動いているときの圧力比に他ならない：

$$\Lambda = \frac{p_0}{p'_0}$$

これは希望の Mach 数で運転するための最小圧力比 λ より小さくはできない (5.8 図).
すなわち

$$\Lambda \geq \lambda$$

であることが必要である.

運転中の圧力比と圧縮機の吸込み体積との間の関係は (5.12) から,次のように書直すことができる:

$$\Lambda = \left(\frac{1}{V_0}\right) V'_0$$

Λ-V'_0 図の上では[†]これは 5.11a 図に示したように原点を通り傾斜が $1/V_0$ の直線になる.これは T_0,A および M_1 を与えたときの風洞特性を表わす.運転は最小圧力比 λ に対応する点 O より上の部分でのみ可能である.

5.11a 図には典型的な圧縮機特性をも示してある.風洞は適合点 n で定常的に運転するはずであるが,明らかにこの Mach 数では最小圧力比よりも高い圧力比で運転することになる.流れはたとえばディフューザの中の衝撃波を下流へ移すことによって,この高すぎる圧力比に順応するだろう.ある範囲の Mach 数や圧力にわたって運転しようと思えば,この効率の損失はさけられない.それは圧縮機特性は一般にこの Mach 数および圧力の範囲全般にわたって風洞の最小要求と一致することはないからである.

Mach 数は変えずにもっと低い圧力比で,たとえば 5.11a 図の b 点で運転しようと思えば,流量の一部分(量 V_b だけ)を計量弁をもつ側路によって短絡すればよい.そうすると圧縮機を通る体積流量は増加するが,圧力比は減少する.これによって動力が増加するか減少するかは圧力水準によって異なる.

T_0 および A を固定して Mach

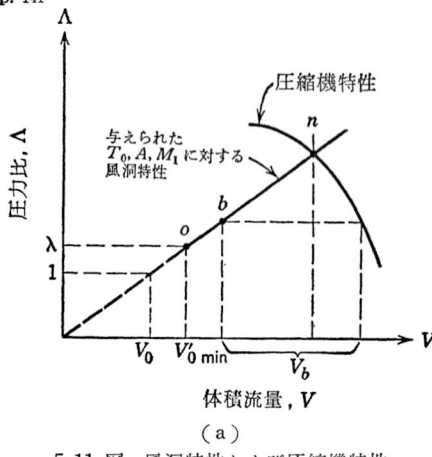

5.11 図 風洞特性および圧縮機特性
(a) 風洞および圧縮機特性の適合(一つの測定部状態) n:適合点 b:側路流のある場合の適合点 o:最小作動圧力比における適合点
(b) 多段圧縮機によるある Mach 数範囲にわたる作動

[†] この作図法は Dr. P. Wegener が著者に知らせてくれたものである.

5.12 他の風洞および試験方法

(b)

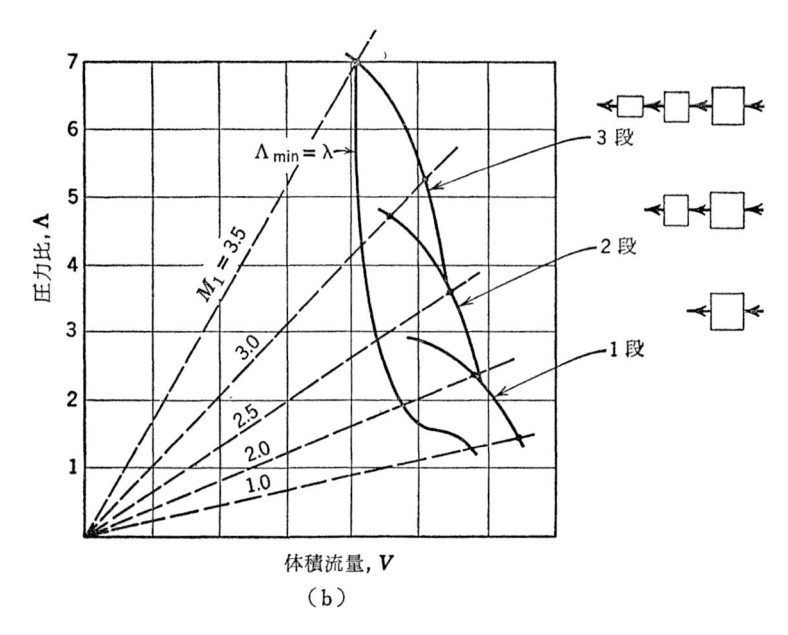

数を増加すると，風洞特性の傾斜および $\Lambda_{min}=\lambda$ の値は5.11 b 図に示すように増加する．この図にはまた数個の圧縮機を直列に接続した装置に対する圧縮機特性を示してある．各段の圧縮機は次々に圧力を高めるから，後段のもの程高い圧力を支えなければならないが，一方空気の体積が減るので前段のものより小型でよいことになる．なおこの例では，各段が圧縮機と冷却器の組からなっており，従って入口および出口温度はいずれも等しいとして簡単化してある．

5.11 b 図の例では，得られる最大 Mach 数は $M=3.5$ である．これは圧縮機特性線と Λ_{min} 曲線との交点として定められる．

5.12 他の風洞および試験方法

前の各節では閉路型連続風洞についてかなり詳しく述べたがこれは一方では，大抵の目的に対してもっとも有用な装置であり，また一方では，他の風洞に見られるたいていの特徴を具えているからに他ならない．次に，これ以外の型の重要なものについて簡単にのべよう．

(1) **開路型風洞**はもどり路をもたない．空気は大気中へ直接放出される．このような装置は利用しうる動力の性質やもどり路をつける空間がないことなどによって選ばれることがあるが，不利な点は乾燥の問題であって，新らしい供給空気を絶えず乾燥しなくてはならない．

(2) **誘導風洞**は非常に高圧の比較的小さい空気源が利用できる場合に適している．誘導式駆動法においては，高速の噴流をディフューザのすぐ下流のところから風洞内に（下流に向って）注入することによって，空気をひきずり，流れを作り出す．有利な点は圧縮機が流れに直接仕事をしないので，正確に適合させる必要がないことである．

(3) **間欠または吹出し圧力風洞**は貯気槽から供給される空気を利用するもので，流れは瞬間開閉弁を開くことによって始動し，貯気槽内の圧力が最小作動圧力比に相当する値に減少するまで持続する．この装置の大きい魅力はその経済性，すなわち必要な動力が連続式に比べてずっと小さいことにある．動力は休止中に貯気槽を充填する時間および作動時間の長短によって決定される．実際，これら二つの因子によって間欠風洞の不利益が要約される．作動時間が短いために，データをとったり，記録したりするのに特別の装置を必要とすることもあり，また次の作動までの空き時間は，これを模型のとりかえ等に利用しない限り風洞の有効実動時間を減らすことになる．間欠風洞は以上のような欠点があるにもかかわらず，経済的な点から広く用いられており，また満足すべき結果が得られている．

(4) **間欠真空風洞**は供給端の高圧貯気槽の代りにディフューザの端に真空球を接続する．この風洞の供給源は大気そのものである．圧力型に比べて有利な点は真空槽に大気圧以上の圧力をかけることなく高い圧力比が得られることにある．また供給源は大気だから，そのよどみ点状態は作動中一定である．もっともこれは圧力型でも定圧弁をつければ実現できる．測定部の Reynolds 数は圧力型よりも低い．

(5) **開放噴流型風洞**には連続式と間欠式とがあり，ノズルの終端とディフューザとの間に開放測定部をもっている．これは測定部に近づくのが容易である以外に特別の利点はなく，普通型より高い圧力比を必要とする．

風洞は今日なお試験や研究のための基本的な空気力学設備であるが，これ以外の方法を用いることもできる．最近ではしばしば極端な状態を模疑する必要が起るので，これらの中のあるものは，次第に重要になってきている．これには次のようなものがある．

5.12 他の風洞および試験方法

衝撃波管は進行衝撃波または接触面の後の一様流領域を利用する非常に継続時間の短かい風洞として用いられる．ふつうの衝撃波管では衝撃波後の流れの Mach 数には限度があるが，これは流れを超音速ノズルの中に膨脹させることによって増加することができる．この方法の主な魅力は普通の超音速風洞や極超音速風洞よりはるかに高いよどみ点温度が得られ，従って測定の状態を一そう自由飛行状態に近づけられる点にある．附属装置の問題は間欠風洞の場合と同様であるが，継続時間がさらに短いので，ずっと困難である．

自由飛行の方法はデータを得る今一つの方法である．模型はロケットなどの推進装置によるか，または簡単に飛行機から落下させて発進させる．データは地上からの追跡，模型内の記録器への収録，または模型内の送信機からの遠隔測定によって得られる．

もっと制御された条件のもとにおける自由飛行の方法に**弾道経路**の方法がある．銃砲から撃ち出された模型の飛行状態はその経路に沿って設けられた写真機点によって測定され，または飛行中に貫通した"カード"の上に記録される．

第6章 測　定　法

6.1 まえがき

p. 144
　この章は圧縮性流れの変数を測定する方法のあらましである．全ての測定法をのべることはとうていできないので，かなりよく進んだものについてのみ，しかも簡単に述べる．話は風洞実験の観測者の見地によるが，もちろんこれらの方法の多くは飛行中の測定の問題にも応用できる．

6.2 静　圧

　風洞壁や翼面のような空力的表面上の圧力は，面に垂直（またはほとんど垂直）に小さい孔をあけ，これをマノメーターやその他の圧力測定装置につないで測ることができる（6.1 a 図）．その点の流れをみださないためには，孔は小さくしかも（まくれのような）欠点があってはいけない．安全規準としては，その直径は表面の曲率とか，圧力勾配の変化とかいうような要素が問題となる場合をのぞいては，境界層の厚さにくらべて小さいこと（たとえば⅓）を要する．直径はふつう小さい模型では 0.01 in. から大きいもので 0.1 in. にわたる．

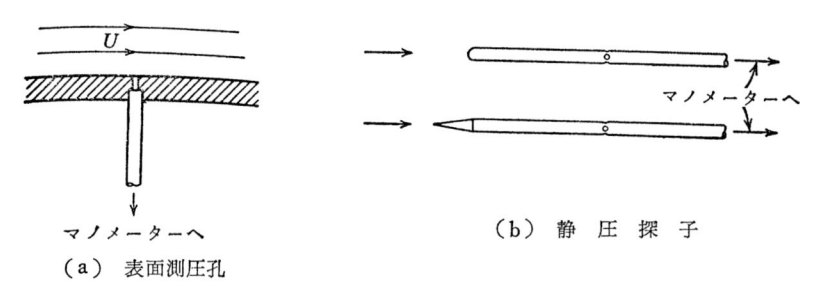

（a） 表面測圧孔　　　（b） 静圧探子

6.1 図　静　圧　の　測　定

　この原理はまた，流れの内部の点の静圧の測定にも使われる．すなわち測定点に開口する**静圧探子**（6.1 b 図）を流れに入れて測るのである．なるべく流れをみださないよ
p. 145
うにするには，探子は細長くて，その点の流れの方向に平行におかなければならない．

6.2 静　圧

先端の部分ではどうしても流れがみだされるので，孔はその"影響領域"の下流（10から15直径ぐらい）になければならない．測定点は先端ではなく孔の所である．探子が流れに対してかたむいたときの影響は，まわりに数個の孔をあけ，これらを一つのマノメーターにつないで平均の圧力が測定されるようにすることによってへらすことができる．このようにしても1％の精度が必要なとき，かたむき角が5°をこえてはいけない．

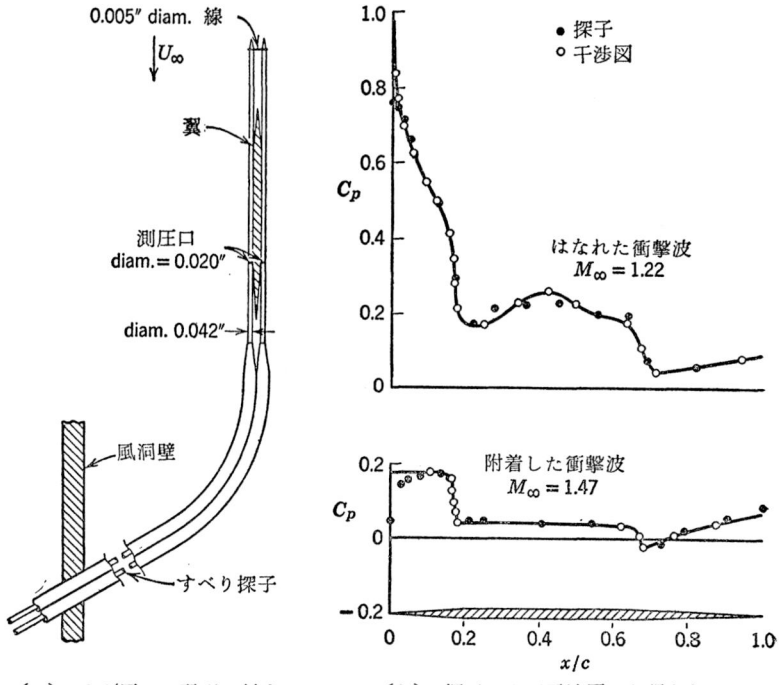

（a）3％厚みの翼型に対する探子配置のスケッチ
（b）探子および干渉図より得られる圧力分布

6.2 図　静圧探子による表面圧力の測定　W. W. Willmarth, *J. Aeronaut. Sci.*, 20 (1953), p. 438 より

6.1b図に示す先の丸い探子は亜音速，超音速のどちらの測定にも使えるが，円錐形の先をしたものはふつう超音速の測定に使われる．

たとえば非常に薄い翼型のように，孔をあけることができないような物体面上の圧力の測定も，6.2図に示すようにして細い長い静圧探子を使って行える．

p. 146
超音速のとき静圧探子は衝撃波から6.3図に示すような型の干渉をうける．この図は

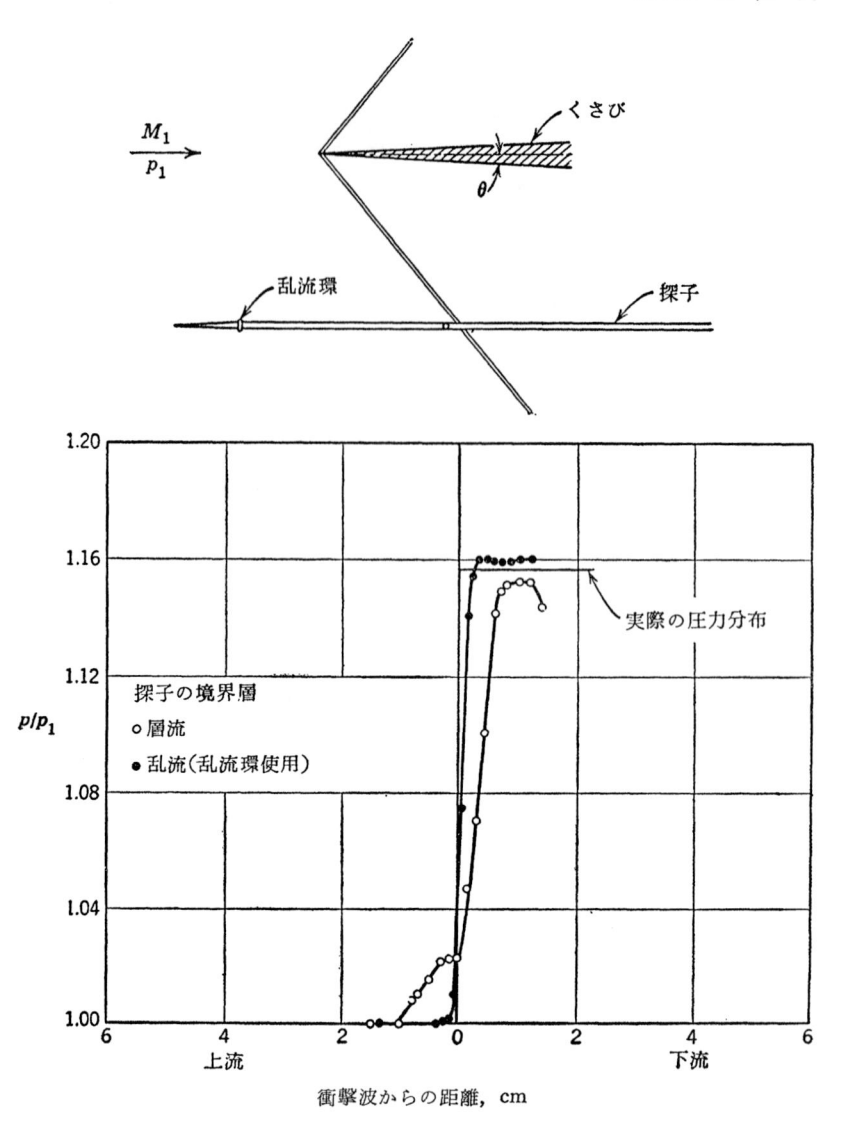

6.3 図 衝撃波の前後の静圧測定に対する探子境界層の影響. $\theta=3°$; $M_1=1.354$. Liepmann, Roshko, and Dhawan, "On Reflection of Shock Waves from Boundary Layers", *NACA Rep.* 1100 (1952) より

6.3 総　　圧

弱い斜め衝撃波の前後に静圧探子を移動させて圧力を測定する様子を示す．実際の圧力分布は"階段状"であって，衝撃波の厚みは非常にうすくこの図の大きさには表わせないほどであるが，探子はその境界層が大きな圧力勾配を支えることができないのでこの急な変化を測定できない．探子は衝撃波と干渉して受感する圧力勾配が弱まり，その結果，（衝撃波による）圧力上昇の影響が上流および下流にこぼれて測定される．この影響は層流境界層の場合の方が乱流境界の場合よりもずっと大きい．それは探子の先端に小さな環をつけて境界層を乱流にすると改善されることによってわかる．

p. 147

6.3 総　　圧

総圧すなわちよどみ点圧は2.4節で定義した．これはエントロピーの尺度である．流れの中の与えられた点の流体が等エントロピー変化を行って今の位置にきたのであれば，この点の総圧は貯気槽圧 p_0 に等しい．それで鎮静室（供給部）で測るだけでよい．ところがエントロピーを変化させるような状態を経過した場合には局所総圧 p_0' は p_0 と異なるので，各点で測定しなければならない．このようなことはたとえば流体が衝撃波を通ったときあるいは境界層や後流の中に入ったときとか外部から熱が加えられたときなどにおこる．

総圧を測るための Pitot 管は先の開いた管で，口を流れに"向けて"，管を流れに

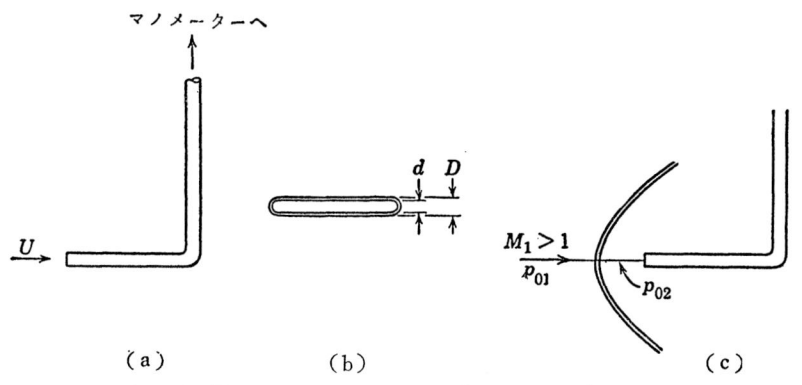

6.4 図　Pitot 探子．（a）簡単な Pitot 管；（b）境界層実験に使う平たい口の Pitot 管の正面；（c）超音流中の Pitot 探子．

平行においたものにすぎない（6.4図）．他の端はマノメーターにつないである．管の中の流体は止っている．（管の直径を用いた）Reynolds 数が非常に小さくないかぎり，流体が減速して止るまでは等エントロピー的であり，管の中の圧力は管の口に当る場所の流れの総圧に等しい．

開口の大きさの限度は静圧孔のときと同様である．

Pitot 探子は流れに対しかたむいているということについては静圧探子ほど敏感ではない．6.4図に示すような簡単な口の探子では 20° かたむいても 1 % の精度で測れる．丸い先や，（外側の直径にくらべて）小さい孔の管では，かたむきに対しもっと敏感である．

p. 148

Pitot 管はしばしば境界層内のよどみ点圧の分布を測るのに使われる．このとき物体面に垂直方向の勾配は大きいが，6.4 b 図に示すような平たい Pitot 管を使うとよい精度が得られる．口の高さ d を小さくすると精度がよくなり，巾を大きくすると応答時間が改善される．（ちょっと根気よくやれば）$D=0.003$ in., $d=0.001$ in. ぐらいの大きさの管を作ることは困難ではない．適当な微動装置で管を物体面に垂直に移動させ，その位置は測微計または移動顕微鏡で測る．

超音速流れでは Pitot 管は局所総圧を示さない．それは管の前方に離れた衝撃波ができるからである（6.4 c 図）．よどみ点にいたる流線上では衝撃波は流れに垂直で，実際の総圧と測定した Pitot 管の圧力との比は (2.54) で与えられている．これを少し書直すと

$$\frac{p_{01}}{p_{02}} = \left(\frac{2\gamma}{\gamma+1}M_1^2 - \frac{\gamma-1}{\gamma+1}\right)^{1/(\gamma-1)} \left(\frac{1+\frac{\gamma-1}{2}M_1^2}{\frac{\gamma+1}{2}M_1^2}\right)^{\gamma/(\gamma-1)} \quad (6.1)$$

となる．M_1 がわかっていると真のよどみ点圧はこの関係式からすぐ計算できる．さもなければ余分の測定が必要である．

6.4 圧力測定から Mach 数

Mach 数は圧縮性流れにおける最も重要なパラメータの一つである．Mach 数はこれを含んだ関係式のどれでも，その式に含まれている他の量が測定できればわかる．最も

6.4 圧力測定から Mach 数

有用なものの一つに圧力を含んだ式がある.

測定点の流体が等エントロピー変化のみを行って今の状態に達したのであれば, ここのよどみ点圧は貯気槽圧 p_0 に等しいと考えてよい. それで**静圧 p** を測定すると, 等エントロピーの関係式

$$\frac{p_0}{p} = \left(1 + \frac{\gamma-1}{2} M^2\right)^{\gamma/(\gamma-1)} \tag{6.2}$$

より Mach 数がきまる. この関係式は亜音速流でも超音速流でも成り立ち, 静圧孔による空力的表面の Mach 数分布の決定, および静圧探子による流れの場の Mach 数の決定に使われる.

等エントロピー的**超音速流**では各点の Mach 数は, (6.1) を使いここの p_{01} を貯気槽圧にとると Pitot 管によって測定することができる. この方法は前の静圧によるものと同様に敏感である. ただし測定点の前方の流れに凝縮が起っていないことがはっきりしていなければいけない. というのは, これがおこると総圧に影響があるからである. その反面, この測定は Mach 数をはかる補助の測定を行うと凝縮を**見つける**のに使うことができる.

飛行機での測定や等エントロピー的でない流れでの測定では"貯気槽"の状態がわからないので静圧と Pitot 管の圧力と**両方**測る必要がある. 流れが**亜音速**なら Pitot 管の圧力は総圧であり Mach 数は (6.2) から得られる. しかし流れが**超音速**のときは Pitot 管の示す圧力は p_{02} すなわち垂直衝撃波の後のよどみ点圧である. (6.1) を (6.2) で割り $p_0 (\equiv p_{01})$ を消去すれば Mach 数が得られる. すなわち

$$\frac{p}{p_{02}} = \frac{\left(\dfrac{2\gamma}{\gamma+1} M_1^2 - \dfrac{\gamma-1}{\gamma+1}\right)^{1/(\gamma-1)}}{\left(\dfrac{\gamma+1}{2} M_1^2\right)^{\gamma/(\gamma-1)}} \qquad \blacktriangleright (6.3)$$

これは **Rayleigh** の**超音速**の **Pitot** 公式と云われている.

動圧はふつう (2.39)

$$\frac{1}{2} \rho u^2 = \frac{\gamma}{2} p M^2$$

を使って静圧と Mach 数から得られる.

6.5 くさびや円錐を使っての測定

超音速流では静圧探子の代りにくさびや円錐を使った方が便利なことがある．くさび面の圧力は簡単な斜め衝撃波の関係式により流れの状態と結びつけることができ（図表2），また円錐のときはこれに対応する円錐衝撃波の理論を使えばよい（4.27図）．円錐の方が衝撃波が離れる Mach 数が低いという利点がある．

たとえばくさびを流れの方向に関して対称においた場合には，くさび面の圧力 p_a と流れの圧力 p_1 との比は斜め衝撃波図表より得られる．これに p_1/p_0 をかけると (6.2) から

$$\frac{p_a}{p_0} = f(M_1, \theta)$$

なる形の関係式が得られる．ここに，θ はくさびの半頂角，p_0 はくさびを入れる前の測定点のよどみ点圧である．

また，くさびは二つの面上の圧力差 $p_b - p_a$ を測って流れのかたむきを知るのにも使うことができる．衝撃波図表を使って与えられた角 2θ なるくさびおよび与えられた流れのかたむき角 α に対して比

$$\frac{p_b + p_a}{2p_0} \text{ および } \frac{p_b - p_a}{2p_0}$$

を Mach 数の函数として曲線に描くことができる．それから p_a と p_b を測定すると Mach 数と流れの傾きとの両方がわかる．

頂角の**小さい**くさびを少しだけかたむけておいたときは斜め衝撃波の近似関係式(4.7節)を使ってこれらの函数を簡単なとじた形に書くことができる．

Mach 数と流れのかたむきは**衝撃波角**を測定しても得られるが，これはふつう圧力測定によるのよりも正確でもないし便利でもない．

6.6 速　　度

第2章でみちびいた関係式を使って Mach 数を他の無次元の速度比に変えることができる．すなわち (2.37 a) より

6.7 温度と熱伝達の測定

$$\left(\frac{u}{a^*}\right)^2 = M^{*2} = \frac{\gamma+1}{(2/M^2)+(\gamma-1)} \quad . \tag{6.4a}$$

また

$$\left(\frac{a^*}{a_0}\right)^2 = \frac{2}{\gamma+1} \tag{6.5}$$

だから

$$\left(\frac{u}{a_0}\right)^2 = \frac{2}{(2/M^2)+(\gamma-1)} \quad . \tag{6.4b}$$

(6.4a) および (6.4b) において a_0, a^* は**局所**値をとらねばならない.もし測定点まで流れがずっと断熱的ならば,これらの局所値は貯気槽の値と等しいので供給部で測ればよい.これらは貯気槽温度 T_0 を測定すれば理想気体関係式

$$a_0{}^2 = \gamma R T_0$$

によって計算できる.

測定点の前方で熱が加えられる場合,測定点が境界層のような非平衡領域の中にある場合,飛行中の測定の場合などには**その点の** T_0 を測定する必要がある.この問題は次節で議論する.

圧力を使って速度をきめるときは,その点で三つの量 p, p_0, T_0 を測る必要がある.特別の場合にはすでに注意したように鎮静室の値を用いることによりこれらの測定のうちの一つあるいは二つを省くことができる.境界層内の速度分布に対してはふつう p は面に垂直方向に境界層を通じて変らないと考えることができるので面上の孔で測るだけでよい.

速度の**直接的**な測定法は,主にイオンや光る粒子などを追跡子として用いる追跡法が
p. 151
土台となっている.これは,主として技術的に大変不便なのと,有限距離だけ動く間の時間を測るので**瞬間値**が得られないためにめったに使われない.

ほかに,あらかじめ**較正した**速度に敏感な器具を使う方法がある.その一つに熱線風速計があり,これについては 6.19 節で述べる.

6.7 温度と熱伝達の測定

運動流体中の静温度 T を直接測る方法はない.流体にどんな温度計をさしこんでも T より高い値を示す.それは境界層の縁では静温度 T だが,境界層内で温度が上昇し

温度計の表面では**回復温度** T_r になるからである．T_r は形や Reynolds 数等によって表面上の各点で一般に異なっており，温度計は**平均の回復温度を示す**†．

状態方程式を使うと圧力と密度を測定すれば間接的に T が得られる．このとき状態変化が等エントロピー的であるならこれらのうちの一つがわかればよい．音速 a を測定すると次の関係式

$$a^2 = \gamma RT \tag{6.6}$$

によって**上とは独立な**直接決定法が得られる．a の値は，流れの中に振動数のわかった弱い圧力のパルス（音波）を起し，この章の後半で述べる光学的方法のいずれかで写真にとり，パルスの間の距離（波長）を測れば求められる．波長を測るときは流体速度——これに相対的にパルスが伝っているのだが——を考慮に入れなければならない．この困難さと，一種の平均速度になるために，この方法は一般に用いられるにいたっていない．

よどみ点温度すなわち総温度 T_0 の測定は原理には簡単である．流れが止って平衡状態にある Pitot 管の内部の温度は，亜音速流でも超音速流でもよどみ点温度でなければならないから，管の中に温度計を入れて測ることができる．困難なのは，温度計や探子の壁より熱伝導（および輻射）で熱が逃げるので，平衡状態は実際には存在しないということである††．このため，よどんでいる流体の温度は，T_0 より低い，T_r なる値に下る．これは探子の形，壁の熱伝導性，外壁上の流れの状態等によりちがう．

6.5 図は受感部として熱電対を使った総温度探子の一例を示す．おおいと支えは伝導と輻射による熱量の損失率を最小にしておくように設計されている．失ったエネルギーをおぎなうように，もれ孔をつくって探子を通って少しだけ流れるようにしてある．このように設計すると，**回復係数**

$$r = \frac{T_r - T_1}{T_0 - T_1}$$

の値を非常に 1 に近づけることができ，さらに重要なのは，かなり広い範囲の状態にわたって r を一定に保ち，探子の**較正**を簡単にすることができることである．

---

† 原理的には温度計を流体と**いっしょ**に動かせば直接に静温度が測定できる．
†† 熱平衡状態からのずれは温度と密度だけに影響を与え，圧力には与えない．

6.8 密度の測定

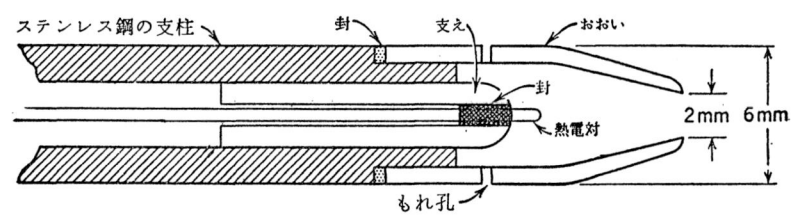

6.5図 総温度探子の設計
Eva M. Winkler, *J. Appl. Phys.*, 25 (1954), p. 231 より

境界層の測定には6.3節で述べたような平たい口の探子が使われる.

総温度探子は較正を要する器具であるが, 同じく較正を要する探子としては, ずっと簡単なものすなわち流れに垂直においた細い抵抗線がある. 抵抗線の温度は抵抗を測定すると決めることができる (6.19節参照).

熱伝導や境界層をしらべるのに使う壁の温度は, 熱電対や抵抗線のような温度計を面内にうめ込んで測定する. この際第一に必要なことは, うめ込んだ要素が, これがないときの熱伝導の状態を変えてはいけないということである. 壁の中, 表面下種々の距離に数個の熱電対をうめると温度勾配のデータが得られ, 従って表面への局所的熱伝達が求められる.†

壁と流れの間の熱伝達を測定するもう一つの方法は過渡法である. この方法では, 壁のある部分の温度変化の時間的割合によってその面を通しての熱伝達を測る. このとき壁の材料の熱容量がわかっていなければならない. また, 考えている表面以外の断面からの熱伝達を最小にし, あるいはその影響を見積ることが必要である (練習問題6.5参照).

6.8 密度の測定

p. 153
圧力 p の外に密度 ρ を測定すれば, 流れの状態についてのかなり多くのことがわかる. たとえばある点の p, p_0, ρ を測定すると, その点での流れの他の全ての変数が次のようにしてきまる. すなわち音速は

$$a = \sqrt{\frac{\gamma p}{\rho}}$$

---

† Lobb, Winkler, and Persh, *J. Aeronaut. Sci.*, 22 (1955), p. 1.

から，また速度は

$$u = aM$$

から計算される．ここの M は圧力関係式（6.2）から得られる．T, T_0 の各点での値も

$$p = R\rho T$$
$$\frac{T_0}{T} = 1 + \frac{\gamma - 1}{2} M^2$$

から求められる．

この例では密度の測定は圧力の測定をおぎなうものであるが，密度の測定だけをすればよいことがある．たとえば（p_0 および T_0 がいたる所でわかっている）等エントロピー流れでは，密度を測定すれば圧力と Mach 数は

$$\frac{p}{p_0} = \left(\frac{\rho}{\rho_0}\right)^\gamma$$
$$\frac{\rho_0}{\rho} = \left(1 + \frac{\gamma - 1}{2} M^2\right)^{1/(\gamma-1)} \tag{6.7}$$

より得られる．

密度場を測定もしくは可視化する方法は，ほとんどどれも流体の密度が電磁輻射のなんらかの形に与える効果を利用している．この方法を大ざっぱに分類すれば，**屈折率**を利用したもの（光学的方法），**吸収**を利用したもの，**輻射**を利用したものになる．これらの中で光学的方法がずばぬけてよく進んでおり，かつ最も広く利用されている．次の二三の節はこの説明にあてる．他のものについては 6.17 節で簡単に述べる．

6.9 屈 折 率

三つの主な光学的方法，シュリーレン法，直接投影法および干渉計法は，光の伝わる媒質の密度によって**光速**が変るということを利用している．任意の媒質中の光速 c は，真空中の光速 c_0 と**屈折率**により関係づけられて

$$n = c_0/c \tag{6.8}$$

p. 154
である．物質が与えられ，光の波長がきまっているときは，屈折率は密度の函数 $n=n(\rho)$

6.9 屈折率

である．気体では，光速は真空中よりもわずかに小さいだけで，その差は充分よい精度で密度に正比例する．すなわち

$$n = 1 + \beta \frac{\rho}{\rho_s} \qquad (6.9)$$

ここに基準の密度 ρ_s は標準状態のものをとる†．式 (6.9) は級数展開の第一次近似と見ることができる．高次の項は非常に濃い気体を除いて無視できる．数種の気体についての β の値を波長 $\lambda=5898$ Å の光（D 線）に対して 6.1 表にかかげておく．

式 (6.9) によれば，密度が変る流れの場のような不均質な媒質内では屈折率も変化する．ここでは，ある部分を通過する光は別の所を通る光と減速され方がちがう．この影響には二つある：(1) 波面の方向転換すなわち光線の屈折，(2) 二つの異なった光線間の相対的位相のずれ．シュリーレン法および直接投影法でははじめの方の効果を用い，干渉計の原理は第二番目のものに基づく．

6.1 表†

ρ_s は 0°C，760 mmHg におけるもの
$\lambda = \lambda_D = 5893$ Å††

気体	β
空　気	0.000292
窒　素	0.000297
酸　素	0.000271
炭酸ガス	0.000451
ヘリュウム	0.000036
水蒸気	0.000254

† Smithsonian Physical Tables, Washington, 1954.
†† 波長による β の変化は小さい．たとえば空気では，赤 (A) に対しては $\beta=0.000291$，青 (G) では $\beta=0.000297$．

まず始めに屈折効果について考えよう．6.6a 図は，等密度線で示すように y 方向に密度の変化する場を光が通っていく様子を示す．w としるした線は波面で，r としるしたこれに垂直な線は光線である．6.6b 図は，短い時間間隔

$$\tau = d\xi/c$$

---

† β は無次元量である；$n=1+\kappa\rho$ で定義される Gladstone-Dale 定数 κ を用いることもある．

p. 155
の間の，位置 w_1 から w_2 への波面の進行を示す．密度が y 方向に増加しているなら，波の速さは r_b に沿うよりも r_a に沿って進む方が，たとえば dc だけ大きい．この結果波面が

$$d\phi = \frac{\tau|dc|}{d\eta}$$

だけ回転する．光線も同じ角だけ回転する．従って光線の曲率は

$$\frac{1}{R} = \frac{d\phi}{d\xi} = \frac{1}{c}\left|\frac{dc}{d\eta}\right| = \frac{1}{n}\left|\frac{dn}{d\eta}\right| \quad . \tag{6.10}$$

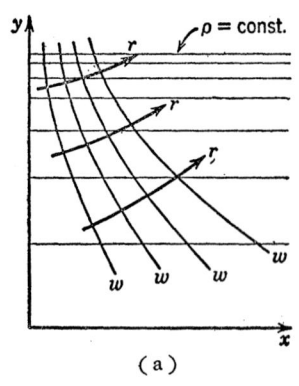

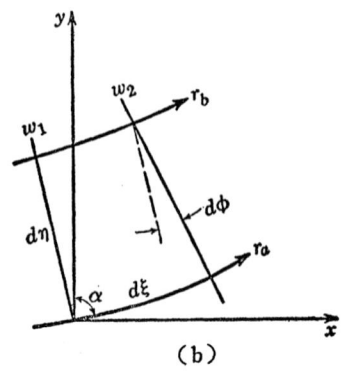

6.6 図　密度場での屈折．(a) 光線 (r) と波面 (w); (b) 光線と波面で作られる直交網目．

6.6図の密度場では，これは

$$\frac{1}{R} = \frac{\sin\alpha}{n}\frac{dn}{dy}$$

と書ける．一般の三次元密度場では，上の結果を一般化すると

$$\frac{1}{R} = \frac{\sin\alpha}{n}|\text{grad }n| \tag{6.10a}$$

となる．ここに grad n は n-場のベクトル勾配で，α はこのベクトルと光線とのなす角である．光線は密度のます方向に曲がる．

この結果は光学の本ではしばしば別の方法すなわち Fermat の原理からみちびかれ

6.9 屈 折 率

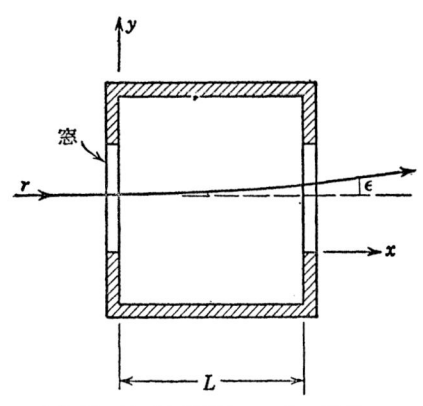

6.7 図　風洞を通過するときの光線の屈折．曲りは $\partial\rho/\partial y>0$ に対応する．

ている．この原理は，"光が一点からほかの一点に進むのに極小の時間で到達しうる経路をとる" というものである．

風洞に応用するときは，光線はふつう 6.7 図に示すように側壁に垂直に入ってくる．6.7 図は測定部の断面図である．図に示す光線の曲りは，y の正方向への密度の増大に対応するものである．流れに沿っての勾配による z 方向への曲りもあるが，図に示した成分だけ論じておけば充分であろう．

流れの中を通った後の光線のふれ角は

$$\epsilon = \int d\phi \ .$$

ここに積分は（曲った）光線に沿ってとるべきである．しかし光線のふれはふつう小さいので†，曲った光線にそっての密度は，そのすぐ近くの直線 $y=y_1$ に沿ったものとほとんどちがわない．従って

$$\epsilon = \int_0^L \frac{1}{R} dx = \int_0^L \left(\frac{1}{n}\frac{dn}{dy}\right)_{y_1} dx \tag{6.11}$$

ただし L は測定部の巾である．これは流れの等エントロピー的またはほとんど等エントロピー的な部分で起るような小さな密度勾配の場に対する基本的な関係式である．

流れが**二次元的**従ってどんな $x=$const なる面をとっても状態が同じであれば，積分は $n\fallingdotseq 1$ とすると

$$\epsilon = \frac{L}{R_1} = \frac{L}{n_1}\left(\frac{dn}{dy}\right)_1 = \frac{L\beta}{\rho_s}\left(\frac{d\rho}{dy}\right)_1 \tag{6.12}$$

となる．この関係は，二次元流では，出てくる光線のふれは**密度勾配に比例する**ことを

---

†　このことは衝撃波や境界層の中ではかならずしも成り立たない．

示している．
p. 157
　三次元流では，最後のふれは，途中で出会う全ての密度勾配による影響を積分したものになる．

6.10　シュリーレン系

　シュリーレン系の基本となる考えは，**屈折した光の一部分**が観測面または撮影面に到るまでに途中で**さえぎられて**，この光が通ってきた場の部分が暗く見えるということである[†]．詳細は 6.8 図に示す基本系で最もよく説明される．

　平行単色光束は光源から出た光をレンズ L_1 を通すと得られる．（光源の側面が示してある．これはふつう添図に示すように，ランプとレンズの組合せの焦点におかれた長方形の"切抜き"[††]でできている．）最後に像に現われる流れの場は，光束が通過した部分である．

　光は測定部を通ったのち第二のレンズ L_2 で集められる．スクリーンを L_2 の焦平面の所におけば，**光源の像**が得られる．スクリーンがなければ，光はこの面を通りこして対物レンズ L_3 に達し，このレンズにより**測定部の像**平面においたスクリーンまたは乾板にみちびかれる．

　結像を理解するには，**二つの焦平面**すなわち光源に対するものと測定部に対するものとがあることを忘れてはならない．個々の光線よりもむしろ光の**束**を考えるとかなりわかりやすくなる．

　たとえば光源上の一点 a から光束 abc が出て，光源の像平面上 a に焦点を結ぶ．光源の他の点も同様に焦点を結び，光源の像を作る．これらの光束は**どれも**測定部を完全に満たしていることに注意すべきである．それで光源の像の各点は測定部の**各**部分から来る光をうけている．

　次に第二の面について考えよう．測定部の一点 g に達する光は光束 adg に含まれている．これは光束 $gd'a'$ 中に伝わり，観測スクリーン上の g' 点に焦点を結ぶ．この光束は光源の像を通過し，しかも**これを完全に満たしている**． $hd'a'$ のような測定部から

---

　†　**ふれない光をさえぎり**，ふれた光を通過さす方法もある．このときは像の明暗が逆になる．
　††　ふつう大きさは 1mm×1cm．

6.11 ナイフエッジ

出る他の光束もスクリーン上の像点に焦点を結ぶ. それで測定部の像がそこにできる.（測定部内の一平面だけが正確に焦点を結ぶだけだが, 焦点深度が充分だと他の断面の像も充分鮮鋭である.）

光源が有限の大きさを持っているので測定部を通る個々の光線は厳密には平行ではないが, 光束は平行であることに注意すべきである.

6.11 ナイフエッジ

p. 159
6.8 図によれば, 全ての光束はただ一つの面——光源像の面——内だけで全くかさなり合うことがわかる. この面で光の一部をさえぎると, 最後のスクリーンでの明るさが減る. このとき全ての光束が一様に影響をうけるから, 全ての部分が一様に暗くなる. しかしながら光束の一つが測定部で角 ϵ だけふれたとすれば (6.9 図), 焦平面ではこの光束は他の光束より少し**ずれる**であろう. 従ってスクリーンでのこの像は他の部分よりもちがった割合で暗くなるが, 他より暗くなるか明るくなるかは光のさえぎり方によって異なる.

レンズ L_2 での角変位 ϵ による光源像面での光束の変位は

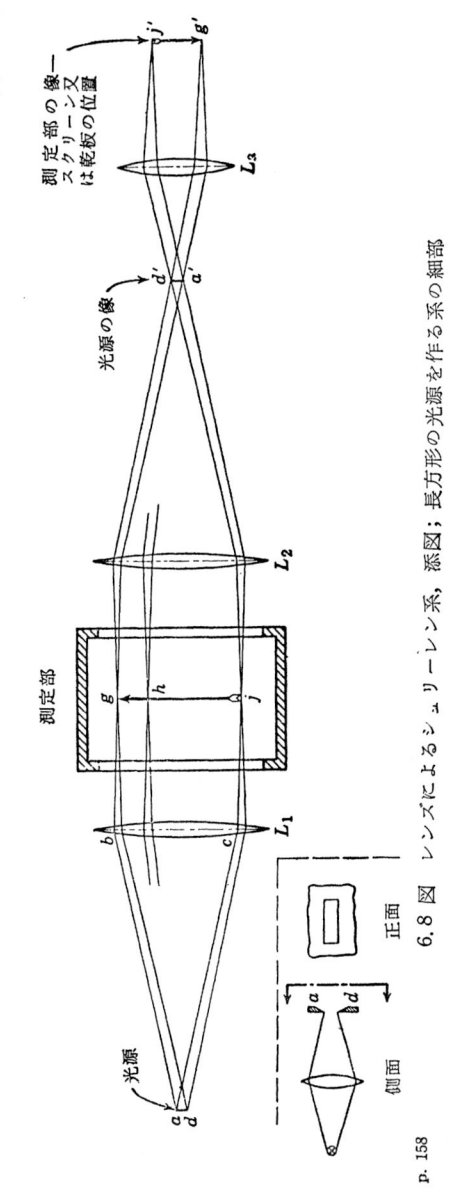

6.8 図 レンズによるシュリーレン系, 添図; 長方形の光源を作る系の細部

p. 158

(a)

(b)

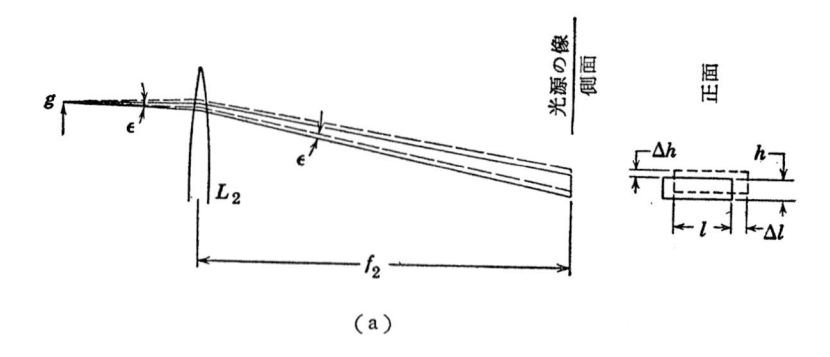

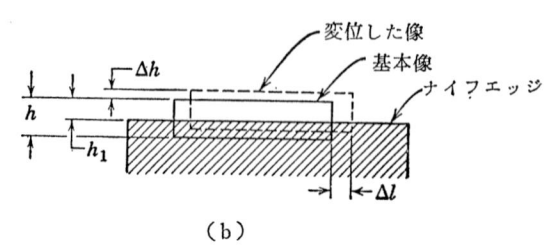

6.9 図 シュリーレンナイフエッジ (a) 光束の屈折による光源像の所での光の一部の変位;(b) 不透明な締切り板による光源像の遮蔽.

$$\Delta h = f_2 \epsilon \dagger \qquad . \qquad (6.13)$$

ここに f_2 は L_2 の焦点距離である．他の方向へも Δl だけ変位しているかもしれない．ふれた光束も観測スクリーン上ではふれない時と同じ点に来るので，観測スクリーン上の像は鮮鋭度がそこなわれることはない．明るさが変るだけである．

光源像の一部をさえぎるのに使う不透明な"締切り板"には，ふつう直真ぐなへりがあって，**ナイフエッジ**と呼ばれている (6.9b図)．このナイフエッジを長方形光源像の長い方の辺に平行におき，像の h_1 だけの部分はおおわないでおく．それで観測スクリーンは，全体的には，h_1 に比例する明るさ E を持っている．**ふれた**光束により照らされているスクリーン上の点は，Δh に比例する余分の明るさ ΔE がつけ加わる．そこ

---

† 光束に沿っての距離は f_2 であるとしている；これは開きが小さいときは充分正しい．

6.11 ナイフエッジ

でコントラストを

$$c = \frac{\Delta E}{E} = \frac{\Delta h}{h_1}$$

で定義する．これに (6.13) および (6.12)（後者は二次元的流れにだけ適用できる．）を入れると，この系の別のパラメータで書くことができる．すなわち

$$c = \frac{f_2 \epsilon}{h_1} = \frac{f_2 L \beta}{h_1 \rho_s} \left(\frac{d\rho}{dy}\right)_1 . \tag{6.14}$$

この式によれば，観測スクリーン上のコントラストをきめる効果が集約される．すなわち，(1) 第二のレンズの焦点距離, (2) 測定部の巾, (3) 流体の屈折率, (4) 密度勾配, (5) 基本の像のおおわれない巾である．従って二次元的流れでは，スクリーンでの明るさの増加もしくは減小は，流れの密度勾配に比例する．

スクリーンに密度勾配のどの成分が現われるかは光源（およびナイフエッジ）の方向できまる．6.9b図からわかるように変位 Δh だけが明るさに影響する．すなわち変位 Δl に対応する光はさえぎられない．このようにシュリーレン法ではナイフエッジに垂直な密度勾配が得られる．流れの中の任意の方向への勾配は，ナイフエッジ（および光源）をその方向に垂直におくことによって得られる．しかし，ふつうは主流の方向に平行もしくは垂直にとりつける．シュリーレン写真の数例をナイフエッジが垂直な場合を 5.4 図に，水平な場合を 13.12 および 13.13 図に示す．5.4 図では垂直衝撃波が目立っているが，13.12 および 13.13 図では境界層がはっきり現われている．

系の性能を定めるもう一つのパラメータは感度 s であって，測定部での光線の単位角のふれに対してナイフエッジの所で得られるふれとして定義する：

$$s = \frac{\Delta h/h_1}{\epsilon} = \frac{c}{\epsilon} = \frac{f_2}{h_1} . \tag{6.15}$$

p. 161
すなわち感度は光学的パラメータのみできまる．これを使うと，コントラストは

$$c = s \frac{L\beta}{\rho_s} \left(\frac{d\rho}{dy}\right)_1 \tag{6.14a}$$

と書ける．

6.12 二三の実用上の考察

これらの基本的な性能パラメータの他に，二三の実際上の問題を考え，これらをたがいにつり合せなければならない．たとえば (6.15) を見れば，感度を最大にするには h_1 を最小すなわち光源像をほとんどおおっておけばよいことがわかる．ところが一方，h_1 はスクリーンで充分の明るさが得られるだけの大きさがなければならない．すなわち h_1 の最小値は光源の明るさにより限度がある．また h_1（または光源の大きさ）にも上限がある．これはどの程度の最大の明るさを望むかによってきまる．これらの要求は写真にとるときと目で観測するときとではちがってくる．

一般に感度が高い方が望ましいが，これにも上限があり，それは光が見かけの密度勾配に出会うということによってきまる．すなわち系は，これが見えるほど感度がよくてはいけない．このような"雑音"は，測定部の側壁上の乱流境界層の変動ばかりでなく，測定部の外部の密度変動の形でいつでも存在する．許される最大の感度 s_m（式 (6.15) 参照）は

$$\frac{\Delta c}{c} = s_m \frac{\Delta \epsilon}{\epsilon} \tag{6.16}$$

できまる．ここに Δc は見分けうる最小のコントラストで，$\Delta \epsilon$ は見かけの密度変動によるふれ角の平均（自乗平均根）である．

この方法を定量的な測定に用いるときは，感度にもう一つの制限がある．これは Δh が大きくなりすぎて二次像がナイフエッジから完全にずれてしまい（または全くナイフエッジの上にのってしまい），これ以上光束がふれてもスクリーン上の明るさが変化しないようになってはいけないという事に関連する．しかし定性的な実験では，この非線型性はむしろ好ましい場合もある．

上の関係を使うと原理的には密度勾配の定量的測定値が得られ，これを積分すると密度場が得られる．資料は，スクリーンを適当な照度計で走査するか，または写真乾板を濃度計で走査することによって得られる．実際には，このような走査を行う際，既知の勾配，なるべくなら同じ像の上のものをはかって尺度づけておくのが一番よい．（たとえば流れの中に既知の勾配を求められない場合は，そのかわりにプリズムを使ってこれに相当するものを作ってもよい．）実際には，シュリーレン法は密度の定量的な評価に

6.13 直接投影法

はほとんど使われることはない．しかしながら流れの定性的理解には欠くことのできないものである．

最後に，実際にはシュリーレン系ではふつう，レンズよりもむしろ凹面鏡を使う．大きい口径が必要なとき，鏡はレンズより安く，さらにレンズの中を通るよりも鏡で反射する方が光の損失がすくない．ふつう使われている凹面鏡による装置を6.10図に示

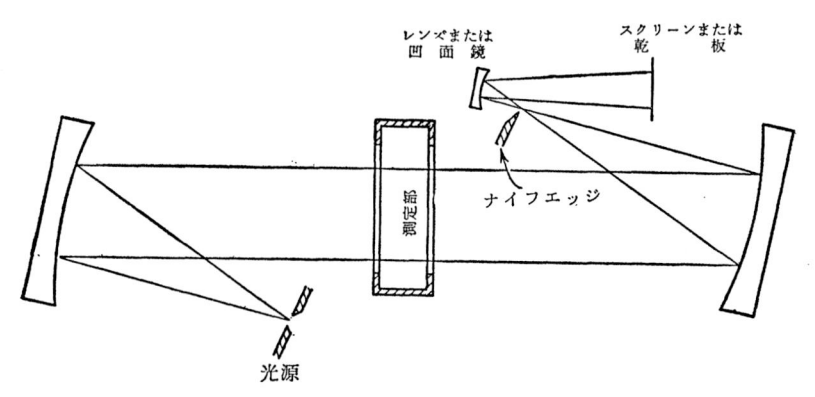

6.10 図　凹面鏡を用いたシュリーレン系

す．実用上の理由のため，光源とその像はふつう，軸よりはなしておかなくてはならない．このためいくらか非点収差が生ずる．たとえばナイフエッジが"水平"のときと"垂直"のときとでは光源像の位置がちがう．それでナイフエッジの位置をそれに従って変えなければならない．

6.13 直接投影法

シュリーレン系の観測スクリーン上の像点の**位置**は，ふれた光線も焦平面で焦点を結ぶので測定部のふれに影響されないことおよびナイフエッジを光束へさしいれないときは，このスクリーンが一様に照らされることはすでに述べた．一方，スクリーンを測定部の焦平面とはちがった位置におくと光線のふれの影響があらわれる．これは測定部に近いとき最もよくあらわれる．

直接投影効果として知られるこの効果を6.11図で示す．図では平行光線が測定部に入り，反対測でこれを受けている．スクリーンには，光線が密になった明るい所と粗になった暗い所が現われる．光線の間隔が変らない所では屈折していても明るさに変りは

ない．すなわち直接投影効果は光束の絶対的なふれによるのではなく，相対的なふれすなわち測定部から出る時に集中する割合によってきまる．この集中の度合は $d\epsilon/dy$ で測られ，ϵ はふれであって密度勾配に比例する（式 (6.12) 参照）．従って二次元的流れでは直接投影効果は密度の**二階微係数**による．ふれは他の方向にもおこりうるから，明るさの変化は全体の効果

$$\Delta E = \frac{\partial^2 \rho}{\partial y^2} + \frac{\partial^2 \rho}{\partial z^2} \tag{6.17}$$

による．明らかに光源はスリットである必要はなく，ふつうは点光源が望ましい．また測定部に入る光はかならずしも平行である必要はない．従って第一のレンズは省いても

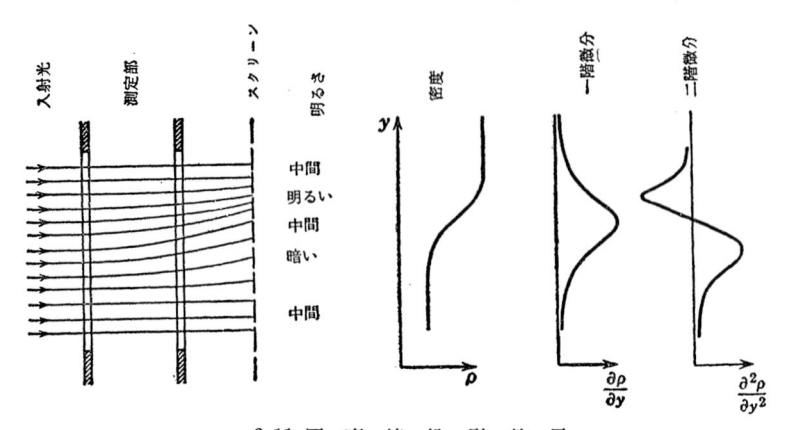

6.11 図　直　接　投　影　効　果

よく，光源から出る発散光が直接使える．

　このように簡単なので直接投影法はシュリーレン法よりかなり安くてすむ．それで，しばしば，とくに密度場の詳細を知る必要がないとき，またカットしたいときに利用される．直接投影法の例を 13.14 図に示す．衝撃波はいつも後に明るい線をともなった暗い線となって写る．これは衝撃波を通しての密度分布の一般的形を示す 6.11 図を参照すれば理解される．衝撃波の光に対する効果はその密度分布と同じ形をしたレンズを通るときの効果と同じようなものであるとみなすことは，有用な類推である．暗い線と明るい線とはそれぞれ衝撃波の前面および後尾近くの $d^2\rho/dy^2$ が最大および最小になる点に対応することがわかる．さらに，像は衝撃波の実際の位置よりいくらかずれてい

6.14 干渉法

る．この効果はスクリーンが測定部から遠いほど大きくなる．

6.14 干渉法

p. 164
前の各節で述べたシュリーレン法および直接投影法では最後に像となって現われる場はそれぞれ密度の一階微係数および二階微係数に相当するものである．原理的には密度場自身は積分すれば得られるが，実際には精度があまりよくない．幸いにも密度を直接与える光学的方法がある．これは**干渉の原理**に基づくものである．

原理を 6.12 図に示す．ここでは二つの光線が異なった経路を通ってスクリーン上の p 点に達している．これらの光が**コヒーレント**ならば干渉がおこりうる．コヒーレント

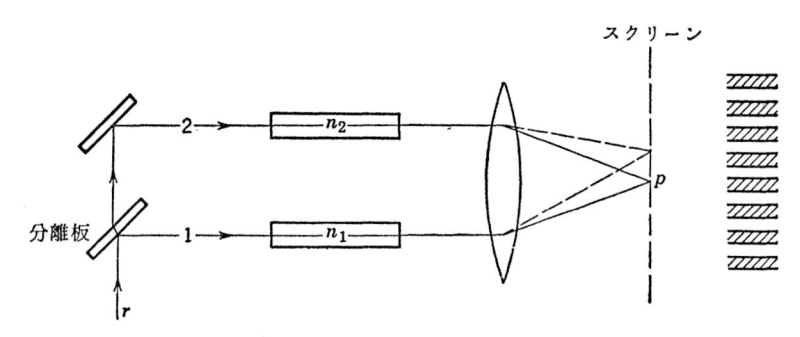

6.12 図　干渉じまの形成

であるためには光源上の**同じ場所**から出たものでなければならない．従ってこれらの間に定った位相の関係がある．スクリーン上で互に強め合うか弱めあうかはそこでの相対的な位相による．そしてその相対的位相は経路の長さのちがいによってきまる．これらの光が同一の媒質を通るときは幾何学的配置によってのみ経路程のちがいがおこる．これをうまく配置して 6.12 図に示すようにスクリーン上に光のしまを作ることができる．このしま模様の一点 p をえらびこれに注目しよう．さて光線 2 の経路内に異なった媒質（測定部）を他方の光線がみだされないようにおくと光線 2 の有効経路程すなわち**光路程**が変りこれと共に p 点の干渉の次数も変る．光路程が $N\lambda$ ——λ は光の波長，N は整数——だけ変ると p 点の干渉の次数は N だけ変る．すなわちそこで N 個のしまの移動が観測される．

たとえば流れのあるときとないときの写真をとると p 点のしまの移動がきめられ，

それからこれに相当する光路程の変化が計算でき，さらに経路内におこった密度変化に
p. 165
関係づけられる．この関係は容易に求められる．すなわち測定部内の屈折率が n_1 から
n_2 に増したとすると，そこの光速は c_0/n_1 から c_0/n_2 に減少し (6.8)，それで測定部
を横ぎるのに余分に

$$\Delta t = \frac{L}{c_2} - \frac{L}{c_1} = \frac{L}{c_0}(n_2 - n_1)$$

だけ時間がかかる．これに対応する光路程の変化は

$$\Delta L = c_0 \Delta t = L(n_2 - n_1) \tag{6.18 a}$$

しまの移動は

$$N = \frac{\Delta L}{\lambda} = \frac{L}{\lambda}(n_2 - n_1) = \beta \frac{L}{\lambda}\left(\frac{\rho_2 - \rho_1}{\rho_s}\right). \tag{6.18 b}$$

ただし，ここでは (6.9) を屈折率を測定部の流体の密度に関係づけるのに用いた．

　密度が測定部の中で変化するときは，光路程の全体としての変化は光線に沿って各点
での変化をよせ集めたものである．従って (6.18 b) の代りに光の通路にそって取られ
た積分

$$N = \frac{\beta}{\lambda \rho_s} \int_0^L (\rho - \rho_1) \, ds \tag{6.18 c}$$

をとるべきである．この積分は測定部に対してだけ書いたが，他の点たとえば測定部の
外側での密度差の影響も積分されて"雑音"という名の下に一括される誤差を生ずる．
従って二つの光線が測定部をのぞいてはできるだけ同一状態の媒質内を通るのがのぞま
しい．多くの装置では基準光線1は補償室を通す．ここでは見かけの光路差を補償する
ように密度が調節できる．さらに簡単な方法は基準光線を風洞内の密度のわかった所を
通すことである．こうするとしま模様で示される密度変化はこの基準の密度に相対的な
ものとなる．こうするとさらに見かけの流れの変化は自動的に補償される．特に両光線
は側壁の境界層を通るが，これは他の方法では補償するのがかなりやっかいである．[†]

　[†]　基準光束が探査光束よりあまりはなれていなければ，この二つの光の通る面の境
界層のちがいは無視できるか，または簡単に評価できる．

6.15 Mach-Zehnder 干渉計

風洞実験では Mach-Zehnder 干渉計†(6.13図)が今ではほとんど一般に使われている. これらは二つの腕の配置が非常に自由であることおよび任意の面に焦点をむすばすことができるという利点をもっている. 主な構成要素は長方形の頂点に互に平行に置いた四つの光学板である. これらのうち二つ P_1, P_2 は光を全部反射し, 一たん調整を完了すれば固定しておく. 他の二つ P_3, P_4 は半塗銀した"分離板"で水平軸または鉛直軸のまわりにそれぞれ独立に回転できる. 事実上の光源 a からの単色光は凹面鏡 C_1

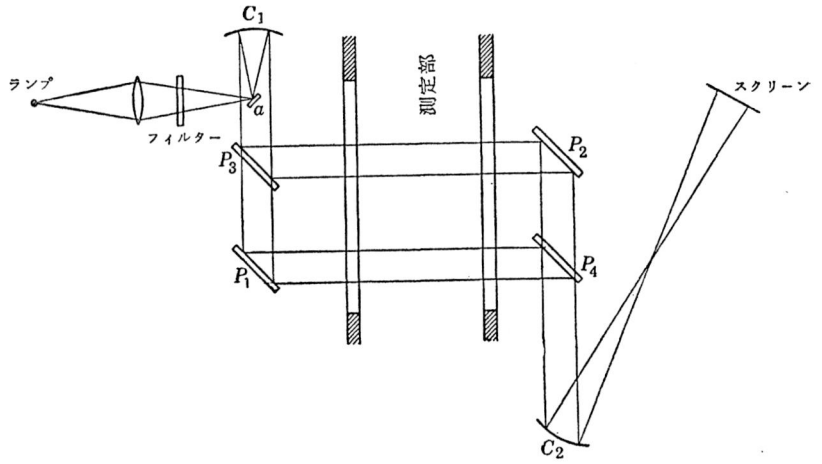

p. 166

6.13図 Mach-Zehnder 干渉計 a=平面鏡; C_1=放物面鏡; P_3, P_4=半塗銀"分離"板; P_1, P_2=平面鏡; C_2=球面鏡.

で平行光線に変えられる. P_3 板でこの光線は一部は反射, 一部は透過して二つに分けられる. それでこれらの光線はコヒーレントである. 反射した光は測定部の測定しようとしている部分を通るが, 一方透過した光は P_1 で反射した後, 測定部の基準部分を通る. これらを両方凹面鏡 C_2 で集めてスクリーン上に焦点をむすばせると干渉じまができる. (この干渉計の光学系をシュリーレン測定にも使いたいときは, ナイフエッジを鏡 C_2 の焦点におけばよい.)

---

† これの風洞実験への応用は Landenburg とその協力者および Zobel によって発展させられた.

光学板を配置する長方形および光学板自身を平行におくことはいずれも波長の数分の一程度の精度を要するので始めに調節するのはかなり骨がおれる．実際的方法の詳細については文献を参照されたい．†

ここでなお議論を必要とする点は，測定部としまを共にスクリーン上に焦点を結ばせる問題である．干渉計の略図を 6.14 図にかかげてある．ここでは明瞭のために光束の代りに二つの（コヒーレント）光線 r_1, r_2 だけを示した．光学板が正確に互いに平行に調整されているなら二本の光線は P_4 板をすぎるとまた重ってしまう．この場合両光線とも同じ虚光源 S' から来たように見える．次に分離板 P_3, P_4 を回転させるとこれらの光は別々の虚光源から来たように見える．その方法を 6.14 b 図に示す．

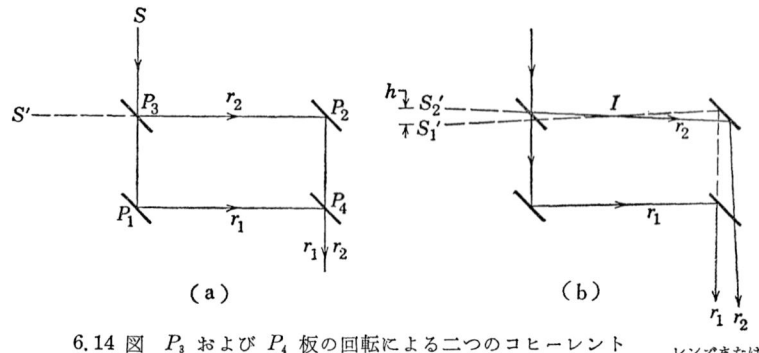

6.14 図　P_3 および P_4 板の回転による二つのコヒーレント虚光源の形成

これらの光を含む面に垂直な軸のまわりに P_3 板を回転すると，透過光線 r_1 には影響がないが r_2 は S_2' から来たように見える．他方，P_4 板を回転すると r_2 には影響がないが，r_1 は虚光源が S_1' であるように傾く．これらの二つの光線は P_4 を出たときはもはや重なっていないが，只しまが作られる予定のスクリーン上では一致する必要がある．云いかえると，これらはそこで焦点を結ぶようにしなくてはならない．他方，測定部もスクリーン上で焦点を結ぶように光学的配置をしておかなくてはならない．両方の要求を満たすためには二つの光線 r_1, r_2 が測定部内の一つの点 I から来るように見えること，すなわちこれらがそこで交っているように見えることが必要である．このよ

---

† 参考文献 E. 2; または Ashkenas and Bryson, *J. Aeronaut. Sci.* **18** (1951) p. 82.

6.16 干渉計法

うに交差さすことは分離板を適当に回転すればできる；実際，任意の交差角およびこれに応ずる二つの虚光源間の距離 h を得ることができる．

干渉理論によるとスクリーンでのしま間隔は

$$b = \text{const.} \frac{\lambda}{h} \tag{6.19}$$

で与えられる．この定数は光学系の細部によってきまる；大体の大きさは虚光源からスクリーンまでの距離である．

6.16 干渉計法

p. 168
板 P_3 と P_4 を垂直軸のまわりに回転すると (6.14図)，垂直じまができ，水平軸のまわりに回転すると水平じまができる．後者の場合を6.15a図に示す．ここではくさびの前方の，流れがみだされていない所に水平じまが見られる．これらのしまはフィルターを使って得られる単色光でうつしたものである．流れがみだされた所ではしまが移動している．衝撃波を横ぎってしまをたどるにはフィルターを使わずに白色光で写真をとる．そうすると中央じまが非常にはっきりして，容易に衝撃波を超えてたどることができる．これを基準にすると他のしまの衝撃波の前方の位置に相対的な変位が容易にきまり，全体の密度分布が得られる．この補助的な白色光による写真はかならずしも必要ではない．──基準の密度は何か他の方法たとえば圧力測定から得ることができる．

流れのある場合とない場合の写真を重ねると6.15b図のような図が得られる．図で見られるぼけた線はしま移動一定の線，従って等密度線である．

等密度線は流れのない状態に於て"無限に広いしま"から始めることによっても得られる．これは光学板を回転して一つのしまが場全体をおおうようになるまでしま巾 (6.19) を拡大することによって得られる．ここに流れがおこると，あらわれるしまは等密度線である (6.15c図)．この方法の精度はふつう，しまの移動をかぞえる方法よりわるい．

6.15d図は衝撃波管内の CO_2 を通って衝撃波が伝っているときの白色光による干渉図を示す．衝撃波の運動は左から右に向う；密度変化はしまの移動で示されており，この移動は中央じまによって容易にたどることができる．最後の平衡状態の密度に達するまでの距離が比較的長いのは，CO_2 の振動の自由度の緩和時間が長いからである (14.12節参照)．

(a)

(b)

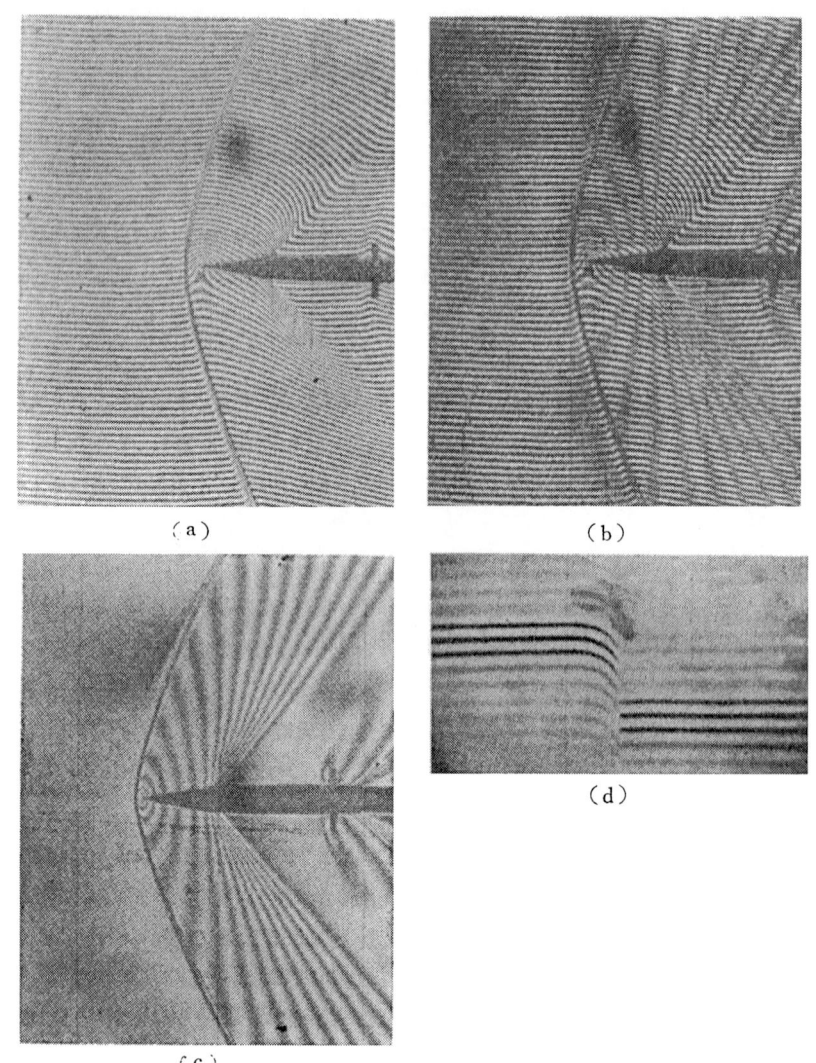

(c)

(d)

6.15 図 干渉図. (a) 有限じま干渉図. (b) 複合干渉図. (c) 無限じま干渉図. (d) 白色光干渉図. (a),(b), (c)は H. I. Ashkenas and A.E. Bryson, *J. Aeronaut. Sci.*, *18* (1951), p. 87 より; (d)は W.C. Griffith and Walker Bleakney, *Am. J. Phys.*, *22* (1954), p. 597 より

6.17　X線吸収法およびその他の方法　　　　　　　　　　　　　　　　　　187

　干渉計の設計の際考えねばならない重要なことは，振動をさけるように**すえつける**問題である．従来の方法では重い支持構造をしっかりした土台にすえつけた．これは通常，風洞施設には向かない．これとは全くちがい非常に弾力的な低い固有振動数の土台に軽い防振構造を使った設備[†]が振動をふせぐには全く満足すべき結果をあたえる．

　この方法の感度は密度（またはなんでもこれに関係のあるパラメータ）の単位変化についてのしまの移動する数で定義できる．(6.18 b) よりこれは単に

$$s = \frac{N}{\Delta\rho} = \frac{\beta L}{\lambda \rho_s} \tag{6.20}$$

p.170
である．これは流体の屈折率及び測定部の巾に比例し，波長および流体の標準の密度に逆比例する．代表例として $L=4\text{in.}$ を持つ風洞内の流れで大気よどみ点状態をもつものをとると，Mach 数を基準にとった最大感度は大体 $N/\Delta M=20$ である．すなわち一つのしま移動が $\Delta M=0.05$ に相当する．感度は密度に逆比例して減少する．

　この方法の**精度**を評価するには次の因子を考えなければならない．(1) しま移動の決定の精度はしま巾の一割程度である．(2) 流れの中の不均質性および測定部内外の"雑音"が最後の**積分された**結果に誤差として現われる（式 (6.18 c) 参照）．これらの大部分は基準光線を測定部を通すことによって除去できる．(3) 境界層のような密度勾配の大きい所では屈折のため位置に誤差が生じてくる．というのは，測定部を通る光線の経路が流れのない状態におけるときと同じでないからである．

　この方法では表面圧力測定から得られるのと同程度の精度を得ることができる．**非定常の場合**，干渉計による方法は非常に大きな利益がある．というのは，流れの場全体の写真が定常の場合と全く同様にたやすくとれるからである．

6.17　X線吸収法およびその他の方法

　測定部で最低 0.1 気圧までのたいていの風洞の運転状態では，観察に対してはシュリーレン法と直接投影法，測定には干渉計が現在のところ最も有用な方法である．しかし，もっと密度が小さいときは光学的方法の精度は大変わるくなる．このようなときには光波以外の輻射波を用いる方法が有利である．しかしながら今までのところ充分確立

---

†　Ashkenas and Bryson, (前掲，p. 184).

された方法はない.

X線法では軟X線を測定部を通し，これを Geiger 計数管または電離箱で測定する．出てくる輻射の強度は，吸収法則

$$I = I_0 e^{-\mu L} \tag{6.21}$$

に従う．ここに吸収係数 μ はとりわけ，密度，波長等によってきまる．従って I/I_0 は密度の尺度となる．密度の低いとき受信器での測定時間は数秒から二三分の間である．X線が有利な点は，波長が短いので屈折と回折による誤差が無視できることである．

その他これまでに提案されている方法には，特別の波長の選択吸収を利用するものがある．たとえば酸素は $\lambda=1450 Å$ 付近に強い吸収帯を持っている．水蒸気を作動流体に用いる風洞では赤外線吸収法が使われる．それは，水蒸気が赤外部に強い吸収帯を持つからである．吸収法は衝撃波管内の化学反応の研究に利用されて成功している[†].

低密度の電気的に励起された気体で得られる光の**放射**は，非常に密度が小さいときの**可視化**の方法として使われている．衝撃波管内で得られる高温は，その輻射波を分光器でしらべることにより測定されている[††].

6.18 表面摩擦の直接測定法

空気力学の問題に於て最も重要な量の一つに表面摩擦力がある．工学的応用においては，この力の**全体にわたる**値はふつう，物体に働く全抵抗の測定から見積られる．このためには，圧力抵抗を見積りこれをさしひかねばならないが，圧力抵抗自身その決定は簡単ではない．

研究者や理論空気力学者にとっては，**各点の摩擦力**すなわちずれ応力 τ_w がもっと興味がある．低速流では，これはふつう，表面附近の速度分布を測定し，Newton の摩擦法則

$$\tau_w = \left(\mu \frac{du}{dy}\right)_w \tag{6.22}$$

[†] D. Britton, N. Davidson, G. Schott, *Faraday Soc. Discussion*, 17 (1954), p. 58.
[††] H. E. Petschek, P. H. Rose, H. S. Glick, A. Kane, A. Kantrowitz, *J. App. Phys.*, 26 (1955), p. 83.

6.18 表面摩擦の直接測定法

を使ってきめる．ここに μ_w および $(du/dy)_w$ はそれぞれ壁での粘性係数および速度勾配である．高速流では速度分布の測定は非常にむつかしくなる．特に乱流境界層では測定は表面の非常に近くで行わなければならないのでなおさらである．しかもこの乱流境界層こそ信頼できる理論がないので最も測定を必要とするのである．

各点の摩擦力を**直接**測定することによってこれらの困難をさけようとするのがDhawan[†]により発展せしめられた表面摩擦計である（6.16図）．原理はいたって簡単で，

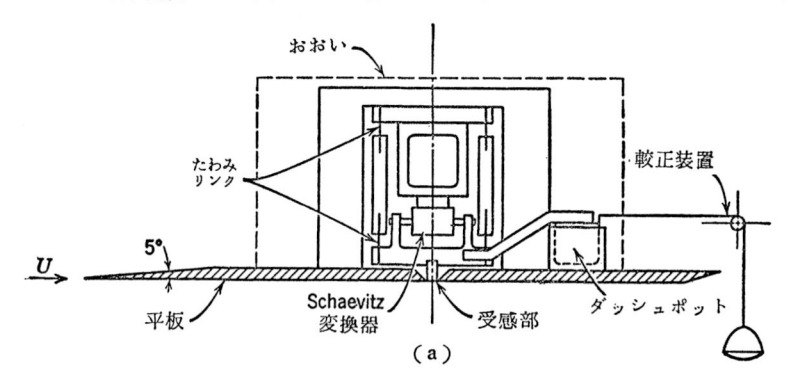

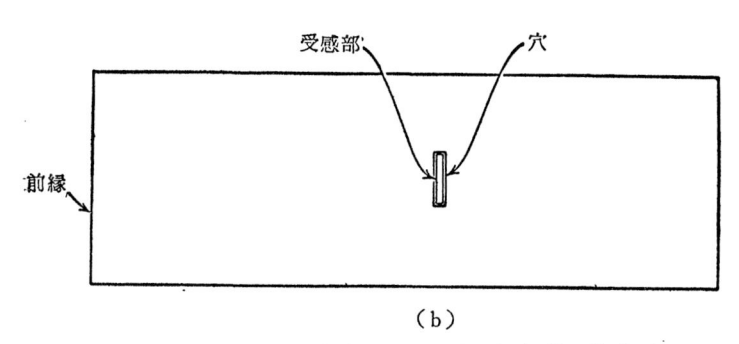

6.16 図　表面摩擦計　(a) 平板，平衡装置，較正装置の側面．(b) 空力的表面の平面図，切抜きとその中の測定部を示す．〔R. J. Hakkinen, "Measurements of Turbulent Skin Friction on a Flat Plate at Supersonic Speeds", *N.A.C.A. T.N.* 3486 (1955) より〕

[†] Satish Dhawan, "Direct Measurements of Skin Friction", *N.A.C.A. Rep.* 1121 (1953).

以前からずっと大きい規模のものには使われていた．これが高速風洞用の小型精密計器に使えるようになったのは，高精度の機械加工と微小変位を測定または顕出する近代技術に負う所が大きい．

　表面の小部分を非常に小さな隙間によって他の部分から切り離し，表面摩擦のはたらきで動けるようにしておく．これがたわみリンクに抗して動くと，この動きが微分変換器のアマチュアに伝えられる．この動きは簡単な滑車装置を使って標準分銅で較正する．Dhawan の計器では"浮動"部分の大きさはわずか 0.08 in.×0.8 in. で，主表面との間隔は約 0.005 in. であった．

p. 172

　この基本的な装置には種々の利用法および変型がある．二つの変型を用いて得られた Cole および Korkegi の高速の乱流表面摩擦の測定結果を 13.10 図に示す．

6.19 熱線探子

　空気流中におかれた熱せられた細い針金の冷却の具合は主に針金をすぎる流体への熱伝導従って質量流 ρu によってきまる．この効果が 6.17 図に略記した熱線探子の根本原理である．針金を熱することおよびその温度をきめること（これには抵抗が関係して

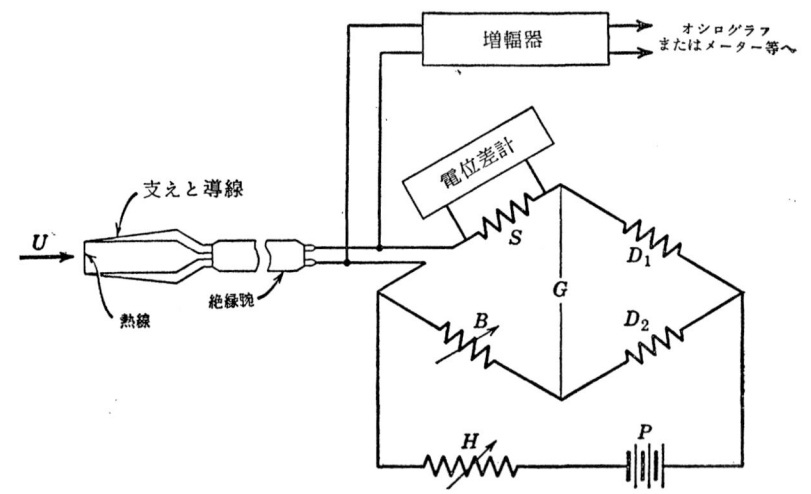

6.17 図　代表的な熱線回路．D_1, D_2＝十進抵抗；S＝熱線を通る電流を決定するための精密抵抗；B＝平衡用抵抗；G＝検流計；H＝安定用および加熱電流制御用抵抗；P＝電源

6.19 熱線探子

いる）は電気的に行う．

p. 173
非圧縮性流れでは，熱線から熱伝達 Q，熱線の温度 T_w，流速 U の間の関係は，King の式として知られた次の公式で表わされる：

$$Q = (T_w - T)(a + b\sqrt{U}) \quad . \tag{6.23}$$

ここに a, b は較正定数で，T は流れの温度である．

熱線から失われる熱伝達の割合 Q は，定常状態では，ちょうど電気的散逸により供給される熱量

$$Q = i^2 R_w$$

に等しい．電流 i は電流計（ふつうは熱線に直列につないだ標準抵抗をはさむ電位差計）で測り，熱線抵抗 R_w は 6.17 図に示すような Wheatstone 橋で測る．R_w を測定すると熱線温度が次の関係からきまる：

$$R_w = R'[1 + \alpha(T_w - T')] \quad . \tag{6.24}$$

ここに α は抵抗の温度係数で，T' は基準の温度である．

(6.23) の定数 a, b は既知の流れで較正してきめる．平均流速を測定するには，ふつう，速度が変る毎に電流を調節してちょうど R_w を一定に保たせることにより一定温度で作動させるのが便利である．

p. 174
(6.23) で a, b は熱線が変れば変る．次の無次元量を使うとこの式のもっと一般的な形が得られる：

$$Nu = \frac{Q}{\pi k l (T_w - T)} \quad \text{Nusselt 数}$$

$$Re = \frac{\rho U d}{\mu} \quad \text{Reynolds 数} \quad .$$

ただし，ここで k と μ は流体の熱伝導率および粘性係数であって，l と d は熱線の長さおよび直径である．そうすると King の法則は

$$Nu = A + B\sqrt{Re}$$

となる．普遍"定数" A, B は"末端損失"をきめる比 l/d や温度荷重[†]

---

† τ なる記号はずれ応力にも使う (6.22)．

$$\tau = \frac{T_w - T}{T_e}$$

などのパラメータによってきまる．

圧縮性流れでは，さらにこの他に Mach 数，Prandtl 数，γ などのパラメータも考えなければならない．従って一般に

$$Nu = Nu(Re, M, Pr, \gamma, \tau, l/d)$$

の形となる．さらに圧縮性流れに対して Nusselt 数，温度荷重を定義するには，T として熱せられない線の回復温度 T_e を使わねばならない；すなわち，$Q=0$ のとき $T_w = T_e$ である．

6.18 a 図は超音速流中における $l/d=500$ なる熱線に対する Nusselt 数を実験的に定めた結果を示す．Nusselt 数 Nu_2 と Reynolds 数 Re_2 とは離れた衝撃波の後の流体の状態（2）を求めて計算したものである；すなわち

$$Nu_2 = \frac{Q}{\pi k_2 l (T_w - T_e)}$$

$$Re_2 = \frac{\rho_2 u_2 d}{\mu_2} = \frac{\rho_1 U d}{\mu_2} .$$

（最後の等式は，垂直衝撃波を通して $\rho_2 u_2 = \rho_1 U$ であるということからみちびかれる．）このようにパラメータを選ぶと較正は，6.18 a および 6.18 b 図に示すように M_1 が 1.3 以上では M_1 には無関係になる．6.18 b 図は平衡温度比 T_e/T_0 の変化を示すものである．興味あるのは，Reynolds 数が低いときは熱せられない線の回復温度 T_e が総温度 T_0 より高いということである．

遷音速および亜音速の Mach 数範囲では Mach 数の影響が現われる．高 Mach 数の $\tau=0$ のデータとの比較のために，$M=0$, $\tau=0$ に対するデータを 6.18 a 図に破線で示してある．中間の（遷音速）Mach 数範囲ではデータはこれらの二つの線の間に来る．

6.18 図の較正曲線によれば熱線探子を各点の質量流 ρu，総温度 T_0 の測定に使うことができる（練習問題 6.11 参照）．熱線探子は総温度探子としては非常に便利である．すなわちこれは 6.7 節で述べた計器よりも小さくて，しかも作るのがずっと簡単である．しかしながらあまり丈夫でないので使えない場合がある．

6.19 熱線探子

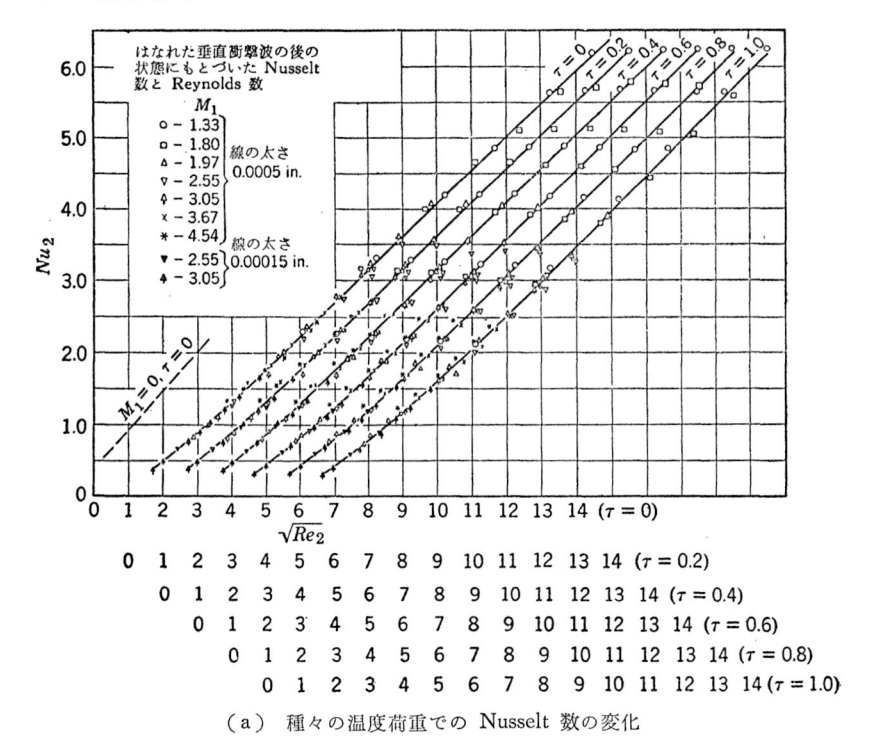

(a) 種々の温度荷重での Nusselt 数の変化

6.18 図　熱線の較正．(データは J. Laufer and R. McClellan, Jet Propulsion Laboratory, California Institute of Technology の好意による．)

熱線の最も重要な応用の一つは，変動する流れの量を測定することである[†]．このような測定に適するのは，小さいものを作ることができ（直径 $10^{-5} \sim 10^{-3}$ in.）従って質量流や温度のすみやかな変化に追随できることによる．平均量に対して変動が小さければ，変動に比例して熱線の抵抗（または電流）が変化する．たとえば定電流測定では，抵抗変動 R'_w は電圧変動

$$e' = iR'_w = c_1 \frac{u'}{U} + c_1 \frac{\rho'}{\rho} + c_2 \frac{T'_0}{T_0}$$

[†] L. S. G. Kovasznay, *J. Aeronaut. Sci.*, *17* (1950), p. 565 および *20* (1953), p. 657. また *NACA Rep.* 1209.

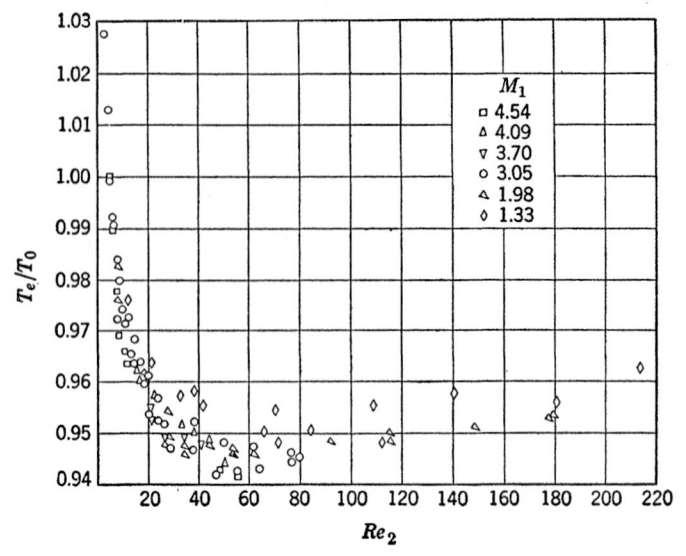

(b) 平衡温度の変化

をあたえる．比例定数 c_1, c_2 は較正データから得られる．非圧縮性流れでは速度変動だけがおこるが†，圧縮性流れでは三項とも存在しうる．熱線信号を三つの成分に分けるには，三つのちがった作動状態での観測が必要である．

このような細い線でも非常に速い変化に正確に追随することはできなくて，比例定数は変動の振動数 n が増すとともに

$$\frac{c(\omega)}{c(0)} = \frac{1}{\sqrt{1+M^2\omega^2}}$$

のように減少する．ただし $\omega=2\pi n$, M は熱線の時間常数である．この減衰を考慮に入れて測定することはできるが，振動数と共に $\sqrt{1+M^2\omega^2}$ 倍にふえる増巾率をもった補償増巾器を使う方がもっと便利である．

熱線の時間おくれは大部分熱的な順応にひまがかかることによる．流れに順応するた

---

† 6.17図のような直線熱線一個だけだと主流方向の変動 u' しか測れない．v' 探子および w' 探子は流れに対しまた互にある角をつけてとりつけた二つの熱線を使うと作れる．

めの時間はずっと短い（$d/10U$ の程度）．従って時間常数は，針金の熱容量と熱の流れの割合を比較することによって見積ることができる：

$$M \sim \frac{\rho_w(\pi l\, d^2)c\, \Delta T}{\pi k l N u\, \Delta T}.$$

p. 17i
ただし ρ_w と c は針金の密度と比熱で，ΔT は代表的な温度変化の値である．厳密な理論によれば余分に R_w/R_e なる因子がつけ加わり

$$M = \frac{R_w}{R_e}\frac{\rho_w c\, d^2}{kNu}$$

となる．ふつう，熱線に用いる白金とタングステンでは，空気中で使うときは M は 0.1-mil (0.0001in.) の線で1ミリセカンドの程度である．

6.20 衝撃波管装置

　衝撃波管やそれほどではないが間欠風洞でも流れの継続時間が非常に短いので特別の装置が必要である．衝撃波管では継続時間はミリセカンドの程度である．

　圧力，温度の測定に使う装置は，応答時間が流れの時間よりもかなり短くなくてはならない．圧力に敏感な小さな結晶や温度に敏感な抵抗線または帯が圧力計や温度計の代表的要素である．出力は電圧信号として得られ，オシログラフで観測したり，写真に記録することもできる．観測しようとする流れの部分にオシログラフの走査を同調させるためには，適当な撃発装置と時間遅延器とが必要である．

　波の速度は管にそった二つの撃発点に波が到達する時刻をはかって測定する．
　密度は撃発光源を使って干渉計により測定する[†]．同じようにシュリーレン法および直接投影法も流れの可視化に使える．

　流れの可視化に有用な装置は円筒カメラである[††]．管の軸方向にあけられたスリットから流れを撮影するが，このときフィルムはスリットに垂直に動き，流れはスリットの方向に動く．フィルムは，スリットに平行な軸のまわりに回転する円筒にまいてある．結果の写真は流れの x-t 図（3.2節）であって，x はスリットの方向，t はフィルムの運動方向である．

[†] W. C. Griffith and Walker Bleakney, *Amer. J. Phys.*, 22 (1954), p. 567.
[††] I. I. Glass and G. N. Patterson, *J. Aeronaut. Sci.*, 22 (1955), p. 73.

第7章　摩擦のない流れの方程式

7.1　まえがき

p. 178
　我々の気体力学の研究では前各章を通じてずっと一次元流の理論をしらべてきた．さらに超音速流では，この結果を二次元流の場合まで拡張することができた．しかし亜音速，遷音速の流れや一般の三次元流に対しては，一般的な運動方程式を求めねばならない．本章ではこれを行うことにしよう．

　流れは，ここでも非粘性，すなわち摩擦と熱伝導がないと考える．その結果，大体の様子は既述の一次元流の結果と大差はないものと予期される．しかし，方程式を一般化すると，次の各章におけるようにずっと多くの型の流れをしらべることが可能になる．

　またこの一般式から二次元や三次元固有の特徴も出てくる．すなわち一次元の場合には現われなかった渦度の概念などが導入される．

　三次元の運動方程式の記述の便宜上，いわゆる**カーテシャン-テンソル記号**を用いる．これのあらましについては次節でのべる．これはベクトル記号とほとんど同じだが，ベクトル量に対して適用できるばかりでなく，たとえば応力のような三つ以上の成分を持つ量に対しても適用できる便利さがある．

7.2　記　　号

　位置を座標 $(x_1; x_2; x_3)$ で表わす直交座標系を用いて一般の三次元運動方程式を導くことにする．ベクトル記号では位置を $\mathbf{x}$ と表わすが，ここで使うテンソル記号では[†] x_i としるす．ここに添字 i は 1, 2, 3 の値をとる．同様に速度ベクトル $\mathbf{u}=(u_1, u_2, u_3)$ は，u_j で表わし，j は 1, 2, 3 の値をとる．一般にちがったベクトルには別の添字を用いる．ただし，添字が等しいことを明記している場合を除く．すなわち，a_i, b_j は任意の二つのベクトルであるが，a_i, b_i と書けば次の関係がある：

$$a_i = cb_i \,. \tag{7.1}$$

[†]　H. Jeffreys, *Cartesian Tensors*, Cambridge, 1952.

7.2 記　　号

p. 179
ここに c は（スカラーの）定数である．すなわち

$$a_1 = cb_1, \quad a_2 = cb_2, \quad a_3 = cb_3$$

これは二つのベクトルが方向等しく大きさのみがちがうこと示す．

二つのベクトルの内積（いわゆるスカラー積）

$$\mathbf{a} \cdot \mathbf{b} = a_1 b_1 + a_2 b_2 + a_3 b_3$$

は，添字記号では次のように書ける．

$$\mathbf{a} \cdot \mathbf{b} = \sum_{i=1}^{3} a_i b_i$$

内積はしばしば現われ (7.2) のような和になるので，任意の同一項において同じ添字が二度出てきたときは和の記号を用いずにその添字についての和を表わすとしておくと便利である．すなわち

$$a_i b_i = a_1 b_1 + a_2 b_2 + a_3 b_3 \tag{7.2}$$

このような和を示す重複添字は，しばしば *dummy* 添字と呼ばれる．

今までのところテンソル記号がベクトル記号よりも便利なことはまだ明らかではない．これのほんとうの便利さは，後にベクトル記号ではうまく表わされないがテンソル記号ならば容易に一般的に表わされるような量を取扱うときにはっきりする．それはたとえば9個の成分 ($\tau_{11}, \tau_{12}, \tau_{13}, \cdots \tau_{33}$) で表わされる応力のような量であり，これは τ_{ik} と書ける．9個の成分は，1, 2, 3 の値にわたる i, k のすべての組合せをとることにより得られる．

τ_{ik} のごとき量は二階のテンソルと呼ばれ[†]，ベクトル b_i は一階のテンソル，スカラー c は零階のテンソルである．第13章では d_{ijkl} のごとき四階のテンソルを用いる．

微分すると一階高いテンソルになる．たとえばスカラー量の勾配

$$\nabla p = \frac{\partial p}{\partial x_i} \tag{7.3}$$

はベクトルである．同様にベクトルの勾配

[†] テンソルは数で作られた行列以上のものである．これは物理的意味をもっている．たとえば，ベクトルに二階のテンソルを作用させるとこのベクトルを別のベクトルに変換する：$\tau_{ik} n_k = f_i$．テンソルには座標系に関係しないいくつかの不変量がある．

198   第7章　摩擦のない流れの方程式

$$\nabla \mathbf{u} = \frac{\partial u_i}{\partial x_j} \tag{7.4}$$

は二階のテンソルである．
　p. 180
一方，ベクトルの発散はスカラーである．すなわち

$$\nabla \cdot \mathbf{u} = \frac{\partial u_i}{\partial x_i} = \left(\frac{\partial u_1}{\partial x_1} + \frac{\partial u_2}{\partial x_2} + \frac{\partial u_3}{\partial x_3}\right). \tag{7.5}$$

これを見ても和に対する略記法の便利なことがわかる†．

便利な"演算子"に Kronecker のデルタ δ_{ij} がある．これは次の式で定義される：

$$\begin{array}{lll} i=j & \text{のとき} & \delta_{ij}=1 \\ i\neq j & \text{のとき} & \delta_{ij}=0 \end{array}. \tag{7.6}$$

たとえば

$$\delta_{ij}b_j = b_i.$$

運動方程式を誘導する際には Gauss の定理が必要であるが，これはベクトル記号で書くと

$$\int_A \mathbf{b}\cdot\mathbf{n}\,dA = \int_V \nabla\cdot\mathbf{b}\,dV. \tag{7.7}$$

これは，ベクトル $\mathbf{b}$ の場の中の任意の体積 V につき，その表面 A にわたり法線成分 $\mathbf{b}\cdot\mathbf{n}$ を積分したものは，この体積にわたり発散 $\nabla\cdot\mathbf{b}$ を積分したものに等しいことを示す．添字記法では

$$\int_A b_j n_j\,dA = \int_V \frac{\partial b_k}{\partial x_k}\,dV. \tag{7.7a}$$

Gauss の定理は任意のテンソル場に対し一般化され

$$\int_A g n_j\,dA = \int_V \frac{\partial g}{\partial x_j}\,dV \tag{7.7b}$$

---

†　重複添字は "dummy"（名義的）だから文字の選択は任意であるが，もちろん，これは同一の方程式の中で別の意味に用いられる添字と重複してはならない．

7.3 連続の方程式

となる．ここに g は任意のテンソルであって，スカラーおよびベクトルの場合を含む．

7.3 連続の方程式

一般の三次元の連続の方程式は，一次元の時用いた方法（2.2節）でみちびかれる．すなわち空間に固定された"検査面"を通る物質の流れをしらべるのである（7.1図）．この面はどんな形でも，どんな大きさでもよいが，閉じていなければならない．これは空間の体積 V をつつみ，ここを流体が流れる．この面の一部は壁のような物理的な境界でできていてもよい．

面積素片は $\mathbf{n}\,dA$ で表わす．ここに $\mathbf{n}$ は面より外向きに正にとったときの法線方向の単位ベクトルである．面を通し物質を運ぶ速度成分は $\mathbf{u}\cdot\mathbf{n}$ だから，面積素片を通して質量の流れる割合は $\rho\mathbf{u}\cdot\mathbf{n}\,dA$，すなわち $\rho u_j n_j\,dA$ である．流量に対する寄与を全表面にわたって加え合わすと，固定した体積より出てゆく正味の流量が得られる．すなわち

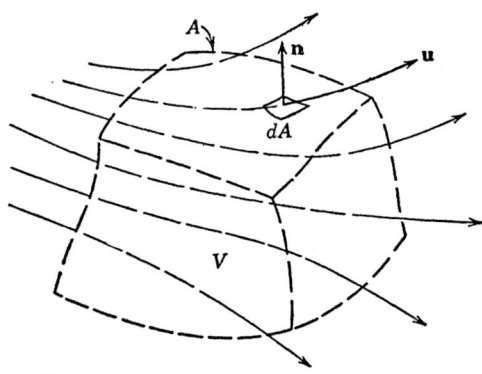

7.1図 "検査面"を通しての流体の流れ，表面積 $=A$; 体積 $=V$.

$$\int_A \rho u_j n_j\,dA\ .$$

内部で質量の増加する割合は，単に

$$\frac{\partial}{\partial t}\int_V \rho\,dV = \int_V \frac{\partial \rho}{\partial t}\,dV$$

である．微分と積分の順序は，今，固定した体積を考えているので交換できる．質量保存の法則より，この増加の割合は（内部に吹出しがないとすると）面を通しての質量の流入によってのみおきるものである．すなわち

$$\int_V \frac{\partial \rho}{\partial t}\,dV = -\int_A \rho u_j n_j\,dA \qquad \blacktriangleright (7.8)$$

これは質量保存則の一つの形である.

一次元流（2.2節）では，この関係は

$$\int_V \frac{\partial \rho}{\partial t} dV = -(\rho_2 u_2 A_2 - \rho_1 u_1 A_1)$$

となる.

非定常項といわれる (7.8) の左辺の体積項は，流れが非定常のとき V 内の密度が変化することに起因する．**対流項**といわれる右辺の面積項は，流れにより質量が出入することを表わす.

V から出入する流体は，質量ばかりでなく流体のもつ種々の特性，たとえば，運動量，エネルギー，エントロピー等をも**輸送**する．このような量を単位体積につき g とすると，V 内の g の変化の割合は，いつでも非定常体積項

$$\int_V \frac{\partial g}{\partial t} dV \qquad (7.9\text{a})$$

および対流面積項

$$\int_A g u_j n_j \, dA \qquad (7.9\text{b})$$

で表わされる．量 g は，任意の（輸送されうる）スカラー，ベクトル，または一般のテンソル量であってよい．

さて，連続式にもどって，Gauss の定理 (7.7a) を使うと面積項を体積積分に書きかえることができる．Gauss の定理のベクトル b_j を ρu_j でおきかえると，

$$\int_A \rho u_j n_j \, dA = \int_V \frac{\partial}{\partial x_j}(\rho u_j) \, dV .$$

これを (7.8) の左辺に用いると次の形の連続の式を得る：

$$\int_V \left[\frac{\partial \rho}{\partial t} + \frac{\partial}{\partial x_j}(\rho u_j) \right] dV = 0 .$$

この式は任意の体積 V に対し成立つべきであるから，上の積分は括弧内の量が到る所

7.4 運動量方程式

で零になるときにのみ零となる.† そこで，連続の式の微分形は次のようになる：

$$\frac{\partial \rho}{\partial t} + \frac{\partial}{\partial x_j}(\rho u_j) = 0 \; . \qquad \blacktriangleright (7.10)$$

一次元流に対しては，これは (3.7) になる.

一般表式中の面積分 (7.9b) も後の応用でみるように Gauss の定理 (7.7b) により同じように体積分に変形できる.

7.4 運動量方程式

体積 V (7.1図) を通って流れる流体に運動量の法則を適用しよう. V 内の流体に働くすべての力の和を F_i とすれば，

$$F_i = V \text{ 内の流体の運動量の変化割合}^{*} \; .$$

しかし，もし流れが**定常**すなわち場の各点の状態が時間的に変化しないとすれば，V 内の流体すなわち V を通過する流体の運動量の変化割合をどうして計算すればよいであろうか？ 定常ならば V の中に運動量は蓄積しないから，これは明らかに正味の運動量流出の割合に等しい. 従って定常流では

$$F_i = \int_A (\rho u_i) u_j n_j \, dA \; .$$

ここで流出量は (7.9b) における g に単位体積あたりの運動量 ρu_i を用いて計算した.

もし流れが**非定常**であれば，さらに非定常項をつけ加えねばならない. それで結局運動量方程式の完全な形として

$$F_i = \int_V \frac{\partial}{\partial t}(\rho u_i) \, dV + \int_A \rho u_i u_j n_j \, dA \qquad (7.11)$$

---

† たとえば，積分 $\int_a^b F(x) dx$ は a, b の特別の値に対しては零になりうる. すなわち "負の面積" が正の面積とうち消し合うときには零になる. しかし，すべての任意の a, b の値に対しては，$F(x) \equiv 0$ のときにのみ零になる.

* 考えている時刻に V 内にあった流体部分を追うての運動量変化の時間的割合を意味するが，これは V 内に目を止めて観測される変化割合（定常流では零）に V からの正味の流出割合を加えたものに等しいことはすでに一次元流について (2.19) で述べた. 本文では次にこれが一般になりたつことを述べている.

が得られる．

次に，力 F_i を流れの特定のパラメータで表わすことを考えよう．力には面積力と体積力との二種がある．面積力は面 A にとなり合っているすべての媒質，たとえば固体壁またはとなりの流体自身から及ぼされるものである．いま考えている粘性のない流れでは，面積力は面に**垂直に働く圧力**によるものだけであって，接線方向の摩擦力はない．従って単位面積あたり垂直力は p であり**内向き**であるから，n_i を**外向き**の単位法線ベクトルとすれば，面積素片 dA に働く力は $(-pn_i dA)$ である．A 内の流体に働く圧力の総和は

$$\int_A (-pn_i)\,dA\ .$$

体積力の例としては，慣性力，重力，電磁力がある．このような力はこれが働く物質の質量に比例する．それで単位質量につきベクトル f_i，すなわち単位体積については ρf_i と表わせる．これを領域全体につき加え合わすと合力として

$$\int_V \rho f_i\,dV\ .$$

(7.11) の F_i を面積力および体積力の和でおきかえると運動量方程式の積分形が得られる．すなわち

$$\int_V \frac{\partial}{\partial t}(\rho u_i)\,dV + \int_A \rho u_i u_j n_j\,dA = -\int_A p n_i\,dA + \int_V \rho f_i\,dV\ .\quad \blacktriangleright (7.12)$$

この面積分は再び Gauss の定理を用いて体積分にかえられる．そうすると前と同じ論
p. 184
法により運動量方程式の微分形

$$\frac{\partial}{\partial t}(\rho u_i) + \frac{\partial}{\partial x_j}(\rho u_i u_j) = -\frac{\partial p}{\partial x_i} + \rho f_i \quad \blacktriangleright (7.13)$$

が得られる．この方程式の四つの項は，左辺よりそれぞれ単位体積あたりの非定常および輸送による運動量変化の割合，単位体積の表面に働く圧力和，単位体積あたりの体積力を表わす．

運動量方程式の積分形，微分形はともに非常に重要である．この本で取扱うたいていの問題は微分形の方から出発するが，積分形を用いた方がずっと直接的であるような場合も多い．既述の衝撃波を通る流れもその一例である．

7.4 運動量方程式

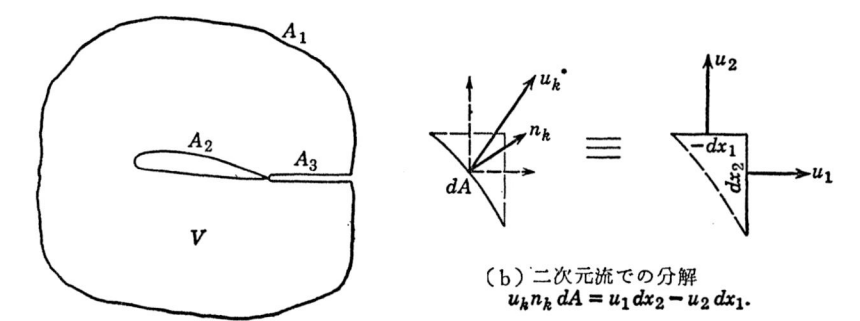

(a) 検査面, $A \equiv A_1 + A_2 + A_3$.

(b) 二次元流での分解
$u_k n_k \, dA = u_1 dx_2 - u_2 dx_1.$

7.2 図 運動量の定理の応用

積分形を用いるとき"検査面"Aは閉じていなければならないということが重要である. 一例として物体に働く揚力および抗力を検査面を通しての運動量の出入で表わそう. 体積力のない定常流を考えると, 運動量方程式は

$$-\int_A p n_i \, dA = \int_A (\rho u_i) u_k n_k \, dA†. \tag{7.14}$$

面 A は 7.2a 図に示すように三つの部分から成立っている:

$$A = A_1 + A_2 + A_3.$$

A_1 は任意の検査面, A_2 は物体面, A_3 は A を単一閉曲面にするための切断面である.

A_3 からの積分への寄与は圧力および流れが切断面の両側で消し合うので零である. A_2 に垂直な速度成分はないから, A_2 も流出入の積分(式(7.14)の右辺)には寄与しない. そこで(7.14)は次のようになる.

$$\int_{A_2} (-p n_i) \, dA = \int_{A_1} (\rho u_i) u_k n_k \, dA + \int_{A_1} (p n_i) \, dA$$

左辺の積分は, A_2 において物体が流体におよぼす力を表わしている. そこでこの符号を変えると**流体が物体におよぼす力**になる. すなわち

$$F_i = -\int_{A_1} (\rho u_i) u_k n_k \, dA - \int_{A_1} (p n_i) \, dA. \tag{7.15}$$

---

† ここでは k を dummy 添字に使った. 198 頁脚注参照.

F_i の x_1 および x_2 方向の成分を抗力 D および揚力 L とすれば

$$D = -\int_{A_1} (\rho u_1) u_k n_k \, dA - \int_{A_1} p n_1 \, dA$$

$$L = -\int_{A_1} (\rho u_2) u_k n_k \, dA - \int_{A_1} p n_2 \, dA \, .$$

▶(7.16)

たとえば二次元流 7.2b図の場合，反時計方向に積分すれば

$$D = -\int_{A_1} \rho u_1 (u_1 \, dx_2 - u_2 \, dx_1) - \int_{A_1} p \, dx_2$$

$$L = -\int_{A_1} \rho u_2 (u_1 \, dx_2 - u_2 \, dx_1) - \int_{A_1} p \, dx_1 \, .$$

(7.16a)

検査面 A_1 の形は任意だから，長方形の"箱"なり円なり何でも一番便利なものをえらべばよい．

7.5 エネルギー方程式

エネルギー法則はスカラー方程式だから，本質的には第2章で得たものと変わらないことが予想されるが，ここでは非定常項をとり入れることによってもう少し一般化することにしよう．またここで述べる導き方は，摩擦や熱伝導の項がある第13章の場合のよい参考になるであろう．

V (7.1図) 内の流体にエネルギー則を適用すると，

　　　（外部から加えられた熱）＋（流体になされる仕事）＝（エネルギーの増加）

となる．流れを取扱うときは，エネルギーの変化の**時間的割合**を用いるのが便利である．すなわち

　　　（外部から熱の加えられる割合）＋（流体になされる仕事の割合）

　　　　　　　　　　　　　　　　＝（流体のエネルギーの増加の割合）

単位質量あたりに加えられる熱量の割合を q で表わそう．これは**外部から**加えられる熱量だけで，すでに流体内にひそんでいるものはふくまない．だから q には流体の変形により出てくる熱量はふくまれないが，外部からの輻射によって吸収した熱量はふくまれる．q は**体積項**であり熱伝導によって伝えられる熱量はふくまない．後者は**面積項**であり第13章における粘性流体の場合にはこれを含めて議論する．

7.6 Euler 微分

流体になされる**仕事の割合**には，体積力によるものと圧力 p によるものとがある。前節でのべたように，これらの力はそれぞれ体積 dV に $\rho f_i dV$ の力，面積 dA に $-pn_i dA$ の力をおよぼす。これらに u_i をスカラー的に乗ずれば，これらによる仕事の割合が得られ，それぞれ $\rho f_i u_i dV$ および $-pn_i u_i dA$ となる。粘性流体ではさらに摩擦による面積項がつけ加わる。

内部エネルギーおよび運動のエネルギーよりなる**流体のエネルギー**は単位体積あたり $\rho e + \frac{1}{2}\rho u^2$ である。ここに $u^2 \equiv u_1^2 + u_2^2 + u_3^2 \equiv u_i u_i$。$V$ 内でのエネルギー変化の割合は非定常項と対流項とからなっている。これは (7.9) の g を $\rho e + \frac{1}{2}\rho u^2$ でおきかえればよい。

上にのべた種々の量を集めるとエネルギー式の積分形は

$$\int_V \rho q\, dV + \int_V \rho f_i u_i\, dV - \int_A p n_i u_i\, dA = \int_V \frac{\partial}{\partial t}\left(\rho e + \frac{1}{2}\rho u^2\right) dV$$
$$+ \int_A \left(\rho e + \frac{1}{2}\rho u^2\right) u_j n_j\, dA \blacktriangleright (7.17)$$

となる。これに対する微分形は

$$\rho q + \rho f_i u_i - \frac{\partial}{\partial x_i}(p u_i) = \frac{\partial}{\partial t}\left(\rho e + \frac{1}{2}\rho u^2\right) + \frac{\partial}{\partial x_j}\left[\left(\rho e + \frac{1}{2}\rho u^2\right) u_j\right] \quad . \blacktriangleright (7.17\text{a})$$

7.6 Euler 微分

運動方程式はふつう今までにのべた方法と同等ながらいくらかちがった観点からみちびかれる。ここで簡単に前各節の積分による方法と比べてみよう。

流体のもつ任意の特性は**場**として表わすことができる。たとえば 7.3 図のような等温線により特徴づけられる温度場 $T(x_1, x_2, x_3)$ がある。もしこの場が非定常ならば

$$T = T(x_1, x_2, x_3, t) = T(x_i, t) \quad .$$

p. 187
この表式は時刻 t に場所 x_i にある流体粒子のもつ温度が T であるということを示しているにすぎない。密度，圧力，速度等の場も同様に指定することができる。

ある一つの流体粒子についてのこれらの量の**変化の割合**は二つの効果すなわち**対流効果**および**非定常効果**に基づく。温度の対流による変化の割合は場における T の勾配に

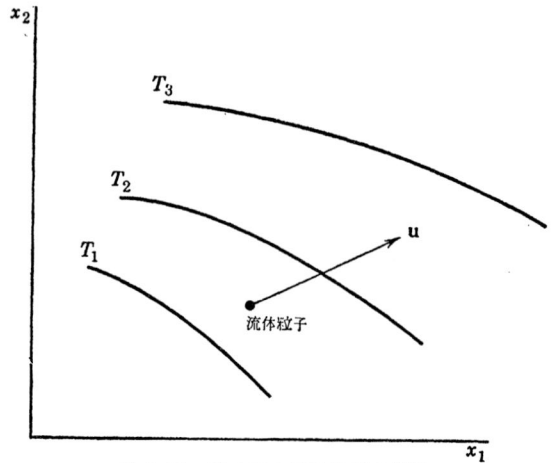

7.3 図 場の中の流体粒子の運動

流体粒子の**速度**を乗じたものに等しい[*]. すなわち

$$u_k \frac{\partial T}{\partial x_k} = u_1 \frac{\partial T}{\partial x_1} + u_2 \frac{\partial T}{\partial x_2} + u_3 \frac{\partial T}{\partial x_3} \ .$$

非定常効果は T の**各点**の変化の割合すなわち $\partial T/\partial t$ による. よって流動粒子の温度の正味の変化の割合は

$$\frac{\partial T}{\partial t} + u_k \frac{\partial T}{\partial x_k} \equiv \frac{DT}{Dt} \ . \tag{7.18}$$

流動粒子についての変化の割合を表わす特殊の記号 D/Dt は **Euler 微分** といわれている.

　流体の任意の特性量は，場として表わされる限り，スカラーでもベクトルでもさらに一般的なテンソルであっても，その変化の割合は Euler 微分によって計算することができる. またこの特性量は圧力，速度のような"強度的"な量でもエネルギーのような"範囲的"な量であってもよい. 後者の場合, ある粒子を追跡することはある定まった質量を追跡することだから，場を**単位質量あたり**の量で表わさねばならない.

---

[*] スカラー的に乗じたもの.

7.7 エネルギー式の分割

場の方法を説明するために流動粒子について Newton の方程式を書いてみよう. 加速度すなわち速度の変化の割合は

$$\frac{Du_i}{Dt} \equiv \frac{\partial u_i}{\partial t} + u_k \frac{\partial u_i}{\partial x_k}$$

この式の最後の項は少しわかりにくい.というのは,速度が二役に,すなわち一つは対流の仲介者として,一つは問題にしている場の特性量として現われているからである!

Newton の法則によれば質量に加速度をかけたものはそれに働く力の総和に等しい.いま単位体積について考えると,質量は ρ で,単位体積あたりの力はすでに 7.4 節でのべたように $\left(-\frac{\partial p}{\partial x_i}+\rho f_i\right)$ である.従って Newton の法則より

$$\rho \frac{Du_i}{Dt} \equiv \rho \frac{\partial u_i}{\partial t} + \rho u_k \frac{\partial u_i}{\partial x_k} = -\frac{\partial p}{\partial x_i} + \rho f_i \qquad \blacktriangleright (7.19)$$

これはしばしば Euler の方程式といわれる.これは運動量方程式の微分形 (7.13)

$$\frac{\partial}{\partial t}(\rho u_i) + \frac{\partial}{\partial x_k}(\rho u_i u_k) = -\frac{\partial p}{\partial x_i} + \rho f_i$$

と同等である.実際,左辺を書きなおすと

$$\rho \frac{\partial u_i}{\partial t} + u_i \frac{\partial \rho}{\partial t} + \rho u_k \frac{\partial u_i}{\partial x_k} + u_i \frac{\partial}{\partial x_k}(\rho u_k)$$

$$\equiv \rho \frac{\partial u_i}{\partial t} + \rho u_k \frac{\partial u_i}{\partial x_k} + u_i \left[\frac{\partial \rho}{\partial t} + \frac{\partial}{\partial x_k}(\rho u_k)\right] \qquad (7.20)$$

となるが,大括弧内は連続の式により零である.

つまりこの例は前節の輸送による方法とこの節の場の方法とが等価であることを示している.単位体積あたりの運動量 ρu_i のような範囲的な量が速度 u_i のような強度的な量とむすびついているときはいつでも (7.20) のように連続の式は"ぬきとる"ことができる.次節ではこのことをエネルギー式に使う.

7.7 エネルギー式の分割

連続の式に $\left(e+\frac{1}{2}u^2\right)$ をかけてエネルギー式 (7.17 a) より引き去ると

$$\rho \frac{De}{Dt} + \rho \frac{D}{Dt}\left(\frac{1}{2}u^2\right) = \rho q + \rho f_i u_i - \frac{\partial}{\partial x_i}(p u_i) \qquad (7.21)$$

p. 189
となる．この式は Euler の方程式 (7.19) を用いるとさらに簡単になる．まず (7.19) に u_i をかけてスカラー方程式にすると*

$$\rho u_i \frac{Du_i}{Dt} = \rho \frac{D}{Dt}\left(\frac{1}{2}u^2\right) = -u_i \frac{\partial p}{\partial x_i} + \rho f_i u_i . \qquad (7.22)$$

上式を (7.21) より差し引くと

$$\rho \frac{De}{Dt} = \rho q - p \frac{\partial u_i}{\partial x_i} ;$$

さらに連続の式より

$$\frac{\partial u_i}{\partial x_i} = \rho \frac{D}{Dt}\left(\frac{1}{\rho}\right)$$

が成立つことに注意すると，もっと見なれた形すなわち

$$\frac{De}{Dt} + p \frac{D}{Dt}\left(\frac{1}{\rho}\right) = q \qquad (7.23)$$

になる．こうしてエネルギー (7.21) はうまく二つにすなわち (7.22) と (7.23) とに分れた．方程式 (7.22) は"保存系"に通例の，運動エネルギーと圧力および体積力による仕事との交換可能性を示し，一方 (7.23) は平衡系に対する熱力学の第一法則を表わすものに他ならない．後者が変化の**割合**として書かれているのは平衡の概念に矛盾するものではない．すなわちこれは散逸がないことから予期されるように，系(流体粒子)が平衡状態を保ちながら変化していることを示すものである．**

(7.23) を用いると流体粒子のエントロピー†の変化の割合も求められる．すなわち (1.44a) を参照すれば

$$\frac{DS}{Dt} = \frac{1}{T}\left[\frac{De}{Dt} + p \frac{D}{Dt}\left(\frac{1}{\rho}\right)\right] = \frac{q}{T} . \qquad (7.24)$$

外部から熱が加えられるか外部に熱を持ち去られるかにしたがいエントロピーは増大ま

---

† 211頁脚注参照．
* u_i をかけるのであるからスカラー的にかけることになる．
** 散逸がないということは，どんなにすみやかな変化でも，熱力学のいわゆる準静的変化とみなしうることを意味する．

7.8 全エンタルピー

たは減少する．熱の出入がないすなわち $q=0$ ならば流体粒子の状態変化は**等エントロピー的**である：

$$\frac{DS}{Dt} = 0 .\qquad \blacktriangleright (7.24\,\text{a})$$

第13章でわかるように摩擦と熱伝導があれば平衡熱力学の方程式 (7.23) は右辺に**散逸項**をもった非平衡の方程式になる．この項は常に正で (7.24) の右辺でエントロピーをつくり出す項として現われる．

今述べた方程式は流体粒子について書かれたものであることに注意せねばならない．たとえば (7.24 a) の等エントロピーという結果は同一流体粒子に対してのみなりたつものであって流れの各部分においてエントロピーが等しいと云っているのではない．**定常流**においては粒子経路と流線が一致することを考えると，上の結果を拡張してエントロピーは流線にそって一定でなければならないといえる．しかしエントロピーは流線が変われば変わりうる．このことについては 7.9 節でしらべる．

7.8 全エンタルピー

第2章では，定常な断熱流の場合には全エンタルピー $h_0 = h + \frac{1}{2}u^2$ が一つの流線上の平衡状態にあるすべての点において等しい値をもつことを示した．本章の方法でこの量をはっきり示すためにエネルギー方程式 (7.21) にたちかえり，連続の式を使って圧力項を次のように書きかえる：

$$-\frac{\partial}{\partial x_i}(pu_i) = \frac{\partial p}{\partial t} - \rho \frac{D}{Dt}\left(\frac{p}{\rho}\right)$$

これを (7.21) に入れ両辺を ρ で割ると

$$q + f_i u_i + \frac{1}{\rho}\frac{\partial p}{\partial t} = \frac{D}{Dt}\left(\frac{p}{\rho}\right) + \frac{De}{Dt} + \frac{D}{Dt}\left(\frac{1}{2}u^2\right) .$$

エンタルピー $h = e + p/\rho$ を導入すると結局

$$\frac{D}{Dt}\left(h + \frac{1}{2}u^2\right) = q + f_i u_i + \frac{1}{\rho}\frac{\partial p}{\partial t} .\qquad \blacktriangleright (7.25)$$

この式は量 $h + \frac{1}{2}u^2$ （これは理想気体では $c_p T + \frac{1}{2}u^2$ になる）の変化が熱の出入，体

積力のなす仕事もしくは圧力に関する非定常効果によって起ることを示している。外部から熱が加えられなければ（7.5節参照）上式の右辺の第一項は零である。またたいていの空気力学問題では体積力は零である。しかし最後の項は多くの**非定常**問題において重要である。たとえば Hilsch 管の中や，圧縮性流れにおけるしりきれ型物体の後の渦に観測される大きい温度差はこの非定常項によるものである†。

体積力のない定常な断熱流に対しては (7.25) の右辺の三項はすべて零であるから**流体粒子について**

$$h + \tfrac{1}{2}u^2 = \text{const.} = h_0 \qquad (7.26)$$

が成立つ．定常流では粒子経路と流線は一致するから (7.26) は各々の流線に対しても成立つ．このことは第2章で得たことである．上の定数値は流線毎に異なっているかもしれない．たとえば流線が別々の貯気槽に端を発しているような場合である．

p. 191

7.9 自然座標．Crocco の定理

前二節で摩擦および熱伝導のない断熱的な**定常流**ではエントロピーおよび全エンタルピーが流線にそって保存されることがわかった．そこで，次にエントロピーと全エンタルピーの流線毎の変化をしらべねばならない．これはまたいわゆる**自然座標系**すなわち一つの座標を流線に沿うてとり他の二つをこれに垂直にとる座標系を導入するよい機会である．この座標系は 7.4 図に示すように流線とこれに直

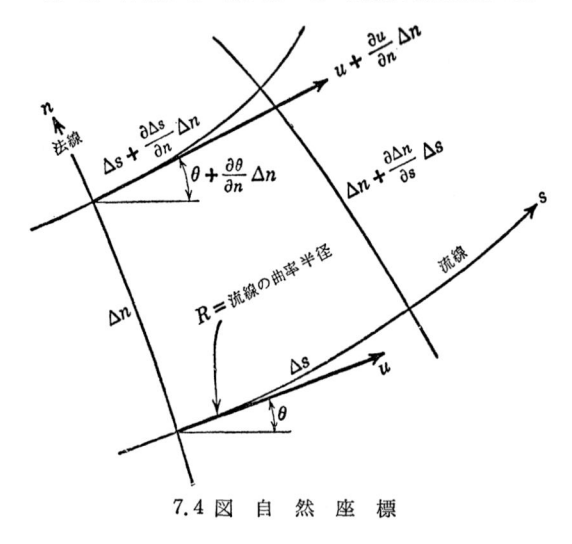

7.4 図 自 然 座 標

---

† L. F. Ryan, *Mitteilungen aus dem Inst. für Aerodynamik*, Nr. 18, Zürich, 1954.

7.9 自然座標. Crocco の定理

交する曲線でつくられる網目に他ならない．図のように**二次元**の流れだけ考えれば充分であろう．一般の場合はこれに直交する網目が加わる．

この座標系で流線に沿い速度ベクトルの方向に測った長さを s, これに直角方向の長さを n とする．流れの速度ベクトルをその大きさ u および方向 θ で表わすと

$$(u, \theta) \text{ は } (s, n) \text{ の函数．}$$

座標は曲線だから直交座標系に対してみちびいた方程式はそのままでは使えない．しかしながら第2章の一次元の管路の流れの結果はたいてい，n と $n+\Delta n$ を通る二つの流線でつくられた流管に適用することができるので運動方程式を書き下すことは簡単である．一次元の場合とのちがいは，流れの方向ばかりでなく流れに垂直な方向の運動量のつり合いをも考えようとする点にある．**定常流の運動方程式は次のようになる**：

連　続	$\rho u\, \Delta n = \text{const.}$	▶(7.27)
s 方向の運動量	$\rho u \dfrac{\partial u}{\partial s} = -\dfrac{\partial p}{\partial s}$	▶(7.28)
n 方向の運動量	$\rho \dfrac{u^2}{R} = -\dfrac{\partial p}{\partial n} = \rho u^2 \dfrac{\partial \theta}{\partial s}$	▶(7.29)
エネルギー	$h + \tfrac{1}{2}u^2 = h_0$	▶(7.30)

(7.27)で，流管の断面積は単位巾の部分を考えると Δn である（(2.2)参照）．(7.28)は流線に沿っての加速度と圧力勾配のつり合いの式であり，一方(7.29)はこれの流線に垂直の方向のものである．後者では加速度は流線の曲率 $1/R$ すなわち $\partial \theta/\partial s$ に依存する．エネルギー式で h_0 は各々の流線では定数値であるが流線が違えば違った値をとりうる．

エントロピー[†]と他の熱力学的量との間には

$$T\, dS = dh - \frac{1}{\rho} dp$$

の関係があり，エネルギー式を用いて dh を $dh_0 - u\,du$ でおきかえると速度との関係がえられる．すなわち

[†] この章では流線座標 s との混同をさけるため比エントロピー（1.3節参照）に対し大文字 S を用いる．

$$T\,dS = -\left(u\,du + \frac{1}{\rho}dp\right) + dh_0 . \tag{7.31}$$

この変数間の微分関係式より流線に沿う方向および垂直の方向の変化は次のようになる：

$$T\frac{\partial S}{\partial s} = -\left(u\frac{\partial u}{\partial s} + \frac{1}{\rho}\frac{\partial p}{\partial s}\right)$$

$$T\frac{\partial S}{\partial n} = -\left(u\frac{\partial u}{\partial n} + \frac{1}{\rho}\frac{\partial p}{\partial n}\right) + \frac{dh_0}{dn} .$$

($\partial h_0/\partial s$ は h_0 が流線にそって一定値をとるから零である．）圧力勾配の項を運動量方程式 (7.28) (7.29) を用いてかきなおすと

$$T\frac{\partial S}{\partial s} = 0$$

$$T\frac{\partial S}{\partial n} = -u\left(\frac{\partial u}{\partial n} - \frac{u}{R}\right) + \frac{dh_0}{dn} . \qquad \blacktriangleright (7.32)$$

第一式は流線に沿ってエントロピーが一定値をとることを示し，この結果はすでに 7.7 節で得たものである．第二式は流線に垂直方向のエントロピーの変化の様子を示すもので Crocco の定理として知られており，ふつう次式の形に書かれる：

$$T\frac{dS}{dn} = \frac{dh_0}{dn} + u\zeta_1 . \qquad \blacktriangleright (7.33)$$

量 ζ

$$\zeta \equiv \frac{u}{R} - \frac{\partial u}{\partial n} \equiv u\frac{\partial \theta}{\partial s} - \frac{\partial u}{\partial n} \tag{7.34}$$

は流れの渦度である．これの運動学的意味は次節で議論する．

方程式 (7.33) により，摩擦のない流れにおいてちがった流線上でもエントロピーが等しい値をもつ，すなわち**いたる所等エントロピー**（英国書では "homentropic" といわれる）であるためにどんな条件が必要であるかがわかる．この条件は

(1) いたる所で $h_0 = \text{const.}$

(2) いたる所で $\zeta = 0$ ．

第一番目の条件はたいていの空気力学的問題では満たされている．そこで渦度は流線を

7.10 渦度の循環および回転との関係

横ぎってのエントロピーの勾配とじかにむすびついている．既述のように（2.4節）理想気体では h_0=const. なら T_0=const. であり，このときエントロピーはよどみ点圧力とじかに結びついていた（2.15a）．これらの条件の下では渦度は流線を横ぎっての p_0 の変り具合を示す：

$$\zeta = \frac{T}{u}\frac{dS}{dn} = -\frac{RT}{up_0}\frac{dp_0}{dn} . \tag{7.35}$$

結局，h_0 が一様で渦なしならばエントロピーは一様であるといえる．

非定流に対しても成り立つ Crocco の式の一般形は

$$T \operatorname{grad} S + \mathbf{u} \times \operatorname{curl} \mathbf{u} = \operatorname{grad} h_0 + \frac{\partial \mathbf{u}}{\partial t} . \qquad \blacktriangleright (7.36)$$

7.10 渦度の循環および回転との関係

p. 194
任意の**速度場**について次式で定義される函数 Γ を考えることができる：

$$\Gamma \equiv \oint_C \mathbf{u}\cdot d\mathbf{l} \equiv \oint_C u_i\,dx_i . \tag{7.37}$$

積分は 7.5a 図に示すように行なう．任意の曲線 C に沿う線素 $d\mathbf{l}$ に速度の 曲線方向

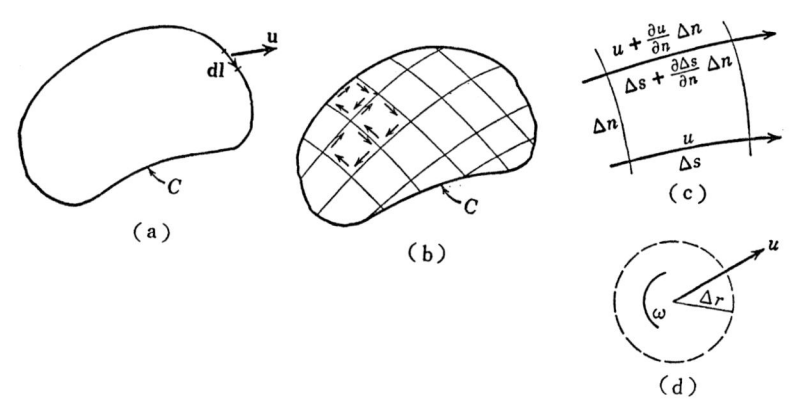

7.5 図 循環の計算．（a） 経路 C 上の線素と速度の例；（b） C を網目に分割する；（c） 自然座標を用いての網目のまわりの循環の計算；（d） 回転する流れにおける円形の網目．

の成分を掛ける．この微小なスカラー積 $\mathbf{u}\cdot d\mathbf{l}$ の閉曲線 C にわたっての和が C のまわりの**循環** Γ の定義である．循環には方向が定められている．たとえば時計まわりのとき正とする．

同様にして7.5b図の任意の一個の網目についても循環が計算できる．その一つを $\Delta\Gamma_i$ としよう．C にかこまれたすべての網目にわたってこれを加え合わすと，となり合った網目からの寄与はこれらの共通の境界上では相殺して全体の縁の部分からの寄与だけがのこり，C のまわりの循環に等しくなる：

$$\Gamma = \sum_i \Delta\Gamma_i. \qquad (7.38)$$

網目の辺を7.5c図に示すように流線とこれに直交する曲線にとると $\Delta\Gamma$ の値は

$$\Delta\Gamma = -(u\,\Delta s) + \left(u + \frac{\partial u}{\partial n}\Delta n\right)\left(\Delta s + \frac{\partial\,\Delta s}{\partial n}\Delta n\right)$$

p. 195
である．垂線にそっての寄与はない．7.4図より $\partial\Delta s/\partial n = -\Delta s/R$ であることがわかる．そこで上式は次のようにかける：

$$\Delta\Gamma = \left(\frac{\partial u}{\partial n} - \frac{u}{R}\right)\Delta s\,\Delta n - \left(\frac{\partial u}{\partial n}\frac{1}{R}\right)\Delta s\,(\Delta n)^2.$$

素面積 $\Delta A = \Delta s\,\Delta n$ で割ると

$$\frac{d\Gamma}{dA} = \lim_{\Delta A \to 0}\frac{\Delta\Gamma}{\Delta A} = \frac{\partial u}{\partial n} - \frac{u}{R} = -\zeta. \qquad (7.39)$$

Δn の高次の項を無視して (7.38) を書きなおすと

$$\Gamma = \sum_i \Delta\Gamma = -\sum \zeta\,\Delta A$$

すなわち

$$\Gamma \equiv \oint_C \mathbf{u}\cdot d\mathbf{l} = -\iint_A \zeta\,dA. \qquad \blacktriangleright (7.40)$$

式 (7.40) は各網目のまわりの循環とその網目内の流体の渦度との関係を示す．

終りに，渦度は流体の**角速度**すなわち"スピン"と関係がある．これを示すために円形の網目素片（7.5d図）をとり，このまわりの循環を計算する．もし流体が角速度 ω ——これは小円でかこまれた範囲内の局所値であるが——で回転しているとすると

7.10 渦度の循環および回転との関係

$$\Delta\Gamma = (-\omega\,\Delta r)(2\pi\,\Delta r) = -2\omega\,\Delta A\ .$$

(流体のどんな並進速度も全体として線積分に寄与しない．) よって流体の渦度と角速度との間には次の関係がある：

$$\zeta = \lim_{\Delta A \to 0} \frac{-\Delta\Gamma}{\Delta A} = 2\omega\ . \tag{7.41}$$

渦度のある流れを**回転的** (rotational)，到る所渦度が零である流れを**非回転的** (irrotational) という．

今までは二次元流だけを考えて来たが，この場合角速度（と渦度）は二次元平面に垂直なただ一つの成分しか持たない．一般には渦度は角速度の各成分と次の関係にある三つの成分がある：

$$\zeta_i = 2\omega_i\ .$$

この場合 Stokes の定理によると

$$\oint_C \mathbf{u}\cdot d\mathbf{l} = \iint_A \mathrm{curl}\,\mathbf{u}\,d\mathbf{A}$$

である．ここに A は C を周辺とする任意の曲面で，curl u は次式で与えられる成分をもつ：

$$\begin{aligned}\zeta_1 &= \frac{\partial u_3}{\partial x_2} - \frac{\partial u_2}{\partial x_3} \\ \zeta_2 &= \frac{\partial u_1}{\partial x_3} - \frac{\partial u_3}{\partial x_1} \\ \zeta_3 &= \frac{\partial u_2}{\partial x_1} - \frac{\partial u_1}{\partial x_2}\ .\end{aligned} \tag{7.42}$$

渦度の三つの成分がすべて零であるとき，すなわち curl u=0 に限り，流れは非回転的である．

渦度は次のテンソル記号を用いて表わした方が便利な時がある：

$$\zeta_{ij} = \frac{\partial u_j}{\partial x_i} - \frac{\partial u_i}{\partial x_j} = 2\omega_{ij}\ .$$

実際，渦度（と回転）はベクトルというよりむしろ二階のテンソルである．しかしながら上の関係からわかるように独立な三つの成分しか持たない特殊なものである．添字が等しい三つの成分は零であり，$\zeta_{12}=-\zeta_{21}$ 等の関係より残った六つの成分のうち三つだけが独立である．このようなテンソルを擬（pseudo）テンソルという．

最後に問題となるのは，速度成分のすべての一階の微分を含む**テンソル勾配** $\partial u_i/\partial x_j$ である．これは形式的には次のように二つの部分に分けることができる：

$$\frac{\partial u_i}{\partial x_j} = \frac{1}{2}\left(\frac{\partial u_i}{\partial x_j}+\frac{\partial u_j}{\partial x_i}\right) + \frac{1}{2}\left(\frac{\partial u_i}{\partial x_j}-\frac{\partial u_j}{\partial x_i}\right) = \epsilon_{ij} - \omega_{ij}. \quad (7.43)$$

この勾配の"対称的"な部分 ϵ_{ij} は**歪み率**テンソルと呼ばれ流体の歪む割合を表わす．これは粘性応力と関係があり第13章で議論する．反対称の部分 ω_{ij} は**回転**である．

7.11 速度ポテンシャル

渦度が零すなわち

$$-\zeta_{ij} = \frac{\partial u_i}{\partial x_j} - \frac{\partial u_j}{\partial x_i} = 0$$

ならば速度はある函数 Φ と次の関係がある：

$$u_i = \frac{\partial \Phi}{\partial x_i} = \mathrm{grad}\,\Phi. \qquad \blacktriangleright (7.44)$$

これは次のことに注意すれば確かめられる：

$$\frac{\partial u_i}{\partial x_j} - \frac{\partial u_j}{\partial x_i} = \frac{\partial^2 \Phi}{\partial x_j \partial x_i} - \frac{\partial^2 \Phi}{\partial x_i \partial x_j} \equiv 0.$$

Φ は**速度ポテンシャル**と云われ，このため非回転流はポテンシャル流ともいわれる．次の節で運動方程式が Φ によって都合よく書き表わされることがわかる．

速度ポテンシャルの簡単な例は，x_1 方向の一様流すなわち

$$\Phi = Ux_1$$

である．速度は次式で与えられる：

7.12 非回転流

$$u_1 = \frac{\partial \Phi}{\partial x_1} = U$$

$$u_2 = \frac{\partial \Phi}{\partial x_2} = 0$$

$$u_3 = \frac{\partial \Phi}{\partial x_3} = 0 .$$

流れは非定常 $U=U(t)$ でもよい．それで一般に $\Phi=\Phi(x_i ; t)$ である．

7.12 非回転流

以下のたいていの章では断熱的な非回転流れを取り扱う．Crocco の定理によるとこのような流れは等エントロピー的である[*]．このような流れを表わす方程式をまとめておくと便利であると思われる．

直交座標で表わすと

$$\text{連 続} \qquad \frac{\partial \rho}{\partial t} + \frac{\partial}{\partial x_j}(\rho u_j) = 0 \qquad (7.45)$$

$$\text{運動量} \qquad \rho \frac{\partial u_i}{\partial t} + \rho u_j \frac{\partial u_i}{\partial x_j} = -\frac{\partial p}{\partial x_i} \qquad (7.46)$$

$$\text{等エントロピーの式} \qquad \frac{p}{p_0} = \left(\frac{\rho}{\rho_0}\right)^\gamma . \qquad (7.47)$$

このときエネルギー式の代りに簡単な等エントロピーの式 (7.47) がなりたつ．これは理想気体について書いたものであるが，必要なら一般の形として，$S=$const. を用いればよい．

上の五つの方程式は五つの未知量 $p, \rho, u_i (i=1, 2, 3)$ に対する基礎式である．これらの方程式は色々に組合せることができ，また，上の条件より出る補助の方程式を導入するとしばしば便利なことがある．その主なものは

p. 198

---

[*] このことは非定常流のときには一般にはいえない．ただし粒子毎の等エントロピー関係 (7.24 a) はエネルギー式の分割から導びけるから，もし初めにすべての粒子のエントロピーが等しければ，任意の時刻いたる所でエントロピーは一定となり (7.47) がなりたつ．

非回転性 $\quad \dfrac{\partial u_i}{\partial x_j} - \dfrac{\partial u_j}{\partial x_i} = 0 \quad$ (7.48)

またはこれと同等なものとして

速度ポテンシャル $\quad u_i = \dfrac{\partial \Phi}{\partial x_i}$. (7.49)

エネルギー式[*]

$$\dfrac{u_1{}^2 + u_2{}^2 + u_3{}^2}{2} + h = h_0 \quad (7.50)$$

すなわち理想気体では

$$\dfrac{u_1{}^2 + u_2{}^2 + u_3{}^2}{2} + \dfrac{a^2}{\gamma - 1} = \dfrac{a_0{}^2}{\gamma - 1} = \dfrac{1}{2}\dfrac{\gamma + 1}{\gamma - 1} a^{*2} \quad (7.50\,\mathrm{a})$$

を使うと便利なことも多い．これらのうちのどれを使っても前にあげた基礎式のいくつかとの置きかえとなるだけであって，これらの式は独立なものではない．

　方程式がどのように再編成されるかという例として定常流の場合を考えよう．運動量の式で圧力項は次の形に書きなおせる[†]：

$$\dfrac{\partial p}{\partial x_i} = \left(\dfrac{\partial p}{\partial \rho}\right)_s \dfrac{\partial \rho}{\partial x_i} = a^2 \dfrac{\partial \rho}{\partial x_i} \quad .$$

運動量の式に u_i を乗ずるとスカラー方程式になる．すなわち

$$u_i u_j \dfrac{\partial u_i}{\partial x_j} = -\dfrac{u_i}{\rho}\dfrac{\partial p}{\partial x_i} = -\dfrac{a^2}{\rho} u_i \dfrac{\partial \rho}{\partial x_i} \quad .$$

さらに定常流の連続の式と組合わせると次式をうる：

$$u_i u_j \dfrac{\partial u_i}{\partial x_j} = a^2 \dfrac{\partial u_k}{\partial x_k} \quad . \qquad \blacktriangleright (7.51)$$

これを書下すと

---

† 2.9 および 3.3 節参照．
* (7.50), (7.50 a) も定常流に限ることは (7.25) より明らかである．

7.12 非回転流

$$(u_1{}^2 - a^2)\frac{\partial u_1}{\partial x_1} + (u_2{}^2 - a^2)\frac{\partial u_2}{\partial x_2} + (u_3{}^2 - a^2)\frac{\partial u_3}{\partial x_3} + u_1 u_2 \left(\frac{\partial u_1}{\partial x_2} + \frac{\partial u_2}{\partial x_1}\right)$$
$$+ u_2 u_3 \left(\frac{\partial u_2}{\partial x_3} + \frac{\partial u_3}{\partial x_2}\right) + u_3 u_1 \left(\frac{\partial u_3}{\partial x_1} + \frac{\partial u_1}{\partial x_3}\right) = 0 \ . \tag{7.51a}$$

a^2 はエネルギー式 (7.50) により速度成分と結びついている.

p. 199
(7.51) の速度成分をそれに相当するポテンシャルの偏微分でおきかえると

$$\frac{1}{a^2}\frac{\partial \Phi}{\partial x_i}\frac{\partial \Phi}{\partial x_j}\frac{\partial^2 \Phi}{\partial x_i \partial x_j} = \frac{\partial^2 \Phi}{\partial x_j \partial x_j} \ . \tag{7.52}$$

これで方程式はスカラー函数 Φ に対する単独の微分方程式になった. 解が見つかれば速度は (7.49) から計算される.

非圧縮流れ $a^2 \to \infty$ に対しては (7.52) はよく知られた Laplace 方程式になる:

$$\frac{\partial^2 \Phi}{\partial x_j \partial x_j} \equiv \nabla^2 \Phi = 0 \ .$$

上の方程式は直交座標に対するものである. 他の座標系に対しては運動方程式は問題の系に対し直接に保存則を適用しても導かれるし, また直交座標の式を形式的に座標変換してもえられる.

自然座標系については 7.9 節より方程式をまとめると

連　続　　　　$\rho u \Delta n = \text{const.}$

運動量　　　　$\rho u \dfrac{\partial u}{\partial s} = -\dfrac{\partial p}{\partial s}$　　　　　　　　(7.53)

非回転　　　　$\dfrac{\partial u}{\partial n} - u \dfrac{\partial \theta}{\partial s} = 0 \ .$　　　　　　　(7.54)

運動量の式の n 成分の代りに非回転の条件を掲げた. 等エントロピーの式およびこれらの三つの式から変数 p, ρ, u, θ が決定される. 連続の式はここではもっと便利な形にかける:

$$\frac{1}{\rho}\frac{\partial \rho}{\partial s} + \frac{1}{u}\frac{\partial u}{\partial s} + \frac{1}{\Delta n}\frac{\partial \Delta n}{\partial s} = 0$$

すなわち

$$\frac{1}{\rho}\frac{\partial \rho}{\partial s} + \frac{1}{u}\frac{\partial u}{\partial s} + \frac{\partial \theta}{\partial n} = 0 \ . \tag{7.55}$$

最後の項は 7.4 図から得られる．*

　さらにもうすこし書きかえることもできる．前のように圧力を消去すると運動量の式は

$$u\frac{\partial u}{\partial s} = -\frac{a^2}{\rho}\frac{\partial \rho}{\partial s}.$$

p. 200
連続の式 (7.55) と組合わすと

$$\left(\frac{u^2}{a^2} - 1\right)\frac{1}{u}\frac{\partial u}{\partial s} - \frac{\partial \theta}{\partial n} = 0 \qquad \blacktriangleright (7.56)$$

となる．これは直交座標における (7.51) に対応する式である．

7.13 運動方程式についての注意

　運動方程式を解くためには，個々の問題を定める**境界条件**を知らねばならないが，これについては後の章で論ずる．ここでは固体境界上では速度はこれに沿わねばならないという一般的な条件だけを述べておく．摩擦のない流れだから速度はそこで零になる必要はない．

　方程式を解くむつかしさは次の簡単な例でわかるように方程式が非線型であるためにおこる．

$$x\frac{\partial f}{\partial x} + \frac{\partial f}{\partial y} = 0 \qquad (7.57)$$

$$f\frac{\partial f}{\partial x} + \frac{\partial f}{\partial y} = 0 \qquad (7.58)$$

方程式 (7.57) は従属変数 f につき一次的であるので**線型**であるが，(7.58) は f に f の微分がかかっているので非線型である．線型方程式の方が次の理由により取扱いが簡単である．すなわち (7.57) を満足する二つの解 f_1, f_2 がわかれば単にこれらの重ね合わせ $f_3 = f_1 + f_2$ または $f_3 = af_1 + bf_2$ を行なうと，**f_3 がまた微分方程式を満たす**ので第三の解が得られる．この重ね合わせの方法は非線型の方程式には役に立たない．

---

* $\dfrac{\partial(\Delta n)}{\partial s}\Delta s = \left(\dfrac{\partial \theta}{\partial n}\Delta n\right)\Delta s$.

7.13 運動方程式についての注意

すなわち $f_1(\partial f_2/\partial x)$ や $f_2(\partial f_1/\partial x)$ のような"相乗項"があらわれるために f_3 は方程式を満たさない.

重ね合わせにより解を構成する方法は線型微分方程式の一般理論たとえば Fourier 級数, Fourier 積分, Laplace 変換等の方法の基礎をなすものである. まだ非線型偏微分方程式に対する一般理論はない. 不幸にして流体の運動方程式は典型的な非線型項 $u_k(\partial u_i/\partial x_k)$ があるので後者に属する.

一般的方法はないが代りの方法として次のようなものがある.

(1) 解を数値的に求める.

(2) 方程式を近似なしに線型に変える変数**変換**を見つける. (4.20節でのべたホドグラフ法はこの例である.)

(3) 厳密な非線型方程式の近似となる**線型**方程式を見つける.

空気力学の理論の大部分は(3)の方法に基礎をおいている. その理由は, 方程式が線型になると線型化の仮定を満たすかぎり広い範囲の色々ちがった場合が取扱えるからである. 線型化のための近似は, 実験または工学上の応用もしくは他の制限から要求される精度を充分満たしうるものである. しかしあくまで近似であること従ってその適用範囲を心得ていなければならない.

数値解を用いる(1)の方法では一般的な傾向や法則がわかるような形の結果はふつう得られないが, 線型化(またはさらに高次)の解で得られるより高度の精度がほしいときに必要であり, さらに近似解を比較する基準ともなるものである. 特性曲線法による数値解の例を第12章でのべる.

遷音速流のような問題は本来非線型であり線型化すると問題の意味を全くこわしてしまう. この種の問題に対しては一般的結果や法則をうることは非常に困難である. 遷音速流に関連して二三の有用な方法を第11章で論ずる. 非線型問題に対する一つの非常に有用な手引は第10章で述べる**相似**の方法によって得られる.

第8章 微小変動理論

8.1 まえがき

p. 202
多くの空気力学の問題の中では，あるわかった流体運動の中の変動が問題になる．最も普通でわかりやすいのは定常一様流からの変動である（8.1図）．U を一様流の速度とし，U が x_1 軸と平行になるように座標系をえらぶ．もとの流れでは，密度，圧力，

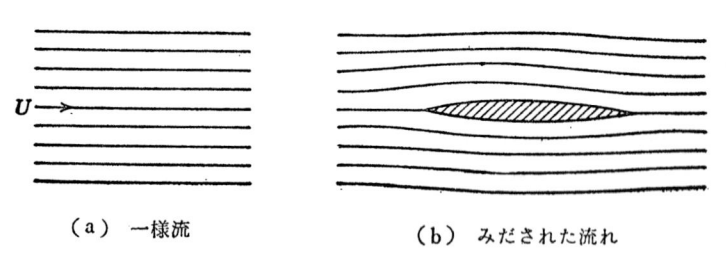

（a）一様流　　　　　（b）みだされた流れ
8.1図　薄い物体による一様流の変動

温度も一様であり，それぞれ ρ_∞, p_∞, T_∞ で表わそう．これに対応する音速を a_∞, Mach数を $U/a_\infty = M_\infty$ とする．もとの流れの速度場は

$$u_1 = U$$
$$u_2 = 0$$
$$u_3 = 0$$

で与えられる．

いま，物体たとえば翼がこの一様流中におかれたとする．この物体はもとの運動をみだし，速度場を変化させる．速度場は物体があるときには次のように書ける：

$$u_1 = U + u$$
$$u_2 = v \tag{8.1}$$
$$u_3 = w.$$

u, v, w は "誘導" または "変動" 速度成分といわれる．

p. 203
本章の目的は，この変動速度が主流速度 U にくらべて小さい場合をしらべることで

8.2 変動方程式の誘導

ある．すなわち

$$\frac{u}{U}, \frac{v}{U}, \frac{w}{U} \ll 1 \tag{8.2}$$

のように仮定し，変動速度に関する小さな項を省略して方程式を簡単にする．このようにすると線型とはかぎらないがもとの方程式よりもずっと簡単な方程式が得られる．この方程式が翼および翼型の理論，細長物体をすぎる流れ，風洞壁干渉問題，遷音速流等のこれまでの理論の大部分の基礎となっている．

便宜に従って，座標系の記号に x_1, x_2, x_3 を使ったり $x, y, z,$ を用いたりする．x_1 または x はふつうみだされない流れの方向にとる．二次元問題では，ふつう y をこれに垂直な座標にとるが，翼のような平たい (planar) 物体に関する問題では，z を翼面に垂直な座標にとり，y を翼巾方向の座標にとるのが普通である．

8.2 変動方程式の誘導

摩擦のない定常流の運動方程式はすでに 7.12 節で得たとおり

$$u_i u_j \frac{\partial u_i}{\partial x_j} = a^2 \frac{\partial u_k}{\partial x_k} . \tag{8.3}$$

これを略記なしに書下し (8.1) で定義した速度場を代入すると変動速度で表わした方程式を得る：

$$a^2 \left(\frac{\partial u}{\partial x_1} + \frac{\partial v}{\partial x_2} + \frac{\partial w}{\partial x_3}\right) = (U+u)^2 \frac{\partial u}{\partial x_1} + v^2 \frac{\partial v}{\partial x_2} + w^2 \frac{\partial w}{\partial x_3}$$
$$+ (U+u)v \left(\frac{\partial u}{\partial x_2} + \frac{\partial v}{\partial x_1}\right) + vw \left(\frac{\partial v}{\partial x_3} + \frac{\partial w}{\partial x_2}\right) + w(U+u) \left(\frac{\partial w}{\partial x_1} + \frac{\partial u}{\partial x_3}\right). \tag{8.3a}$$

理想気体では a^2 はエネルギー式 (7.50 a) によって変動速度で表わされる：

$$\frac{(U+u)^2 + v^2 + w^2}{2} + \frac{a^2}{\gamma - 1} = \frac{U^2}{2} + \frac{a_\infty^2}{\gamma - 1}$$

すなわち

$$a^2 = a_\infty^2 - \frac{\gamma - 1}{2} (2uU + u^2 + v^2 + w^2) . \tag{8.4}$$

p. 204
これを (8.3a) に入れ，a^2_∞ で割ってさらに書きかえると

$$(1 - M_\infty^2)\frac{\partial u}{\partial x_1} + \frac{\partial v}{\partial x_2} + \frac{\partial w}{\partial x_3}$$

$$= M_\infty^2 \left[(\gamma + 1)\frac{u}{U} + \frac{\gamma + 1}{2}\frac{u^2}{U^2} + \frac{\gamma - 1}{2}\frac{v^2 + w^2}{U^2} \right]\frac{\partial u}{\partial x_1}$$

$$+ M_\infty^2 \left[(\gamma - 1)\frac{u}{U} + \frac{\gamma + 1}{2}\frac{v^2}{U^2} + \frac{\gamma - 1}{2}\frac{w^2 + u^2}{U^2} \right]\frac{\partial v}{\partial x_2}$$

$$+ M_\infty^2 \left[(\gamma - 1)\frac{u}{U} + \frac{\gamma + 1}{2}\frac{w^2}{U^2} + \frac{\gamma - 1}{2}\frac{u^2 + v^2}{U^2} \right]\frac{\partial w}{\partial x_3} \quad (8.5)$$

$$+ M_\infty^2 \left[\frac{v}{U}\left(1 + \frac{u}{U}\right)\left(\frac{\partial u}{\partial x_2} + \frac{\partial v}{\partial x_1}\right) + \frac{w}{U}\left(1 + \frac{u}{U}\right)\left(\frac{\partial u}{\partial x_3} + \frac{\partial w}{\partial x_1}\right) \right.$$

$$\left. + \frac{vw}{U^2}\left(\frac{\partial w}{\partial x_2} + \frac{\partial v}{\partial x_3}\right) \right].$$

これは変動速度で表わした省略なしの方程式で厳密に成立つものである．左辺は線型であるが，右辺は変動速度とその微係数との積をふくむので非線型である．

(8.2) に仮定したように変動速度が小さいと多くの項が省略でき，方程式が簡単になる．たとえば右辺の変動速度の微分の係数はみな変動速度をふくんでいる．まず始めに変動速度の二次の項を一次の項に比べて省略すると，方程式は次のように簡単になる：

$$(1 - M_\infty^2)\frac{\partial u}{\partial x_1} + \frac{\partial v}{\partial x_2} + \frac{\partial w}{\partial x_3}$$

$$= M_\infty^2(\gamma + 1)\frac{u}{U}\frac{\partial u}{\partial x_1} + M_\infty^2(\gamma - 1)\frac{u}{U}\left(\frac{\partial v}{\partial x_2} + \frac{\partial w}{\partial x_3}\right)$$

$$+ M_\infty^2 \frac{v}{U}\left(\frac{\partial u}{\partial x_2} + \frac{\partial v}{\partial x_1}\right) + M_\infty^2 \frac{w}{U}\left(\frac{\partial u}{\partial x_3} + \frac{\partial w}{\partial x_1}\right). \quad (8.6)$$

さらに，変動速度をふくまぬ左辺に比べて右辺の全ての項を省略できるとすれば一層の簡単化ができ，その結果**線型**方程式がえられる：

$$(1 - M_\infty^2)\frac{\partial u}{\partial x_1} + \frac{\partial v}{\partial x_2} + \frac{\partial w}{\partial x_3} = 0 \; . \qquad \blacktriangleright (8.7)$$

p. 205
しかしながら本当は，各項をもう少し注意深く比較しなければならない．たとえば $M_\infty \to 1$ るな遷音速流では，(8.6) の左辺の $\partial u/\partial x_1$ の係数は非常に小さくなるので，

8.2 変動方程式の誘導

このときには右辺の第一項を省略できない．しかしながら $M_\infty \to 1$ なる条件は $\partial v/\partial x_2$ や $\partial w/\partial x_3$ の項に影響をあたえないから，右辺の他の項はやはり省略できる．こうして**亜音速，遷音速，超音速流に対して成立つ**微小変動方程式をうる：

$$(1 - M_\infty^2)\frac{\partial u}{\partial x_1} + \frac{\partial v}{\partial x_2} + \frac{\partial w}{\partial x_3} = M_\infty^2(\gamma + 1)\frac{u}{U}\frac{\partial u}{\partial x_1}. \qquad \blacktriangleright (8.8)$$

M_∞ が非常に大きいときも右辺のある項はのこしておかなければならない．それは変動速度は小さいが，これに M^2 の掛かった項は省略できないからである．10.7 節で述べる極超音速流の場合がこれにあたる．

上の各式のもととなった (8.3) は摩擦のない流れに対するものであるが，さらに流れは非回転的であること，従って変動速度ポテンシャル ϕ が存在することを仮定する：

$$u = \frac{\partial \phi}{\partial x_1}, \quad v = \frac{\partial \phi}{\partial x_2}, \quad w = \frac{\partial \phi}{\partial x_3}.$$

((8.7), (8.8) の精度ではこの仮定は実は改めてつけ加える必要はない．というのは，流線毎のよどみ点圧力の変化は方程式を導いた近似よりも小さい誤差で無視できる．たとえばこの方程式の精度では衝撃波を通してのエントロピー変化は無視できる．)

速度ポテンシャルを使うと (8.8) と (8.7) は，

$$(1 - M_\infty^2)\frac{\partial^2 \phi}{\partial x_1^2} + \frac{\partial^2 \phi}{\partial x_2^2} + \frac{\partial^2 \phi}{\partial x_3^2} = \frac{M_\infty^2(\gamma + 1)}{U}\frac{\partial \phi}{\partial x_1}\frac{\partial^2 \phi}{\partial x_1^2} \quad \blacktriangleright (8.9\,\mathrm{a})$$

および

$$(1 - M_\infty^2)\frac{\partial^2 \phi}{\partial x_1^2} + \frac{\partial^2 \phi}{\partial x_2^2} + \frac{\partial^2 \phi}{\partial x_3^2} = 0 \qquad \blacktriangleright (8.9\,\mathrm{b})$$

となる．遷音速流に対しては (8.9 a) を用いなければならない．遷音速領域以外では，亜音速流でも超音速流でも (8.9 b) が使える．(8.9 b) は線型だから取扱がずっと簡単で非常に一般的に解ける．原理的にはどんな問題でもたとえば任意の形をした翼の問題でも解ける．これに反し遷音速の場合は，ほんの二三の特別の解があるのみで，しかもこれらは方程式が非線型だから一般化することができない．

本章および次章では主に線型方程式 (8.9 b) を取扱う．第10章で (8.9 a) に立ち帰るが，その際この式が亜音速，遷音速，超音速運動に対する**相似則の基礎**となっているのがわかるだろう．

8.3 圧力係数

圧力係数は次式で定義される：

$$C_p = \frac{p - p_\infty}{\frac{1}{2}\rho_\infty U^2} = \frac{2}{\gamma M_\infty^2} \frac{p - p_\infty}{p_\infty}.$$

これは (2.40b) で与えられる形を用いると変動速度で表わすことができる：

$$C_p = \frac{2}{\gamma M_\infty^2}\left\{\left[1 + \frac{\gamma-1}{2}M_\infty^2\left(1 - \frac{(U+u)^2 + v^2 + w^2}{U^2}\right)\right]^{\gamma/(\gamma-1)} - 1\right\}$$

$$= \frac{2}{\gamma M_\infty^2}\left\{\left[1 - \frac{\gamma-1}{2}M_\infty^2\left(\frac{2u}{U} + \frac{u^2 + v^2 + w^2}{U^2}\right)\right]^{\gamma/(\gamma-1)} - 1\right\}. \quad (8.10)$$

大括弧内の式を二項展開し変動速度の三次以上の微小量を省略すると次のようになる：

$$C_p = -\left[\frac{2u}{U} + (1 - M_\infty^2)\frac{u^2}{U^2} + \frac{v^2 + w^2}{U^2}\right]. \quad (8.11)$$

二次元および平面に近い（planar）流れでは前節の線型変動理論との釣合上 (8.11) の第一項のみのこして次式を用いるべきである：

$$C_p = -\frac{2u}{U}. \quad \blacktriangleright (8.12)$$

軸対称または長い物体を過ぎる流れに対しては第三項も残さねばならない．よって正しい近似式は

$$C_p = -\frac{2u}{U} - \frac{v^2 + w^2}{U^2}. \quad \blacktriangleright (8.13)$$

Mach 数の大きいときすなわち極超音速領域での近似式は (10.40) で与えられる．

8.4 境界条件

物体面上では流れはこれに沿って流れなければならない．いいかえると，速度ベクトルは物体面の法線と直交しなければならない．物体面の方程式を

$$f(x_1, x_2, x_3) = 0 \quad (8.14)$$

8.4 境界条件

とし，速度ベクトルを **u** とする．そうすると境界条件は

$$\mathbf{u} \cdot \mathrm{grad} f = 0 \tag{8.15}$$

とかける．なぜなら，$\mathrm{grad} f$ は $f=0$ に垂直であり，またこのスカラー積が零になることは $\mathbf{u} \perp \mathrm{grad} f$ なることだからである．テンソル記号では，(8.15) は

$$u_i \frac{\partial f}{\partial x_i} = 0,$$

変動速度を用いると

$$(U+u)\frac{\partial f}{\partial x_1} + v\frac{\partial f}{\partial x_2} + w\frac{\partial f}{\partial x_3} = 0. \tag{8.16}$$

第一項では u を U に対し省略できる．そうすると

$$U\frac{\partial f}{\partial x_1} + v\frac{\partial f}{\partial x_2} + w\frac{\partial f}{\partial x_3} = 0. \tag{8.17}$$

(8.17) は物体面上で満足すべきものである．以下の話をわかりやすくするために，二次元流すなわち $w=0, \partial f/\partial x_3=0$ の場合を考えよう．そうすると (8.17) は

$$\frac{v}{U} = -\frac{\partial f/\partial x_1}{\partial f/\partial x_2} = \frac{dx_2}{dx_1}. \tag{8.18}$$

ここに dx_2/dx_1 は物体面の傾斜，v/U は近似的に流線の傾斜である．(8.18) によれば，問題は，$v(x_1, x_2)$ に物体面の座標を入れた値がその点の物体面の傾斜の U 倍になるような速度場を求めることである．

さて，微小変動の仮定をみたすには物体はうすくなくてはならない．従って物体面の x_2 座標は零に近い（これは後でもう少し正確に云う）．そこで (8.18) をさらに簡単にするためにまず $v(x_1, x_2)$ を x_2 のべき級数に展開する．すなわち

$$v(x_1, x_2) = v(x_1, 0) + \left(\frac{\partial v}{\partial x_2}\right)_{x_2=0} x_2 + \cdots. \tag{8.19}$$

微小変動理論の範囲では (8.19) の第二項以下の全ての項を省略でき，境界条件として，

$$v(x_1, 0) = U\left(\frac{dx_2}{dx_1}\right)_{物体} \qquad \blacktriangleright (8.20)$$

が使える．

p. 208
(8.18) から (8.20) への過程は二次元流のときはいつでも許される．三次元の場合これに対応する過程は，いわゆる"平たい"系すなわち三次元翼などのように実質的に平たんな物体に対しては可能である．平たい物体の場合には $\partial f/\partial x_3 \doteqdot 0$ で，境界条件は

$$v(x_1, 0, x_3) = U \left(\frac{\partial x_2}{\partial x_1}\right)_{物体} \tag{8.20 a}$$

となる．これを"境界条件を翼の平面（射影面）で適用する"という．一方，軸対称細長物体のときは (8.18) から (8.20 a) への過程は成立たない．というのは，主流に垂直な変動速度は軸の近傍ではべき級数に展開できないからである．この場合については第9章で考察する[†]．

最後に，無限遠での境界条件をたとえば変動速度が零または少くとも有限というように指定しなければならない．この条件は個々の問題の性質によってきまる．

8.5 波状壁を過ぎる二次元流

Ackeret による次の簡単な例は前の各節における考えかたを応用しはっきりさせるために有用であるのみならず，後の一般的考察のためにも非常に役にたつ．

正弦波形の壁いわゆる"波状壁"を過ぎる流れを考えよう（8.2図）．境界の形を与える式 (8.14) はこの場合

$$x_2 - \epsilon \sin \alpha x_1 = 0 \tag{8.21}$$

となる．ここに，ϵ は壁の波形の"振幅"，$l=2\pi/\alpha$ は波長を表わす．

亜音速または超音速流に対しては線型方程式 (8.9 b) を用いることができる．これは二次元流では

$$(1 - M_\infty^2)\frac{\partial^2 \phi}{\partial x_1^2} + \frac{\partial^2 \phi}{\partial x_2^2} = 0 \tag{8.22}$$

[†] 著者の経験では境界条件の考察および (8.20) (8.20 a) の意味は初学者には理解しにくいと思う．もしここがむつかしかったら先に次節の例を読み，それからここを読めばよいと思う．

8.5 波状壁を過ぎる二次元流

と書ける．境界条件は

$$\frac{\partial \phi}{\partial x_1}, \quad \frac{\partial \phi}{\partial x_2} \quad \text{無限遠で有限値}$$

および

$$v(x_1, 0) \equiv \left(\frac{\partial \phi}{\partial x_2}\right)_{x_2=0} = U\left(\frac{dx_2}{dx_1}\right)_{\text{壁}} = U\epsilon\alpha \cos \alpha x_1 \quad . \quad (8.23)$$

p. 209

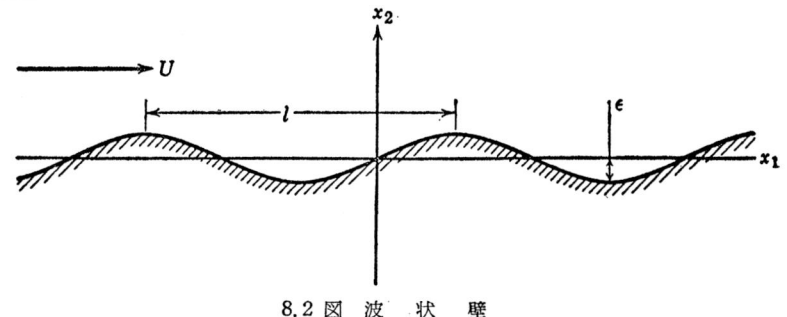

8.2 図 波 状 壁

まず，$1-M^2_\infty \equiv m^2 > 0$ なる亜音速流の解を求めよう．このとき方程式 (8.22) は楕円型で

$$\frac{\partial^2 \phi}{\partial x_1^2} + \frac{1}{m^2}\frac{\partial^2 \phi}{\partial x_2^2} = 0 \qquad (8.22\,\text{a})$$

のように書かれる．いま

$$\phi(x_1, x_2) = F(x_1)G(x_2)$$

とおいて変数分離をこころみると (8.22 a) は

$$m^2 F''G + FG'' = 0$$

すなわち

$$\frac{1}{F}F'' + \frac{1}{m^2 G}G'' = 0$$

となる．ここで第一項は x_1 のみの函数，第二項は x_2 のみの函数である．方程式は x_1, x_2 の任意の値に対して成立つべきだから，上の和が消えるのは次の二式がなりたつときに限る：

$$\frac{1}{F}F'' = \text{const.} = -k^2 \qquad (8.24\,\text{a})$$

$$\frac{1}{m^2 G}G'' = +k^2 . \qquad (8.24\,\text{b})$$

k^2 の符号は後の便宜のため，また実の定数 k の自乗を用いたのは符号をはっきりさせるためである．上のように符号をきめたのは，境界で x_1 について調和的な変動を期待したことによる．すなわち符号は式 (8.24 a) が調和解

$$F = A_1 \sin kx_1 + A_2 \cos kx_1 \qquad (8.25\,\text{a})$$

をもつようにえらぶ．そうすると (8.24 b) の解は

$$G = B_1 e^{-mkx_2} + B_2 e^{mkx_2} \qquad (8.25\,\text{b})$$

p. 210
となる．$x_2 \to \infty$ の境界条件より，速度成分が有限なるためには $B_2=0$ となることが必要である．壁上の境界条件 (8.23) は

$$\left(\frac{\partial \phi}{\partial x_2}\right)_{x_2=0} = F(x_1)\left(\frac{dG}{dx_2}\right)_{x_2=0} = U\epsilon\alpha \cos \alpha x_1 \dagger .$$

$A_1=0, k=\alpha, -A_2 B_1 mk = U\epsilon\alpha$ とすれば上の条件は満たされる．そこで問題の解は

$$\phi(x_1, x_2) = -\frac{U\epsilon}{\sqrt{1-M_\infty^2}} e^{-x_2\alpha\sqrt{1-M_\infty^2}} \cos \alpha x_1 \qquad (8.26\,\text{a})$$

$$u = \frac{U\epsilon\alpha}{\sqrt{1-M_\infty^2}} e^{-x_2\alpha\sqrt{1-M_\infty^2}} \sin \alpha x_1 \qquad (8.26\,\text{b})$$

$$v = U\epsilon\alpha e^{-x_2\alpha\sqrt{1-M_\infty^2}} \cos \alpha x_1 \qquad (8.26\,\text{c})$$

$$C_p = -2\frac{u}{U} = -\frac{2\epsilon\alpha}{\sqrt{1-M_\infty^2}} e^{-x_2\alpha\sqrt{1-M_\infty^2}} \sin \alpha x_1 . \qquad (8.26\,\text{d})$$

亜音速解の吟味 変動は，予期されるように，壁で一番大きいことは指数函数の項より明らかである．境界上での圧力係数は

$$(C_p)_{\text{境界}} = (C_p)_{x_2=0} = -\frac{2\epsilon\alpha}{\sqrt{1-M_\infty^2}} \sin \alpha x_1 . \qquad (8.27)$$

---

† 簡単化した境界条件の効用がここではっきりする．

8.5 波状壁を過ぎる二次元流

(8.27)よりただちにわかることは,(1) 圧力分布が壁と"同位相"で波の山に対し対称だから,抗力はない;(2) 圧力係数は Mach 数の増加函数で $1/\sqrt{1-M_\infty^2}$ に比例する.ここではじめてよく知られた Prandtl-Glauert 因子が出て来た.さらに (8.26) より明らかなように壁からはなれるにしたがっての変動の減衰は,指数の中の $\sqrt{1-M_\infty^2}$ のために Mach 数が大きくなるとともに弱くなる.

後の二つのことは一つの相似則にまとめることができる.相似則については第10章で最も一般的に論ずるが,式 (8.26 d) は明らかに次の形に書くことができる:

$$\frac{C_p\sqrt{1-M_\infty^2}}{\epsilon\alpha} = fn(x_1\alpha;\, x_2\alpha\sqrt{1-M_\infty^2}) \ . \qquad \blacktriangleright (8.28)$$

この形にすると6変数ではなく3変数間の関係になる.これらは換算圧力係数および換
p. 211
算座標系である.このような単純化ができた要因は,三つの換算変数のすべての組合せに対して上の単一の関係がなりたつように,Mach 数,振巾,波長などの影響がまとめられたことにある.

次に,この近似の適用可能性という重要な問題をふりかえってみよう.

(1) 始めに $\dfrac{u}{U},\ \dfrac{v}{U} \ll 1$ と仮定した.

この仮定が

$$\frac{\epsilon\alpha}{\sqrt{1-M_\infty^2}} \ll 1 \qquad (8.29)$$

を意味することは上記の解から明らかである.

(2) (8.8)の代りに線形化された方程式 (8.7) を使う点で

$$(1-M_\infty^2) \gg M_\infty^2(\gamma+1)\frac{u}{U}$$

を仮定している.これは

$$(1-M_\infty^2) \gg \frac{M_\infty^2(\gamma+1)\epsilon\alpha}{\sqrt{1-M_\infty^2}}$$

すなわち

$$\frac{M_\infty^2(\gamma+1)\epsilon\alpha}{(1-M_\infty^2)^{3/2}} \ll 1 \qquad (8.30)$$

と同等である.なお,条件

$$\frac{M_\infty^2(\gamma+1)\epsilon\alpha}{(1-M_\infty^2)^{3/2}}=1$$

は，流れの中に音速に達する点が現われる条件であるが，証明は読者にまかそう．式(8.30) より，M_∞ が充分小さくて流れが音速になる点がなければ線型方程式 (8.9 b) で充分であることがわかる．この遷音速パラメータは，線型近似の範囲では現われなかった気体の定数 γ をふくんでいることは注意すべきである．遷音速域で現われるもう一つの特徴はパラメータ $(1-M_\infty^2)$ の指数が $3/2$ になることである．

(3) 最後に，簡単化された境界条件 (8.20) の意味をここではっきりさせよう．式 (8.26 c) より

$$\frac{v}{U}=\epsilon\alpha e^{-\alpha x_2\sqrt{1-M_\infty^2}}\cos\alpha x_1 \ .$$

x_2 に境界の座標を入れると

$$\left(\frac{v}{U}\right)_{境界}=\epsilon\alpha e^{-\epsilon\alpha\sqrt{1-M_\infty^2}\sin\alpha x_1}\cos\alpha x_1 \ .$$

指数函数を展開すると

$$\left(\frac{v}{U}\right)_{境界}=\epsilon\alpha\cos\alpha x_1[1-\epsilon\alpha\sqrt{1-M_\infty^2}\sin\alpha x_1+\cdots] \ .$$

カッコ内の第二項は $\epsilon\alpha\sqrt{1-M_\infty^2}$ に等しいか，これより小さい．微小変動理論が成立つにはこれが第一項にくらべて無視できなくてはならない．この近似は Mach 数が増すにしたがいむしろよくなるのに注意すべきである．線型化理論が高精度であるために許される変動の振巾は

$$\epsilon\alpha\sqrt{1-M_\infty^2}\ll 1$$

または壁の最大傾斜角 θ で表わすと

$$\theta\sqrt{1-M_\infty^2}\ll 1 \ .$$

(8.29) とこの式から $\epsilon\alpha$（すなわち θ）と $\sqrt{1-M_\infty^2}$ に対する許容限界がきまる．

8.6 超音速流中の波状壁

超音速流, $M_\infty^2 - 1 \equiv \lambda^2 > 0$ では (8.22) は双曲型

$$\frac{\partial^2 \phi}{\partial x_1^2} - \frac{1}{\lambda^2} \frac{\partial^2 \phi}{\partial x_2^2} = 0 \qquad (8.22\,\mathrm{b})$$

となる. 原理的にはこの式も亜音速の場合 (8.22 a) と同じく変数分離で解ける. しかしながら (8.22 b) はもっと簡単にとり扱える. この式は, 3.4節で論じた簡単な波動方程式で, 解が二つの任意函数 $f(x_1 - \lambda x_2)$ および $g(x_1 + \lambda x_2)$ の和であることもすでに示した. 従って

$$\phi(x_1, x_2) = f(x_1 - \lambda x_2) + g(x_1 + \lambda x_2) \qquad . \qquad (8.31)$$

境界条件は亜音速のときと同じである.

すぐあとでわかるように, 函数 f だけが必要で g は零とおく.（f, g の選択は流れの方向, すなわち流れの上流と下流との区別によってきめる.）そこで壁の上の境界条件を書くと

$$\left(\frac{\partial \phi}{\partial x_2}\right)_{x_2=0} = -\lambda [f'(x_1 - \lambda x_2)]_{x_2=0} = -\lambda f'(x_1) = U\epsilon\alpha \cos \alpha x_1 \,.$$

ここに f' は $f(t)$ の変数 t に関する導函数を表わす. この結果

$$f(x_1) = -\frac{U\epsilon}{\lambda} \sin \alpha x_1$$

p. 213
それで

$$\phi(x_1, x_2) = f(x_1 - \lambda x_2) = -\frac{U\epsilon}{\lambda} \sin \alpha (x_1 - \lambda x_2)$$

すなわち

$$\phi(x_1, x_2) = -\frac{U\epsilon}{\sqrt{M_\infty^2 - 1}} \sin \alpha [x_1 - x_2 \sqrt{M_\infty^2 - 1}] \qquad (8.32\,\mathrm{a})$$

また

$$u = -\frac{U\epsilon\alpha}{\sqrt{M_\infty^2-1}}\cos\alpha[x_1 - x_2\sqrt{M_\infty^2-1}] \qquad (8.32\,\text{b})$$

$$v = U\epsilon\alpha\cos\alpha[x_1 - x_2\sqrt{M_\infty^2-1}] \qquad (8.32\,\text{c})$$

$$C_p = \frac{2\epsilon\alpha}{\sqrt{M_\infty^2-1}}\cos\alpha[x_1 - x_2\sqrt{M_\infty^2-1}] \ . \qquad (8.32\,\text{d})$$

超音速解の吟味 （1） この解は亜音速解のように指数的に減衰する因子をもたないので，たとえば圧力の変動は x_2 が増しても減衰しない．そして直線

$$x_1 - x_2\sqrt{M_\infty^2-1} = \text{const.} \qquad (8.33)$$

に沿って同じ値をとる．この直線群は乱されない流れに対して Mach 角をなしている．これは Mach 線すなわち特性線である．この特性線の存在は個々の境界条件によらず，解 (8.31) の形にすでにふくまれている．(8.31) より，$x_1-\lambda x_2=$const. に沿って $f=$const. また $x_1+\lambda x_2=$const. に沿って $g=$const. は明らかである．前者の特性線は下流方向に傾いており壁から"始まって"いる．後者のそれは上流へ傾いており，無限遠から"始って"いるので変動を荷っていない．これが壁の上方に流体が無限にひろがっているとき，$g=0$ とおいた理由である．

（2） 壁の上での C_p の値は

$$C_p = \frac{2\epsilon\alpha}{\sqrt{M_\infty^2-1}}\cos\alpha x_1 \ .$$

(8.27) と比較すると，今度は圧力の最大値および最小値は壁の x_2 座標の最大値および最小値より位相が $\pi/2$ だけずれていることがわかる．それでこの場合圧力分布は壁の山や谷のまわりに反対称であり，そのため抗力が現われる (8.3 図)．一波長あたりの抗力係数の大きさは

$$C_D = \int_0^l \frac{C_p(dx_2/dx_1)}{l} dx_1 \ . \qquad (8.34)$$

p. 214
これは壁の傾斜の正弦を正接 dx_2/dx_1 でおきかえること——これは微小変動近似の範囲では正しい——によって得られる．ところで C_p は

$$C_p = \frac{2}{\sqrt{M_\infty^2-1}} \frac{dx_2}{dx_1} \qquad (8.35)$$

8.6 超音速流中の波状壁

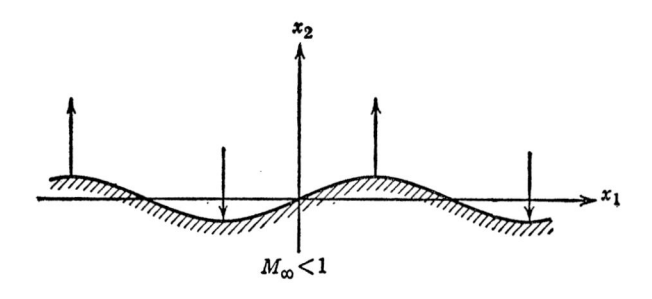

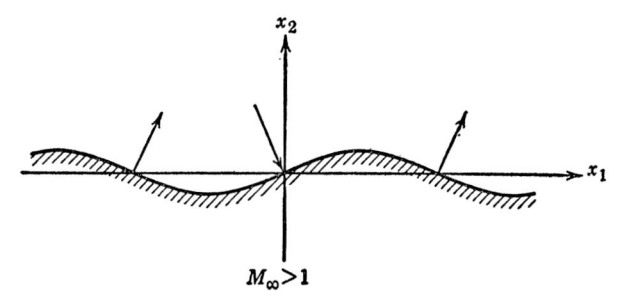

8.3 図　亜音速および超音速流中の波状壁に働く力

と書けるから

$$C_D = \frac{2}{\sqrt{M_\infty^2 - 1}} \overline{\left(\frac{dx_2}{dx_1}\right)^2}. \tag{8.36}$$

ここに $\overline{(dx_2/dx_1)^2}$ は次式で定義される平均値を表わす：

$$\overline{\left(\frac{dx_2}{dx_1}\right)^2} = \frac{1}{l}\int_0^l \left(\frac{dx_2}{dx_1}\right)^2 dx_1.$$

(8.35), (8.36) の形に書いた C_p, C_D は個々の境界条件によらず，一般に微小変動理論の範囲で全ての二次元定常超音速流に対して適用できる．

（3） 近似の成立する範囲についての議論は亜音速の場合と全く同様にできる．
p. 215
この節および前節の波状壁の例で，線型亜音速および超音速流の主な特徴および両者のちがいが明らかになった．これらの特徴は任意の形の境界に対して共通なものである．というのは，その他の解はこれらから重ね合せの方法たとえば Fourier 解析の方

法によって求められるからである．しかしながらふつう個々の問題は，たとえば次節の例のように，もっと直接的に求められる．

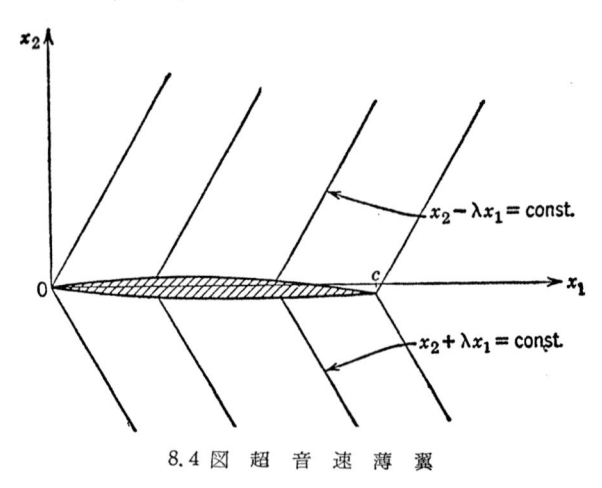

8.4 図　超音速薄翼

8.7　超音速薄翼理論

波動方程式の一般解

$$\phi(x_1, x_2) = f(x_1 - \lambda x_2) + g(x_1 + \lambda x_2)$$

は，8.4 図に示す二次元超音速翼の問題にも応用できる．変動は下流へ向う Mach 線に沿ってのみ伝わるから，翼の上面では関数 f，下面では g のみが必要である．それで

$$\phi(x_1, x_2) = f(x_1 - \lambda x_2) \quad x_2 > 0$$
$$\phi(x_1, x_2) = g(x_1 + \lambda x_2) \quad x_2 < 0.$$

上面の境界条件は

$$U\left(\frac{dx_2}{dx_1}\right)_U = v_U(x_1, 0) = \left(\frac{\partial \phi}{\partial x_2}\right)_{x_2=0+} = -\lambda f'(x_1)$$

従って

8.7 超音速薄翼理論

$$f'(x_1) = -\frac{U}{\lambda}\left(\frac{dx_2}{dx_1}\right)_U .$$

p. 216
同様に（下面では）

$$g'(x_1) = \frac{U}{\lambda}\left(\frac{dx_2}{dx_1}\right)_L .$$

これより翼面上の圧力係数は

$$C_p = -2\left(\frac{u}{U}\right)_{物体} = -\frac{2}{U}\left(\frac{\partial\phi}{\partial x_1}\right)_{x_2=0} = \begin{cases} -\dfrac{2}{U}f'(x_1) & 上面 \\ -\dfrac{2}{U}g'(x_1) & 下面 \end{cases}$$

従って

$$\begin{aligned}C_{pU} &= \frac{2}{\sqrt{M_\infty^2-1}}\left(\frac{dx_2}{dx_1}\right)_U \\ C_{pL} &= \frac{2}{\sqrt{M_\infty^2-1}}\left(-\frac{dx_2}{dx_1}\right)_L .\end{aligned} \qquad (8.37)$$

これは，薄翼の圧力を衝撃波-膨脹波法に近似をほどこして求めた 4.17 節の結果と同じである．事実，表面の速度および圧力変動を計算しようとする限り，線型理論は第 4 章の"弱い波"の近似と同等である．

薄翼の揚力，抗力の計算についての詳細は，4.17 節でのべまた前節でものべたものと同様である．

なお，注意すべきことは，これらの例においても超音速波状壁の場合と同じく，翼面上の圧力係数はその点における表面の傾斜 $\theta(x)$ と次のように結ばれている：

$$C_p = \frac{2\theta}{\sqrt{|M_\infty^2-1|}} . \qquad (8.38)$$

これは，線型化された二次元超音速流における基本的関係である．亜音速流では上式の定数が 2 ではなく，物体の形および考えている点と境界の他の部分との関連によってきまる．

8.8 平面に近い流れ

翼のような形をした三次元物体を平たい系(planar system)という.このための条件は一方向("翼の平面"に垂直な x_3 方向)の寸法が他の二方向(x_2:翼巾方向および x_1:主流の方向)にくらべて小さく,主流に対する面の傾きがいたるところ小さくて,系が面 $x_3=0$ の"近く"にあることである.平たい系では三次元方程式(8.7または 8.8)を用いなければならないが境界条件と圧力係数は二次元の場合と同様である.すなわち物体面を $x_3=f(x_1,x_2)$ とすると,超音速流では

$$(M_\infty^2-1)\frac{\partial^2\phi}{\partial x_1^2}-\frac{\partial^2\phi}{\partial x_2^2}-\frac{\partial^2\phi}{\partial x_3^2}=0$$

$$\left(\frac{\partial\phi}{\partial x_3}\right)_{x_3=0}=U\frac{\partial f(x_1,x_2)}{\partial x_1} \qquad (8.39)$$

$$C_p=-\frac{2}{U}\left(\frac{\partial\phi}{\partial x_1}\right).$$

これらが定常流の超音速翼理論の基礎式である.問題のもっと一般的な定式化については 9.19 節で大略をのべる.

この理論および応用の系統的な取扱いは紙数の都合上本書では割愛しなければならない.一例についての非常に簡単な議論はすでに 4.18 節で与えた.

第9章 回転体，細長物体の理論

9.1 まえがき

p. 218
微小変動流に属する問題は次のような型に分類できる（9.1図）．

（a）二次元　この流れは x-z 面に平行なすべての面で状態が同じであって，これについては前章でしらべた．多くの超音速問題では，この結果は4.18節に示したように有限翼でも二次元の条件が成立つ**部分**に直接応用できる．

p. 219
（b）平たい系　この系では，物体面はどんな平面形をしていてもよいがその（x-y 面に対する）傾斜はいたる所小さく，ために変動速度は小さい．さらに，面がいたる所

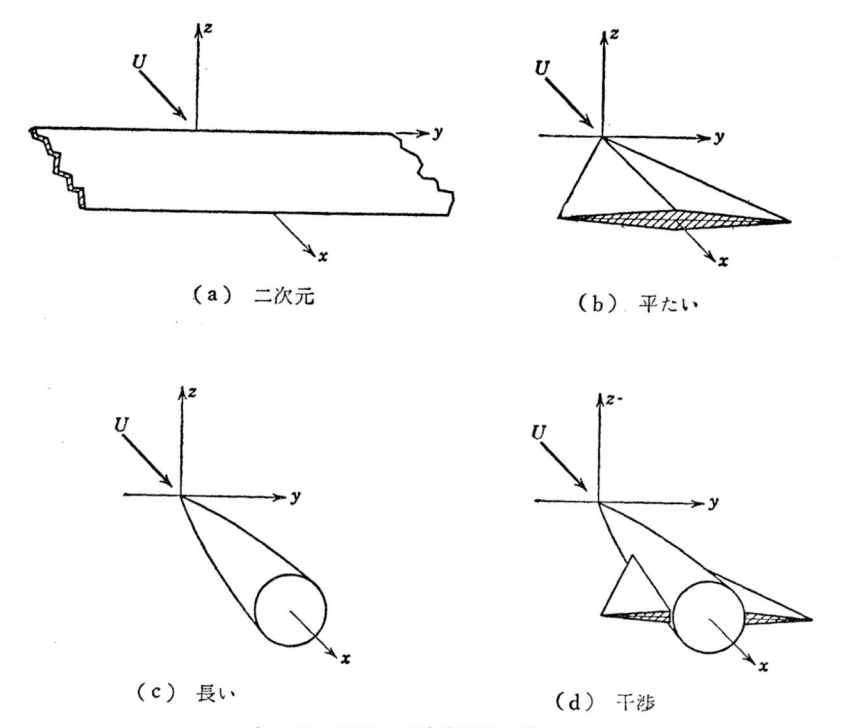

（a）二次元　　　　　　　（b）平たい

（c）長い　　　　　　　　（d）干渉

9.1 図　線型超音速流問題の種々の型

充分"翼の射影面"($z=0$) に近いので境界条件は実際の翼面の代りにこの面で適用できる．二次元流は平たい系の特別の場合である．

　（c）　**長い物体**　　物体は x 方向に長く，（主流に対する）面の傾きはいたる所小さい．これの特別な場合が**細長物体**でこれは物体が充分細長くて（特別の形の）境界条件が軸上で適用できる．

　（d）　**干渉問題**　　単一の系（平たい，長い，あるいはその両者）を組合すともっと複雑な系になる．この系に対しては個々の系の結果を単に重ね合せるということはできない．というのは，流れの場の干渉のため境界条件が合うように調整する必要が起るからである．

この章では長い物体，主に回転体に関する問題を論ずる．二次元流と同様に基礎方程式は線型だが，この場合には物体の形の特殊性により新しい問題が現われ，二次元流の研究からは予想できない結果が導かれる．

9.2　円 柱 座 標

回転体や一般の長い物体に対しては，物体の軸を x 軸にとった円柱座標 (x, r, θ) (9.2図) を使うと便利である．角座標 θ は子午面 x-r の，ある適当な基準面たとえば x-z 面に対する位置を示す．x, r, θ に対する速度成分をそれぞれ u_1, v, w とする．これらは速度ポテンシャルから導かれ，

$$u_1 = U + u = \frac{\partial \Phi}{\partial x}, \quad v = \frac{\partial \Phi}{\partial r}, \quad w = \frac{1}{r}\frac{\partial \Phi}{\partial \theta}.$$

円柱座標で書いたポテンシャルの方程式は直交座標で書いた式 (8.9a) を正直に座標変換することによって得られる．しかし円柱座標に対する連続の式を導い

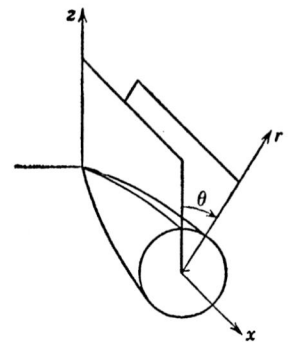

9.2 図　円 柱 座 標

てからもっと初等的なやり方の方が啓発的であるように思われる．

直交座標および円柱座標における体積素片を 9.3 図に示す．**定常流**の連続の式はこの体積素片への流体の質量出入が差引き零であることをいい表わす．9.3図では各素片の一つの面だけを通る質量の流れを記入してある．他の面についての同様な表式を，符号を考慮して全部加え合すと直交座標では

9.2 円柱座標

$$\frac{\partial}{\partial x_1}(\rho u_1 \Delta x_2 \Delta x_3)\Delta x_1 + \frac{\partial}{\partial x_2}(\rho u_2 \Delta x_3 \Delta x_1)\Delta x_2 + \frac{\partial}{\partial x_3}(\rho u_3 \Delta x_1 \Delta x_2)\Delta x_3 = 0$$

円柱座標では,

$$\frac{\partial}{\partial x}(\rho u_1 \cdot \Delta r \cdot r \Delta\theta)\Delta x + \frac{\partial}{\partial r}(\rho v \cdot r \Delta\theta \cdot \Delta x)\Delta r + \frac{\partial}{\partial \theta}(\rho w \cdot \Delta x \Delta r)\Delta\theta = 0$$

が得られる. これらを単位体積について書くと, 次の形の連続の式をうる:

$$\frac{\partial}{\partial x_1}(\rho u_1) + \frac{\partial}{\partial x_2}(\rho u_2) + \frac{\partial}{\partial x_3}(\rho u_3) = 0 \qquad (9.1\,\mathrm{a})$$

$$\frac{\partial}{\partial x}(\rho u_1) + \frac{1}{r}\frac{\partial}{\partial r}(\rho v r) + \frac{1}{r}\frac{\partial}{\partial \theta}(\rho w) = 0. \qquad (9.1\,\mathrm{b})$$

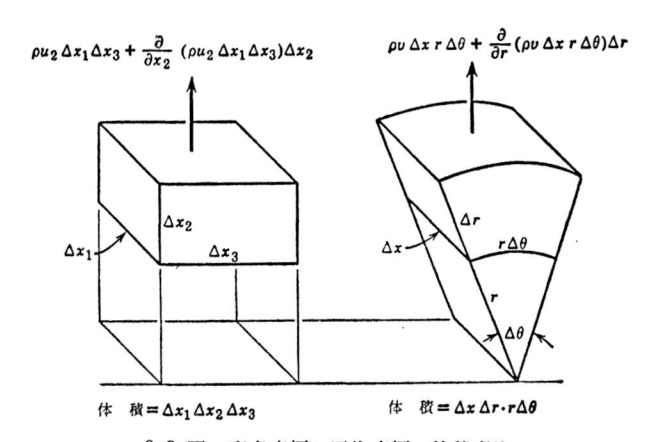

9.3 図　直交座標と円柱座標の体積素片

次にこれらを Bernoulli の式と組合す. Bernoulli の式は二つの座標系で同じような形をしており

$$\rho(u_1\,du_1 + u_2\,du_2 + u_3\,du_3) = -dp = -a^2\,d\rho \qquad (9.2\,\mathrm{a})$$

$$\rho(u_1\,du_1 + v\,dv + w\,dw) = -dp = -a^2\,d\rho \qquad (9.2\,\mathrm{b})$$

である. 大体の方針は Bernoulli の式を使って連続の式の各項に出てくる ρ の導函数を消去することである. 代表項をあげると

$$\frac{\partial}{\partial x_1}(\rho u_1) = \rho \frac{\partial u_1}{\partial x_1} + u_1 \frac{\partial \rho}{\partial x_1}$$
$$= \rho \frac{\partial u_1}{\partial x_1} - u_1 \frac{\rho}{a^2}\left(u_1 \frac{\partial u_1}{\partial x_1} + u_2 \frac{\partial u_2}{\partial x_1} + u_3 \frac{\partial u_3}{\partial x_1}\right).$$

残りの二項と加え合せ，第8章の微小変動の手続を使って，一次の項以外は全て無視すると，直交座標でのポテンシャルの方程式として

$$(1 - M_\infty^2)\frac{\partial^2 \phi}{\partial x_1^2} + \frac{\partial^2 \phi}{\partial x_2^2} + \frac{\partial^2 \phi}{\partial x_3^2} = 0$$

がえられる．

円柱座標系では，ちがいは連続の式の第二項

$$\frac{1}{r}\frac{\partial}{\partial r}(\rho v r) = \frac{\partial}{\partial r}(\rho v) + \frac{\rho v}{r}$$

によるものだけである．直交座標の式とくらべると余分に $(\rho v)/r$ なる項がある．ここで v は変動速度で小さいけれども，r も非常に小さくなりうるからこの項は一次近似の程度においても無視できない．この項から線型化された変動ポテンシャルの方程式に余分の項 $\dfrac{v}{r} = \dfrac{1}{r}\dfrac{\partial \phi}{\partial r}$ がつけ加わる：

$$(1 - M_\infty^2)\frac{\partial^2 \phi}{\partial x^2} + \frac{\partial^2 \phi}{\partial r^2} + \frac{1}{r}\frac{\partial \phi}{\partial r} + \frac{1}{r^2}\frac{\partial^2 \phi}{\partial \theta^2} = 0 . \qquad \blacktriangleright (9.3)$$

9.3 境界条件

二次元流では，物体面の傾斜が流線の傾斜に等しいという境界条件は

$$\left(\frac{dx_2}{dx_1}\right)_{物体} = \left(\frac{u_2}{U+u}\right)_{物体} \doteqdot \frac{u_2(0)}{U+u(0)} \doteqdot \frac{u_2(0)}{U}$$

である．第二項は厳密な条件であるが，第三項は軸上で適用した近似式である．最後の項はさらに簡略化したもので，この近似はふつう第三項の近似と同程度である．

円柱座標の x 軸に軸を一致させた回転体では速度成分 w は（零だから）自動的に物体面に沿う[*]．故に子午面内で境界条件を考えるだけでよい．子午面内で物体の形は

---

[*] もちろん一様流は x 方向として．

9.3 境界条件

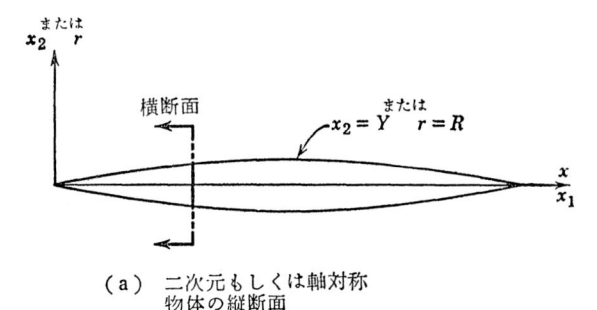

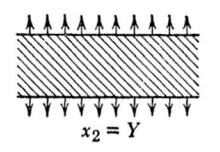

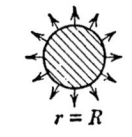

(a) 二次元もしくは軸対称物体の縦断面

(b) 境界上の速度

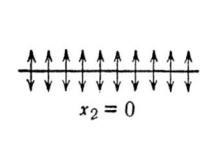

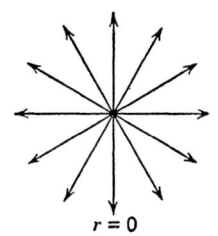

(c) 軸附近の速度

9.4 図 二次元および軸対称物体の軸附近の速度場

$r = R(x)$ で与えられるとすれば，厳密な境界条件は

$$\frac{dR}{dx} = \left(\frac{v}{U+u}\right)_R \tag{9.4}$$

となる．しかしここでは二次元の場合と同様な近似はできない．その理由は次の例で容易にわかる．

9.4a 図は二次元物体もしくは回転体の縦断面を示す．9.4b 図はそれぞれの場合の横断面における表面近くの外向速度を示す．9.4c 図は厳密な (b) の流れの場を近似しようとする流れの場（この場合は $x_2=0$，または $r=0$ に適当に吹出

しを分布することによって得られる）における $x_2=0$ または $r=0$ 附近の速度を示す．二次元流ではこのときの軸附近の速度はほとんど境界上の値と等しいが，軸対称流では軸での半径方向速度は境界上の速度が有限（零でない）ならば無限大でなければならない．

二次元の場合，軸附近の速度はべき級数として表わしうる：

$$u_1(x_1, x_2) = U + u(x_1, 0) + a_1 x_2 + a_2 x_2^2 + \cdots$$
$$u_2(x_1, x_2) = u_2(x_1, 0) + b_1 x_2 + b_2 x_2^2 + \cdots \tag{9.5}$$

ここで $a_1, a_2, \ldots, b_1, b_2 \ldots$ は x_1 の函数である．近似化した境界条件では上の各級数の第一項だけ用いる．

一方，軸対称の場合には，軸附近の速度勾配が非常に大きく，べき級数展開ができない．これは連続の式 (9.1 b) における半径方向の項 $\dfrac{1}{r}\dfrac{\partial}{\partial r}(vr)$ のためである．軸附近の速度を見積るには，この項が他の項と同じ程度の大きさでなければならないことに留意する．たとえば

$$\frac{1}{r}\frac{\partial}{\partial r}(vr) \sim \frac{\partial u}{\partial x}$$

すなわち

$$\frac{\partial}{\partial r}(vr) \sim r\frac{\partial u}{\partial x}.$$

一般に速度勾配 $\partial u/\partial x$ は無限大ではない．それで $r \to 0$ のとき

$$\frac{\partial}{\partial r}(vr) \sim 0$$

$$vr = a_0(x).$$

すなわち軸附近では，v は $1/r$ の程度の大きさである．[†] よって (9.5) のようなべき級数に代る正しい展開形は

すなわち
$$vr = a_0 + a_1 r + a_2 r^2 + \cdots$$
$$v = a_0/r + a_1 + a_2 r + \cdots . \tag{9.6}$$

こうして長い物体の場合の軸上での近似境界条件の正しい形は

$$R\frac{dR}{dx} = R\left(\frac{v}{U+u}\right)_R \fallingdotseq \frac{(vr)_0}{U} . \qquad \blacktriangleright (9.7)$$

他の成分 u の軸附近のふるまいも非回転の条件:

$$\frac{\partial u}{\partial r} = \frac{\partial v}{\partial x}$$

を用いて見積ることができる．すなわちこれより

[†] この結果は $r(\partial u/\partial x)$ が $r \to 0$ のとき有限である（零でない）ときも同じである．

9.5 軸対称流

$$\frac{\partial u}{\partial r} = \frac{a'_0}{r} + a'_1 + \cdots .$$

ただし $a_0' = \partial a_0 / \partial x$, 等である. 従って

$$u = a'_0 \log r + a'_1 r + \cdots . \tag{9.8}$$

要約すると"軸上で境界条件を適用する"ということは,実際の境界 $x_2 = Y$ もしくは $r = R$ で(ほとんど)正しい速度をもつ速度場になるように $x_2 = 0$ もしくは $r = 0$ での速度を与えるということを意味する.

9.4 圧力係数

圧力を計算するには変動速度で表わした厳密な式 (2.40 b)

$$C_p = \frac{2}{\gamma M_\infty^2} \left\{ \left[1 - \frac{\gamma - 1}{2} M_\infty^2 \left(\frac{2u}{U} + \frac{u^2}{U^2} + \frac{v^2}{U^2} + \frac{w^2}{U^2} \right) \right]^{\gamma/(\gamma-1)} - 1 \right\} \tag{9.9}$$

があるが,微小変動ではこの式は 8.3 節のように級数に展開することができる. 二次の微小項までとると

$$C_p = -\left(2\frac{u}{U} + (1 - M_\infty^2) \frac{u^2}{U^2} + \frac{v^2}{U^2} + \frac{w^2}{U^2} \right) . \tag{9.10}$$

二次元の場合には,第一近似の理論では第一項以外は皆無視することができた. しかし今の場合は (9.6) および (9.8) で示したように軸附近で半径方向成分 v は u と大きさの程度がちがっている. 軸附近(すなわち細長物体の表面上)の圧力係数を計算するための正しい第一近似の公式は[†]

$$C_p = -\frac{2u}{U} - \left(\frac{v}{U} \right)^2 \qquad \blacktriangleright (9.10\text{ a})$$

である.

9.5 軸対称流

軸を主流に平行に置いた回転体 (9.2 図) のまわりの流れは軸対称である. すなわち

[†] M. J. Lighthill, "Supersonic Flow Past Bodies of Revolution", *Aero. Research Council (Britain), Rept. and Memo.* No. 2003 (1945).

流れの状態はどの子午面においても同じである．θ に関する変化がないのでポテンシャルの満たす方程式 (9.3) は

$$\frac{\partial^2 \phi}{\partial r^2} + \frac{1}{r}\frac{\partial \phi}{\partial r} + (1-M_\infty^2)\frac{\partial^2 \phi}{\partial x^2} = 0 \tag{9.11}$$

p. 225
と書ける．ただし ϕ は既述のとおり変動速度 u, v, w (ここでは $w=0$) に対する**変動ポテンシャル**である．

非圧縮性流れ $M_\infty = 0$ では方程式は，Laplace の方程式

$$\frac{\partial^2 \phi}{\partial r^2} + \frac{1}{r}\frac{\partial \phi}{\partial r} + \frac{\partial^2 \phi}{\partial x^2} = 0 \tag{9.12}$$

になる．この方程式は基本解

$$\phi = \frac{\text{const.}}{\sqrt{x^2 + r^2}}$$

をもっている．これは (9.12) に入れてみればわかる．さらにこの解は変動ポテンシャルに要求されるとおり，r の大きい所すなわち無限遠で零に近づく．この解は定数の符号に従い原点におかれた吹出し点もしくは吸込み点を表わす．吹出しのとき符号は負であり，任意の強さをもった吹出しは次の式

$$\phi = \frac{-A}{\sqrt{x^2 + r^2}}$$

によって表わすことができる．吹出しが x 軸上 $x=\xi$ にあるときには，ポテンシャルは

$$\phi(x, r) = \frac{-A}{\sqrt{(x-\xi)^2 + r^2}} \tag{9.13}$$

である．

方程式は線型だから解を重ね合わすことができる． 従って

$$\phi(x, r) = -\frac{A_0}{\sqrt{x^2 + r^2}} - \frac{A_1}{\sqrt{(x-\xi_1)^2 + r^2}} - \frac{A_2}{\sqrt{(x-\xi_2)^2 + r^2}} - \cdots \tag{9.14}$$

は x 軸上におかれた吹出しの列による流れを表わす．

9.6 亜音速流

最後に，有限の強さの吹出し列の代りに吹出し分布を導入することもできる．$f(\xi)$ を単位長さあたりの吹出しの強さとすると $f(\xi)d\xi$ は $x=\xi$ に置かれた（無限小）吹出し強さを表わす．x 軸上に分布されたこのような吹出しの効果は前のように加え合わせることができるがこの場合には和 (9.14) の代りに積分

$$\phi(x, r) = -\int_0^l \frac{f(\xi)\,d\xi}{\sqrt{(x-\xi)^2 + r^2}} \qquad \blacktriangleright (9.15)$$

となる．これは x 軸上 $x=0$ から l までの間に分布された吹出しによる点 (x, r) におけるポテンシャルを与える．ϕ を微分すると速度成分の積分表式がえられる．

p. 226
(9.15) は非圧縮性流れの " 飛行船問題 " の**積分方程式**である．＊ $f(\xi)$ は与えられた問題の境界条件を満たすようにきめる．解は通常数値的に求めるのであるが，その際しばしば積分を単に (9.14) のような有限個の吹出しおよび吸込みの和で近似することになる場合がある．吹出しの数と同数の境界上の点で境界条件を使うとおのおのの吹出しの強さに対する連立（代数）方程式に帰せられる．

9.6 亜音速流

圧縮性亜音速流れでは

$$m^2 \equiv 1 - M^2 > 0$$

であるからポテンシャルの方程式は

$$\frac{1}{m^2}\frac{\partial^2 \phi}{\partial r^2} + \frac{1}{m^2 r}\frac{\partial \phi}{\partial r} + \frac{\partial^2 \phi}{\partial x^2} = 0$$

と書かれる．次の関係

$$r' = mr \tag{9.16}$$

によって新らしい座標系を導入すると，上の方程式は

$$\frac{\partial^2 \phi}{\partial r'^2} + \frac{1}{r'}\frac{\partial \phi}{\partial r'} + \frac{\partial^2 \phi}{\partial x^2} = 0$$

となる．これは非圧縮性流れの方程式と同じであって，その解は (9.15) で与えられる．

＊ (9.15) に境界条件を適用する式が積分方程式になるという意味である．

従ってもとの座標にもどすと基本解

$$\phi(x, r) = \frac{-A}{\sqrt{(x-\xi)^2 + m^2 r^2}} \quad (9.17)$$

および一般解

$$\phi(x, r) = -\int_0^l \frac{f(\xi)\, d\xi}{\sqrt{(x-\xi)^2 + m^2 r^2}} \quad ▶(9.17\text{a})$$

が得られる．与えられた形の物体に対する積分方程式の解法は上で略述したのと同様である．

今一つの方法はまず (9.16) の割合で細長くした相似物体を過る**非圧縮性流れ**を計算し，それからもとの物体上の圧力を第10章でのべる法則によって求めるのである．この法則は Göthert の相似則といわれている．

9.7 超音速流

超音速流では記号

$$\lambda^2 \equiv M^2 - 1 > 0$$

p. 227
を使うと方程式 (9.11) は**波動方程式**

$$\frac{\partial^2 \phi}{\partial r^2} + \frac{1}{r}\frac{\partial \phi}{\partial r} - \lambda^2 \frac{\partial^2 \phi}{\partial x^2} = 0 \quad (9.18)$$

になる．亜音速解 (9.17) との形式的類似によって基本解を

$$\phi(x, r) = \frac{-A}{\sqrt{(x-\xi)^2 - \lambda^2 r^2}} \quad (9.19)$$

のようにおいてみる．これは波動方程式を満たすことは満たすが，これを流れの表現に用いることはかなり問題がある．流れの場のある部分で (9.19) の分母の根号の中が零または負になり，ϕ の値がそこで無限大または虚数になる．実際，方程式の解法は完全に考えなおさなければならない．というのは，すでに第8章でみたように超音速方程式の解は亜音速の場合の解とは本質的にちがっているからである．

波動方程式の数学的理論はよく発展せしめられている．それはこの方程式が波の伝搬をふくむ多くの物理現象，たとえば音響や電磁気的現象を記述するからである．この理

9.7 超音速流

論は von Kármán と Moore によって始めて今の問題に適用され，ポテンシャルがこの場合もまた"吹出し"分布の積分

$$\phi(x, r) = - \int_0^{x-\lambda r} \frac{f(\xi)\,d\xi}{\sqrt{(x-\xi)^2 - \lambda^2 r^2}} \qquad \blacktriangleright (9.20)$$

によって表わしうることが示された．この際，積分は ξ が

$$\xi \leq x - \lambda r$$

で与えられる範囲においてのみ行なわれるから，分母が虚数になることはないことがわかる．適当な吹出し分布に対しては，この積分は軸以外では特異性のない解を与える．

積分の上限の意味を 9.5 図によって説明しよう．吹出しは x 軸上 0 から L まで分布しているが，点 (x, r) における ϕ の値を求めるには $\xi = x - \lambda r$ までの吹出しだけをとり入れればよく，この点より下流の吹出しは (x, r) の状態には影響を与えない．

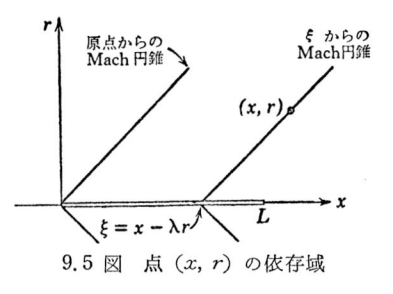

9.5 図　点 (x, r) の依存域

p. 228
この限界の物理的意味は，角

$$\tan^{-1}\frac{1}{\lambda} = \tan^{-1}\frac{1}{\sqrt{M_\infty^2 - 1}} = \mu \qquad (9.21)$$

が Mach 角であることに注意すれば理解できる．結局，積分の上限は吹出しが自身の Mach 円錐より前方には影響を与えないことを意味するものである．

前に，線型二次元超音速流では変動は Mach 線の上流にも下流にも影響を与えず，その影響は全く Mach 線上だけにかぎられるということを知った．しかしながら軸対称流では影響は Mach 円錐の下流の全領域におよぼされる．それで点 (x, r) は $\xi = x - \lambda r$ より前の全ての変動の影響をうける．従って，ϕ は上のような積分で表わされるのである．

上流への影響が限られることの説明にしばしば引用される例では，吹出しは，静止している一様な流体中を動いていく場合を考える．これは上に考察した流れの問題に一様速度 $-U$ を重ね合せることに対応する．吹出しによる変動は吹出しを中心として音速

(a) $U>a$　　(b) $U<a$　　(c) $U\ll a$

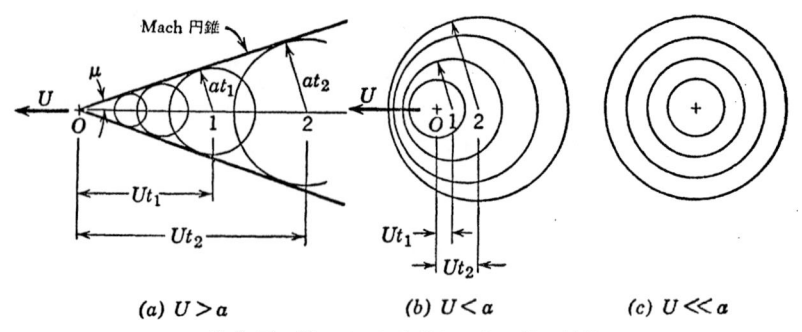

9.6 図　動いている吹出しからの波の伝搬

a で拡がっていく．9.6a図はこのような吹出しが位置 O にあり速度 U で左に進んでいる場合を示す．t_1 だけ前の時刻にはそれは位置1にあった．そこで生じた変動は，今は1を中心とする半径 at_1 の球面に拡がっている．一方吹出し自身はこの球の外まで動いている．今までに吹出しによってできた全ての球面変動領域は一つの包絡面をつくり，これは吹出しを頂点とする Mach 円錐で，その半頂角は

$$\mu = \sin^{-1}\frac{at}{Ut} = \sin^{-1}\frac{1}{M} = \tan^{-1}\frac{1}{\sqrt{M^2-1}}$$

である．吹出しの影響はこの Mach 円錐の前方では感じられない．
p. 229
　これに比して $U<a$（9.6b図）の場合には，変動の波面が拡がって行くとき前のものを追越すことはないから，このような包絡面はできない．運動が始まって充分長い時間がたち定常状態になったとすると，変動は下流ばかりでなく上流の無限遠まで拡がる．

　$U/a \to 0$ のときは非圧縮性流れになり，吹出しによる大体の様子は9.6c図のようになる．

　吹出しの影響は超音速の場合の方がより"集中的である"ことは明かである．

9.8　超音速場の速度

　速度を求めるには（9.20）の ϕ の微分を求める必要がある．微分の変数 x もしくは r は被積分函数ばかりでなく積分の上限にも出てくるから，微分は Leibnitz の法則に

$$\dagger \frac{d}{ds}\int_0^{g(s)} F(\xi;s)\,d\xi = \int_0^{g(s)} \frac{\partial F}{\partial s} d\xi + F\{g(s);s\}\frac{dg}{ds}.$$

9.8 超音速場の速度

従わなければならない．しかし (9.20) の被積分函数は積分の上限で無限大となるのでさらに問題がある．Hadamard がこのような積分を取扱う法則を与えた[†]．しかし積分変数を適当に変換すると Hadamard の方法を表だって使うことをさけられる場合がある．今の場合はちょうどこれにあたり

$$\xi = x - \lambda r \cosh \sigma \qquad (9.22)$$

とおけばよく，従って

$$d\xi = -\lambda r \sinh \sigma \, d\sigma = -\sqrt{(x-\xi)^2 - \lambda^2 r^2} \, d\sigma \; .$$

これに対応して積分の限界は次のようにかわる：

$$\xi = 0 \to \sigma = \cosh^{-1} \frac{x}{\lambda r}$$

$$\xi = x - \lambda r \to \sigma = \cosh^{-1}(1) = 0 \; .$$

そこで新しい変数ではポテンシャルは

$$\phi(x, r) = -\int_0^{\cosh^{-1}(x/\lambda r)} f(x - \lambda r \cosh \sigma) \, d\sigma \qquad ▶(9.23)$$

と書ける．Leibnitz の法則を使うと速度成分は

$$u = \frac{\partial \phi}{\partial x} = -\int_0^{\cosh^{-1}(x/\lambda r)} f'(x - \lambda r \cosh \sigma) \, d\sigma - f(0)\left(\frac{1}{\sqrt{x^2 - \lambda^2 r^2}}\right)$$

$$(9.24\,\mathrm{a})$$

$$v = \frac{\partial \phi}{\partial r} =$$

$$-\int_0^{\cosh^{-1}(x/\lambda r)} f'(x-\lambda r \cosh \sigma)(-\lambda \cosh \sigma) \, d\sigma + f(0)\left(\frac{x}{r\sqrt{x^2 - \lambda^2 r^2}}\right).$$

$$(9.24\,\mathrm{b})$$

ここに f' は $f(t)$ の t に関する微分を表わす．

今後は $f(0)=0$ なる物体（たとえば後で示すように先のとがった物体）だけを考えることにしよう．この場合もとの変数にもどすと (9.24) は

[†] *General Theory of High Speed Aerodynamics*, W. R. Sears (Ed.), Princeton, 1954 の M. A. Heaslet と H. Lomax の議論を参照．

252   第9章 回転体，細長物体の理論

$$u = -\int_0^{x-\lambda r} \frac{f'(\xi)}{\sqrt{(x-\xi)^2 - \lambda^2 r^2}} d\xi \qquad (9.25\text{ a})$$

$$v = \frac{1}{r}\int_0^{x-\lambda r} \frac{f'(\xi)(x-\xi)}{\sqrt{(x-\xi)^2 - \lambda^2 r^2}} d\xi \qquad (9.25\text{ b})$$

となる．

9.9 円錐に対する解

　与えられた境界条件に対する $f(\xi)$ を求める直接問題は積分方程式を解くことをふくんでいて一般に非常にむつかしい．これに代る一つの方法は $f(\xi)$ にある函数を仮定し，それの表わす流れを求めることである．特に簡単で有用な場合は

$$f(\xi) = a\xi \qquad (9.26)$$

従って

$$f(0) = 0 \text{ および } f'(\xi) = a$$

とすることである．これに対する速度ポテンシャルは ξ に (9.22) を用いると (9.23) からたやすく得られる．結果は

$$\phi(x, r) = -\int_0^{\cosh^{-1}(x/\lambda r)} (ax - a\lambda r \cosh \sigma) d\sigma$$

$$= -ax\left[\cosh^{-1}\frac{x}{\lambda r} - \sqrt{1 - \left(\frac{\lambda r}{x}\right)^2}\right] . \qquad (9.27)$$

変動速度成分はこれを直接微分するかまたは積分表式 (9.24) より得られる．すなわち

$$u = -a\cosh^{-1}\frac{x}{\lambda r} \qquad (9.27\text{ a})$$

$$v = a\lambda\sqrt{\left(\frac{x}{\lambda r}\right)^2 - 1} . \qquad (9.27\text{ b})$$

p. 231
　これより u および v はともにパラメータ $x/\lambda r$ の函数であることがわかる．従って u, v は x/r が一定という直線すなわち原点から出る放射線上で一定である．このような流れの場を錐状であるという．これを 9.7 図に示す．図には二三の放射線上の速度

9.9 円錐に対する解

を矢印で示してある.原点から出る Mach 円錐上の放射線 a 上では変動速度は零で流れはまだ一様流と同じ状態である.軸に近い放射線上ほど変動は大きく,流れの方向は図のようにかわる.二本の代表的な流線を記号 s で示してあるが,その一つは主流から発しており,他方は軸上の吹出しから出ている.どんな流線を物体面にとってもよい.

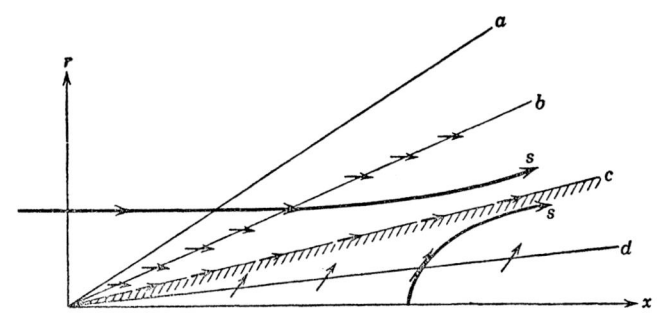

9.7 図 錐状速度場.速度は各放射線上で一定.
a=Mach 円錐上の放射線; b, c, d=速度場内の代表的な放射線; c=速度ベクトルを含む放射線; s=代表的な流線.

流れの中に放射線と一致する一本の流線 c がある.故にこの線をふくむ円錐は超音速流中に置かれた円錐体を表わすとみてよい.この流れの場は上記の解で与えられる.円錐の"内部"の流れの場はここでは興味がない.

この円錐の頂角は (9.27) の定数 a によってきまる.逆に,与えられた半頂角 δ をもつ円錐の解を見つけるには境界条件

$$\left(\frac{v}{U+u}\right)_{円錐} = \tan\delta \tag{9.28}$$

を満たすように a を定める必要がある.(9.27) より円錐面上の速度成分は

$$u = -a\cosh^{-1}\frac{\cot\delta}{\lambda} \tag{9.29 a}$$

$$v = a\sqrt{\cot^2\delta - \lambda^2} \tag{9.29 b}$$

これと境界条件とを合せると,a は

$$a = \frac{U \tan \delta}{\sqrt{\cot^2 \delta - \lambda^2} + \tan \delta \cosh^{-1}\left(\frac{\cot \delta}{\lambda}\right)} \quad (9.29\,\text{c})$$

となる.

円錐上の圧力（これは面上で一様である）を求めるには (9.29) の結果を圧力係数の式 (9.9) に代入すればよい. 結果はここでは省略する.

この例のような線型方程式の厳密解を Van Dyke は第一次近似解と呼んでいる.[†]

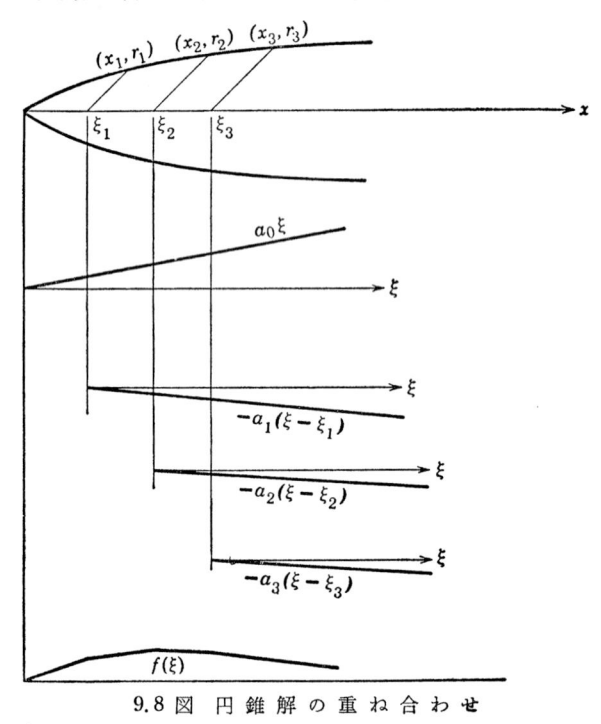

9.8 図　円錐解の重ね合わせ

9.10 他の子午断面形

Kármán と Moore による数値解法では（先のとがった）任意の回転体のまわりの流

[†] M. Van Dyke, "Supersonic Flow Past Bodies of Revolution", *J. Aeronaut. Sci.*, *18* (1951), p. 161.

9.11 細長円錐に対する解

れは前節の円錐解を重ね合わせることによって得られる。

p. 233
9.8図のような紡錘形 (ogive) に対しては解は分布

$$f(\xi) = a_0\xi - a_1(\xi - \xi_1) - a_2(\xi - \xi_2) + \cdots$$

を使って得られる。ここに $a_0, a_1, a_2 \cdots$ は正で，$\xi_1 = x_1 - \lambda r_1$, $\xi_2 = x_2 - \lambda r_2$ 等である。

上の定数値は次のようにして計算する；a_0 は弾頭形と同じ頂角を持った円錐の解に対する値をとり，先端附近の流れを与える。点 (x_1, r_1) ではこの解の速度は境界条件を満たさないから，a_1 を適当に選んだ別の円錐流 $-a_1(\xi-\xi_1)$ を重ねて補正する。これは頂点が $\xi_1 = x_1 - \lambda r_1$ にあるので (x_1, r_1) より前方の先端流には影響を与えない。

このようにして全ての定数を順次に求めて行く。各段階はそれまでにきめた上流部分には影響を与えない。この便利さは波動方程式の解法の特徴で，Laplace の方程式に支配される問題では面倒な反復形の数値解法を必要とするのと対照的である。これは特性曲線による数値解法の所でも出てくる（第12章）。

この結果から先のとがった物体では吹出し分布は先端附近では円錐と同じように，すなわち

$$f'(0) = \text{const.}, \quad f(0) = 0$$

であることがわかる。

上の方法は子午面の形がなめらかなものにしか使えない。肩をもった物体に対しては肩の所に適当な"跳び"ができるような解をつけ加えなければならない。[†]

9.11 細長円錐に対する解

9.9節でのべた円錐の，頂角 2δ が非常に小さいときには，(9.29c) の a に対する解は簡単にすることができる。すなわち M があまり大きくないと $\cot\delta \gg \lambda$ 従って $\cosh^{-1}(\cot\delta/\lambda) \doteqdot \log(2/\delta\lambda)$. さらに $\tan\delta \log(2/\delta\lambda) \to 0$, 従って

$$a \doteqdot U\delta/\cot\delta \doteqdot U\delta^2 \tag{9.30}$$

このような細い円錐の表面附近の状態を論ずるときは，r/x も小さいから (9.27) の ϕ の表式も簡単にできる。結果は

[†] Van Dyke, (前掲) 参照，そこには多少の改良も加えてある。

$$\phi = -U\delta^2 x \left(\log \frac{2x}{\lambda r} - 1\right) . \tag{9.31}$$

p. 234
円錐面近くの速度はこの式を微分する（または (9.27) を近似する）と求められ

$$\frac{u}{U} = -\delta^2 \log \frac{2x}{\lambda r} \tag{9.31 a}$$

$$\frac{v}{U} = \delta^2 \frac{x}{r} \tag{9.31 b}$$

となる．円錐面 $r/x \doteqdot \delta$ では，これらは

$$\left(\frac{u}{U}\right)_{円錐} = -\delta^2 \log \frac{2}{\lambda \delta} \tag{9.32 a}$$

$$\left(\frac{v}{U}\right)_{円錐} = \delta . \tag{9.32 b}$$

このときの圧力係数は

$$C_p = -\frac{2u}{U} - \left(\frac{v}{U}\right)^2 = 2\delta_*^2 \left(\log \frac{2}{\lambda \delta} - \frac{1}{2}\right) . \tag{9.32 c}$$

この近似式による値は 4.27 図の厳密な理論による結果と比較されるべきものである．

また (9.32 c) の結果は，頂角 2δ の薄いくさびの圧力係数

$$C_p = \frac{2\delta}{\sqrt{M^2 - 1}} = \frac{2\delta}{\lambda}$$

と比較すると興味がある．円錐上の圧力上昇はくさびにくらべてずっと小さく，その大きさの程度は

$$\delta \text{ に対して} \quad \delta^2 \log(1/\delta)$$

である．圧力上昇が小さくなるのは三次元効果によるもので，円錐のまわりの流れの方が"調整用空間"が広いからである．

なお，円錐の場合の方が Mach 数の影響が少く，非常に細い円錐では実際上 Mach 数によらなくなる．

さらにもう一つのちがいは，軸に平行な直線 $r=$const に沿って圧力係数を計算してみるとわかる．Mach 円錐と円錐面の間の圧力分布を 9.9 図に示す．くさび流では全圧

9.12 細長物体の抵抗

力変化は先頭波の上だけで起るが，円錐流では Mach 円錐の下流で連続的に起こる．二つの場合のこの典型的なちがいについては 9.7 節でものべた．細長物体理論では先頭波上で圧力の跳びはない（4.26 図参照）．

p. 235
細長円錐上の圧力係数の式 (9.32 c) は次の関数形に書ける：

$$\frac{C_p}{\delta^2} = f_n(\delta\sqrt{M_\infty^2 - 1}) \quad . \qquad \blacktriangleright (9.32\ d)$$

これは第10章でのべる相似性による方法から得られる一般的な結果である．

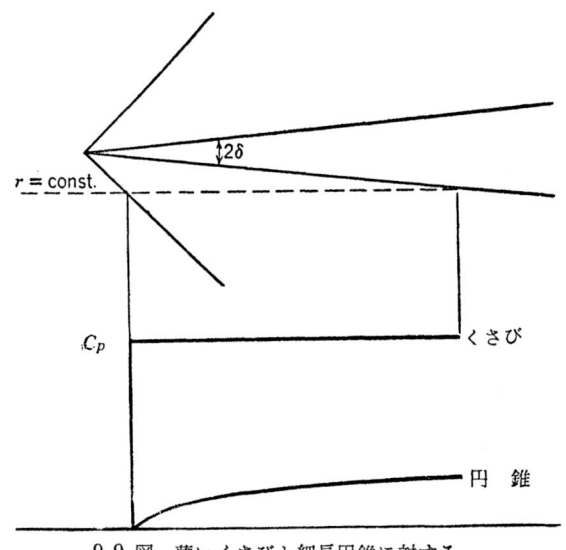

9.9 図 薄いくさびと細長円錐に対する先頭波と物体面との間の圧力分布

9.12 細長物体の抵抗

前節の細長円錐の結果は，始めに厳密解を求めてから次にその近似式を見い出した．しかし一般の積分形の解 (9.20)

$$\phi(x, r) = -\int_0^{x-\lambda r} \frac{f(\xi)\,d\xi}{\sqrt{(x-\xi)^2 - \lambda^2 r^2}}$$

を直接近似しても同じ結果に達することができる．そこでこの近似は円錐ばかりでなく

任意の形をした物体にも適用しうるものと考えられる．

r, もっと正確にいうと，$\lambda r/x$ が小さいとして積分を（近似）計算することにより細長物体の近似をする．この際積分の上限附近で被積分函数が特異性をもつので計算には多少の注意が必要である．積分を二つの部分に分けると，

$$\phi = -I_1 - I_2 = -\int_0^{x-\lambda r-\epsilon} \frac{f(\xi)\,d\xi}{\sqrt{(x-\xi)^2 - \lambda^2 r^2}} - \int_{x-\lambda r-\epsilon}^{r-\lambda r} \frac{f(\xi)\,d\xi}{\sqrt{(x-\xi)^2 - \lambda^2 r^2}}.$$

p. 236
第一の積分では，被積分函数が $\lambda^2 r^2$ のべき級数に展開できて

$$\frac{f(\xi)}{\sqrt{(x-\xi)^2 - \lambda^2 r^2}} = \frac{f(\xi)}{x-\xi} + \frac{1}{2}\lambda^2 r^2 \frac{f(\xi)}{(x-\xi)^3} + \cdots .$$

これを項別積分し，その結果において $\lambda r \to 0$ とすると

$$I_1 = f(0)\log x - f(x)\log \epsilon + \int_0^{x-\epsilon} f'(\xi)\log(x-\xi)\,d\xi + \epsilon f'(x)\log \epsilon .$$

第二の積分を (9.22) の変換によって書きなおし，λr のべき級数に展開すると

$$I_2 = \int_0^{\cosh^{-1}[(\lambda r+\epsilon)/\lambda r]} f(x - \lambda r \cosh \sigma)\,d\sigma$$
$$= f(x)\int_0^{\cosh^{-1}[(\lambda r+\epsilon)/\lambda r]} d\sigma - \lambda r \int_0^{\cosh^{-1}[(\lambda r+\epsilon)/\lambda r]} f'(x)\cosh \sigma\,d\sigma + \cdots .$$

従って $\lambda r \to 0$ に対しては

$$I_2 = f(x)\log\frac{2}{\lambda r} + f(x)\log \epsilon - \epsilon f'(x) + \cdots .$$

先のとがった物体では $f(0)=0$ (9.10 節参照) だから，I_1 の第一項は零である．第二項は I_2 の第二項と相殺する．最後に，ϵ は任意に小さくできるから $\epsilon \to 0$ とした結果は

$$\phi = -f(x)\log\frac{2}{\lambda r} - \int_0^x f'(\xi)\log(x-\xi)\,d\xi . \qquad \blacktriangleright (9.33)$$

この結果は円錐に使えるばかりでなく，任意の子午断面形をしたすべての軸対称細長物体に対して成立つものである．

与えられた物体に対する $f(x)$ を見い出すためには，境界条件 (9.7) を適用しなければならない．速度の半径方向成分は (9.33) より

9.12 細長物体の抵抗

$$v = \frac{\partial \phi}{\partial r} = \frac{f(x)}{r} \quad \text{すなわち} \quad vr = f(x). \tag{9.33 a}$$

物体面上では $r=R$ だから

$$f(x) = (v)_{物体} R$$

他方，流れが物体に沿うという条件は

$$\left(\frac{v}{U}\right)_{物体} = \frac{dR}{dx}.$$

従って吹出しの強さに対する解は

$$f(x) = UR\frac{dR}{dx} = \frac{U}{2\pi}\frac{dS}{dx}. \qquad \blacktriangleright (9.33 \text{ b})$$

p. 237
ただし $S(x) = \pi R^2$ は x における物体の断面積である．ここで $R=0$ すなわち物体の先端がとじているなら $f(0)=0$ であること，従って $f(0)=0$ の条件は先のとがった物体にかぎらないことがわかる．しかしながら先端の丸味には或る制限がある（練習問題9.1参照）．

方程式（9.33 b）によれば吹出しの強さは物体の断面積の**各点**での変化率だけに比例するという興味ある結果がわかる．非常に細長い物体では，考えている点より "遠くはなれた" 物体部分はこの点の状態に影響を与えない．各点で流体が "外へ押し出される" 割合は全く各点での断面積の変化率のみによってきまる．

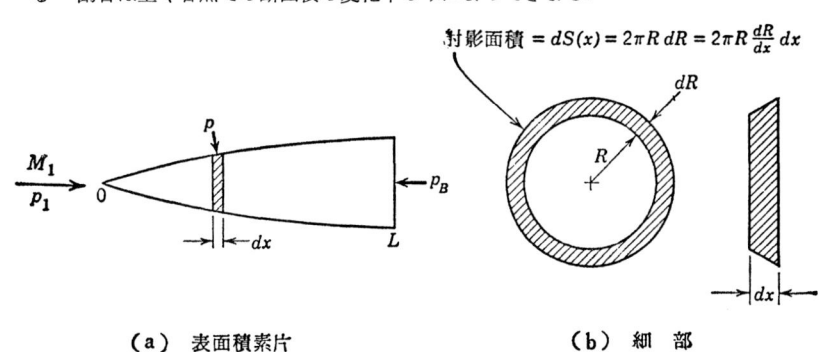

（a）表面積素片　　　　　（b）細部
9.10 図　軸対称物体に働く圧力

以上により先のとじた任意の（なめらかな）子午断面形をもった細長回転体のまわり

の軸流に対する解は

$$\phi(x,r) = -\frac{U}{2\pi}S'(x)\log\frac{2}{\lambda r} - \frac{U}{2\pi}\int_0^x S''(\xi)\log(x-\xi)\,d\xi \qquad \blacktriangleright (9.34)$$

$$\frac{u}{U} = -\frac{S''(x)}{2\pi}\log\frac{2}{\lambda r} - \frac{1}{2\pi}\frac{d}{dx}\int_0^x S''(\xi)\log(x-\xi)\,d\xi \qquad \blacktriangleright (9.34\,\mathrm{a})$$

$$\frac{v}{U} = \frac{S'(x)}{2\pi r} = \frac{R}{r}\frac{dR}{dx}\,. \qquad \blacktriangleright (9.34\,\mathrm{b})$$

物体面 $r=R$ では圧力係数は

$$C_p = \frac{S''(x)}{\pi}\log\frac{2}{\lambda R} + \frac{1}{\pi}\frac{d}{dx}\int_0^x S''(\xi)\log(x-\xi)\,d\xi - \left(\frac{dR}{dx}\right)^2 . \qquad (9.34\,\mathrm{c})$$

さて次にこの式を使って抵抗を計算しよう．

9.10a図において任意の断面 x における圧力 p は，その断面の外周にわたり一様である．しかし物体面が傾いているのでこの圧力は9.10b図に示す射影面積 $dS=2\pi R dR$
p. 238
に働き抵抗を生ずる．従って抵抗は

$$D = \int_0^L p\,dS - p_B S(L) = \int_0^L (p-p_1)\,dS + (p_1 - p_B)S(L)$$

無次元形では

$$C_D = \frac{D}{q_\infty S(L)} = \frac{1}{S(L)}\int_0^L C_p \frac{dS}{dx}\,dx + C_{pB} = C_{D1} + C_{pB}\,.$$

最後の項は，抵抗に対する底面圧 p_B からの寄与である．これは後流の力学によって決まるが，後流についてはまだ完全な理論はない．従って底面圧力係数 C_{pB} の値は実験的にきめなければならない．上の積分は C_p に (9.34c) の表式を入れると計算できて

$$\int_0^L C_p S'(x)\,dx = \frac{1}{\pi}\int_0^L S'(x)S''(x)\log\frac{2}{\lambda R(x)}\,dx - \int_0^L \left(\frac{dR}{dx}\right)^2 S'(x)\,dx$$
$$+ \frac{1}{\pi}\int_0^L S'(x)\frac{d}{dx}\int_0^x S''(\xi)\log(x-\xi)\,d\xi\,dx.$$

右辺の最初と最後の積分は，それぞれ

9.12 細長物体の抵抗

$$I_1 = -\frac{1}{2\pi}\int_0^L \log\frac{\lambda R}{2} d[S'(x)]^2$$

$$= -\frac{1}{2\pi}\left[(S')^2 \log\frac{\lambda R}{2}\right]_0^L + \int_0^L S'\left(\frac{dR}{dx}\right)^2 dx$$

$$I_3 = \frac{1}{\pi}\left[S'(x)\int_0^x S''(\xi) \log(x-\xi) d\xi\right]_{x=0}^L$$

$$- \frac{1}{\pi}\int_0^L S''(x)\int_0^x S''(\xi) \log(x-\xi) d\xi\, dx$$

$$= \frac{1}{\pi} S'(L)\int_0^L S''(\xi) \log(L-\xi) d\xi$$

$$- \frac{1}{\pi}\int_0^L \int_0^x S''(x)S''(\xi) \log(x-\xi) d\xi\, dx .$$

これらと第二の積分とを加え合わせると，前方部 (forebody) 抵抗係数として

$$S(L)C_{D1} = \frac{[S'(L)]^2}{2\pi}\log\frac{2}{\lambda R(L)} + \frac{S'(L)}{\pi}\int_0^L S''(\xi) \log(L-\xi) d\xi$$

$$- \frac{1}{\pi}\int_0^L \int_0^x S''(x)S''(\xi) \log(x-\xi) d\xi\, dx$$

(9.35)

p. 239
が得られる．もし $S'(L)=0$ ならこの式の最初の二項は零である．$S'=2\pi RR'$ だから，この特別の場合は

(1)　　　$R(L) = 0$　　　後端で物体がとじている．

または

(2)　　　$R'(L) = 0$　　　後端で物体の傾斜が零である．

のときにおこる．このとき圧力係数は次式で与えられる：

$$S(L)C_{D1} = -\frac{1}{\pi}\int_0^L \int_0^x S''(\xi)S''(x) \log(x-\xi) d\xi\, dx \quad . \quad \blacktriangleright (9.35\text{a})$$

この積分は直線 $\xi=0, x=\xi, x=L$ でかこまれた三角領域にわたって行なわれる．被積分函数は $\log(x-\xi)$ を $\log|x-\xi|$ でおきかえると直線 $x=\xi$ について対称になる．それで上の結果は

$$S(L)C_{D1} = -\frac{1}{2\pi}\int_0^L \int_0^L S''(\xi)S''(x) \log|x-\xi| d\xi\, dx \quad (9.35\text{b})$$

と書きかえられる．これは Kármán により始めて与えられた．

9.13 ★ 超音速流中における迎角をもった回転体

迎角をもった回転体のまわりの流れをしらべるのには，物体の軸を x 軸にとり（9.11図），流れの方をかたむけるのが便利である．明らかに流れは軸対称ではないので，ポテンシャル ϕ に対する式は，θ 微分を含む一般の式 (9.3) を使わねばならない．

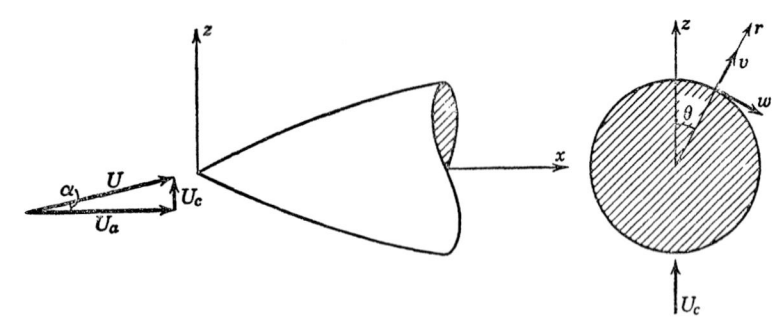

9.11 図　軸流と横断流に対する軸のとり方，U_c は横断主流速度，
$v=\dfrac{\partial \phi}{\partial r}$ と $w=\dfrac{1}{r}\dfrac{\partial \phi}{\partial \theta}$ は半径および円周変動速度

しかしながら，方程式が線型なので解を二つのポテンシャルの和として書くことができる：

$$\phi(x, r, \theta) = \phi_a(x, r) + \phi_c(x, r, \theta) \quad . \tag{9.36}$$

ここに ϕ_a は θ に関係しない軸流で ϕ_c は横断流である．これは二つの流れの重ね合わせであって，その中の一方では物体から遠くはなれた所で速度は軸に平行で

$$U_a = U \cos \alpha$$

となり，もう一方では軸に垂直で

$$U_c = U \sin \alpha$$

となる．

軸流問題はもし適当に境界条件も"分離"できるならば，基準速度を U_a にとりかえるだけであとは前各節でしらべたものと同じである．

一方，横断流の問題は (9.3) を満足しなければならない．すなわち

9.14 横断流の境界条件

$$\frac{\partial^2 \phi_c}{\partial r^2} + \frac{1}{r}\frac{\partial \phi_c}{\partial r} + \frac{1}{r^2}\frac{\partial^2 \phi_c}{\partial \theta^2} - \lambda^2 \frac{\partial^2 \phi_c}{\partial x^2} = 0 \ . \qquad (9.37)$$

ここに超音速流では $\lambda^2 = M^2 - 1 > 0$ であり，また Mach 数 M は全体の流れの速度 U に関するものである．ここでは"横断流"は全体の解 (9.36) の一つの成分に過ぎないから成分 U_c が"亜音速"でありうることは重要ではない．同様に"横断流"の速度変動が大きくても重ね合わせた解の変動が小さければ得た結果の正しさはそこなわれない．

(9.37) の一つの解は，軸流の方程式

$$\frac{\partial^2 \phi_a}{\partial r^2} + \frac{1}{r}\frac{\partial \phi_a}{\partial r} - \lambda^2 \frac{\partial^2 \phi_a}{\partial x^2} = 0$$

とくらべることによって得られる．ϕ_a がこの方程式の解ならば，この式を r について微分した方程式の解でもある：

$$\frac{\partial^2}{\partial r^2}\left(\frac{\partial \phi_a}{\partial r}\right) + \frac{1}{r}\frac{\partial}{\partial r}\left(\frac{\partial \phi_a}{\partial r}\right) - \frac{1}{r^2}\frac{\partial \phi_a}{\partial r} - \lambda^2 \frac{\partial^2}{\partial x^2}\left(\frac{\partial \phi_a}{\partial r}\right) = 0 \ . \quad (9.37\text{ a})$$

この式は $(\partial \phi_a/\partial r)$ の代りに $\cos\theta\, \partial \phi_a/\partial r$ とおいても成立つ．ところがこのとき上式の第三項は

$$-\frac{\cos\theta}{r^2}\frac{\partial \phi_a}{\partial r} = \frac{1}{r^2}\frac{\partial^2}{\partial \theta^2}\left(\cos\theta\, \frac{\partial \phi_a}{\partial r}\right)$$

のように書きかえられる．これを入れると (9.37 a) は (9.37) と同形になる．こうして横断流の基本解は

$$\phi_c(x, r, \theta) = \cos\theta\, \frac{\partial \phi_a}{\partial r} \equiv \frac{\partial \phi_a}{\partial z}$$

p. 241
とおくことにより軸対称の基本解から得られる．実際，これは吹出しから z 軸方向の軸をもつ二重吹出しを求める法則である．

9.14★ 横断流の境界条件

軸流と横断流との重ね合せは，微分方程式と物体から遠くはなれた所の境界条件とを

満たす．これはさらに物体面における境界条件を満足する必要がある．この条件も軸流および横断流に対応する二つの部分に次のように"分離"することができる．

軸流および横断流の速度変動はそれぞれのポテンシャルを微分することによって得られる．任意の断面内（9.11図）の半径方向の速度は

$$U_c \cos\theta + \frac{\partial\phi}{\partial r}$$

で，軸方向の速度は

$$U_a + \frac{\partial\phi}{\partial x}$$

である．これらを厳密な省略のない境界条件（9.4）に入れると

$$\left[\frac{\partial\phi}{\partial r} + U_c \cos\theta\right]_{物体} = \frac{dR}{dx}\left[U_a + \frac{\partial\phi}{\partial x}\right]_{物体}$$

すなわち

$$\left[\frac{\partial\phi_a}{\partial r} + \frac{\partial\phi_c}{\partial r} + U_c \cos\theta\right]_{物体} = \frac{dR}{dx}\left[U_a + \frac{\partial\phi_a}{\partial x} + \frac{\partial\phi_c}{\partial x}\right]_{物体} \quad (9.38)$$

が得られる．これは二つに分離できて

$$\left[\frac{\partial\phi_a}{\partial r}\right]_{物体} = \frac{dR}{dx}\left[U_a + \frac{\partial\phi_a}{\partial x}\right]_{物体} \quad (9.38\,\mathrm{a})$$

$$\left[\frac{\partial\phi_c}{\partial r}\right]_{物体} + U_c \cos\theta = \frac{dR}{dx}\left[\frac{\partial\phi_c}{\partial x}\right]_{物体}. \quad (9.38\,\mathrm{b})$$

(9.38 a) は速度 U_a をもった軸流に対する厳密な境界条件であることがみとめられよう（式 (9.4) 参照）．同様に (9.38 b) は横断流の速度のみをふくみ，この問題に対する厳密な境界条件である．ある場合には (9.38 b) の右辺の積の項は左辺の各項にくらべて小さく，省略しうることに注意して境界条件を近似化することができる．そのときには

$$\left[\frac{\partial\phi_c}{\partial r}\right]_{物体} + U_c \cos\theta \doteq 0. \quad (9.39)$$

9.15 横断流の解

p. 242
9.13節で横断流の解は軸流の解から次の関係によって得られることを示した。

$$\phi_c(x, r, \theta) = \cos\theta \frac{\partial \phi_a}{\partial r} \tag{9.40}$$

この微分は前に計算したことがある（式 (9.25b) 参照）. すなわち

$$\frac{\partial \phi_a}{\partial r} = \frac{1}{r} \int_0^{x-\lambda r} \frac{f'(\xi)(x-\xi)}{\sqrt{(x-\xi)^2 - \lambda^2 r^2}} d\xi . \tag{9.41}$$

これは部分積分により変形できて

$$\frac{\partial \phi_a}{\partial r} = -\lambda^2 r \int_0^{x-\lambda r} \frac{f(\xi) d\xi}{[(x-\xi)^2 - \lambda^2 r^2]^{3/2}} + \frac{1}{r}\left[\frac{f(\xi)(x-\xi)}{\sqrt{(x-\xi)^2 - \lambda^2 r^2}}\right]_0^{x-\lambda r} .$$

最後の括弧の下限からは $f(0)$ をふくんだ項が出てきて, 先のとがった物体ではやはり零となるが, 上限からは無限大になる項が出てくる. この特異性の取扱い方は Hadamard の方法で与えられている. 上の結果は形式的に

$$\frac{\partial \phi_a}{\partial r} = -\lambda^2 r \left| \int_0^{x-\lambda r} \frac{f(\xi) d\xi}{[(x-\xi)^2 - \lambda^2 r^2]^{3/2}} \right. \tag{9.42}$$

と書ける. ここに積分のまわりの線は積分の**有限部分**を示し, 積分演算に対し Hadamard の方法をとることを示す.†

(9.41) および (9.42) の形はいずれも文献に現われる. これらの積分に出てくる未知函数 $f'(\xi)$ および $f(\xi)$ はこれまでのところ任意であって, 横断流の境界条件によって定められるべきものである. 軸流の解との混同をさけるために, f ではなく別の記号を使うのが便利である. そこで解の二つの形は

$$\phi_c(x, r, \theta) = \frac{\cos\theta}{r} \int_0^{x-\lambda r} \frac{m(\xi)(x-\xi)}{\sqrt{(x-\xi)^2 - \lambda^2 r^2}} d\xi \qquad \blacktriangleright (9.41\text{a})$$

$$\phi_c(x, r, \theta) = \lambda^2 r \cos\theta \left| \int_0^{x-\lambda r} \frac{\sigma(\xi) d\xi}{[(x-\xi)^2 - \lambda^2 r^2]^{3/2}} \right. \qquad \blacktriangleright (9.42\text{a})$$

---
† M. A. Heaslet and H. Lomax, (前掲, p. 251 参照).

と書ける．これらの結果およびその応用は Tsien と Ferrari によって始めて与えられた．

9.16 細長回転体の横断流

非常に細長い物体では，9.12節のように $\lambda r/x$ の小なる値に対して積分解を計算す
p. 243
ることにより簡単化が可能である．しかしもっと直接的なやり方は (9.33) で得た軸対称細長物体の解を用い，横断流を導くのに (9.40) で与えられる法則を使うのである．こうして

$$\phi_c = \cos\theta \frac{\partial \phi_a}{\partial r} = \frac{\sigma(x)}{r}\cos\theta. \qquad \blacktriangleright (9.43)$$

ここに $\sigma(x)$ は二つの場合を区別するために $f(x)$ の代りに用いた．これは非圧縮性流体の理論で周知の，無限に長い円柱に垂直にあたる二次流の変動ポテンシャルに他ならないことがわかる．この結果は，どの断面においてもみなそれが一様流に垂直におかれた無限に長い円柱の一部であるかのような状態にあることを意味する．これは，非常に細長い物体では，各断面の状態はこれより"遠く離れた"物体の部分の影響をうけないことを表わしている．

二重吹出しの強さ $\sigma(x)$ は断面の半径と関係づけられる．この関係は境界条件よりきまるが，境界条件は細長物体では (9.39) で与えた近似形が使える．その結果は

$$\sigma(x) = U_c R^2(x) = \frac{U_c}{\pi} S(x) \quad . \qquad \blacktriangleright (9.44)$$

すなわち二重吹出しの強さは各点の断面積に比例する．従って横断流に対する解は

$$\phi_c = U_c \frac{R^2(x)}{r}\cos\theta \doteqdot U\sin\alpha \frac{R^2(x)}{r}\cos\theta \qquad (9.43\mathrm{a})$$

と書ける．

9.17 細長回転体の揚力

物体上の圧力を知るには，もちろん全体の解 $\phi = \phi_a + \phi_c$ から速度を求める必要がある．速度は厳密な圧力係数の式に自乗の形で出てくるから，一般には C_p を軸流と横断

9.17 細長回転体の揚力

流の両成分に分けることはできない．しかしながら細長物体近似では次のようにして分離できる．

速度の自乗の厳密な形は（9.11 図参照）

$$(\text{vel})^2 = \left(U_a + \frac{\partial \phi}{\partial x}\right)^2 + \left(U_c \cos\theta + \frac{\partial \phi}{\partial r}\right)^2 + \left(U_c \sin\theta - \frac{1}{r}\frac{\partial \phi}{\partial \theta}\right)^2.$$

ここで $U_a = U\cos\alpha$, $U_c = U\sin\alpha$ なることおよび変動速度は U に比べて小さくまた α も小さいということを思い起す．そして二次の項まで残すことにすれば，物体面上では最初の括弧の式は次のように近似できる：

$$\left(U_a + \frac{\partial \phi}{\partial x}\right)^2_{物体} = U_a^2 + 2U_a\left(\frac{\partial \phi}{\partial x}\right)_{物体} + \left(\frac{\partial \phi}{\partial x}\right)^2_{物体}$$

$$\doteqdot U^2(1-\alpha^2) + 2U\left(\frac{\partial \phi}{\partial x}\right)_{物体} + \left(\frac{\partial \phi}{\partial x}\right)^2_{物体}.$$

第二番目の括弧を境界条件（9.38）を使って書きなおすと

$$\left(U_c \cos\theta + \frac{\partial \phi}{\partial r}\right)^2_{物体} \doteqdot \left(U\frac{dR}{dx}\right)^2.$$

さらに，最後の括弧では $\partial\phi/\partial\theta$ を（9.43 a）より求めて代入すると

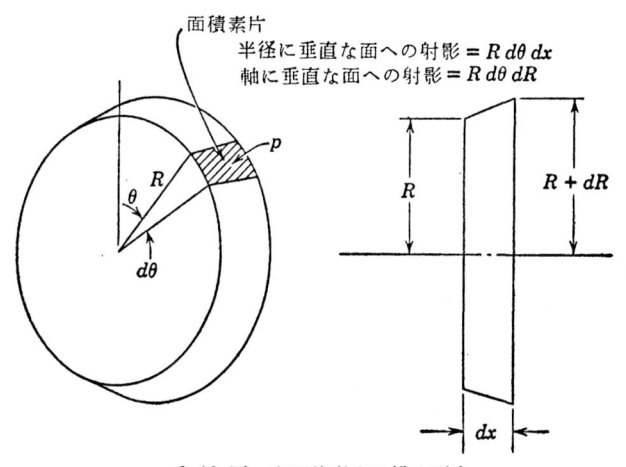

9.12 図　表面積素片に働く圧力

$$\left(U_c \sin\theta - \frac{1}{R}\frac{\partial\phi}{\partial\theta}\right)^2_{物体} = (2U_c \sin\theta)^2 \doteq (2U\sin\theta)^2\alpha^2.$$

二次の項までとった圧力係数 (9.10) は

$$C_p \doteq 1 - \frac{\mathrm{vel}^2}{U^2} + \frac{M_\infty^2}{U^2}\left(\frac{\partial\phi}{\partial x}\right)^2.$$

従って

$$(C_p)_{物体} = -\frac{2}{U}\left(\frac{\partial\phi}{\partial x}\right)_{物体} + \alpha^2 - \left(\frac{dR}{dx}\right)^2 - 4\alpha^2\sin^2\theta + \frac{\lambda^2}{U^2}\left(\frac{\partial\phi}{\partial x}\right)^2_{物体}.$$

最後の項は次節で示すように無視できる．$(C_p)_{物体}$ の式は二つに分離でき，その一つは軸対称であって

$$C_{pa} = -\frac{2}{U}\left(\frac{\partial\phi_a}{\partial x}\right)_{物体} - \left(\frac{dR}{dx}\right)^2$$

p. 245
もう一つは α と θ に関係し

$$C_{pc} = -\frac{2}{U}\left(\frac{\partial\phi_c}{\partial x}\right)_{物体} + (1 - 4\sin^2\theta)\alpha^2.$$

C_{pa} の式は (9.34c) で与えたものに他ならない．これは明らかに，前と同様な軸方向の力をおよぼすが，横方向の力はおよぼさない．C_{pc} の式は横断流のポテンシャル (9.43a) より計算できて

$$C_{pc} = -4\alpha\frac{dR}{dx}\cos\theta + (1 - 4\sin^2\theta)\alpha^2.$$

横方向の力は C_{pc} だけできまり，次のようにして計算できる．表面積素片に働く力の半径方向成分は 9.12 図に示すように $C_{pc}qR\,d\theta\,dx$ である（q は動圧）．横方向の力の U_c 方向の成分を得るには，これに $(-\cos\theta)$ をかけ，物体表面にわたって積分しなければならない：

$$N = q_\infty\int_0^L\int_0^{2\pi}\cos\theta(-C_{pc})R\,d\theta\,dx$$

$$= 4\alpha q_\infty\int_0^L\int_0^{2\pi}\cos^2\theta\,\frac{R\,dR}{dx}d\theta\,dx - \alpha^2 q_\infty\int_0^L\int_0^{2\pi}\cos\theta(1-4\sin^2\theta)R\,d\theta\,dx$$

$$= 2\alpha q_\infty S(L).$$

9.17 細長回転体の揚力

ここに $S(L)=\pi R^2(L)$ は底面の面積である．従ってこの底面積を基準にとった垂直力係数は

$$C_N = 2\alpha .$$

もし底面積が零すなわち物体が閉じているなら，細長物体近似では**横方向の力は零である**．

横断流は**軸方向の力**（9.12 図参照）に

$$A_2 = q_\infty \int_0^{R(L)} \int_0^{2\pi} C_{pc} R\, d\theta\, dR = -q_\infty \pi [R(L)]^2 \alpha^2 = -q_\infty S(L)\alpha^2$$

だけ寄与し，これに相当する軸力係数への寄与は

$$C_2 = -\alpha^2$$

である．正味の軸方向の力は $A=A_1+A_2$ であって，ここに $A_1=qS(L)C_{D_1}$ は個々の物体に対し，(9.35) で与えた軸対称の関係式より計算できる．今は底面圧による抵抗は考えていない（9.12 節）．

最後に，横方向の力 N と軸方向の力 A より揚力および抗力が計算できる：

$$L = N\cos\alpha - A\sin\alpha$$
$$D = N\sin\alpha + A\cos\alpha$$

すなわち

$$C_L \doteq C_N\left(1-\frac{\alpha^2}{2}\right) - (C_{D_1} + C_2)\alpha$$
$$C_D \doteq C_N\alpha + (C_{D_1} + C_2)\left(1-\frac{\alpha^2}{2}\right) .$$

C_N と C_2 の式を入れ，$C_{D_1} \ll 2$ として主要項だけのこすと

$$C_L = 2\alpha$$
$$C_D = C_{D_1} + \alpha^2 .$$
▶ (9.45)

これは**底面積**を基準にとった揚力および抗力係数に対する細長物体理論の結果である．

迎角による抵抗の増加は**誘導抵抗**と云われている；誘導抵抗係数は

$$C_{Di} = \alpha^2$$

である．興味があるのは，比

$$\frac{C_{Di}}{C_L} = \frac{D_i}{L} = \frac{\alpha}{2}$$

である．これは，迎角から生ずる力のベクトルが，対称面内で物体軸の垂線と飛行経路の垂線とのちょうどまん中にあることを示している．この結果は全ての細長物体に対して成立つが，これは縦横比の大きい楕円翼をすぎる非圧縮性流のよく知られた結果すなわち $C_{Di}/C_L = C_L/\pi R$ と対比せられる．

細長物体の誘導抵抗は，縦横比の大きい翼と同じように，あとひき渦の出現と関係がある．

9.18 細長物体理論

前の各節では断面が円で子午断面形は任意の物体について，これが充分細長くて軸附近である種の近似が使えるものとして，二三の一般的な結果を得た．いま一つの結果は，各断面の横断流が他の断面の流れに無関係で（式 (9.43) 参照），一般の方程式

$$(1 - M_\infty^2) \frac{\partial^2 \phi}{\partial x^2} + \frac{\partial^2 \phi}{\partial y^2} + \frac{\partial^2 \phi}{\partial z^2} = 0$$

でなしに二次元の方程式

$$\frac{\partial^2 \phi_c}{\partial y^2} + \frac{\partial^2 \phi_c}{\partial z^2} = 0 \qquad (9.46)$$

で支配されるということである．

p. 247
Munk が始めて飛行船理論に関してこのような簡単化を行った．後に，R. T. Jones がこれを任意の Mach 数での任意の横断面形の細長物体に拡張した．もとになる物理的考えは，非常に細長い物体では x 方向の変化が少くとも物体附近では他の方向の変化にくらべてずっと小さいということである．もっと正確にいうと $(1-M_\infty^2)\partial^2\phi/\partial x^2$ なる項が他の項にくらべて無視できると仮定することである．

方程式 (9.46) は二次元非圧縮流れを支配する方程式と同じで，等角写像という一般的方法が使える．この二次元流は実際の三次元問題と境界条件を通じて結びつく．すなわち (9.46) の解は

$$\phi_c = \phi_c(y, z; x) \qquad (9.47)$$

9.18 細長物体理論

なる形をもち,各断面の境界条件が物体の形従って x の函数であることに対応して,x がパラメータとして入ってくる.

細長物体理論によれば,与えられた物体の揚力係数は横断流のみによってきまり,従って Mach 数には無関係である. 実際問題への応用という点ではこの理論の精度はかなりわるい. この理論の取柄はその一般性にあり,物体の形が複雑な場合にはその揚力を見積るにはこの方法による外はない. 細長い飛行機への応用例を 9.13 図に示す.

この簡単な横断流理論では厚さに基づく正しい抵抗は出ない. というのは,正しい抵抗は物体のことなった断面間の干渉による項を含むからである (式 (9.35) 参照). 抵抗に対する一般的な細長物体理論は揚力に対するものほど簡単ではない. Ward は 9.12 節の結果を円以外の断面形の物体へ一般化した[†]. Cole[††] は細長さを表わす適当なパラメ

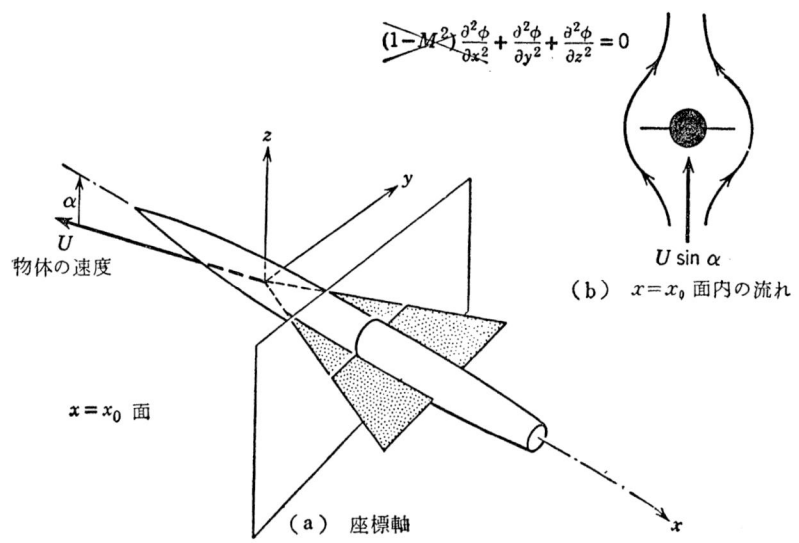

$$(1-M^2)\frac{\partial^2\phi}{\partial x^2}+\frac{\partial^2\phi}{\partial y^2}+\frac{\partial^2\phi}{\partial z^2}=0$$

(b) $x=x_0$ 面内の流れ

(a) 座標軸

9.13 図 細長物体理論の応用例. J. N. Nielsen, "Aerodynamics of Airfoils and Bodies in Combination", 未刊 N. A. C. A. 報告からのデータ.

[†] G. N. Ward, *Linearized Theory of Steady High-Speed Flow*, Cambridge (1955).

[††] J. D. Cole and A. F. Messiter, "Expansion Procedures and Similarity Laws for Transonic Flow", Ninth International Congress Applied Mechanics, Brussels (1956).

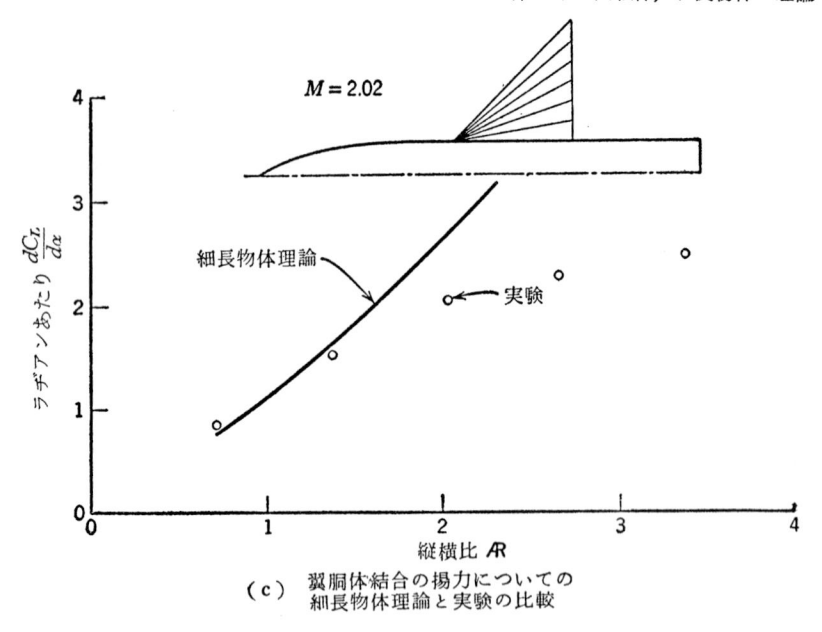

(c) 翼胴体結合の揚力についての
細長物体理論と実験の比較

ータで展開する系統的方法を提案した．これによると，展開の次々の項の系統的な格付けおよび精度の評価ができ，また，厳密な運動方程式の高次の（非線型）近似への正しい拡張の準備となる．

9.19 Rayleigh の公式

この章を終るにあたって，静止流体中における物体の運動について簡単にのべる．第3，4章では，物体の各部分がこれに当たる流体にピストンのような働きをして波動をおこし，これに応じて"ピストン圧力"を生ずるという効果について二三述べた．各点の"ピストン速度"すなわち物体が流体に与える粒子速度は運動方向に対する物体面の傾きを θ とするとき $U\sin\theta \fallingdotseq U\theta$ である．線型理論の範囲では，ピストンの速度は運動方向に垂直と考えてよい．これからも物体を吹出し分布で表わす方法の意味がくみとれる．すなわち吹出しもまたピストンのように働いて，運動と垂直の方向に速度をおこすからである．この"ピストン速度"はふつう**吹上げ**といわれている．

---

* 原文では $U\tan\theta\fallingdotseq U\theta$ となっている．なおここですでに $|\theta|\ll 1$ を仮定している．

9.19 Rayleigh の公式

　ピストン速度に対応するピストン圧力は第3章の簡単な一次元の公式からは求められない．それは三次元空間では物体の一部から他の部分へ影響が拡がるからである．線型理論では変動は一定な音速 a_∞ でつたわり，流体の運動は**音波の方程式**[†]

$$\nabla^2 \phi - \frac{1}{a_\infty^2} \frac{\partial^2 \phi}{\partial t^2} = 0 \qquad (9.48)$$

で記述される．流体の速度はポテンシャルから導かれ

$$u_i = \frac{\partial \phi}{\partial x_i} \equiv \nabla \phi \quad ,$$

変動圧力は

$$p' = p - p_\infty = -\rho_\infty \frac{\partial \phi}{\partial t}$$

から得られる．

　音波の方程式は，線型化の条件が満足されるかぎりすなわち"変動"が小さいかぎり，物体がどんな運動をするときでも流体の運動を記述する．物体の速度は変化していてもよいし $(U=U(t))$，さらに物体が振動していてもよい．またその運動は亜音速でもよいし，超音速でもよい．加速度運動の場合には，物体が遷音速の状態をはやく通り過ぎ変動が大きくならないならば，遷音速領域でも取扱うことができる．[††]

　薄翼のような**平たい物体**は $z=0$ なる平面を動いている吹出しの面分布 $f(x, y, t)$ で表わされる．音波の式の解は Rayleigh の公式[§]

$$\phi(x, y, z, t) = -\iint\limits_{\substack{\text{面}\\z=0}} \frac{f(\xi, \eta, t - h/a_\infty)}{h} d\xi \, d\eta \qquad \blacktriangleright (9.49)$$

で与えられる．ただし

$$h = \sqrt{(x-\xi)^2 + (y-\eta)^2 + z^2} \quad .$$

[†]　H. Lamb, *Hydrodynamics*, 6th Ed., Dover, N. Y., 1945, p. 493.
[††]　J. D. Cole, "Acceleration of Slende. Bodies of Revolution through Sonic Velocity", *J. Appl. Phys.*, 26 (1955), p. 322.
[§]　Rayleigh, *Theory of Sound (II)*, Dover, N. Y. (1945), p. 107.

この公式は時刻 t における点 $P(x, y, z)$ のポテンシャルは，吹出しによる寄与を積分することによって与えられることを示している．点 $Q(\xi, \eta)$ における強さ $f\,d\xi\,d\eta$ の代表的吹出しは P 点から距離 h の所にある．また，この公式は Q 点の吹出し強さとしては，吹出しの効果が P 点に達するのに有限時間 h/a_∞ かかるから，少し前の時刻 $t-h/a_\infty$ の値を用いねばならないことを示している．さらにこの効果は距離とともに $1/h$ で弱まる．

軸対称物体も同様に，x 軸に沿う吹出しの線分布 $f(x, t)$ で表わされる．軸対称な音波の場に対する Rayleigh の公式は

$$\phi(x, r, t) = -\int_{\substack{線 \\ r=0}} \frac{f(\xi, t - h/a_\infty)}{h} d\xi \qquad \blacktriangleright (9.50)$$

である．ここに

$$h = \sqrt{(x-\xi)^2 + r^2}\;.$$

与えられた物体に適当する吹出し分布は (9.49) または (9.50) からそれぞれ吹上げ $(\partial\phi/\partial z)_{z=0}$ または $(\partial\phi/\partial r)_{r=0}$ を計算し，これらをそれぞれ $U\theta = U\,\partial Z/\partial X$ または $U\,\partial R/\partial X$ と等置すれば得られる．ここに $Z(X, Y)$ および $R(X)$ はそれぞれの物体面の方程式であって，座標 X, Y は物体に固定したもので，空間に固定した座標 x, y と区別するために用いた．x 軸の負方向に速度 $U(t)$ で動く平たい物体では，吹出し強さと吹上げとの関係は

$$f(x, y, t) = \frac{1}{2\pi} U(t) \frac{\partial Z}{\partial X} \qquad \blacktriangleright (9.51)$$

のようになる．従って平たい系に対する吹出し強さは**各点の吹上げのみによって決り**，これに比例している．

軸対称の場合にはこの関係はそう簡単ではなく，積分方程式の関係になる．しかしながら非常に**細長い物体**では吹出し強さは局所的な物体の形のみによってきまり，簡単な関係

$$f(x, t) = \frac{1}{4\pi} \frac{\partial S(x, t)}{\partial t}$$

9.19 Rayleigh の公式

p. 251
に従うことが示される.† 従って,吹出しの強さは各点の断面積の変化率すなわち物体が流体中を動くにしたがって"押し"出す大きさに等しい.形の変らない物体 $S=S(X)$ では,上の関係は

$$f(x,t) = \frac{1}{4\pi} U(t) \frac{dS}{dX} \qquad \blacktriangleright (9.52)$$

と書ける.

上にのべたように,これらの結果は非常に一般的である.これらは $U=$ const. なる特別の場合にも使える.このとき変換 $x'=x+Ut$ を行うと,上の結果は,物体が静止し流体が x 軸の正方向に流れているふつうの座標系(ここでは x', y, z と書く)における定常流の結果に一致することが示される.たとえば音波の式 (9.48) は

$$\frac{\partial^2 \phi}{\partial x'^2} + \frac{\partial^2 \phi}{\partial y^2} + \frac{\partial^2 \phi}{\partial z^2} - \frac{U^2}{a_\infty^2} \frac{\partial^2 \phi}{\partial x'^2} = 0$$

となる(式 (8.9b) 参照).積分表示による解 (9.49) は

$$\phi(x', y, z) = -\frac{1}{2\pi} \int_{-\infty}^{\infty} \int_{-\infty}^{\infty} \frac{w(\xi, \eta, 0) \, d\xi \, d\eta}{\sqrt{(x'-\xi)^2 + (1-M_\infty^2)[(y-\eta)^2 + z^2]}}$$

$$M_\infty < 1 \qquad (9.53\text{a})$$

$$\phi(x', y, z) = -\frac{1}{\pi} \iint_{\text{hyp}} \frac{w(\xi, \eta, 0) \, d\xi \, d\eta}{\sqrt{(x'-\xi)^2 - (M_\infty^2-1)[(y-\eta)^2 + z^2]}}$$

$$M_\infty > 1 \qquad (9.53\text{b})$$

となる.ただし $w=U(dz/dx')_{物体}$ は翼面に垂直な吹上げである."hyp"は超音速の場合の積分範囲を示す.これは点 (x', y, z) から前方へ向う Mach 線群の前側にある吹出しだけを含む(9.7節参照).この Mach 線群は Mach 円錐を作り,これと x'-y 平面との交りが積分域となる双曲領域を定める.

式 (9.53) は,翼のような平たい物体をすぎる定常流に対する吹出しによる解法の基本となる式である.

同様の方法を (9.50) へ適用すると軸対称流の場合の,対応する定常流の式 (9.17a) および (9.20) が得られる.

---

† F. I. Frankl による.J. D. Cole, "Note on Non-Stationary Slender Body Theory", *J. Aeronaut. Sci.*, **20** (1953), p. 798 参照.

第10章 高速気流の相似法則

10.1 まえがき

二次元および軸対称の線型流れの特殊例において，パラメータを適当な形にまとめると，一連の形，ある範囲の Mach 数に対する解がただ一つの曲線によって表わされることを見た．たとえば，波状壁を過ぎる流れ（8.5節）では，圧力係数の式は次のようにまとめられ，

$$\frac{C_p\sqrt{|1-M_\infty^2|}}{\epsilon\alpha} = fn(\alpha x_1, \alpha x_2\sqrt{|1-M_\infty^2|}) \qquad (10.1\text{a})$$

また，細長い円錐を過ぎる超音速流（9.11節）では

$$\frac{C_p}{\delta^2} = fn(\delta\sqrt{M_\infty^2-1}) \qquad (10.1\text{b})$$

のようになる．これらは相似法則の例である．これらの特殊例では，運動方程式の解が求められるから，fn の具体的な形がわかっていたが（(8.26d) および (9.32c) 式），相似法則が特に役立つのは非線型の遷音速流のように解が容易に求まらない場合である．しかし，線型流れのように具体的な解が求まる場合でも結果を相似法則の形にまとめておくと見通しがよくなるから，やはり工学的応用には有用な考え方である．

この章では，上に述べたような意味で相似法則の考えを論じ，これを遷音速流へ拡張することを試みる．その際，特に，物体面上の圧力係数 C_p，物体の受ける力に着目する．

弦長（あるいは長さ）c，最大厚 t の物体を過ぎる理想気体の二次元あるいは軸対称の定常流は次の無次元量によって特徴づけられる：

$$C_p = C_p(x_1/c, M_\infty, \gamma, t/c) \qquad (10.2)$$

これは次元解析の結果にすぎない．ここでの問題は，C_p の式を整理して (10.2) に出て来た五個の無次元量をできるだけ少数の"相似パラメータ"にまとめ上げる方法で

ある．その個数は三個にできることがわかる．従って，与えられた点 x_1/c における圧力係数は，すべての気体，Mach 数および一連の物体に対し**一本の曲線**によって表わされる．

　次元解析と**相似性考察**の相異は次のように言うことができよう．すなわち：次元解析では問題に含まれる無次元量を列挙するだけであるが，相似解析は，さらに進んで，これらの無次元量をできるだけ少数のパラメータにまとめ上げようとする．次元解析のためには，多少の"簿記の心得"があれば充分で，問題に含まれる変数を知っているか，または推測できればよい．相似解析を行なうためには，さらに，基礎方程式，境界条件，あるいは，場合によっては積分関係のようなものも知らなければならない．相似法則は，また，一連の実験結果から見出されることもある．

　我々の場合では，微分方程式と境界条件がわかっているから，それらを基にして相似法則を導く．ただ，ここで強調しておきたいのは，**線型方程式**に対しては，相似法則を特別に論ずる必要のないことである．すなわち，一般解は特解を重ね合せて作れるから，例えば，波型の壁の場合のような個々の例から，相似法則を見出すことができる．相似法則の重要性は，重ね合せができず，また，具体的な解が殆んどない遷音速や極超音速の場合に対する拡張にある．

10.2　二次元の線型流れ，Prandtl-Glauert および Göthert の法則

　二次元定常流の変動ポテンシャル $\phi(x, y)$ に対する線型方程式は，

$$\frac{\partial^2 \phi}{\partial x^2} + \frac{1}{1 - M_1^2} \frac{\partial^2 \phi}{\partial y^2} = 0 \tag{10.3}$$

ここで，主流の Mach 数に添字1をつけて M_1 としたのは，後で比較する Mach 数 M_2 の第二の流れと区別するためである．

　物体の形は次のように表わしうる：

$$y = t_1 f\left(\frac{x}{c}\right) = \tau_1 c f\left(\frac{x}{c}\right) \tag{10.4}$$

ここで，c および τ_1 は，問題の形の物体の弦長および厚み比 t_1/c である．c および t_1 は，それぞれ，x および y 方向の代表的長さである．式 (10.4) は，相似性の議論に適した形をしている．もっとはっきりかけば，

$$\frac{y}{c} = \tau_1 f\left(\frac{x}{c}\right) \tag{10.4a}$$

ϕ の満足すべき境界条件は,

$$\left(\frac{\partial \phi}{\partial y}\right)_{y=0} = U_1 \left(\frac{dy}{dx}\right)_{物体} = U_1 \tau_1 f'\left(\frac{x}{c}\right) \tag{10.5}$$

ここで, U_1 は主流の速度である.

物体面上での圧力係数 C_{p1} は,

$$C_{p1} = -\frac{2}{U_1}\left(\frac{\partial \phi}{\partial x}\right)_{y=0} \tag{10.6}$$

次に, (ξ, η) 面内の第二の流れのポテンシャル $\Phi(\xi, \eta)$ を考え, Φ は ϕ から次の式によって導かれるものとする.

$$\phi(x, y) = A\frac{U_1}{U_2}\Phi(\xi, \eta) = A\frac{U_1}{U_2}\Phi\left(x, \sqrt{\frac{1-M_1^2}{1-M_2^2}}\,y\right) \tag{10.7}$$

ここで, A は後から定める定数である. この式から, 二つの座標の間には次の対応関係のあることがわかる.

$$\xi = x; \quad \eta = \sqrt{\frac{1-M_1^2}{1-M_2^2}}\,y$$

(10.7) を微分方程式 (10.3) に代入すると, Φ は次の式を満足することがわかる.

$$\frac{\partial^2 \Phi}{\partial \xi^2} + \frac{1}{1-M_2^2}\frac{\partial^2 \Phi}{\partial \eta^2} = 0 \tag{10.8}$$

従って, ϕ が (x, y) 面における Mach 数 M_1 の解ならば, Φ は (ξ, η) 面における Mach 数 M_2 の解である. また, 境界条件 (10.5) から,

$$\left(\frac{\partial \phi}{\partial y}\right)_{y=0} = A\frac{U_1}{U_2}\sqrt{\frac{1-M_1^2}{1-M_2^2}}\left(\frac{\partial \Phi}{\partial \eta}\right)_{\eta=0} = U_1 \tau_1 f'\left(\frac{x}{c}\right) \tag{10.9}$$

式 (10.9) における唯一の独立変数は $x/c\,(=\xi/c)$ であるから, この式から次の境界条件が満足されていることがわかる:

10.2 二次元の線型流れ，Prandtl-Glauert および Göthert の法則

$$\left(\frac{\partial \Phi}{\partial \eta}\right)_{\eta=0} = U_2 \tau_2 f'\left(\frac{\xi}{c}\right)$$

ただし，ここで，f' は両方の流れに共通，τ_2 は τ_1 と次の関係を有するものとする．

$$A\sqrt{\frac{1-M_1{}^2}{1-M_2{}^2}}\tau_2 = \tau_1 \tag{10.10}$$

f が両方の流れに共通でなければならないことは，相似法則では函数 f で表わされる形をもった同じ"一族"の物体を過ぎる流れしか関係づけられないことを示している．圧力係数 C_{p1} も，また，次のように書き直される．

$$C_{p1} = -\frac{2}{U_1}\left(\frac{\partial \phi}{\partial x}\right)_{y=0} = -\frac{2}{U_2}A\left(\frac{\partial \Phi}{\partial \xi}\right)_{\eta=0}$$

一方，第二の流れの圧力係数は

$$C_{p2} = -\frac{2}{U_2}\left(\frac{\partial \Phi}{\partial \xi}\right)_{\eta=0}$$

であるから，両方の流れの圧力係数は次のように関係づけられる．

$$C_{p1} = AC_{p2} \tag{10.11}$$

(10.10)，(10.11) は次のような相似法則を表わしている：ある一族に属する二つの流れにつき，物体の厚み比を τ_1, τ_2，物体面上の圧力係数を C_{p1}, C_{p2}，主流の Mach 数を M_1, M_2 とすると，τ_1, τ_2 の間に

$$\tau_1 = A\sqrt{\frac{1-M_1{}^2}{1-M_2{}^2}}\tau_2$$

の関係があれば，$C_{p1}=AC_{p2}$ が成り立つ．

上の表現は少しごたごたしているが，まとめると，一般形で次のようになる．

$$\frac{C_p}{A} = fn\left(\frac{\tau}{A\sqrt{1-M_\infty{}^2}}\right) \qquad \blacktriangleright (10.12)^\dagger$$

今までの所，係数 A は任意であった．これは線型方程式 (10.3) が ϕ につき斉次

---

† 式 (10.10)，(10.11) においてはじめ $A=A_1/A_2$ とおけばわかりよい．

で，任意の定数係数をかけても式が変らないためである．次節に示すように，遷音速の方程式では，非線型の項があるために，A を任意に取ることができなくなる．実際，A に課せられる条件が遷音速相似法則を定めるのである．

式 (10.12) は Prandtl-Glauert の法則, Göthert の法則を含む．それは次のように示される：

(1) $A = 1$ とすると $\quad C_p = fn\left(\dfrac{\tau}{\sqrt{1-M_\infty^2}}\right)$ （19.13 a）

p. 256

(2) $A = \dfrac{1}{\sqrt{1-M_\infty^2}}$ とすると $C_p = \dfrac{1}{\sqrt{1-M_\infty^2}} fn(\tau)$ （10.13 b）

(3) $A = \tau$ とすると $C_p = \tau fn(\sqrt{1-M_\infty^2})$ （10.13 c）

(4) $A = \dfrac{1}{1-M_\infty^2}$ とすると $C_p = \dfrac{1}{1-M_\infty^2} fn(\tau\sqrt{1-M_\infty^2})$ （10.13 d）

(1), (2), (3)は Prandtl-Glauert の法則の標準的な形である．(1)は，Mach 数を増すと共に τ を減少させて $\tau/\sqrt{1-M_\infty^2}=$ 一定になるようにすると C_p が M によらないことを表わしている．(2)は，物体の形が与えられている場合には，C_p は $(1-M_\infty^2)^{-\frac{1}{2}}$ に比例して変ることを示している．また，(3)は，Mach 数が定まっている場合には C_p は τ に比例することをいい表わす．

(4)は Göthert の法則を示し，二次元の場合でも軸対称の場合でも成立する（このことは 10.4 節で示す）．これは，τ を $(1-M_\infty^2)^{-\frac{1}{2}}$ に比例して増加させた場合には C_p が $(1-M_\infty^2)^{-1}$ に比例して増加することを示している．

これらの相似法則の応用については 10.6 節で述べる．

式 (10.12) および (10.13) においては，線型の**亜音速流**について相似法則を述べた．しかし，上に述べたすべての方程式は $\sqrt{(1-M_1^2)/(1-M_2^2)}$ の代りに $\sqrt{(M_1^2-1)/(M_2^2-1)}$ としても全く同様に成り立つから，式 (10.12) の $\sqrt{1-M_\infty^2}$ は $\sqrt{M_\infty^2-1}$ に置き換えることができる．従って，上の相似法則を超音速の場合に拡張するには，$\sqrt{1-M_\infty^2}$ を $\sqrt{|1-M_\infty^2|}$ に置き換えるか，または，平方根が現われないような形に直すだけでよい．例えば，式 (10.12) を

10.2 二次元の線型流れ，Prandtl-Glauert および Göthert の法則

$$\frac{C_p}{A} = fn\left(\frac{\tau^2}{A^2(1-M_\infty{}^2)}\right)$$

のように書き直すとこの式は亜音速，超音速いずれの場合にも成り立つ．

翼面上の圧力分布に Prandtl-Glauert の法則を応用した例を 10.1 図に示す．ここでは上の(2)によって $M_\infty=0.60, 0.70, 0.80$ の場合の C_p の値を $M_\infty=0.40$ での実験結果から計算した．例えば $(C_p)_{0.80}=(C_p)_{0.40}\sqrt{\{1-(0.40)^2\}/\{1-(0.80)^2\}}=1.38(C_p)_{0.40}$ である．実験結果との一致は遷音速領域に近づくにつれて悪くなる．特に，$M_\infty=0.80$ の場合には，C_p は音速状態に対応する**臨界値**を超え，前縁から10〜30％弦長の範囲内

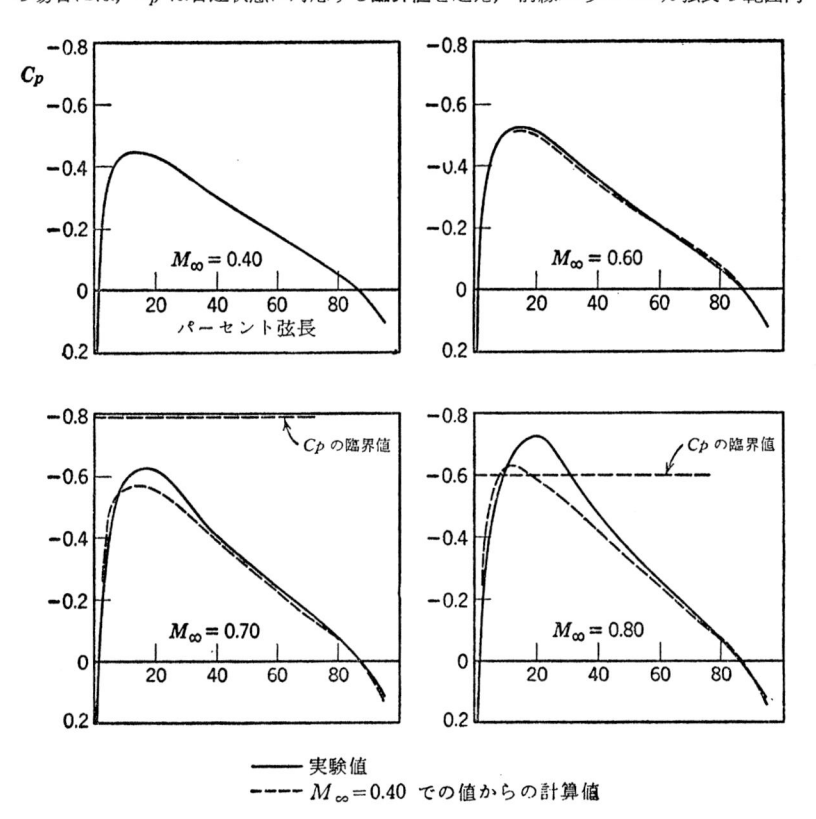

10.1 図　Prandtl-Glauert の相似法則と実験との比較（実験結果は NACA 0012 翼型に対するもので，J. L. Amick, *NACA Tech. Note* 2174 による）

は超音速になる.

10.3 二次元の遷音速流, von Kármán の法則

p. 257
一様流の Mach 数が1に近くなると, 線型方程式は不正確になるので, 次式を用いなければならなくなる.(式(8.9a)参照):

$$\frac{\partial^2 \phi}{\partial x^2} + \frac{1}{1-M_1^2}\frac{\partial^2 \phi}{\partial y^2} = \frac{(\gamma_1+1)M_1^2}{1-M_1^2}\frac{1}{U_1}\frac{\partial \phi}{\partial x}\frac{\partial^2 \phi}{\partial x^2} \qquad (10.14)$$

前と同様に, この方程式は一様流の Mach 数 M_1, 一様流の速度 U_1 の流れについて書いてある. また, (10.7) によって再び Φ を導入すると, $\Phi(\xi, \eta)$ は次の式を満足する.

$$\frac{\partial^2 \Phi}{\partial \xi^2} + \frac{1}{1-M_2^2}\frac{\partial^2 \Phi}{\partial \eta^2} = \frac{(\gamma_1+1)M_1^2}{1-M_1^2}\frac{A}{U_2}\frac{\partial \Phi}{\partial \xi}\frac{\partial^2 \Phi}{\partial \xi^2}. \qquad (10.15)$$

ここで, Φ も ϕ と同じ形の式, すなわち遷音速の方程式 (10.14) を満足するようにするには, A を適当に選んで (10.15) の右辺の係数が正しい値をとるようにしなければならない. このためには

$$\frac{(\gamma_1+1)M_1^2}{1-M_1^2}A = \frac{(\gamma_2+1)M_2^2}{1-M_2^2}$$

p. 258
従って,

$$A = \frac{\gamma_2+1}{\gamma_1+1}\frac{M_2^2}{M_1^2}\frac{1-M_1^2}{1-M_2^2} \qquad (10.16)$$

遷音速流の場合には (10.10), (10.11) に加えて (10.16) が要請される. 従って, C_p の式を (10.12) のように表わした場合, A は $\frac{1-M_\infty^2}{(\gamma+1)M_\infty^2}$ としなければならない. そして, (10.12) の代りに次式を得る.

$$\frac{C_p(\gamma+1)M_\infty^2}{1-M_\infty^2} = fn\left(\frac{\tau(\gamma+1)M_\infty^2}{(1-M_\infty^2)^{3/2}}\right) \qquad \blacktriangleright (10.17)$$

この式は種々の形に書き直される. 例えば, 両辺に

$$\chi = \frac{1-M_\infty^2}{[\tau(\gamma+1)M_\infty^2]^{2/3}}$$

をかけると次式を得る.

$$\frac{C_p[(\gamma+1)M_\infty^2]^{1/3}}{\tau^{2/3}} = fn\left(\frac{1-M_\infty^2}{[\tau(\gamma+1)M_\infty^2]^{2/3}}\right) = fn(\chi) \quad \blacktriangleright (10.18)$$

これは Spreiter 流に書いた von Kármán の遷音速相似法則であって，von Kármán の元の相似法則とは少し形が異なる．

式 (10.18) は亜音速，遷音速，超音速の領域全部を通じて成り立つ．とくに，線型方程式が使える場合に成り立つ Prandtl-Glauert および Göthert の法則を特別の場合として含んでいる．

係数 A を任意に選ぶことができないから，Prandtl-Glauert の法則 (10.13 b, c) で行ったように与えられた物体を過ぎる種々な Mach 数の流れ，または，種々な厚み比の物体を過ぎる定まった Mach 数の流れを関係づけることはできない．遷音速の場合には，**異なる**厚み比 τ_1, τ_2 の物体のまわりの**異なる** Mach 数 M_1, M_2 の流れを関係づけることができるに過ぎない．そして，その際の条件は $\chi_1 = \chi_2$，すなわち

$$\frac{1-M_1^2}{[\tau_1(\gamma_1+1)M_1^2]^{2/3}} = \frac{1-M_2^2}{[\tau_2(\gamma_2+1)M_2^2]^{2/3}} \tag{10.19}$$

10.4 線型軸対称流

一様流の速度 U_1，Mach 数 M_1 の軸対称流 $\phi(x, r)$ に対する線型方程式は，

$$\frac{\partial^2 \phi}{\partial x^2} + \frac{1}{1-M_1^2}\left(\frac{\partial^2 \phi}{\partial r^2} + \frac{1}{r}\frac{\partial \phi}{\partial r}\right) = 0 \tag{10.20}$$

である．10.2 節と同じように，次の変換

$$\phi(x, r) = A\frac{U_1}{U_2}\Phi\left(x, r\sqrt{\frac{1-M_1^2}{1-M_2^2}}\right) \tag{10.21}$$

によって第二の流れ Φ を導入すると Φ は ϕ と同じ形の式，すなわち，(10.20) で M_1 を M_2 とした式を満足する．今迄の所は二次元流のときと全く同様であるが，境界条件で相異があらわれる．軸対称な物体の形を $r = \tau_1 c f(x/c)$ とすると，厳密な境界条件は

$$\left(\frac{\partial \phi}{\partial r}\right)_{物体} = U_1 \tau_1 f'\left(\frac{x}{c}\right)$$

となる.この境界条件は,二次元の場合には近似的に $r=0$ の上で適用できるが, 9.3 節で示したように軸対称流の場合にはそのようなことはできない.従って,軸対称の場合には厳密な境界条件

$$\left(\frac{\partial \phi}{\partial r}\right)_{r=\tau_1 c f(x/c)} = U_1 \tau_1 f'\left(\frac{x}{c}\right)$$

を用いなければならない. (10.21) をこの式の左辺に代入すると,

$$\left(\frac{\partial \phi}{\partial r}\right)_{r=\tau_1 c f(x/c)} = A \frac{U_1}{U_2} \sqrt{\frac{1-M_1{}^2}{1-M_2{}^2}} \left(\frac{\partial \Phi}{\partial R}\right)_{R=\sqrt{\frac{1-M_1{}^2}{1-M_2{}^2}} \tau_1 c f(x/c)} \quad (10.22)$$

一方,Φ の満足すべき境界条件は

$$\left(\frac{\partial \Phi}{\partial R}\right)_{R=\tau_2 c F(\xi/c)} = U_2 \tau_2 F'\left(\frac{\xi}{c}\right) \quad (10.23)$$

式 (10.22), (10.23) が比較できるためには,前と同様の条件 $f(x/c)=F(\xi/c)$ に加えて

$$\tau_1 \sqrt{\frac{1-M_1{}^2}{1-M_2{}^2}} = \tau_2$$

となることが必要である.これらの条件をもとの (10.22) に入れると

$$\tau_1 f'\left(\frac{x}{c}\right) = A \sqrt{\frac{1-M_1{}^2}{1-M_2{}^2}} \tau_1 \sqrt{\frac{1-M_1{}^2}{1-M_2{}^2}} f'\left(\frac{x}{c}\right)$$

従って A は次のように定められる.

$$A = \frac{1-M_2{}^2}{1-M_1{}^2} \quad (10.24)$$

p. 260
次に圧力係数の間の関係を求めなければならない.前と同様に,軸上での特異性により,線型の圧力係数 (10.6) では精度が足りない.軸対称流の場合に妥当な圧力係数は, (9.4 節)

10.4 線型軸対称流

$$C_{p1} = -\frac{2}{U_1}\left(\frac{\partial \phi}{\partial x}\right)_{r=\tau_1 cf(x/c)} - \frac{1}{U_1^2}\left(\frac{\partial \phi}{\partial r}\right)^2_{r=\tau_1 cf(x/c)}$$

である. この式に (10.21) を代入すると,

$$C_{p1} = -\frac{2}{U_2}A\left(\frac{\partial \Phi}{\partial \xi}\right)_{R=\tau_2 cF(\xi/c)} - \frac{A^2}{U_2^2}\frac{1-M_1^2}{1-M_2^2}\left(\frac{\partial \Phi}{\partial R}\right)^2_{R=\tau_2 cF(\xi/c)}$$

(10.24) により A を共通因数としてくくり出すことができ, 結局二次元の場合と同様に

$$C_{p1} = AC_{p2}$$

従って, 前に (10.12) を導いたときと同じ論法によって相似法則はやはり次の形に書くことができる.

$$\frac{C_p}{A} = fn\left(\frac{\tau}{A\sqrt{1-M_\infty^2}}\right) \qquad (10.25)$$

ただし, ここでは, A は (10.24) を満足しなければならないから, 前のように任意に選ぶことはできない. すなわち, $A=(1-M_\infty^2)^{-1}$ なることが必要である. このことから Göthert の法則

$$C_p(1-M_\infty^2) = fn(\tau\sqrt{1-M_\infty^2}) \qquad (10.26)$$

が得られる. ここでの導き方および 10.2 節から明らかなように, (10.26) 式は二次元流についても用いることができる.

両辺を $\tau^2(1-M_\infty^2)$ で割れば, 別の形として

$$\frac{C_p}{\tau^2} = fn(\tau\sqrt{1-M_\infty^2}) . \qquad ▶(10.27)$$

自由なパラメータ A は"非線型"の境界条件を合わせる時に使ってしまったから, 遷音速の方程式における相似の条件を満たすために使うことはできない. それで軸対称の遷音速流では前のような簡単な相似法則は存在しない.[†]

[†] 細長物体を過ぎる遷音速流においても, 軸上にある吹き出し項を引き去ったものに対しては相似法則が得られる. このような相似法則は, Oswatitsch, Berndt, および J. D. Cole によって得られた. 例えば, 頂角 2θ の円錐を過ぎる流れに対しては,

$$\frac{C_p}{\theta^2} - 4\log\theta = fn\left(\frac{|1-M_\infty^2|}{\theta^2}\right)$$

である.

10.5 平面に近い流れ

二次元流の場合に用いたのと同じ方法が平たい物体を過ぎる三次元流れにも適用できる。

p. 261
この場合の基礎方程式および境界条件は

$$\frac{\partial^2 \phi}{\partial x} + \frac{1}{1 - M_1^2}\left(\frac{\partial^2 \phi}{\partial y^2} + \frac{\partial^2 \phi}{\partial z^2}\right) = 0 \tag{10.28}$$

$$\left(\frac{\partial \phi}{\partial z}\right)_{z=0} = U_1 \tau_1 \frac{\partial f}{\partial x} \tag{10.29}$$

ここで，f は平たい物体の形状函数[†]

$$z = \tau_1 c f\left(\frac{x}{c}, \frac{y}{b}\right)$$

である．平たい物体とは，その厚みに比べて x および y 方向の長さが大きいような物体のことである．また，平たい物体は，実際上は翼であるから，y 方向の特性長 b を翼幅と呼ぶ．

二次元の場合と同様に，次の変換によって新らしい流れ $\Phi(\xi, \eta, \zeta)$ を導入する．

$$\phi(x, y, z) = A \frac{U_1}{U_2} \Phi\left(x, y\sqrt{\frac{1 - M_1^2}{1 - M_2^2}}, z\sqrt{\frac{1 - M_1^2}{1 - M_2^2}}\right) \tag{10.30}$$

このような Φ は式 (10.28) で M_1 を M_2 にした式を満足する．また，これより境界条件の間の関係は

$$\left(\frac{\partial \phi}{\partial z}\right)_{z=0} = A \frac{U_1}{U_2} \sqrt{\frac{1 - M_1^2}{1 - M_2^2}} \left(\frac{\partial \Phi}{\partial \zeta}\right)_{\zeta=0}$$

左辺は式 (10.29) の右辺により置きかえられ，また，$(\partial \Phi/\partial \zeta)_{\zeta=0}$ についても同様の式が成り立つから，

$$\tau_1 \frac{\partial}{\partial x} f\left(\frac{x}{c}, \frac{y}{b_1}\right) = A \sqrt{\frac{1 - M_1^2}{1 - M_2^2}} \tau_2 \frac{\partial}{\partial \xi} f\left(\frac{\xi}{c}, \frac{\eta}{b_2}\right)$$

[†] 平たい系に対しては，普通，x は流れの方向に，y は翼巾の方向に，z は翼面に垂直に取る．

10.6 相似法則の総括と応用

前と同様に物体の形 f は両方の場合全く同じでなければならない。従って

$$\frac{\tau_1}{\tau_2} = A\sqrt{\frac{1-M_1^2}{1-M_2^2}}$$

ならびに

$$\frac{y}{b_1} = \frac{\eta}{b_2} = \frac{y}{b_2}\sqrt{\frac{1-M_1^2}{1-M_2^2}}$$

p. 262
すなわち

$$\frac{b_2}{b_1} = \sqrt{\frac{1-M_1^2}{1-M_2^2}} \tag{10.31}$$

なることが必要である。

C_p に対する関係は二次元の場合と全く同様に得られる。そして，平たい物体上の任意点における圧力係数は次の相似法則を満足する。

$$\frac{C_p}{A} = fn\left(\frac{\tau}{A\sqrt{1-M_\infty^2}}\ ;\ b\sqrt{1-M_\infty^2}\right) \tag{10.32}$$

翼弦 c は不変であるから，翼の平面形が与えられて居れば翼面積 S は b に比例する。従って，縦横比 $R=b^2/S$ は b に比例し，式 (10.32) は次のように書く事ができる。

$$\frac{C_p}{A} = f\left(\frac{\tau}{A\sqrt{1-M_\infty^2}},\ R\sqrt{1-M_\infty^2}\right) \qquad \blacktriangleright (10.32\,\mathrm{a})$$

遷音速流に対して同様の方法を適用すると，次式が得られる。

$$\frac{C_p[(\gamma+1)M_\infty^2]^{1/3}}{\tau^{2/3}} = \mathcal{P}\left(\frac{1-M_\infty^2}{\tau^{2/3}[(\gamma+1)M_\infty^2]^{2/3}}\ ;\ R\sqrt{1-M_\infty^2}\right) \qquad \blacktriangleright (10.33)$$

10.6 相似法則の総括と応用

平面に近い流れに対する相似法則は式 (10.33) で表わされ，式中の $\mathcal{P}$ は相似物体族の形によってきまる函数である。二次元の場合および線型の相似法則はこの式の特別の場合である。また，この法則で与えられる圧力係数は物体面上のある定まった点での圧

力係数である．すなわち，例えばある特定の x/c, y/b に対応する翼面上の点の C_p を問題にするのである．

局所的揚力係数 C_l は C_p に等しい．これは $C_l = C_p \cos\theta \doteqdot C_p$ から明らかである．ただし θ は主流に対する物体面の傾きである．微小変動理論の範囲内では，物体の厚さおよび迎え角は充分小さいので，θ はつねに小さく，上の近似が許される．物体の全揚力係数 C_L を求めるには C_l の平均を取ればよいから，C_L についても同じ形の相似法則が成り立つ．

$$\frac{C_L[(\gamma+1)M_\infty^2]^{1/3}}{\tau^{2/3}} = \mathscr{L}\left(\frac{1-M_\infty^2}{\tau^{2/3}[(\gamma+1)M_\infty^2]^{2/3}}\ ;\ \mathbb{R}\sqrt{|M_\infty^2-1|}\right) \blacktriangleright (10.34)$$

同様に，全抵抗係数 C_D は局所的抵抗係数 C_d の平均値である．C_d は C_p と次の関係によって結びつけられる：$C_d = C_p \sin\theta \doteqdot C_p \theta$．与えられた相似形の物体族に対しては
p. 263
$\theta \sim \tau$ であるから $C_d \sim C_p \tau$ になる．従って，抵抗係数（局所的および全体的）に対する相似法則は次のようになる．

$$\frac{C_D[(\gamma+1)M_\infty^2]^{1/3}}{\tau^{5/3}} = \mathscr{D}\left(\frac{1-M_\infty^2}{\tau^{2/3}[(\gamma+1)M_\infty^2]^{2/3}}\ ;\ \mathbb{R}\sqrt{|M_\infty^2-1|}\right) \blacktriangleright (10.35)$$

相似法則を実験結果に適用する例として図 10.2a に厚さの異なる三つのくさびの抵抗係数を示す．これらは普通のパラメータ表示 $C_D = C_D(M_\infty)$ によるもので，三本の曲線になるが，10.2b 図のように相似法則 (10.35) 式のパラメータによって書き直すと一本の曲線上にのる．また，遷音速領域の外側では曲線は線型理論の結果に近づく．

この節で論じた相似法則は，亜音速，超音速を通じすべての Mach 数域で成り立つ．亜音速および超音速の線型領域では，相似法則としてはもっと簡単な Prandtl-Glauert および Göthert の法則を用いることができる．その適用範囲は

$$\chi \equiv \frac{|1-M_\infty^2|}{\tau^{2/3}[(\gamma+1)M_\infty^2]^{2/3}} > 1 \tag{10.36}$$

で示される．

いずれにしてもここに導かれた相似法則は，微小変動の範囲内でのみ成り立つものである．すなわち，迎角の小さい薄い翼および細長い物体に対してのみ成り立つ．相似法則の改良はこの制限を取り除くものでなければならない．厚い物体への相似法則の拡張

10.7 Mach 数が大きい場合, 極超音速相似法則　　　　　　　　　　289

は von Kármán-Tsien, およびRingleb† の法則でなされているが, いずれも幾つかの制限がある. まず, その適用限界がはっきりしないし, また, ホドグラフ法によっているので三次元への拡張ができない. しかし, 近代空気力学は必然的に主として**薄い翼**を対象にするから, ここで述べた相似法則は実際には広い実用分野をもっているのである.

M_∞ が非常に大きい場合には, これらの法則は成り立たなくなり, 以下に略述する**極超音速**相似法則で置きかえなければならなくなる.

10.7 Mach 数が大きい場合, 極超音速相似法則

前の各節で述べた亜音速, 遷音速, 超音速の相似法則は微小変動の基礎方程式 (8.9a)

$$(1 - M_\infty^2)\frac{\partial^2 \phi}{\partial x_1^2} + \frac{\partial^2 \phi}{\partial x_2^2} + \frac{\partial^2 \phi}{\partial x_3^2} = \frac{M_\infty^2(\gamma + 1)}{U}\frac{\partial \phi}{\partial x_1}\frac{\partial^2 \phi}{\partial x_1^2}$$

および圧力係数の近似表式

$$C_p = -\frac{2}{U}\frac{\partial \phi}{\partial x_1} \qquad \text{(平面に近い流れの場合)}$$

p. 264

$$C_p = -\frac{2}{U}\frac{\partial \phi}{\partial x_1} - \frac{1}{U^2}\left(\frac{\partial \phi}{\partial r}\right)^2 \qquad \text{(軸対称流の場合)}$$

p. 265
をもとにして得られた. しかし, 8.2節および8.3節において指摘したように, Mach 数が非常に大きい場合には無視した項が重要になって来るのでこれらの式は適用できなくなる. 式 (8.9a) を導く際に用いた近似は物体から出る衝撃波が弱いということであった. 超音速流ではこれらの弱い衝撃波は特性曲線 (あるいは Mach 線) の附近にあり, また遷音速流ではほぼ垂直である. Mach 数が非常に大きい場合には, Mach 角 μ は物体面の最大傾斜角 θ と同程度あるいはそれより小さくなる. $\mu \doteq \sin\mu = 1/M_\infty$ であるから, これは

$$\frac{1}{M_\infty} \leq \theta \quad \text{すなわち,} \quad M_\infty \theta \geq 1$$

の場合に起る. 故にこの新しい領域はパラメータ $M_\infty \theta$, あるいは厚み比を τ として, $M_\infty \tau$ によって特徴づけられる. これを極超音速相似パラメータと呼ぶ:

---

† 例えば, Oswatitsch, *Gasdynamik*, Springer, Vienna, 1952, pp 254 参照.

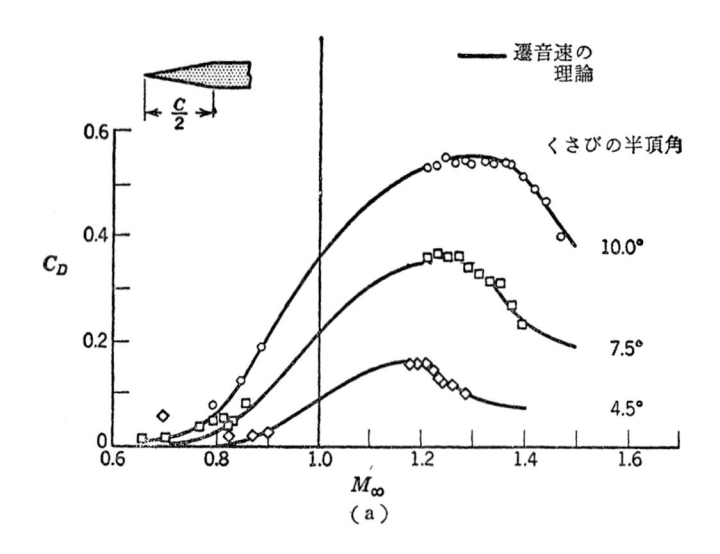

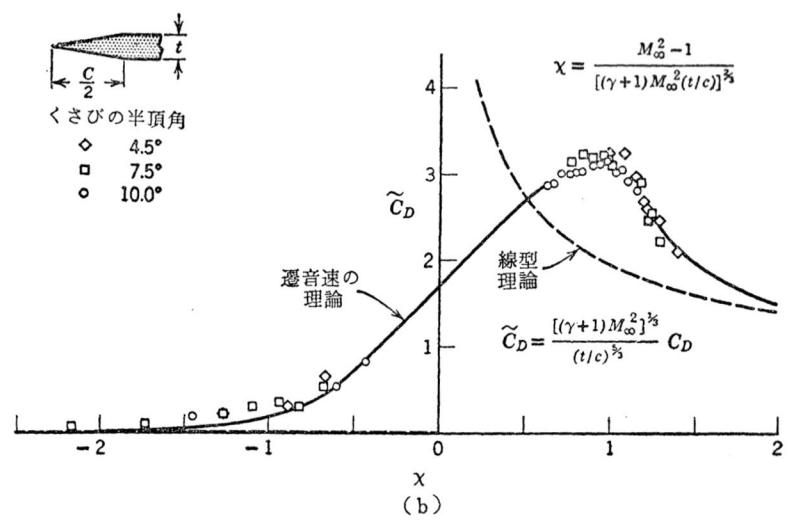

10.2 図 遷音速相似法則（Spreiter の形）と実験との比較
(a) 普通の座標における曲線　(b) 遷音速相似座標における曲線
(J. R. Spreiter NACA)

$$\chi = \frac{M_\infty^2 - 1}{[(\gamma+1)M_\infty^2 (t/c)]^{2/3}}$$

$$\widetilde{C}_D = \frac{[(\gamma+1)M_\infty^2]^{1/3}}{(t/c)^{5/3}} C_D$$

10.7 Mach 数が大きい場合，極超音速相似法則

$$K = M_\infty \tau \qquad \blacktriangleright (10.37)$$

極超音速パラメータが大きい場合には，衝撃波の傾角 β と Mach 角 μ との差が重要になる．このことは遷音速の場合にもいえる．いずれの場合も方程式は非線型であるが，流れの場の性質が本質的に異なるので非線型性は異なった項から出てくる．すなわち，遷音速の場合には流れの場の縦方向へのひろがりが大きく，流れの方向に沿っての変化が重要になる．また，極超音速の場合には，衝撃波が物体表面近くにできるので，流れの場はせまく，流れに垂直な方向の変化が最も重要になる．亜音速から極超音速へかけての典型的な流れの模様を 10.3 図に示す．

さらに，極超音速流においては，一般に，流れを渦無しと仮定することができないから速度ポテンシャルを用いることもできない．薄い物体の場合でも衝撃波は強く，衝撃波の後方でのエントロピーの勾配は一般に無視できない．

極超音速流に対する微小変動の式は最初 Tsien によって導かれた[†]．ここでは，別の方法により，衝撃波及び Prandtl-Meyer 膨脹の性質に基づく簡単な関係から相似法則を導く．

斜めの衝撃波に対する Mach 数 M，衝撃波角 β，流れのふれの角 θ の間には第 4 章で示したように次の関係が存在する：

$$M^2 \sin^2\beta - 1 = \frac{\gamma+1}{2} M^2 \frac{\sin\beta \sin\theta}{\cos(\beta-\theta)}$$

p. 267
θ が小，M が大で $M\theta > 1$ になるような場合には，β も小さくなり，次の近似が行える．

$$\sin\beta \doteqdot \beta; \quad \sin\theta \doteqdot \theta; \quad \cos(\beta-\theta) \doteqdot 1$$

従って，θ^2 および β^2 の程度まで取ると

$$M^2\beta^2 - 1 = \frac{\gamma+1}{2} M^2 \beta\theta$$

この式を解くと，

[†] H. S. Tsien, "Similarity Laws of Hypersonic Flows," *J. Math. Phys.*, 25 (1946), p. 247

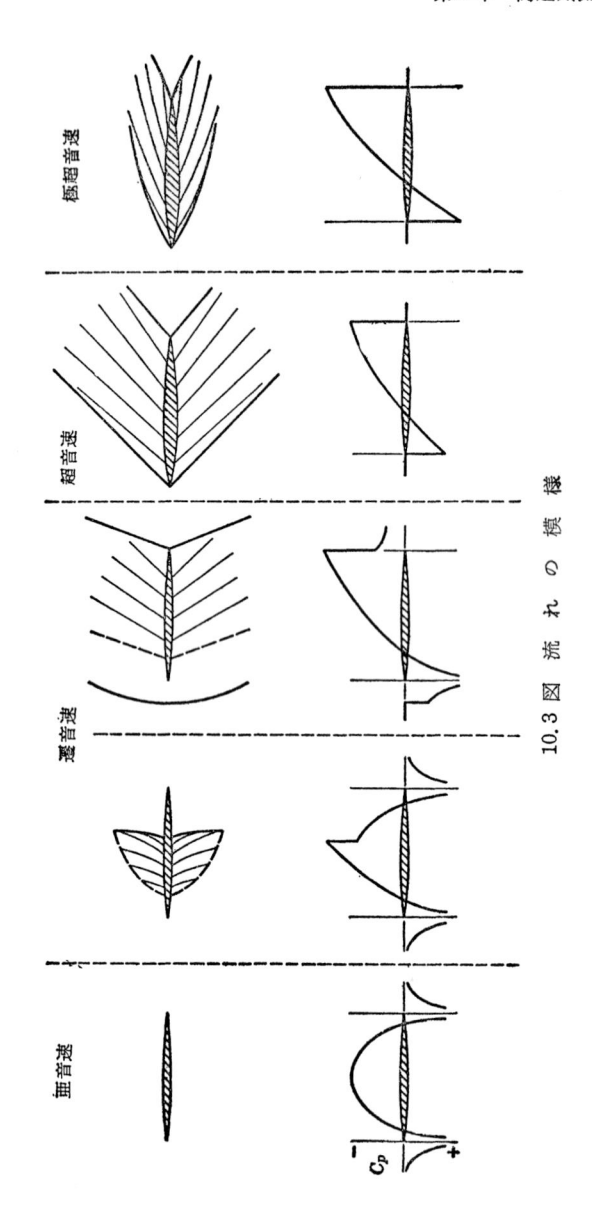

292　　　　　　　　　　　　　　　　　　　　第10章　高速気流の相似法則

10.3図　流れの模様

10.7 Mach 数が大きい場合,極超音速相似法則

$$\frac{\beta}{\theta} = \frac{\gamma+1}{4} + \sqrt{\left(\frac{\gamma+1}{4}\right)^2 + \frac{1}{(M\theta)^2}}$$

衝撃波前後の圧力比は,

$$\frac{p_2 - p_1}{p_1} = \frac{2\gamma}{\gamma+1}(M^2 \sin^2\beta - 1) \doteqdot \frac{2\gamma}{\gamma+1}(M^2\beta^2 - 1)$$

であるから,圧力係数は

$$C_p = \frac{2}{\gamma M^2}\left(\frac{p_2-p_1}{p_1}\right) = 2\beta\theta = 2\theta^2\left[\frac{\gamma+1}{4} + \sqrt{\left(\frac{\gamma+1}{4}\right)^2 + \frac{1}{(M\theta)^2}}\right] \quad (10.38)$$

従って,圧力係数は

$$C_p = \theta^2 f(M\theta)$$

の形をもち,次のような相似法則を満足する.

$$\frac{C_p}{\theta^2} = f(M\theta) \quad (10.38\,\text{a})$$

次に Prandtl-Meyer 膨脹 (4.10節) の場合にも,圧力係数は同じ形をとることを示す. M を局所 Mach 数,M_∞ を一様流の Mach 数,θ を一様流の方向からのふれの角とすると,Prandtl-Meyer の関係は次のように書かれる.

$$\theta = \sqrt{\frac{\gamma+1}{\gamma-1}}\left[\tan^{-1}\sqrt{\frac{\gamma-1}{\gamma+1}}\sqrt{M_\infty^2-1} - \tan^{-1}\sqrt{\frac{\gamma-1}{\gamma+1}}\sqrt{M^2-1}\right]$$
$$- [\tan^{-1}\sqrt{M_\infty^2-1} - \tan^{-1}\sqrt{M^2-1}]$$

さて M_∞ が大きければ,M も大きく,従って $\sqrt{M^2-1} \doteqdot M$ となる.その場合には,x の大きい値に対する展開式

$$\tan^{-1} x = \frac{\pi}{2} - \frac{1}{x} + \cdots$$

を用いると,上の式は次のように簡単化される.

$$\theta = \frac{2}{\gamma-1}\left(\frac{1}{M} - \frac{1}{M_\infty}\right)$$

p. 268
あるいは

$$\frac{M_\infty}{M} = 1 + \frac{\gamma-1}{2} M_\infty \theta \qquad (10.39)$$

圧力係数は，(2.40a) で与えられるように

$$C_p = \frac{2}{\gamma M_\infty^2} \left\{ \left[\frac{2+(\gamma-1)M_\infty^2}{2+(\gamma-1)M^2} \right]^{\gamma/(\gamma-1)} - 1 \right\}$$

であるが，$M\ M_\infty$ が大きい場合には，次の式に帰せられる：

$$C_p = \frac{2}{\gamma M_\infty^2} \left[\left(\frac{M_\infty}{M}\right)^{2\gamma/(\gamma-1)} - 1 \right] \qquad (10.40)$$

この式と式 (10.39) とから，

$$C_p M_\infty^2 = \frac{2}{\gamma} \left[\left(1 + \frac{\gamma-1}{2} M_\infty \theta \right)^{2\gamma/(\gamma-1)} - 1 \right] \qquad (10.40\text{a})$$

が得られ，両辺を $M_\infty^2 \theta^2$ で割ると Mach 数が大きい場合の Prandtl-Meyer 流れに対する相似法則が得られる：

$$\frac{C_p}{\theta^2} = f(M_\infty \theta) \qquad (10.40\text{b})$$

このように，衝撃波および等エントロピー的膨張波はいずれも C_p について同じ形の相似法則をもつ．従って，この法則は，衝撃波および膨張波扇からできているすべての流れに適用しうるものと期待される．実際，この法則は全く一般になりたち[†]，代表的な厚み比 τ で書いた相似法則の一般形は次のようであることが示されている：

$$\frac{C_p}{\tau^2} = \mathcal{P}(M_\infty \tau) \qquad \blacktriangleright (10.41\text{a})$$

従ってまた

$$\frac{C_D}{\tau^3} = \mathcal{D}(M_\infty \tau) \qquad \blacktriangleright (10.42\text{a})$$

[†] W. D. Hayes "On Hypersonic Similitude," *Quart. Appl. Math.*, 5 (1947), p 105.
M. D. Van Dyke, "Hypersonic Small Disturbance Theory," *J. Aeronaut, Sci.*, 21 (1954) p. 179.

10.7 Mach 数が大きい場合，極超音速相似法則

ただし，抵抗係数 C_D は翼弦に基づく値である．

10.4 図に，厚み比 1/8 および 1/5 の二つの弾頭が迎え角を持つ場合の圧力分布を極超音速相似法則によって整理したものを示す．これらは $M_\infty \tau$ が等しくなるように $M_\infty = 3$ および 5 の場合を比較してある．なお 10.6 節において C_L について説明したと同じ理由により，相似性が成り立つ為には α を調節して $M_\infty \alpha$ を等しくしなければならない．

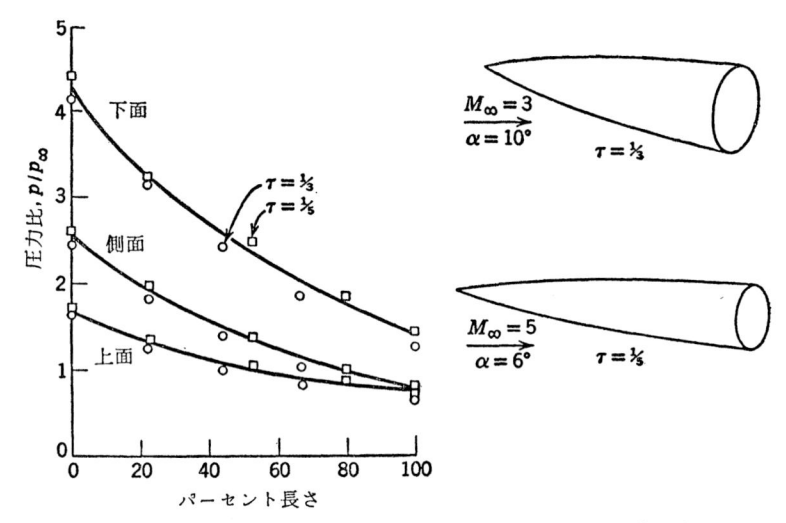

10.4 図 迎え角を持つ弾頭に対する極超音速相似法則の適用性
$M_\infty \tau = 1.0$　$M_\infty \alpha = 30°$
(A. J. Eggers および C. A. Syvertson, NACA)

ここで，C_p に対する極超音速相似法則の形を線型超音速流に対する相似法則の形

$$\frac{C_p}{A} = fn\left(\frac{\tau}{A\sqrt{M_\infty^2 - 1}}\right)$$

と比較してみよう．この式で $A = \tau^2$ とすると，

$$\frac{C_p}{\tau^2} = fn\left(\frac{1}{\tau\sqrt{M_\infty^2 - 1}}\right) = fn(\tau\sqrt{M_\infty^2 - 1}) \qquad (10.43)$$

が得られる．ところが，極超音速流においては，M_∞^2 と $M_\infty^2 - 1$ の違いは無視し得る

から，式 (10.43) は超音速，極超音速全域にわたって成り立つ法則と考えられる．この考えかたは Van Dyke による．

また式 (10.32a) を同様に扱うと，平たい系に対する超音速—極超音速 の相似法則が次のように得られる：

$$\frac{C_p}{\tau^2} = \mathcal{P}(\tau\sqrt{M_\infty^2 - 1};\ \mathcal{R}\sqrt{M_\infty^2 - 1}) \qquad \blacktriangleright (10.44)$$

第11章 遷 音 速 流

11.1 まえがき

p. 270
　かつて航空学研究の努力は，音速の突破および遷音速での飛行という実用的要求により，遷音速領域に集中された．この領域における流れの模様従って運動する物体の受ける力は低速領域とは非常に異なっている．今日知られているように，遷音速流の特徴は衝撃波にあり，これが物体近くに現われることにより Mach 数の増加と共に抵抗係数は急激に増加する．実際，この領域に生ずる新しい現象は低速の非圧縮性流れに慣れて来た多くの空気力学者を非常に当惑させ，そのため"音の壁"というような神秘的な言葉も生まれた．しかも，これは超音速で銃口から飛び出し，飛行中に音の壁を通って減速するはずの弾丸がすでに百年も前から飛んでいるにも拘らずである．

　今日では，遷音速流の**定性的**な特徴はよく理解されて居り，また，遷音速流研究のための実験方法も着々と改良されている．残る難点は詳細設計上の問題と**定量的**な理論的予測に関する問題である．前者に対しては，実験結果を積み上げることが必要であり，また，後者の困難性は**遷音速流を支配する方程式が本質的に非線型である**ことに基づく．

　さらに，遷音速流および極超音速流においては，流れを非粘性の領域と粘性の影響の大きい領域とにはっきり分けることができない場合が少なくない．このようなときには，所謂"衝撃波と境界層との干渉"すなわち，物体面上の衝撃波の位置，強さと，境界層の性質，はく離等の間に相互作用が起る．

　この章では，簡単な境界条件に対する遷音速流について，複雑な計算に立ち入ることなく，その本質的な物理的性質だけを論述し，遷音速域にあらわれる問題に対する感覚を養なうことにつとめる．

11.2 遷音速領域の定義

　ここでは，流体は非粘性と仮定する．従って，流体は固体壁上を滑り流れることができる．流れの中に亜音速および超音速の領域が**共**に現われるとき，その流れを遷音速流

p. 271
と呼ぶ．一様流の Mach 数を0から連続的に増して行くとき，遷音速領域は，最大の局所 Mach 数が1に達する時に始まり，最小の局所 Mach 数が1に達したときに終る．

微小変動の理論が使えるような薄いまたは細い物体に限れば，この範囲はもっと具体的にいうことができる．すなわち，物体の厚み比を τ とすれば，その物体を過ぎる流れは遷音速パラメータ（10.3節）が次の範囲に入る場合に遷音速である．

$$-1 \leq \frac{M_\infty^2 - 1}{[(\gamma + 1)\tau M_\infty^2]^{2/3}} \leq 1 \qquad (11.1)$$

11.3 くさび翼型を過ぎる遷音速流

まず，非常に啓発的な例として，頂角 $2\theta_1$ 弦長 c の単純なくさびの後方に，主流と平行な直線部分を持つ翼型を過ぎる流れを考えよう．11.1図に種々の主流 Mach 数に対する流れの模様の特徴を示す．M_∞ を亜音速の値から次第に増加して行くと，肩のあたりに一系の衝撃波があらわれる．M_∞ が1に近づくと（ほぼ垂直な）主な衝撃波は生長し，下流の方へ移動する．そして $M_\infty=1$ では"下流無限遠"に遠のき，"上流無限遠"に第二の衝撃波が現われる．さらに M_∞ を増すと，この前方衝撃波はくさびの先端に近づき，ついに附着し，やがて真直ぐになる．この時に至って流れは純超音速になる．以上のように，$M_\infty<1$ の場合には肩附近からの主な衝撃波の前方に局所的な超音速領域ができ，$M_\infty>1$ の場合には離れた衝撃波の後方に局所的な亜音速領域があらわれる．

11.2図にこのようなくさび上の局所 Mach 数分布の測定結果を示す．典型的な非圧縮の速度分布から超音速に特有の，一様な速度分布への移行がはっきりみられる．

この図から，全速度域を通じて不連続な変化は何も起らないことがわかる．亜音速流から超音速流への移行は滑らかに，連続的に起る．もちろん抵抗係数 C_D の変化も10.2図に示すように滑らかである．ただ C_D を M_∞ の函数として表わすと"急激"な変化が見られるが，これは変数の取り方が悪いからである．この領域の独立変数として適当なものは，第10章で示したように，

$$\chi = \frac{1 - M_\infty^2}{[(\gamma + 1)\tau M_\infty^2]^{2/3}}$$

また従属変数は

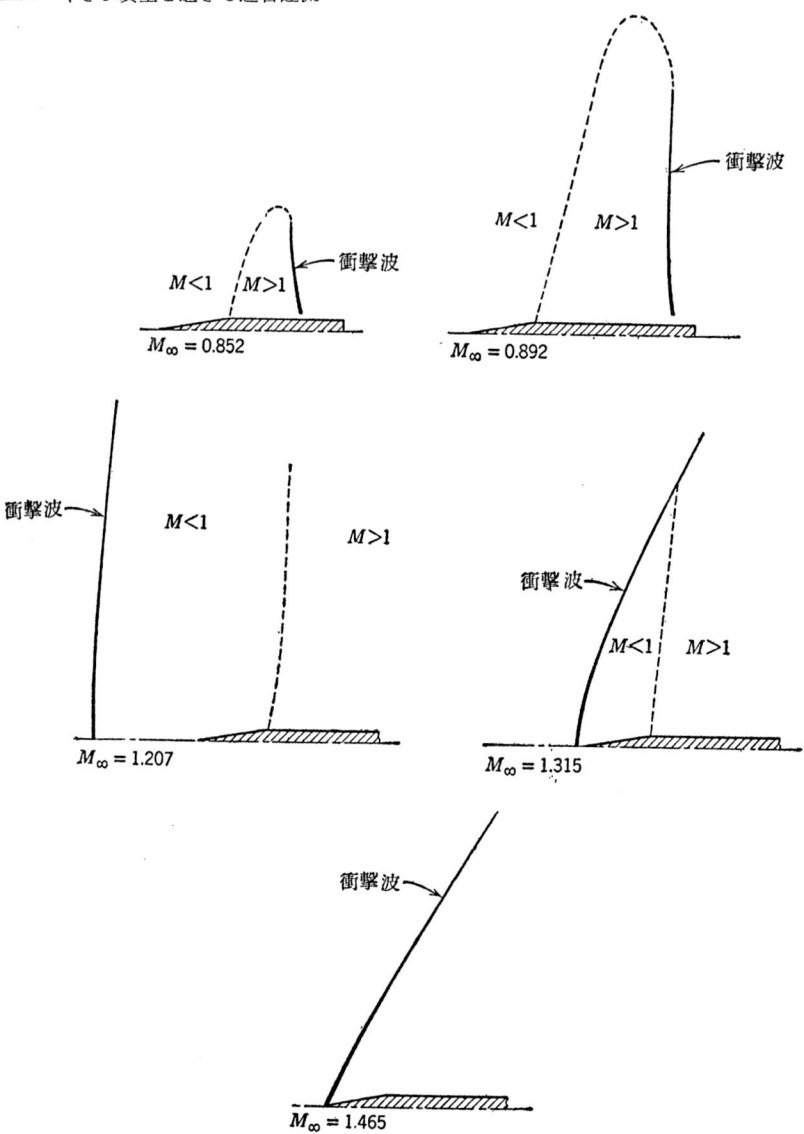

11.3 くさび翼型を過ぎる遷音速流　　　　　　　　　　　　　　　　　299

11.1 図　くさびを過ぎる流れの遷音速領域での変化. $\theta=10°$ 〔図は Bryson による干渉計の写真から取る. A. E. Bryson. "An Experimental Investigation of Transonic Flow Past Two-Dimensional Wedge and Circular-Arc Sections Using a Mach-Zehnder Interferometer" *NACA Tech, Note* 2560 (1951)〕

$$\tilde{C}_D = \frac{C_D[(\gamma+1)M_\infty^2]^{1/3}}{\tau^{5/3}}$$

である.

流れの一般的性質については次のような直観的推察が可能である.[†]

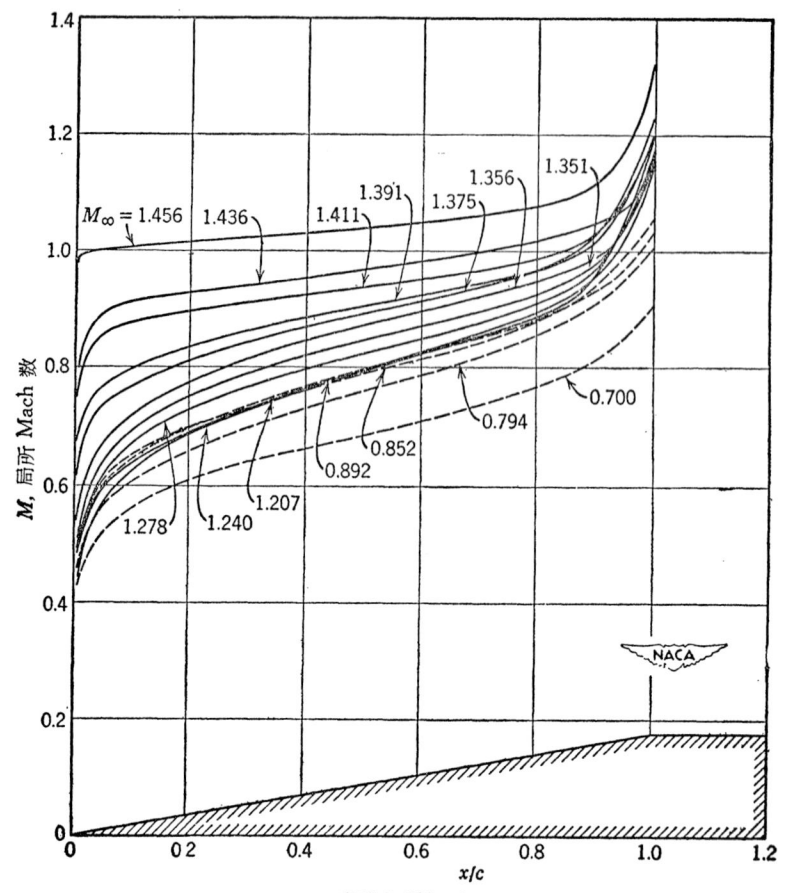

半頂角 10° の楔
11.2 図　一様流の Mach 数を増した場合の局所 Mach 数分布の変化
[A. E. Bryson, NACA Tech. Note 2560 (1951)]

[†] H. W. Liepmann and A. E. Bryson, J. Aeronaut. Sci., 17 (1950) p. 745.

11.3 くさび翼型を過ぎる遷音速流

(a) 遷音速の全速度域を通じ，音速点すなわち $M=1$ の点はつねにくさびの肩にできる．これは直観的にもうなずけることである．くさびを過ぎる非圧縮性流れは肩で速度が無限大になるから，圧縮性流れの場合には肩で少くとも音速になるはずである．従って，$M_\infty<1$ の場合，音速線は肩から出て肩より下流の衝撃波に入ることが予想される．一方，$M_\infty>1$ の場合には，音速線の端は**前方衝撃波**に達し，その点では衝撃波後の Mach 数はちょうど1になる．この場合にも音速線は肩から出るべきことを推論できる．もし音速線が肩より**下流**から出るものとすれば，くさびを回る流れの部分は亜音速に止まることになるから，上の議論が適用できる．他方，もし音速線が肩より**上流**から出るとすれば，肩は上流に影響を及ぼさないから，くさびの長さが無限大の場合と同じ事情になり，衝撃波とくさびの頂点との距離が有限になることはありえないであろう．

実際，上述のもっともらしい議論は，もう少し注意深く考察すれば厳密なものにすることができる．物体面上の平面的な部分に音速点が達し得ないことは解析的にも示すことができる．

(b) **局所 Mach 数 M は，M_∞ が1を通過するとき停留値を取る．すなわち $(dM/dM_\infty)_{M_\infty=1}=0$ になる．*** これを示すために M_∞ が僅かに1より大きい場合を考えよう．その場合，物体のはるか前方に一様流にほぼ垂直な弱い前方衝撃波が現われる．所で，弱い垂直衝撃波前後の Mach 数 M_1, M_2 の間には次の関係がある．

$$M_1 - 1 = 1 - M_2 \tag{11.2}$$

今の場合 $M_1 \equiv M_\infty$ である．ところが，くさび附近の流れに関係する上流の Mach 数はむしろ M_2 である．超音速の値から1に近づけば，M_2 は亜音速の値から1に近づく．従って，くさび上の局所 Mach 数に関する限り，M_∞ がわずかに1より大きいときとわずかに1より小さいときは全く同じである．従って，くさび上の一点の局所 Mach 数を M とすれば，

$$\left(\frac{dM}{dM_\infty}\right)_{M_\infty=1} = 0 \qquad \blacktriangleright (11.3)$$

M および M_∞ であらわした圧力係数 C_p は式 (2.40a) で与えられ，

---

* この現象を "Mach 数凍結"（Mach number freeze）という．

$$C_p = \frac{2}{\gamma M_\infty^2}\left[\left(\frac{2+(\gamma-1)M_\infty^2}{2+(\gamma-1)M^2}\right)^{\gamma/(\gamma-1)} - 1\right] \tag{11.4}$$

これより dC_p/dM_∞ を作り，式 (11.3) を用いると，Mach 数対圧力係数の曲線の勾配の $M_\infty=1$ における値が得られる．このためには式 (11.4) を少し書き直して置くと便利である．

$$\log\left(\frac{\gamma}{2}M_\infty^2 C_p + 1\right)$$
$$= \frac{\gamma}{\gamma-1}\{\log[2+(\gamma-1)M_\infty^2] - \log[2+(\gamma-1)M^2]\} \tag{11.5}$$

これを M_∞ について微分し（式 (11.3) を考慮して）$M_\infty \to 1$ とすると，

$$\frac{\gamma C^*_p + \dfrac{\gamma}{2}\left(\dfrac{dC_p}{dM_\infty}\right)_{M_\infty=1}}{1+\dfrac{\gamma}{2}C^*_p} = \frac{2\gamma}{\gamma+1}$$

p. 275
ただし，C^*_p は $M_\infty=1$ での C_p を表わす．従って，

$$\left(\frac{dC_p}{dM_\infty}\right)_{M_\infty=1} = \frac{4}{\gamma+1}\left(1-\frac{1}{2}C^*_p\right) \qquad \blacktriangleright (11.6)$$

くさび上の圧力係数 C_p の点はくさびの抵抗係数へ $C_p\theta$ だけの寄与をする．従って (11.6) により，M_∞ 対 C_D の曲線の $M_\infty=1$ における勾配は次のようになる．

$$\left(\frac{dC_D}{dM_\infty}\right)_{M_\infty=1} = \frac{4\theta}{\gamma+1} - \frac{2C^*_D}{\gamma+1} \qquad \blacktriangleright (11.7)$$

くさびの頂角 θ が微小変動の理論を適用できる程小さい場合には，(11.6) における $C^*_p/2$ は 1 に比べて無視できる（すなわち $u/U \ll 1$）．同様に，(11.7) における第二項も無視できる．従って，微小変動理論の範囲内では，

$$\left(\frac{dC_p}{dM_\infty}\right)_{M_\infty=1} = \frac{4}{\gamma+1} \tag{11.8}$$

$$\left(\frac{dC_D}{dM_\infty}\right)_{M_\infty=1} = \frac{4\theta}{\gamma+1} \tag{11.9}$$

11.3 くさび翼型を過ぎる遷音速流

これらの式 (11.8), (11.9) は, 遷音速相似変数

$$\tilde{C}_p = C_p \frac{[(\gamma + 1)M_\infty^2]^{1/3}}{\theta^{2/3}}$$

$$\tilde{C}_D = C_D \frac{[(\gamma + 1)M_\infty^2]^{1/3}}{\theta^{5/3}}$$

$$\chi = \frac{M_\infty^2 - 1}{[(\gamma + 1)M_\infty^2 \theta]^{2/3}}$$

を用いて書き直すと, 次のように簡単になる：

$$\left(\frac{d\tilde{C}_p}{d\chi}\right)_{x=0} = \left(\frac{d\tilde{C}_D}{d\chi}\right)_{x=0} = 2 \qquad \blacktriangleright (11.10)$$

式(11.8), (11.9) または (11.10) と実験との一致は非常によい (10.2 図).

くさびを過ぎる遷音速流の理論的研究は, Cole[†], Guderley と Yoshihara[††], Vincenti と Wagoner[§] により, 遷音速方程式を用いて行われた（後の二つの研究結果は二重くさび翼型にも適用できる）[p.276 *]. このように, くさびを過ぎる流れは最もよく調べられた遷音速流の一例である. 理論と実験がよく一致することは, 遷音速の微小変動理論及び遷音速相似法則の導出における近似の正しいことを示すものである.

遷音速における二重くさび翼型の揚力の研究も, 理論および実験の面から行われているが, 迎角のない場合程完全なものではない. 11.3 図に代表的な結果のいくつかを示す. 図中, "遷音速の微小変動理論" とあるのは衝撃波―膨張波理論において, 衝撃波条件と Prandtl-Meyer 函数を遷音速微小変動の条件で簡単化したものである.

理論の応用の見地からは, 有限巾の翼および翼胴体結合の問題の方が重要である. このような物体を過ぎる流れの厳密な理論は非常に難かしく, 普通は相当量の数値計算を必要とする. しかし, 幸いにして, 相似法則および細長物体理論が都合よく適用できる. すなわち, 相似法則によって実験結果を相互に比較したりまた僅少な理論結果と比較したりすることができる. また, 細長物体理論によって遷音速の範囲でも縦横比の小

---

† J. D. Cole, *J. Math. and Phys.*, 30 (1951) p. 79.
†† G. Guderley and H. Yoshihara, *J. Aeronaut. Sci.*, 17 (1950), p. 723.
§ W. Vincenti and C. Wagoner, *NACA Tech. Note* 2339 and 2588 (1951).
* すなわちダイヤモンド（菱形）翼型.

さい物体の揚力および揚力に基因する抵抗を求めることができる．

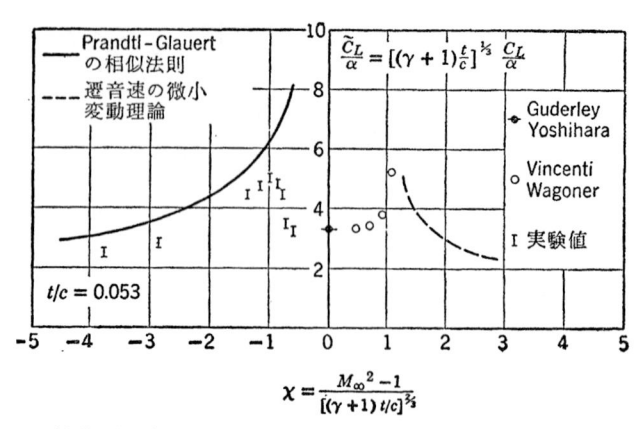

11.3 図 小さい迎角における二重くさびの揚力曲線の傾斜
[J. D. Cole, G. E. Solomon, W. W. Willmarth, "Transonic Flow Past Simple Bodies" J. Aeronaut. Sci., 20 (1953) p. 627]

11.4 円錐を過ぎる遷音速流

今一つの簡単な例題として円錐頭を過ぎる遷音速流を考える．この流れは幾つかの点 p.277 で前節のくさびを過ぎる流れに類似している．例えば，音速線は肩から出，また，$M_\infty=1$ における停留性の原則すなわち，$(dM/dM_\infty)_{M_\infty=1}=0$ は円錐頭の場合にもやはり成り立つ．

しかし，円錐を過ぎる軸対称流はくさびを過ぎる二次元流とは興味深い相異点をもっている．まず，超音速の場合を考えて見るに，くさびの場合も，円錐の場合も，頂点から出る放射直線に沿って流れの状態は一定である（4.21節）．すなわち，例えば，くさびまたは円錐上の圧力は一定である．ところが，くさびを過ぎる流れでは，流れの状態は頂点から出る射線上のみならず，衝撃波とくさびの間の全領域内で一定である．円錐の場合にはこういうことは成り立たない．例えば衝撃波直後の射線上の圧力は，円錐上の圧力よりも低い．そして，衝撃波を過ぎた流れは等エントロピー的に圧縮される．これは全く流れの場の幾何学的性質によるもので，形式的には，連続の式の附加項 v/r の影響に基づくものである．

従って，円錐を過ぎる超音速流では，一様流の Mach 数を適当に小さくすると，衝

11.4 円錐を過ぎる遷音速流

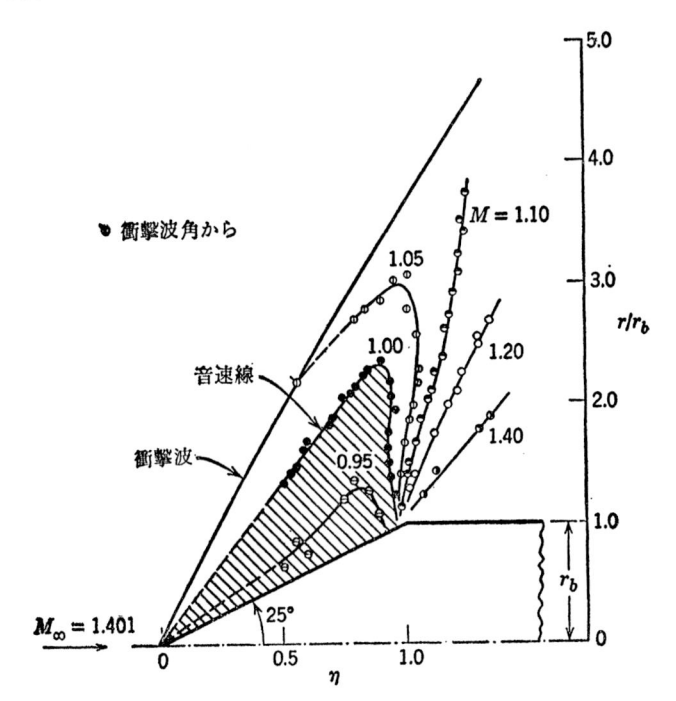

11.4 図　半頂角 25°の円錐頭円柱を過ぎる流れの Mach 数分布
[J. D. Cole, G. E. Solomon, and W. W. Willmarth,
J. Aeronaut. Sci., 20 (1953), p. 627]

p. 278
撃波直後の流れはなお**超音速**であるが，円錐表面の流れは**亜音速**になる場合があるはずである．すなわち，Taylor および Maccoll によって指摘されたように，円錐を過ぎる流れでは，超音速から亜音速への滑らかな等エントロピー的な圧縮が可能である．

　有限な長さの円錐頭を過ぎる流れが無限に長い円錐を過ぎる流れと同様な遷音速特性を示すかどうかは明らかでない．しかし，実験によると，円錐頭の場合でも，やはり，**超音速領域**に囲まれた**亜音速領域**が確かに存在する事が示される．11.4 図はこのような実験結果を示す．図中，衝撃波の上の実験点は，衝撃波角 β から $M_2=1.05^*$ に対応する点として定めたものである（巻末の図表1参照）．

---

* 原文で $M_2=1$ となっているのは図から考えて誤りであろう．

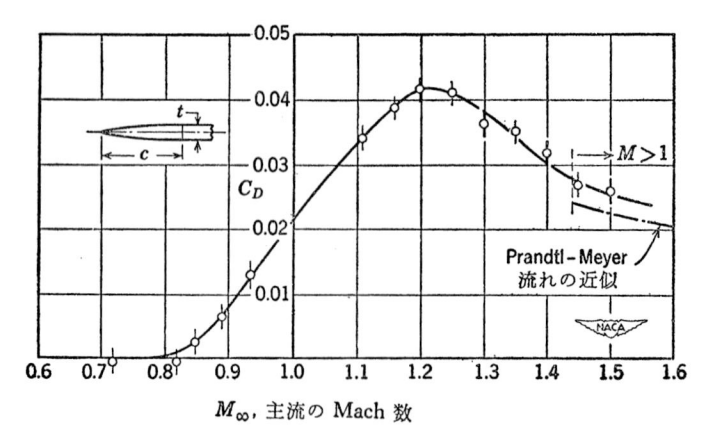

11.5 図　厚み比 8.8 ％ の円弧翼型の抵抗係数と Mach 数
　　　　(A. E. Bryson, *NACA Tech. Note* 2560)

11.5　滑らかな二次元物体を過ぎる遷音速流；衝撃波のない流れの可能性

　くさび翼型（または二重くさび翼型）を過ぎる流れは，二次元の遷音速流の中で最も典型的なものである事が知られていいる．肩の角の存在は，音速点の位置を固定し解析をより簡単にするが，しかもこれによって肩のない一般の場合の流れの特質を少しも損なうことはない．11.5 図に示す円弧翼の実験結果はこのことをよく物語っている．

　従って，半無限の二次元物体を過ぎる遷音速流では，M_∞ 対 C_D の曲線は定性的にはくさび翼型の場合と同様になり，また，長さ有限の物体については，二重くさび翼型の場合と同様になることが予想される．しかしこれは粘性のない流れについていえることである．実際には，境界層のはく離，衝撃波との干渉等の影響があるので，有限の物体より，むしろ半無限の物体の方が非粘性流の遷音速効果をよく表わす．すなわち，後方部のついたくさび翼型のような半無限の物体では，圧力が流れの方向に連続的に低くなっているから，これらの粘性の影響は無視できる．境界層と衝撃波との干渉の問題は第13章において簡単に論ずるつもりである．

　ここで，衝撃波のない遷音速流の可能性について二三つけ加えて置こう．（表面まさつがない場合）遷音速および超音速の流れにおける抵抗は，衝撃波に起因することを知った．そして主流の Mach 数が 1 より大であれば一般に衝撃波が生ずることも知って

11.5 滑らかな二次元物体を過ぎる遷音速流. 衝撃波のない流れの可能性

いる.しかし,一方,純超音速流においては,干渉によって波を消しうることもわかっている. Busemann の復葉 (第 4.19 節) は古くから知られた例である. さて $M_\infty<1$ の遷音速流においては,翼型近くに超音速の領域ができる.この領域内のすべての圧縮波が膨脹波と相殺して滑らかな超音速領域ができるような物体があれば衝撃波なしの遷音速流が実現することになる. これは明らかに Busemann の復葉や衝撃波のできないノズル,ディフューザ等に対応するものである.

衝撃波なしの超音速領域が翼型表面に存在し得ないことの厳密な証明は未だ与えられていない.実際なめらかな遷音速流を与えるポテンシャル方程式の厳密解——恐らく物体の形は特殊であろうが——が確かに得られている. しかし,このような流れは,恐らく,次のような意味で**特異な解**であると思われる. すなわち,このような流れがある特殊な物体,特定の Mach 数に対して存在したとしても物体の形,あるいは,一様流の Mach 数を僅かに変えると流れは滑らかではなくなる.この問題の詳しい議論は本書の範囲外であるので詳しいことは,原論文,とくに Guderley の綜合報告を参照されたい.†

しかし,ここで強調して置きたいのは,問題は超音速流を滑らかに減速させて亜音速にできるかどうかということではなく,むしろ,**亜音速流に囲まれた滑らかな超音速領域ができるかどうか**ということである.このことは,恐らく一般には不可能であろう. それは,超音速すなわち双曲型の流れの場では,境界閉曲線上のすべての点で境界条件を与えることは一般には条件の与え過ぎになるからである.これと反対の場合,すなわち,**超音速流の内部に亜音速流ができる**場合は全く事情が異なる.楕円型の領域については,閉じた境界上の全ての点で境界条件を与える事は極めて自然である. 従って,円錐を過ぎる遷音速流の場合のように局所的に亜音速の領域ができるのはそれ程驚くべきことではない.

翼型への応用面からは,滑らかな遷音速流の問題は,今日では殆んど興味を持たれていない. 衝撃波の発生とそれによる抵抗の増加はさけられないものとされ,翼型の設計に当っては,厚さをへらし,または後退角をつけて抵抗の増加を遅らせ,また,減らすようにする. なお他の重要な問題は,衝撃波の二次効果,例えば,遷音速のバフェッテ

---

† G. Guderley, *Advances of Applied Mechanics* III, Academic Press, New York, 1953, p. 145.

ィング，操縦性の問題等である．これらは境界層によりいちじるしく影響される．

11.6★ ホドグラフ変換

遷音速流を理論的に扱う際の困難は，明らかに，基礎方程式が本質的に非線型であることによる．しかし，二次元流の場合には，**ホドグラフ変換**を用いて独立変数と従属変数を入れかえることにより，方程式を線型にすることができる．遷音速における理論的結果はこれまで殆んどホドグラフ法によって得られている．

遷音速の基礎方程式は式 (8.8) の形に書かれる：

$$(1-M_\infty^2)\frac{\partial u}{\partial x}+\frac{\partial v}{\partial y}=\frac{(\gamma+1)M_\infty^2}{U}u\frac{\partial u}{\partial x} \tag{11.11}$$

ただし，ここでは便宜上 (8.8) の x_1, x_2 の代りに x, y を用いている．

遷音速流においても，微小変動理論の範囲内では渦なしの流れを考えるから，第二の方程式として渦なしの条件

$$\frac{\partial u}{\partial y}-\frac{\partial v}{\partial x}=0 \tag{11.12}$$

をとる．

第8, 9章においては第二の式を満足させるために速度ポテンシャル ϕ を導入したが，ここでは二つの一階方程式をそのまま用いる方が便利である．

式 (11.11)，(11.12) は独立変数 (x, y) の函数として従属変数 (u, v) を定める微分方程式である．これらの式を"物理面"，すなわち，x, y 面での微分方程式と言う (11.6図)．方程式 (11.11)，(11.12.) はまた x, y が従属変数になるように，すなわち，**独立変数 u, v** の函数となるように変換することができる．その結果"ホドグラフ面"(4.20節) すなわち，u, v を座標とする面での方程式が得られる．

$$u=u(x,y)$$
$$v=v(x,y)$$

とすると[†]，

[†] 簡単のため，$u_x=\dfrac{\partial u}{\partial x}$ 等の略記法を用いる．

11.6 ホドグラフ変換

$$du = u_x\,dx + u_y\,dy$$
$$dv = v_x\,dx + v_y\,dy$$

これを dx, dy について解くと，

$$dx = \frac{1}{\Delta}[v_y\,du - u_y\,dv]$$
$$dy = \frac{1}{\Delta}[-v_x\,du + u_x\,dv] \tag{11.13}$$

ただし，

$$\Delta = \begin{vmatrix} u_x & u_y \\ v_x & v_y \end{vmatrix}$$

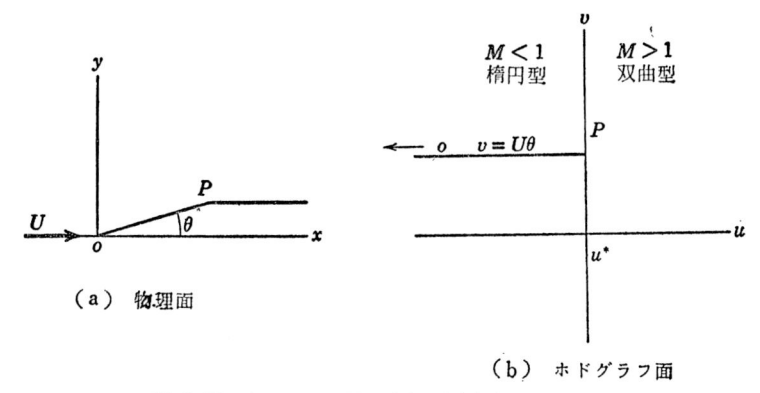

（a）物理面

（b）ホドグラフ面

11.6 図　くさびを過ぎる流れの遷音速ホドグラフ

次に x, y を u, v の函数と考え，

$$x = x(u, v)$$
$$y = y(u, v)$$

とすると，

$$dx = x_u\,du + x_v\,dv$$
$$dy = y_u\,du + y_v\,dv \tag{11.14}$$

(11.14) と (11.13) を比較すると，次の変換関係が得られる：

$$x_u = \frac{1}{\Delta} v_y \qquad x_v = -\frac{1}{\Delta} u_y$$
$$y_u = -\frac{1}{\Delta} v_x \qquad y_v = \frac{1}{\Delta} u_x \qquad (11.15)$$

式 (11.15) によって u_x, v_y 等に対応する x, y の微分を代入すると，微分方程式
p. 282
(11.11), (11.12) をホドグラフ面に変換することができる．その際，函数行列式 Δ はすべての項についてくるから，（これが零にならない限り）落してしまうことができる．かくして，

$$(1 - M_\infty^2) \frac{\partial y}{\partial v} + \frac{\partial x}{\partial u} = \frac{(\gamma + 1) M_\infty^2}{U} u \frac{\partial y}{\partial v} \qquad \blacktriangleright (11.16\,\text{a})$$

$$\frac{\partial x}{\partial v} - \frac{\partial y}{\partial u} = 0 \qquad \blacktriangleright (11.16\,\text{b})$$

を得る．(11.16 a), (11.16 b) が遷音速ホドグラフ方程式である．これらの式は，従属変数 x, y の積などを含まないから線型である．また，方程式 (11.16 a) は変動速度 u の次のような値において楕円型から双曲型に変る：

$$(1 - M_\infty^2) - \frac{\gamma + 1}{U} M_\infty^2 u = 0$$

すなわち，

$$\frac{u}{U} = \frac{1 - M_\infty^2}{(\gamma + 1) M_\infty^2} \equiv \frac{u^*}{U} \qquad (11.17)$$

u/U が (11.17) で与えられる値よりも小さい場合には，式 (11.16 a) における y_v は x_u と同符号になり，方程式は "楕円型" になる．また，u/U が u^*/U より大きくなると，y_v は x_u と異符号になり，方程式は "双曲型" になる．しかし，ここでは u, v が独立変数であるから式 (11.17) はホドグラフ面上の定まつた直線を表わす式である (11.6 b 図)．そして $u = u^*$ の左側では方程式は楕円型，右側では双曲型である．

　方程式 (11.16) は Tricomi によつて詳しく研究された方程式と同じ形をしているので，よく "Tricomi の方程式" と呼ばれる．従って，遷音速流の問題をホドグラフ法で扱う場合には，Tricomi 方程式を解かなければならない．その場合，x, y 面の与えられた形の物体を過ぎる流れを解こうとすれば，必然的に境界条件が物理面で与えられ

11.6 ホドグラフ変換

るために大きい困難を生ずる．この事情は，4.20節の例を参照しながら任意の形の物体を過ぎる流線をホドグラフ面で描くことを試みれば納得されるであろう．

直線くさびは，ホドグラフ面で境界条件が与えられる一つの場合である．$M_\infty<1$ の場合のこの流れの物理面とホドグラフ面を11.6図に比較してある．o_-P 上では流れはくさびに沿わねばならないから，微小変動理論の範囲内では

$$\frac{v}{U}=\theta .$$

P 点で流れは音速になる．従って，ホドグラフ面で，oP は u 軸に平行な直線 $v=U\theta$ になり，P は直線 $v=U\theta$ と $u=u^*$ の交点になる．この点で流れは音速になるので，方程式の型が変る．また，澱み点 o は，微小変動理論の範囲内では $u=-\infty$ に対応する．従って，ホドグラフ面では全ての流線は $v=0$ と $v=U\theta$ との間の帯状領域内に限られ，とくに P 点の近くを通る流線は $u=u^*$ より右に出，流れは局部的に超音速になる．

上述のホドグラフ変換は $\Delta=0$ となれば特異性をもつが，このことは超音速領域においてのみ起りうることが示される．また，$\Delta=0$ の点の軌跡を"限界線"と言う．ひところ，この限界線は遷音速流における衝撃波出現のかぎを握るものと考えられ，多くの研究が集中されたが，今日では，限界線はそのような物理的意味をもってはいないことがわかっている．

これらの問題を詳しく論ずることは本書の範囲外である．上記の概説はホドグラフ変換の一般的目的を説明するためのものに過ぎない．さらに進んだ研究については原論文を参照せられたい．

第12章 特性曲線法

12.1 まえがき

前の各章において細長い物体を過ぎる非粘性の流れに対する一般解が近似的な線型方程式を用いて得られることを示した．それらの精度が不充分の場合には近似方程式における高次の項をとり入れ，あるいは厳密な方程式を適用することにより，解の改良を試みなければならない．しかし，後の場合には**方程式が非線型**であるから，解を解析的な形に求めることは殆んど不可能であって，数値的な方法に訴えなければならない．

二次元の非粘性渦なし流れに対する非線型の厳密な運動方程式は，

$$(u_1^2 - a^2)\frac{\partial u_1}{\partial x_1} + u_1 u_2 \left(\frac{\partial u_1}{\partial x_2} + \frac{\partial u_2}{\partial x_1}\right) + (u_2^2 - a^2)\frac{\partial u_2}{\partial x_2} = 0$$

$$\frac{\partial u_2}{\partial x_1} - \frac{\partial u_1}{\partial x_2} = 0 \ . \tag{12.1}$$

これらは，第二の式の右辺に適当な項を入れることにより渦のある流れにも容易に拡張できる（7.9節参照）．

何れの場合にしろ数値解法の形式は，亜音速流と超音速流とでは根本的に異なる．$(u_1^2 + u_2^2)/a^2 < 1$ の場合には方程式は**楕円型**といわれる形をしており**緩和解法**が適当であるが，$(u_1^2 + u_2^2)/a^2 > 1$ の場合には方程式は**双曲型**で**特性曲線法**により数値解が得られる．後者をこの章で論ずる．遷音速流は亜音速領域と超音速領域の両方が現われる混合の場合である．この場合には，二つの領域の間の境界が予めわからないので，数値解法にも問題がある．

始めに，数値解法は，線型化の方法や高次の解を求めるよりも一層遅くまた面倒であることを注意しておく．これは，非常な精度が要求され，しかもその精度が他の理想化に伴なう制限と矛盾しないような場合にのみ使うべきものである．しかし，特性曲線法の研究は，厳密な解法を与える以外に超音速流の構造についてのさらに進んだ見通しを与える点で重要である．

12.2 双曲型の方程式

p. 285
ここで，双曲型方程式の数学的理論に立ち入ることはできないが，これについては幾つかのすぐれた書物を参照されたい[†]．我々はこの章に必要な主な結果だけを借用することにしよう，それらは次の如くである．

(1) 方程式は，その最高階の微分の係数によって或る関係が満足されている場合に"双曲型"である．式 (12.1) の場合には，これは条件 $(u_1{}^2+u_2{}^2)/a^2>1$ になる．

(2) 双曲型方程式の顕著な性質は x_1, x_2 面の中に普通簡単に**特性曲線**と言われる或る特別な方向あるいは線が存在することである．特性曲線の上では従属変数 (u_1, u_2) の法線微分は**不連続**であってもよい．式 (12.1) の場合には，**特性曲線は Mach 線である**．ただしこの方程式は非線型であるから，Mach 線の網は予めはわからない．

速度の法線**微分**は Mach 線の上で不連続であってもよいから，別の流れを Mach 線上で"つぎ合わせる"ことができる．その際の唯一の制限は，速度自身が連続でなければならぬということである[††]．この点は，すべての微分が連続で，場の任意の部分の変化が他のすべての部分に影響を与える楕円型あるいは亜音速の場合とは異なる．

(3) 特性曲線，あるいは Mach 線の上では，従属変数は**適合の条件**として知られている或る条件を満足する．これが特性曲線法に対する鍵となる．

12.3 適合の条件

特性曲線法は直交座標についての式 (12.1) に直接適用することもできる．しかし，**自然座標系**を用いて，速度をその大きさと方向 (w, θ) で表わし，独立変数を流線座標にする方が式の導出にも応用にも便利である．方程式 (7.12 節) は，

$$\frac{\cot^2\mu}{w}\frac{\partial w}{\partial s}-\frac{\partial \theta}{\partial n}=0 \qquad (12.2\,\mathrm{a})$$

[†] 例えば，Courant and Hilbert, *Methods of Mathematical Physics*, Vol. II, Interscience, New York, 1956; Courant and Friedrichs, *Supersonic Flow and Shock Waves*, Interscience, New York, 1948.

[††] 特性曲線，あるいは Mach 線を，それを横切って速度の不連続がある有限の波と混同してはならない．

$$\frac{1}{w}\frac{\partial w}{\partial n} - \frac{\partial \theta}{\partial s} = 0 \tag{12.2b}$$

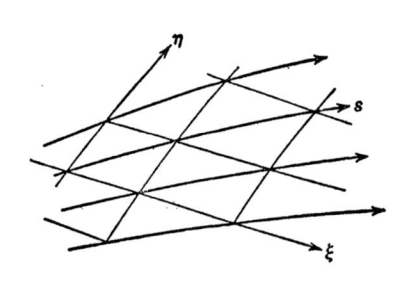

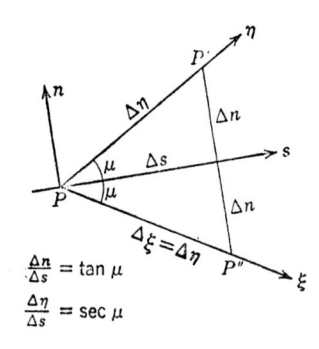

ここで，特性曲線あるいは Mach 線の方向を次式によって導入する：

$$\cot^2 \mu = M^2 - 1 \tag{12.3}$$

この形の式から次の式で（4.10節参照）定義される速度の大きさの無次元の尺度：
Prandtl-Meyer 函数

$$\nu = \int \frac{\cot \mu}{w} dw$$

あるいは $\tag{12.4}$

$$d\nu = \cot \mu \frac{dw}{w}$$

が自然に導かれる．w（あるいは Mach 数 M）に関係する多くの函数の中で函数 ν が特性曲線法にとって最も"自然な"ものであることが間もなくわかるであろう．これを代入すると，式 (12.2) は

$$\frac{\partial \nu}{\partial s} - \tan \mu \frac{\partial \theta}{\partial n} = 0$$

$$\tan \mu \frac{\partial \nu}{\partial n} - \frac{\partial \theta}{\partial s} = 0 \ . \tag{12.5}$$

(a) 特性曲線の網   (b) 特性曲線と流線及び法線との関係

12.1 図　自然座標と特性曲線座標

次に双曲型方程式の理論により特性曲線あるいは Mach 線の上で成り立つ ν と θ の

12.3 適合の条件

間の**適合の条件**を見出さねばならない．理論はこの関係を見出すための手順を与えているが，ここでは，それを簡単に"視察"によって求める．このためには，上の式を図 12.1 a に示すような Mach 線の網からなる座標系 (ξ, η) に書き直すのが適当であると思われる．二つの座標系の間の関係は，Mach 線が流線に対し，角 $\pm\mu$ だけ傾いているということから定められる．

p. 287

新しい座標系についての微分を書くために，P から P' まで動くときの任意の函数 f の変化が次式で与えられることに注意する (12.1 b 図)：

$$\Delta f = \frac{\partial f}{\partial \eta} \Delta \eta$$

一方 Δf はまた，流線座標系に沿って動いても計算でき，

$$\Delta f = \frac{\partial f}{\partial s} \Delta s + \frac{\partial f}{\partial n} \Delta n = \left(\frac{\partial f}{\partial s} + \frac{\partial f}{\partial n} \frac{\Delta n}{\Delta s} \right) \Delta s .$$

二つの式を比較して，

$$\frac{\partial f}{\partial \eta} \frac{\Delta \eta}{\Delta s} = \frac{\partial f}{\partial s} + \frac{\partial f}{\partial n} \frac{\Delta n}{\Delta s} .$$

12.1 b 図の幾何学的関係により，これは次のように書き直せる：

$$\sec \mu \frac{\partial f}{\partial \eta} = \frac{\partial f}{\partial s} + \tan \mu \frac{\partial f}{\partial n} \tag{12.6}$$

ξ に対する微分つまり P から P'' へ動く場合には $\Delta n/\Delta s = -\tan \mu$ となるだけであるから，

$$\sec \mu \frac{\partial f}{\partial \xi} = \frac{\partial f}{\partial s} - \tan \mu \frac{\partial f}{\partial n} \tag{12.7}$$

式 (12.6) および (12.7) は二つの座標系における任意の函数 f の微係数の間の関係を与える．これを $\partial f/\partial s$ および $\partial f/\partial n$ について解き，式 (12.5) に直接代入してもよいが，もっと簡単な方法は，式 (12.5) を辺々相引き，また相加えることである．その結果

$$\frac{\partial}{\partial s}(\nu - \theta) + \tan\mu \frac{\partial}{\partial n}(\nu - \theta) = 0$$

$$\frac{\partial}{\partial s}(\nu + \theta) - \tan\mu \frac{\partial}{\partial n}(\nu + \theta) = 0 \ .$$

これを微分に対する関係と比較すれば，次のように書けることがわかる：

$$\frac{\partial}{\partial \eta}(\nu - \theta) = 0$$

$$\frac{\partial}{\partial \xi}(\nu + \theta) = 0$$

あるいは

$$\begin{aligned}\nu - \theta &= R \quad : \quad \eta\text{-特性曲線に沿って一定}\\ \nu + \theta &= Q \quad : \quad \xi\text{-特性曲線に沿って一定}\end{aligned} \quad \blacktriangleright (12.8)$$

p. 288
これが ν, θ の間の**適合の条件**である．これは函数 $Q=\nu+\theta$ および $R=\nu-\theta$ がそれぞれ ξ- および η- 特性曲線の上で不変であるという簡単な結果を与える．Q および R を Riemann の**不変量**と言う．

適合の条件は，いつもこのように簡単な形で求まるとは限らないことは注意を要する．一般にはこれは微分式の形に求められ，一々の場の形によらない上のような積分は必ずしも求まらない．その例を 12.6 節に示す．

12.4 計 算 方 法

前節において，Prandtl-Meyer 函数 ν により特性曲線の問題を"自然に"定式化できることを示した．従って，この方法によって解を求めるには，w の代りに ν を用いて計算するのが便利である．解が求まれば ν の値は $M, \mu, w/a^*, p/p_0$ あるいは他の超音速の変数に換算することができる．これらの或るものを巻末の第 V 表にかかげてある．

計算方法を 12.2 図に例示する．データすなわち境界条件がデータ曲線上で与えられているとき任意点 P の状態を求めることを考える．この際図にもみられるように速度ベクトルは (u, θ) あるいは (M, θ) ではなく，(ν, θ) によって表わす．

点 P を通って二つの特性曲線すなわち，ξ-型のものと η-型のものとが存在し，それ

12.4 計算方法

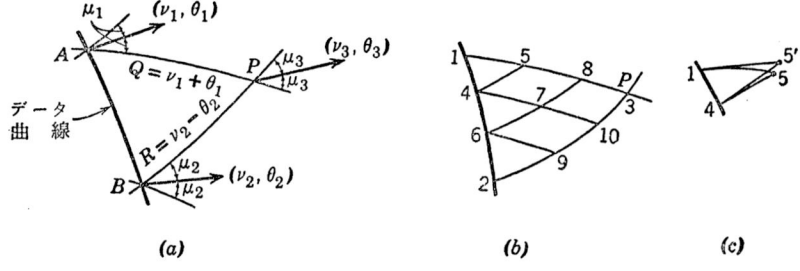

12.2 図 計算に用いる特性曲線の網

らはデータ曲線とそれぞれ点 A および B で交わる．A および B はデータ曲線上にあり，従って，そこでの ν および θ (従って Q および R) は知れている．P 点での Q および R の値はそれらが二つの特性曲線のどれかの上で変らないことにより容易に書き下せる．かくして，式 (12.8) から，

$$Q_3 = Q_1$$
$$R_3 = R_2$$

すなわち

$$\nu_3 + \theta_3 = \nu_1 + \theta_1$$
$$\nu_3 - \theta_3 = \nu_2 - \theta_2$$

これら二つの簡単な代数方程式から，解は容易に見出せて，

$$\nu_3 = \tfrac{1}{2}(\nu_1 + \nu_2) + \tfrac{1}{2}(\theta_1 - \theta_2)$$
$$\theta_3 = \tfrac{1}{2}(\nu_1 - \nu_2) + \tfrac{1}{2}(\theta_1 + \theta_2).$$

これは，また，不変量によって直接に書くこともできる：

$$\nu = \tfrac{1}{2}(Q + R)$$
$$\theta = \tfrac{1}{2}(Q - R)$$
▶ (12.9)

このように，任意点 P の状態に対する解は非常に簡単で，かつ，すっきりしている．しかし解はまだ完全ではない．**それは，特性曲線の位置が予めわからないからである．**

このため解は数値的になる．すなわち，特性曲線の位置を定めるためには，歩一歩法を用いなければならない．12.2 b 図に示すように，領域を特性曲線の網目に分けその際に"網目"を充分小さくすれば網目の一辺を直線で近似することができる．例えば，

点5の位置は，点1および4で知られている流れの方向と Mach 角を用いて特性曲線素片を引けば定めることができる．点5の状態は，点1および4のデータから定められる．同様にして点7が定まり，さらに点7および5から点8が定まる．このようにして計算は**データ曲線から外側に進んで行く**．

計算の精度は網目の大きさによる．12.2c 図に，計算によって作った典型的な網目要素と真の曲がった特性曲線によって定められる真の網目との比較を誇張して書いてある．計算された状態 ν_5 および θ_5 は厳密には真の特性曲線上の点5に対するものであるが，計算ではそれらは点 5' の状態になる．そして，解にはこのようなことから誤差が入る．

計算法改良のための種々な方法が読者の頭に浮かぶであろう．それらの一つは逐次改良法である．しかし，普通，最もよい方法は単に網目の大きさをより小さくすることである．それは，計算の各段階での演算の個数を最小にすることが望ましいからである．

データ曲線から"外側に進めて行く"この典型的な方法により，課し得る境界条件の性質およびその影響領域が限られていることが大体わかる．これは，計算の領域が完全に囲まれていなければならず，また，各点が領域内の他のすべての点の影響を受けるラプラス型あるいは楕円型の場とよい対照をなす．残念ながら，これらの興味ある問題にここでこれ以上立ち入ることはできない．実際には，正しい境界条件は，普通は明らかである．

p. 291

12.3図に特性曲線法の計算の一例をあたえる．開き角 12° の直線壁を持つ風路に放射流ができ，円弧 ad 上での Mach 数が 1.436 であるときこの円弧より下流の流れを計算する問題を考える．流れが放射状であるから，これは勿論，面積比から簡単に求められる．しかし，この例は特性曲線法を例示するのに役立ち，また，精度の目安を与える．

表に，円弧 ad の上および風路壁の上で与えられる境界条件を書き抜いてある．それらは ν および θ によって与えられており，対応する Q および R の値は必要とあれば容易に計算できる．

典型的計算例を風路の中の点 e および壁の上の点 h について示す．

12.5　内点および境界点

上の例は，境界条件が計算の中に全く容易にくり込めることを示している．境界では

12.5 内点および境界点

表 境界条件

Point	与えるもの M	与えるもの ν	与えるもの θ	導くもの Q	導くもの R
a	1.436	10°	6°	16	4
b		10	2	12	8
c		10	-2	8	12
d		10	-6	4	16
h			6		
q			6		

計算例

点 e
$Q_e = Q_a = 16$
$R_e = R_b = 8$
$\nu_e = \frac{1}{2}(16+8) = 12$
$\theta_e = \frac{1}{2}(16-8) = 4$

点 h
$R_h = R_e = 8$
$\theta_h = 6$
$\nu_h = R_h + \theta_h = 14$
$Q_h = \nu_h + \theta_h = 20$

$Q = \nu + \theta$
$R = \nu - \theta$
$\nu = \frac{1}{2}(Q+R)$
$\theta = \frac{1}{2}(Q-R)$

12.3 図 拡がり風路の中の流れの計算

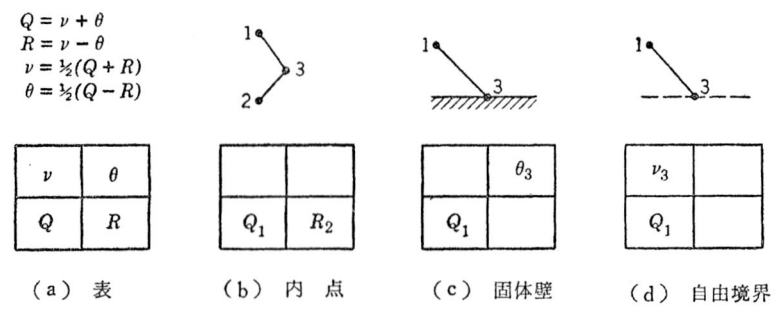

$Q = \nu + \theta$
$R = \nu - \theta$
$\nu = \frac{1}{2}(Q + R)$
$\theta = \frac{1}{2}(Q - R)$

ν	θ
Q	R

(a) 表

Q_1	R_2

(b) 内点

	θ_3
Q_1	

(c) 固体壁

ν_3	
Q_1	

(d) 自由境界

12.4 図　点3の状態を計算するためにわかっているデータ

二つの不変量の中の一つは利用できない．しかしその代り他の二つの変数の中の一つが定まっている．すなわち固体壁では θ が与えられ，また，噴流の縁のような自由境界では圧力比 p/p_0 従って ν が与えられている．

これらの可能性は12.4図に示すような表に分類できる．(a) に表の書き方を示す．(b) は"内点"3の場合を示すが，このとき Q および R の値はそれぞれ点1および2から得られる．(c) の固体壁では Q の値は点1から得られ，また，θ の値は与えられている．(d) の自由境界では ν の値が与えられている．いずれの場合でも，二つの量があらかじめわかっている．従って，他の二つの量は (a) に掲げた式から計算できる．

ときには，4.17b図の翼の場合のように，衝撃波のある流れを計算せねばならない場合もある．その計算法を12.5図に示す．その際の問題は，p. 292 衝撃波直後の点3を計算することである．一つの量 R は点1から得られ，他は衝撃波の式から定まる．それは陽にではなく ν_3, θ_3 についての方程式の形で与えられる．従って，点3の状態はそれを解いて得られる．それらにより衝撃波角 β が定まり，衝撃波の次の部分を書くのに用いることができる．衝撃波の曲がりが強い場合には，その後の流れは渦を持つから，12.7節の式を用いなければならない．

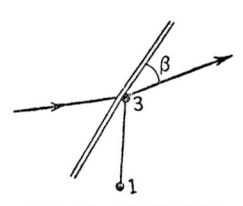

12.5 図　衝撃波の下流側の点3の計算

12.6* 軸対称流

特性曲線法の主な特徴は，前節における平面流れの取扱いによって表わされている．

12.6 軸対称流

一般の三次元流れに対しても特性曲線の理論はあるが，計算は非常に複雑になる．しかし，二つの独立変数および二つの従属変数しかない軸対称流れに対しては，この方法を平面流れから容易に拡張することができる．

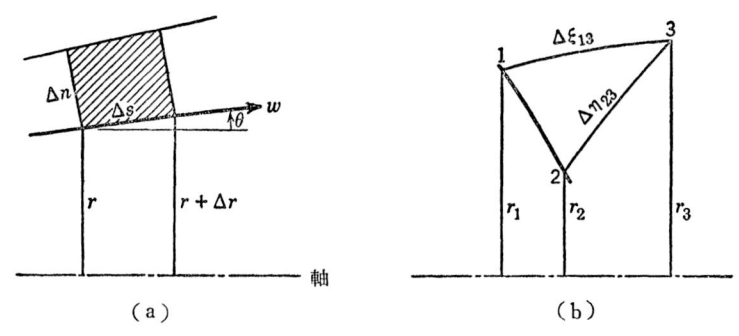

12.6 図 軸対称流れに対する座標 （a） 自然座標
（b） 特性曲線の網

運動方程式（練習問題 7.1）は，

$$\frac{\cot^2 \mu}{w}\frac{\partial w}{\partial s} - \frac{\partial \theta}{\partial n} = \frac{\sin \theta}{r}$$

$$\frac{1}{w}\frac{\partial w}{\partial n} - \frac{\partial \theta}{\partial s} = 0$$

▶ (12.10)

ここで，(w, θ) は対称面内の速度を表わす（12.6 a 図）．初めの式は二次元の場合と最後の項が異なるだけである．軸からの距離 r が大きい点ではこの項は小さく，流れは実際上二次元的である．また，第二の，渦なしの式は変らない．

p. 293

第一の式に $\tan \mu$ をかけ，第二の式に $\tan \mu \cot \mu$ をかけると，二次元の場合に対する式 (12.5) に対応して次のような形の式を得る：

$$\frac{\partial v}{\partial s} - \tan \mu \frac{\partial \theta}{\partial n} = \tan \mu \frac{\sin \theta}{r}$$

$$\tan \mu \frac{\partial v}{\partial n} - \frac{\partial \theta}{\partial s} = 0$$

前と同じように，辺々相加え，相引き，特性曲線座標への変換（式 (12.6)，(12.7)）を適用すると次式を得る．

$$\frac{\partial}{\partial \eta}(\nu - \theta) = \sin\mu \frac{\sin\theta}{r}$$
$$\frac{\partial}{\partial \xi}(\nu + \theta) = \sin\mu \frac{\sin\theta}{r}$$
▶ (12.11)

これらには，r を通じて流れの場の形がはいっているので，前のように積分することはできない．ここでは積分は特性曲線の網を作りながら歩一歩数値的に行なわなければならない．

12.6 b 図に，点 2 および 1 において知れているデータから点 3 を解く典型的な網目要素を示す．式 (12.11) から，特性曲線素に沿って

$$\int_2^3 d(\nu-\theta) = \int_2^3 \left(\sin\mu \frac{\sin\theta}{r}\right) d\eta$$
$$\int_1^3 d(\nu+\theta) = \int_1^3 \left(\sin\mu \frac{\sin\theta}{r}\right) d\xi$$

網目は小さいから，右辺のカッコの中の量は積分の区間を通じて近似的に一定でそれぞれ点 1 および 2 での値を持つものと仮定できる．その結果

$$(\nu_3 - \theta_3) - (\nu_2 - \theta_2) = \sin\mu_2 \frac{\sin\theta_2}{r_2}\Delta\eta_{23}$$
$$(\nu_3 + \theta_3) - (\nu_1 + \theta_1) = \sin\mu_1 \frac{\sin\theta_1}{r_1}\Delta\xi_{13}$$

ここで，$\Delta\eta_{23}$ および $\Delta\xi_{13}$ は，η- および ξ- 特性曲線に沿っての線分の長さである．二つの式の解は

$$\nu_3 = \frac{1}{2}(\nu_1+\nu_2) + \frac{1}{2}(\theta_1-\theta_2) + \frac{1}{2}\left(\sin\mu_1\frac{\sin\theta_1}{r_1}\Delta\xi_{13} + \sin\mu_2\frac{\sin\theta_2}{r_2}\Delta\eta_{23}\right)$$
$$\theta_3 = \frac{1}{2}(\nu_1-\nu_2) + \frac{1}{2}(\theta_1+\theta_2) + \frac{1}{2}\left(\sin\mu_1\frac{\sin\theta_1}{r_1}\Delta\xi_{13} - \sin\mu_2\frac{\sin\theta_2}{r_2}\Delta\eta_{23}\right)$$
(12.12)

これらは，二次元の式とは，個々の流れの幾何学的性質による附加的な第三項だけ異なっている．この項において，問題の点の軸から距離 r_1 および r_2，および網目の辺の長さ $\Delta\eta_{23}$ および $\Delta\xi_{13}$ は，図の上で測るか，あるいは，計算によって流れの場から求めなければならない．これらの項は軸近くで大きくなる．

後方体を持つ円錐を過ぎる軸対称流れの計算例を 12.7 図に示す．この問題では実際

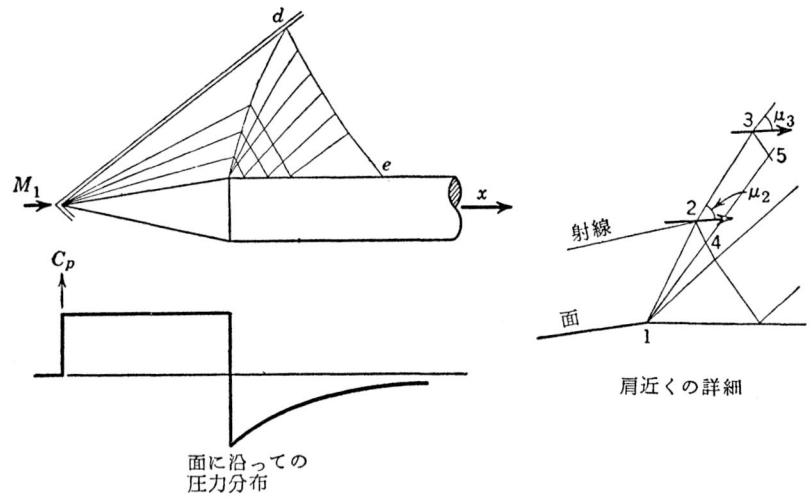

12.7 等エントロピーでない流れ

12.7 図 後方物体を持つ円錐を過ぎる流れの計算

に特性曲線による解法を始める前にある程度の予備計算が必要である．肩から出る最初の Mach 線までは流れは錐状である（4.21 節および 9.9 節）．この Mach 線の位置は詳しい図に示すように，構成を肩から始めて単に局所的な流線に局所的な Mach 角で線分を引くことにより定まる．その際，各点での流れの方向と Mach 角は錐状解から得られる．

肩での他の Mach 線素の位置も容易にわかる．それは，そこでは流れは局所的に Prandtl-Meyer の膨脹流だからである（練習問題 12.3）．これらから点 4, 5 などに対する特性曲線の構成および計算を進めることができる．

p. 295
図に示した圧力分布から，肩での膨脹の後，圧力は再び主流の値まで増加することがわかる．

衝撃波との干渉の影響は，点 e より下流で始めて感ぜられる．厳密な計算には d-e より下流での計算に渦の影響を入れる必要があるが，普通は衝撃波も膨脹波もそれ程強くないので，その影響はあまりはっきり現われない．

12.7★ 等エントロピーでない流れ

前節の例において，衝撃波の強さは衝撃波が膨脹波と干渉し始める点 d から弱くな

り始める．曲がった衝撃波の下流ではエントロピーは流線ごとに異なり，その領域では等エントロピーの式は厳密には成り立たないのでそれらを次の式で置き換えなければならない：

$$\frac{\cot^2 \mu}{w}\frac{\partial w}{\partial s} - \frac{\partial \theta}{\partial n} = \frac{\sin \theta}{r}$$

$$\frac{1}{w}\frac{\partial w}{\partial n} - \frac{\partial \theta}{\partial s} = -\frac{T}{w^2}\frac{dS}{dn} + \frac{1}{w^2}\frac{dh_0}{dn}$$

第二式は第7章で導いた（式 (7.32) から (7.34) まで参照）．

これらを特性曲線座標に変換する方法は前節での方法と全く同じで，次の結果をあたえる．

$$\frac{\partial}{\partial \eta}(\nu - \theta) = \sin \mu \frac{\sin \theta}{r} - \frac{\cos \mu}{w^2}\left(T\frac{dS}{dn} - \frac{dh_0}{dn}\right)$$

$$\frac{\partial}{\partial \xi}(\nu + \theta) = \sin \mu \frac{\sin \theta}{r} + \frac{\cos \mu}{w^2}\left(T\frac{dS}{dn} - \frac{dh_0}{dn}\right)$$

各式の最後の項は，12.1b図の幾何学的関係により，特性曲線に沿っての微分に書き直せる．

$$\frac{\partial \eta}{\partial n} = \csc \mu, \quad \frac{\partial \xi}{\partial n} = -\csc \mu$$

小さな網目要素について積分すると，次式を得る．

$$\nu_3 - \theta_3 = \nu_2 - \theta_2 + \sin \mu_2 \frac{\sin \theta_2}{r_2}\Delta\eta_{23} - \frac{\cot \mu_2}{w_2^2}[T_2(S_3 - S_2) - (h_{03} - h_{02})]$$

$$\nu_3 + \theta_3 = \nu_1 + \theta_1 + \sin \mu_1 \frac{\sin \theta_1}{r_1}\Delta\xi_{13} - \frac{\cot \mu_1}{w_1^2}[T_1(S_3 - S_1) - (h_{03} - h_{01})]$$

(12.13)

これを解けば ν_3, θ_3 が得られる．
p. 296
点3での S_3 および h_{03} の値が計算に必要であることは明らかである．これは次のように定められる (12.8図)：点3の位置が定まれば，この点から，データ曲線と点3′で交わり偏角が $\theta'_3 = \frac{1}{2}(\theta_1 + \theta_2)$ の線を引くことにより，点3を通る流線が，近似的に定まる．S および h_0 は流線に沿っては不変であるから，3でのそれらの値は，データ曲

線上の点 3′ での知れている値に等しい.

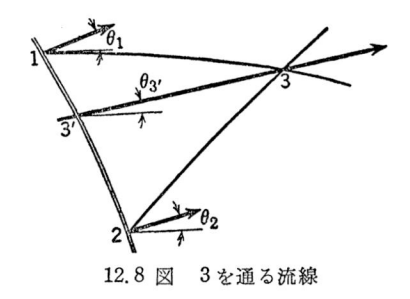

12.8 図　3 を通る流線

12.8　平面流れに関する諸定理

この章の本節以下においては二次元の超音速流のさらに別の幾つかの性質を考察しよう. この流れにおいては次のような適合の条件が成り立つ.

$$\nu + \theta = Q \quad : \quad \xi\text{-特性曲線に沿って}$$
$$\nu - \theta = R \quad : \quad \eta\text{-特性曲線に沿って}$$

個々の流れの幾何学的性質によらぬこれらの式から次のような有用な結果が導かれる.

流れは次の三種に分類される.（1）一般の, あるいは, 単一でない領域,（2）単一の領域（単一波と言うこともある）,（3）一様な領域あるいは状態一定の領域.

一般の領域を 12.9 図に示す. 特性曲線は曲がって居り, その各々は R あるいは Q の一つの値に対応する. 任意の二つの特性曲線の交点における ν および θ の値は上の式を解けば見出せる. すなわち

$$\nu = \tfrac{1}{2}(Q + R), \quad \theta = \tfrac{1}{2}(Q - R)$$

η-特性曲線に沿って動く場合, R は一定であるから, ν および θ の変化は, ξ-特性曲線と交わって, Q の値が変わることだけによる. 従って,

$$\Delta\nu = \tfrac{1}{2}\Delta Q = \Delta\theta \tag{12.14 a}$$

同様に ξ-特性曲線に沿って動く場合には

$$\Delta\nu = \tfrac{1}{2}\Delta R = -\Delta\theta \tag{12.14 b}$$

このように特性曲線上の R および Q の値が知れれば流れの変化は容易に定まる.

次に単一の領域，あるいは，単一波を考える．それは，一方の不変量 R あるいは Q が領域を通じて一定の値になるという条件により定義される．それを 12.10 図に示す．
p. 297
図中すべての η-特性曲線は R の等しい値（$=R_0$）を持つ．この場合，(12.14 b) により，ν および θ は，個々の ξ-特性曲線に沿って一定で，従って特性曲線は直線でなければならぬ．それ故，単一波では，一群の特性曲線は直線からなり，その各々の上で状態は一定である．真直ぐな特性曲線を横切る際の流れの変化は次のように関係づけられる．

$$\Delta \nu = \pm \Delta \theta \qquad \blacktriangleright (12.15)$$

符号はそれらが ξ- 型であるか η- 型であるかによる．この関係と (12.14) の関係との相異は，これが真直ぐな特性曲線を横切る任意の線について成り立ち，従って特に流線についても成り立つということである．

最後に，一定の状態あるいは一様流は場を通じて $R=R_0$ および $Q=Q_0$ になるようなものである．その場合には，ν および θ は一様で，いずれの群の特性曲線も直線か

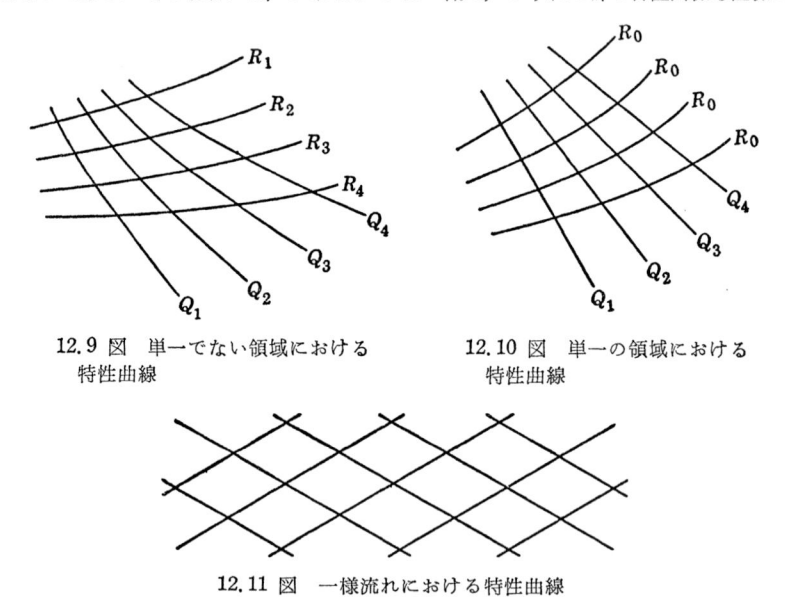

12.9 図　単一でない領域における特性曲線

12.10 図　単一の領域における特性曲線

12.11 図　一様流れにおける特性曲線

らなり，12.11 図に示すような平行四辺形の網を作る．

12.9 弱い有限の波による計算法

三つの領域のすべてが現われる例を 4.10 図にあたえる．この図に示すように，一様流では Mach 線を省略し，単一領域では真直ぐなものだけを示し，一般の領域では両方の群を示すのが普通である．

一様な領域は，一点で接する場合を除き単一でない領域と隣り合うことはないということに注意しよう．これは一般定理で，上にあたえた定義を考慮して，それに反する場合を作ろうと試みてみれば容易にわかるであろう．この定理は流れの場を作る際に有用である．

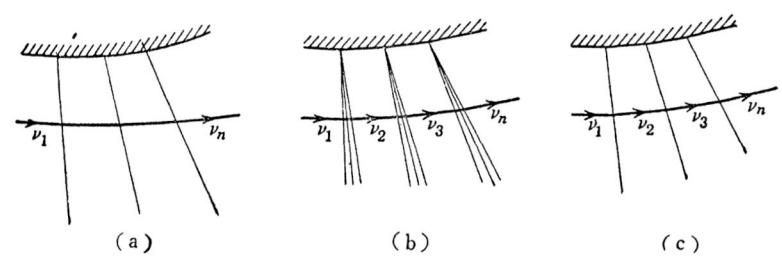

12.12 図 曲がった壁の折れ線による近似〔(c)においてては，各角から出る膨脹波を一本の線で表わす〕

12.9 弱い有限の波による計算法

二次元の超音速流を波を用いて計算する方法を第 4 章に概説した．波が弱い場合には，特性曲線法と同等の計算法を組み立てることができる (12.12 節参照)．実際，普通はこれもまた特性曲線法と言われる．しかし，観点は少し異なる．忘れてはならない主な点は，**特性曲線は波ではなく**，あるいは逆に，**波は特性曲線ではない**ということである．

これらの間の相異点と相似点を 12.12 図に例示する．(a)では壁および流れは**連続**である．真直ぐな群の特性曲線を幾つか示してあるが，それらは何本でもまた壁のどの点からでも思うままに引く事ができる．他の群の特性曲線は示していない．

(b)では，壁を有限の角度で交わる折れ線によって**近似する**．角から出る膨脹領域あるいは膨脹波は場を**一様流の小部分**に分ける．それらは単一波であるから，波を横切る際の流れの変化は前節の式 (12.15) によって関係づけられ，

$$\Delta \nu = \pm \Delta \theta \quad .$$

ただし，正の符号は12.12図の場合のように上側の壁から来る波に対して，負の符号は下側の壁から来る波に対してつける．また，$\Delta\theta$ は反時計方向を正とする．

12.12図の（c）では，さらに近似を行ない各膨脹領域を一つの直線で置きかえ，その線には中心の波を用いる．ここでは"波"での変化は不連続であるが，この近似は壁を折れ線で表わす近似と同程度である．

p. 299
壁が凹の場合には連続的な圧縮がおこるが，それは4.8節の場合のように一連の弱い衝撃波によって近似される．流れの変化に対する上の式は修正なしに適用できる．各波の位置は波が境する一様流の場の特性曲線の丁度中間である（練習問題4.2）．これは，上の膨脹波に対する規則と同じものである．

要するに，弱い波の方法は，連続的に変る流れを互の間に"跳び"がある一様な小領域群でおきかえる方法である．そしてこの跳びは波の存在する場所でおこる．以上においては，すべての波が一つの種類からなる単一領域だけを考察して来た．これを単一でない流れに拡張するためには，相反する種類の波の相互作用に関する法則が必要である．

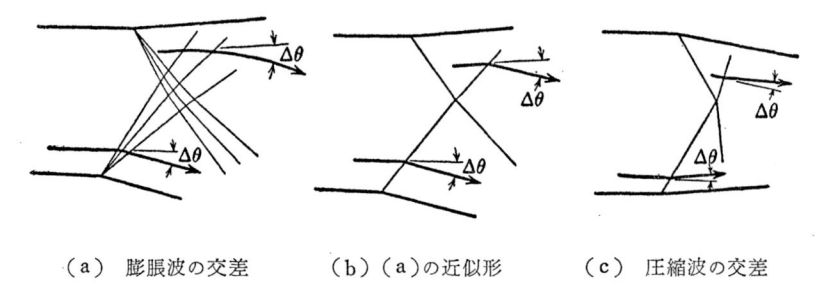

（a）膨脹波の交差　　（b）（a）の近似形　　（c）圧縮波の交差
12.13 図　他の波との交差によって波の強さが変らないことを示す．

12.10 波の相互作用

平面流れを有限の弱い波を用いて計算する方法は次の定理を基にしている：

弱い波の強さは，他の波と交差しても変らない．

ここで，"波の強さ"はその波が作る流れの方向の変化 $\Delta\theta$ によって定義される．

12.13図にこの定理を説明する．（a）は二つの単一な膨脹領域の交差を示す．この場

12.10 波の相互作用

合，定理の成り立つことは，交差域の両側で流線が同じ特性曲線を横切ることに注意すれば容易に証明できる．(b)では膨脹領域を一つの線で表わす．(c)は圧縮波に対する定理を示す（練習問題 4.5）．

ここで簡単な系統的な計算法を組み立てることができる．まず波が**膨脹波**であるような場合を考える．波は12.14図のように流れを幾つもの**小室**に分けそのおのおので流れは一様流である．ここでの問題は各小室での ν および θ を計算することである．

p. 300
δ_i を波によって作られる流れの方向の変化の絶対値とし，上側および下側の壁からの波を添字 $\delta_{\xi i}, \delta_{\eta i}$ によって区別する．上側の壁からの波は流れを上側（正）に曲げ，ν を増す．また，下側の壁からの波は流れを下側に曲げ ν を増す．与えられた小室に達するまでに流れは m 個の ξ-型の波と n 個の η-型の波を通過する（これは，始めの点から問題の小室までの任意の径路について成り立つ！）．従って，その小室 (m, n) の状態は次のように与えられる．

$$\theta = \theta_1 + \sum_{i=1}^{m} \delta_{\xi i} - \sum_{i=1}^{n} \delta_{\eta i}$$

$$\nu = \nu_1 + \sum_{i=1}^{m} \delta_{\xi i} + \sum_{i=1}^{n} \delta_{\eta i}$$

すべての波の強さが等しく，例えば $\delta_i = 1°$ の場合には特に簡単な関係が得られる．その場合には，

$$\theta - \theta_1 = m - n$$
$$\nu - \nu_1 = m + n$$
▶ (12.16)

すなわち，ある小室の状態は，横切ったおのおのの波の数を全部加えるだけで得られる．

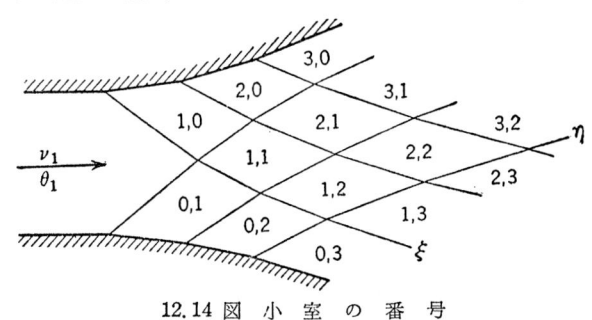

12.14図 小室の番号

計算法に圧縮波も含めるためにはさらに別の記号を導入する必要がある．流れが上側の壁からくる k 個の圧縮波および下側の壁からくる l 個の圧縮波を横切るならば，上の結果は次のように一般化される．

$$\theta - \theta_1 = m - n - k + l$$
$$\nu - \nu_1 = m + n - k - l \qquad (12.17)$$

流れを計算するのに必要なもう一つの結果は，波の反射，および相殺に関するものである．12.15 a 図は，壁からの反射によって ξ-型の波が η-型の波に変わることを示す．流れの方向が壁に平行なもとの方向にもどらなければならないから，反射波の曲がり強さは入射波のそれに等しい．

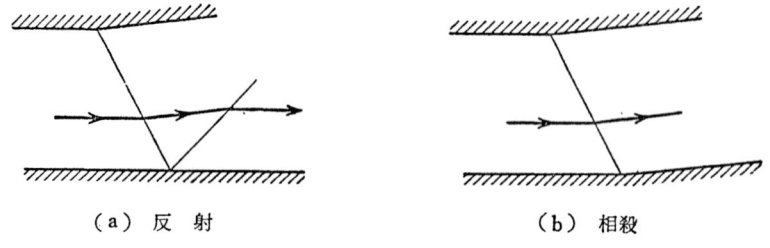

p. 301

（a）反 射　　　　　　　　　　（b）相 殺

12.15 図　波 の 反 射 お よ び 相 殺

12.15 b 図は壁を入射波の後の流れの方向に合わせることによって反射波を"相殺"する方法を示す．壁の曲がり角は波の強さに等しい．

波の方法によって超音速ノズルを設計する際には，相殺の考えを次のように応用する．測定部での一様流は"波なし"でなければならないから，ノズルの上流部ででき

（a）反射波との交差によって　　　（b）反射波の相殺により
　　できる単一でない流れ　　　　　　保たれる単一な流れ

12.16 図　単一領域および単一でない領域

たすべての波は測定部に達する前に相殺されなければならない．12.16図に，相殺を行った場合とそうでない場合の波の場の模様を示す．後の場合は12.8節の単一領域と対応することは明らかである．これはまた，一様な領域は単一波と隣接しなければならぬという定理の一例でもある．

12.11 超音速ノズルの設計

12.17図において，弱い波による計算法を超音速ノズルの設計に応用する．これは一般の場合の応用法を例示するためでもある．

p. 302
ここでの問題は，流れをスロートでの $M=1$ から測定部での $M=M_T$ まで膨脹させ測定部では，流れは一様でスロートでの方向と平行になるようにすることである．例として $\nu_T=16$ とするが，これは $M_T=1.639$ に対応する．主な手順は第Ⅴ表の値を用い，次のように進める：

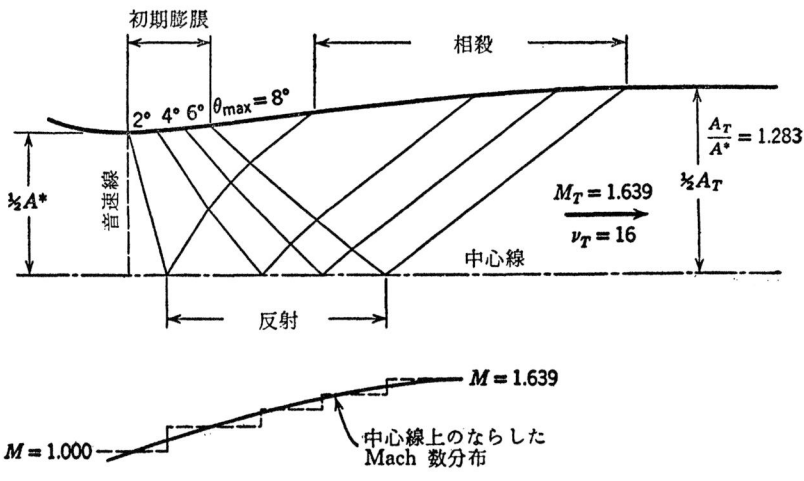

12.17図 超音速ノズルの設計

（1）長さおよび形が任意の**初期膨脹部**を，頂点で等しい偏角を持つ折れ線に分ける．ここでは，前節で用いた 1° の代りに偏角 2° を用いる．従って，すべての波は強さ 2° である．このような波が四つあり，対応する壁の偏角の最大値は $\theta_{max}=8°$ である．各波の傾き角は，その両側の Mach 線の丁度中間の値である．例えば，最初の波

の傾き角は中心線から測って $\frac{1}{2}[(90-0)+(62.00-2)]=75.00$.

(2) 波は，対称なノズルの中心線から"反射"される．図にはその上半分だけを示す（あるいは"中心線"を壁とする非対称ノズルの全体が示されているものと考えてもよい．）

(3) 相殺領域では，各波との交点で壁を $2°$ 曲げることにより反射波を相殺する．最後の波の後では，壁は中心線と平行で流れは一様である．強さ $2°$ の膨脹波を八つ――すなわち，初期の波を四つ，反射波を四つ――横切っているから，そこでは $\nu_T=16$ である．このことから，初期膨脹の強さ（すなわち，壁面の最大偏角）が次のように与えられるという法則を得る：

$$\theta_{\max} = \tfrac{1}{2}\nu_T \tag{12.18}$$

(4) 最終的な測定部の高さは $\nu_T=16$ に対応する A_T/A^* の値に適合しなければならない．第III表によると，それは $A_T/A^*=1.283$ である．

12.17図の例は，ノズル設計の基本的要素を含んでいるが，また多くの変形，修正が可能である．ここでは，次の二，三の点にだけ言及する．

(a) 初期膨脹部の長さは任意である．**最も短いノズル**は，初期膨脹の長さを 0 に，すなわち，$\theta_{\max}$ まで Prandtl-Meyer の膨脹をさせることにより得られる．しかし，このように急激な膨脹は，普通，側壁の境界層に面倒な影響を与える．

(b) 12.17図の例では，音速線が直線であるとして，計算をスロートの最も狭い部分から始めた．実際には，音速線は曲がっており，壁とは最も狭い部分より幾分上流で交わる．そしてその詳細はスロートの形による．高い精度がいる場合には，超音速の解を正しく出発させるために，スロートに対する遷音速の解を用いる必要がある．

(c) これらスロートの問題をさけるために，計算を初期膨脹部の充分下流で，流れを 12.3 図のように**放射状**であると仮定できるような所から始める場合もある．この仮定は壁の曲率があまり大きくなければ適切である．放射流における Mach 数は第III表での面積比 A/A^* から得られる．ただし，A は，M が一様であるような**曲がった断面の面積**である．

(d) 式 (12.18) で与えられる法則は，すべての波を中心線から**一回反射**した後に相殺する場合にだけ成り立つ．相殺する代りにそれらを中心線に向かって反射させそこ

でもう一度反射する場合には，流れは初期膨脹波を四回横切るから，$\theta_{\max}=\frac{1}{4}\nu_T$ になる．**部分的相殺**も用いられる．そのような場合，得られるノズルは基本的なものより長くなる．

（e） 12.17図にはこの方法によって得られる中心線上の Mach 数分布の略図も示してある．ノズルを設計する別の方法は**中心線上の分布を与える**方法である．それは図に示すように充分滑らかに M_T に到達しなければならない．また $M=1$ においては，その勾配はスロートの形による実際の遷音速スロート流れと矛盾しないようでなければならない．この方法は，波の方法の代りに特性曲線法を用いる場合に特に適している．また，それは軸対称ノズルの設計に便利である．

（f） ノズル壁および側壁上の境界層は，ノズルの有効な高さおよび巾を減らす排除効果を持つ．それを考慮に入れるには，設計したノズルの形に境界層の厚みに相当する補正を加えればよい．側壁もその境界層を考慮に入れるために拡げなければならない．しかし，この側壁補正はノズルの形にその分だけの補正を加えることによって代えられる場合が多い．

12.12　特性曲線法と波の方法との比較

p. 304
この章を終る前に，特性曲線の方法と波の方法を簡単に比較しよう．

（1） 特性曲線法は**連続な速度場**を取り扱い，計算は特性曲線の網の**格子点**で行われる．波の方法は一様流の**小室のつぎはぎ場**を扱い，それらの小室の間には不連続がある．二つの場合を 12.18 図に模型的に比較

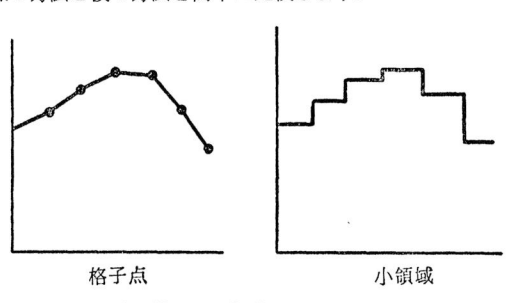

12.18 図　計　算　網　目　の　例

してある．二つの方法の精度は同程度で，いずれの場合にも網目の細かさによる．

（2） 波による計算法は波の強さが交差あるいは反射の後でも変らないという法則を基にしているので**平面流**の場合にだけ便利である．軸対称流れや三次元流れの場合には，一般に波の強さは空間の中で連続的に変る．従って，計算に用いるには不便であ

る．その場合には，基本的な特性曲線法を用いる方が簡単である（12.6節）．

（3） 波の方法は**平面流**では特性曲線法より直観的である．そして，その理由からふつう特性曲線法より好まれる．ある問題，例えば境界の形を定めるために波の相殺の考えを応用するような場合には，波の方法の方が便利なことがある．

第13章 粘性および熱伝導性の影響

13.1 まえがき

今迄取り扱った問題は,殆んどすべて粘性,熱伝導のない流体に関するものであった.ただ衝撃波の内部では粘性,熱伝導の影響が現われはしたが,それも非常に間接的にであったから,とくに粘性等の影響を表立って調べる必要はなかった.

実在するすべての気体や液体には必ず粘性,熱伝導性があるから,空気力学の書物において粘性ずれや熱伝導の影響を取り扱う章が一つしかないということは驚くべきことであろう.しかし,空気力学の大部分が完体流体という理想化された概念の範囲内で取扱い得るのは,気体の粘性係数,熱伝導係数が比較的小さいからである.

粘性の影響の相対的大きさを表わす無次元のパラメータは **Reynolds 数 Re** である:

$$Re = \frac{Ul\rho}{\mu} = \frac{Ul}{\nu} \tag{13.1}$$

U および l はそれぞれ代表的な速度および長さで,ρ は密度,μ は後でもっと正確に定義する粘性係数である.動粘性係数あるいは簡単に動粘性率と言われる $\nu = \mu/\rho$ と区別するため,μ は力学的粘性係数と言われることもある.

粘性と熱伝導性の相対的大小を表わす無次元のパラメータは **Prandtl 数 Pr** である:

$$Pr = \frac{c_p \mu}{k} \tag{13.2}$$

ここに c_p は定圧比熱で k は熱伝導係数である.μ および k の次元は (13.1),及び (13.2) から明らかである.

多くの空気力学の問題では Reynolds 数が大きいから,ちょっと考えると,粘性の影響は小さいように思われる.しかし,粘性の影響を無視できるかどうかは,それ程明らかなことではない.実際,完全流体の流れとこれに対応する実在流体の流れとを結びつける問題は,流体力学における最も難しくまた最も魅力ある問題の一つである.

この問題のある面は未だ解決されていない.しかし,幸いに,高速気体力学における多くの(すべてではないが)問題は境界層理論の範囲内で扱うことができる. Prandtl

によって1904年に導入されたこの概念は，同一の物体を過ぎる完全流体の流れと粘性流体の流れとを結びつける方法を与えるものである．第一に，境界層の理論は表面まさつ力と熱伝達を計算する方法を与える．第二に，そしてこの方が重要であるが，境界層の理論によると，**薄い物体を過ぎる Reynolds 数の大きい流れにおいては，粘性は圧力の場に影響を与えない．**このことから，空気力学において完全流体の理論が広い適用範囲を持つことが保証される．境界層理論の適用範囲内では，完全流体の流れを基にして計算した圧力分布は，粘性や熱伝導の影響によっては殆んど変らない．

境界層の考えは，他の大抵のすばらしい概念と同様に，始めはあまり認められなかったが，後には明瞭なこととして受け入れられるようになった．実際，Prandtl の境界層理論，およびその後の von Kármán による乱流への拡張は，近代流体力学に非常に大きな貢献をしたので，今日では，流体力学における粘性の影響の**すべて**の面が境界層理論で扱えるわけではないということも忘れられ勝である．

我々はまず，次の節において，最も簡単な場合であるずれ流れ，すなわちいわゆる Couette の流れを論じよう．この問題は簡単であるから，境界層の問題に附随する余計な困難にわずらわされることなくずれ流れに対する圧縮性の影響をはっきりさせることができる．この例は，また，以下の境界層理論の勉強をより容易にするものである．

13.2 Couette の流れ

d だけはなれた二枚の無限平板の間の二次元流を考える（13.1 図）．座標として，流れの方向に x，板と垂直に y を取る．板の間を気体で満たし，上側の板を x 方向に一定の速度 U ですべらした時の気体の流れを調べるのが問題である．

完全流体の理論では，用いられる境界条件は面に垂直な速度成分に関するものだけであるから，上側の壁のすべり運動は気体に何の影響も与えない．実在流体の理論では，さらに壁に平行な速度成分に対するもう一つの条件をつけ加えなければならない．これは，いわゆるすべりなしの条件である：**固体壁上の流体は境界と同じ速度を持つ**．従って，この問題では，上側の壁に接する気体は壁とともに速度 U で動き，下側の壁に接する気体は静止している．すべりなしの条件により，壁は流体にずれ応力 τ を伝達することができる．

p. 307
状態は，各断面 x について同じであるから，ずれ応力 τ は y だけの函数になり，

13.2 Couette の流れ

また，同じ理由で加速度および x-方向の圧力勾配はない．従って，流体粒子に働く力のつりあいから（13.2 図），

$$\frac{d\tau}{dy} = 0 \qquad \blacktriangleright (13.3)$$

よって τ は流れの中全体で一定で壁の上のずれ応力 τ_w に等しくなければならない．

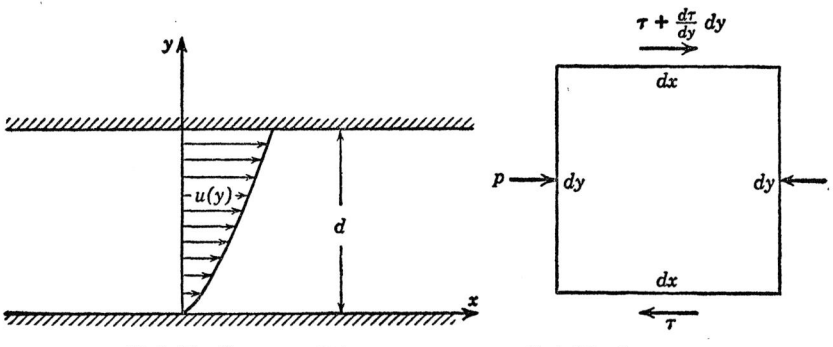

13.1 図　Couette の流れ

13.2 図　Couette の流れにおける力のつりあい

同様に，$v=0$ であるから，y 方向の運動量のつりあいから $dp/dy=0$ を得る．従って，圧力もいたるところ一定である．

ずれ応力 τ と速度分布 $u(y)$ とは Newton のまさつ法則

$$\tau = \mu \frac{du}{dy} \qquad (13.4)$$

によって結ばれている．粘性係数 μ はこの式によって定義される．気体については，かなり広い範囲の条件の下で

$$\mu = \mu(T)$$

すなわち，μ は圧力にはよらない．

流れの速さが充分に遅く，壁からの熱伝達がない場合には，流れの中の温度はほぼ一定になる．その場合には，μ は一定になり，また，$\tau=\tau_w$ も一定であるから，(13.4) により u は y の一次函数になることがわかる．これは，初等物理学の教科書でとり上げられる例であって非圧縮性粘性流の場合である．

上側の壁の速度 U が充分大きく，そこでの流れの Mach 数が相当な値になる場合，また壁から流体に熱が伝達される場合，あるいはその両方が同時に起る場合には，T は y によって変る．このような場合には，問題は圧縮性粘性流の問題になる．Couette の流れでは，"圧縮性" は温度の影響を通してのみ現われる．y 方向の加速度はないから圧力は一定で，従って ρ は T の変化によってのみ変わる．理想気体については，

p. 308

$$\rho(y) = \frac{p}{RT(y)} = \frac{\text{const.}}{T} \tag{13.5}$$

式 (13.4) の解は，形式的には

$$u = \tau_w \int_0^y \frac{dy}{\mu(T)} \tag{13.6}$$

と書けるが，この解の具体的な形を知るためには，温度分布 $T(y)$ および μ と T との関係を知らなければならない．温度分布を知るためにはエネルギーの式を用いればよい（運動量の式 (13.3) はすでに (13.6) で $\tau = \tau_w$ とする所で用いた）．

エネルギーの式を書くためには，流体粒子に流れ込む正味の熱量を計算しなければならない．ところで，（y 軸に垂直な）単位面積を通って単位時間に流れる熱量は q [††] と書かれ，Newton のまさつ法則と類似の次の関係によって温度分布と結ばれている．

$$q = -k\frac{dT}{dy} \tag{13.7}$$

ここで，負の符号は，dT/dy が負の時 q が正になるように，すなわち，熱が温度の高い側から低い側に流れることをはっきりさせるためにつけてある．式 (13.7) によって

[†] 圧縮性流れへの拡張は，最初，C. R. Illingworth によって行われた．"Some Solutions of the Flow of a Viscous Compressible Fluid," *Cambridge Phil. Soc. Proc.*, 46 (1950), p. 469.

[††] この章では，慣例に従い，q を**単位面積を通って単位時間に流れる**熱量を表わすものとした．1，2，7 章においては，同じ文字を（やはり慣例に従って！）**単位質量**当りに "外から" 与えられる熱量に用いた．後者では q はスカラー量であるが，この章での使い方によると，q は 13.13 節で導入される熱流ベクトル $\mathbf{q}$ または q_i の一成分になっている．このように，同じ文字 q を二つの異なった意味に使い分けることは多くの文献でよく行われる．上の二つの量が同時に現われるような場合は通常殆んどない．

13.2 Couette の流れ

熱伝導係数 k が定義される. k は μ と同様に T のみの函数である.

$$k = k(T)$$

すべての普通の気体について, Prandtl 数 Pr は(温度および圧力によらず)ほぼ一定であって,

$$Pr = \frac{c_p \mu}{k} = \text{const.} \tag{13.8}$$

この一定値は, 通常の気体では, 1の程度の大きさである(さらに, 室温附近のかなり広い温度範囲にわたって c_p はほぼ一定であるから $\mu \sim k$).

今の問題においては, 流体粒子が流れて行く時, その状態は変らないから, エネルギー保存則より, 流体粒子に流れ込む熱量の時間的割り合いと流体粒子に加えられる仕事の時間的割り合いとの和は零にならなければならない. その際, 熱流は前に述べた q に関するものだけであり(13.3図), また仕事はずれによるものだけである. 従ってエネルギーの式は,

$$\left[q - \left(q + \frac{dq}{dy}dy\right)\right]dx + \left[\left(\tau + \frac{d\tau}{dy}dy\right)\left(u + \frac{du}{dy}dy\right) - \tau u\right]dx = 0 \tag{13.9}$$

あるいは,

$$\frac{d}{dy}(-q + \tau u) = 0 \qquad -q + \tau u = \text{const.} \qquad \blacktriangleright (13.10)$$

この定数は, $u=0$ になる下側の壁の条件により定まる. すなわち, 下側の壁での熱伝達を q_w とすると,

$$-q + \tau u = -q_w$$

q と τ に (13.4), (13.7), (13.8) の形を代入すれば,

$$k\frac{dT}{dy} + \mu u \frac{du}{dy} = \mu \frac{d}{dy}\left(\frac{1}{Pr}c_p T + \frac{1}{2}u^2\right) = -q_w$$

ここで, 第二式に移る時, c_p=一定を仮定した. 上式を積分すると,

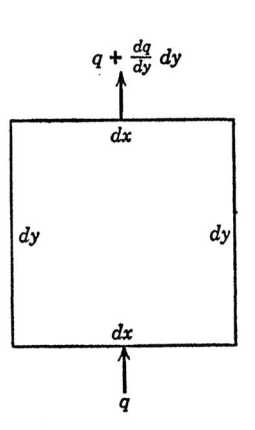

13.3 図 熱の流れ

$$c_p(T - T_w) + \frac{1}{2} Pr\, u^2 = -Pr\, q_w \int_0^y \frac{dy}{\mu(T)} \qquad (13.11)$$

ただし，T_w は静止壁の温度である．右辺の積分は (13.6) によって与えられ，その形を代入すると，いわゆる**エネルギーの積分**が得られる：

$$c_p(T - T_w) + \frac{1}{2} Pr\, u^2 = -Pr\, \frac{q_w}{\tau_w} u \qquad \blacktriangleright (13.12)$$

上側の壁では速度は U であるが，そこでの温度を T_∞ と書く．これらは，境界層の問題と非常に密接な対応関係を持つ境界条件である．T_∞ の添字は，後の比較に便利なように選んである．これらの上側の壁での条件を (13.12) に代入すると，

$$c_p T_w = c_p T_\infty + Pr\left(\frac{U^2}{2} + \frac{q_w}{\tau_w} U\right) \qquad (13.12\,\text{a})$$

比熱 c_p は必ずしも一定に限る必要はない．p が一定であるから，エンタルピー h は $dh = c_p\, dT$ によって T と関係づけられる（式 (1.26)）．従って，(13.11) は次のように一般化される：

$$h - h_w + \frac{1}{2} Pr\, u^2 = -Pr\, q_w \int_0^y \frac{dy}{\mu(T)} \qquad (13.11\,\text{a})$$

あるいは，**単一の理想気体**については，

$$h_w - h = \int_0^{T_w} c_p\, dT - \int_0^T c_p\, dT = \int_T^{T_w} c_p\, dT = \frac{Pr}{2} u^2 + Pr\, q_w \frac{u}{\tau_w}$$

および

$$\int_{T_\infty}^{T_w} c_p\, dT = Pr\left(\frac{U^2}{2} + \frac{q_w}{\tau_w} U\right) \qquad \blacktriangleright (13.12\,\text{b})$$

これらの結果をさらに解離気体の場合に一般化する事は 13.18 節で述べる．

13.3 回復温度

下側の壁が断熱的すなわち $q_w = 0$ の場合には，下側の壁の温度はどうなるであろうか．この特別な温度を**回復温度**と言い，Tr と書く．(13.12 a) により，Tr は次のよう

13.4 Couette の流れの速度分布

な値を持つ．

$$T_r = T_\infty + \frac{Pr}{2c_p} U^2 \qquad (13.13)$$

Mach 数 $M_\infty = U/a_\infty$ を用いると，この式はまた次のようになる．

$$\frac{T_r}{T_\infty} = 1 + Pr \frac{\gamma-1}{2} M_\infty^2 \qquad (13.13\text{a})$$

回復温度は澱み点温度 T_0 とは異なる．澱み点温度は，(2.30) により，

$$\frac{T_0}{T_\infty} = 1 + \frac{\gamma-1}{2} M_\infty^2$$

である．

$$\frac{T_r - T_\infty}{T_0 - T_\infty} = r$$

を回復係数と呼ぶ．$c_p = $一定の理想気体の Couette 流れという我々の例においては，回復係数は，

$$\frac{T_r - T_\infty}{T_0 - T_\infty} = Pr \qquad \blacktriangleright$$

空気については，広い範囲の温度について $Pr=0.73$ である．これを $Pr=1$ によって
p. 311
近似することもある．その場合には $T_r=T_0$ となり，（熱伝達のない場合について）エネルギー積分はよく知られた一次元流のエネルギー方程式に帰着する．

(13.12a) と (13.13) から，熱伝達とずれ応力の間の関係式も得られる：

$$\frac{q_w}{\tau_w U} = \frac{c_p(T_w - T_r)}{Pr\, U^2} \qquad \blacktriangleright (13.14)$$

この式により，流体の方へ熱が伝達されるためには壁の温度 T_w は T_r よりも高くなければならないことがわかる (13.3 図参照)．$T_w > T_\infty$ とするだけでは不充分である．

13.4 Couette の流れの速度分布

式 (13.12) により T と u の間の関係が得られたから運動量の式を解くことができ

る．この式は，T_∞ を用いて書き直しておくと便利である：

$$c_p(T - T_\infty) = Pr\frac{q_w}{\tau_w}(U - u) + \frac{1}{2}Pr(U^2 - u^2)$$

あるいは，

$$\frac{T}{T_\infty} = 1 + Pr\frac{q_w}{U\tau_w}(\gamma - 1)M_\infty^2\left(1 - \frac{u}{U}\right) + Pr\frac{\gamma - 1}{2}M_\infty^2\left(1 - \frac{u^2}{U^2}\right) \quad (13.15)$$

運動量の式は，

$$\mu(T)\frac{du}{dy} = \tau_w = \text{const.}$$

この式の積分の一つの形は (13.6) によって与えられる．しかし，$\mu = \mu(u)$ としてもよいから，積分のもう一つの形は次のように書ける．

$$\int_0^u \mu(u)\,du = \tau_w y \qquad \blacktriangleright (13.16)$$

この式により，原理的には任意の与えられた $\mu(T)$ すなわち $\mu(u)$ に対して，速度分布を求めることができる．その際，μ と T との関係，従って，(13.15) により μ と u との関係は，実験結果あるいは分子運動論（あるいはその両者）から得られる．この関係は気体によって種々異なるが，**全ての気体について**，μ は T と共に増加する．$\mu(T)$ は，充分よい近似で，次のような冪函数であらわしうることが多い．

$$\mu \sim T^\omega$$

あるいは，

$$\frac{\mu}{\mu_\infty} = \left(\frac{T}{T_\infty}\right)^\omega \qquad (13.17)$$

p. 312
例えば，空気の場合，$\omega = 0.76$ とするとよい近似が得られる．(13.17) により，(13.16) は具体的に次のように書かれる．

$$\int_0^u \left\{1 + Pr\frac{q_w}{U\tau_w}(\gamma-1)M_\infty^2\left(1 - \frac{u}{U}\right) + Pr\frac{\gamma-1}{2}M_\infty^2\left(1 - \frac{u^2}{U^2}\right)\right\}^\omega du = \frac{\tau_w}{\mu_\infty}y \quad (13.18)$$

(13.18) で積分を風路の高さ全体にとり，$y = a$, $u = U$ とすると，τ_w が次のように

13.4 Couette の流れの速度分布

得られる：

$$\frac{\tau_w d}{\mu_\infty U} = \int_0^1 \left[1 + Pr \frac{q_w}{U\tau_w}(\gamma-1)M_\infty^2(1-\xi) + Pr\frac{\gamma-1}{2}M_\infty^2(1-\xi^2) \right]^\omega d\xi \quad (13.19)$$

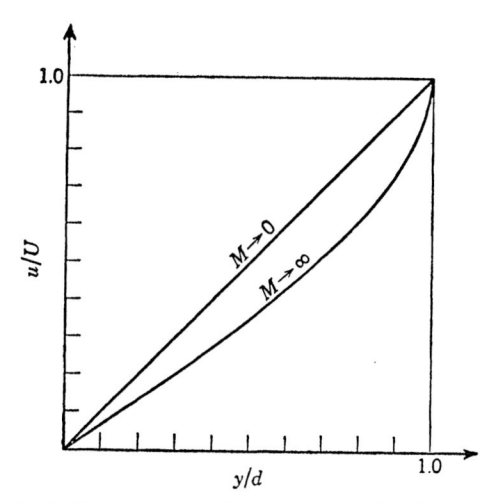

13.4 図 Couette 流れの典型的速度分布（$\mu \sim T$ の場合）

ただし，ここで積分変数としては $\xi = u/U$ を用いた．ω の任意の値については，積分は数値的に行わなければならない．簡単で，重要な場合として $\omega=1$ すなわち $\mu \sim T$ の場合を考えて見よう．これは境界層理論でよく使われる近似である．また，熱伝達のない場合すなわち $q_w=0$ を考える．このときには (13.18) は簡単に積分できて，次の結果が得られる：

$$\frac{\tau_w y}{\mu_\infty U} = \frac{u}{U} + Pr\frac{\gamma-1}{2}M_\infty^2 \left[\frac{u}{U} - \frac{1}{3}\left(\frac{u}{U}\right)^3 \right] \quad (13.20)$$

(13.20) は速度分布の陰函数表示である．この式で $M_\infty^2 \to 0$ にすると，当然速度分布は直線分布になる (13.4 図)．ずれ応力 τ_w は，

$$\frac{\tau_w d}{\mu_\infty U} = 1 + Pr\frac{\gamma-1}{2}M_\infty^2\left(1-\frac{1}{3}\right)$$

で与えられ，またまさつ係数 $C_f = \tau_w/(\rho_\infty/2)U^2$ は

$$C_f = 2\frac{\nu_\infty}{dU}\left(1 + \frac{Pr}{3}(\gamma-1)M_\infty^2\right) = 2\frac{1 + Pr\dfrac{\gamma-1}{3}M_\infty^2}{Re} \quad (13.21)$$

になる．ここで，Re は高さについての Reynolds 数である．

以上で圧縮性 Couette 流れに関する興味ある事柄のすべてが尽されたわけではない．13.18 節，14.10 節および練習問題において Couette 流れの他の問題を論ずる．

13.5 Rayleigh の問題，渦度の拡散

この節で境界層の考え方にもう一歩近づこう．静止流体中に，x-z 面と一致する無限平板を考える．時刻 $t=0$ に，平板が，その面内にたとえば x-方向に，一様な速度で急に動き出したものとする．U を平板の速度とし，簡単のため $U \ll a$ で，また，板からの熱伝達はないものとする．これがいわゆる Rayleigh の問題である（動く板の上方高さ d の所にもう一枚の板を置けば，Couette の流れのできはじめの問題になる）．

板から y だけはなれた点の速度 u は，今度は時間 t にもよる．x 方向の運動量の式は

$$\rho\frac{\partial u}{\partial t} = \frac{\partial \tau}{\partial y} \quad (13.22)$$

すなわち，流体粒子の u 運動量が増すわりあいは，粒子に働く力に等しい．この式と，Couette 流れの対応する式 (13.3) との違いは，この式の左辺にでてくる運動量の時間変化のわりあいを表わす項である．τ に対する Newton の式 (13.4) により上式は，

$$\frac{\partial u}{\partial t} = \nu\frac{\partial^2 u}{\partial y^2} \quad \blacktriangleright (13.23)$$

Couette 流れの場合と全く同様に，圧力は流れの場の中で一様である．さらに，($U \ll a$, $q_w=0$ であるから）$T=$一定，従って，μ, ρ, ν もまた一定である．

式 (13.23) は熱伝導の式と同じ形をしている．実際，対応する熱伝導の問題は，静止した板の温度を急に上げた場合の問題にほかならない．

詳しい計算は練習問題で行なうことにし，ここでは，むしろ二三の特別の事柄に注目

13.5 Rayleigh の問題，渦度の拡散

p. 314
しよう．まず方程式 (13.23) は非常に重要な相似性をもっている．すなわち $u(y, t)$ を一つの解とすると，その解から，座標を適当に伸縮することによって別の解——ν が異なってもよい——を得ることができる．その際，二つの流れは次式によって結ばれる：

$$u(y, t) = \tilde{u}(\tilde{y}, \tilde{t}) = \tilde{u}(Ay, Bt)$$

これを (13.23) に代入すると，

$$B\frac{\partial \tilde{u}}{\partial t} = \nu A^2 \frac{\partial^2 \tilde{u}}{\partial \tilde{y}^2}.$$

この式は，動粘性係数が

$$\nu' = \frac{\nu A^2}{B}$$

の流体に対する Rayleigh の方程式である．またこれらの式から伸縮率 A を消去すると，

$$\text{任意の定数 } B \text{ に対して } u(y, t) = \tilde{u}\left(\sqrt{\frac{\nu'}{\nu}} B y; Bt\right)$$

特に $\nu = \nu'$ とすると，$u(y, t)$ が $\tilde{u}(\sqrt{B}y, Bt)$ に等しいこと，すなわち u は (y, t) 面内の抛物線に沿って一定の値を持つことがわかる．

このことは，数式では，次のように表わされる：

$$u(y, t) = u\left(\frac{y}{\sqrt{\nu t}}\right)^{\dagger} \equiv u(\eta) \tag{13.24}$$

今の問題の境界条件は，$y=0$ で $u=$ 一定，$y=\infty$ で $u=0$ であるから，上の相似性と矛盾しない．従って，問題の解は (13.24) の形をもつものと期待できる．(13.24) を (13.23) に代入すると，

---
† 上の式で $u(y/\sqrt{t})$ を用いなかったのは，上のように ν を入れると変数が無次元になるからである．またこの形は，$\nu' \neq \nu$ の場合にも適する．

第13章 粘性および熱伝導性の影響

$$u'' + \tfrac{1}{2}\eta u' = 0 \qquad (13.25)$$

あるいは

$$\frac{d}{d\eta}(\log u') = -\frac{\eta}{2}$$

従って

$$u' = \text{const.} \cdot e^{-\eta^2/4} \qquad (13.26)$$

ところが

$$\frac{1}{\sqrt{\nu t}}\frac{du}{d\eta} = \frac{\partial u}{\partial y}$$

p. 315
であるから，

$$\frac{\partial u}{\partial y} = \text{const.}\frac{1}{\sqrt{\nu t}}e^{-y^2/4\nu t} \qquad (13.27)$$

式 (13.27) から得られる結果の中，我々の議論にとって最も重要なものは，次の事実である．

$$\int_0^\infty \frac{\partial u}{\partial y}dy = \text{const.}\int_0^\infty \frac{e^{-y^2/4\nu t}}{\sqrt{\nu t}}dy = \text{const.} \quad t によらない$$

ここで，$\zeta = \partial u/\partial y$ は渦度である (7.10 節)．従って，

$$\frac{d}{dt}\int_0^\infty \zeta\,dy = 0 \qquad \blacktriangleright (13.28)$$

板の運動により，時刻 $t=0$ に定まった量の渦ができる．この渦は次第に流体中に拡散するが，その総量は変らない．

これと類似の結果が熱伝達や質量拡散の問題にもあることは明らかである．すなわち，ζ は熱伝達および質量拡散の類似の問題について考えられる全熱量 Q または全質量 m に対応する．

次に，流体中への渦の拡散を特徴づける或る速度 c を定義することができる．まず次式で定められるような高さ $\delta(t)$ を導入する．

$$\zeta(0,t)\cdot\delta = \int_0^\infty \zeta\,dy$$

ただし，$\zeta(0, t)$ は任意時刻 t における平板上の渦度である．$\zeta(0, t)$ は (13.27) で $y=0$ と置けば得られ，従って，

すなわち，
$$\delta = \sqrt{\nu t} \int_0^\infty \frac{e^{-y^2/4\nu t}}{\sqrt{\nu t}} dy = 2\sqrt{\nu t} \int_0^\infty e^{-z^2} dz$$

$$\delta = \sqrt{\pi \nu t} \qquad \blacktriangleright (13.29)$$

これは"渦度厚さ"を与えるものと考えられる．そして，これが拡がる割合によって速度 c を定義する：

$$c = \frac{d\delta}{dt} = \frac{1}{2}\sqrt{\pi \frac{\nu}{t}} \qquad \blacktriangleright (13.30)$$

このことから導かれる結論は次のようである．

p. 316
渦は，熱と同様に，信号速度無限大で伝播する[†]．従って，厳密に言えば，渦度の湧き出しの影響は直ちにすべての点で感ぜられる．しかし，影響が相当の値になる領域 δ およびその領域の拡がる速さ c は定義できる．

Rayleigh の問題を圧縮性流れの場合に拡張し，M_∞ が必ずしも小さくなく，熱伝達があるような場合を論ずる事は可能であり，また非常に興味がある．このような問題は Howarth[††], Van Dyke[§] その他の人々によって論ぜられた．

13.6 境界層の概念

長さ l の薄い平板が先端を原点にして x 軸上の正の側におかれている．板のはるか上流では流体は一様な定速度 U を持つものとする．粘性のない流体の流れでは，平板

[†] この事は，式 (13.27) からでてくる．すなわち，$t \neq 0$ の場合には，ζ は y のすべての値について零でない．しかし，y が大きい所では，渦度は明らかに極めて小さくなる．例えば，δ の10倍の所では，$\zeta/\zeta_0 = e^{-25\pi}$ になる．このように，拡散の問題で"信号速度"が無限大であることはあまり問題にならない．実際，上に述べた ζ/ζ_0 の値は，死亡表にある人間が1000歳まで生きる確率よりも小さい程である．

[††] L. Howarth, "Some Aspects of Rayleigh's Problem for a Compressible Fluid," *Quart. J. Mech. Appl. Math.* 4 (1951) p. 157.

[§] M. D. Van Dyke, "Impulsive Motion of an Infinite Flat Plate in a Viscous Compressible Fluid" *J. Appl. Math, and Phys. (Z. A. M. P.)* 3 (1952) p. 343.

自身流線面になっているから，平板は流体の運動に何の影響も及ぼさない．実在の流体では，板は流体に力を及ぼすから流れの場は変化する．**この問題の Reynolds 数の大きい場合が古典的な境界層の問題である．**

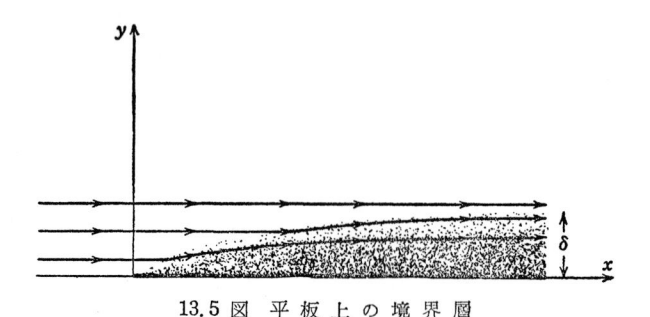

13.5 図 平 板 上 の 境 界 層

この問題の本質を直観的にとらえるために，可溶性の染料を板に塗っておいたとしよう．何が起るであろうか？ 明らかに，染料は運動する流体中に拡散し，流れとともに下流に運ばれて行くであろう．従って，流れの中には色のついた層ができ，この層は，板の先端から始まって下流に行く程だんだん厚くなり，やがて板からはなれて色のついた後流になるであろう．さらにこの層は流れが速くなるにつれて次第に薄くなることも明らかである．ところで，Rayleigh の問題によれば渦度の拡散は，熱あるいは物質の拡散と同様の性質を持っている．従って，平板によって作られた渦も染料と同じように拡散し，渦のある領域は下流に行くにつれて次第に厚くなり，後流につながるであろう (13.5 図)．

この領域の大きさの程度を見積るには Rayleigh の問題で考えた拡散速度 c と影響領域 δ を用いることができる．その節，渦は次のような有効速度 c で拡散することを知った．

$$c \sim \sqrt{\nu/t}$$

現在の問題は**定常流**であるから c および δ の概念を読み換えなければならない．定常流の場合には，t は先端からの距離 x と平均速度 U とに簡単に結びつけられ，

$$t \sim \frac{x}{U} \tag{13.31}$$

13.6 境界層の概念

式 (13.31) に対する直観を得るには，流れとともに板を通り過ぎて行く観測者によってこの現象を観察した場合を考えればよい[†]．従って拡散速度 c は

$$c \sim \sqrt{\frac{\nu U}{x}} \qquad (13.32)$$

また影響領域は

$$\delta \sim \sqrt{\frac{\nu x}{U}} \qquad ▶(13.33)$$

ここで，Mach 数

$$M = \frac{U}{a}$$

に対比して，Reynolds 数が二つの速度の比として

$$\sqrt{Re} = \frac{U}{c} \qquad (13.34)$$

のように書き表わされることに注目するのは興味があり，また，有用である．従って，渦度拡散の影響領域と Mach 円錐あるいは Mach くさび，すなわち，圧力拡散の影響領域との間にはある種の類似性がある．さらに，Reynolds 数のこの定義は Reynolds 数と Mach 数との重要な組み合せ，すなわち，比 a/c で与えられる組み合せを暗示することをすでにここで注意しておこう：

$$\frac{a}{c} = \frac{\sqrt{Re}}{M} \qquad (13.35)$$

このパラメータは，極超音速流の問題で非常に重要になるものである．

以上により平板の問題では，影響領域の厚さは，板の先端で零に始まり，板の後端で

[†] t を x/U で置き換えることは流体力学ではよく行われる．しかし，このいいかえを厳密ならしめることは必ずしも容易ではない．ただ攪乱速度が U に比べて充分小さく，また，流体粒子に働く力がない場合には，式 (13.31) は（大きさの程度を表わすだけでなく）厳密なものになる．すなわち

$$\frac{Du}{Dt} = \frac{\partial u}{\partial t} + U\frac{\partial u}{\partial x} = 0$$

ならば，

$$\frac{\partial}{\partial t} = -U\frac{\partial}{\partial x}$$

最大値

$$\delta \sim \sqrt{\frac{\nu l}{U}}$$

に達することが予想される．$\delta/l \ll 1$ の場合，すなわち，Reynolds 数が非常に大きい場合に，この領域を**境界層**という．この条件が成り立てば，境界層は非常に薄く，また——恐らく板の先端附近を除き——非常にゆるやかに生長する．このことから境界層理論にとって根本的な三つの重要な結果が導かれる．

（1）境界層を横切る方向の圧力勾配は零である．従って，板の存在は流体の x 方向の運動量にだけ影響を与え，しかも，この影響はずれ応力を通してのみ現われる．

（2）応力テンソルの一成分だけが重要である．同様のことは熱伝達についても成り立つ．従って，応力と熱伝達の項は x 方向の変化のない Couette 流れに対するものと同じである．

（3）板の先端から任意の距離 x の点での流れは板の長さ l に関係しない．従って，境界層理論の範囲内では，長さ l の平板は半無限平板の長さ l の最初の部分と同等である．この非常に重要な効果（あるいは無効果性）は，境界層理論の範囲内では，境界層が非常に薄いので渦度の拡散が表面に垂直の方向に起ることによる．[†]

上の(1)は次の事実に由来する：すなわち，流体に粘性がない場合には流線の曲率は零であり，境界層が薄い場合には，流線の曲率はやはり非常に小さく，従って，遠心力に見合うべき圧力勾配は非常に小さい．

（2）は次の事実による：すなわち，薄い層内の速度および温度の勾配は板と垂直方向に非常に大きく，$\partial u/\partial y \sim U/\delta$ であるが，板に沿う x 方向には小さく，$\partial u/\partial x \sim U/l$ である．そしてずれ応力や熱伝達はこれらの勾配に比例する．（3）は（2）と密接に関連している．

13.7 平板に対する Prandtl の式

13.6節の議論を基にして，次に平板上の境界層に対する微分方程式を立てることがで

[†] Reynolds 数が小さい，すなわち，厚い層の場合には，渦度は平行と垂直の方向に拡散すると同時に上流にも下流にも拡散する．従って $Re \to 0$ の場合には流れは前後対称になり，平板の先端と後端は同様に重要になる．

13.7 平板に対する Prandtl の式

きる．求めようとする式は熱伝達を伴なう圧縮性流れに対する非常に一般の式であって，唯一の制限は（重要な制限ではないが）流体が比熱一定の理想気体であるということである．13.6節における定性的な議論により，方程式は Couette 流れの式にかなり近いものであろうことがわかる．主な相異点は，流れが x 方向にも変化することである．Couette 流れでは $u=u(y)$ であるから，連続の式は自動的に満足された．ここでは，$u=u(x, y)$ であるから成分 $v(x, y)$ がなければならず，従って連続の式を方程式系に加えなければならない．同様に，Couette 流れでは運動量およびエネルギーの式に輸送項はなかったが，ここではそれらを考慮に入れなければならない．

定常な二次元流に対する境界層方程式の系は次のようになる．

連続の式 $$\frac{\partial \rho u}{\partial x} + \frac{\partial \rho v}{\partial y} = 0 \qquad \blacktriangleright (13.36\,\text{a})$$

運動量の式 $$\frac{\partial \rho u^2}{\partial x} + \frac{\partial \rho u v}{\partial y} = \frac{\partial \tau}{\partial y} \qquad \blacktriangleright (13.36\,\text{b})$$

エネルギーの式 $$\frac{\partial \rho u(h + \tfrac{1}{2} u^2)}{\partial x} + \frac{\partial \rho v(h + \tfrac{1}{2} u^2)}{\partial y} = \frac{\partial}{\partial y}(-q + \tau u) \qquad \blacktriangleright (13.36\,\text{c})$$

これらの式の左辺は輸送項で Couette 流れでは零であったものである．これらは第7章の非粘性流れの式から流用しうるものである（例えば (7.10)，(7.13)，(7.25)）．右辺にある粘性項は Couette 流れの場合と全く同じものである（エネルギーの式を書く際，$\dfrac{v^2}{2}$ を $\dfrac{u^2}{2}$ に比べて無視した）．

エネルギーの式は，よく知られた量

$$J = \tfrac{1}{2} u^2 + h \text{†}$$

を用いて書き直すと便利である．一次元流および Couette 流れから，ある種の問題では $J=$ 一定になることがわかっているから，J を導入することの利益は明らかであろう．結果は

$$\frac{\partial \rho u J}{\partial x} + \frac{\partial \rho v J}{\partial y} = \frac{\partial}{\partial y}(\tau u - q) \qquad \blacktriangleright (13.36\,\text{d})$$

これがより便利なエネルギーの式である．††

---

† ここでは記号 h_0 よりも J を用いる場合が多い（第2,7章）．
†† この式の左辺は定常流に対する式 (7.25) からもすぐに得られる．

p. 320
上の式におけるずれ応力と熱流は速度及び温度の勾配によって書き表わすことができる．すなわち，

$$\tau = \mu \frac{\partial u}{\partial y}$$

$$q = -k\frac{\partial T}{\partial y} = -\frac{1}{Pr}\mu c_p \frac{\partial T}{\partial y}$$

ただし，ここで，

$$Pr = \frac{c_p \mu}{k}$$

は Prandtl 数である．

13.8 境界層方程式から導かれる特徴的な結果

平板の問題を一般的に解くこと，すなわち，与えられた U の値および指定された壁の温度分布あるいは熱伝達に対して式 (13.36) を解くことはかなり面倒である．それで具体的な解法を述べる前に，あまり計算をしないでも得られる幾つかの結果を論ずる．[†]

（1）ずれ応力は壁近くでほぼ一定である．すなわち，$y \to 0$ で $\partial \tau / \partial y \to 0$ である．これは運動量の式 (13.36 b) から直ちに導かれる．この式の左辺は u および v の自乗あるいは積を含む．従って，$y \to 0$ とすると，これ等の項はいくらでも小さくなり，結局

$$\left(\frac{\partial \tau}{\partial y}\right)_{y=0} = 0 \qquad (13.37)$$

だけが残る．

（2）$Pr=1$ の場合には，Couette 流れの場合に得られたのと同様な簡単なエネルギー積分が存在する．$Pr=1$ の場合には，簡単に

$$q = -k\frac{\partial T}{\partial y} = -\mu \frac{\partial c_p T}{\partial y}$$

従って，エネルギーの式 (13.36 d) は次のようになる：

[†] 便宜上，式を書く際に $c_p=$ 一定を仮定する．しかし，この仮定は容易に取り除くことができる．すなわち p が一定であるから $dh=c_p dT$ になり，従って $c_p T$ を $h=\int c_p dT$ で置き換えれば結果はやはり成り立つ（式 (13.11) の (13.11 a) への一般化参照）．

13.8 境界層方程式から導かれる特徴的な結果

$$\frac{\partial \rho u J}{\partial x} + \frac{\partial \rho v J}{\partial y} = \frac{\partial}{\partial y} \mu \left(u \frac{\partial u}{\partial y} + \frac{\partial c_p T}{\partial y} \right) = \frac{\partial}{\partial y} \left(\mu \frac{\partial J}{\partial y} \right) \qquad (13.38)$$

式 (13.38) は

$$J = \text{const}$$

すなわち,

$$\tfrac{1}{2} u^2 + c_p T = \text{const.} = \tfrac{1}{2} U^2 + c_p T_\infty$$

p. 321
とすれば,たしかに満足される.ただし,T_∞ は一様流の温度である.ところで,

$$\tfrac{1}{2} U^2 + c_p T_\infty = c_p T_0$$

で,T_0 は澱み点温度である.従って,境界層のエネルギー方程式の一つの可能な積分として

$$\tfrac{1}{2} u^2 + c_p T = c_p T_0 \qquad \blacktriangleright (13.39)$$

が得られる.式 (13.39) は壁での熱伝達が零の場合,すなわち,断熱壁の場合に対応していることがわかる.それは (13.39) を y について微分すると,

$$u \frac{\partial u}{\partial y} + c_p \frac{\partial T}{\partial y} = 0$$

$y \to 0$ では $u \to 0$ であるから,この式から $\partial T/\partial y \to 0$,よって $q \to 0$ になる.従って,**Prandtl 数 1** に対しては,断熱平板の温度は T_0 に等しい.

(3) $Pr = 1$ の場合には,エネルギーの積分は Couette 流れの場合と同様の方法によって,壁上で熱伝達がある場合に容易に拡張することができる.まず

$$J = c_p T_w + \text{const.} \, u \qquad (13.40)$$

と置いて見る.ただし,T_w は一様な壁の温度である.式 (13.40) の第一項は (13.38) の両辺を零にし,第二項は (13.38) を運動量の式 (13.36 b) に帰するから,(13.38) はやはり満足されていることがわかる.従って,(13.40) はエネルギーの式のもう一つの解で,その定数は壁での熱伝達だけによってきまる:

すなわち,

第13章 粘性および熱伝導性の影響

$$\tfrac{1}{2}u^2 + c_pT = \tilde{c}_pT_w + \text{const.}\, u$$

から,壁での温度勾配を計算すると,

$$-\frac{c_p}{k}q_w = \frac{\text{const.}}{\mu}\tau_w$$

そして,

$$\frac{c_p\mu}{k} \equiv Pr = 1$$

であるから,

$$\text{const.} = -\frac{q_w}{\tau_w}$$

従って,$Pr=1$ の場合の境界層方程式は,一様な壁の温度に対応して次のようなエネルギー積分を持つ:

$$\tfrac{1}{2}u^2 + c_pT = c_pT_w - \frac{q_w}{\tau_w}u \tag{13.41}$$

p. 322
また壁からの熱伝達は,

$$\frac{q_w}{\tau_w U} = \frac{c_p(T_w - T_0)}{U^2} \qquad \blacktriangleright (13.42)$$

(4) ずれ応力(一般に)および熱伝達(一様な T_w に対し)は,$x^{-\frac{1}{2}}$ に比例して変化する.この結果は境界層流の相似性から生ずる.板の先端から種々の距離 x での速度分布 $u=u(y)$ は,パラメータ y/δ ——$\delta=\delta(x)$ は (13.33) で与えられる——について描くと一本の曲線になることが期待される.すなわち,u が

$$\frac{u}{U} = f\left(\frac{y}{\delta}\right) = f(\eta) \tag{13.43}$$

になることが期待される.ただし

$$\eta = y\sqrt{\frac{U}{\nu x}}$$

相似解が確かに存在するということは,(13.43) を運動方程式に代入し,それが η に関する常微分方程式になることを示すことによって裏づけされる.(これは,非圧縮性流れでは簡単であるが,圧縮性流れでは ν が T に依るのでもっと面倒である)相似解

13.9 境界層の排除効果,運動量およびエネルギーの積分

の存在を認めれば,

$$\left(\frac{\partial u}{\partial y}\right)_{y=0} = U\sqrt{\frac{U}{\nu x}}f'(0)$$

従って

$$\tau_w = f'(0)\frac{\mu U^{3/2}}{\sqrt{\nu x}} \sim \frac{1}{\sqrt{x}} \tag{13.44a}$$

式 (13.42) により,$Pr=1$ および壁の温度が一様である場合には

$$q_w \sim \tau_w \sim \frac{1}{\sqrt{x}} \tag{13.44b}$$

が導かれる.従って,表面まさつ係数

$$C_f = \frac{\tau_w}{(\rho_\infty/2)U^2}$$

は,Reynolds 数 Re_x の平方根に逆比例する.比例定数は境界層方程式を解いて求めなければならない.**非圧縮性流れ**については,よく知られているとおり

$$C_f = \frac{0.664}{\sqrt{Re_x}}$$

である.圧縮性流れの場合,この定数の値に対する Mach 数の影響を 13.10 節で簡単に論ずる.

13.9 境界層の排除効果,運動量およびエネルギーの積分

p. 323
運動方程式を y 座標について積分すると,非常に有用な結果が得られる.これは,境界層の性質を表わす変数の或る平均値の間の関係を与える.これ等の積分関係の中で最もよく知られているものは,von Kármán の運動量積分である.しかし,排除効果を表わす連続の式の積分,およびエネルギーの式の積分も同様に重要である.

壁からの或る距離 δ が存在し,これを越えると成分 u は,実際上殆んど一様流の速度 U に等しくなり,また,温度 T は一様流の温度 T_∞ に等しくなることがわかっている.そこで連続の式,運動量の式,およびエネルギーの式を 0 から δ まで積分し,その結果の解釈を試みよう.

(1) 連続の式

$$\frac{\partial \rho u}{\partial x} + \frac{\partial \rho v}{\partial y} = 0$$

$$\int_0^\delta \frac{\partial \rho v}{\partial y} dy = (\rho v)_\delta = -\int_0^\delta \frac{\partial \rho u}{\partial x} dy \tag{13.45}$$

式 (13.45) に積分（この積分は $\rho_\infty U$ が一定であるから 0）

$$\int_0^\delta \frac{\partial}{\partial x} (\rho_\infty U) \, dy$$

を加えると

$$(\rho v)_\delta = \int_0^\delta \frac{\partial}{\partial x} (\rho_\infty U - \rho u) \, dy$$

あるいは

$$(\rho v)_\delta = \frac{d}{dx} \int_0^\delta (\rho_\infty U - \rho u) \, dy \dagger$$

を得る．$y > \delta$ に対しては u は U に等しく，また，$\rho = \rho_\infty$ であるから，積分の領域を ∞ に拡げることができ

$$\frac{v_\infty}{U} = \frac{d}{dx} \int_0^\infty \left(1 - \frac{\rho u}{\rho_\infty U}\right) dy \qquad \blacktriangleright (13.46)$$

p. 324
右辺の積分は長さの次元を持っている．これを境界層の排除厚と言い，普通，$\delta^*(x)$ と書く．従って，

$$v_\infty = U \frac{d\delta^*}{dx} \tag{13.46 a}$$

(13.46 a) は次のことを表わす．すなわち，境界層の存在は外部の流れにとっては強さ $U(d\delta^*/dx)$ の吹出し分布と同等である．境界層は，外側の流れを"押しのけて"平板に見かけの厚さを与える：

---

† 微分を積分の前に出すことは許される．それは Leibnitz の公式により

$$\frac{d}{dx} \int_0^{\delta(x)} f(x, y) \, dy = \int_0^\delta \frac{\partial f}{\partial x} dy + f(x, \delta) \frac{d\delta}{dx}$$

我々の場合，$y = \delta$ で $\rho u = \rho_\infty U$ であるから，$f(x, \delta)$ は零になり，従って，第二項は零になる．

13.9 境界層の排除効果, 運動量およびエネルギーの積分

(2) 運動量の式

同じ方法を運動量の式に適用すると, 次の結果が得られる:

$$\frac{\partial \rho u^2}{\partial x} + \frac{\partial \rho v u}{\partial y} = \frac{\partial \tau}{\partial y}$$

$$\int_0^\delta \frac{\partial \rho u^2}{\partial x} dy + \rho u v \Big|_0^\delta = \tau \Big|_0^\delta$$

あるいは, $\tau_\delta = 0$ であるから,

$$\int_0^\delta \frac{\partial \rho u^2}{\partial x} dy + U(\rho v)_\delta = -\tau_w$$

ところが (13.45) により,

$$(\rho v)_\delta = -\int_0^\delta \frac{\partial \rho u}{\partial x} dy$$

であるから,

$$\int_0^\delta \left(\frac{\partial \rho u^2}{\partial x} - U \frac{\partial \rho u}{\partial x} \right) dy = -\tau_w$$

再び, 微分を積分の前に出すことができ, また積分の上限を無限大にすることができる. こうして平板を過ぎる圧縮性流体の流れに対する von Kármán の運動量積分が得られる. すなわち

$$\frac{d}{dx} \int_0^\infty \frac{\rho u}{\rho_\infty U} \left(1 - \frac{u}{U} \right) dy = \frac{\tau_w}{\rho_\infty U^2} \qquad \blacktriangleright (13.47)$$

この積分によって定義される長さ ϑ を境界層の**運動量厚**と言う. 従って,

$$\frac{\tau_w}{\rho_\infty U^2} = \frac{d\vartheta}{dx} \qquad (13.47\,\text{a})$$

式 (13.47) は, 壁でのずれ応力, すなわち表面まさつ力を層内の "運動量欠損" によって表わすものである.

(3) エネルギーの式

$$\frac{\partial \rho u J}{\partial x} + \frac{\partial \rho v J}{\partial y} = \frac{\partial}{\partial y} (\tau u - q)$$

p. 325
従って，

$$\int_0^\delta \frac{\partial \rho u J}{\partial x} dy + (\rho v)_\delta J_\infty = +q_w$$

ここで，$\tau_\delta=0$ および $u(0)=0$ であるから，ずれの項からの寄与は落ちてしまう．従って，

$$\frac{d}{dx}\int_0^\infty \frac{\rho u}{\rho_\infty U}\left(1-\frac{J}{J_\infty}\right)dy = \frac{-q_w}{\rho_\infty J_\infty U} = \frac{-q_w}{\rho_\infty U C_p T_0} \qquad \blacktriangleright (13.48)$$

この積分で定義される長さ θ を**エネルギー厚**という．式 (13.48) によれば，θ の x にともなう変化は壁からの熱伝達だけに基づくことがわかる．

とくに熱伝達がない場合には θ は一定である．従って，$Pr=1$ の場合と同様に，層内のすべての点で J が J_∞ に等しい定数になるか，あるいは，J が J_∞ から変化する場合でも，積分がちょうど零になるように変化する＊．後の場合，もし板の回復温度が澱み点温度 T_0 よりも低いならば，層の中に総温度が T_0 より大きい所ができなければならない．＊＊

13.10 変数変換

今迄は，速度成分 u を従属変数，x, y を独立変数と考えて来た．圧縮性流れの場合，これは，あまり都合のよい選択ではなく，この変数系では物理的に重要な二三の影響をうまく表わし得ない．そこで他のもっと適当な変数を導入しなければならない．変数の取り方には種々の可能性があるが，ここでは一つの例だけを考え，変数変換の有用性を示す．その例というのは，運動量積分の式への Crocco の変数の応用である．

Crocco は，従属変数としてずれ応力 τ を，独立変数として u あるいは u/U と x とを選んだ．運動量積分の式 (13.47) は，

＊ $d\theta/dx=0$ 従って $\theta=$一定であるが，$x=0$ で $\theta=0$ だからこの定数は零．
＊＊ 総温度 T_t は $J=c_p T_t$ によって定義され，また $J_\infty=c_p T_0$．ところで，はくり点より前では ρu は正であるから，積分を零にするには $1-J/J_\infty=1-T_t/T_0$ が符号を変えなければならない．とくに板の回復温度（これは T_t でもある）が T_0 より小ならば，流れの内部に $T_t>T_0$ の領域ができる．

13.10 変数変換

$$\frac{d}{dx}\int_0^\infty \frac{\rho u}{\rho_\infty U}\left(1-\frac{u}{U}\right)dy = \frac{\tau_w}{\rho_\infty U^2}$$

さて,

$$\tau = \mu\frac{\partial u}{\partial y}$$

であり,上の積分は $x=$ 一定 において行われるから,次のように書いてもよい:

$$dy = \mu\frac{du}{\tau}$$

さらに,相似性によって,ずれ応力の分布は y/δ なる変数に依存する.すなわち,

$$\tau = \tau_w(x)\tilde{g}\left(\frac{y}{\delta}\right)$$

p. 326
あるいは,$y/\delta = f(u/U)$ であるから,新しい変数 $u/U=\xi$ を使えば

$$\tau = \tau_w(x)g\left(\frac{u}{U}\right) = \tau_w(x)g(\xi)$$

従って,g および ξ を用いると,運動量積分は

$$\frac{d}{dx}\frac{\mu_\infty U}{\tau_w}\int_0^1 \frac{\rho\mu}{\rho_\infty\mu_\infty}\xi(1-\xi)\frac{d\xi}{g(\xi)} = \frac{\tau_w}{\rho_\infty U^2} \tag{13.49}$$

さて,壁の温度が一定の場合,$\rho\mu/\rho_\infty\mu_\infty$ は x によらないので[*],積分もまた x によらない.それを a で表わすと,(13.49) は次のように書ける.

$$\frac{1}{\tau_w}\frac{d}{dx}\left(\frac{1}{\tau_w}\right) = \frac{1}{\mu_\infty\rho_\infty U^3 a}$$

あるいは

---

[*] 簡単のため μ が T だけの函数で,$P_r=1$ の理想気体を考える.その場合,境界層内では圧力一定であるから,$\rho\mu$ は T だけの函数になる.また壁の温度が一定ならば (13.41) より T は u だけの函数になる.よって $\rho\mu$ も u だけの函数になる.壁が断熱の場合にも (13.39) から同様のことが言える.

$$\tau_w = \sqrt{\frac{a}{2}} \sqrt{\frac{\mu_\infty \rho_\infty U^3}{x}}$$

$$C_f = \frac{\tau_w}{\frac{1}{2}\rho_\infty U^2} = \sqrt{2a}\sqrt{\frac{\nu_\infty}{Ux}} \qquad (13.50)$$

C_f に対するこの形は別に新しいものではなく，すでに相似性を基にして得られている（式 (13.44 a)）．ここで重要なのは，(13.49) によって係数 a に対する Mach 数の影響は，すべて $\rho\mu$ の温度変化を通して表われることがわかる点である．ところで，境界層内では圧力一定であるから，ρ/ρ_∞ は T_∞/T に比例する．従って，上の式から，**表面まさつ力が Mach 数によらないような粘性係数対温度の特別の関係**，$\mu/\mu_\infty = T/T_\infty$ が存在することがわかる．

粘性係数と温度の間の関係に対する一つのよい近似式は ω を定数として

$$\frac{\mu}{\mu_\infty} = \left(\frac{T}{T_\infty}\right)^\omega$$

のように与えられる．よって (13.49)，(13.50) から，表面まさつ係数 C_f は，ω が 1 より大きいか小さいかに従って Mach 数とともに増加または減少する．空気の場合[*]，$\omega=0.76$ であるから，C_f は Mach 数が増すと少し減少する．普通の気体はすべて表面まさつ係数に対する Mach 数の影響はかなり小さい．13.6 図に空気についてのこの効果を，また，13.7 図に一群の代表的速度分布を示す．

13.11 平板以外の物体の境界層

平板の境界層は，境界層理論の本質を非常にはっきり示すものではあるが，実際的な場合でないことは確かである．すなわち，実用的に興味のある流れの問題では，一般

---

[*] 上の μ, T 関係と理想気体の式から，$\rho\mu/\rho_\infty\mu_\infty = (T/T_\infty)^{\omega-1}$，故に $\omega \gtreqless 1$ に従って $\rho\mu$ は T と共に増すか減る．ところで，$Pr=1$ で，断熱壁のときには，(13.39) より $c_p T = \frac{1}{2}U^2 + c_p T_\infty - \frac{1}{2}u^2$ となるから，T_∞ を一定にして U を増す（Mach 数を増す）と，ある u に対する T は増す．また壁温一定の場合にも，(13.41)，(13.42) より $T_w > T_\infty$ ならばやはり同じことがいえる．故に結局，Mach 数が増せば或る u に対する $\rho\mu$ は，$\omega \gtreqless 1$ に従って増加または減少する．よって，(13.49) より C_f もそのようにふるまう．

13.11 平板以外の物体の境界層

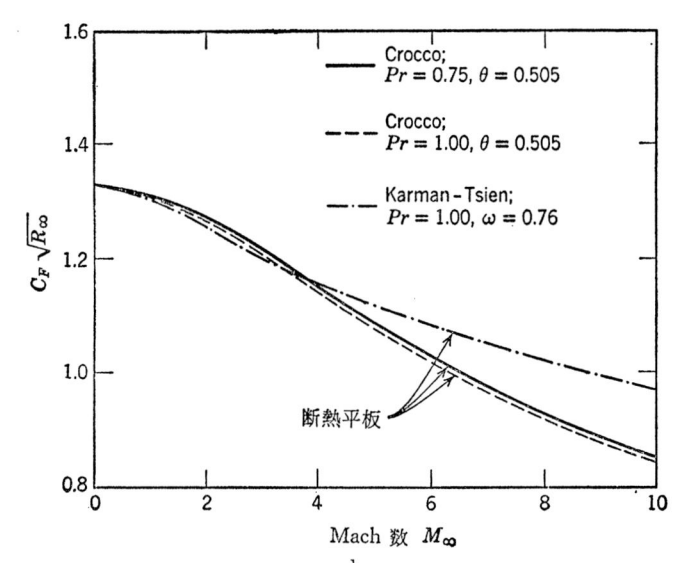

13.6 図 Sutherland の式 $\dfrac{\mu}{\mu_\infty} = \left(\dfrac{T}{T_\infty}\right)^{\frac{1}{2}} \dfrac{1+\theta}{1+\theta(T_\infty/T)}$ と冪の式 $\dfrac{\mu}{\mu_\infty} = \left(\dfrac{T}{T_\infty}\right)^\omega$ を用いた場合の平均表面まさつ係数の比較. [E. R. Van Driest, "Investigation of Laminar Boundary Layers in Compressible Fluids Using the Crocco Method," *NACA Tech. Note* 2597 (1952)]

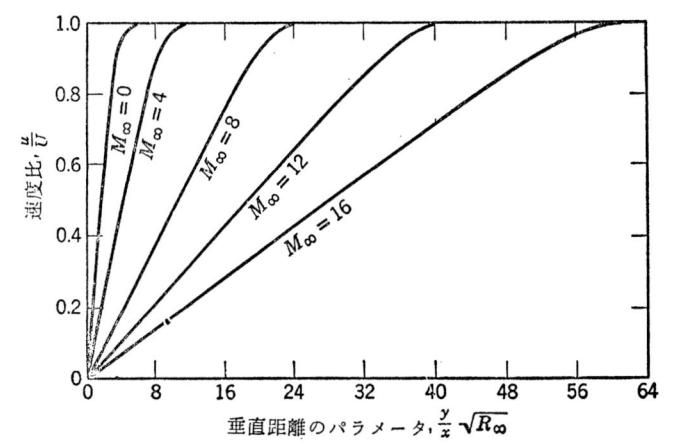

13.7 図 断熱平板の境界層内の速度分布. $P_r = 0.75$. R_∞ は x および U に基づく. [E. R. Van Driest, *NACA Tech. Note* 2597 (1952)]

p. 328

に，薄いがなお平板とはみなしえない物体を過ぎる流れを取扱うことが多い．任意の物体の境界層を完全に論ずることは本書の範囲外であり，また今日の知識でも及ばない面がある．ここでは，薄いあるいは細長い物体に応用できる事柄を二，三つけ加えておく．

古典的な境界層理論の要点は，層外の流れが境界層の存在によって殆んど影響を受けないということである．従って，物体を過ぎる流れの圧力場は境界層によって殆んど乱されることなく，ポテンシャル理論によって計算できる．この圧力は，境界層に対しては，知れた外力として働くだけである．境界層の運動量の式は，壁に沿う方向の成分だけを含むから，物体の形の影響は，結局，物体に沿う方向の圧力勾配，すなわち，薄い物体の場合には $\partial p/\partial x$ を通してだけ現われることになる．

従って，境界層方程式は，運動量の式に附加項 $\partial p/\partial x$ を加えて修正される．ただし $\partial p/\partial x$ はポテンシャル流の解から知れる x の函数である．J について書いたエネルギーの式はそのままでよい．かくして境界層の方程式は次のようになる：

$$\frac{\partial \rho u^2}{\partial x} + \frac{\partial \rho uv}{\partial y} = \frac{\partial \tau}{\partial y} - \frac{\partial p}{\partial x} \qquad \blacktriangleright (13.51\text{a})$$

$$\frac{\partial \rho uJ}{\partial x} + \frac{\partial \rho vJ}{\partial y} = \frac{\partial}{\partial y}(u\tau - q) \qquad \blacktriangleright (13.51\text{b})$$

この第一式により，ずれ応力 τ_w は圧力勾配の影響を受けて変化する．また，熱伝達も第二式によりずれ応力に関係するから，圧力の影響を受ける．$\partial p/\partial x > 0$ の場合，すなわち，圧力が下流に行く程高くなるいわゆる"逆"勾配の場合，物体上のずれ応力は平板をすぎる流れの場合よりも早く減少するが，$\partial p/\partial x < 0$ の"順"勾配の場合には，ずれ応力の減少は平板の場合よりも遅く，勾配が充分に順の場合には増加することもある．熱伝達も同様の変化をする．

$\partial p/\partial x > 0$ の場合には，すぐに古典的な境界層理論が妥当でなくなるような状態に達する．すなわち圧力上昇域の層流境界層はやがて乱流になるかはくりする．いずれの場合にも古典的な境界層解析法は適用できない．境界層が層流の場合には，この現象はごく僅かの圧力上昇においても必ず現われるから，すべての実際的応用について，層流境界層は圧力上昇域には存在しないと言っても差支えない．これに反し，圧力降下の場合

p. 329

は種々の実際問題に応用できる．しかも幸いにこの場合は，より単純で比較的簡単な近

13.12 衝撃波の内部構造

似解法によっても，表面まさつ係数，熱伝達係数の信頼できる値が得られる．

13.12 衝撃波の内部構造

粘性および熱伝導の影響を表わすもう一つの典型的な場合として衝撃波内の流れを簡単に考察しよう．衝撃波の内部構造の詳細は境界層の構造程重要ではないが，非常に興味深く，また啓発的である．衝撃波においては速度，圧力等の変化は流れの方向に起る (13.8図)．従って，衝撃波は**縦波**である．Couette の流れでは速度，温度等の勾配は流れの方向に正確に**垂直**で，また，境界層の流れでは近似的に垂直であった．従って，衝撃波内の流れは，Couette の流れや境界層の流れとは本質的に違った，粘性圧縮性流れの代表的な例を与えるものである．

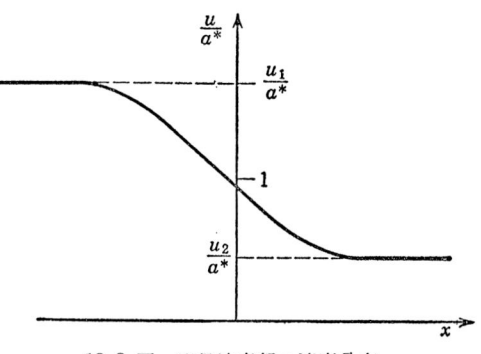

13.8 図　衝撃波内部の速度分布

境界層と衝撃波の本質的相異は次のように言うと浮彫りされる．すなわち，衝撃波に入る流線は下流で再び衝撃波から出るが，境界層に入る流線はそのままずれのある領域に留まる．従って，衝撃波を過ぎて流れる時，流体粒子はある熱平衡状態から他の平衡状態に移るが，境界層流では，流体粒子が最終的熱平衡状態に達することはない．衝撃波を通って流れる際の損失はエントロピー増加によって表わされる．エントロピーは状態量であるから，流体粒子の状態変化の径路に関係しない．従って，**衝撃波による抵抗は粘性係数および熱伝導係数によらない**．これが，超音速流の造波抵抗を粘性，熱伝導をとりたてて考慮せずに計算できることの深い理由である．

定常衝撃波を通る粘性圧縮性流れに対する運動方程式は容易に書き下せる：流れは一次元的で，x 方向すなわち，流れの方向にのみ変化する．連続の式は，単に

$$\frac{d\rho u}{dx} = 0 \qquad (13.52\text{a})$$

である．流体の粘性を考慮に入れるためには運動量の式に粘性応力の項をつけ加えなければならない．この圧縮応力を，ずれ応力 τ と区別するために $\tilde{\tau}$ とかく．エネルギーの式にも熱流に対する同様の項 $\tilde{q}$ がつけ加わる．従って，運動量の式とエネルギーの式は，

$$\frac{d\rho u^2}{dx} = -\frac{dp}{dx} + \frac{d\tilde{\tau}}{dx} \qquad (13.52\text{ b})$$

$$\frac{d\rho uJ}{dx} = \frac{d}{dx}(\tilde{\tau}u - \tilde{q}) \qquad (13.52\text{ c})$$

となる．これらの式は直ちに一回積分できる：

$$\rho u \equiv m = \text{const.} \qquad \blacktriangleright (13.53\text{ a})$$

$$\rho u^2 - \rho_1 u_1^2 = -(p - p_1) + \tilde{\tau} \qquad \blacktriangleright (13.53\text{ b})$$

$$\rho uJ - \rho_1 u_1 J_1 = \tilde{\tau}u - \tilde{q} \qquad \blacktriangleright (13.53\text{ c})$$

ここで添字1は，衝撃波領域の充分上流で，ずれ，熱伝達がともに零になる場所の状態を表わす．また (13.53) から，ずっと前の議論で用いた衝撃波の式，つまり，いわゆる"跳びの条件"が得られる．すなわち，積分領域を衝撃波の下流，$\tilde{\tau}$，$\tilde{q}$ が再び零になるような所まで拡げれば，(13.53 b)，(13.53 c) から，

$$m(u_1 - u_2) = p_2 - p_1 \qquad (13.54\text{ a})$$

$$m(J_1 - J_2) = 0 \qquad (13.54\text{ b})$$

第二式は

$$\tfrac{1}{2}u_1^2 + h_1 = \tfrac{1}{2}u_2^2 + h_2$$

これは，前に純粋に熱力学的な考察から出したものに等しい．

従って予期通り，ずれ $\tilde{\tau}$ 及び熱流 $\tilde{q}$ は跳びの条件 (13.54 a) および (13.54b) に何の影響も与えない．しかし，$\tilde{\tau}$ および $\tilde{q}$ は衝撃波を通してのエントロピーの増加に関与する．これは，単位質量について書いた熱力学第二法則の微分形から示される：

$$\frac{ds}{dt} = \frac{1}{T}\left(\frac{dh}{dt} - \frac{1}{\rho}\frac{dp}{dt}\right) \qquad (13.55)$$

13.12 衝撃波の内部構造

ここで, d/dt は流体粒子を追うての変化率を表わす. 従って,

$$\rho \frac{ds}{dt} = m \frac{ds}{dx} = \frac{1}{T}\left(m\frac{dh}{dx} - \frac{m}{\rho}\frac{dp}{dx}\right)$$

この式は, (13.52) により次の形に書ける*:

$$m\frac{ds}{dx} = \frac{\tilde{\tau}}{T}\frac{du}{dx} - \frac{1}{T}\frac{d\tilde{q}}{dx}$$

あるいは,

$$m(s_2 - s_1) = \int_{(1)}^{(2)} \frac{\tilde{\tau}}{T}\frac{du}{dx}dx - \int_{(1)}^{(2)} \frac{1}{T}\frac{d\tilde{q}}{dx}dx \tag{13.56}$$

応力および熱流は, 既述のずれ応力 τ に対する Newton の法則および熱流 q に対する法則と同様の関係によりそれぞれ速度および温度の勾配と結びつけられ,

$$\tilde{\tau} = \tilde{\mu}\frac{du}{dx}, \qquad \tilde{q} = -\tilde{k}\frac{dT}{dx} \tag{13.57}$$

ここで, $\tilde{\mu} \neq \mu$ であるが, $\tilde{k} = k$ (この相異は, 運動量はベクトル量であるが, 熱はスカラー量であることによる).

さて (13.57) を (13.56) に代入すると,

$$m(s_2 - s_1) = \int_{(1)}^{(2)} \frac{\tilde{\mu}}{T}\left(\frac{du}{dx}\right)^2 dx + \int_{(1)}^{(2)} \frac{1}{T}\frac{d}{dx}\left(k\frac{dT}{dx}\right)dx$$

第二の積分を一回部分積分すると, 最終結果

$$m(s_2 - s_1) = \int_{(1)}^{(2)} \frac{\tilde{\mu}}{T}\left(\frac{du}{dx}\right)^2 dx + \int_{(1)}^{(2)} \frac{k}{T^2}\left(\frac{dT}{dx}\right)^2 dx \quad \blacktriangleright (13.58)$$

を得る. (13.58) は, エントロピー増加を衝撃波内部での散逸および熱伝達と結びつける式である. このように $\frac{\tilde{\mu}}{T}\left(\frac{du}{dx}\right)^2$ および $\frac{k}{T^2}\left(\frac{dT}{dx}\right)^2$ なる表式はエントロピーの湧出に相当するが, そのことはすでに第1章でも述べた. これらはともに正であることに注意すべきである.

$\tilde{\tau}, \tilde{q}$ に対する式 (13.57) を用いると, 運動方程式を積分することができ, $u(x)$, $T(x)$ 等が見出せる. そしてこれらから衝撃波の厚み ϵ が定義できる. 一般に, 積分

---

* $m = \rho u = $ const に注意.

p. 332
は数値的に行わなければならないが，次の二つの特別の場合にはもっと容易に積分できる．第一の場合は，$\tilde{\mu}$ を基にする Prandtl 数が 1 の場合である．すなわち

$$\tilde{Pr} = \frac{\tilde{\mu} c_p}{k} = 1$$

この場合には，Couette 流れや境界層流から考えて，簡単なエネルギー積分

$$J = \tfrac{1}{2} u^2 + h = \text{const.}$$

が存在することは明らかである．この特別の場合には J は衝撃波の両側で等しいだけでなく，いたる所一定である．第二の場合は衝撃波が弱い場合，すなわち，$u_1/a^* - 1 \ll 1$ の場合であってこれは簡単に調べられる．これらの詳しい計算は練習問題として残しておく．

衝撃波の厚みについては，$u(x)$，$T(x)$ などが始めおよび終りの状態，$u = u_1$ および $u = u_2$ 等になめらかに漸近する函数であることに留意する．従って，衝撃波の厚さ ϵ を定義することは境界層の場合と同様に行える．そのやり方にはいろいろあるが，数例を練習問題に述べてある．

いずれの場合にも，厚さ ϵ は $\tilde{\mu}$ および k に比例する．さらにすべての普通の気体につき，

$$\frac{\epsilon \Delta u \rho^*}{\tilde{\mu}^*} \approx 1 \tag{13.59}$$

これは，衝撃波前後の速度の跳び，衝撃波の厚さ，音速状態，すなわち $T = T^*$ での ρ および $\tilde{\mu}$ を基にした Reynolds 数である．この Reynolds 数は 1 の程度の大きさである．(13.59) より，例えば弱い衝撃波の厚みは

$$\epsilon \sim \frac{\tilde{\mu}^*}{\rho^* a^* (M_1 - 1)} \qquad \blacktriangleright (13.60)$$

a^* は非常に大きいから，衝撃波の厚さは一般に非常に小さい．

衝撃波内の速度分布および厚さの測定は，密度の小さい流れについて Sherman によって行われた．13.9 図は衝撃波内の種々の位置における細い針金の温度の測定結果を示す（温度および距離は，単位を適当に選んで正規化してある）．測定された分布は，Navier-Stokes 方程式すなわち連続体理論にもとづく理論分布とよく合う．図には，比

13.13 Navier-Stokes の方程式

較のため分子の速度分布函数について或る種の模型を仮定する Mott-Smith の方法による結果も示してある．

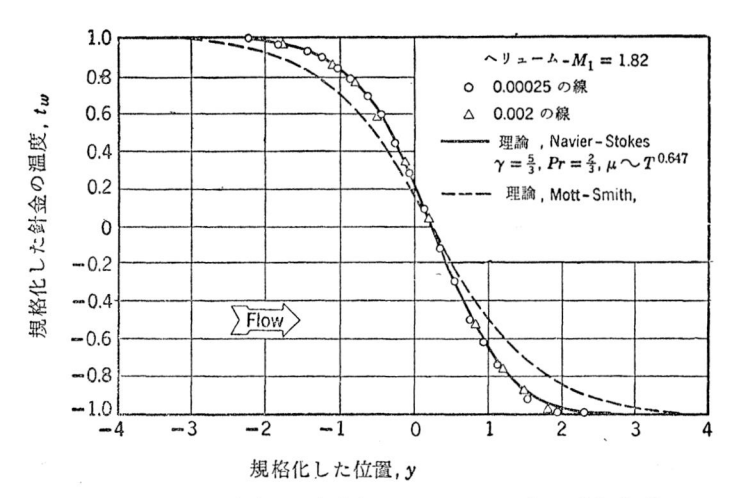

13.9 図 垂直衝撃波内の温度分布．ヘリュームを用い，Mach 数は 1.82. 温度の測定は抵抗線温度計による [F. S. Sherman, "A Low-Density Wind Tunnel Study of Shock Wave Structure and Relaxation Phenomena in Gases" NACA Tech. Note 3298 (1955)].

13.13 ★ Navier-Stokes の方程式

粘性のない流体の運動に対する Euler の方程式を第 7 章で導いた．ここでは，粘性，熱伝導のある圧縮性流体の運動を表わす方程式系を導く．これらの式を普通 Navier-Stokes の方程式と言う．粘性のある流体では，ある定まった流体部分の表面に働く面力は必ずしも表面の面素片に垂直ではない．従って，運動量の式の力の項は Euler の方程式の対応する項とは異なる．さらに，今は流体の中に熱の流れが存在し，また粘性応力の作用によって運動エネルギーが熱エネルギーに非可逆的に転換する．エネルギーの方程式は，運動エネルギー，内部エネルギー及び熱エネルギーの間の転換を考慮して書き直さなければならない．連続の式は，力およびエネルギーを含まないからもとのままでよい．

第 7 章の場合と同様に境界面 A で囲まれた体積 V を考える．dA に働らく面力は

$$\mathbf{P}\,dA$$

ここで $\mathbf{P}$ は応力ベクトルである．粘性のない流体においては $\mathbf{P}$ は dA のベクトル $\mathbf{n}$ に平行で，その大きさは $-p$ である．粘性のある流体においては，$\mathbf{P}$ は必ずしも $\mathbf{n}$ に平行（或いは比例）ではなく，$\mathbf{n}$ の線型函数である[†]．従って，

$$P_i = T_{ik} n_k \tag{13.61}$$

p. 334
ここで，T_{ik} は応力テンソルの成分である．T_{ik} を粘性項と非粘性項とに分け，次のように書く方が便利である．

$$T_{ik} = -p\,\delta_{ik} + \tau_{ik} \tag{13.62}$$

ここで，粘性のない流体に対しては τ_{ik} は零になり，従って T_{ik} は Euler の方程式に相応する応力になる．

(13.62) を用いると，運動量の式 (7.12) を容易に一般化することができる．すなわち体積 V に働らく力のつりあいを考えると，

$$\int_V \frac{\partial \rho u_i}{\partial t}\,dV + \int_A (\rho u_i) u_j n_j\,dA = \int_V \rho f_i\,dV + \int_A P_i\,dA \tag{13.63}$$

ここで，最後の項だけが Euler の式を導びく際の対応する項と異なる（(7.13) から (7.19) まで）．この項は

$$\int_A P_i\,dA = -\int_A p n_i\,dA + \int_A \tau_{ik} n_k\,dA \tag{13.64}$$

式 (13.64) を Gauss の定理により体積積分に直すと，

$$\int_A P_i\,dA = -\int_V \frac{\partial p}{\partial x_i}\,dV + \int_V \frac{\partial \tau_{ik}}{\partial x_k}\,dV \tag{13.65}$$

従って，粘性流体に対する運動量の式は，

$$\frac{\partial \rho u_i}{\partial t} + \frac{\partial \rho u_i u_k}{\partial x_k} = -\frac{\partial p}{\partial x_i} + \frac{\partial \tau_{ik}}{\partial x_k} + \rho f_i \tag{13.66 a}$$

[†] これは，面応力による単位体積あたりの力が有限でなければならぬという要請に関係がある．

13.13 Navier-Stokes の方程式

あるいは (7.20) の場合のように連続の式を用いると，

$$\rho \left[\frac{\partial u_i}{\partial t} + u_k \frac{\partial u_i}{\partial x_k} \right] = -\frac{\partial p}{\partial x_i} + \frac{\partial \tau_{ik}}{\partial x_k} + \rho f_i \qquad \blacktriangleright (13.66\,\text{b})$$

エネルギーの式を得るためには，体積 V にエネルギー保存の法則を適用する．V 内の流体の単位質量当りのエネルギーは，内部エネルギー e と運動エネルギー $\frac{1}{2}u^2$ から成っている．従って，V 内のエネルギーの変化の時間的割合は，

$$\int_V \frac{\partial}{\partial t}[\rho(e + \tfrac{1}{2}u^2)]\,dV + \int_A \rho(e + \tfrac{1}{2}u^2)u_j n_j\,dA \qquad (13.67)$$

V 内のエネルギーの変化は，境界面を通して外から加えられる熱量と，応力によって V に加えられる仕事とによって起る．応力のなす仕事の割合は，

$$\int_A \mathbf{P} \cdot \mathbf{u}\,dA = \int_A P_j u_j\,dA$$

p. 335
あるいは，

$$\int_A \mathbf{P} \cdot \mathbf{u}\,dA = -\int_A p u_j n_j\,dA + \int_A \tau_{jk} u_j n_k\,dA \ . \qquad (13.68)$$

外から加えられる体積力 f_i がある場合には，それによる項

$$\int_V \rho f_i u_i\,dV$$

を加えなければならない．

面を通しての熱伝達は，単位時間あたりに単位面積を流れる熱量を示す熱流ベクトル $\mathbf{q}$ により表わされる[†]．従って，V へ伝達される熱量は次のように書ける：

$$-\int_A \mathbf{q} \cdot \mathbf{n}\,dA = -\int_A q_k n_k\,dA \qquad (13.69)$$

Gauss の定理を用いて面積分を体積分に直せば，結局エネルギーの式は

$$\frac{\partial}{\partial t}\rho\left(e + \frac{1}{2}u^2\right) + \frac{\partial}{\partial x_j}\rho u_j\left(e + \frac{1}{2}u^2\right) = -\frac{\partial p u_j}{\partial x_j} + \frac{\partial \tau_{jk} u_j}{\partial x_k} - \frac{\partial q_k}{\partial x_k} + \rho f_i u_i$$

$$(13.70)$$

[†] ここでは，第 7 章に述べたような**体積的加熱**は考慮しない．この熱もふつう q（スカラー）で表わされるが，上の $\mathbf{q}$ とは次元が異なる（13.2 節脚註参照）．

となる. (13.70) を量

$$J = \frac{1}{2}u^2 + h = \frac{1}{2}u^2 + e + \frac{p}{\rho}$$

を用いて書直して置くと便利なことが多い．この書きかえは（13.70）の両辺に $\partial p/\partial t$ を加え，右辺の第一項と左辺の第二項を一緒にすれば容易に行える．すなわち

$$\frac{\partial}{\partial t}\rho\left[e + \frac{1}{2}u^2 + \frac{p}{\rho}\right] + \frac{\partial}{\partial x_j}\rho u_j\left(e + \frac{1}{2}u^2 + \frac{p}{\rho}\right)$$
$$= \frac{\partial p}{\partial t} + \frac{\partial}{\partial x_k}(u_j\tau_{jk} - q_k) + \rho f_i u_i$$

あるいは

$$\frac{\partial \rho J}{\partial t} + \frac{\partial \rho u_j J}{\partial x_j} = \frac{\partial p}{\partial t} + \frac{\partial}{\partial x_k}(u_j\tau_{jk} - q_k) + \rho f_i u_i \qquad (13.71)$$

(13.66) および (13.71) と，連続の式，状態方程式とで粘性圧縮性流体の運動を記述する方程式はすっかりそろう．しかし，これらの式は τ_{jk}, q_k をそれぞれ速度勾配と温度勾配で表わす式を加えて始めて完全なものになる．そのためには，流体の性質をもっと特別に指定しなければならない．そこで**応力テンソルは歪速度テンソルの線型函数である**と仮定する．この仮定は，非常に強い衝撃波を過ぎる流れの場合に多少の誤差が予期される以外，殆んど全ての興味ある場合によく満足される．次に上と同様に，**qと温度勾配の間にも線型関係がある**ことを仮定する．最後に，等方的な流体すなわち特別な軸を持たない流体だけに考察を限る．気体および純粋な液体はみな適格であるから，最後の仮定は気体力学にとっては殆んど制限とはならない．

歪速度テンソル ϵ_{ij} は，速度場と次のような関係にある：

$$\epsilon_{ij} = \frac{1}{2}\left(\frac{\partial u_i}{\partial x_j} + \frac{\partial u_j}{\partial x_i}\right) \qquad (13.72)$$

すなわち，これはいわゆる変形テンソル $\partial u_i/\partial x_j$ (式 (7.43)) の対称部分である．

τ_{ij} と ϵ_{ij} との関係が線型であるということは

$$\tau_{ij} = \alpha_{ijlm}\epsilon_{lm} \qquad (13.73)$$

13.13 Navier-Stokes の方程式

また $\mathbf{q}$ と $\mathrm{grad}\, T$ との線型関係は

$$q_i = \beta_{ij} \frac{\partial T}{\partial x_j} \tag{13.74}$$

ここで，α_{ijlm} と β_{ij} はそれぞれ一般化された粘性係数および熱伝導係数である．幸い等方性流体の場合には α_{ijlm} と β_{ij} は (13.73)，(13.74) が座標軸の廻転に対して不変になるような形でなければならない．

このことから，$\mathbf{q}$ が $\mathrm{grad}\, T$ に平行であるべきこと，および，二つの対称テンソル τ_{ij}, ϵ_{lm} の主軸の方向が一致すべきことを示すことができる．この制限により，α_{ijlm} は次のような形を持っていなければならない*：

$$\alpha_{ijlm} = \lambda\, \delta_{ij}\delta_{lm} + \mu(\delta_{il}\delta_{jm} + \delta_{im}\delta_{jl}) \tag{13.75}$$

従って，独立な粘性係数は λ, μ の二つしかない（等方性物体の弾性係数が二つしかないように）．

β_{ij} は単に

$$\beta_{ij} = -k\, \delta_{ij} \tag{13.76}$$

となる．ここに，k は熱伝導係数で，負の符号はふつう $\mathbf{q}$ が温度降下の方向に正となるようにつける．

以上により，応力テンソル τ_{ij} は次のようになる．

$$\tau_{ij} = \lambda \frac{\partial u_l}{\partial x_l} \delta_{ij} + \mu\left(\frac{\partial u_i}{\partial x_j} + \frac{\partial u_j}{\partial x_i}\right) \tag{13.77}$$

p. 337
τ_{ij} の跡，すなわち対角要素の和は

$$\tau_{ii} = (3\lambda + 2\mu)\frac{\partial u_i}{\partial x_i} = (3\lambda + 2\mu)\,\mathrm{div}\,\mathbf{u}$$

係数 $\kappa = 3\lambda + 2\mu$ を体積粘性率（bulk viscosity）あるいは第二粘性係数と言う．文献においてよく，$\frac{1}{3}T_{ii} = -p$（式 (13.62)）にするために κ を 0 と仮定することがある．

---

* α_{ijlm} の考察については，弾性論の書，例えば
玉城嘉十郎：弾性体の力学：内田老鶴圃：昭和14年：62頁～68頁を見られたい．

しかし,非常に特別の場合,例えば単原子気体の場合を除き,$3\lambda=-2\mu$ と置いてよいという理由は何もない.

最後に,(13.74),(13.76) から,よく知られた式

$$q_i = -k\frac{\partial T}{\partial x_i} \qquad (13.78)$$

あるいは

$$\mathbf{q} = -k\,\mathrm{grad}\,T$$

が得られる.以上この節での概略的な議論を括めると,粘性圧縮性流体の流れを記述する方程式系は次のようになる:

連続の式
$$\frac{\partial \rho}{\partial t} + \frac{\partial \rho u_j}{\partial x_j} = 0$$

運動量の式
$$\frac{\partial \rho u_i}{\partial t} + \frac{\partial \rho u_i u_j}{\partial x_j} = -\frac{\partial p}{\partial x_i} + \frac{\partial \tau_{ik}}{\partial x_k} + \rho f_i$$

エネルギーの式
$$\frac{\partial \rho J}{\partial t} + \frac{\partial \rho u_j J}{\partial x_j} = \frac{\partial p}{\partial t} + \frac{\partial}{\partial x_k}[u_j \tau_{jk} - q_k] + \rho f_i u_i$$

状態方程式
$$f(p, \rho, T) = 0$$

$\qquad\qquad\qquad\qquad\qquad\qquad\qquad\qquad\qquad\qquad\qquad\qquad$ ▶ (13.79)

ただし

$$\tau_{ij} = \lambda \delta_{ij}\frac{\partial u_l}{\partial x_l} + \mu\left(\frac{\partial u_i}{\partial x_j} + \frac{\partial u_j}{\partial x_i}\right)$$

$$q_i = -k\frac{\partial T}{\partial x_j}$$

最後に,比エントロピー s に対する"連続の方程式"を導こう.これは粘性と熱伝導の作用によってエントロピーが非可逆的に増加する有様を表わすものである.エネルギーの式から連続の式を辺々差引くと,

$$\frac{D}{Dt}(h + \tfrac{1}{2}u^2) = \frac{1}{\rho}\frac{\partial p}{\partial t} + f_i u_i + \frac{1}{\rho}\frac{\partial}{\partial x_k}(u_j \tau_{jk} - q_k)$$

p. 338
これは,粘性項を除けば式 (7.25) と同じである.同様に,運動量の式から連続の式を差引くと,

13.14 乱流境界層

$$\frac{Du_i}{Dt} = -\frac{1}{\rho}\frac{\partial p}{\partial x_i} + f_i + \frac{1}{\rho}\frac{\partial \tau_{ik}}{\partial x_k}$$

これは，Euler の方程式 (7.19) と粘性項だけ異なる．この式に u_i をかけ，上のエネルギー式から差引くと．

$$\frac{Dh}{Dt} - \frac{1}{\rho}\frac{Dp}{Dt} = \frac{1}{\rho}\tau_{jk}\frac{\partial u_j}{\partial x_k} - \frac{1}{\rho}\frac{\partial q_k}{\partial x_k}$$

ところで，エントロピーは，他の状態量と $Tds=dh-dp/\rho$ によって結ばれているから，流体粒子のエントロピーの変化する割合は次のように与えられる．

$$T\frac{Ds}{Dt} = \frac{1}{\rho}\tau_{jk}\frac{\partial u_j}{\partial x_k} - \frac{1}{\rho}\frac{\partial q_k}{\partial x_k}$$

(13.78) を用いると，この式はまた次のように書かれる：

$$\rho\frac{Ds}{Dt} + \frac{\partial}{\partial x_i}\left(\frac{q_i}{T}\right) = \frac{1}{T}\tau_{ik}\frac{\partial u_i}{\partial x_k} + \frac{k}{T^2}\left(\frac{\partial T}{\partial x_i}\frac{\partial T}{\partial x_i}\right) \qquad \blacktriangleright (13.80)$$

これは右辺に"湧き出し"の項をもった連続の式の形をしている．湧き出し項は正であって，非可逆エントロピー生成項または散逸項と呼ばれることがある．（体積的加熱がある場合には，式 (7.24) の右辺にあるような附加項が必要になる．前の脚註参照．しかし，この項は"可逆的"であって，体積加熱の正負に応じて正にも負にもなる）．(13.80) は，衝撃波の内部構造について得た式 (13.58) と対比さるべき式である．

13.14 乱流境界層

Reynolds 数が充分大きくなると，ずれのある層流はすべて不安定になり，**乱流**になる．すなわち（境界条件が時間によらなくても），流れは定常でなくなり，速度成分は不規則に変動する．13.17 節で乱流一般についてもう少し論ずるが，ここでは次のことすなわち乱流変動があると，流体粒子間の"混合"が非常に活潑になるということを注意すれば充分である．この混合作用は層流の混合作用が**分子的**であるのに対して**粒子的**混合作用とでもいうべきものであるがこれによって，ずれ，熱伝達，拡散は非常に増加する．層流境界層は，Reynolds 数が或る充分大きい値に達すると乱流になり，それ

以後乱流境界層になる。

一般に，乱流層は，物体の代表的な長さに比べてなお充分薄いので，平均流についてやはり境界層近似を適用することができる．実際，その式はずれ応力 τ が粘性ずれと**乱流ずれ**との和をあらわす以外は層流境界層の式と形式的に全く同じ形に書くことができる．乱流によるずれを見かけのずれということがある．上と同様に，熱流 q も分子的な熱伝達および粒子的な熱伝達による寄与の和を表わす．また "有効 Prandtl 数" を定義することもできる．

このように，平板に沿う乱流境界層の基礎方程式は，形式的には式 (13.36) と全く同じである．すなわち

連続の式
$$\frac{\partial \rho u}{\partial x} + \frac{\partial \rho v}{\partial y} = 0 \tag{13.80 a}$$

運動量の式
$$\frac{\partial \rho u^2}{\partial x} + \frac{\partial \rho uv}{\partial y} = \frac{\partial \tau}{\partial y} \tag{13.80 b}$$

エネルギーの式
$$\frac{\partial \rho uJ}{\partial x} + \frac{\partial \rho vJ}{\partial y} = \frac{\partial}{\partial y}(\tau u - q) \tag{13.80 c}$$

ただし，ρ, u, v, T 等はそれぞれの**平均値**，すなわち，"読みの遅い" 装置によって測定された量である．例えば，ある**瞬間**の x 方向の速度成分は $u+u'$ となり $u'(x, y, t)$ は**乱流変動**を表わす．u' は熱線風速計等によって実際に測ることができる．このような u' の瞬間的測定値を多数加え合わせると，その総和は零に近づく[*]．しかし，これは $(u')^2$ のような常に正の量については成り立たないし，また一般には $u'v'$ のような積についても成り立たない．この事実すなわち，$u'v'$ のような量の平均値が零にならないことが，"見かけの" あるいは粒子的なずれおよび熱伝達の起こる原因にほかならない[**]．

前に**層流境界層**の方程式を解くために，τ および q を速度場ならびに温度場と関係づける次の表式を導入した：

$$\tau = \mu \frac{\partial u}{\partial y}, \qquad q = -k \frac{\partial T}{\partial y}$$

---

[*] 個数 n で割って $n \to \infty$ とすると $\to 0$.
[**] この点については，例えば．
谷 一郎：乱流理論：克誠堂出版株式会社 (1949) 2頁～9頁を見られたい．

13.14 乱流境界層

現在の所,乱流によるずれ,熱伝達について同様の式を与えるような乱流理論はない.実際, τ, q が u, v, T 等とどのような関係にあるかを調べる事が将来の乱流理論の主要な目標である.現在のところ, τ, q については二三の一般的相似法則と,半経験的な公式が知られているに過ぎない.これらを論ずることは本書の範囲外になる.しかし,詳しい理論によらないでも実験観察の結果を理解する上に有用な一般的概念の幾つかを得ることができる.ここでは,特に,表面まさつ係数,熱伝達係数に対する圧縮性の影響が問題であるが,これらは次のようにまとめられる:

(a) 外部の流れの Mach 数を増すことによる影響は,主として層内の散逸が増し,従って温度が上昇する事情を通してだけ現われる.これは,境界層近似が成り立ち,平均圧力が層を横切る方向に一定であることに基づく.**層流**境界層では,温度が増加すると ρ が減り,(気体の場合には)μ が増加する.第一の影響により表面まさつは減少する(密度が減少すれば境界層の厚さが増し,従って,速度勾配が減る)が,第二の影響によっては増加する(τ は μ に比例するから).これら二つの影響の結果,壁上のずれ応力が $\rho\mu/\rho_\infty\mu_\infty$ のみにより,従って,表面まさつに対する Mach 数の影響は小さいということは前に述べた通りである.

一方,**乱流**境界層では,ずれへの寄与は大部分粒子的混合作用に基づくが,これは粘性ずれほど直接にまた強く温度に影響されることはない.従って,密度に対する温度の影響が主となり,乱流表面まさつおよび乱流熱伝達係数は,主流の Mach 数を増加すると相当減少する.13.10 図に表面まさつ力の Mach 数による変化についての最も新しい実験結果を示す.

(b) 乱流混合は,表面まさつおよび熱伝達の両方に影響を及ぼす.従って,有効 Prandtl 数をほぼ 1 と仮定しても差し支えないであろう.その場合には,層流の場合と同様に簡単なエネルギー積分が存在する.すなわち,平板を過ぎる境界層を通じて,層流の場合の (13.39), (13.41) に対応して,次の結果を得る:

熱伝達がない場合

$$\tfrac{1}{2}u^2 + c_p T = \text{const.} = c_p T_0 \qquad (13.81)$$

熱伝達がある場合

$$\tfrac{1}{2}u^2 + c_p T = c_p T_w - \frac{q_w}{\tau_w} u \qquad (13.82)$$

従って，平板上のずれ応力と熱伝達の間には，再び次の関係が近似的に成り立つ：

$$\frac{q_w}{\tau_w U} = \frac{c_p(T_w - T_0)}{U^2} \tag{13.83}$$

13.15 層外の流れに対する境界層の影響

境界層理論の範囲内では，粘性流れの中の物体による**圧力場**は非粘性流れの場合と殆んど同じである[†]。表面近くの粘性境界層による圧力分布の変化は小さいので，境界層の**排除効果**によって計算することができる．すなわち圧力場は，少しふくらませた物体に対応し物体の厚さに排除厚 δ^*（式（13.46 a））を加えなければならない．

境界層の考えが適用できるためには少くとも δ^* は比較的小さくなければならない．しかし，δ^* が小さい場合でも，境界層による圧力変化が非常に重要になる場合がある．すなわち，遷音速流や極超音速流の場合のように，物体の有効寸法が僅かに変化しても圧力場が比較的大きく変化する場合があり得る．また例えば，超音速一様流を得るための風洞ノズルを設計する場合のように圧力場に対して極めて高い精度が要求される場合もある．

起りうるすべての場合をここで詳しく論ずることはとても本書のなしうる所ではない．しかし，高速気流の相似法則（第10章）を用いて，考えられる影響を古典的な平板の場合について例証し，さらにこれを他の場合に少くとも定性的に拡張することは可能である．

物体の厚み比 τ[§]，一様流の Mach 数 M，および薄い物体上の局所的な圧力係数 C_p の間には次の相似法則が成り立つ（(10.18) および (10.43)）：

遷音速の場合

$$C_p = \frac{\tau^{2/3}}{[M^2(\gamma+1)]^{1/3}} fn\left(\frac{M^2-1}{[(\gamma+1)M^2\tau]^{2/3}}\right) \tag{13.84}$$

[†] ここで一つの困難が起る．すなわち，一つの物体を過ぎるポテンシャル流の解は，普通，一つだけではない．境界層理論はこれらの一つについての微小変動の方法である．薄い対称な物体とくに，平板が迎え角零で置かれている場合にはとるべきポテンシャル流の解は容易にわかるが，揚力を持つ物体や特にずんぐりした物体の場合には適当なポテンシャル解をえらぶことは非常に難しく，流体力学において今なお未解決の問題の一つである．

[§] すべり応力と混同しないこと．

13.15 層外の流れに対する境界層の影響

極超音速の場合

$$C_p = \tau^2 fn(\tau\sqrt{M^2-1}) \tag{13.85}$$

式 (13.84) および (13.85) を平板の境界層排除効果に応用するためには τ を δ^*/l で置きかえなければならない。ただし l は平板の長さ、または半無限平板の場合には問題となる最初の部分の長さである。断熱平板の場合には、δ^* は、

$$\delta^* = \alpha\sqrt{\frac{\nu l}{U}}\left[1 + \beta\frac{\gamma-1}{2}M^2\right] \tag{13.86}$$

のように表わされる[*]。ここに、α および β は流体の粘性対温度の関係や Prandtl 数などによってきまる定数である。例えば、非圧縮性流れでは $\alpha=1.73$, $\beta=0$ である。しかし、我々の相似性考察には α および β の値そのものは重要ではない。

式 (13.86) より、M が小さい場合と大きい場合との δ^*/l の特徴的相違がはっきりわかる。すなわち、$M\approx 1$ の場合には、

$$\frac{\delta^*}{l} \approx \sqrt{\frac{\nu}{lU}} = \frac{1}{\sqrt{Re}} \tag{13.87}$$

$M \gg 1$ の場合には

---

[*] $\mu/\mu_\infty = T/T_\infty$, $Pr=1$ の場合に δ^* を計算して見よう.

(13.49) と同様の計算により $\delta^* = \dfrac{\mu_\infty U}{\tau_w}\displaystyle\int_0^1 \dfrac{\mu}{\mu_\infty}(1-\dfrac{T_\infty}{T}\xi)\dfrac{d\xi}{g(\xi)}$

(13.49), (13.50) より $\tau_w = \sqrt{\dfrac{a_1}{2}}\sqrt{\dfrac{\mu_\infty \rho_\infty U^3}{x}}$, $a_1 = \displaystyle\int_0^1 \dfrac{\rho\mu}{\rho_\infty\mu_\infty}\xi(1-\xi)\dfrac{d\xi}{g(\xi)}$

従って、$\delta^* = \sqrt{\dfrac{\mu_\infty l}{U}}\sqrt{\dfrac{2}{a_1\rho_\infty}}\displaystyle\int_0^1 \dfrac{\mu}{\mu_\infty}(1-\dfrac{T_\infty}{T}\xi)\dfrac{d\xi}{g(\xi)}$. $(x \equiv l)$

しかるに、式 (13.39) および仮定により $\dfrac{\mu}{\mu_\infty} = \dfrac{T}{T_\infty} = 1 + \dfrac{\gamma-1}{2}M_\infty^2(1-\xi^2)$

であるから、結局 $\delta^* = \sqrt{\dfrac{\mu_\infty l}{U}}\sqrt{\dfrac{2}{a_1\rho_\infty}}\displaystyle\int_0^1 \{1 + \dfrac{\gamma-1}{2}M_\infty^2(1+\xi)\}\dfrac{(1-\xi)d\xi}{g(\xi)}$.

$$\frac{\delta^*}{l} \approx (\gamma - 1)\frac{M^2}{\sqrt{Re}} \qquad (13.88)$$

M^2 と共に δ^* が増すのは，もちろん，高い Mach 数においてはまさつによる発熱が支配的影響をもつことを示すものである．

(13.87) を (13.84) へ，また (13.88) を (13.85) へ代入すると，相似法則が得られる：

$M\sim 1$ の場合 　 $C_p[(\gamma+1)M^2 Re]^{1/3} = fn\left(\frac{(M^2-1)Re^{1/3}}{[(\gamma+1)M^2]^{2/3}}\right),$ 　 ▶(13.89)

$M\gg 1$ の場合 　 $\dfrac{C_p Re}{(\gamma-1)^2 M^4} = fn\left(\dfrac{(\gamma-1)M^3}{\sqrt{Re}}\right),$ 　 ▶(13.90)

式 (13.89) および (13.90) における函数 f_n の形は，それぞれ抛物柱を過ぎる遷音速流及び極超音速流の解から求められる．

極超音速流における排除効果の二三の測定結果を 13.11 図に示す．これによると，境界層の影響による圧力変化は前縁附近（図では横座標の大きい所）で相当に大きく，下流ではほぼ $x^{-1/2}$ に比例して小さくなる．

超音速ノズルに生ずる境界層は，普通，上の相似法則（(13.89) および (13.90)）を導く際の仮定に反し，層流ではなく乱流である．Reynolds 数の大きい超音速流では境界層は非常に薄いから，平板を過ぎる流れについて δ^* を計算し，それに合わせてノズルの面積比を変えれば充分正確な補正ができることが多い．あるいはまず δ^* を測定し，しかる後ノズルを補正してもよい．Reynolds 数が小さい場合その上（または）Mach 数が非常に大きいときには，境界層の影響はずっと大きいので，測定値を基にしてノズルの形を逐次に修正して行かなければならない場合がある．そのような場合にはまた測定部に模型を入れるとノズル内の流れが非常に変化する．それは，模型による圧力場の影響で，ノズルの境界層が変り，それがまた，ノズル内の流れに影響するからである．

13.16 衝撃波と境界層の相互作用

前節において，層外の流れに対する境界層の影響を論じた．超音速および極超音速の流れでは，この影響は "衝撃波と境界層の相互作用" といってもよい．それは，粘性

13.16 衝撃波と境界層の相互作用

境界層の存在によって新しい衝撃波ができたり（完全な平板の前縁におけるように），既存の衝撃波が変化したり（くさびあるいは円錐などの場合）するからである．

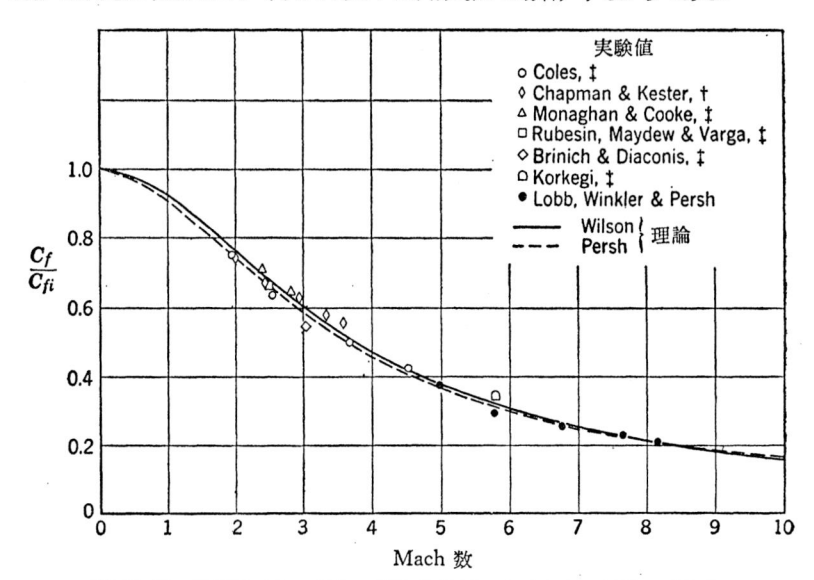

13.10 図　熱伝達がない場合の乱流境界層の表面まさつ係数の Mach 数による変化．C_{fi} は非圧縮性流れに対する値．
R. K. Lobb, E. M. Winkler, and J. Persh, U. S. Naval Ordnance Laboratory, *Rept.* 3880 (1955) による．† は表面まさつの平均値．‡ は運動量厚に基づく Reynolds 数 $Re_\theta = 8000$ に対する局所的な表面まさつ．

このような前縁問題の他にも多種多様の相互作用効果が起りうる．固体壁から衝撃波が出たり，あるいは反射する場合には，必ず衝撃波と境界層との干渉が起る．すなわち，壁上に境界層が存在する結果衝撃波に対する境界条件が変化し，また逆に衝撃波による非常に大きい圧力勾配のために境界層の流れも変化を受ける．一般に，この問題は非線型であって，境界層理論による簡単化も単純な衝撃波理論による簡略化もできない．

実験的にはこれらの効果は最初，超音速翼型の後縁附近および遷音速流において観察された．この問題の本質的な特徴は二つの典型的な流れ：（1）角のある直線壁を過ぎる流れ（13.12 図），および，（2）境界層のある壁からの衝撃波の反射（13.13 図）の有様

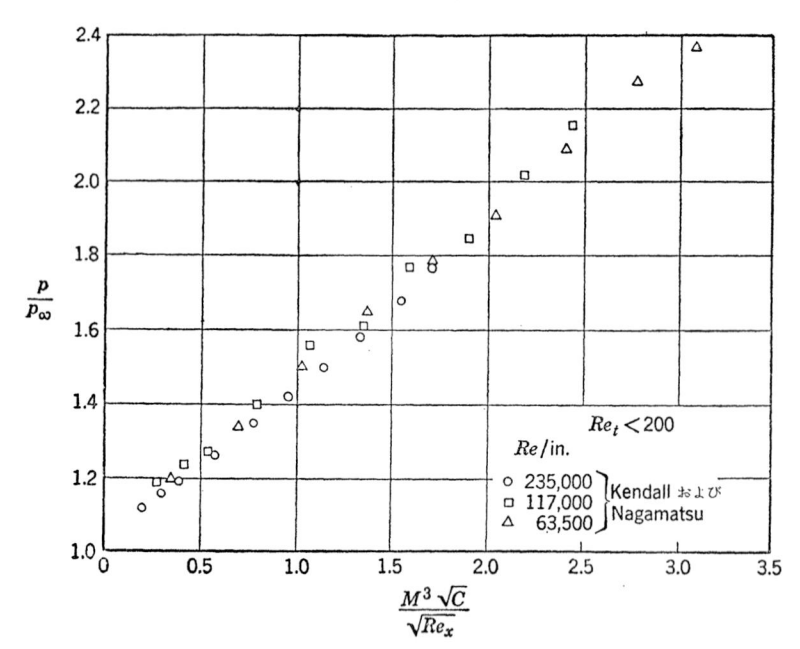

13.11 図　平板の前縁附近における境界層の成長による誘起表面圧.
Re_x は前縁からの距離に, Re_t は前縁の厚さにもとづく. C は粘性と温度の関係式 $\mu/\mu_\infty = C(T/T_\infty)$ の係数.
J. M. Kendall, "Experimental Investigation of Leading Edge Shock-Wave Boundary-Layer Interaction at Hypersonic Speeds," *J. Aeronaut. Sci.*, 23 (1956)

に見ることができる.

いずれの場合にも，層流境界層と乱流境界層とでは様子が相当異なることがわかる．しかし，これは，圧力勾配の影響が，乱流よりも層流の場合にずっと強いことを考えればそれ程意外なことではない．実際，**同じ強さの衝撃波ではなく**，Δp 層流/Δp 乱流 が τ_w 層流/τ_w 乱流 の比になるような**異なる**強さの衝撃波について比較すれば相異はずっと小さくなる．

　壁の上にずれ境界層があるために，衝撃波による圧力飛躍は層内では相当の範囲に広がり，場合によっては境界層の厚さの50倍にも達する．従って，衝撃波の影響は**上流に**も及ぶ．この影響のために超音速風洞とくに Reynolds 数が小さく境界層が厚い超音速

13.16 衝撃波と境界層の相互作用

風洞では多くの困難が生ずる．すなわち模型から出る衝撃波は壁の境界層をはく離させ，事実，模型より上流の流れの場を変えてしまうことがある．

同様の効果は，平たい頭の先に細い針を突き出した物体を過ぎる流れにおいても観察される（13.14図）．この場合には，衝撃波と境界層の干渉により，円錐状のはく離領域ができそのため針のない場合よりも抵抗が減少する．

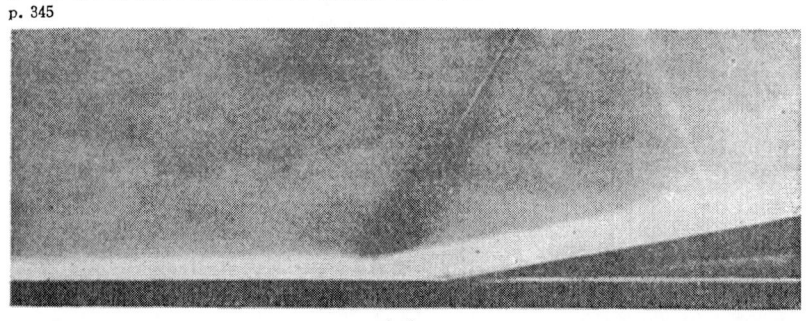

p. 345

(a)

(b)

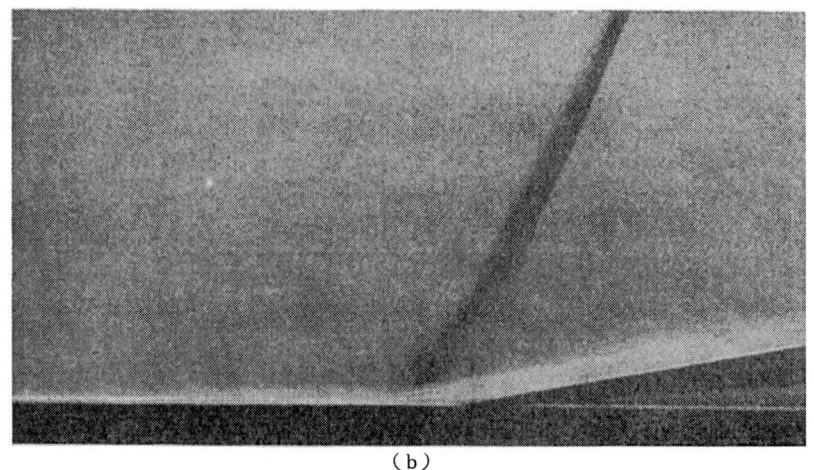

13.12 図 凹角での衝撃波と境界層の相互作用のシュリーレン写真．
(a) 角より前で境界層は乱流． $M_1=1.38$, 偏角 $\theta=10°$
(b) 角より前で境界層は層流． $M_1=1.38$, $\theta=10°$

種々の空力的配置について衝撃波と境界層の干渉による抵抗の変化を調べることは仲々魅力的な問題である．亜音速流の常識によると，境界層がはく離すれば，抵抗は必ず

382　　　　　　　　　　　　　　　　第13章　粘性および熱伝導性の影響

増加する．しかし，遷音速及び超音速の流れにおいては，粘性による抵抗と造波抵抗が互に関連しているので必ずしもそうはならない．例えば，初期の頃の予想に反し，遷音

(a)

(b)

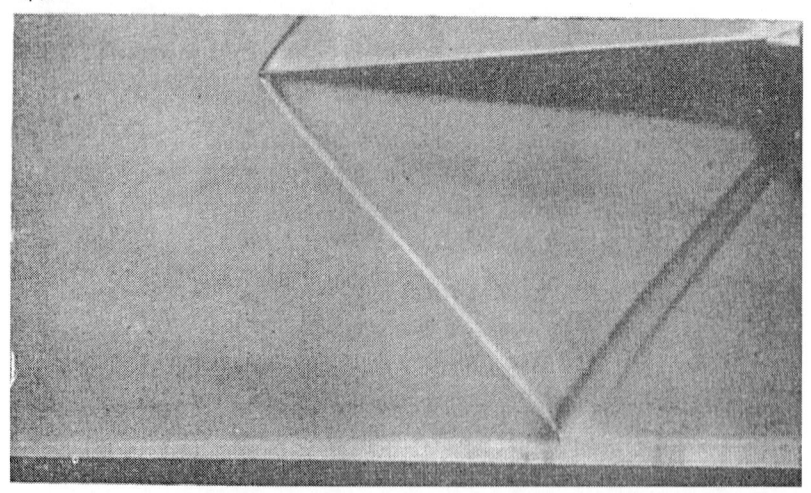

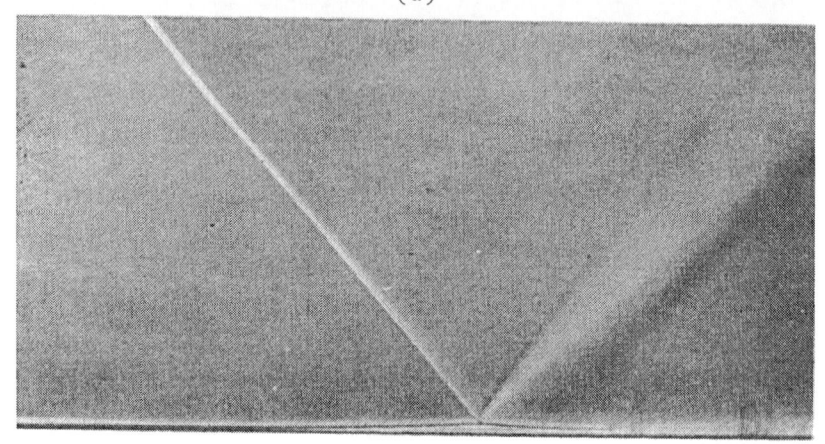

13.13 図　衝撃波と境界層の相互作用
(a)　境界層は乱流，入射衝撃波に対し $M_1=1.45$, $\theta=4.5°$
(b)　 〃　 層流，　 〃　 〃　 $M_1=1.40$, $\theta=3°$

13.17 乱れ

速流での薄翼の抵抗増加は，境界層のはく離によってそれ程影響を受けない．このとき境界層と衝撃波の相互作用は，主としてエネルギー損失を境界層から衝撃波へまたはその逆に移し換える結果に止まることが多い．

ずれと圧縮の間に起りうる各種の干渉効果のすべてを論ずることはもとより，列挙することもここではできない．ただ，次の節で，もう一つの例として，空力的雑音の問題に言及する．

13.17 乱れ

Reynolds 数の大きい流れが必ず非定常になることは，実験的によく知られている．境界条件が定常であっても速度場を定常に保つことはできない．速度場は，平均場と変動場とに分けることができる．すなわち

$$w_i(x_i, t) = u_i(x_i, t) + u'_i(x_i, t)$$

ただし

$$u_i(x_i, t) = \overline{w_i(x_i, t)}$$

$u'(x_i, t)$ が不規則で，統計的性格を持つ場合，流れは**乱流**であるという．

低速の場合については，乱流に関する測定や実験結果は非常に沢山ある．完全な理論はないが，半実験的理論によればずれのある乱流をうまく扱うことができ，またもっと簡単な場合には，統計的理論による成果も得られている．

乱れは，Navier-Stokes 方程式の範囲内で扱える現象である．乱れを分子論的観点から考察することは不必要であるし，また有用でもない．その最も良い証拠は，水の乱流と空気の乱流とがよく似ているということである．乱流理論の発展に対する真の困難は Navier-Stokes 方程式の非線型性にあり，可能な解の集団を調べる一般的方法がないことである．

経験によると，当然のことながら高速気流や超音速流においてもやはり乱れが存在する．実際，超音速流中の乱流境界層の研究によると，少くとも Mach 数 4 程度までは，乱れの定性的性質は非圧縮の場合と同様であることがわかっている．しかし，一般的に考えて明らかなように，Mach 数が高くなると速度変動があれば必ず密度，温度，圧力

384   第13章　粘性および熱伝導性の影響

13.14 図　超音速で飛ぶ頭の平たい物体の先につけた針の効果. $M_1=1.72$ での直接投影写真. (Ballistic Research Laboratory, Aberdeen Proving Ground U. S. A., および G. Birkhoff, *Hydrodynamics*, Princeton University Press, 1950. による)

も変動する. 従って, 高速気流では, 速度あるいは渦度の場の変動と熱力学的状態量の変動との間の相互作用による新しい現象が期待される. これらの新しい効果の中で最も注目すべきものは, 乱れの場と音波の場の相互作用である.

　亜音速流においては, この効果は主として一方向きである. すなわち, 乱流変動によって音波が起こされるが, 音の場のエネルギーは, 音響学的には充分大きいとしても, 乱流のエネルギーに比べれば僅かなもので, 音波によって乱流が変化を受けることはない. 空気力学的雑音の問題は切実な実際問題であるため多くの人々の興味をひいた. 亜音速流中の乱れによる音波の研究を始めて手掛けたのは Lighthill である[†].

---

† M. J. Lighthill, "On Sound Generated Aerodynamically, *Proc. Roy. Soc. A*, 211 (1952) p. 564 および 222 (1954) p. 1.

13.18 解離気体の Couette 流れ

流れが非常に高速になると、乱れから音波に移るエネルギーの割合が相当に大きくなり、乱れのエネルギーが音波として輻射されてしまうことが予想される。この効果は、高温度における輻射による熱損失と非常によく似ている。さらに、強い不規則な雑音によって乱れが起されることもありうる。超音速風洞において観察される現象の中には、これによって説明のつくものがある。高速風洞内の乱れの程度は、鎮静室から流れて来る乱れよりも、むしろ、風洞壁境界層から生ずる雑音によって決まるようである。

13.15 図（および 13.14 図）は境界層の乱れによって不規則雑音が発生する有様をはっきり示している。このような場合、境界層の排除効果がたえず変動していることを考えれば音波の発生は最も容易に理解できる。13.15 図は、この効果をよく表わしている。この瞬間写真によれば衝撃波と円錐との間の領域には二種類の波があり、一つは表面の凹凸によって生じた定在 Mach 波で、も一つは断片的かつ不規則な"雑音"の波である。後者は写真では"止まって"いるが、実際には動いているのである。

13.18 解離気体の Couette 流れ

これまでは、比熱一定の理想気体について、ずれ流れを論じて来た。次に簡単ながら非常に啓発的な問題として、Couette 流れに対する気体の不完全性の影響を概説することにしよう。特に解離の場合を論ずるが、同じ方法は電離および凝縮の問題にも応用できる。また回復温度 T_r (13.3 節) が特に興味があるから、T_r に対する解離の影響を調べることにする。

Couette 流れに対するエネルギーの式 (13.10) は，

$$u\tau - q = -q_w \tag{13.91}$$

断熱壁の場合には $q_w = 0$ となるから、q, τ に対して Newton の式を用いると (13.91) から

$$\mu \frac{d}{dy}\left(\frac{u^2}{2}\right) + k\frac{dT}{dy} = 0 \tag{13.92}$$

解離気体に対しては $h = h(p, T)$ （式 (1.23) 参照）であるが、Couette 流れではいたるところ $p = $ 一定 であるから，

$$dh = c_p\, dT$$

13.15 図　境界層から出る音波．与圧された管の中を飛ぶ円錐の火花影像写真．($M_1=3.2$, 円錐の半頂角 $\theta=5°$, $p_1=3$ 気圧) (U. S. Naval Ordnance Laboratory による)

従って，(13.92) は，

$$\frac{d}{dy}\left(\frac{u^2}{2}\right) + \frac{1}{Pr}\frac{dh}{dy} = 0$$

になる．

Prandtl 数 Pr は一定ではなく，T 従って y による．しかし，その変化は非常に小さいようである[†]．そこで Pr の小さい変化を無視すれば，

$$\frac{u^2}{2} + \frac{h}{Pr} = \text{const.}$$

[†] C. F. Hansen, "Note on the Prandtl Number for Dissociated Air." *J. Aeronaut. Sci.* 20 (1953) p 789.

13.13 解離気体の Couette 流れ

あるいは,

$$h_r - h_\infty = \frac{Pr}{2} U^2 \qquad \blacktriangleright (13.93)$$

すなわち, エンタルピーの差は, 理想気体の場合と同様 $\frac{Pr}{2}U^2$ に等しい (式 (13.12) 参照). しかし, 今は h は T に正比例しない. 解離気体の場合には, h は (1.75) により, 解離熱 l_D 及び解離度 α によって表わされ,

$$h = h_2 + \alpha l_D$$

h_2 は分子気体のエンタルピーで, 従って近似的に,

$$h_2 = c_p T$$

ただし c_p は, 理想気体に対する (一定の) 比熱の値で, また T による l_D の小さい変化を無視する.

よって (13.93) から, 簡単かつ非常に意味深い結果が得られる:

$$c_p(T_r - T_\infty) = \frac{Pr}{2} U^2 - [\alpha(p, T_r) - \alpha(p, T_\infty)]l_D \qquad \blacktriangleright (13.94)$$

$T_r > T_\infty$ であるから $\alpha(p, T_r) > \alpha(p, T_\infty)$ となり, 回復温度は解離の影響によって低くなる. すなわち, 散逸エネルギーの一部は分子結合を破るのに向けられ, 従って, 表面を熱するようには働かない (同じ式は, 水滴を含む気体の流れにも適用されるが, その場合には蒸発による同様の影響がある).

極限の場合として, 温度 T_∞ では気体は全然解離せず, 温度 T_r では完全に解離する場合を考えよう. その場合,

$$\frac{T_r}{T_\infty} = 1 + \frac{PrU^2}{2c_p T_\infty} - \frac{l_D}{c_p T_\infty}$$

または,

$$\frac{T_r}{T_\infty} = 1 + Pr\frac{\gamma-1}{2}M_\infty^2\left(1 - \frac{2l_D}{PrU^2}\right)$$

あるいは,

$$\frac{T_r}{T_\infty} = 1 + \frac{\gamma-1}{2}\left(PrM_\infty^2 - \frac{2\theta_D}{\gamma T_\infty}\right) \quad .$$

388   第13章 粘性および熱伝導性の影響

ただし γ および a_∞ は解離していない気体についての値である．特性温度 θ_D は，例えば，O_2 に対しては 59,000°K！である（1.16節および巻末の第1表参照）．従って，この極限のような場合には，M_∞ は，明らかに，20以上でなければならない．

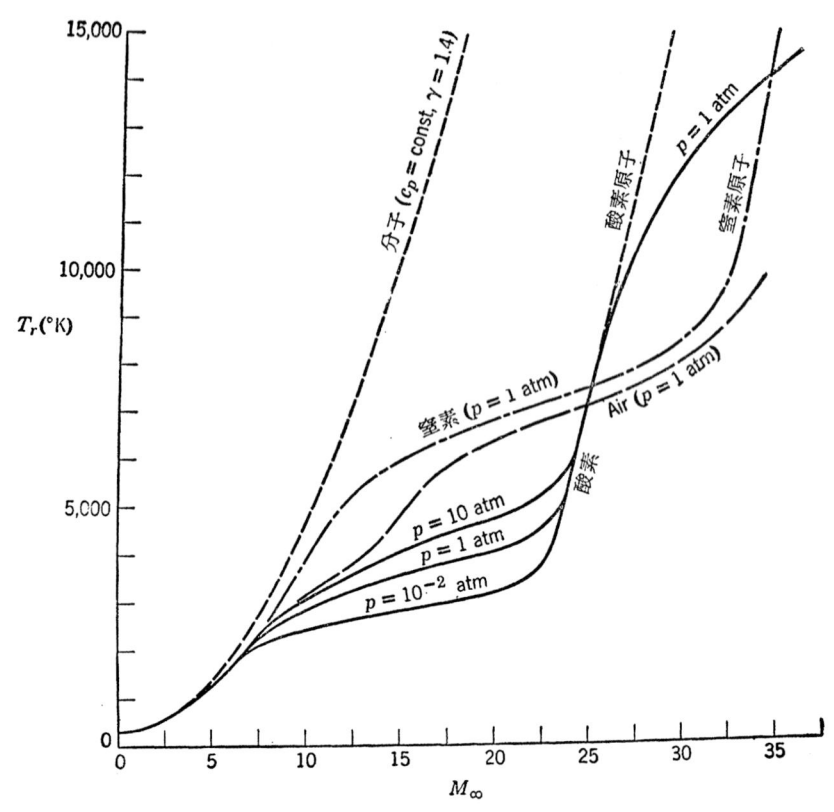

13.16 図　Couette 流れの回復温度に対する解離および電離の影響

式 (13.93) を用いて T_r と M_∞ の関係を計算した二三の結果を 13.16 図に示す[†]．
p. 352
もし比熱が一定であれば T_r は "分子的" と書いた線に沿って変化する．純粋な酸素および窒素に対する実際の結果は 1.6 図および 1.7 図に示した解離性二原子気体の状態

[†] H. W. Liepmann and Z. O. Bleviss "The Effects of Dissociation and Ionization on Compressible Couette Flow," *Douglas Aircraft Co., Rept. SM*-19831 (1956).

13.18 解離気体の Couette 流れ

方程式を基にして計算した．完全に解離してからは，もし，電離が起こらなければ，T_r は "原子的" と書いた線に沿って変化する．電離の起る実際の結果を1気圧における酸素について示す．なお1気圧における空気に対する結果も示してある．これらは空気の熱力学的性質の表を基にして計算した[†]．

[†] F. R. Gilmore "Equilibrium Composition and Thermodynamic Properties of Air to 24000°K," RAND Corporation. *Memo. RM-1543* (1955).

第14章　気体運動論からの概念

14.1　まえがき

p. 353
　この章では気体運動論による種々の理念を簡単に吟味する．そしてこの理論の与える結果と，前各章でとり扱かった気体の連続体理論すなわち**気体力学**との関係，特に気体が非常に稀薄であったり，また非常な高速で流れているような場合，後者（気体力学）をどのように修正すべきであるか等について考えてみよう．このためにはまず気体力学の基礎仮定を概観しておくのが便利であると思われる．

　気体力学は**巨視的**な量例えば運動している気体が物体に及ぼす力や，物体と気体の間に交換される熱等を取扱かう．これらの量は物体または装置によって或る体積，面積，時間間隔，等にわたる**平均**として知覚され測定される．そしてこれらの量は，気体力学の方程式すなわち場の**方程式**によって表現され，互に結びつけられる．すなわち，速度の場 $\mathbf{w}(\mathbf{r}, t)$，圧力の場 $p(\mathbf{r}, t)$，温度の場 $T(\mathbf{r}, t)$ が存在し，これらから流量，力，熱伝達等の巨視的量を計算することができる．また方程式自身は，その最も素ぼくな形は非常に広い経験法則である質量の保存，Newton の法則，およびエネルギーの保存則を書き表わしたものに他ならない．

　これらの法則を表わす方程式は，**作動流体**を指定しなければ閉じた系にはならない．完全流体の理論においては流体の状態方程式を指定するだけで充分であるが，実在気体の場合はさらに変形速度と応力との関係および温度勾配と熱の流れとの関係を指定しなければならない．最後になお境界条件を指定しなければならない．

　応力と変形速度および熱流と温度勾配の間の関係が共に**線型**であると仮定すれば，**Navier-Stokes の方程式**が得られる．この方程式の枠内では，気体は状態方程式と輸送係数 k, λ, μ によって指定される．

　気体力学における取扱いが経験的に定められる**全体的**性質に基づいて行なわれるのに反して，**気体運動論は分子**の力学を基にして気体の力学を導出することを目標とする．気体内および境界における分子間にはたらく力さえわかれば，気体運動論によって，
p.354
原理的には気体の運動を完全に計算することができるのである．従って，気体運動論は

14.1 まえがき

物質の全体としての性質と，個々の分子や原子の性質との間の連鎖を与える．すなわちそれは，状態方程式及び温度や熱の概念を説明する．気体運動論はまた輸送現象の表現すなわち応力と変形速度並びに熱流と温度勾配との間の**一般的関係**を与えるものと期待される．そしてこの結果から**線型関係**従って Navier-Stokes 方程式の適用範囲を推定することができるはずである．特に N-S 方程式に対する**補正項**を求めることが望まれるわけである．

気体を分子構造に立ち入って取り扱かおうとする気体運動論のなすべきことは，質点系の力学における典型的な問題すなわち力と初期条件とを与えて運動方程式を解くということである．しかしながら気体運動論における多体問題では初期条件は未知であり，事実それは不規則である．故にある特定の分子の運動を予言することは一般に不可能である．然し一個の分子を追跡することは実際上全く無意味であって気体運動論はすべての分子の協同的効果に基づく平均的な全体としてのふるまいを予言できさえすればよいのである．この目的のために，気体運動論では，**確率の法則および統計的手法**を力学の問題に適用する．例えば，一つの分子がある位置およびある速度をもつ確率を問題にする．これらの確率分布から種々のパラメータの平均値，すなわち速度，温度などが計算される．そしてこれらの平均値は巨視的に測定される量と関係づけられるのである．

後に示すように，単原子理想気体の**平衡状態方程式**を求めることは甚だ容易である．また多原子理想気体や van der Waals 気体の場合でも，熱力学的平衡状態にあればその取扱いに多大の困難はない．しかし**非平衡状態**すなわち輸送過程の取扱いははるかに困難である．例えば，Navier-Stokes 方程式を導き，粘性や熱伝導係数，μ や λ や k を予言することは相当面倒な仕事である．さらに，これまでに得られたいわゆる高次の方程式はいずれも疑問の余地があり，Navier-Stokes 方程式の精度を高める問題は未だ解決されたとはいい難い．

気体運動論は前世紀の後半に Maxwell, Boltzmann, Clausius その他の人々によって発展せしめられたものである．その当時は分子というものの存在さえ論議の的であった．今日，気体運動論が気体力学上において強い関心を集めているのは超高空および超高速飛行の現実性に基づくものである．そして航空に関する多くの文献において，連続体理論の限界やこれを気体運動論で置きかえる必要性が論じられて来た．然しこれらの主張や説明は必ずしも正当でない場合がある．**気体力学における一般の場の方程式は気**

体運動論においても同様になり立つ法則をいい表わすものに他ならないことを心に止めるべきである．すなわちこれらの方程式はいつでもなりたち，いつでも平均値を結びつけるものである．しかし流れの小さな領域や，短時間内の事柄が問題になる場合も起りうる．このようなときには測定は場の方程式によって結ばれる平均値を与えないかもしれない．すなわち平均値のまわりの**ゆらぎ**が目立つようになり，また決定的にもなる．従って，稀薄気体の流れにおいては，平均値のまわりのゆらぎを予期すべきであり，これによって連続体方程式の使途は制限を受ける．さらにまた Navier-Stokes 方程式では精度が不足するという場合も考えられるが，今までのところこれに対する確定的な例はないようである．最後に，境界条件例えば"すべりなしの条件"も変更を要する場合が起りうる．しかし，いずれにしても，気体力学を気体運動論で置きかえるべきか否かの問題は簡単に答えられない問題であり，充分注意して考察すべき事柄である．

次の各節では，気体運動論からの概念について簡単かつ充分でない議論を述べるが，これは主として読者に概念と用語を紹介し，また上に述べた注意を強調することを目的とする．

14.2 確率の概念

気体運動論で用いられる確率の概念は，さいころを投げる問題によって説明することができる．二個のさいころを何回も投げて，各回の結果を一つの平面上に図的に表わすとしよう（14.1 図）．すなわち第一のさいころの目数を x 座標に，第二のものを y 座標にとる．一回投げる毎に，相当する"ます"の中に一点を記録する．例えば第一のさいころが 5 であり，第二が 2 であった回には (5.2) のますに"試行点"を一つ記録するのである．

非常に多数回投げた後各々のますに試行点で記録された点数を調べる．もしさいころが**完全**でかたよっていないならば，とくにどのますに集中するということはないから，統計的見本をうるに充分なだけ実験をくり返せば，試行点の分布は x, y 面にわたって**一様**になるであろう．従ってある特別の組合せ，例えば (5.2) が出る確率は

$$\text{Pr}(5, 2) = \tfrac{1}{36}$$

であり，またどの組合せ (x, y) の出る確率もみな同じである．この確率は，全面積に

14.2 確率の概念

対する x, y ますの面積の比としてもっと一般の形に表わすこともできる．すなわち

$$\text{PR}(x, y) = \frac{A_{xy}}{A} = \frac{A_{xy}}{\sum_x \sum_y A_{xy}} \qquad (14.1)$$

p.356
このように確率を幾何学的に解釈すると，確率に関する二つの基本法則が導かれる：

(1) 第一のさいころが5で，第二の目は何でもよい場合の確率 $\text{PR}(5)$ は14.1図で影をつけた帯の面積を全面積で割った値すなわち

$$\text{PR}(5) = \frac{A_{51} + A_{52} + \cdots + A_{56}}{A} = \frac{1}{6}$$

に等しい．もっと一般的に書くと

$$\text{PR}(x) = \sum_{y=1}^{6} \text{PR}(x, y) \qquad \blacktriangleright (14.2)$$

これは和の法則である．

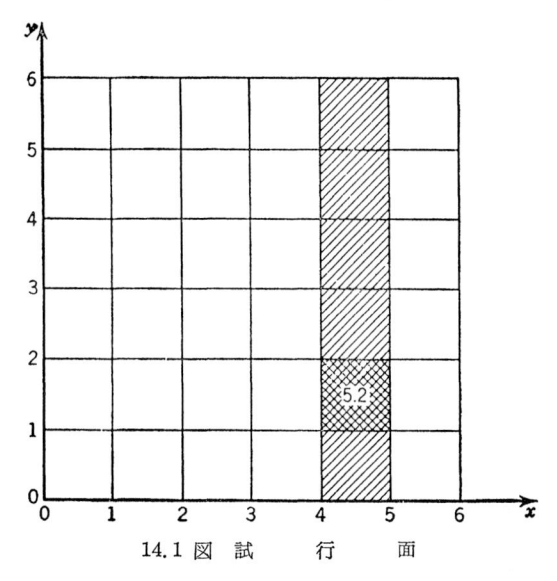

14.1 図　試　行　面

(2) "単純確率" $\text{PR}(x)$ および $\text{PR}(y)$ は共に$\frac{1}{6}$であり，"結合確率" $\text{PR}(x, y)$ は $\frac{1}{36}$である．これは積の法則

$$\mathrm{P_R}(x, y) = \mathrm{P_R}(x)\mathrm{P_R}(y) \tag{14.3}$$

の一例である.この法則は結合確率が単純確率の積に等しいことを表わす.しかしこれは単純確率が独立であるときすなわち x が出ることと y が出ることが互に無関係であるときにのみなりたつ.2個のさいころを投げる場合等ではこの仮定は自明であるが,これがなりたたない場合のあることも明らかである.例えば二つのさいころが棒でつながれているときなどである.

p.357
もしさいころが片よっていると,問題は多少変ってくる.このとき試行点はある特定のますに集中する傾向をもつ.すなわち,各々のますは違った重みをもつようになる.このとき,確率に対して (14.1) の代りに次の式がなりたつ.

$$\mathrm{P_R}(x, y) = \frac{\phi(x, y) A_{xy}}{\sum_{x=1}^{6} \sum_{y=1}^{6} \phi(x, y) A_{xy}} = \frac{\phi(x, y)}{\sum_{x} \sum_{y} \phi(x, y)} \tag{14.4}$$

最後の形は,定った面積 A_{xy} で約すことによって得られる.$\phi(x, y)$ はます (x, y) の重みを表わす.$\phi=$ 一定,例えば $\phi=1$ とすれば (14.4) は (14.1) に帰着する.

$\phi(x, y)$ がわかっている場合には,任意の投げかたに対する確率や,確率の間の関係などが前と同様に計算される.然し ϕ はどうして求めたらよいであろうか? 原理的には,ϕ をきめることは力学の問題である.一つの立方体(さいころ)の中の重量分布がわかっていると,定まった初期条件に応じて力学の法則からその運動は決定される.しかしながら,ダイスカップを振り,さいころを投げる操作から初期条件に統計的要素が入ってくる.この事情はちょうど分子運動の問題と同様である.従って,このような場合には一般に力学の法則と統計法則とを併せ考えることが必要である.†

上のように確率を定義すると次に,平均値を計算することができる.例えば,非常に多数回投げた結果の平均の x 座標を求めることを考える.この平均値 $\bar{x}$ は

$$\bar{x} = \sum \sum x \mathrm{P_R}(x, y) = \frac{\sum_{x} \sum_{y} x \phi(x, y)}{\sum_{x} \sum_{y} \phi(x, y)} \tag{14.5}$$

---

† さいころが片よっているためには,その重量分布は重心が幾何学的中心に一致しないようなものでなければならない.$\phi(x)$ をきめる肝心の量は,さいころの各部分のポテンシャルエネルギーであることは少し考えればわかる.

14.2 確率の概念

によって与えられるが，ここで選択的に多くあらわれると期待される x の値は，平均をとる際，より"重み"がかけられていることがわかる．

$\bar{x}$ は質量 ϕ をもった質点分布の質量中心の x 座標であると考えることもできる．このように ϕ を質量分布と考えると便利なことが多い．そうすると $\overline{x^2}$, $\overline{xy}$ などは慣性能率の成分に対応する．

一般に，座標 (x, y) に附属する**任意の関数** $F(x, y)$ の平均値は，次の式で与えられる：

$$\bar{F} = \frac{\sum_x \sum_y F(x,y)\phi(x,y)}{\sum_x \sum_y \phi(x,y)} \tag{14.6}$$

p.358
上記のさいころを投げる例では，x, y は連続変数ではなくて，跳び跳びの値のみをとりうるものであった．しかし上の定義を，気体運動論で用いられるような**連続分布**の場合へ一般化することは困難ではない†．このとき，ます目の面積は1ではなく $dx\,dy$ となり，和は積分に変わり $\phi(x, y)$ は連続的な重み分布すなわち"確率密度"となる．そして (14.6) は

$$\bar{F} = \frac{\iint F(x,y)\phi(x,y)\,dx\,dy}{\iint \phi(x,y)\,dx\,dy} \tag{14.7}$$

のように一般化される．和の法則は

$$\phi(x) = \frac{\int \phi(x,y)\,dy}{\iint \phi(x,y)\,dx\,dy} \tag{14.7a}$$

となり，積の法則は独立な確率の場合には前と同じである．

変数が二つ以上の場合へ定義を拡張することも機械的にできる．例えば，$F = F(x, y, z)$ とすれば，

---

† さいころを投げる例を連続分布へ拡張するには，球状のさいころを考えその緯度および経度によって投げの座標をきめればよい．

$$\bar{F} = \frac{\iiint F(x, y, z)\phi(x, y, z)\, dx\, dy\, dz}{\iiint \phi(x, y, z)\, dx\, dy\, dz} \tag{14.8}$$

最後に，いわゆる**エルゴード性**について一言しなければならない．さいころの実験において，くりかえし N 回投げるかわりに，同じさいころの N 組の集団を同時に投げても同一の結果が得られるものと期待される．すなわち，反復試行の際の各回の投げの結果は，前回の結果とは全く無関係であると考えられる．さいころの問題では，これは自明のことと思われる．しかし分子運動の問題では，"まぜあわせること"と"投げること"はともに連続的過程であって，従ってこのような独立性は始めから明らかなことではない．そこで分子運動では，一個の分子（または分子群）の性質を**ある時間間隔 t にわたって観察すること**が必要である．これはくりかえし投げる実験に相当する．或は N 個の系が同時に存在する場合には，各系における問題の分子（群）の性質を観察してもよい．これは，考えている気体系の N 個の複製からなる"集団"をとることにあたる．これら二つの実験の結果は，N および t が充分大きければ一致するであろうと期待される．これを系のエルゴード性という．これは問題の系，例えば分子が，時刻
p.359
$t=t^*$ になると $t=0$ よりまえの運動のいっさいの記憶を忘れ，以後それとは無関係な運動をするというような時刻 t^* が存在することを仮定するのと同等である．従って，単一の系を時間 $t>t^*$ にわたって観察することは，N 個の系を同時に観察することと同等であって，両者の関係は

$$N \approx \frac{t}{t^*}$$

によって与えられる．すなわち時間 t にわたる単一系の**時間平均**は，N 個の系に対する**集団平均**と同等である．またこの意味において，$\phi(x, y)dx\, dy / \iint \phi(x, y)dx\, dy$ はその分子がます目 (x, y) の中で過す平均時間間隔に等しい．

連続系に対するエルゴード性を論ずる際には，時間平均をとる間中，系の"状態"は変化しないという仮定が暗に含まれている．もっと正確には，系の統計的性質が時とともに変化しないとしている．これは**巨視的に定常な系**と呼ばれる．その意味は，観測時間が t^* より大である限り，ある時刻における観測結果は，他の任意の時刻における

14.3 分布函数

結果とつねに同じであるということである.

現実の容器の中の気体がこのエルゴード性をもっていない場合を想像するのは困難である. なぜなら固体壁を構成する粒子もまた不規則な熱運動をしており, 従って壁に衝突する各分子に不規則な力を及ぼすからである.

14.3 分布函数

体積 V の容器内の気体を考えよう. 気体は熱力学的平衡にあるのでその状態は数個の状態量 p, ρ, T, 等によって表わすことができる.

気体運動論の見地からすれば, 気体は非常に多数の N 個の分子からなり, これらの分子は V 内を動き, 互に衝突し, また壁と衝突している. この系の力学的状態は N 個の分子のおのおのの**空間座標**と**速度成分**とを指定すれば定まるが, 明らかに変数の数は膨大である. 上の熱力学的変数はこれら N 個の分子に附随した或るそれぞれの量の**平均値**である.

例えば密度 ρ を考えると, これは単位体積あたりの平均質量であるが, 分子的見地では, ρ は単位体積中の分子の平均個数に各分子の質量 m をかけたものである. ρ は一様であるから, 単位体積中の平均個数はどこでも同じであり, 従って各体積素片 dV の統計的重み $\phi(x, y, z)$ は 1 である. ある体積素片 dV の中に定まった分子を見出す確率は, 単に dV/V で与えられ, これはちょうど片よっていないさいころを投げる問題に相当する. この簡単な重み函数によって, 分子の質量に関連した他の平均, 例えば V の中の気体の重心などを計算することができる. 読者は重心が任意の分子の平均位置に対応することを容易に確かめられるであろう!

質量座標とともに分子群の力学的状態を指定するために必要な**速度成分**については, これまで別に考えなかった. 後程, 速度成分のある種の平均が圧力 p および温度 T と結びつけられることを示すが, まずこのような平均をどうして計算すべきかについて考える. すべての分子は違った速度をもっているので空間の重み函数 $\phi(x, y, z)$ を用いることはできない. 速度がどのように分布しているかをあらわす別の重み函数が必要である. そこで, "速度空間" (u, v, w) と, これに対応する重み函数または**分布函数** $\phi(u, v, w)$ を考えなければならない. この際前に導入した定義はそのまま適用できる. 例えば, ある分子を "体積" 素片 $du\, dv\, dw$ の中に見出す (すなわち分子が u と

$u+du$, v と $v+dv$, w と $w+dw$ との間の速度成分をもつ）確率は

$$\frac{\phi(u,v,w)\,du\,dv\,dw}{\iiint_{-\infty}^{\infty}\phi(u,v,w)\,du\,dv\,dw}$$

で与えられる．また u の自乗平均は

$$\overline{u^2}=\frac{\iiint_{-\infty}^{\infty}u^2\phi(u,v,w)\,du\,dv\,dw}{\iiint_{-\infty}^{\infty}\phi(u,v,w)\,du\,dv\,dw}$$

となる．積分は各速度成分のすべての可能な値，$-\infty$ から ∞ にわたって取るべきである．従って $\phi(u,v,w)$ は1または定数ではありえないことがわかる．なぜならこのような ϕ は平均運動エネルギー $\frac{1}{2}m(\overline{u^2}+\overline{v^2}+\overline{w^2})$ の値を無限大ならしめるが，明らかに気体の平均エネルギーは有限であるべきだからである．実際，u, v, w の大きい値に対しては $\phi(u,v,w)$ は速かに零に減少しなければならない．したがって速度空間における分子運動は ϕ が一定でない片よったさいころの問題に対応するものである．

気体運動論の一つの問題は力学的および統計的考察によって $\phi(u,v,w)$ を決定することである．この問題は気体が平衡状態にあれば比較的簡単である．結果として次の Maxwell と Boltzmann の分布則が得られる：

$$\phi(u,v,w)=Ae^{-\beta(u^2+v^2+w^2)} \qquad \blacktriangleright (14.9)$$

Maxwell は非常に簡単な直観的な推論によって始めてこの函数を導いた．すなわち

(1) 速度空間には特別の方向というものはないから $\phi(u,v,w)$ は軸の回転に対して不変でなければならない．従って，$\phi(u,v,w)$ は $u^2+v^2+w^2$ だけの函数，すなわち $\phi(u,v,w)=f_n(u^2+v^2+w^2)$ でなければならない．

(2) さらに u, v, w が統計的に独立，すなわち $\phi(u,v,w)=\phi(u)\phi(v)\phi(w)$ である† と仮定すれば，結局次の関係がなりたたなければならない：

---

† これはたしかに最も簡単な仮定であって，その当否は経験に照らして定めるべきものである．気体運動論に古典力学を応用するやりかたでは，独立という仮定は衝突の経過を論ずることによって厳密に裏づけされる．

14.2 Clausius のビリアル定理

$$\phi(u)\phi(v)\phi(w) = fn(u^2 + v^2 + w^2) \qquad (14.10)$$

この関係を満たす正則な函数 ϕ は (14.9) の形をもつものに限る.

我々の目的のためには，$\phi(u, v, w)$ さえ知れば u, v, w のすべての函数の平均値が求められるという点に留意することが大切である．さらに，これらの平均値は**時間平均**としても**集団平均**としても解釈することができるのである．

14.4 Clausius のビリアル定理

理想気体の状態方程式を求める一つの方法は，壁の一部に伝達される全運動量を計算することである．しかし問題を多少違った見方すなわち力学の運動方程式を表面に用いる Clausius による見方から考えることも非常に有益である．

気体の一つの分子の運動を考えよう．m をその質量，r を任意の原点からの位置ベクトル，$F(r, t)$ を分子にはたらく力であるとする．この力は他のすべての分子および容器の壁に基づくものである．運動方程式は

$$m\frac{d^2\mathbf{r}}{dt^2} = \mathbf{F} \qquad (14.11)$$

両辺に $\mathbf{r}$ をスカラー的にかけ，その左辺を少し変形すると，

$$m\mathbf{r}\cdot\frac{d^2\mathbf{r}}{dt^2} = m\frac{d}{dt}\left(\mathbf{r}\cdot\frac{d\mathbf{r}}{dt}\right) - m\left|\frac{d\mathbf{r}}{dt}\right|^2 = \mathbf{F}\cdot\mathbf{r} \qquad (14.12)$$

或は $d\mathbf{r}/dt = \mathbf{C}$ と書けば

$$m\frac{d}{dt}(\mathbf{r}\cdot\mathbf{c}) - mc^2 = \mathbf{F}\cdot\mathbf{r} \qquad (14.13)$$

次に，この方程式の**平均**をとる．このために，我々の気体の多数の複製を想像する．そしておのおのの系の中に一つずつの分子をとり，それに対して (14.13) 式を書く．
p. 362
次にこれらの方程式を全部加え合せ，系の数で割る．結果は，**集団平均**をとった方程式として

$$m\frac{d}{dt}\overline{(\mathbf{r}\cdot\mathbf{c})} - m\overline{c^2} = \overline{\mathbf{F}\cdot\mathbf{r}} \ . \qquad (14.14)$$

第一項で，時間についての微分と集団のすべての系にわたる平均とは，互に独立な線型

演算であるから順序を交換できる。ところが，巨視的に定常な系を考えているのであるからすべての平均値は時間に無関係でなければならない。従って第一項は消え Clausius のビリアル定理の一つの形が得られる：

$$m\overline{c^2} = -\overline{\mathbf{F}\cdot\mathbf{r}} \qquad \blacktriangleright (14.15)$$

$\overline{\mathbf{F}\cdot\mathbf{r}}$ は力のビリアルと称せられる。ビリアル定理は集団平均をとることによって得たのであるが，ここでエルゴード性を用いると平均値は時間平均であると考えることができる。従って，$m\overline{c^2}$ は一つの分子の運動エネルギーの長い時間にわたる平均値の2倍であり，また $\overline{\mathbf{F}\cdot\mathbf{r}}$ はこの一つの分子に対する力と力の方向の変位との積の時間平均であるということになる。

14.5 理想気体の状態方程式

次にビリアル定理を，体積 V の容器内に閉じこめられた気体の分子群に適用しよう。簡単のため容器は半径 r_0 の球であるとし，その中心に原点をとる。

各分子の大きさおよびその力の場の範囲は，共に無限小であるとする。これは分子を質点であるとみなすことにあたり，あとでわかるように理想気体の方程式が導かれる。

点分子の場合には，分子間力の，ビリアルへの寄与は零である。なぜなら，任意点における力のベクトル $\mathbf{F}$ は方向が不規則に分布しており，従って平均の $\mathbf{F}\cdot\mathbf{r}$ は零となるからである。故に唯一の寄与は壁における力からのものである。これを求めるために，ビリアル方程式に V 内の分子の総数 N をかけ，次のように書く：

$$Nm\overline{c^2} = -N\overline{\mathbf{F}\cdot\mathbf{r}}$$

壁では力 $\mathbf{F}$ は圧力と結びつけられる。その大きさは圧力に壁の面積をかけたものに等しく，その方向は半径方向内向である。さらに $|\mathbf{r}|=r_0$. 従って

$$Nm\overline{c^2} = p4\pi r_0^2 \cdot r_0 = 3pV$$

すなわち

$$\frac{p}{\rho} = \tfrac{1}{3}\overline{c^2} \qquad \blacktriangleright (14.16)$$

この式は

$$RT = \tfrac{1}{3}\overline{c^2} \qquad \blacktriangleright (14.17)$$

14.6 Maxwell-Boltzmann 分布

p. 363
とおけば気体の熱的な状態方程式

$$\frac{p}{\rho} = RT$$

と一致する．ところが $\frac{1}{2}\overline{c^2} = e_T$ は気体の単位質量あたりの平均の並進運動エネルギーである．従って

$$\frac{p}{\rho} = RT = \tfrac{2}{3} e_T \quad . \tag{14.18}$$

これで温度を力学項によって表わすことができたわけである．

さらに，気体が内部構造をもたない質点群からなっているとすれば，e_T は単位質量あたりの全エネルギーに相当し，従って熱力学の内部エネルギーに等しい．よって

$$e = \tfrac{3}{2} RT \tag{14.19}$$

(14.19) は単原子気体の熱量的な状態方程式に他ならない．比熱 c_v 及び比熱比 γ は次のように決定される：

$$c_v = \frac{de}{dT} = \frac{3}{2} R \tag{14.20}$$

および

$$\gamma = \frac{c_p}{c_v} = \frac{R + c_v}{c_v} = \frac{5}{3} \tag{14.21}$$

これらの値は不活性気体，例えば He, A 等についてはかなり広い温度範囲にわたって実験と一致する．

多原子気体は並進の運動エネルギー以外に，例えば回転や振動のエネルギーをもっている．この場合には

$$e = \tfrac{3}{2} RT + e_{\text{rot}} + e_{\text{vib}} \quad \text{etc.} \tag{14.22}$$

従って多原子気体の c_v は $\tfrac{3}{2} R$ より大きく，γ は $\tfrac{5}{3}$ より小さい．

14.6 Maxwell-Boltzmann 分布

ビリアル定理によって，分子速度の絶対値の自乗平均 $\overline{c^2}$ と熱力学の圧力 p および温度 T との間の関係が導かれた．そこでこれらの結果を分布関数 $\phi(u, v, w)$ と結び

つけ，分布函数の最終形を求めよう．

$\phi(u, v, w)$ はすでに次の形に求められている：

$$\phi(u, v, w)\, du\, dv\, dw = A e^{-\beta(u^2+v^2+w^2)}\, du\, dv\, dw \tag{14.23}$$

ただし A 及び β は u, v, w に無関係な定数である．まずはじめに ϕ を基準化することすなわち A を次のように選ぶことによって A と β とを結びつける：

$$\iiint_{-\infty}^{\infty} A e^{-\beta(u^2+v^2+w^2)}\, du\, dv\, dw = 1 \tag{14.24}$$

この積分は三つのよく知られた形の積分の積に分けられる：

$$\int_{-\infty}^{\infty} e^{-\beta u^2}\, du = \sqrt{\frac{\pi}{\beta}} \tag{14.25}$$

従って式 (14.24) は

$$A \left(\frac{\pi}{\beta}\right)^{3/2} = 1$$

$$A = \left(\frac{\beta}{\pi}\right)^{3/2} \tag{14.26}$$

次に β を自乗平均速度と結びつける．このような関係は次元の考察から予想される．というのは (14.23) からわかる通り，β は速度の自乗の逆数の次元をもっていなければならないからである．例えば

$$\overline{u^2} = \iiint_{-\infty}^{\infty} u^2 \phi(u, v, w)\, du\, dv\, dw$$

$$= \left(\frac{\beta}{\pi}\right)^{3/2} \iiint_{-\infty}^{\infty} u^2 e^{-\beta(u^2+v^2+w^2)}\, du\, dv\, dw = \left(\frac{\beta}{\pi}\right)^{1/2} \int_{-\infty}^{\infty} u^2 e^{-\beta u^2}\, du$$

この積分は，"パラメータに関する微分"という非常に有力な方法によってたやすく (14.25) と結びつけることができる：

$$\int_{-\infty}^{\infty} e^{-\beta u^2} u^2\, du = -\frac{d}{d\beta} \int_{-\infty}^{\infty} e^{-\beta u^2}\, du = -\frac{d}{d\beta} \sqrt{\frac{\pi}{\beta}} = \frac{1}{2}\sqrt{\frac{\pi}{\beta^3}} \tag{14.27}$$

14.6 Maxwell-Boltzmann 分布

このようにして

$$\overline{u^2} = \frac{1}{2\beta} \tag{14.28}$$

および $\overline{v^2}$, $\overline{w^2}$ に対する同一の表式が得られる．これで実際には $\overline{c^2}$ が計算されたことになる．なぜなら

$$\overline{c^2} = \overline{(u^2 + v^2 + w^2)} = \overline{u^2} + \overline{v^2} + \overline{w^2}$$

従って

$$\overline{c^2} = \frac{3}{2\beta} \tag{14.29}$$

ところがすでに示したように（式 (14.17) 参照）

$$\overline{c^2} = 3RT$$

故に

$$\beta = \frac{1}{2RT}$$

p. 365
よって Maxwell-Boltzmann の分布則は次の形に書くことができる：

$$\phi(u, v, w)\, du\, dv\, dw = (2\pi RT)^{-3/2} e^{-(u^2+v^2+w^2)/2RT}\, du\, dv\, dw \quad \blacktriangleright (14.30)$$

式 (14.30) は分子速度の絶対値 c および二つの角 Φ, Ψ を使って書き直しておくと便利なことが多い．すなわち，速度空間に極座標を導入するのである．今の場合には，"ます目の体積" $du\, dv\, dw$ を変換するだけでよい．三次元の極座標の場合には

$$du\, dv\, dw = c^2 \sin\Psi\, dc\, d\Psi\, d\Phi$$

だから (14.30) は

$$\phi(u, v, w)\, du\, dv\, dw = (2\pi RT)^{-3/2} c^2 e^{-c^2/2RT} \sin\Psi\, dc\, d\Psi\, d\Phi \tag{14.31}$$

これを次の形

$$\phi(u, v, w)\, du\, dv\, dw = f(c, \Psi, \Phi)\, dc\, d\Psi\, d\Phi$$

のように書くと，$f(c, \Psi, \Phi)$ は，ます目 $dc\, d\Psi\, d\Phi$ に対する重み函数にあたり

$$f(c, \Psi, \Phi) = (2\pi RT)^{-3/2} c^2 e^{-c^2/2RT} \sin\Psi \tag{14.32}$$

これに対して

$$\phi(u, v, w) = (2\pi RT)^{-3/2} e^{-(u^2+v^2+w^2)/2RT} \tag{14.33}$$

(14.31) から一つの分子が, 大きさは c と $c+dc$ との間にあり方向は任意の, 速度をもつ確率を求めることができる. このためには, 単に Ψ および Φ のすべての値にわたって積分を行えばよい. すなわち

$$\int_0^{2\pi} d\Phi \int_0^\pi d\Psi f(c, \Psi, \Phi) = 4\pi (2\pi RT)^{-3/2} c^2 e^{-c^2/2RT} = \zeta(c)$$

従って

$$\zeta(c)dc = \frac{4\pi}{(2\pi RT)^{3/2}} c^2 e^{-c^2/2RT} dc \qquad \blacktriangleright (14.34)$$

はある分子の速度の絶対値が方向にかかわらず c と $c+dc$ の間にある確率を表わす. これらの例によって分布函数を変換するやりかたがわかる. その手掛りはどの場合でもます目単位を変換することにある.

最後に二三の有用な関係をまとめて掲げる:

$$\overline{c^2} = \int_0^\infty c^2 \zeta(c)\, dc$$

この積分もパラメータで微分する方法で求められる:†

$$\int_0^\infty c^4 e^{-\beta c^2}\, dc = \frac{d^2}{d\beta^2} \int_0^\infty e^{-\beta c^2}\, dc$$

これよりすでに求めた結果が再び得られ,

$$\overline{c^2} = 3RT \tag{14.35}$$

一方, 平均の速さ $\bar{c}$ は

$$\bar{c} = \int_0^\infty c\zeta(c)\, dc$$

で与えられるが, この積分は初等的に計算できて

$$\int_0^\infty c^3 e^{-\beta c^2} dc = \frac{1}{2\beta^2}$$

---

† (14.27) と比べ積分の限界が変わっていることに注意. c は 0 から ∞ まで変わるだけだから!

14.7 気体の比熱

従って

$$\bar{c} = \sqrt{\frac{8RT}{\pi}} \qquad (14.36)$$

となる. とくに, $\bar{c}$ および $\sqrt{\overline{c^2}}$ と音速 a との関係は

$$a = \sqrt{\gamma RT} = \bar{c}\sqrt{\frac{\pi\gamma}{8}} = \sqrt{\overline{c^2}}\sqrt{\frac{\gamma}{3}} \qquad (14.37)$$

これより分子の各種平均速度は音速と同程度の大きさの量であることがわかる.

14.7★ 気体の比熱

前節では気体分子の速度だけを論じたが, 速度空間のます目, $du\,dv\,dw$ の統計的重み $\phi(u, v, w)$ を Maxwell-Boltzmann の分布則 (式 (14.23)) として求め得たからには, **並進運動自由度**に関するあらゆる平均値を計算することも可能である. しかし一般に分子は質点ではなく完全な力学系であって, 並進運動だけでなく回転や振動をも行ないうる. それで分子の平均エネルギーを計算しようとすれば, すべての運動自由度に対する分布函数を必要とするわけである. これは統計力学に与えられた課題である.

この問題をくわしく論ずることは本書の範囲をはるかに超えることになるので, ここでは $c_p(T)$ と $c_v(T)$ の表式 ((1.91), (1.92) 参照) を導き出す過程の概要を述べるに止める.

(a) 以下, 高温度における理想気体の場合だけを問題にする. この場合には**統計的方法は古典および量子統計力学の両方において同一**である. 各分子は統計的集団の一員と考えることができる. すなわち各分子は我々の最も簡単な例においてはさいころの一つに対応する.

分子のエネルギー ϵ_m は並進のエネルギー ϵ_T と内部自由度 (例えば回転および振動) からの寄与——これを単に ϵ で表わす——とからなっている. 従って

$$\epsilon_m = \epsilon_T + \epsilon$$

また平均値は

$$\overline{\epsilon_m} = \overline{\epsilon_T} + \bar{\epsilon}$$

並進エネルギーに対する表式はすでに式 (14.19) で得られているが，それは単位質量について書いた形

$$e_T(T) = \tfrac{3}{2}RT$$

であって，質量 m の一個の分子あたりの式は

$$\bar{\epsilon_T} = me_T = \tfrac{3}{2}kT$$

ただし $k=mR$ は Boltzmann の定数である．(式 (14.17) によって $\epsilon_T = \tfrac{1}{2}\overline{mc^2}$ であることがわかる)．次に内部自由度からの寄与 ϵ について考えよう．

(b) **古典力学**においては，ϵ はいわゆる一般座標 q_j および一般運動量 p_j[†] の連続函数である．我々に特に興味のある場合として，ばね結合質量の系すなわち調和振動子の場合を考えよう．例えば x 方向に振動しているこのような系のエネルギー ϵ は

$$\epsilon = \tfrac{1}{2}m\dot{x}^2 + \tfrac{1}{2}m\omega_0^2 x^2$$

ただし m は質量，ω_0 は固有角振動数を表わすものとする．このときの一般座標は単に $q \equiv x$ および $p = m\dot{x}$ である．従って

$$\epsilon(p, q) = \frac{p^2}{2m} + \frac{m\omega_0^2 q^2}{2} \qquad (14.38)$$

量子力学では，ϵ は跳び跳びの値 ϵ_j，いわゆる**固有値**のみをとりうる．調和振動子の場合には，これは

$$\epsilon_j = \hbar\omega_0(j + \tfrac{1}{2}) \quad j = 0, 1, 2, \cdots \qquad (14.38\,\text{a})$$

のように与えられる．ただし $\hbar$ は Planck の定数 h を 2π で割った値を示す．

(c) 統計的重み ϕ はいわゆる正規分布

$$\phi = \text{const.}\, e^{-\epsilon/kT} \qquad \blacktriangleright (14.39)$$

によって与えられる．そして古典統計力学では $\phi(p_j, q_j)$ は"相空間"すなわち p_j, q_j
p. 368
を座標とする空間におけるます目の重みを表わす．そこで例えば振動子の平均エネルギーは次のように与えられる：

[†] q_j および p_j は標準的記号である．これを熱流ベクトルの成分および圧力と混同してはならない．

14.7 気体の比熱

$$\bar{\epsilon} = \frac{\iint \epsilon \phi \, dp \, dq}{\iint \phi \, dp \, dq} = \frac{\iint \left[\frac{p^2}{2m} + \frac{m\omega_0^2 q^2}{2} \right] e^{-\left(\frac{p^2}{2mkT} + \frac{m\omega_0^2 q^2}{2kT} \right)} dp \, dq}{\iint e^{-(1/2kT)(p^2/m + m\omega_0^2 q^2)} \, dp \, dq}$$

従って

$$\bar{\epsilon} = \frac{\int \frac{p^2}{2m} e^{-p^2/2mkT} \, dp}{\int e^{-p^2/2mkT} \, dp} + \frac{\int \frac{m\omega_0^2 q^2}{2} e^{-m\omega_0^2 q^2/kT} \, dq}{\int e^{-m\omega_0^2 q^2/kT} \, dq}$$

これらの積分は前にあらわれたものと同じ形((14.25), (14.27))であって，これを計算すれば

$$\bar{\epsilon} = \tfrac{1}{2}\mathbf{k}T + \tfrac{1}{2}\mathbf{k}T = \mathbf{k}T$$

のようになる．この式は有名な**エネルギーの等配則**を表わす．すなわち ϵ の表式中の，p または q のどちらかについて二次の項は何れも $\bar{\epsilon}$ に $\tfrac{1}{2}kT$ だけの寄与をする．

古典的な"自由度"は本質的にはエネルギー函数に二次の項を寄与することで定義される．従ってすべての自由度は分子の平均エネルギーに $\tfrac{1}{2}kT$ だけ，いいかえると平均比エネルギーに $\tfrac{1}{2}RT$ だけの寄与をする．よって（古典的）自由度の数を z とすれば，

$$\frac{e}{RT} = \frac{c_v}{R} = \frac{z(\tfrac{1}{2}RT)}{RT} = \frac{z}{2} \qquad (14.40\,\mathrm{a})$$

或は

$$\gamma = \frac{c_p}{c_v} = \frac{c_v + R}{c_v} = 1 + \frac{2}{z} \qquad (14.40\,\mathrm{b})$$

これとは別の形を前に (1.91) で与えた．

量子統計力学では (14.39) は次のように書かなければならない：

$$\phi_j = \mathrm{const.}\, e^{-\epsilon_j/kT} \qquad \blacktriangleright (14.39\,\mathrm{a})$$

そしてこれは j 番目の状態の統計的重みを表わす．また平均エネルギー $\bar{\epsilon}$ は次の式によって求めるべきである：

$$\bar{\epsilon} = \frac{\sum_j \epsilon_j \phi_j}{\sum_j \phi_j}$$

調和振動子に対しては, ϵ_j は (14.38a) で与えられ, 従って $\bar{\epsilon}$ は容易に計算できる.
p. 369
計算にあたっては, (14.38a) で附加定数 $\frac{1}{2}$ はエネルギーに定数を加えるだけだから始めから落してしまって $\epsilon_j = \hbar\omega_0 j$ としてよい. よって

$$\bar{\epsilon} = \frac{\sum \hbar\omega_0 j e^{-(\hbar\omega_0/kT)j}}{\sum e^{-(\hbar\omega_0/kT)j}}$$

この分母は幾何級数で

$$\mathcal{P} \equiv \sum (e^{-\hbar\omega_0/kT})^j = (1 - e^{-\hbar\omega_0/kT})^{-1}$$

のようにまとめられ, また分子は $-d\mathcal{P}/d(kT)^{-1}$ で表わされる. 故に

$$\bar{\epsilon} = -\frac{1}{\mathcal{P}} \frac{d\mathcal{P}}{d(kT)^{-1}} = -\frac{d}{d(kT)^{-1}} \ln \mathcal{P}$$

すなわち

$$\bar{\epsilon} = \frac{\hbar\omega_0}{e^{\hbar\omega_0/kT} - 1}$$

$\hbar\omega_0/k$ のかわりに θ_v と書けば

$$(c_v)_{振動} = \frac{de}{dT} = \frac{1}{m}\frac{d\bar{\epsilon}}{dT} = \frac{k}{m}\left(\frac{\theta_v}{T}\right)^2 e^{\theta_v/T}(e^{\theta_v/T} - 1)^{-2}$$

或は

$$\frac{(c_v)_{振動}}{R} = \frac{(\theta_v/2T)^2}{[\sinh(\theta_v/2T)]^2} \qquad \blacktriangleright (14.41)$$

　二原子分子は並進, 回転, 振動の各エネルギーをもっている. いま考えている温度範囲では, 回転自由度は"完全に励起"されており, 古典的な等配則値に達している. 振動成分は, 調和振動子によってよく近似され, c_v および c_p に対するその寄与は (14.41) によって与えられる. 従って $c_p(T)$ に対して (1.92) 式すなわち

$$c_p = R + c_v = R + (c_v)_T + (c_v)_{rot} + (c_v)_{vib}$$

がなりたち, 二原子分子の場合には回転自由度は二つあるので

$$\frac{c_p}{R} = 1 + \frac{3}{2} + \frac{2}{2} + \frac{(c_v)_{vib}}{R}$$

すなわち

$$\frac{c_p}{R} = \frac{7}{2} + \frac{(\theta_v/2T)^2}{[\sinh(\theta_v/2T)]^2}$$

14.8 分子衝突，平均自由行路と緩和時間

　動いている分子はお互同志や容器の壁と衝突する．衝突の度毎に分子には力 F がはたらくが，この力は不規則に分布している（14.5節参照）．壁の上でも，内向きという特定の方向はあるが，やはり壁の分子の熱運動と表面の凹凸に基づく不規則性要素が存在する．かように分子には**不規則な力**がはたらくので，その運動はある時間後には以前の歴史とは無関係にならなければならない．この"記憶を失う"ための特性時間を t^* で表わす．この考えは"相関函数"を導入すればもっと正確ならしめうるが，以下の議論のためにはべつにこれは必要でない．

　t^* は明らかに分子が単位時間に経験する衝突の回数 n によってきまる．最も簡単な仮定は t^* を n に逆比例するものと考え

$$t^* = \frac{\alpha}{n}$$

のように書くことである．ただし α は比例定数を表わす．明らかに，**α は分子同志の衝突の場合と，壁との衝突の場合で同じであるとは限らない．**また混合気体の場合には衝突の相手が同種の分子であるか異種の分子であるかによっても異なるであろう．さらに α は同種の分子と衝突する場合でも，効果の種類が変われば変る．例えば，振動のエネルギーを変化させるには，並進エネルギーを変化させるのに比べて，より多くの衝突を必要とする．**t^* を緩和時間という．**

　α を定めるには衝突の過程についての立ち入った議論と知識とが必要である．従って α は気体の種類に依存し，また壁との衝突では壁の材料に関係する．

　n，すなわち単位時間内の平均衝突回数を求めるにあたっては，主として t^* を問題とする限り，大ざっぱな模型を考えれば充分である．α をくわしく計算しないで n だけ計算の精度を高めても意味はない．まず，点分子からできている気体では**分子同志の衝突の確率は零であること**に注意する．衝突を計算するためには，"分子の大いさ"または"勢力範囲"を導入することが必要である．そこで分子の**衝突断面積 A** なるものを定義する．これは一つの分子がこれに向って動いてくる他の分子に相対する標的面積を表わす．一つの分子が単位時間に経験する平均衝突回数はこの A と平均速度 $\bar{c}$ および単位体積中の分子数 N に依存する．単位時間内に一つの分子は体積 $\bar{c}A$ の回廊

を掃過し，この中には約 $NA\bar{c}$ 個の分子が含まれている．従って期待される他の分子との衝突回数は

$$n = NA\bar{c} \quad .$$

この結果は次元的考察によっても導かれる．よって分子間の衝突の時間は

$$t = \frac{1}{NA\bar{c}} \tag{14.42}$$

p. 371
この間に動く平均距離を**平均自由行路**と呼び

$$l\bar{c} = \Lambda = \frac{1}{NA} \tag{14.43}$$

従って，緩和時間は

$$t^* = \alpha t = \frac{\alpha}{NA\bar{c}}$$

また**緩和距離**は

$$\Lambda^* = \alpha\Lambda = \frac{\alpha}{NA}$$

固体境界との衝突回数は容器による．すなわち分子がその平均自由行路を終る前に境界と衝突する確率によって定まる．従って壁との衝突は厚さ Λ の境界域で重要となる．

13.2 節の Couette 流れの例のような壁の間の稀薄気体の流れや，体積 V の容器内の平衡状態にある低圧の気体などでは，この境界域が容器の大きさと同程度またはそれ以上にもなりうる．このような場合には，分子はお互同志よりももっとひんぱんに壁と衝突する．それで緩和時間はこのとき簡単に

$$t^* = \frac{\bar{\alpha}d}{\bar{c}} \tag{14.44}$$

の程度となる．ここに d は代表的な長さ，例えば Couette 流れまたは容器の，壁の間の距離である．$\bar{\alpha}$ はこの場合，気体及び壁の物質の両方に関係する．

緩和時間の概念は非常に重要であって，ふつう平均自由行路の概念よりもっと便利である．緩和時間 t^* は，分子によって運ばれ，衝突によって変化しうるすべての性質，例えば運動量や運動エネルギーなどに賦与することができる．さらに，多原子気体には

14.9 ずれの粘性および熱伝導

内部自由度又はエネルギー様式があり，構成原子はお互に相対的に振動することができる．そしてこの内部様式もまた衝突によって攪乱されるが，その緩和時間は並進および回転様式のそれとは異なるのがふつうである．

t^* の大きさの見当をつけるために，標準の状態すなわち常温常圧における空気中の衝突の割合 n を考えてみよう．このとき

$$N = 2.69 \times 10^{19} \text{ cm}^{-3}$$
$$\bar{c} \doteqdot 4.5 \times 10^4 \text{ cm sec}^{-1}$$
$$A \doteqdot 10^{-15} \text{ cm}^2$$

であるから

$$n \doteqdot 10^9 \text{ sec}^{-1}$$
$$t^* \doteqdot \alpha \times 10^{-9} \text{ sec}$$
$$\Lambda^* \doteqdot 4\alpha \times 10^{-5} \text{ cm}$$

衝突過程の解析によれば，並進自由度に対しては α は1の程度であることがわかっている．内部自由度に対しては α は非常に大きくもなり，ある場合には 10^6 に達することもある！

緩和時間は明らかに密度が増せば減少する．温度依存性は，$\bar{c}$ はもとより α も A も温度によって変わるのでもっと複雑になる．

緩和時間は平衡状態からの小さなずれが収まる速さの尺度を与える．これらのずれは運動量やエネルギー，解離度や電離度，或は一般に種々の自由度に対するエネルギー分布，におけるずれであってよい．従って緩和時間は非平衡の状態においてひき起されるそれぞれの**流れ**を定めるものであって，巨視的見地における**輸送係数**（例えば μ や k）と密接に関連するものである．

14.9 ずれの粘性および熱伝導

すでに見たように熱力学の状態方程式および速度分布則は衝突の過程をくわしく考えなくても導くことができた．ところが，**熱力学的平衡状態にない気体の場合には，衝突の経過は大いに重要になってくる**．実際，輸送過程を厳密に論ずることは非常に困難である．速度分布函数は与えられた物理的条件に応じて作り上げなければならない．この

目的のために Boltzmann は分布函数 $\phi(x, y, z, u, v, w)$ に対する微積分方程式を導いた. それ以来多くの優れた研究が積み上げられたにもかかわらず, この Boltzmann 方程式を解くという問題は今日なお完全には解決されていない.

ここでは平衡状態からのずれが小さい場合だけを考え, 応力と変形速度および熱流と温度勾配との間に線型関係を仮定しよう. 従って, 主な目的はずれの粘性率 μ および熱伝導率 k に対する気体運動論的表現を求めることである. 次元解析によって, μ/ρ および $k/c_p\rho$ は次の形でなければならない:

$$\frac{\mu}{\rho} = (\bar{c})^2 t^*_1 = \bar{c}\Lambda^*_1 = \alpha_1 \bar{c}\Lambda$$

$$\frac{k}{c_p\rho} = (\bar{c})^2 t^*_2 = c\Lambda^*_2 = \alpha_2 \bar{c}\Lambda$$

p. 373
ここに t_1^* および t_2^* はそれぞれ運動量およびエネルギーに対する緩和時間である. 等号を用いたのは, t^* がすでに任意定数を含んでいるからである. t^* の表式 (14.42), (14.43) を入れると

$$\nu = \frac{\mu}{\rho} = \alpha_1 \frac{\bar{c}}{NA}$$

$$\frac{k}{c_p\rho} = \alpha_2 \frac{\bar{c}}{NA}$$

(定数 α は衝突断面積 A の中に吸収することもできる.) N は単位体積中の分子数であるから mN は密度 ρ である. 従って

$$\mu = \nu\rho = \alpha_1 \frac{m}{A} \bar{c}$$

$$k = \alpha_2 \frac{m}{A} c_p \bar{c}$$

▶

このように, μ と k は表面上 ρ または p に関係しない.

実験によれば, 気体の粘性と熱伝導率は実際かなり広い範囲の圧力および密度にわたって T だけに依存することが知られている. これより α と A は p にはあまり関係しないことがわかる. しかしこれらは T が変われば変化し, 従ってその比 α/A も T とともに変わる. それで μ と k は単に $\bar{c} \sim \sqrt{RT}$ に比例するというわけにはいかず,

14.10 非常に稀薄な気体の Couette 流れ

もっと複雑な温度法則に従う.

平衡状態からのずれが小さい場合には,輸送係数が対応する緩和時間と結びつくだろうことは信ずるに難くない. 例えば Rayleigh の問題 (13.5節) においては,熱力学的平衡からのずれは最初,壁の近くの流体に余分の運動量を与えることによってひき起される. 次いでこの運動量過剰は気体中へ拡散してゆく. この変化の時間的わりあいは**巨視的には粘性によって,微視的には対応する緩和時間によって尺度づけられる**. 熱伝導もエネルギー過剰の同じような拡散の現象に他ならない.

ずれと熱拡散に対応する輸送係数は,それぞれ ν と $k/c_p\rho$ であるが,両方とも同じ次元すなわち (速度)×(長さ) またはもっと適切には (速度の自乗)×(時間) の次元をもっている. このときの特性速度は平均の分子速度例えば $\bar{c}$ 或は $\sqrt{\overline{c^2}}$ である. 何れにしても定数因子がはいってくるから, $\bar{c}$ 或は $\sqrt{\overline{c^2}}$ のいずれをとっても差支えない. 特性時間としては緩和時間 t^* をとるべきである. また特性長さは緩和距離 Λ^* である.

14.10 非常に稀薄な気体の Couette 流れ

Couette 流れはすべての Mach 数及び Reynolds 数に対して Navier-Stokes 方程式の解がわかっている数少ない例の一つである. しかもこれは純粋なずれ流れの場合である. 従ってこれは前節の概念の応用を明示するのに非常に都合がよい.

Couette 流れのずれ応力 τ_w は式 (13.16):

$$\frac{\tau_w d}{\mu_\infty U} = \int_0^1 \frac{\mu}{\mu_\infty} d\left(\frac{u}{U}\right) \tag{14.45}$$

によって粘性率 μ,動壁の速さ U,風路の巾 d と結びつけられる. ただし μ_∞ は動壁の温度における粘性率の値である.

低速流の場合には $\mu/\mu_\infty \to 1$,従って

$$\tau_w = \mu \frac{U}{d} \tag{14.46}$$

または表面摩擦係数で表わすと

$$C_f = \frac{2}{Re} \tag{14.46 a}$$

ここで μ を前節で導入した分子的な量によって表わす．圧力が充分大きく，分子間の衝突が緩和時間 t^* を定めるような場合には

$$\mu = \rho(\bar{c})^2 t^*_1 = \frac{\alpha m}{A} \bar{c}$$

これより

$$\tau_w = \alpha_1 \frac{m}{A} \frac{\bar{c} U}{d}$$

この式からは別にとくに新らしいことは得られない．これはむしろ α/A がこの関係から実験的に定められるという点で重要である．

気体の圧力が充分低く，t_1^* が主として壁との衝突によってきまるような場合には

$$t^*_1 = \hat{\alpha} \frac{d}{\bar{c}}$$

$$\mu = \rho(\bar{c})^2 t^*_1 = \tilde{\alpha}_1 \rho \bar{c} d$$

このとき (14.45) は

$$\tau_w = \tilde{\alpha}_1 \rho \bar{c} U \qquad (14.47)$$

すなわち圧力が低い場合には τ_w は壁の間の距離に無関係になる！

(14.47) は圧力および温度によって書き直すことができる．理想気体に対しては

$$\frac{p}{\rho} = RT$$

および

$$\bar{c} = \sqrt{\frac{8}{\pi}} \sqrt{RT}$$

従って

$$\tau_w = \tilde{\alpha}_1 \sqrt{\frac{8}{\pi}} \frac{pU}{\sqrt{RT}} \qquad \blacktriangleright (14.48)$$

これに相当する表面摩擦係数は

14.10 非常に稀薄な気体の Couette 流れ

$$C_f = \frac{\tau_w}{\frac{1}{2}\rho U^2} = 2\bar{\alpha}_1 \sqrt{\frac{8}{\pi\gamma}} \frac{1}{M}$$

これに対し，非圧縮性流れの場合には，C_f は既述のように (14.46 a) で与えられる．すなわち

$$C_f = \frac{2}{Re}$$

気体が非常に稀薄であるかどうかをきめる特性パラメータは平均自由行路 Λ または巨視的な量によって次のように表わされる：

$$\frac{d}{\Lambda} \sim \frac{d}{\bar{c}t^*} \sim \frac{Ud}{\nu}\frac{a}{U} = \frac{Re}{M} \qquad \blacktriangleright$$

そして，$M/Re \ll 1$ の場合には気体は密であると考えるべきで，このときずれ応力は (14.45) によって与えられ，また $M/Re \gg 1$ の場合には気体は**非常に稀薄**であって，ずれ応力は (14.48) から定められる．

最後に，稀薄気体の Couette 流れを U が小さいという制限なしに考えることもできる．このときには次式とともに (13.16) を用いなければならない：

$$\frac{\mu}{\mu_\infty} = \frac{\bar{c}}{\bar{c}_\infty} = \sqrt{\frac{T_\infty}{T}}$$

熱伝達が零のときには，T/T_∞ は $u/U=\xi$ と式 (13.15) によって結びつけられ，

$$T/T_\infty = 1 + Pr\frac{\gamma-1}{2}M_\infty^2(1-\xi^2)$$

簡単のため $Pr\frac{\gamma-1}{2}M_\infty^2 = \Gamma$ と書けば，ずれの応力は次の式から求められる：

$$\frac{\tau_w d}{\mu_\infty U} = \int_0^1 \frac{d\xi}{\sqrt{1+\Gamma(1-\xi^2)}} = \frac{1}{\sqrt{\Gamma}}\sin^{-1}\sqrt{\frac{\Gamma}{1+\Gamma}} \qquad (14.49)$$

M_∞ が小さいときすなわち Γ が小さいときは

$$\frac{1}{\sqrt{\Gamma}}\sin^{-1}\sqrt{\frac{\Gamma}{1+\Gamma}} \to 1$$

M_∞ 従って Γ が大きいときは

$$\frac{1}{\sqrt{\Gamma}} \sin^{-1} \sqrt{\frac{\Gamma}{1+\Gamma}} \to \frac{\pi}{2\sqrt{\Gamma}}$$

よって,

$$\tau_w = \bar{\alpha}_1 \sqrt{\frac{8}{\pi}} \frac{pU}{\sqrt{RT}} \quad \text{(小さい } M\infty \text{ に対して)}$$

これは前に (14.48) で得た結果に他ならない.反対の極限として,稀薄気体の高速流に対しては次の式が得られる:

$$\tau_w = 2\bar{\alpha}_1 \sqrt{\frac{\pi}{(\gamma-1)PrM_\infty^2}} \frac{pU}{\sqrt{RT}} \quad \text{(大きい } M\infty \text{ に対して)} \quad (14.50)$$

これらに相当する表面摩擦係数はそれぞれ

$$C_f = 2\bar{\alpha}_1 \sqrt{\frac{8}{\pi\gamma}} \frac{1}{M_\infty}$$

および

$$C_f = 4\bar{\alpha}_1 \sqrt{\frac{\pi}{\gamma(\gamma-1)Pr}} \frac{1}{M_\infty^2} .$$

熱伝達についても同様の結果が得られ,低圧の場合には,やはり τ_w と同じく風路の巾 d に無関係になる.この結果は典型的なもので,熱伝達または力の測定によって低い圧力を測る方法の基礎となるものである (Pirani ゲージ, Knudsen ゲージ).

14.11 滑りと適応の概念

固体壁と衝突する分子は,ただ一回の衝突だけでは壁の状態に相応する運動量やエネルギーを得るとは限らない.気体が平衡状態にある場合にはこの影響は問題にならない.それは境界と気体は同じ平均運動量(すなわち零)と同じ温度をもっているからである.平衡状態でなければ,上の影響は重要になり得る.気体と境界との間に相対運動があれば,その間に運動量の伝達が行なわれる.また温度差があれば,熱すなわちエネルギーの交換が行われる.もし分子が平均として一回の衝突で壁の運動量を獲得しないようなときには"滑り"があるという.また,平均として一回の衝突で境界の温度に相当するエネルギーを獲得しないような場合には完全な適応を欠くという.従って滑り

14.11 滑りと適応の概念

がある場合には，境界の近くの分子は壁の速度とは違った平均速度をもつことになる．また適応を欠く場合には温度の跳びが現われるであろう．

これらの影響は壁との衝突に関連するものであるから，壁の近くの Λ の程度の厚さの領域においてだけ重要となる．従って密な気体の力学ではこれらの影響は問題にならずつねに無視することができる．しかし稀薄気体の流れでは重要になり得る．壁との衝突に対する緩和時間 t^* の定義にあらわれる定数 $\bar{\alpha}$ の値は明らかに滑りの程度と適応性とに関係するものである．

滑りと適応不足の影響はふつう壁と境界との間の速度の跳び v および温度の跳び θ によってあらわされる．例えば，Couette 流れで上の壁が速度 U で動いている場合，上下の壁でそれぞれ (v) だけの滑りがあるので，上下の壁の気体速度の差は $U-2v$ になる．従って気体中のずれ応力は

$$\tau = \mu \frac{U-2v}{d}$$

壁の近くでは，流れは自由分子流（14.10 節参照）のようにふるまうから，τ はまた次のように書くこともできる（(14.47)）：

$$\tau = \bar{\alpha}_1 \rho \bar{c} v$$

従って $\mu = a_1 \rho \bar{c} \Lambda$（14.9 節参照）を用いると

$$v = \frac{U}{2 + \frac{\bar{\alpha}_1}{\alpha_1}\frac{d}{\Lambda}} = \frac{U}{d}\frac{\Lambda}{2\frac{\Lambda}{d} + \frac{\bar{\alpha}_1}{\alpha_1}}$$

Λ/d が小さいときこれは次のようになる：

$$v = \frac{\alpha_1 \Lambda}{\bar{\alpha}_1}\frac{U}{d} = \xi \frac{dU}{dy}$$

係数 $\xi = \alpha_1 \Lambda / \bar{\alpha}_1$ を滑り係数という．

同じように，温度に対しても θ を導入して上と平行的に論ずることができる．その結果

$$\theta = \frac{\alpha_2 \Lambda}{\bar{\alpha}_2}\frac{T_1 - T_2}{d} = g\frac{dT}{dy}$$

が得られる．ただし $g=\alpha_2\Lambda/\tilde{\alpha}_2$ は上に対応する温度の跳びの係数である．

p.378
$\alpha/\tilde{\alpha}$ なる比はふつう1の程度であり，従って ξ と g は Λ の程度である．この結果は Maxwell により始めて得られた．

14.12 内部自由度の緩和効果

緩和時間の概念は衝突による任意のエネルギー伝達に適用することができる．前にも注意したように，振動および回転の緩和時間は並進のそれとは一般に違っている．内部自由度の緩和時間は，ずれ粘性——これは並進自由度だけに関係している——には直接入って来ないけれども，急速な加熱や冷却または急激な圧縮や膨脹の場合には表面に現われる．

例えば，ある気体の分子が**短かい緩和時間** $t_1{}^*$ をもつ z_1 個の自由度と，比較的**長い緩和時間** $t_2{}^*$ をもつ z_2 個の自由度をもっているとしよう．周知の場合としては，$t_1{}^*$ は並進および回転に対するもので，$t_2{}^*$ は振動に対するものである．比熱比 γ は z と次式で結ばれている（(14.40 b)）：

$$\gamma = \frac{z+2}{z} = \frac{z_1+z_2+2}{z_1+z_2}$$

加熱または冷却が $t \ll t_2{}^*$ の時間内に起るような流れの過程では $t_2{}^*$ に対応する自由度は平衡エネルギーに達することができないので，**気体は γ が z_1 自由度だけで定まるかのように振舞う**．この結果，γ の値はすべての自由度が平衡に達したときの値よりも大きくなる．古典的な例は高周波の音波の伝搬の場合である．f を周波数とすると，音波の速度は $\frac{1}{f} \gtrless t_2{}^*$ によって違ってくる．その値は

$$f t^*_2 \ll 1 \quad \text{に対しては} \quad a_1 = \sqrt{\gamma RT} = \sqrt{\frac{z_1+z_2+2}{z_1+z_2} RT}$$

$$f t^*_2 \gg 1 \quad \text{に対しては} \quad a_2 = \sqrt{\frac{z_1+2}{z_1} RT}$$

移り変わりには音の強い吸収がともなう．これは $f t_2{}^* \sim 1$ の領域で気体の中にエネルギーの流れが起り，エントロピーが生成されるからである．

このような影響は衝撃波の場合にはもっと強調される．おそい自由度は最初の急速な

14.12 内部自由度の緩和効果

圧力,密度,温度の変動について行けなくて,あとからゆっくり調節する.このおくれの結果を,衝撃波の平衡関係式 (2.41) の吟味によって質的に調べるのは容易である.衝撃波の式は次のように書ける:

$$h_2 - h_1 = \tfrac{1}{2}u_1^2[1 - (u_2/u_1)^2]$$
$$p_2 - p_1 = \rho_1 u_1^2[1 - u_2/u_1]$$

強い衝撃波の場合には,$(u_2/u_1)^2 \ll 1$ であるから

$$h_2 - h_1 \doteqdot \tfrac{1}{2}u_1^2 \dagger$$

すなわち,エンタルピーの差は主として衝撃波の速さによってきまり,気体にはよらない.もし比熱が一定であるならば,すなわち T が h とともに直線的にふえるならば,これより

$$T_2 = T_1 + \tfrac{1}{2}u_1^2/c_p$$

となるはずである.しかし,比熱が変化する場合(特に解離,電離等により)には,h に対する T の増加は直線状よりもおそく(例えば,1.7 図参照),従って定まったエンタルピー差 h_2-h_1 はより小さな温度差 T_2-T_1 に対応する.圧力差 p_2-p_1 は事実上影響を受けない.u_2/u_1 なる項は必ずしも無視できないがその影響は小さく,比熱変化にもとづくこれの小さな変化によっては p_2-p_1 は事実上変化しないのである.

このように,もし比熱が一定であるとすれば,比熱が変わる場合に比べて,温度 $T_2{}'$

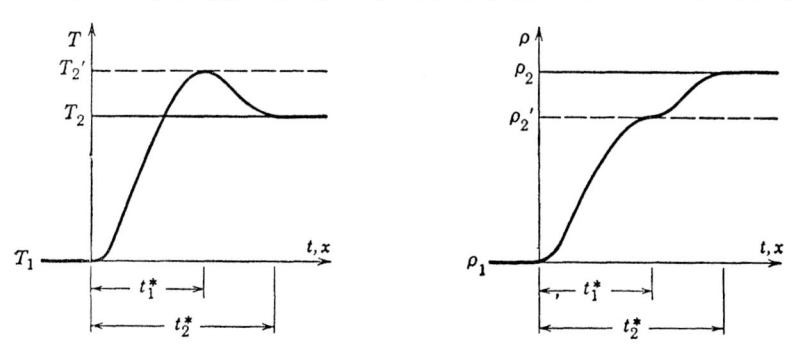

14.2 図 衝撃波における温度および密度分布に対する分子緩和現象の影響

---

† Couette 流れ(式 13.93)との相似に注意.

はより高く，圧力 p_2 は実際上同じで，従って密度 ρ_2' はより小さいであろう．さて，緩和時間の影響によって，気体は真の比熱へ移るための調節をおくらされ，始め比熱が一定であるかのように振舞う．従って気体は一たん温度 T_2'，密度 ρ_2' に達してから後に最終平衡値 T_2, ρ_2 になる．この概況を 14.2 図に示す．このようなわけで，衝撃波の中の密度分布の測定を利用すれば内部緩和時間を決定することができる．6.15 d 図は緩和効果を伴なう衝撃波の代表的な干渉図を示す．

　亜音速流では，急な勾配は，小さな障害物を過ぎる流れによって作ることができる．これは Kantrowitz によって始めて指摘されたが[†] (p. 380)，彼は衝突管の口の近くの流れを詳細に論じた．この場合，流体は時間 $t \sim d/U$ の間に静止せしめられる．ただし d は管の直径を表わす．従ってもし

$$\frac{d}{U} \sim t^*$$

ならば緩和効果を期待できる．緩和効果の出現は細い管と太い管を比べて測られる総圧の損失によって認識しうる．この損失もまた各自由度間にエネルギーの再配分が行なわれる非平衡領域に生ずる流れによって説明できる．エントロピーの総変化量 ΔS は実際の圧力および測定される圧力と次の式（式 (2.15a) 参照）によって結びつけられる：

$$\frac{p_0}{p_0'} = e^{\Delta S/R}$$

Kantrowitz は緩和時間がピトー管測定によって求め得られることを明示した．上記と同じような結果は，凝縮，解離，電離などの場合にも得られるであろうことは明らかである．ここでもまた緩和時間（或は反応速度）を定義して上記と同様な現象を研究することができる．実際このような考えは解離気体中における音波の伝搬に関する Einstein の理論で始めて導入された．

　これらの例における効果は本質的には圧縮縦波に基づくものであって，内部緩和効果はいわゆる体積粘性又は第二粘性係数 κ に結びつけられる．13.12 節では圧縮粘性応力を $\bar{\tau} = \bar{\mu}\, du/dx$ と書いた．線型応力関係（式 13.77）を参照すれば，圧縮応力に対する"粘性係数"は

[†]　A. Kantrowitz, J. Chem. Phys,; 14 (1946), p. 150.

14.13 連続体理論の限界

$$\tilde{\mu} = \lambda + 2\mu$$

であること,従ってそれは一般にずれ粘性係数 μ とは異なることがわかる.これは,体積粘性係数 $\kappa = 3\lambda + 2\mu$ を使うと

$$\tilde{\mu} = \tfrac{4}{3}\mu + \tfrac{1}{3}\kappa$$

のようにも書ける.13.13節で注意したように,いわゆる "Stokes の仮定",$\kappa = 0$ は単原子分子の場合を除いては正しくない.従って,$\tilde{\mu}$ は一般に内部緩和時間によって影響を受ける.

14.13 連続体理論の限界

分子的見方からの粘性に関する議論および Couette 流に対するその応用によって,流れには二つの極限の場合があることがわかった.その一つでは密度が充分大きく分子間衝突が緩和時間を定め,他の一つでは気体が非常に稀薄で境界との衝突によって緩和時間が定められる.Couette 流れと同じような,壁の間に限られた流れでは,これら二つの極限の場合を平均自由行路 Λ と風路の直径 d との比によって容易に定義することができる.Λ/d は Knudsen 数と呼ばれることが多い.$\Lambda/d \ll 1$ ならば分子間衝突が支配的である.$\Lambda/d \gg 1$ ならば境界との衝突が優越する.$\nu \sim \Lambda \bar{c}$ であり $\bar{c} \sim a$ であるから Knudsen 数を Mach 数と Reynolds 数とで表わすことができる:

p. 381

$$\frac{\Lambda}{d} \sim \frac{M}{Re}$$

従って,$M/Re \gtrsim 1$ の流れを稀薄気体の流れといってよいであろう.

稀薄気体の流れでは連続体理論はなりたたなくなり,従ってこの領域の流れの問題は気体運動論によって計算しなければならないということがよくいわれる.しかしこれは言い過ぎであって,この言い過ぎはふつう稀薄気体の実験結果をこの問題に向かない Navier-Stokes 方程式の解と比較することに由来する.例えば,稀薄気体の流れは非圧縮性流れとは考え得ない.なぜならこれは $M \to 0$ を意味し,このとき M/Re は一般に大きくはなり得ないからである.従って,管を流れる非圧縮性流れ (Poiseuille 流れ) に対する Navier-Stokes 方程式の解は稀薄気体の流れと比較することはできない.さらにまた稀薄気体の流れはつねに低 Reynolds 数の流れである.従って例えば稀薄気体

の流れにおける表面摩擦係数を大きい Reynolds 数に対してのみなりたつ境界層理論と比較することもできない．同様に，平均自由行路と境界層厚さとの比を特性パラメータとして使うことも意味がない．

また k と μ が T だけの函数 $\mu=\mu(T)$, $k=k(T)$ であるということも，限られた密度範囲だけでしか成立たないことも忘れてはならない．非常に低い（又は高い）密度では $\mu=\mu(\rho, T)$, $k=k(\rho, T)$ である．従ってこの点でも Navier-Stokes 方程式の解を稀薄気体領域における経験や気体運動論と比較する際に注意が必要である．

原理的には，連続体理論は分子構造に基づくゆらぎが大きくなって測定が適正な平均値を与えないときに限り適用不能になる．**これは平均自由行路と風路の大きさとの比によるのみならず，エルゴード性によって平均時間の長さにも関係する．**非常に長い時間にわたる平均をとる装置を以てすれば原理的には非常に低い圧力における管の中の流れの例えば圧力分布を測定することも可能である．このように，稀薄気体の流れにおいても圧力や力などの平均量を定義し，これらの平均値に連続体の運動方程式を適用することもできるのである．しかしながら，稀薄気体の場合には，平均値を求めようとするきでも，気体運動論的考察を用いる方が**より簡単でまた直接的**であることが多い．同様に，ふつうの状態では気体力学的考察を適用し，μ や k を経験から，または唯一回の気体運動論の計算からとって来るのがより簡単かつ直接的である．かように気体力学と気体運動論は実際は重なり合っているもので，どちらのやり方をとるかは，必要性ではなく簡単さの点から検討すべきものである．

最も興味のある場合すなわち物体を過ぎる無限に拡がった流れの場合には，どちらの方法も無限遠における適正な境界条件に関連する困難に出会う．例えば，球などの物体を過ぎる**圧縮性粘性流**の場合に，すべての M 及び Re についてなりたつ Navier-Stokes 方程式の解を求めることは困難である．他方，気体運動論でふつう知られている解は $\Lambda\to\infty$ の極限，いわゆる"自由分子流"の場合にだけなりたつもののみである．無限に拡がった流体の場合この極限にどのように近づくかということを調べるのはむつかしい．

一般的にいって，稀薄気体の流れの問題の分野はまだあまり解明されてはいない．

練習問題

第 1 章

1.1
$$\left(\frac{\partial p}{\partial \rho}\right)_s = \gamma \left(\frac{\partial p}{\partial \rho}\right)_T$$

であることを示せ. 理想気体についてこれを確かめよ.

1.2
$$c_p - c_v = T\left(\frac{\partial v}{\partial T}\right)_p \left(\frac{\partial p}{\partial T}\right)_v$$

および
$$\gamma(c_p - c_v) = T(a \cdot \alpha)^2$$

であることを示せ. 但し $a^2 = \left(\dfrac{dp}{d\rho}\right)_s$, $\alpha = \dfrac{1}{v}\left(\dfrac{\partial v}{\partial T}\right)_p$ とする.

1.3 断界点では $\partial p/\partial v = \partial^2 p/\partial v^2 = 0$ である. Dieterici の状態方程式

$$p = \frac{RT}{v-\beta} \exp\left[-\frac{\alpha}{RTv}\right]$$

に対する $\kappa = p_c v_c / RT_c$ を計算せよ. κ を表 1 の値と比較せよ.

1.4 (1.1) および (1.2) の結果を用いて Dieterici の状態方程式に従う気体に対する音速の式 $a^2 = \partial p/\partial \rho_s$ を求めよ.

1.5 断熱抑流過程を考え, (1.85) または (1.87) の形の状態方程式を用いて, 気体の dT/dp を計算せよ.

1.6 Dieterici の式および (1.85) に対する正規状態方程式 $E = E(V, S)$ を求めよ.

1.7 単振子が断熱剛体の容器中に置かれていて, $t=0$ に振子はある静止の位置から振動しはじめるとする. 初期状態と最終状態すなわち運動がおさまって後の状態の間の系のエントロピーの変化はいかほどか.

1.8 物体が理想気体を入れた断熱の閉じた箱の中の任意の軌道にそって運動し, 物体のうける抵抗はその速さによる; $D=D(U)$. 時刻 t_1 と t_2 に物体が静止していて, 気体が平衡にあるとき

$$\frac{T_2}{T_1} = e^{\Delta s/c_v} \quad ただし \quad \Delta S = \int_{t_1}^{t_2} \frac{DU}{T} dt$$

であることを示せ.

もし T_2 が T_1 よりも余り大きくなく, 運動が定常であれば, エントロピーのつくり出される割合は近似的に

$$\frac{dS}{dt} = \frac{DU}{T_1}$$

で与えられることを示せ.

p. 384
1.9 (a) 断熱の（直立した）円筒およびピストンによって囲まれた理想気体が p_1, v_1, T_1 の状態で平衡にある. 重りを円筒の上に置くとき多数回振動した後運動はおさまり気体は p_2, v_2, T_2 の状態で新しい平衡に達する. 温度比 T_2/T_1 を圧力比 $\lambda = p_2/p_1$ で表わせ. またエントロピーの変化が

$$s_2 - s_1 = R \log \left[\frac{1+(\gamma-1)\lambda}{\gamma} \right]^{\gamma/(\gamma-1)} \frac{1}{\lambda}$$

で与えられることを示せ. もし初期変動が小さく, したがって $\lambda = 1+\epsilon$, $\epsilon \ll 1$ ならば

$$(s_2 - s_1)/R \doteq \epsilon^2/2\gamma$$

となることを示せ.

(b) 平衡の位置のまわりの微小振動の振動数が

$$n = \frac{1}{2\pi} \sqrt{\gamma \frac{g}{l}}$$

であることを等エントロピー関係を用いて示せ. ただし l は円筒の高さである. これを単振子の振動数と比較せよ. 等エントロピー関係を用いたことの正しい理由を示せ.

1.10 単位質量の解離する二原子気体, 例えば N と N_2 からなる孤立した（閉じた）系を考えよ. N の比エントロピー, 比エネルギー, 質量比を S_1, e_1, x, N_2 のそれらを S_2, e_2, $(1-x)$ とすれば

$$s = xs_1 + (1-x)s_2$$
$$e = xe_1 + (1-x)e_2$$

練 習 問 題

がなりたつ．閉じた系に対しては S は平衡状態で最大値をとり，したがって $\delta s=0$ である．またなんの熱も加えられず，外部からなんらの仕事もなされないから E は変化せず，したがって $\delta E=0$ である．

これら2つの条件を今考えている系に適用せよ．すなわち $\delta s=\frac{\partial s}{\partial x}\delta x+\frac{\partial s}{\partial T}\delta T=0$ および $\delta e=\frac{\partial e}{\partial x}\delta x+\frac{\partial e}{\partial T}\delta T=0$ とせよ．そして簡単のため比熱は一定とし，次の関係がなりたつことを示せ：

(a) $\qquad s_1 T - (e_1 + R_1 T) = s_2 T - (e_2 + R_2 T)$

すなわち $\qquad g_1 = g_2$

(b) $\qquad \rho_1^2/\rho_2 = \text{const.}\, T^{\Delta c_v/R} \exp(-\Delta e_0/RT)$

但し $\Delta c_v = c_{v1} - c_{v2}$, $\Delta e_0 = e_{01} - e_{02}$, $R \equiv R_2 = \frac{1}{2} R_1$ とする．

これらの結果を本文の (1.78) および質量作用の一般法則 (1.74) と比較せよ．また，本文の (1.90) および (1.91) から導かれるように $\frac{\Delta c_v}{R} = \frac{1}{2}$ なることに注意せよ．*

1.11 質量作用の法則 (1.74)（または練習問題 1.10 と同様な考察）を電離する単原子気体，すなわち

$$A^+ + e = A$$

アルゴンイオン＋電子＝中性アルゴン

の形の反応に適用せよ．その際，電子気体は理想的であるとみなすことができる．電子の質量が非常に小さいから A^+ と A の質量したがって気体定数はほぼ等しい．また，3つの気体の比熱はすべて一定と仮定せよ．

電離度を x すなわち A^+ の質量比を x とするとき

$$\frac{x^2}{1-x^2} = \text{const.}\,\frac{T^{5/2}}{p} \exp(-e_0/RT)$$

であることを示せ．（定数は熱力学から決めることはできないが，統計力学からは定数に対して $(2\pi m)^{3/2} k^{5/2} h^{-3}$ の表式が得られる．ここで m は電子の質量，h は Planck 定数である）

$$\frac{x^2}{1-x^2} = \frac{(2\pi m)^{3/2}}{ph^3} (kT)^{5/2} \exp(-e_0/kT)$$

―――――――――――

* 但し二原子分子モデルは啞鈴型とする．

は有名な Eggert-Saha の公式である．

1.12 二相系の単位質量，例えば水蒸気 x と水 $(1-x)$ からなる系を考える．

（a） 平衡状態においては

$$g_1 = g_2$$

であることを示せ．

（b） この平衡条件を p, T 図上の2つの隣り合った点に適用せよ．すなわち

$$g_1(p, T) = g_2(p, T)$$
$$g_1(p+dp, T+dT) = g_2(p+dp, T+dT).$$

そして

$$\frac{dp}{dT} = \frac{s_1 - s_2}{v_1 - v_2}$$

であることを示せ．

（c） $T(s_1-s_2)=l\equiv$潜熱 （すなわち相変化の熱），であることを示せ．かようにして，

$$\frac{dp}{dT} = \frac{l}{T(v_1 - v_2)}$$

がでるこれは Clapeyron-Clausius の式の一般形である．

もし l が T によって変らないとし蒸気を理想気体として取扱えば，

$$p = \text{const.}\, e^{-l/RT}$$

となることがわかる．これを本文の (1.83) と比較せよ．

1.13 すべての物質を取除いた体積 V の空洞を考え空洞の壁は温度 T に保たれているものとする．そうすると，空洞を満たす電磁輻射は

$$E = \sigma V T^4 \quad (\text{Stefan の法則}, \sigma = =\text{定数})$$

のエネルギーをもった熱力学的系と考えることができる．輻射が空洞の壁上に

$$p = \frac{1}{3}\frac{E}{V}$$

の圧力を及ぼすことを示せ．またエントロピーが

$$S = \frac{4}{3}\frac{E}{T}$$

練習問題

第 2 章

2.1 理想気体に対して

$$M = \frac{u}{a_0}\left[1 - \frac{\gamma-1}{2}\left(\frac{u}{a_0}\right)^2\right]^{-1/2}$$

p. 386
であることを示せ．低い Mach 数では，これは

$$M \doteqdot \frac{u}{a_0}\left[1 + \frac{\gamma-1}{4}\left(\frac{u}{a_0}\right)^2\right]$$

となる．また，T/T_0, p/p_0, ρ/ρ_0 を $(u/a_0)^2$ の函数として求めよ．

2.2 Mach 数が低いとき Bernoulli の式 (2.38) は非圧縮性流体の場合の形に帰着することを示せ．**ヒント**：この場合 p は p_0 からごくわずかだけ異なる．すなわち，$p = p_0(1-\epsilon)$, $\epsilon \ll 1$. そのときには

$$\frac{1}{2}\rho_0 u^2 = (p_0 - p)\left(1 + \frac{\epsilon}{2\gamma} + \cdots\right)$$

になることを示せ．

2.3 局所状態と基準（主流）状態とは

$$\frac{T}{T_1} = 1 - \frac{\gamma-1}{2}M_1{}^2\left[\left(\frac{u}{U}\right)^2 - 1\right]$$

で関係づけられることを示し，これに対応する p/p_1, ρ/ρ_1 の式を求めよ．また，変動が小さい場合すなわち $u' = u - U \ll U$ の場合に簡単な近似式を求めよ．

2.4 貯気槽からの流れにおいて到達できる最大の速度は

$$u_m{}^2 = 2h_0$$
$$= \frac{2}{\gamma - 1}a_0{}^2 \quad \text{（理想気体の場合）}$$

で与えられることを示せ．対応する T および M の値はいかほどか．この結果を解釈

せよ．

2.5 垂直衝撃波前後の圧力比は，場合によっては Mach 数よりも便利なパラメータである．それにつき

$$\frac{\rho_2}{\rho_1} = \frac{u_1}{u_2} = \frac{1 + \frac{\gamma+1}{\gamma-1}\frac{p_2}{p_1}}{\frac{\gamma+1}{\gamma-1} + \frac{p_2}{p_1}} = \frac{p_2}{p_1}\frac{T_1}{T_2}$$

になることを示せ．これらは **Rankin-Hugoniot** の関係と呼ばれている．

2.6 弱い垂直衝撃波 $\left(\frac{\Delta p}{p_1} = \frac{p_2 - p_1}{p_1} \ll 1\right)$ について以下の式が成り立つことを示せ．

$$\frac{\Delta \rho}{\rho_1} \doteqdot -\frac{\Delta u}{u_1} \doteqdot \frac{1}{\gamma}\frac{\Delta p}{p_1}$$

$$M_1{}^2 = 1 + \frac{\gamma+1}{2\gamma}\frac{\Delta p}{p_1} \quad (\text{厳密})$$

$$M_2{}^2 \doteqdot 1 - \frac{\gamma+1}{2\gamma}\frac{\Delta p}{p_1}$$

$$\frac{\Delta p_0}{p_0} \doteqdot -\frac{\gamma+1}{12\gamma^2}\left(\frac{\Delta p}{p_1}\right)^3$$

第 3 章

p. 387
3.1 保存法則の式を伝播衝撃波の場合に直接適用して垂直衝撃波の関係式を求めよ．(3.2 節参照) **ヒント**：進行するピストンと，衝撃波の前の検査面の間の流体について考察せよ．

3.2 連続の式が

$$\frac{\partial \rho}{\partial t} + \frac{\partial}{\partial r}(\rho u) + N\frac{\rho u}{r} = 0$$

になることを示せ．ただし，N は二次元流，軸対称流および球対称流について，それぞれ 0，1 および 2 である．Euler の式 (3.8) はこれら三つの場合につき，いずれも同じである．円柱面波および球面波について，対応する音波の式を求めよ．

三つの場合のいずれにおいても運動は渦無し (7.10 節) なので，速度は速度ポテンシ

ャルから求めることができ，音波の式が

$$\frac{1}{a_1^2}\frac{\partial^2 \phi}{\partial t^2} = \nabla^2 \phi \equiv \frac{\partial^2 \phi}{\partial r^2} + \frac{N}{r}\frac{\partial \phi}{\partial r}$$

の形に書けることを示せ．球面波（$N=2$）について，一般解が

$$\phi = \frac{1}{r}[\phi_1(r - a_1 t) + \phi_2(r + a_1 t)]$$

になることを示せ．この解を平面波（$N=0$, 3.4節）の解と比較せよ．

 $N=1$ の場合はどうか．平面波と球面波は減衰の事情を除いて同様であるが，円柱面波の構造は根本的に異なる．波動方程式の議論については参考文献 B.1 を見られたい．一次元および二次元の波動方程式の解の相異については，また，超音速定常流に関係して注意した（たとえば 9.7 節および 9.11 節参照）．

3.3 （a）強さ Δp の平面音波が管の閉端から反射する場合には，そこでの圧力が $2\Delta p$ になることを示せ．開いた端では圧力は0になる．従って，反射波は膨張波でなければならぬ．

（b）衝撃波および有心膨脹波の閉じた端からの反射を論じ，その $x-t$ 図を描け（練習問題 12.5 および 3.7 参照）．

3.4 一次元の運動方程式が

$$\frac{2}{\gamma - 1}\left(\frac{\partial a}{\partial t} + u\frac{\partial a}{\partial x}\right) + a\frac{\partial u}{\partial x} = 0$$

$$\frac{\partial u}{\partial t} + u\frac{\partial u}{\partial x} + \frac{2a}{\gamma - 1}\frac{\partial a}{\partial x} = 0$$

の形に書けることを示せ．これらを辺々相加え，あるいは相引くと，それぞれ

$$\left[\frac{\partial}{\partial t} + (u + a)\frac{\partial}{\partial x}\right]\left(u + \frac{2a}{\gamma - 1}\right) = 0$$

$$\left[\frac{\partial}{\partial t} + (u - a)\frac{\partial}{\partial x}\right]\left(u - \frac{2a}{\gamma - 1}\right) = 0.$$

これらは $P = u + \frac{2a}{\gamma - 1}$ および $Q = u - \frac{2a}{\gamma - 1}$ なる量がそれぞれ勾配 $dx/dt = u+a$, および $dx/dt = u-a$ の曲線上で一定であることを示す．これらの曲線は特性曲線である；P および Q は Riemann の不変量である．上の性質を基にして計算法を作れ．

p. 388
（**ヒント**：12.3 節と比較せよ）単一の膨脹波（あるいは等エントロピーの圧縮波）では，Riemann の不変量の中の一つが一定であることを示せ．それから式 (3.23) を確かめよ．

3.5 次のような衝撃波管の式を出せ．

$$M_s = \frac{c_s}{a_1} = \left(\frac{\gamma_1 - 1}{2\gamma_1} + \frac{\gamma_1 + 1}{2\gamma_1}\frac{p_2}{p_1}\right)^{1/2} \quad \text{衝撃波の速さ}$$

$$M_2 = \frac{1}{\gamma_1}\left(\frac{p_2}{p_1} - 1\right)\left[\frac{p_2}{p_1}\left(\frac{\gamma_1 + 1}{2\gamma_1} + \frac{\gamma_1 - 1}{2\gamma_1}\frac{p_2}{p_1}\right)\right]^{-1/2} \quad \text{衝撃波後の Mach 数}$$

$$M_3 = \frac{2}{\gamma_4 - 1}\left[\left(\frac{p_4/p_1}{p_2/p_1}\right)^{(\gamma_4-1)/2\gamma_4} - 1\right] \quad \text{接触面後の Mach 数}$$

3.6 衝撃波管は，衝撃波後の流れを用いることにより作動時間の短い風洞として用いることができる．その際，衝撃波の速さ $M_s = c_s/a_1$, 密度比 $\eta = \rho_2/\rho_1$, および膨脹室(1) の状態により，衝撃波後の領域(2)の流れの状態が次のように与えられることを示せ．

$$\frac{p_2}{p_1} = 1 + \gamma_1 M_s^2 \left(1 - \frac{1}{\eta}\right)$$

$$\frac{h_2}{h_1} = 1 + \frac{\gamma_1 - 1}{2} M_s^2 \left(1 - \frac{1}{\eta^2}\right)$$

$$\frac{u_2}{a_1} = M_s\left(1 - \frac{1}{\eta}\right)$$

$$\frac{h_{02}}{h_1} = 1 + \frac{c_s u_2}{h_1} = 1 + (\gamma_1 - 1)M_s^2\left(1 - \frac{1}{\eta}\right)$$

上の式は一般的なものである．状態方程式が与えられる場合には，最初に η を仮定し，逐次解法によってそれらを解くことができる．衝撃波が十分に弱く，従って，比熱がほぼ一定である場合について上の式を解け．**ヒント**：その場合には η は式 (2.47) によって与えられる．$M_2 = u_2/a_2$ を計算せよ．M_2 の極限値が

$$M_2 \to \sqrt{2/\gamma_1(\gamma_1 - 1)}$$

になることを示せ．実在気体効果があると，これよりもいくらか大きい値が得られる．流れの Mach 数をさらに高くするには流れをノズルによって膨脹させねばならない（その際，領域 3 では M_3 には極限がない．しかし，h_{02} は低くなる）

練習問題

3.7 管の端で反射した衝撃波の後の状態を(5)で表わし,管と相対的な衝撃波の速さを U_R とすると,密度比 $\eta=\rho_2/\rho_1$ および $\zeta=\rho_5/\rho_1$ により

$$\frac{U_R}{c_s} = \frac{\eta-1}{\zeta-\eta}$$

$$\frac{p_5}{p_1} = 1 + \gamma_1 M_s{}^2 \frac{(\eta-1)(\zeta-1)}{(\zeta-\eta)}$$

$$\frac{h_5}{h_1} = 1 + (\gamma_1-1)M_s{}^2 \frac{(\eta-1)(\zeta-1)}{(\zeta-\eta)} \frac{1}{\eta}$$

になることを示せ.与えられた入射波については M_s と η をまず計算する(練習問題3.6);そうすれば上の式は,ζ の値を仮定し,それに適合する p_5, h_5 を求めることをくりかえすことにより解ける.

p. 389
3.8 (一様な)衝撃波管で得られる最大の衝撃波速度は $p_4/p_1 \to \infty$ に対応するもので,

$$M_{s\infty} = \frac{\gamma_1+1}{\gamma_4-1}\frac{a_4}{a_1}$$

によって与えられることを示せ. **ヒント**:式(3.26)および(3.2)から,それぞれ

$$\sqrt{p_2/p_1} \doteq (a_4/a_1)\sqrt{2\gamma_1(\gamma_1+1)/(\gamma_4-1)}$$

$$M_s \doteq \sqrt{(\gamma_1+1)/2\gamma_1}\sqrt{p_2/p_1}$$

を得よ.空気—空気,ヘリウム—空気,水素—空気の組み合せについて M_s の極限値を計算せよ.温度比 T_4/T_1 の影響はどうか.

第 4 章

4.1 流れの向きがわずか変ったことに対応する圧力係数は,偏角の二次の程度までとると

$$C_p = \frac{2}{\sqrt{M_1{}^2-1}}\theta + \frac{(\gamma+1)M_1{}^4 - 4(M_1{}^2-1)}{2(M_1{}^2-1)^2}\theta^2$$

と書けることを示せ.斜め衝撃波の式からも,Prandtl-Meyer の式からも同じ結果が得られることを示せ.ただし θ は圧縮について正とする.θ および θ^2 の係数(Busemann

の係数という）が二つの場合に等しいことを期待できるのはなぜか． **ヒント**；エントロピー変化は θ^3 の程度である．

4.2 弱い斜め衝撃波と，その前方の Mach 線は角 ϵ をなす（4.18）．ここで，衝撃波はその下流の Mach 線とも同じ角をなすことを示せ．すなわち衝撃波の位置は，その両側の Mach 線の位置の"平均"である．このことを用いて，膨脹波によって弱められる領域（4.17a 図）での衝撃波の形は放物線になることを示せ．**ヒント**：放物"反射鏡"は平行光線を一点に集めるというよく知られた光学の結果を用いよ．

4.3 衝撃波が十分に弱く，4.7節の近似式が使えると仮定して，$\beta'-\beta$（4.11a 図）を計算せよ．条件 $\beta'-\beta=0$ について，θ に対する M_1 の軌跡を見出せ．衝撃波図表を用いて，もう少し強い衝撃波に対する点を二三求めよ．

4.4 "自由"表面とは，たとえば大気中に噴きだす噴流の端のようにそれに沿って圧力が一定な面を云う．自由表面からの斜めの衝撃波の"反射波"は膨脹波であることを示せ．入射衝撃波が弱い場合，その強さを計算せよ．

4.5 4.12図の干渉し合う衝撃波の強さが弱いとして，4.7節の近似式を適用し，近似的に $\delta=\theta'-\theta$ となることを示せ．（この程度の精度では，衝撃波による"ふれの程度"は干渉の後でも干渉前と変らない．12.10節参照）$(u'_3-u_3)/u_3$ あるいは $(\rho'_3-\rho_3)/\rho_3$ を用いて滑り流の"強さ"を計算せよ．

4.6 静止流体中を，壁に沿って速度 v_1 で滑るくさびによって起される運動を記述せよ．衝撃波面に垂直な衝撃波の速さは $v_1\sin\beta$ であること，および，その後の流体は全て同じ方向に動くことを示せ．粒子の行路を追跡し，それにより瞬間的な流線は衝撃波面に垂直であることを示せ． **ヒント**：4.3図の流れに一様な速度を加えて変換せよ．

4.7 エネルギーの式が

$$\frac{\gamma-1}{\gamma+1}\cos^2\mu + \sin^2\mu = \frac{a^{*2}}{w^2} \quad \text{ただし} \sin\mu = 1/M$$

なる形に書けることを示せ．この式を用いて

$$\sqrt{M^2-1}\,\frac{dw}{w} = \frac{b^2-1}{b^2+\tan^2\mu}\,d\mu \quad \text{ただし} b^2 = \frac{\gamma-1}{\gamma+1}$$

の関係を求め，積分

$$\int \sqrt{M^2-1}\,\frac{dw}{w} = \mu - \frac{1}{b}\tan^{-1}\left(\frac{1}{b}\tan\mu\right) + \text{const.}$$

を計算せよ．この結果は式 (4.21 b) で与えられた形に直すことができる．

4.8 Prandtl-Meyer 膨脹における流線の式を書け．　ヒント：角を原点とし，"射線"の長さをパラメータとせよ．その際，壁と流線の間の流量は一定であることに注意せよ．

4.9 断面の形が二つの円弧によって定まる"レンズ"になっている薄い対称翼につき，抵抗係数が

$$C_D = \frac{16}{3\sqrt{M_1^2-1}}\left(\frac{t}{c}\right)^2$$

になることを示せ．厚み比 t/c が与えられた場合，抵抗最小の翼型は菱型翼であることを証明せよ．

4.10 翼巾無限大の超音速後退翼では，薄翼の圧力係数 (4.26) に後退係数 $\frac{1}{\sqrt{1-n^2}}$ がかかることを示せ．ただし $n=\frac{\tan\Lambda}{\sqrt{M_1'^2-1}}$ で，Λ は後退角 (4.21図) である．この結果は，有限幅の翼についても"翼端"の影響を受けない所で成り立つ．（ヒント：Busemann は，主流の Mach 数を前縁に垂直な成分と平行な成分 M_n および M_p に分解できることを指摘した．そうすれば，流れは前縁に垂直な面内でしらべることができるから薄翼理論を用いて圧力比 $\Delta p/p_1$ を計算する．これから M_1 について表わした圧力係数が計算できる．）

4.11 設計値以外の Mach 数について，Busemann 複葉 (4.23 a 図) の抵抗の式を書け．　ヒント：逃げでる波 (4.22 c 図) は干渉しない時よりも間かくがせばまる．従って，それらはその分だけ翼弦の小さい単葉翼から出る波の系と同じだけの運動量を運び去る．

4.12 ホドグラフ面 (4.24 a 図) での衝撃波極線の式は

$$\left(\frac{v_2}{a^*}\right)^2 = \left(\frac{u_1}{a^*} - \frac{u_2}{a^*}\right)^2 \frac{u_1 u_2 - a^{*2}}{\dfrac{2}{\gamma+1}u_1^2 - u_1 u_2 + a^{*2}}$$

になることを示せ．別の形は，

$$\left(\frac{v_2}{u_1}\right)^2 = \left(1 - \frac{u_2}{u_1}\right)^2 \frac{(M_1^2 - 1) - \frac{\gamma+1}{2} M_1^2 \left(1 - \frac{u_2}{u_1}\right)}{1 + \frac{\gamma+1}{2} M_1^2 \left(1 - \frac{u_2}{u_1}\right)}$$

である．また，$M_1 \to \infty$ の場合，衝撃波極線は円

$$u/a^* = u_m/a^*$$

に接する円になることを示せ．

4.13 式 (4.9) を用いて

$$\tan\beta = [(\eta - 1) \pm \sqrt{(\eta - 1)^2 - 4\eta \tan^2\theta}]/2\tan\theta$$

を示せ．ここに，$\eta = \rho_2/\rho_1$ は衝撃波前後の圧力比である．比熱が種々の値をとる場合に対し，斜め衝撃波の解を計算するのにこれがどのように用いられるかを示せ．（練習問題 3.6 参照）θ が小さい場合について，"弱い解"（上式で負の符号を取る）が

$$\tan\beta = \frac{\eta}{\eta - 1}\theta$$

になることを示せ．M_1 が大きく，比熱一定の場合の式 (4.11 b) と比較せよ．

衝撃波がはなれる際には

$$\tan\theta = (\eta - 1)/2\sqrt{\eta}$$

になることを示せ．比熱一定からのはずれは，衝撃波の離れに対して，どのような影響を持つか（実在気体効果により η は増加する）(Ivey and Cline, *NACA Tech Note* 2196, 1950)

4.14 4.15 図に，くさび及び円錐のそれぞれに対する衝撃波がはなれる Mach 数の軌跡を表わす二つの曲線を書きこめ．（δ/d の各々の値に対して，対応するくさび及び円錐の角 θ が存在する．それに対する離れの Mach 数は，巻末の図表 1 あるいは 4.27 a 図から見出すことができる）θ を与えたくさびあるいは円錐に対しては，M_1 についての δ/d の実測値は離れの値の軌跡に始まり，4.15 図の適当な──良曲線に漸近するような曲線にのる．

4.15 $F(x, y, z) = 0$ は空間の曲面を表わす．この曲面を衝撃波面とすると，連続の式，運動量の式およびエネルギーの式により，衝撃波前後で次の三つの量が等しくなら

練 習 問 題

(1) $\rho \mathbf{w} \cdot \operatorname{grad} F$
(2) $\rho(\mathbf{w} \cdot \operatorname{grad} F)^2 + p(\operatorname{grad} F)^2$
(3) $\dfrac{1}{2}(\mathbf{w} \cdot \operatorname{grad} F)^2 + \dfrac{\gamma}{\gamma-1}\dfrac{p}{\rho}(\operatorname{grad} F)^2$

ねばならぬことを示せ.

第 5 章

5.1 Laval ノズルを通る質量流は，貯気槽およびスロウトの状態で表わされる.

$$m = \rho_0 a_0 A^* M^2 \left(1 + \frac{\gamma-1}{2}M^2\right)^{-\gamma/(\gamma-1)}$$

および

$$(m)_{\max} = m^* = \left(\frac{2}{\gamma+1}\right)^{\gamma/(\gamma-1)} \rho_0 a_0 A^*$$

を示せ.

5.2 スロウトでの面積 A^* から出口での $A_E = 4A^*$ に拡がる円錐形超音速ノズルに沿っての Mach 数分布を描け (拡がりがゆるやかなら, 一次元の結果で十分よい精度が得られる).

出口まで超音速流れにたもつための最小圧力比 p_0/p_E は

$$\frac{p_0}{p_E} = \left(1 + \frac{\gamma-1}{2}M_1^2\right)^{\gamma/(\gamma-1)} \left(\frac{2\gamma}{\gamma+1}M_1^2 - \frac{\gamma-1}{\gamma+1}\right)$$

であることを示せ. 圧力比がこの最小値より小さいとき, 上にのべた円錐形ノズル内での垂直衝撃波の位置を見出せ.

5.3 一定断面積の管に対しては, 断熱で摩擦のない一次元方程式には二つの解が可能
p. 392
である. すなわち, (a) 一様流; (b) 垂直衝撃波を通しての遷移: 摩擦のある一様でない流れは平均値 u, T 等を用いると近似的に取扱える. そこで

$$\bar{h} + \left(\frac{m}{2A}\right)^2 \frac{1}{\bar{\rho}^2} = h_0$$

を示せ. ここに m は質量流である. $\rho = \rho(h, s)$ だから m/A および h_0 が与えられる

とこれは $h-s$ 面内の曲線を定める．これは **Fanno** 線と呼ばれている．理想気体であると仮定して $p=p(h, s)$ を計算して Fanno 線を描け．エントロピーは音速状態で最大値をもつことを示せ．超音速および亜音速流れのそれぞれに対して一定断面積の管内での速度，圧力等の可能な変化について論ぜよ．

5.4 一定断面積の**摩擦**がなく**断熱的でない**流れに対して

$$\bar{p} + \left(\frac{m}{A}\right)^2 \frac{1}{\bar{\rho}} = \text{const.}$$

を示せ．**Rayleigh** 線といわれるこの方程式は，外部からの加熱のある一定断面積の流れの場合に有用である．$h-s$ 面で Rayleigh 線を描き，エンタルピーおよびエントロピーの最大値があることを示せ．後者はこのときも音速状態でおこる．加熱のある場合の超音速流および亜音速流について論ぜよ．

5.5 間欠風洞の継続時間を貯気タンクの体積と圧力および測定部の断面積と Mach 数によって計算せよ．"圧力"作動法と"真空"法を比較せよ．各 Mach 数での必要な最小圧力比については 5.8 図をみよ．

5.6 大気よどみ点状態での**測定部断面積一平方フィートあたり**の"理想動力"((5.7a), (5.9)) を書け．圧力比には 5.8 図を用い，この動力を M の函数として描け．

5.7 理想動力の近似評価は

$$Q = \tfrac{1}{2}(T_0 + T_c)\Delta S$$

と書くことによって，すなわちエントロピー伝達に対して平均温度をとることによって得られることを示せ．この結果はスロウト一平方フィートあたり

$$P' = 2490 \log \lambda$$

馬力である．

5.8 $p-v$ および $h-s$ (または $T-s$) 図に基本風洞サイクル (5.9 図) を描け．

5.9 一次元流れの理論を用いてノズルのスロウトでの速度および圧力分布をしらべよ．特にスロウトが音速になったときにおこる分岐点について述べよ (5.3 図)．**ヒント**：$A = A^* + cx^2$, $u = a^* + u'$ なる近似を用いて面積—速度関係式 (2.27) を積分せよ．

$$u'^2 - \frac{2ca^{*2}}{(\gamma+1)A^*} x^2 = \text{const.}$$

練 習 問 題

を示せ.

5.10 Southern California Cooperative 風洞の設計点の一つでは，状態は次のようである．$M_1=1.8$，$p_0=1420\,\mathrm{lb/ft^2}$，$T_0=120°\mathrm{F}$，測定部の面積$=96\,\mathrm{sq\,ft}$．圧縮機の動力は 40,000 hp である．これとこれらの状態に対する理想動力とを式 (5.9) を用い，また，垂直衝撃波回復を仮定して比較せよ．

第 6 章

6.1 標準風速指示器の示す速度が u_i であるとき真の速度は $u/u_i=\sqrt{1/\sigma}$ から得られる．ただしここでは $\sigma=\rho_1/\rho_s$ は実際の空気の密度と標準の海面上密度との比であり，圧縮性は無視している．亜音速では圧縮性の補正は

$$\left(\frac{u}{u_i}\right)^2 = \frac{\gamma}{2\sigma}M_1^2\left[\left(1+\frac{\gamma-1}{2}M_1^2\right)^{\gamma/(\gamma-1)}-1\right]^{-1}$$

から得られることを示せ．なおこの式は

$$\frac{u}{u_i} = \frac{1}{\sigma}\left[1-\frac{M_1^2}{4}+\frac{2\gamma-1}{48}M_1^4+\cdots\right]$$

で近似できる．近似公式の最初の二項を用いて 1% の精度が得られるような Mach 数の範囲を見積れ．

6.2 真空タンクへ流す吹き出し風洞の測定部で $M=2$ のとき Pitot 管はいかなる圧力を示すか．また Pitot 管が $M=2$ で飛行する飛行機の先端につけてあるとき，いかなる圧力を示すか．

6.3 Pitot 管が鋭い（くさび）前縁を持つ超音速翼に取りつけられている．Pitot 管の読みは，その口が前縁から出る衝撃波の下流にあるときの方が前方の主流中にあるときより大きいことを示せ．

6.4 境界層では Mach 数分布を得るには表面静圧の他にどんな測定が必要か．亜音速と超音速の場合を比較せよ．速度分布にはどんな測定が必要か．密度分布についてはどうか．等．

6.5 q_0 が半無限物体の単位表面積に熱が入って来る（一定な）割合とするとき，物体内部の温度分布は

$$T - T_1 = \frac{2q_0}{k}\left[\sqrt{\frac{Kt}{\pi}}\exp\left(-\frac{x^2}{4Kt}\right) - \frac{x}{2}\,erfc\,\frac{x}{2\sqrt{Kt}}\right]^\dagger$$

であたえられる．ここに T_1 は $t=0$ における物体の初期温度，k は熱伝導率，$K=k/\rho c$，$\rho=$密度，$c=$物体の比熱，x は表面からの距離である．薄い金属膜を表面に張りつけて抵抗温度計として用い熱伝達を測定する方法を示せ．次の極限の場合について論ぜよ：（a）膜が非常に薄いのでその温度は実質的に（$x=0$ での）表面温度である；（b）膜が十分厚く，いくらかの時間の間にここに伝わったすべての熱がそのままたくわえられている．これらの極限の場合がよい近似となるような膜の厚さは

$$h \lessgtr \sqrt{Kt}\ddagger$$

で与えられることを示せ．

6.6 測定部の巾が 2 in. および 12 in. の風洞でのシュリーレン系の代表的な光線のふれを計算せよ．境界層（練習問題 13.4）；翼型の肩での Prandtl-Mayer 膨張（4.10節）；円弧翼（練習問題 4.9）；弱い衝撃波（練習問題 13.7）の代表的な密度勾配を用いよ．最後のものの計算を斜入射の場合に屈折の Snell の法則を適用して得られる結果と比較せよ．

6.7 シュリーレン系において光線のふれが大きすぎると，ナイフエッジの所のこれによる像が締切り板の全く上にのってしまうか，これから完全にずれてしまうことがあり，このときさらに光線がふれてもスクリーン上でこれに応ずる影響が現われない．限界光線ふれ角 ϵ_m は $1/s$ に比例し，その最大値 $2/s$ はナイフエッジ基本の像が半分だけさえぎられるようにおいた時に得られることを示せ（s は感度）．このような "非線型" 効果が有用なことがある！

6.8 シュリーレン系の感度は光源を（たとえば集光レンズで）拡大することによって変えることはできないが，スクリーンの明るさは増すことができることを示せ．

6.9 二つのとなり合った干渉じまの間の Mach 数の増加は

$$\Delta M \doteq \frac{1}{M}\left(1 + \frac{\gamma-1}{2}M^2\right)^{\gamma/(\gamma-1)}\left(\frac{\rho_s}{\rho_0}\right)\frac{\lambda}{\beta L}$$

---

† Carslaw and Jaeger, *Conduction of Heat in Solids*, Oxford, 1947.

‡ J. Rabinowicz, M. E. Jessey, and C. A. Bartsch, "Resistance Thermometer for Transient High-Temperature Studies," *J. Appl. Phys.*, 27 (1956), p. 97.

練 習 問 題

であることを示せ．いかなる Mach 数のとき，ΔM が最小すなわち感度が最大になるか．圧力係数の増加 ΔC_p について同様なことを行なえ（Bryson, *NACA Tech. Note.* 2560, 1951）．

6.10 軸対称流に対しては，しま移動の関係式（6.18 c）は

$$N = \frac{2\beta}{\lambda \rho_s} \int_{r_0}^{r_L} \frac{[\rho(r) - \rho_1]}{\sqrt{r^2 - r_0^2}} r \, dr$$

となることを示せ．ただし光の経路は対称軸に垂直で，これから距離 r_0 なる所にあるとする．

6.11 （a） 6.18 図の較正曲線を使って i, R_w, および R_e の測定（R_e は微小電流を使って得る）から局所質量流 ρu および総温度 T_0 を決める方法を示せ．**ヒント**：逐次代入法の第一歩として $T_2 = T_e$ としてよい．実際上，第二段階はふつう必要でない．

（b） 表面圧力の測定とこれらの測定を使って境界層内の ρ, u, M, T 等の分布をきめる方法を示せ．**ヒント**：$(\rho u)/(\gamma p a_0)$ は M の函数として書ける．

第 7 章

7.1 軸対称流では，連続の方程式は自然座標を用いて

$$\rho u (2\pi r \, \Delta n) = \text{const.}$$

になることを示せ．ここに r は対称軸からの距離，Δn は子午面内の流線間の距離である．これを Euler の方程式と組合せて運動方程式

$$\frac{M^2 - 1}{u} \frac{\partial u}{\partial s} - \frac{\partial \theta}{\partial n} - \frac{1}{r} \frac{\partial r}{\partial s} = 0$$

を求めよ．これを二次元流の場合と比較せよ．渦度の式は二次元流と同様である．

7.2 流線を横ぎっての総圧の変化は，理想気体については

$$-\frac{1}{\rho_0} \frac{dp_0}{dn} = \left(1 + \frac{\gamma - 1}{2} M^2\right) u \zeta + \frac{1}{2} C_p M^2 \frac{dT_0}{dn}$$

で与えられることを示せ．従って非圧縮性流れでは総圧勾配は

$$\frac{dp_0}{dn} = -\rho_0 u \zeta$$

により渦度と関係づけられる.

7.3 p_1, ρ_1, T_1 なる状態で静止している流体がわずかみだされたとする.この場合については (7.45) および (7.46) が簡単化でき,これらを結合すると

$$a_1^2 \frac{\partial^2 u_j}{\partial x_j \partial x_i} - \frac{\partial^2 u_i}{\partial t^2} = 0.$$

が得られること,従って速度ポテンシャル $u_i = \partial \phi / \partial x_i$ によると一般の**音波の方程式**(練習問題 3.2 参照)

$$\frac{\partial^2 \phi}{\partial x_j \partial x_j} \equiv \nabla^2 \phi = \frac{1}{a_1^2} \frac{\partial^2 \phi}{\partial t^2}$$

が得られることを示せ.**ヒント**:3.4節で略述した線型化の方法に従って行え.圧力は

$$p - p_1 = -\rho_1 \frac{\partial \phi}{\partial t}$$

から得られることを示せ.変動が一定速度 U で動いている物体によって作られるときには,Galilei 変換 $x'_1 = x_1 + Ut, x'_2 = x_2, x'_3 = x_3$ を行うと,上掲の式は定常状態の方程式

$$\nabla^2 \phi = \frac{U^2}{a_1^2} \frac{\partial^2 \phi}{\partial x'_1^2}$$

$$C_p = -\frac{2}{U} \frac{\partial \phi}{\partial x'_1}$$

に変換されることを示せ.8.2, 8.3 および 9.19 節の結果と比較せよ.

第 8 章

8.1 横方向の広がりが有限な亜音速流れ内の波状壁についてしらべよ.

(a) 流れが $x_2 = b$ において固体壁で境されているすなわち $x_2 = b$ で境界条件 $v = 0$ が課せられているとして

練 習 問 題

$$\phi = \frac{\epsilon U}{\sqrt{1-M_\infty^2}} \cos \alpha x_1 \frac{\cosh[\alpha\sqrt{1-M_\infty^2}(b-x_2)]}{\sinh[\alpha\sqrt{1-M_\infty^2}\,b]}$$

を示せ.

(b) 流れが $x_2=b$ で自由表面によって境されている ($p=p_\infty=$const) として ϕ を求めよ. 解を特に風洞干渉問題に関して吟味せよ. $b\to\infty$ の極限と相似性を確かめよ. また"混合条件"(隙間のある風洞壁)について論ぜよ. これを使って自由飛行状態を模擬することができる.

8.2 Fourier 積分の方法を用いて波状壁に対する解から任意の無揚力二次元物体をすぎる解をつくれ. 練習問題 8.1 で得た解を使い, 特に風洞または自由噴流内の空力的模型をすぎる流れにこの方法を適用せよ. (J. Cole, 1947)

8.3 半径 $R=R_0+\epsilon\sin\alpha x_1$ なる無限"波状"円柱をすぎる流れを考えよ. この問題は軸対称流の場合の波状壁に相当する (9.5 節参照). 亜音速および超音速運動に対する速度および圧力を求めよ. (von Kármán 1935.) ヒント：この解は零次の Bessel 函数をふくんでいる. 超音速流れにおける函数の正しい組合せは, r が大なるときの解の漸近的行動をしらべると見い出すことができる. これは二次元形 $f(x-r\sqrt{M_\infty^2-1})$ を持たねばならない.

8.4 $U=U(y)$ が既知函数で, みだされない圧力 p_∞ が一定であるような二次元流の微小変動について考えよ. 圧力変動の微分方程式を見い出せ. すなわち $p=p_\infty+p'$, ただし $p'=p'(x,y)\ll p_\infty$, とおき p' に対する方程式

$$\frac{\partial^2 p'}{\partial x^2} + \frac{M^2}{1-M^2}\left(\frac{\partial}{\partial y}\frac{1}{M^2}\right)\frac{\partial p'}{\partial y} + \frac{1}{1-M^2}\frac{\partial^2 p'}{\partial y^2} = 0\dagger$$

をみちびけ. この式をずれ流れによる弱い衝撃波の反射屈折に適用してみよ. ただしずれの層では U は $y=b$ での $U=U_1$ から $y=0$ での $U=U_2<U_1$ まで一次的に変化し U_1, $U_2>a_1$, a_2 すなわちいたる所超音速流れである. (自然座標での運動方程式 (7.53)～(7.56) を用いて圧力の方程式をみちびけ.)

8.5 長方形の箱からなる検査面に運動量積分 (7.16) を適用して超音速流れ内の菱形断面翼型の揚力および抗力を見い出せ. ヒント：線型理論の範囲では, 変動は Mach

---

† Lighthill, 1950.

線に沿って変化せずに伝わる．積分は検査面が前縁および後縁から出る Mach 波にはさまれた部分で行うだけでよい．この面を通しての運動量の流れを描け．

第 9 章

9.1 (9.33) が使えるための条件 $f(0)=0$ は $x=0$ で $dS/dx=0$ であることを意味する．先端附近で $r=\text{const.}\, x^n$ なる子午断面形をしたものに対しては，この条件は $n>\dfrac{1}{2}$ のとき満足されることを示せ．

9.2 子午断面形が

$$R = \frac{2t}{L^2} x(L-x)$$

なる細長軸対称物体をすぎる流れを解けば

$$u = \frac{\partial \phi}{\partial x} = -\frac{4Ut^2}{L^4}\left[3x(L-3x) + (L^2 - 6Lx + 6x^2)\log\frac{2x}{R\sqrt{M^2-1}}\right]$$

が得られることを示せ（参考文献 $C\cdot 19$）．圧力分布および抗力分布を同じ両凸断面形を持った二次元翼に対するものと比較せよ（式 (4.9) 参照）．

9.3 Von Kármán は造波抵抗積分 (9.35 b) が，翼巾 b の揚力をもつ翼の誘導抵抗に対する古典的な非圧縮流れの公式

$$D_i = -\frac{\rho_\infty}{4\pi}\int_{-b/2}^{-b/2}\int_{-b/2}^{b/2} \Gamma'(\xi)\Gamma'(x)\log|x-\xi|\,dx\,d\xi$$

に類似していることを指摘した．この類似において対応する項を示せ．あたえられた揚力に対しては，楕円揚力分布の場合に D_i が最小になるという結果を用いて，あたえられた底面積に対して造波抵抗が最小になるような，紡錘形の子午断面形を見い出すことができる．その形を描け．

9.4 円筒形物体の先端部が $R=\epsilon x^{\frac{3}{4}},\ 0\leq x\leq 1$ なる形を持っているとすると圧力分布は

$$\frac{C_p}{\epsilon^2} = 6x\log\frac{2}{\epsilon\sqrt{M^2-1}} - 3x\log x - \frac{33}{4}x$$

で与えられることを示し，$M=\sqrt{2}$ および $\epsilon=0.1$ なる時の抵抗を計算せよ．これを円

練 習 問 題 443

錐形先端および von Kármán の最適紡錘形（練習問題 9.3）に対する値と比較せよ．

9.5 流れに平行においた円筒状の検査面に運動量定理（7.16）を用い，速度変動 u_x；u_r, u_θ を小さいと仮定すると

$$\frac{D}{q} = \int_{A_2} \frac{u_r{}^2 + u_\theta{}^2 + (M^2-1)u_x{}^2}{U^2} dA_2 - \int_{A_3} \frac{u_x u_r}{U^2} dA_3$$

$$\frac{L}{q} = -2\int_{A_2} \frac{u_r \sin\theta + u_\theta \cos\theta}{U} dA_2 + 2\int_{A_3} \frac{u_x}{U} \sin\theta\, dA_3$$

p. 397
が成りたつことを示せ．ここに A_2 は円筒面の面積，A_3 はその（下流の方の）底面積である（練習問題 8.5 参照）．これらを軸対称流について書きあらわし，これらを用いて 9.12 および 9.17 節の結果をたしかめよ．

9.6 細長物体理論の考えを使って任意の平面形をした縦横比の小さい平板翼（細長翼）†上の圧力分布を計算せよ．**ヒント**：二次元平板をすぎる非圧縮性流れのポテンシャルは

$$\phi = U_c z \pm U_c \sqrt{\left(\frac{b}{2}\right)^2 - y^2}$$

である．翼巾の翼弦方向の分布が $b=b(x)$ であるとき翼弦方向の揚力荷重は

$$\frac{dL}{dx} = \pi q \alpha b \frac{db}{dx}$$

で与えられ，従って

$$C_L = \frac{\pi}{2} \alpha \mathcal{R}$$

であることを示せ．ここに $\mathcal{R}=b_m{}^2/A$ は縦横比，b_m は後縁における最大翼巾である．これを二次元超音速翼に対する $C_L = 4\alpha/\sqrt{M^2-1}$ と比較せよ．細長翼であるための基準は，$\mathcal{R}\sqrt{M^2-1} \ll 1$ なることである．

細長三角翼に対しては，揚力の翼巾方向の分布は

$$\frac{dL}{dy} = 4q\alpha \sqrt{\left(\frac{b_m}{2}\right)^2 - y^2}$$

であることを示せ．これは楕円分布であり，従って揚力によるこれに対応する（渦）抗

---
† 翼巾は下流に向って単調に増加していなければならず，従って後側縁はない

力は

$$C_{Di} = C_L{}^2/\pi \text{Æ}$$

で与えられる．従って $D_i = \dfrac{1}{2}L\alpha$．合力は平板翼に垂直すなわち $D_i \doteqdot L\alpha$ となると考えるのがもっともらしいが，こうならないのはどうしてか．**ヒント**：前縁における無限大の吸引力により流れの方向の成分の一部を打ち消すだけの推力が生ずる (R. T. Jones, *NACA Rep.* 835, 1946)．これを抵抗を持たない二次元の揚力のある平板翼および縦横比の大なる翼と比較せよ．

第 10 章

10.1 厚み比が τ で形が $B(x, y, z)=0$ で与えられる細い物体を過ぎる非常に高い Mach 数 M_∞ の流れを考察せよ．存在する衝撃波面が $F(x, y, z)=0$（練習問題 4.15 参照）で表わされるものとする．そして独立変数

$$\bar{x} = x$$
$$\bar{y} = \frac{1}{\tau}y$$
$$\bar{z} = \frac{1}{\tau}z$$

および従属変数

$$u = U[1 + \tau^2 \bar{u}(\bar{x}, \bar{y}, \bar{z})]$$
$$v = U\tau\bar{v}$$
$$w = U\tau\bar{w}$$
$$p = p_\infty \gamma M^2 \tau^2 \bar{p}$$
$$\rho = \rho_\infty \bar{\rho}$$

および境界条件

$$B = \bar{B}$$
$$F = \bar{F}$$

を導入せよ．ただし，$\bar{u}, \bar{v}$ 等は $\bar{x}, \bar{y}, \bar{z}$ のみによる．これらの変数を運動方程式，境

練習問題

界条件および衝撃波の関係式に代入し，τ^2 程度のすべての項を無視すると，極超音速の微小変動の式を得る．

その方程式を導け．とくに，y および z 方向の運動量の式だけが必要であることに注意せよ．相似法則および上のような変数を選んだことの意味を論ぜよ．
(Van Dyke, *NACA Tech. Note* 3173, 1954)

第 11 章

11.1 （a） 翼型を過ぎる流れで始めて音速に達するのは，局所的に最小圧力の点においてである．その臨界圧力係数が

$$C_{pc} = \frac{2}{\gamma M_\infty^2}\left[\left(\frac{2}{\gamma+1}+\frac{\gamma-1}{\gamma+1}M_{\infty c}^2\right)^{\gamma/(\gamma-1)}-1\right]$$

で与えられることを示せ．C_{pc} を $M_{\infty c}$ について描け．

（b） 非圧縮性流れにおいて最小の圧力係数が -1.0 の翼型につき臨界 Mach 数 M_c を求めよ．**ヒント**：Prandtl-Glauert の法則を用いて（a）の図の上に C_p を M_∞ について描け．

11.2 （a） 音速状態の近くで成り立つ衝撃波極線（練習問題 4.12）の近似式は

$$\left(\frac{v}{a^*}\right)^2 = \frac{\gamma+1}{2}\frac{(u'+u'')^2(u'-u'')}{a^{*3}}$$

になることを示せ．ここで，v, u', u'' は $u_1=a^*+u', u_2=a^*-u'', v_2=v$ によって定義される変動速度である．

（b） 音速状態の近くで成り立つ Prandtl-Meyer の関係式 (4.21) の近似式は

$$\nu = \tfrac{2}{3}\sqrt{\gamma+1}\left(\frac{w'}{a^*}\right)^{3/2}$$

になることを示せ．ただし，w' は $w=a^*+w'$ により定義される．

（c） これらの式を用いて，わずかに超音速の場合の菱形翼の上の圧力に対する近似式を求めよ．(11.3 図)

第 12 章

12.1 単一膨脹波（あるいは圧縮波）によって流れの方向は $\Delta\theta$ 曲がる．反対の族に属
p. 399
する他の単一の波との干渉の後でも流れは波によって等しい偏角 $\Delta\theta$ だけ曲げられること
を示せ．等エントロピーの波に対するこの結果は弱い波に限られない．（練習問題4.5
参照）

12.2 理想気体に対しては，式 (12.13) の最後の項は次の様な形に書けることを示せ．

$$\frac{\cot\mu}{w^2}[T\Delta S - \Delta h_0] = \frac{\sin\mu\cos\mu}{\gamma}\left[\frac{\Delta S}{R} - \frac{\Delta h_0}{RT}\right]$$

12.3 軸対称物体の肩を廻る膨脹流れでは，圧力変化は二次元の Prandtl-Meyer の理論によって与えられることを示せ．ヒント：肩のごく近くでは $\dfrac{1}{w}\dfrac{\partial w}{\partial s} \gg \dfrac{\sin\theta}{r}$．

12.4 軸に沿っての Mach 数分布を指定することによって超音速ノズルを設計する方法を示せ．分布は任意であるが，測定部の Mach 数に十分滑らかに達し，スロウトでは正しい勾配を持っていなければならぬ．後者の評価は練習問題5.9から得られよう；もっと厳密な値は個々のスロウトに対する遷音速方程式の解から得られる．

12.5 12.4節で概説した方法に従って一次元非定常流を計算する方法を作れ．(3.3節．および練習問題3.4参照）有心膨脹波の閉じた管の端での反射を計算せよ．

第 13 章

13.1 Sutherland の粘性法則

$$\frac{\mu}{\mu_1} = \left(\frac{T}{T_1}\right)^{1/2}\frac{1+\theta}{1+\theta(T/T_1)}$$

（ただし $\theta=0.505$）により Couette の流れの表面摩擦力を計算せよ．結果を，$\mu/\mu_1=T/T_1$ および $\mu/\mu_1=(T/T_1)^\omega$ （ただし $\omega=0.76$）の場合の結果と比較せよ．

13.2 M_∞ および q_w の種々な値に対する Couette の流れの温度分布を計算し描け．簡単のため $\mu \sim T$ を用いよ．

13.3 （a） Rayleigh の問題に対する速度分布 $u/U=f(\eta)$ を計算せよ．

練 習 問 題

(b) 流体は熱せられるであろうか．流体の温度増加の目安を与え，従って，非圧縮性流れの理論の適用性を示すパラメータは何か．

13.4 式 (13.49) の $g(\xi)$ のよい近似は

$$g(\xi) = \sqrt{1-\xi^2}$$

である．

(a) この式と (13.49) 式を用いて，$\mu/\mu_\infty = T/T_\infty$ および $P_r=1$，$\mu/\mu_\infty = (T/T_\infty)^\omega$ の場合についての C_f を計算せよ．結果を非圧縮性流れの厳密解 $C_f=0.664/\sqrt{Re}$ と比較せよ．

(b) $P_r=1$ の場合，種々な M_∞ に対する速度分布 $u/U = f\left(y/\sqrt{\dfrac{\nu x}{U}}\right)$ を求めよ．

ヒント：関係式 $dy = \mu(T) du/\tau$ を積分せよ．

(c) 密度分布を計算し描け．

13.5 排除厚の式

$$\delta^* = \int \left(1 - \frac{\rho u}{\rho_\infty U}\right) dy$$

を Crocco の変数に変換せよ．M_∞ が大きく，$\mu \sim T$ ならば $\delta^* \sim M_\infty^2/\sqrt{Re}$ になることを示せ．

13.6 次の場合に平板の境界層を考察せよ．

(a) $c_p = c_p(T)$
(b) $h = h(p, T)$ （例えば解離が起こる場合）

運動方程式およびエネルギー積分は $h=c_p T$ が成り立つ単純な場合と異なるか．流れの本質的相異は何か．(13.18 節と比較せよ)

13.7 式 (13.53) を，弱い衝撃波について，すなわち

$$u = a^* + u', \quad u' \ll a^*$$

の場合に積分せよ．

(a) 速度分布 $u' = u'(x)$ を見出せ．

(b) 式 (13.58) を用いてエントロピーの増加を計算し，通常の衝撃波の"跳び"の式から得られる結果と比較せよ (2.13 節).

上の近似の範囲内では $\mu(T)$ を $\mu(T^*) = \mu^* =$ const. によっておきかえることができ

る．エネルギー積分 $\frac{1}{2}u^2+c_pT=$const. も用いることができる．最大のずれ $\tilde{\tau}_{\max}$ は $u=a^*$ の点，すなわち，音速点で起ることを証明せよ．

13.8 衝撃波の厚さが

$$\epsilon = \frac{\tilde{\mu}^*}{\rho^* \Delta u}$$

の程度になることを示せ．ただし，Δu は衝撃波前後での速度の "跳び" である．

ヒント：単位質量当りエントロピーのできる割合は $\tilde{\mu}/T\,(du/dx)^2 \sim (u^*/T^*)(\Delta u/\epsilon)^2$ である．これを流量および式(2.51)を用いて，跳びの式(2.13節)から定まるエントロピーのできる割合と比較せよ．厳密には，さらに $k/T^2(dT/dx)^2$ からの寄与がつけ加わる．これが上の結果をどれ程変えるかを示せ．

$M_1=1.1$ および 1.01 の場合の衝撃波の厚さを見積れ．

13.9 衝撃波の厚さ ϵ を

$$\epsilon = \int_{-\infty}^{\infty} \tilde{\tau}/\tilde{\tau}_{\max}\, dx$$

で定義する．練習問題 13.7 の弱い衝撃波に対して ϵ を具体的に求めよ．ϵ を Mach 数の函数として描け．

13.10 13.9 で定義した ϵ を，次のような衝撃波の厚さの別の定義と比較せよ．

$$\epsilon_1 = \frac{u_1-u_2}{(du/dx)_{\max}}, \quad \epsilon_2 = \int_{-\infty}^{\infty}\left(\frac{u_1-u}{u_1-a^*} + \frac{u-u_2}{a^*-u_2}\right)dx$$

13.11 圧力勾配のある境界層流に対しては，式(13.37)は次のように一般化されることを示せ．

$$\left(\frac{\partial \tau}{\partial y}\right)_{\text{壁}} = \frac{dp}{dx}$$

（a）$M_\infty=0$ の場合，および M_∞ は任意で $P_r=1$ および $q_w=0$ の場合について壁近くの速度分布の曲率を論ぜよ．

（b）非圧縮性流れに対しては $dp/dx=-\rho U dU/dx$ である．$U=$const$\cdot x^n$ とし，速度分布を相似，すなわち，

$$\frac{u}{U} = f\left(\frac{y}{\delta}\right)$$

練習問題

と仮定せよ．そのような場合には，

$$\delta \sim x^{(1-n)/2}$$
$$\tau_w \sim x^{(3n-1)/2}$$

になることを示せ．

p. 401
（c）$q_w=0, dp/dx \neq 0$ の場合の壁近くの状態は，$q_w \neq 0, dp/dx=0$ の他の場合の状態に等しいことを示せ．q_w と dp/dx の間に成り立たねばならぬ関係を求めよ．

13.12 平板を過ぎる低速の流れに対する層流境界層の方程式の特解は

$$\frac{u}{U} = f\left(\frac{y}{\delta}\right) \qquad \delta: 一定$$

である．この解は平板上に速度 v_0 の一様な吸い込みのある場合に対応することを示せ．$f(y/\delta)$ および δ と v_0 の間の関係を定めよ．

13.13 滑らかな壁近くの乱流境界層の速度分布は次のような形を持つ．

$$\frac{u}{U} = f\left(\frac{u_\tau y}{\nu}\right); \quad u_\tau = \sqrt{\frac{\tau_w}{\rho}} = u_\tau(x)$$

連続の式を用いて壁近くの v を求め，流線の方向を描け．(D. Coles, 1955)

13.14 圧力勾配がない場合，壁近くでの層流境界層の速度は

$$u = \frac{\tau_w}{\mu} y + \cdots$$

のような形を持つ．この線型法則を第1近似として用い，境界層の方程式を書け．
（この式の応用例は多い，例えば τ_w の計算に (Weyl, 1941)，また，熱伝達の計算に．(Lighthill, 1950)）

13.15 軸対称流に対する境界層方程式は

$$\frac{\partial \rho u r}{\partial x} + \frac{\partial \rho v r}{\partial y} = 0$$

$$\frac{\partial \rho u^2 r}{\partial x} + \frac{\partial \rho u v r}{\partial y} = -r\frac{\partial p}{\partial x} + \frac{\partial r\tau}{\partial y}$$

$$\frac{\partial \rho u J r}{\partial x} + \frac{\partial \rho v J r}{\partial y} = \frac{\partial}{\partial y}(\tau u r - rq) \quad .$$

ここで r は軸からの距離，y は物体表面からの垂直距離，x は軸に沿う長さである．

（a）超音速の場合の直円錐上の層流境界層を考察せよ．その場合，$p=$一定である．運動量積分の式を求めよ．

（b）運動量積分を Crocco の変数に変換し，与えられた x に対しては

$$(\tau_w)_{円錐} = \sqrt{3}(\tau_w)_{平板}$$

となることを示せ．ただし，いずれも同じ主流の条件について計算してある．

ヒント：運動量積分の式を $\dfrac{1}{r\tau_w}\dfrac{d}{dx}\dfrac{r}{\tau_w}=$ 一定の形にし，円錐 $r=\theta x$ の場合に積分して $r\to\infty$ の場合と比較せよ．

第 14 章

p. 402
14.1 我々の考察に含まれる大きさに対して正しい評価を得るために，標準状態で光速度の10分の1以上の速度をもつ分子の割合を計算せよ．

14.2 体積 V の中の理想気体分子の数を N で表わす．そのときに分子間距離が s と $s+ds$ の間にある対の数は $2\pi N^2 s^2 ds/V$ であることを示せ．平均距離を求めよ．

14.3 面積 ΔA の非常に小さな孔を通して単位時間に容器からもれる分子の数 n は

$$n = \Delta A \bar{c}/4$$

で与えられることを示せ．この結果を用いて小さな孔で連結された二つの容器内の圧力 p_1 と p_2 および温度 T_1 と T_2 が

$$\frac{p_1}{p_2} = \sqrt{\frac{T_1}{T_2}}$$

で関係づけられることを示せ．（"小さい"ということは $\Delta A \ll \lambda^2$ という意味である）

14.4 q_i および p_i を古典力学系の一般化座標および一般化運動量とすると素片

$$d\Omega = dq_1 \cdots dq_n\, dp_1 \cdots dp_n$$

の中に系を見出す確率 $\phi(p_i, q_i)$ は正規分布

$$\phi(p_i, q_i)\, d\Omega = A \exp\left[-\frac{\epsilon(p_i, q_i)}{kT}\right] d\Omega$$

で与えられる．ただし ϵ は系のエネルギー，A は ϕ の規格化によって決まる定数であ

練 習 問 題

る．

(1) 重力場における理想気体分子の系を考えよ．この場合には

$$\epsilon = \frac{1}{2m}(p_1^2 + p_2^2 + p_3^2) + mgq_3 .$$

ただし mgq_3 は重力ポテンシャルである．高度 (q_3) をもつ粒子の分布を見出し，その結果が流体静力学から得られる気圧計の公式と一致することを示せ．

(2) 互いに力を及ぼし合う分子を考えよ．これらの力のポテンシャルは $x(s)$ であるとする．ただし s は中心間の距離を表わす．この場合，距離 s だけはなれた分子の対の数が

$$\frac{2\pi N^2 s^2 \, ds \, e^{-x/kT}}{V}$$

であることを示せ（練習問題 14.2 参照）．

14.5 練習問題 14.4（2）の結果を用いて，分子間力からのビリアルへの寄与を計算せよ．

14.5 節の場合のような球形の容器を考え，分子間力による $\mathbf{F} \cdot \mathbf{s}$ が容器壁の近くの領域でのみ零でないことを示し第二ヴィリアル係数を計算してみよ．((1.85) 参照）結果は

$$b(T) = -\frac{2\pi}{3RT} \int_0^\infty s^3 \frac{\partial x}{\partial s} e^{-x(s)/RT} \, ds$$

または部分積分して

$$b(T) = \frac{2\pi}{RT} \int_0^\infty s^2 (e^{-x/RT} - 1) \, ds.$$

である．剛体分子に対する $b(T)$ を論ぜよ．この場合 $s > D$ に対しては $x = 0$，$s \leq D$ に対しては $x = \infty$ である．

参 考 文 献

A. 熱力学と気体の物理学

1. Born, M., *Natural Philosophy of Cause and Chance*, Oxford University Press, 1949.
2. Epstein, P. S., *Thermodynamics*, John Wiley & Sons, New York, 1937.
3. Fowler, R. H., and E. A. Guggenheim, *Statistical Thermodynamics*, Cambridge, 1952.
4. Guggenheim, E. A., *Thermodynamics*, North Holland Publishing Co., Amsterdam, 1950.
5. Hall, Newman A., *Thermodynamics of Fluid Flow*, Prentice-Hall, New York, 1951.
6. Jeans, J., *An Introduction to the Kinetic Theory of Gases*, Cambridge, 1946.
7. Rossini, F. D. (Editor), *Thermodynamics and Physics of Matter*. Vol. I of *High Speed Aerodynamics and Jet Propulsion*, Princeton, 1955.
8. Sommerfeld, A., *Lectures on Theoretical Physics*, Vol. V, *Thermodynamics and Statistical Mechanics*, Academic Press, New York, 1956.

B. 波　　動

1. Courant, R., and K. O. Friedrichs, *Supersonic Flow and Shock Waves*, Interscience, New York, 1948.
2. Oswatitsch, K., *Gasdynamik*, Springer, Vienna, 1952.
3. Rayleigh, J. W. S., *The Theory of Sound*, Dover, New York, 1945.
4. Rudinger, G., *Wave Diagrams for Nonsteady Flow in Ducts*, Van Nostrand, New York, 1950.
5. Sommerfeld, A., *Lectures on Theoretical Physics*, Vol. II, *Mechanics of Deformable Bodies*, Academic Press, New York, 1950.

C. 高速空気力学

1. Ackeret, J., *Gasdynamik, Handbuch der Physik*, Vol. 7, Chapter 5, Springer, Berlin, 1927.
2. Ames Research Staff, "Equations, Tables and Charts for Compressible Flow", *NACA Report* 1135 (1953).
3. Busemann, A., *Gasdynamik, Handbuch der Experimentalphysik*, Vol. 4, Part I, Akademischer Verlag, Leipzig, 1931.
4. Carrier, G. F. (Editor), *Foundations of High Speed Aerodynamics*, Dover, New York, 1951. (A collection of original papers. Also an extensive bibliography.)

5. Courant, R., and K. O. Friedrichs, *Supersonic Flow and Shock Waves*, Interscience Publishers, Inc., New York, 1948.
6. Emmons. H. W. (Editor), *Foundations of Gas Dynamics*, Vol. III of *High Speed Aerodynamics and Jet Propulsion*, Princeton, 1956.
7. Ferri, A., *Elements of Aerodynamics of Supersonic Flows*, Macmillan, New York, 1949.
8. Frankl, F. I., and E. A. Karpovich, *Gasdynamics of Thin Bodies*, Interscience Publishers, Inc., New York, 1953.
9. Guderley, G., *Advances in Applied Mechanics*, III (von Kármán and von Mises; Editors), Academic Press, New York, 1953.
10. Howarth, L. (Editor), *Modern Developments in Fluid Dynamics, High Speed Flow* (2 volumes), Oxford, 1953.
11. von Kármán, T., "The Problem of Resistance in Compressible Fluids", *Proc. 5th Volta Congress*, Rome (1935), pp. 255-264.
12. von Kármán, T., "Compressibility Effects in Aerodynamics", *J. Aeronaut. Sci.*, 8,(1941), pp. 337-356.
13. von Kármán, T., "Supersonic Aerodynamics", *J. Aeronaut. Sci.*, 14 (1947), p. 373.
14. Kuethe, A. M., and J. D. Schetzer, *Foundations of Aerodynamics*, John Wiley & Sons, 1950.
15. Massachusetts Institute of Technology, Department of Electrical Engineering; Center of Analysis, "Tables of Supersonic Flow around Cones by the Staff of the Computing Section, under the direction of Zdenek Kopal", *Technical Report* 1, Cambridge (1947).
16. Oswatitsch, K., *Gasdynamik*, Springer, Vienna, 1952; Academic Press, New York, 1956.
17. Prandtl, L., "General Considerations on the Flow of Compressible Fluids", *NACA Tech. Mem.* No. 805 (1936) (translated from *Proc. 5th Volta Congress*, 1935).
18. Sauer, R., *Theoretische Einfuehrung in die Gasdynamik*, Springer, Berlin, 1943. (Reprinted in English by J. W. Edwards, Ann Arbor, Mich., 1947.)
19. Sears, W. R. (Editor), *Theory of High Speed Aerodynamics*, Vol. VI of *High Speed Aerodynamics and Jet Propulsion*, Princeton, 1954.
20. Shapiro, A. H., *The Dynamics and Thermodynamics of Compressible Fluid Flow*, 2 vols., Ronald, New York, 1953.
21. Tables of Compressible Airflow, Oxford, 1952.
22. Taylor, G. I., and J. W. Maccoll, *The Mechanics of Comperssible Fluids* (Durand, *Aerodynamic Theory*, Vol. 3), California Institute of Technology, 1943.
23. Ward, G. N., *Linearized Theory of Steady High-Speed Flow*, Cambridge, 1955.

D. 粘性圧縮性流れ. 乱流

1. Howarth, L. (Editor), *Modern Developments in Fluid Dynamics, High Speed*

Flow, 2 volumes, Oxford, 1953.
2. Lin, C. C. (Editor), *Laminar Flows and Transition to Turbulence*, Vol. IV of *High Speed Aerodynamics and Jet Propulsion*, Princeton, 1957.
3. Prandtl, L., *Essentials of Fluid Dynamics*, Blackie, London; Hafner, New York, 1952.
4. Schlichting, H., *Boundary Layer Theory*, McGraw-Hill, New York, 1955.

E. 実験法および装置

1. Howarth, L. (Editor), *Modern Developments in Fluid Dynamics, High Speed Flow*, Vol. II, Oxford, 1953.
2. Ladenburg, Lewis, Pease, and Taylor (Editors), *Physical Measurements in Gas Dynamics and Combustion*. Vol. IX of *High Speed Aerodynamics and Jet Propulsion*, Princeton, 1954.
3. Newell, Homer E., *High Altitude Rocket Research*, Academic Press, New York, 1953.
4. Pankhurst, R. C., and D. W. Holder, *Wind Tunnel Technique*, Pitman, London, 1952.
5. Pope, A., *Wind Tunnel Testing*, John Wiley & Sons, New York, 1954.

表

表 I

種々の気体についての臨界値と特有温度

	p_c (atm)	T_c (°K)	$R\left(\dfrac{\text{atm cm}^3}{\text{deg gr}}\right)$	$\dfrac{p_c v_c}{RT_c}$	θ_v (°K)	θ_D (°K)
O_2	49.7	154.3	2.56	.292	2230	59,000
N_2	33.5	126.0	2.93	.292	3340	113,300
NO	65.0	179.1	2.73	.255	2690	75,500
H_2	12.8	33.2	40.7	.306	6100	52,400
He	2.26	5.2	20.5	.306	—	—
A	48.0	151.1	2.05	.291	—	—
CO_2	73.0	304.2	1.86	.280	954†	40,000‡

	θ_i (°K)
O	158,000
N	168,800
H	157,800
He	285,400
A	182,900
C	130,800

Boltzmann 定数　$k = 1.380 \times 10^{-16}$ erg deg^{-1}
Planck 定数　　$h = 6.625 \times 10^{-27}$ erg sec
† 最低値
‡ 近似値

表 II

亜音速流れについての M と流れのパラメータ

M	p/p_0	ρ/ρ_0	T/T_0	a/a_0	A^*/A
.00	1.0000	1.0000	1.0000	1.0000	.00000
.01	.9999	1.0000	1.0000	1.0000	.01728
.02	.9997	.9998	.9999	1.0000	.03455
.03	.9994	.9996	.9998	.9999	.05181
.04	.9989	.9992	.9997	.9998	.06905
.05	.9983	.9988	.9995	.9998	.08627
.06	.9975	.9982	.9993	.9996	.1035
.07	.9966	.9976	.9990	.9995	.1206
.08	.9955	.9968	.9987	.9994	.1377
.09	.9944	.9960	.9984	.9992	.1548
.10	.9930	.9950	.9980	.9990	.1718
.11	.9916	.9940	.9976	.9988	.1887
.12	.9900	.9928	.9971	.9986	.2056
.13	.9883	.9916	.9966	.9983	.2224
.14	.9864	.9903	.9961	.9980	.2391
.15	.9844	.9888	.9955	.9978	.2557
.16	.9823	.9873	.9949	.9974	.2723
.17	.9800	.9857	.9943	.9971	.2887
.18	.9776	.9840	.9936	.9968	.3051
.19	.9751	.9822	.9928	.9964	.3213
.20	.9725	.9803	.9921	.9960	.3374
.21	.9697	.9783	.9913	.9956	.3534
.22	.9668	.9762	.9904	.9952	.3693
.23	.9638	.9740	.9895	.9948	.3851
.24	.9607	.9718	.9886	.9943	.4007
.25	.9575	.9694	.9877	.9933	.4162
.26	.9541	.9670	.9867	.9933	.4315
.27	.9506	.9645	.9856	.9928	.4467
.28	.9470	.9619	.9846	.9923	.4618
.29	.9433	.9592	.9835	.9917	.4767
.30	.9395	.9564	.9823	.9911	.4914
.31	.9355	.9535	.9811	.9905	.5059
.32	.9315	.9506	.9799	.9899	.5203
.33	.9274	.9476	.9787	.9893	.5345
.34	.9231	.9445	.9774	.9886	.5486

表 Ⅱ（続き）

亜音速流れについての M と流れのパラメータ

M	p/p_0	ρ/ρ_0	T/T_0	a/a_0	A^*/A
.35	.9188	.9413	.9761	.9880	.5624
.36	.9143	.9380	.9747	.9873	.5761
.37	.9098	.9347	.9733	.9866	.5896
.38	.9052	.9313	.9719	.9859	.6029
.39	.9004	.9278	.9705	.9851	.6160
.40	.8956	.9243	.9690	.9844	.6289
.41	.8907	.9207	.9675	.9836	.6416
.42	.8857	.9170	.9659	.9828	.6541
.43	.8807	.9132	.9643	.9820	.6663
.44	.8755	.9094	.9627	.9812	.6784
.45	.8703	.9055	.9611	.9803	.6903
.46	.8650	.9016	.9594	.9795	.7019
.47	.8596	.8976	.9577	.9786	.7134
.48	.8541	.8935	.9560	.9777	.7246
.49	.8486	.8894	.9542	.9768	.7356
.50	.8430	.8852	.9524	.9759	.7464
.51	.8374	.8809	.9506	.9750	.7569
.52	.8317	.8766	.9487	.9740	.7672
.53	.8259	.8723	.9468	.9730	.7773
.54	.8201	.8679	.9449	.9721	.7872
.55	.8142	.8634	.9430	.9711	.7968
.56	.8082	.8589	.9410	.9701	.8063
.57	.8022	.8544	.9390	.9690	.8155
.58	.7962	.8498	.9370	.9680	.8244
.59	.7901	.8451	.9349	.9669	.8331
.60	.7840	.8405	.9328	.9658	.8416
.61	.7778	.8357	.9307	.9647	.8499
.62	.7716	.8310	.9286	.9636	.8579
.63	.7654	.8262	.9265	.9625	.8657
.64	.7591	.8213	.9243	.9614	.8732
.65	.7528	.8164	.9221	.9603	.8806
.66	.7465	.8115	.9199	.9591	.8877
.67	.7401	.8066	.9176	.9579	.8945
.68	.7338	.8016	.9153	.9567	.9012
.69	.7274	.7966	.9131	.9555	.9076

表 II (続き)

亜音速流れについての M と流れのパラメータ

M	p/p_0	ρ/ρ_0	T/T_0	a/a_0	A^*/A
.70	.7209	.7916	.9107	.9543	.9138
.71	.7145	.7865	.9084	.9531	.9197
.72	.7080	.7814	.9061	.9519	.9254
.73	.7016	.7763	.9037	.9506	.9309
.74	.6951	.7712	.9013	.9494	.9362
.75	.6886	.7660	.8989	.9481	.9412
.76	.6821	.7609	.8964	.9468	.9461
.77	.6756	.7557	.8940	.9455	.9507
.78	.6690	.7505	.8915	.9442	.9551
.79	.6625	.7452	.8890	.9429	.9592
.80	.6560	.7400	.8865	.9416	.9632
.81	.6495	.7347	.8840	.9402	.9669
.82	.6430	.7295	.8815	.9389	.9704
.83	.6365	.7242	.8789	.9375	.9737
.84	.6300	.7189	.8763	.9361	.9769
.85	.6235	.7136	.8737	.9347	.9797
.86	.6170	.7083	.8711	.9333	.9824
.87	.6106	.7030	.8685	.9319	.9849
.88	.6041	.6977	.8659	.9305	.9872
.89	.5977	.6924	.8632	.9291	.9893
.90	.5913	.6870	.8606	.9277	.9912
.91	.5849	.6817	.8579	.9262	.9929
.92	.5785	.6764	.8552	.9248	.9944
.93	.5721	.6711	.8525	.9233	.9958
.94	.5658	.6658	.8498	.9218	.9969
.95	.5595	.6604	.8471	.9204	.9979
.96	.5532	.6551	.8444	.9189	.9986
.97	.5469	.6498	.8416	.9174	.9992
.98	.5407	.6445	.8389	.9159	.9997
.99	.5345	.6392	.8361	.9144	.9999
1.00	.5283	.6339	.8333	.9129	1.0000

数値は National Advisory Committee for Aeronautics の好意により NACA TN 1428 からとる. 表の形式は A. M. Kuethe and J. D. Schetzer, *Foundations of Aerodynamics*, John Wiley & Sons, New York, 1950 より.

表 Ⅲ

超音速流れについての M と流れのパラメータ

M	$\dfrac{p}{p_0}$	$\dfrac{\rho}{\rho_0}$	$\dfrac{T}{T_0}$	$\dfrac{a}{a_0}$	$\dfrac{A^*}{A}$	$\dfrac{\frac{\rho}{2}V^2}{p_0}$	θ
1.00	.5283	.6339	.8333	.9129	1.0000	.3698	0
1.01	.5221	.6287	.8306	.9113	.9999	.3728	.04473
1.02	.5160	.6234	.8278	.9098	.9997	.3758	.1257
1.03	.5099	.6181	.8250	.9083	.9993	.3787	.2294
1.04	.5039	.6129	.8222	.9067	.9987	.3815	.3510
1.05	.4979	.6077	.8193	.9052	.9980	.3842	.4874
1.06	.4919	.6024	.8165	.9036	.9971	.3869	.6367
1.07	.4860	.5972	.8137	.9020	.9961	.3895	.7973
1.08	.4800	.5920	.8108	.9005	.9949	.3919	.9680
1.09	.4742	.5869	.8080	.8989	.9936	.3944	1.148
1.10	.4684	.5817	.8052	.8973	.9921	.3967	1.336
1.11	.4626	.5766	.8023	.8957	.9905	.3990	1.532
1.12	.4568	.5714	.7994	.8941	.9888	.4011	1.735
1.13	.4511	.5663	.7966	.8925	.9870	.4032	1.944
1.14	.4455	.5612	.7937	.8909	.9850	.4052	2.160
1.15	.4398	.5562	.7908	.8893	.9828	.4072	2.381
1.16	.4343	.5511	.7879	.8877	.9806	.4090	2.607
1.17	.4287	.5461	.7851	.8860	.9782	.4108	2.839
1.18	.4232	.5411	.7822	.8844	.9758	.4125	3.074
1.19	.4178	.5361	.7793	.8828	.9732	.4141	3.314
1.20	.4124	.5311	.7764	.8811	.9705	.4157	3.558
1.21	.4070	.5262	.7735	.8795	.9676	.4171	3.806
1.22	.4017	.5213	.7706	.8778	.9647	.4185	4.057
1.23	.3964	.5164	.7677	.8762	.9617	.4198	4.312
1.24	.3912	.5115	.7648	.8745	.9586	.4211	4.569
1.25	.3861	.5067	.7619	.8729	.9553	.4223	4.830
1.26	.3809	.5019	.7590	.8712	.9520	.4233	5.093
1.27	.3759	.4971	.7561	.8695	.9486	.4244	5.359
1.28	.3708	.4923	.7532	.8679	.9451	.4253	5.627
1.29	.3658	.4876	.7503	.8662	.9415	.4262	5.898
1.30	.3609	.4829	.7474	.8645	.9378	.4270	6.170
1.31	.3560	.4782	.7445	.8628	.9341	.4277	6.445
1.32	.3512	.4736	.7416	.8611	.9302	.4283	6.721
1.33	.3464	.4690	.7387	.8595	.9263	.4289	7.000
1.34	.3417	.4644	.7358	.8578	.9223	.4294	7.279

表 Ⅲ（続き）

超音速流れについての M と流れのパラメータ

M	$\dfrac{p}{p_0}$	$\dfrac{\rho}{\rho_0}$	$\dfrac{T}{T_0}$	$\dfrac{a}{a_0}$	$\dfrac{A^*}{A}$	$\dfrac{\frac{\rho}{2}V^2}{p_0}$	θ
1.35	.3370	.4598	.7329	.8561	.9182	.4299	7.561
1.36	.3323	.4553	.7300	.8544	.9141	.4303	7.844
1.37	.3277	.4508	.7271	.8527	.9099	.4306	8.128
1.38	.3232	.4463	.7242	.8510	.9056	.4308	8.413
1.39	.3187	.4418	.7213	.8493	.9013	.4310	8.699
1.40	.3142	.4374	.7184	.8476	.8969	.4311	8.987
1.41	.3098	.4330	.7155	.8459	.8925	.4312	9.276
1.42	.3055	.4287	.7126	.8442	.8880	.4312	9.565
1.43	.3012	.4244	.7097	.8425	.8834	.4311	9.855
1.44	.2969	.4201	.7069	.8407	.8788	.4310	10.15
1.45	.2927	.4158	.7040	.8390	.8742	.4308	10.44
1.46	.2886	.4116	.7011	.8373	.8695	.4306	10.73
1.47	.2845	.4074	.6982	.8356	.8647	.4303	11.02
1.48	.2804	.4032	.6954	.8339	.8599	.4299	11.32
1.49	.2764	.3991	.6925	.8322	.8551	.4295	11.61
1.50	.2724	.3950	.6897	.8305	.8502	.4290	11.91
1.51	.2685	.3909	.6868	.8287	.8453	.4285	12.20
1.52	.2646	.3869	.6840	.8270	.8404	.4279	12.49
1.53	.2608	.3829	.6811	.8253	.8354	.4273	12.79
1.54	.2570	.3789	.6783	.8236	.8304	.4266	13.09
1.55	.2533	.3750	.6754	.8219	.8254	.4259	13.38
1.56	.2496	.3710	.6726	.8201	.8203	.4252	13.68
1.57	.2459	.3672	.6698	.8184	.8152	.4243	13.97
1.58	.2423	.3633	.6670	.8167	.8101	.4235	14.27
1.59	.2388	.3595	.6642	.8150	.8050	.4226	14.56
1.60	.2353	.3557	.6614	.8133	.7998	.4216	14.86
1.61	.2318	.3520	.6586	.8115	.7947	.4206	15.16
1.62	.2284	.3483	.6558	.8098	.7895	.4196	15.45
1.63	.2250	.3446	.6530	.8081	.7843	.4185	15.75
1.64	.2217	.3409	.6502	.8064	.7791	.4174	16.04
1.65	.2184	.3373	.6475	.8046	.7739	.4162	16.34
1.66	.2151	.3337	.6447	.8029	.7686	.4150	16.63
1.67	.2119	.3302	.6419	.8012	.7634	.4138	16.93
1.68	.2088	.3266	.6392	.7995	.7581	.4125	17.22
1.69	.2057	.3232	.6364	.7978	.7529	.4112	17.52

表 Ⅲ（続き）

超音速流れについての M と流れのパラメータ

M	$\dfrac{p}{p_0}$	$\dfrac{\rho}{\rho_0}$	$\dfrac{T}{T_0}$	$\dfrac{a}{a_0}$	$\dfrac{A^*}{A}$	$\dfrac{\frac{\rho}{2}V^2}{p_0}$	θ
1.70	.2026	.3197	.6337	.7961	.7476	.4098	17.81
1.71	.1996	.3163	.6310	.7943	.7423	.4086	18.10
1.72	.1966	.3129	.6283	.7926	.7371	.4071	18.40
1.73	.1936	.3095	.6256	.7909	.7318	.4056	18.69
1.74	.1907	.3062	.6229	.7892	.7265	.4041	18.98
1.75	.1878	.3029	.6202	.7875	.7212	.4026	19.27
1.76	.1850	.2996	.6175	.7858	.7160	.4011	19.56
1.77	.1822	.2964	.6148	.7841	.7107	.3996	19.86
1.78	.1794	.2932	.6121	.7824	.7054	.3980	20.15
1.79	.1767	.2900	.6095	.7807	.7002	.3964	20.44
1.80	.1740	.2868	.6068	.7790	.6949	.3947	20.73
1.81	.1714	.2837	.6041	.7773	.6897	.3931	21.01
1.82	.1688	.2806	.6015	.7756	.6845	.3914	21.30
1.83	.1662	.2776	.5989	.7739	.6792	.3897	21.59
1.84	.1637	.2745	.5963	.7722	.6740	.3879	21.88
1.85	.1612	.2715	.5936	.7705	.6688	.3862	22.16
1.86	.1587	.2686	.5910	.7688	.6636	.3844	22.45
1.87	.1563	.2656	.5884	.7671	.6584	.3826	22.73
1.88	.1539	.2627	.5859	.7654	.6533	.3808	23.02
1.89	.1516	.2598	.5833	.7637	.6481	.3790	23.30
1.90	.1492	.2570	.5807	.7620	.6430	.3771	23.59
1.91	.1470	.2542	.5782	.7604	.6379	.3753	23.87
1.92	.1447	.2514	.5756	.7587	.6328	.3734	24.15
1.93	.1425	.2486	.5731	.7570	.6277	.3715	24.43
1.94	.1403	.2459	.5705	.7553	.6226	.3696	24.71
1.95	.1381	.2432	.5680	.7537	.6175	.3677	24.99
1.96	.1360	.2405	.5655	.7520	.6125	.3657	25.27
1.97	.1339	.2378	.5630	.7503	.6075	.3638	25.55
1.98	.1318	.2352	.5605	.7487	.6025	.3618	25.83
1.99	.1298	.2326	.5580	.7470	.5975	.3598	26.10
2.00	.1278	.2300	.5556	.7454	.5926	.3579	26.38
2.01	.1258	.2275	.5531	.7437	.5877	.3559	26.66
2.02	.1239	.2250	.5506	.7420	.5828	.3539	26.93
2.03	.1220	.2225	.5482	.7404	.5779	.3518	27.20
2.04	.1201	.2200	.5458	.7388	.5730	.3498	27.48

表 Ⅲ（続き）

超音速流れについての M と流れのパラメータ

M	$\dfrac{p}{p_0}$	$\dfrac{\rho}{\rho_0}$	$\dfrac{T}{T_0}$	$\dfrac{a}{a_0}$	$\dfrac{A^*}{A}$	$\dfrac{\dfrac{\rho}{2}V^2}{p_0}$	θ
2.05	.1182	.2176	.5433	.7371	.5682	.3478	27.75
2.06	.1164	.2152	.5409	.7355	.5634	.3458	28.02
2.07	.1146	.2128	.5385	.7338	.5586	.3437	28.29
2.08	.1128	.2104	.5361	.7322	.5538	.3417	28.56
2.09	.1111	.2081	.5337	.7306	.5491	.3396	28.83
2.10	.1094	.2058	.5313	.7289	.5444	.3376	29.10
2.11	.1077	.2035	.5290	.7273	.5397	.3355	29.36
2.12	.1060	.2013	.5266	.7257	.5350	.3334	29.63
2.13	.1043	.1990	.5243	.7241	.5304	.3314	29.90
2.14	.1027	.1968	.5219	.7225	.5258	.3293	30.16
2.15	.1011	.1946	.5196	.7208	.5212	.3272	30.43
2.16	.09956	.1925	.5173	.7192	.5167	.3252	30.69
2.17	.09802	.1903	.5150	.7176	.5122	.3231	30.95
2.18	.09650	.1882	.5127	.7160	.5077	.3210	31.21
2.19	.09500	.1861	.5104	.7144	.5032	.3189	31.47
2.20	.09352	.1841	.5081	.7128	.4988	.3169	31.73
2.21	.09207	.1820	.5059	.7112	.4944	.3148	31.99
2.22	.09064	.1800	.5036	.7097	.4900	.3127	32.25
2.23	.08923	.1780	.5014	.7081	.4856	.3106	32.51
2.24	.08785	.1760	.4991	.7065	.4813	.3085	32.76
2.25	.08648	.1740	.4969	.7049	.4770	.3065	33.02
2.26	.08514	.1721	.4947	.7033	.4727	.3044	33.27
2.27	.08382	.1702	.4925	.7018	.4685	.3023	33.53
2.28	.08252	.1683	.4903	.7002	.4643	.3003	33.78
2.29	.08123	.1664	.4881	.6986	.4601	.2982	34.03
2.30	.07997	.1646	.4859	.6971	.4560	.2961	34.28
2.31	.07873	.1628	.4837	.6955	.4519	.2941	34.53
2.32	.07751	.1609	.4816	.6940	.4478	.2920	34.78
2.33	.07631	.1592	.4794	.6924	.4437	.2900	35.03
2.34	.07512	.1574	.4773	.6909	.4397	.2879	35.28
2.35	.07396	.1556	.4752	.6893	.4357	.2859	35.53
2.36	.07281	.1539	.4731	.6878	.4317	.2839	35.77
2.37	.07168	.1522	.4709	.6863	.4278	.2818	36.02
2.38	.07057	.1505	.4688	.6847	.4239	.2798	36.26
2.39	.06948	.1488	.4668	.6832	.4200	.2778	36.50

表 Ⅲ (続き)

超音速流れについての M と流れのパラメータ

M	$\dfrac{p}{p_0}$	$\dfrac{\rho}{\rho_0}$	$\dfrac{T}{T_0}$	$\dfrac{a}{a_0}$	$\dfrac{A^*}{A}$	$\dfrac{\frac{\rho}{2}V^2}{p_0}$	θ
2.40	.06840	.1472	.4647	.6817	.4161	.2758	36.75
2.41	.06734	.1456	.4626	.6802	.4123	.2738	36.99
2.42	.06630	.1439	.4606	.6786	.4085	.2718	37.23
2.43	.06527	.1424	.4585	.6771	.4048	.2698	37.47
2.44	.06426	.1408	.4565	.6756	.4010	.2678	37.71
2.45	.06327	.1392	.4544	.6741	.3973	.2658	37.95
2.46	.06229	.1377	.4524	.6726	.3937	.2639	38.18
2.47	.06133	.1362	.4504	.6711	.3900	.2619	38.42
2.48	.06038	.1347	.4484	.6696	.3864	.2599	38.66
2.49	.05945	.1332	.4464	.6681	.3828	.2580	38.89
2.50	.05853	.1317	.4444	.6667	.3793	.2561	39.12
2.51	.05762	.1302	.4425	.6652	.3757	.2541	39.36
2.52	.05674	.1288	.4405	.6637	.3722	.2522	39.59
2.53	.05586	.1274	.4386	.6622	.3688	.2503	39.82
2.54	.05500	.1260	.4366	.6608	.3653	.2484	40.05
2.55	.05415	.1246	.4347	.6593	.3619	.2465	40.28
2.56	.05332	.1232	.4328	.6579	.3585	.2446	40.51
2.57	.05250	.1218	.4309	.6564	.3552	.2427	40.75
2.58	.05169	.1205	.4289	.6549	.3519	.2409	40.96
2.59	.05090	.1192	.4271	.6535	.3486	.2390	41.19
2.60	.05012	.1179	.4252	.6521	.3453	.2371	41.41
2.61	.04935	.1166	.4233	.6506	.3421	.2353	41.64
2.62	.04859	.1153	.4214	.6492	.3389	.2335	41.86
2.63	.04784	.1140	.4196	.6477	.3357	.2317	42.09
2.64	.04711	.1128	.4177	.6463	.3325	.2298	42.31
2.65	.04639	.1115	.4159	.6449	.3294	.2280	42.53
2.66	.04568	.1103	.4141	.6435	.3263	.2262	42.75
2.67	.04498	.1091	.4122	.6421	.3232	.2245	42.97
2.68	.04429	.1079	.4104	.6406	.3202	.2227	43.19
2.69	.04362	.1067	.4086	.6392	.3172	.2209	43.40
2.70	.04295	.1056	.4068	.6378	.3142	.2192	43.62
2.71	.04229	.1044	.4051	.6364	.3112	.2174	43.84
2.72	.04165	.1033	.4033	.6350	.3083	.2157	44.05
2.73	.04102	.1022	.4015	.6337	.3054	.2140	44.27
2.74	.04039	.1010	.3998	.6323	.3025	.2123	44.48

表 III（続き）

超音速流れについての M と流れのパラメータ

M	$\dfrac{p}{p_0}$	$\dfrac{\rho}{\rho_0}$	$\dfrac{T}{T_0}$	$\dfrac{a}{a_0}$	$\dfrac{A^*}{A}$	$\dfrac{\dfrac{\rho}{2}V^2}{p_0}$	θ
2.75	.03978	.09994	.3980	.6309	.2996	.2106	44.69
2.76	.03917	.09885	.3963	.6295	.2968	.2089	44.91
2.77	.03858	.09778	.3945	.6281	.2940	.2072	45.12
2.78	.03799	.09671	.3928	.6268	.2912	.2055	45.33
2.79	.03742	.09566	.3911	.6254	.2884	.2039	45.54
2.80	.03685	.09463	.3894	.6240	.2857	.2022	45.75
2.81	.03629	.09360	.3877	.6227	.2830	.2006	45.95
2.82	.03574	.09259	.3860	.6213	.2803	.1990	46.16
2.83	.03520	.09158	.3844	.6200	.2777	.1973	46.37
2.84	.03467	.09059	.3827	.6186	.2750	.1957	46.57
2.85	.03415	.08962	.3810	.6173	.2724	.1941	46.78
2.86	.03363	.08865	.3794	.6159	.2698	.1926	46.98
2.87	.03312	.08769	.3777	.6146	.2673	.1910	47.19
2.88	.03263	.08675	.3761	.6133	.2648	.1894	47.39
2.89	.03213	.08581	.3745	.6119	.2622	.1879	47.59
2.90	.03165	.08489	.3729	.6106	.2598	.1863	47.79
2.91	.03118	.08398	.3712	.6093	.2573	.1848	47.99
2.92	.03071	.08307	.3696	.6080	.2549	.1833	48.19
2.93	.03025	.08218	.3681	.6067	.2524	.1818	48.39
2.94	.02980	.08130	.3665	.6054	.2500	.1803	48.59
2.95	.02935	.08043	.3649	.6041	.2477	.1788	48.78
2.96	.02891	.07957	.3633	.6028	.2453	.1773	48.98
2.97	.02848	.07872	.3618	.6015	.2430	.1758	49.18
2.98	.02805	.07788	.3602	.6002	.2407	.1744	49.37
2.99	.02764	.97705	.3587	.5989	.2384	.1729	49.56
3.00	.02722	.07623	.3571	.5976	.2362	.1715	49.76
3.01	.02682	.07541	.3556	.5963	.2339	.1701	49.95
3.02	.02642	.07461	.3541	.5951	.2317	.1687	50.14
3.03	.02603	.07382	.3526	.5938	.2295	.1673	50.33
3.04	.02564	.07303	.3511	.5925	.2273	.1659	50.52
3.05	.02526	.07226	.3496	.5913	.2252	.1645	50.71
3.06	.02489	.07149	.3481	.5900	.2230	.1631	50.90
3.07	.02452	.07074	.3466	.5887	.2209	.1618	51.09
3.08	.02416	.06999	.3452	.5875	.2188	.1604	51.28
3.09	.02380	.06925	.3437	.5862	.2168	.1591	51.46

表 Ⅲ（続き）

超音速流れについての M と流れのパラメータ

M	$\dfrac{p}{p_0}$	$\dfrac{\rho}{\rho_0}$	$\dfrac{T}{T_0}$	$\dfrac{a}{a_0}$	$\dfrac{A^*}{A}$	$\dfrac{\frac{\rho}{2}V^2}{p_0}$	θ
3.10	.02345	.06852	.3422	.5850	.2147	.1577	51.65
3.11	.02310	.06779	.3408	.5838	.2127	.1564	51.84
3.12	.02276	.06708	.3393	.5825	.2107	.1551	52.02
3.13	.02243	.06637	.3379	.5813	.2087	.1538	52.20
3.14	.02210	.06568	.3365	.5801	.2067	.1525	52.39
3.15	.02177	.06499	.3351	.5788	.2048	.1512	52.57
3.16	.02146	.06430	.3337	.5776	.2028	.1500	52.75
3.17	.02114	.06363	.3323	.5764	.2009	.1487	52.93
3.18	.02083	.06296	.3309	.5752	.1990	.1475	53.11
3.19	.02053	.06231	.3295	.5740	.1971	.1462	53.29
3.20	.02023	.06165	.3281	.5728	.1953	.1450	53.47
3.21	.01993	.06101	.3267	.5716	.1934	.1438	53.65
3.22	.01964	.06037	.3253	.5704	.1916	.1426	53.83
3.23	.01936	.05975	.3240	.5692	.1898	.1414	54.00
3.24	.01908	.05912	.3226	.5680	.1880	.1402	54.18
3.25	.01880	.05851	.3213	.5668	.1863	.1390	54.35
3.26	.01853	.05790	.3199	.5656	.1845	.1378	54.53
3.27	.01826	.05730	.3186	.5645	.1828	.1367	54.71
3.28	.01799	.05671	.3173	.5633	.1810	.1355	54.88
3.29	.01773	.05612	.3160	.5621	.1793	.1344	55.05
3.30	.01748	.05554	.3147	.5609	.1777	.1332	55.22
3.31	.01722	.05497	.3134	.5598	.1760	.1321	55.39
3.32	.01698	.05440	.3121	.5586	.1743	.1310	55.56
3.33	.01673	.05384	.3108	.5575	.1727	.1299	55.73
3.34	.01649	.05329	.3095	.5563	.1711	.1288	55.90
3.35	.01625	.05274	.3082	.5552	.1695	.1277	56.07
3.36	.01602	.05220	.3069	.5540	.1679	.1266	56.24
3.37	.01579	.05166	.3057	.5529	.1663	.1255	56.41
3.38	.01557	.05113	.3044	.5517	.1648	.1245	56.58
3.39	.01534	.05061	.3032	.5506	.1632	.1234	56.75
3.40	.01513	.05009	.3019	.5495	.1617	.1224	56.91
3.41	.01491	.04958	.3007	.5484	.1602	.1214	57.07
3.42	.01470	.04908	.2995	.5472	.1587	.1203	57.24
3.43	.01449	.04858	.2982	.5461	.1572	.1193	57.40
3.44	.01428	.04808	.2970	.5450	.1558	.1183	57.56

表 Ⅲ（続き）

超音速流れについての M と流れのパラメータ

M	$\dfrac{p}{p_0}$	$\dfrac{\rho}{\rho_0}$	$\dfrac{T}{T_0}$	$\dfrac{a}{a_0}$	$\dfrac{A^*}{A}$	$\dfrac{\frac{\rho}{2}V^2}{p_0}$	θ
3.45	.01408	.04759	.2958	.5439	.1543	.1173	57.73
3.46	.01388	.04711	.2946	.5428	.1529	.1163	57.89
3.47	.01368	.04663	.2934	.5417	.1515	.1153	58.05
3.48	.01349	.04616	.2922	.5406	.1501	.1144	58.21
3.49	.01330	.04569	.2910	.5395	.1487	.1134	58.37
3.50	.01311	.04523	.2899	.5384	.1473	.1124	58.53
3.60	.01138	.04089	.2784	.5276	.1342	.1033	60.09
3.70	9.903×10^{-3}	.03702	.2675	.5172	.1224	.09490	61.60
3.80	8.629×10^{-3}	.03355	.2572	.5072	.1117	.08722	63.04
3.90	7.532×10^{-3}	.03044	.2474	.4974	.1021	.08019	64.44
4.00	6.586×10^{-3}	.02766	.2381	.4880	.09329	.07376	65.78
4.10	5.769×10^{-3}	.02516	.2293	.4788	.08536	.06788	67.08
4.20	5.062×10^{-3}	.02292	.2208	.4699	.07818	.06251	68.33
4.30	4.449×10^{-3}	.02090	.2129	.4614	.07166	.05759	69.54
4.40	3.918×10^{-3}	.01909	.2053	.4531	.06575	.05309	70.71
4.50	3.455×10^{-3}	.01745	.1980	.4450	.06038	.04898	71.83
4.60	3.053×10^{-3}	.01597	.1911	.4372	.05550	.04521	72.92
4.70	2.701×10^{-3}	.01464	.1846	.4296	.05107	.04177	73.97
4.80	2.394×10^{-3}	.01343	.1783	.4223	.04703	.03861	74.99
4.90	2.126×10^{-3}	.01233	.1724	.4152	.04335	.03572	75.97
5.00	1.890×10^{-3}	.01134	.1667	.4082	.04000	.03308	76.92
6.00	6.334×10^{-4}	5.194×10^{-3}	.1220	.3492	.01880	.01596	84.96
7.00	2.416×10^{-4}	2.609×10^{-3}	.09259	.3043	9.602×10^{-3}	8.285×10^{-3}	90.97

表 Ⅲ（続き）

超音速流れについての M と流れのパラメータ

M	$\dfrac{p}{p_0}$	$\dfrac{\rho}{\rho_0}$	$\dfrac{T}{T_0}$	$\dfrac{a}{a_0}$	$\dfrac{A^*}{A}$	$\dfrac{\frac{\rho}{2}V^2}{p_0}$	θ
8.00	1.024×10^{-4}	1.414×10^{-3}	.07246	.2692	5.260×10^{-3}	4.589×10^{-3}	95.62
9.00	4.739×10^{-5}	8.150×10^{-4}	.05814	.2411	3.056×10^{-3}	2.687×10^{-3}	99.32
10.00	2.356×10^{-5}	4.948×10^{-4}	.04762	.2182	1.866×10^{-3}	1.649×10^{-3}	102.3
100.00	2.790×10^{-12}	5.583×10^{-9}	4.998×10^{-4}	.02236	2.157×10^{-8}	1.953×10^{-8}	127.6
∞	0	0	0	0	0	0	130.5

数値は National Advisory Committee for Aeronautics の好意により NACA TN 1428 よりとる．表の形式は A. M. Kuethe and J. D. Schetzer, *Foundations of Aerodynamics*, John Wiley & Sons, New York, 1950 より．

表 Ⅳ

衝撃波流れのパラメータ

M_{1n}	p_2/p_1	ρ_2/ρ_1	T_2/T_1	a_2/a_1	p_2^0/p_1^0	M_2 垂直衝撃波に対してのみ
1.00	1.000	1.000	1.000	1.000	1.0000	1.0000
1.01	1.023	1.017	1.007	1.003	1.0000	.9901
1.02	1.047	1.033	1.013	1.007	1.0000	.9805
1.03	1.071	1.050	1.020	1.010	1.0000	.9712
1.04	1.095	1.067	1.026	1.013	.9999	.9620
1.05	1.120	1.084	1.033	1.016	.9999	.9531
1.06	1.144	1.101	1.039	1.019	.9998	.9444
1.07	1.169	1.118	1.046	1.023	.9996	.9360
1.08	1.194	1.135	1.052	1.026	.9994	.9277
1.09	1.219	1.152	1.059	1.029	.9992	.9196
1.10	1.245	1.169	1.065	1.032	.9989	.9118
1.11	1.271	1.186	1.071	1.035	.9986	.9041
1.12	1.297	1.203	1.078	1.038	.9982	.8966
1.13	1.323	1.221	1.084	1.041	.9978	.8892
1.14	1.350	1.238	1.090	1.044	.9973	.8820
1.15	1.376	1.255	1.097	1.047	.9967	.8750
1.16	1.403	1.272	1.103	1.050	.9961	.8682
1.17	1.430	1.290	1.109	1.053	.9953	.8615
1.18	1.458	1.307	1.115	1.056	.9946	.8549
1.19	1.485	1.324	1.122	1.059	.9937	.8485
1.20	1.513	1.342	1.128	1.062	.9928	.8422
1.21	1.541	1.359	1.134	1.065	.9918	.8360
1.22	1.570	1.376	1.141	1.068	.9907	.8300
1.23	1.598	1.394	1.147	1.071	.9896	.8241
1.24	1.627	1.411	1.153	1.074	.9884	.8183
1.25	1.656	1.429	1.159	1.077	.9871	.8126
1.26	1.686	1.446	1.166	1.080	.9857	.8071
1.27	1.715	1.463	1.172	1.083	.9842	.8016
1.28	1.745	1.481	1.178	1.085	.9827	.7963
1.29	1.775	1.498	1.185	1.088	.9811	.7911
1.30	1.805	1.516	1.191	1.091	.9794	.7860
1.31	1.835	1.533	1.197	1.094	.9776	.7809
1.32	1.866	1.551	1.204	1.097	.9758	.7760
1.33	1.897	1.568	1.210	1.100	.9738	.7712
1.34	1.928	1.585	1.216	1.103	.9718	.7664

表 Ⅳ（続き）

衝撃波流れのパラメータ

M_{1n}	p_2/p_1	ρ_2/ρ_1	T_2/T_1	a_2/a_1	p_2^0/p_1^0	M_2 垂直衝撃波に対してのみ
1.35	1.960	1.603	1.223	1.106	.9697	.7618
1.36	1.991	1.620	1.229	1.109	.9676	.7572
1.37	2.023	1.638	1.235	1.111	.9653	.7527
1.38	2.055	1.655	1.242	1.114	.9630	.7483
1.39	2.087	1.672	1.248	1.117	.9606	.7440
1.40	2.120	1.690	1.255	1.120	.9582	.7397
1.41	2.153	1.707	1.261	1.123	.9557	.7355
1.42	2.186	1.724	1.268	1.126	.9531	.7314
1.43	2.219	1.742	1.274	1.129	.9504	.7274
1.44	2.253	1.759	1.281	1.132	.9476	.7235
1.45	2.286	1.776	1.287	1.135	.9448	.7196
1.46	2.320	1.793	1.294	1.137	.9420	.7157
1.47	2.354	1.811	1.300	1.140	.9390	.7120
1.48	2.389	1.828	1.307	1.143	.9360	.7083
1.49	2.423	1.845	1.314	1.146	.9329	.7047
1.50	2.458	1.862	1.320	1.149	.9298	.7011
1.51	2.493	1.879	1.327	1.152	.9266	.6976
1.52	2.529	1.896	1.334	1.155	.9233	.6941
1.53	2.564	1.913	1.340	1.158	.9200	.6907
1.54	2.600	1.930	1.347	1.161	.9166	.6874
1.55	2.636	1.947	1.354	1.164	.9132	.6841
1.56	2.673	1.964	1.361	1.166	.9097	.6809
1.57	2.709	1.981	1.367	1.169	.9061	.6777
1.58	2.746	1.998	1.374	1.172	.9026	.6746
1.59	2.783	2.015	1.381	1.175	.8989	.6715
1.60	2.820	2.032	1.388	1.178	.8952	.6684
1.61	2.857	2.049	1.395	1.181	.8914	.6655
1.62	2.895	2.065	1.402	1.184	.8877	.6625
1.63	2.933	2.082	1.409	1.187	.8838	.6596
1.64	2.971	2.099	1.416	1.190	.8799	.6568
1.65	3.010	2.115	1.423	1.193	.8760	.6540
1.66	3.048	2.132	1.430	1.196	.8720	.6512
1.67	3.087	2.148	1.437	1.199	.8680	.6485
1.68	3.126	2.165	1.444	1.202	.8640	.6458
1.69	3.165	2.181	1.451	1.205	.8599	.6431

表　Ⅳ（続き）

衝撃波流れのパラメータ

M_{1n}	p_2/p_1	ρ_2/ρ_1	T_2/T_1	a_2/a_1	p_2^0/p_1^0	M_2 垂直衝撃波に対してのみ
1.70	3.205	2.198	1.458	1.208	.8557	.6405
1.71	3.245	2.214	1.466	1.211	.8516	.6380
1.72	3.285	2.230	1.473	1.214	.8474	.6355
1.73	3.325	2.247	1.480	1.217	.8431	.6330
1.74	3.366	2.263	1.487	1.220	.8389	.6305
1.75	3.406	2.279	1.495	1.223	.8346	.6281
1.76	3.447	2.295	1.502	1.226	.8302	.6257
1.77	3.488	2.311	1.509	1.229	.8259	.6234
1.78	3.530	2.327	1.517	1.232	.8215	.6210
1.79	3.571	2.343	1.524	1.235	.8171	.6188
1.80	3.613	2.359	1.532	1.238	.8127	.6165
1.81	3.655	2.375	1.539	1.241	.8082	.6143
1.82	3.698	2.391	1.547	1.244	.8038	.6121
1.83	3.740	2.407	1.554	1.247	.7993	.6099
1.84	3.783	2.422	1.562	1.250	.7948	.6078
1.85	3.826	2.438	1.569	1.253	.7902	.6057
1.86	3.870	2.454	1.577	1.256	.7857	.6036
1.87	3.913	2.469	1.585	1.259	.7811	.6016
1.88	3.957	2.485	1.592	1.262	.7765	.5996
1.89	4.001	2.500	1.600	1.265	.7720	.5976
1.90	4.045	2.516	1.608	1.268	.7674	.5956
1.91	4.089	2.531	1.616	1.271	.7628	.5937
1.92	4.134	2.546	1.624	1.274	.7581	.5918
1.93	4.179	2.562	1.631	1.277	.7535	.5899
1.94	4.224	2.577	1.639	1.280	.7488	.5880
1.95	4.270	2.592	1.647	1.283	.7442	.5862
1.96	4.315	2.607	1.655	1.287	.7395	.5844
1.97	4.361	2.622	1.663	1.290	.7349	.5826
1.98	4.407	2.637	1.671	1.293	.7302	.5808
1.99	4.453	2.652	1.679	1.296	.7255	.5791
2.00	4.500	2.667	1.688	1.299	.7209	.5773
2.01	4.547	2.681	1.696	1.302	.7162	.5757
2.02	4.594	2.696	1.704	1.305	.7115	.5740
2.03	4.641	2.711	1.712	1.308	.7069	.5723
2.04	4.689	2.725	1.720	1.312	.7022	.5707

表 IV (続き)

衝撃波流れのパラメータ

M_{1n}	p_2/p_1	ρ_2/ρ_1	T_2/T_1	a_2/a_1	p_2^0/p_1^0	M_2 垂直衝撃波に対してのみ
2.05	4.736	2.740	1.729	1.315	.6975	.5691
2.06	4.784	2.755	1.737	1.318	.6928	.5675
2.07	4.832	2.769	1.745	1.321	.6882	.5659
2.08	4.881	2.783	1.754	1.324	.6835	.5643
2.09	4.929	2.798	1.762	1.327	.6789	.5628
2.10	4.978	2.812	1.770	1.331	.6742	.5613
2.11	5.027	2.826	1.779	1.334	.6696	.5598
2.12	5.077	2.840	1.787	1.337	.6649	.5583
2.13	5.126	2.854	1.796	1.340	.6603	.5568
2.14	5.176	2.868	1.805	1.343	.6557	.5554
2.15	5.226	2.882	1.813	1.347	.6511	.5540
2.16	5.277	2.896	1.822	1.350	.6464	.5525
2.17	5.327	2.910	1.831	1.353	.6419	.5511
2.18	5.378	2.924	1.839	1.356	.6373	.5498
2.19	5.429	2.938	1.848	1.359	.6327	.5484
2.20	5.480	2.951	1.857	1.363	.6281	.5471
2.21	5.531	2.965	1.866	1.366	.6236	.5457
2.22	5.583	2.978	1.875	1.369	.6191	.5444
2.23	5.635	2.992	1.883	1.372	.6145	.5431
2.24	5.687	3.005	1.892	1.376	.6100	.5418
2.25	5.740	3.019	1.901	1.379	.6055	.5406
2.26	5.792	3.032	1.910	1.382	.6011	.5393
2.27	5.845	3.045	1.919	1.385	.5966	.5381
2.28	5.898	3.058	1.929	1.389	.5921	.5368
2.29	5.951	3.071	1.938	1.392	.5877	.5356
2.30	6.005	3.085	1.947	1.395	.5833	.5344
2.31	6.059	3.098	1.956	1.399	.5789	.5332
2.32	6.113	3.110	1.965	1.402	.5745	.5321
2.33	6.167	3.123	1.974	1.405	.5702	.5309
2.34	6.222	3.136	1.984	1.408	.5658	.5297
2.35	6.276	3.149	1.993	1.412	.5615	.5286
2.36	6.331	3.162	2.002	1.415	.5572	.5275
2.37	6.386	3.174	2.012	1.418	.5529	.5264
2.38	6.442	3.187	2.021	1.422	.5486	.5253
2.39	6.497	3.199	2.031	1.425	.5444	.5242

表 Ⅳ（続き）

衝撃波流れのパラメータ

M_{1n}	p_2/p_1	ρ_2/ρ_1	T_2/T_1	a_2/a_1	p_2^0/p_1^0	M_2 垂直衝撃波に対してのみ
2.40	6.553	3.212	2.040	1.428	.5401	.5231
2.41	6.609	3.224	2.050	1.432	.5359	.5221
2.42	6.666	3.237	2.059	1.435	.5317	.5210
2.43	6.722	3.249	2.069	1.438	.5276	.5200
2.44	6.779	3.261	2.079	1.442	.5234	.5189
2.45	6.836	3.273	2.088	1.445	.5193	.5179
2.46	6.894	3.285	2.098	1.449	.5152	.5169
2.47	6.951	3.298	2.108	1.452	.5111	.5159
2.48	7.009	3.310	2.118	1.455	.5071	.5149
2.49	7.067	3.321	2.128	1.459	.5030	.5140
2.50	7.125	3.333	2.138	1.462	.4990	.5130
2.51	7.183	3.345	2.147	1.465	.4950	.5120
2.52	7.242	3.357	2.157	1.469	.4911	.5111
2.53	7.301	3.369	2.167	1.472	.4871	.5102
2.54	7.360	3.380	2.177	1.476	.4832	.5092
2.55	7.420	3.392	2.187	1.479	.4793	.5083
2.56	7.479	3.403	2.198	1.482	.4754	.5074
2.57	7.539	3.415	2.208	1.486	.4715	.5065
2.58	7.599	3.426	2.218	1.489	.4677	.5056
2.59	7.659	3.438	2.228	1.493	.4639	.5047
2.60	7.720	3.449	2.238	1.496	.4601	.5039
2.61	7.781	3.460	2.249	1.500	.4564	.5030
2.62	7.842	3.471	2.259	1.503	.4526	.5022
2.63	7.903	3.483	2.269	1.506	.4489	.5013
2.64	7.965	3.494	2.280	1.510	.4452	.5005
2.65	8.026	3.505	2.290	1.513	.4416	.4996
2.66	8.088	3.516	2.301	1.517	.4379	.4988
2.67	8.150	3.527	2.311	1.520	.4343	.4980
2.68	8.213	3.537	2.322	1.524	.4307	.4972
2.69	8.275	3.548	2.332	1.527	.4271	.4964
2.70	8.338	3.559	2.343	1.531	.4236	.4956
2.71	8.401	3.570	2.354	1.534	.4201	.4949
2.72	8.465	3.580	2.364	1.538	.4166	.4941
2.73	8.528	3.591	2.375	1.541	.4131	.4933
2.74	8.592	3.601	2.386	1.545	.4097	.4926

表 Ⅳ（続き）

衝撃波流れのパラメータ

M_{1n}	p_2/p_1	ρ_2/ρ_1	T_2/T_1	a_2/a_1	p_2^0/p_1^0	M_2 垂直衝撃波に対してのみ
2.75	8.656	3.612	2.397	1.548	.4062	.4918
2.76	8.721	3.622	2.407	1.552	.4028	.4911
2.77	8.785	3.633	2.418	1.555	.3994	.4903
2.78	8.850	3.643	2.429	1.559	.3961	.4896
2.79	8.915	3.653	2.440	1.562	.3928	.4889
2.80	8.980	3.664	2.451	1.566	.3895	.4882
2.81	9.045	3.674	2.462	1.569	.3862	.4875
2.82	9.111	3.684	2.473	1.573	.3829	.4868
2.83	9.177	3.694	2.484	1.576	.3797	.4861
2.84	9.243	3.704	2.496	1.580	.3765	.4854
2.85	9.310	3.714	2.507	1.583	.3733	.4847
2.86	9.376	3.724	2.518	1.587	.3701	.4840
2.87	9.443	3.734	2.529	1.590	.3670	.4833
2.88	9.510	3.743	2.540	1.594	.3639	.4827
2.89	9.577	3.753	2.552	1.597	.3608	.4820
2.90	9.645	3.763	2.563	1.601	.3577	.4814
2.91	9.713	3.773	2.575	1.605	.3547	.4807
2.92	9.781	3.782	2.586	1.608	.3517	.4801
2.93	9.849	3.792	2.598	1.612	.3487	.4795
2.94	9.918	3.801	2.609	1.615	.3457	.4788
2.95	9.986	3.811	2.621	1.619	.3428	.4782
2.96	10.06	3.820	2.632	1.622	.3398	.4776
2.97	10.17	3.829	2.644	1.626	.3369	.4770
2.98	10.19	3.839	2.656	1.630	.3340	.4764
2.99	10.26	3.848	2.667	1.633	.3312	.4758
3.00	10.33	3.857	2.679	1.637	.3283	.4752
3.10	11.05	3.947	2.799	1.673	.3012	.4695
3.20	11.78	4.031	2.922	1.709	.2762	.4643
3.30	12.54	4.112	3.049	1.746	.2533	.4596
3.40	13.32	4.188	3.180	1.783	.2322	.4552
3.50	14.13	4.261	3.315	1.821	.2129	.4512
3.60	14.95	4.330	3.454	1.858	.1953	.4474
3.70	15.80	4.395	3.596	1.896	.1792	.4439
3.80	16.68	4.457	3.743	1.935	.1645	.4407
3.90	17.58	4.516	3.893	1.973	.1510	.4377

表 Ⅳ (続き)

衝撃波流れのパラメータ

M_{1n}	p_2/p_1	ρ_2/ρ_1	T_2/T_1	a_2/a_1	p_2^0/p_1^0	M_2 垂直衝撃波に対してのみ
4.00	18.50	4.571	4.047	2.012	.1388	.4350
5.00	29.00	5.000	5.800	2.408	.06172	.4152
6.00	41.83	5.268	7.941	2.818	.02965	.4042
7.00	57.00	5.444	10.47	3.236	.01535	.3974
8.00	74.50	5.565	13.39	3.659	8.488×10^{-3}	.3929
9.00	94.33	5.651	16.69	4.086	4.964×10^{-3}	.3898
10.00	116.5	5.714	20.39	4.515	3.045×10^{-3}	.3876
100.00	11,666.5	5.997	1945.4	44.11	3.593×10^{-8}	.3781
∞	∞	6	∞	∞	0	.3780

データは National Advisory Committee of Aeronautics の好意により NACA TN 1428 からとる. 表の形式は A. M. Kuethe and J. D. Schetzer, *Foundations of Aerodynamics*, John Wiley & Sons, New York, 1950 より.

表 V

Prandtl-Meyer 函数対 Mach 数および Mach 角

ν (deg)	M	μ (deg)	ν (deg)	M	μ (deg)
0.0	1.000	90.000	17.5	1.689	36.293
0.5	1.051	72.099	18.0	1.706	35.874
1.0	1.082	67.574	18.5	1.724	35.465
1.5	1.108	64.451	19.0	1.741	35.065
2.0	1.133	61.997	19.5	1.758	34.673
2.5	1.155	59.950	20.0	1.775	34.290
3.0	1.177	58.180	20.5	1.792	33.915
3.5	1.198	56.614	21.0	1.810	33.548
4.0	1.218	55.205	21.5	1.827	33.188
4.5	1.237	53.920	22.0	1.844	32.834
5.0	1.256	52.738	22.5	1.862	32.488
5.5	1.275	51.642	23.0	1.879	32.148
6.0	1.294	50.619	23.5	1.897	31.814
6.5	1.312	49.658	24.0	1.915	31.486
7.0	1.330	48.753	24.5	1.932	31.164
7.5	1.348	47.896	25.0	1.950	30.847
8.0	1.366	47.082	25.5	1.968	30.536
8.5	1.383	46.306	26.0	1.986	30.229
9.0	1.400	45.566	26.5	2.004	29.928
9.5	1.418	44.857	27.0	2.023	29.632
10.0	1.435	44.177	27.5	2.041	29.340
10.5	1.452	43.523	28.0	2.059	29.052
11.0	1.469	42.894	28.5	2.078	28.769
11.5	1.486	42.287	29.0	2.096	28.491
12.0	1.503	41.701	29.5	2.115	28.216
12.5	1.520	41.134	30.0	2.134	27.945
13.0	1.537	40.585	30.5	2.153	27.678
13.5	1.554	40.053	31.0	2.172	27.415
14.0	1.571	39.537	31.5	2.191	27.155
14.5	1.588	39.035	32.0	2.210	26.899
15.0	1.605	38.547	32.5	2.230	26.646
15.5	1.622	38.073	33.0	2.249	26.397
16.0	1.639	37.611	33.5	2.269	26.151
16.5	1.655	37.160	34.0	2.289	25.908
17.0	1.672	36.721	34.5	2.309	25.668

表 V（続き）

Prandtl-Meyer 函数対 Mach 数および Mach 角

ν (deg)	M	μ (deg)	ν (deg)	M	μ (deg)
35.0	2.329	25.430	52.5	3.146	18.532
35.5	2.349	25.196	53.0	3.174	18.366
36.0	2.369	24.965	53.5	3.202	18.200
36.5	2.390	24.736	54.0	3.230	18.036
37.0	2.410	24.510	54.5	3.258	17.873
37.5	2.431	24.287	55.0	3.287	17.711
38.0	2.452	24.066	55.5	3.316	17.551
38.5	2.473	23.847	56.0	3.346	17.391
39.0	2.495	23.631	56.5	3.375	17.233
39.5	2.516	23.418	57.0	3.406	17.076
40.0	2.538	23.206	57.5	3.436	16.920
40.5	2.560	22.997	58.0	3.467	16.765
41.0	2.582	22.790	58.5	3.498	16.611
41.5	2.604	22.585	59.0	3.530	16.458
42.0	2.626	22.382	59.5	3.562	16.306
42.5	2.649	22.182	60.0	3.594	16.155
43.0	2.671	21.983	60.5	3.627	16.005
43.5	2.694	21.786	61.0	3.660	15.856
44.0	2.718	21.591	61.5	3.694	15.708
44.5	2.741	21.398	62.0	3.728	15.561
45.0	2.764	21.207	62.5	3.762	15.415
45.5	2.788	21.017	63.0	3.797	15.270
46.0	2.812	20.830	63.5	3.832	15.126
46.5	2.836	20.644	64.0	3.868	14.983
47.0	2.861	20.459	64.5	3.904	14.840
47.5	2.886	20.277	65.0	3.941	14.698
48.0	2.910	20.096	65.5	3.979	14.557
48.5	2.936	19.916	66.0	4.016	14.417
49.0	2.961	19.738	66.5	4.055	14.278
49.5	2.987	19.561	67.0	4.094	14.140
50.0	3.013	19.386	67.5	4.133	14.002
50.5	3.039	19.213	68.0	4.173	13.865
51.0	3.065	19.041	68.5	4.214	13.729
51.5	3.092	18.870	69.0	4.255	13.593
52.0	3.119	18.701	69.5	4.297	13.459

表 V（続き）
Prandtl-Meyer 函数対 Mach 数および Mach 角

ν (deg)	M	μ (deg)	ν (deg)	M	μ (deg)
70.0	4.339	13.325	87.5	6.390	9.003
70.5	4.382	13.191	88.0	6.472	8.888
71.0	4.426	13.059	88.5	6.556	8.774
71.5	4.470	12.927	89.0	6.642	8.660
72.0	4.515	12.795	89.5	6.729	8.546
72.5	4.561	12.665	90.0	6.819	8.433
73.0	4.608	12.535	90.5	6.911	8.320
73.5	4.655	12.406	91.0	7.005	8.207
74.0	4.703	12.277	91.5	7.102	8.095
74.5	4.752	12.149	92.0	7.201	7.983
75.0	4.801	12.021	92.5	7.302	7.871
75.5	4.852	11.894	93.0	7.406	7.760
76.0	4.903	11.768	93.5	7.513	7.649
76.5	4.955	11.642	94.0	7.623	7.538
77.0	4.009	11.517	94.5	7.735	7.428
77.5	5.063	11.392	95.0	7.851	7.318
78.0	5.118	11.268	95.5	7.970	7.208
78.5	5.174	11.145	96.0	8.092	7.099
79.0	5.231	11.022	96.5	8.218	6.989
79.5	5.289	10.899	97.0	8.347	6.881
80.0	5.348	10.777	97.5	8.480	6.772
80.5	5.408	10.656	98.0	8.618	6.664
81.0	5.470	10.535	98.5	8.759	6.556
81.5	5.532	10.414	99.0	8.905	6.448
82.0	5.596	10.294	99.5	9.055	6.340
82.5	5.661	10.175	100.0	9.210	6.233
83.0	5.727	10.056	100.5	9.371	6.126
83.5	5.795	9.937	101.0	9.536	6.019
84.0	5.864	9.819	101.5	9.708	5.913
84.5	5.935	9.701	102.0	9.885	5.806
85.0	6.006	9.584			
85.5	6.080	9.467			
86.0	6.155	9.350			
86.5	6.232	9.234			
87.0	6.310	9.119			

数値は *Publication No. 26*, Jet Propulsion Laboratory, California Institute of Technology よりとる．

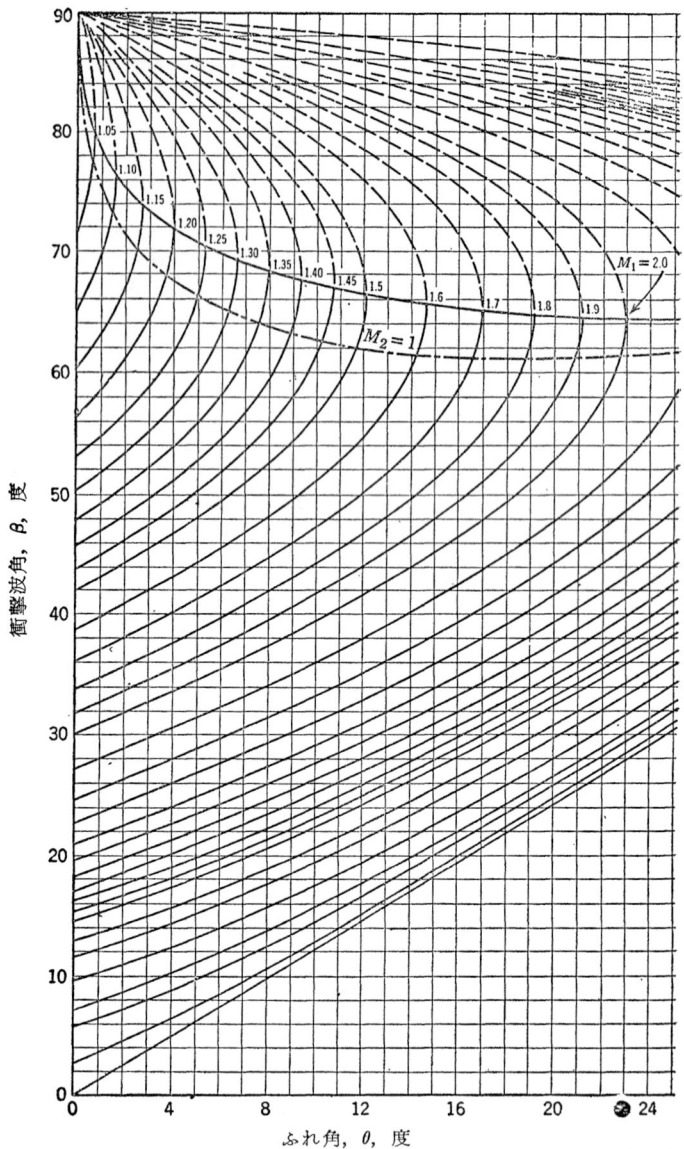

斜め衝撃波図表 1　種々の上流 Mach 数に対する，流れのふれ角による衝撃波角の変化．理想気体，$\gamma=1.40$．(*NACA Report* 1135 より)

ふれ角, θ, 度
図表 1 (続き)

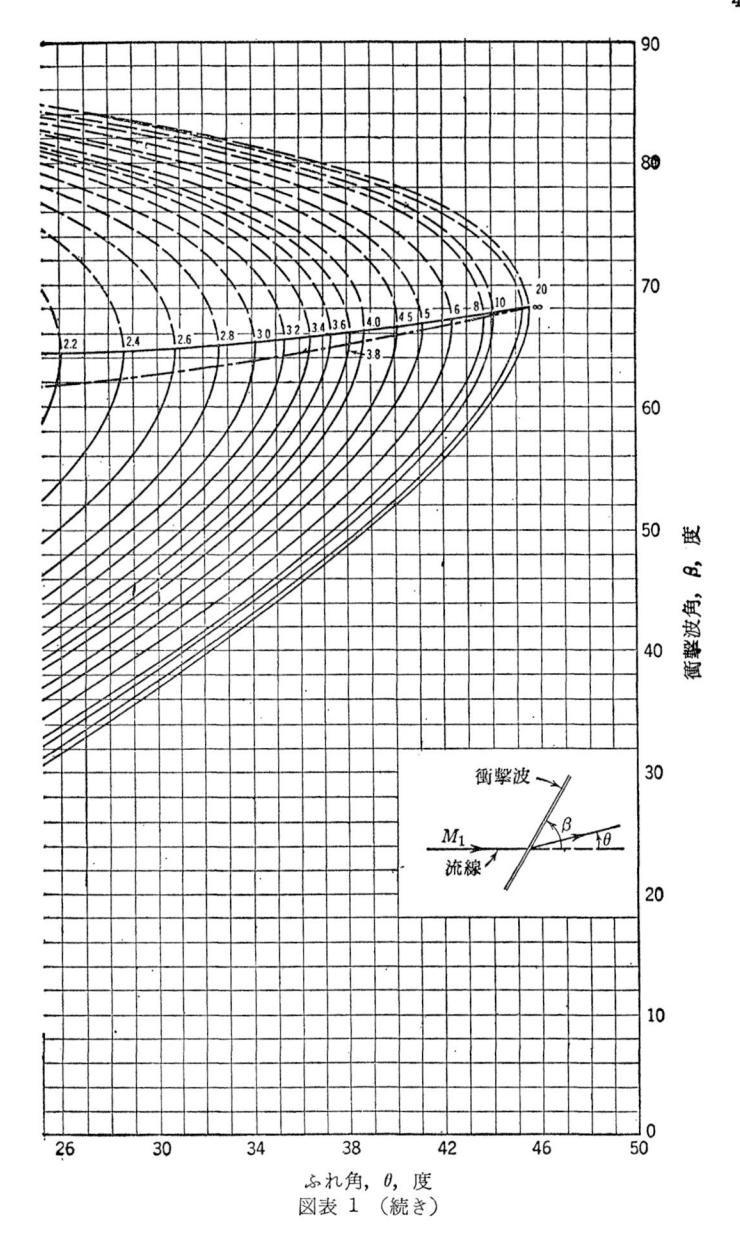

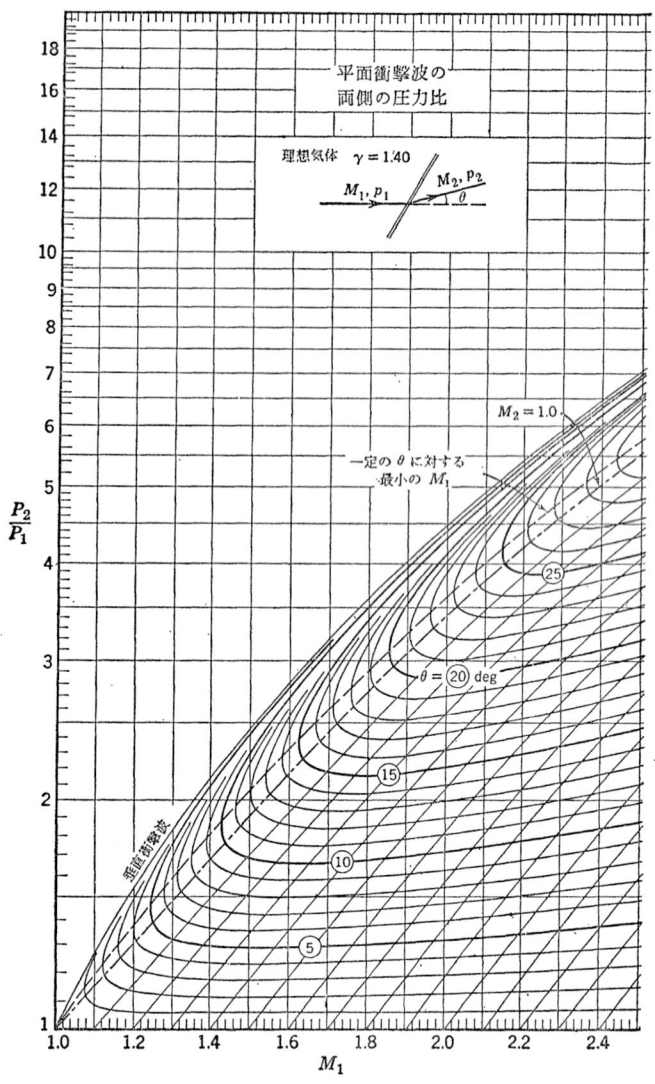

斜め衝撃波図表 2 流れのふれ角および上流 Mach 数による圧力比および下流 Mach 数の変化. (データは C. L. Dailey and F. C. Wood, *Computation Curves for Compressible Flow Problems*, Wiley, 1949. より)

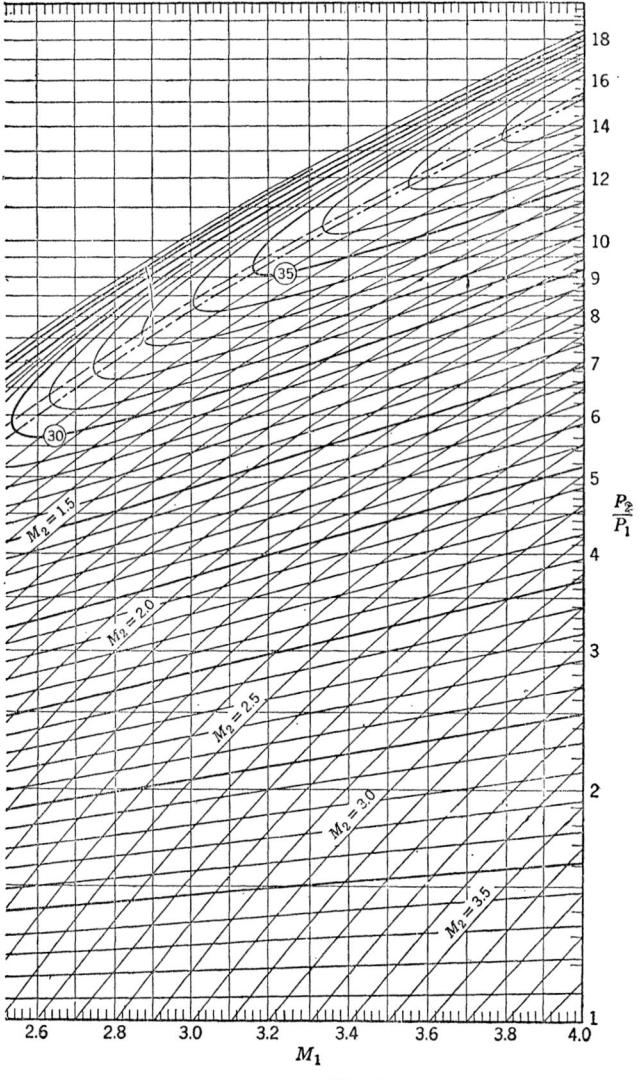

図表 2 （続き）

索　引

ア

Ackeret の翼理論 (Ackeret airfoil theory) 翼理論を見よ
厚さ (Thickness), 境界層の (boundary-layer)
　‥‥‥‥‥‥‥‥355-357, 447
　抵抗への影響 (effect on drag)
　‥‥‥‥125-126, 131, 433
圧縮 (Compression), 斜め衝撃波による (by oblique shocks) ‥‥‥‥‥‥‥‥‥‥‥‥105
　音波における (in acoustic waves) ‥‥‥‥81
圧縮機特性, 風洞の (Compressor chracteristics for wind tunnel) ‥‥‥‥‥‥‥‥‥156
圧縮性の流れへの影響 (Compressibility effects on flow) ‥‥‥‥‥‥‥‥‥‥‥‥‥57-60
圧縮波のけわしくなること (Steepening of compression wave) ‥‥‥‥‥‥‥‥‥‥‥‥‥86
圧縮比, 風洞の (Wind tunnel compression ratio) ‥‥‥‥‥‥‥‥‥‥‥‥‥‥147, 155
圧力 (Pressure)
　動圧 (dynamic) ‥‥‥‥‥‥‥‥‥‥63, 165
　音波の (in acoustic wave) ‥‥‥‥‥‥‥‥81
　ノズル中の (in nozzle) ‥‥‥‥‥‥141-144
　の測定 (measurement of) ‥‥‥‥‥160-166
　分圧 (partial) ‥‥‥‥‥‥‥‥‥‥‥‥‥30
　と Mach 数との関係 (relation to Mach number) ‥‥‥‥‥‥‥‥‥‥‥‥68, 164
　総圧 (total) ‥‥‥‥‥‥‥51-53, 163-164
圧力係数 (Pressure coefficient)
　臨界 (critical) ‥‥‥‥‥‥‥‥‥‥‥‥445
　の定義 (definition of) ‥‥‥‥‥‥‥63, 226
　翼型に対する (for aerofoil) ‥‥‥‥122-125, 237
　細長円錐に対する (for slender cone) ‥‥‥256
　軸近くの (near axis) ‥‥‥‥‥‥‥‥‥245
　二次の (second-order) ‥‥‥‥‥‥‥‥431
圧力勾配 (Pressure gradient), 層流境界層への影響 (effect on laminar boundary layer)
　‥‥‥‥‥‥‥‥‥‥‥‥‥‥‥‥360-363
圧力比 (Pressure ratio)
　臨界 (critical) ‥‥‥‥‥‥‥‥‥‥62, 141
　超音速ノズルの (for supersonic nozzle)
　‥‥‥‥‥‥‥‥‥‥‥‥‥‥‥‥141-144
　風洞 (wind tunnel) ‥‥‥‥148-150, 155-157

イ

一定断面積の流れ (Constant-area flow)
　‥‥‥‥‥‥‥‥‥‥‥‥‥‥64-65, 435-436

ウ

渦, あとひき (Trailing vortices) ‥‥‥‥‥270
渦度 (Vorticity) ‥‥‥‥‥‥‥‥213-216, 439
　曲つた衝撃波の後の (behind curved shock)
　‥‥‥‥‥‥‥‥‥‥‥‥‥‥‥‥‥‥115
　の拡散 (diffusion of) ‥‥‥‥‥‥‥344-347
　とエントロピー勾配との関係 (relation to entropy gradient) ‥‥‥‥‥‥‥‥‥212-213
　と総圧勾配との関係 (relation to total pressure gradient) ‥‥‥‥‥‥‥‥‥‥‥‥‥440
渦による抵抗 (Vortex drag) ‥‥‥‥‥270, 443
薄翼理論 (Thin airfoil theory)
　‥‥‥‥‥‥‥‥‥‥‥‥122-127, 236-237
運動量厚 (Momentum thickness) ‥‥‥‥‥357
運動量積分による揚力と抗力の計算 (Lift and drag computation by momentum integral)
　‥‥‥‥‥‥‥‥‥‥‥‥203-204, 433, 441-443
運動量方程式 (Momentum equation)
　境界層に対する (for boundary layer) ‥‥‥357
　一般の非粘性 (general frictionless)
　‥‥‥‥‥‥‥‥‥‥‥‥201-204, 211, 217, 219
　一次元の (one-dimensional) ‥‥‥‥54-56, 64
　粘性のある (with viscosity) ‥‥‥344, 351, 364, 366-369, 372, 374

エ

エネルギー厚 (Energy thickness) ‥‥‥‥‥358
エネルギー積分 (Energy integral), Couette の流れに対する (for Couette flow) ‥‥‥‥340
　境界層流れに対する (for boundary-layer flow)
　‥‥‥‥‥‥‥‥‥‥‥‥‥‥352, 355, 375
エネルギー方程式 (Energy equation)
　一次元の定常な (one-dimensional steady)
　‥‥‥‥‥‥‥‥‥‥47-49, 60-62, 64, 432
　一般の非定常な (general nonstationary)
　‥‥‥‥‥‥‥‥‥‥‥‥204-205, 207-209
　粘性及び熱伝導を伴う (with viscosity and heat conduction) ‥‥‥‥‥339,351,364, 367-370, 373
エピ·サイクロイド, Prandtl-Meyer 流れに対する (Epicycloid for Prandtl-Meyer flow)
　‥‥‥‥‥‥‥‥‥‥‥‥‥‥‥‥‥‥133
エルゴート性 (Ergodic property) ‥‥396-397, 422
円錐 (Cone) 上の境界層 (boundary layer on)
　‥‥‥‥‥‥‥‥‥‥‥‥‥‥‥‥‥‥450

索引

超音速流における (in supersonic flow) ……………134-137
に対する線型の解 (linearized solution for) ……………252-254
細長——に対する解 (solution for slender) ……………255-257
をすぎる遷音速流 (transonic flow past) ……………304-305
に対する遷音速相似法則 (transonic similarity for) ……………285
後方物体を持つ (with after body) …………323
エンタルピー (Enthalpy)
の定義 (definition of) ……………13
総 (total) ……………50, 209
エントロピー (Entropy) の連続の式 (continuity equation for) ……………373
の定義 (definition of) ……………19-23
一次元流における (in one dimensional flow) ……………51-52
分子緩和効果による——の増加 (increase due to molecular relaxation effects) ………420
の測定 (measurement of) ……………163
理想気体の (of a perfect gas) …………23, 51
流体粒子の (of fluid particle) ……………208
生成 (production) …………27, 57, 373, 424, 425
音波に対する影響 (effect on sound wave) ……………79
風洞内での (in wind tunnel) ……………152
エントロピー勾配と渦度との関係 (Entropy gradient, relation to vorticity) …………212-213
エントロピーの変化 (Entropy change)
垂直衝撃波に対する (for normal shock) ……………69, 448
弱い衝撃波に対する (for weak shock) 103-104
超音速圧縮における (in supersonic compression) ……………106

オ

Euler の方程式 (Euler's equation) …52-54, 207
Euler 微分 (Eulerian derivative) ……………205
応力テンソル (Stress tensor) ………368, 370-372
音 (Sound) 乱れによる——の発生 (production of, by turbulence) ……………384-385
の速さ (speed of) ………58-59, 79-81, 速さ (speed) の項も見よ
波 (waves) ……………76-82
重み, 統計的 (Statistical weight) ………392-397
音速状態 (Sonic conditions) ……………61-62
スロウトにおける (at throat) ……………139
音速線, 遷音速流における——の位置 (Sonic line, location in transonic flow) ……………301
音速での抵抗曲線の傾斜 (Drag-curve slope at sonic velocity) ……………302
温度 (Temperature) 分子の運動エネルギーとの関係 (relation to molecular kinetic energy) ……………401
音の速さとの関係 (relation to speed of sound) ……………58, 168
静 (static) ……………167
全 (total) ……………50, 168
温度探子 (Temperature probe) ……………168
温度の跳び, 完全な適応を欠くことによる (Temperature jump due to incomplete accommodation) ……………417
音波 (Acoustic waves) ……………78-79
音波の方程式 (Acoustic equation) ………76-77, 273-275, 429, 440

カ

回転 (Rotation) ……………213-216
回転流 (Rotational flow) ……………215, 323
回復温度 (Recovery temperature) の定義 (definition of) ……………168, 340
Couette 流れに於ける (in Couette flow) …341
熱線の (of hot wire) ……………192
温度探子の (of temperature probe) ………168
解離をともなう場合の (with dissociations) ……………385-389
解離 (Dissociation) ……………33, 424
の Couette 流における影響 (effect on Couette flow) ……………385-389
Gauss の定理 (Gauss's theorem) ……………198
可逆関係式 (Reciprocity relations) ………25-26
の応用 (application of) ……………35, 43, 426
確率 (Probability) ……………392-397
重ね合せ (Superposition) ……220-221, 235, 246, 255, 262-263, 441
傾きが急になること 圧縮波の (Steepening of compression waves) ……………86-87, 106
カーテシャン・テンソル記号 (Cartesian "tensor" notation) ……………196
かど (Corner) を越える超音速膨脹 (supersonic expansion over) ……………109
における超音速流れ (supersonic flow in) ……………100, 106
加熱 (Heat addition) のある流れ (flow with) ……………49, 204, 436
加熱された流れ (Diabatic flow) ……………436
カメラ, 円筒 (Drum camera) ……………195
Kármán-Tsien の法則 (Kármán-Tsien rule) ……………289
Kármán の造波抵抗積分 (Kármán wave-drag formula) ……………251, 442
Kármán-Moore の理論 (Kármán-Moore the-

ory) ……………………………249, 254
間欠風洞 (Intermittent wind tunnel) …144, 158
干渉 (Interference) の抵抗への影響 (effect on drag) ……………………………129-130
風洞 (wind tunnel) ……………………441
干渉計 (Interferometer) ………181-187, 438-439
完全流体 (Ideal fluid) ……………………57
乾燥器, 風洞の (Wind tunnel drier) ………152
緩和 (Relaxation) 衝撃波に対する分子効果 (molecular effect on shock waves)…418-421
亜音速流に於ける (in subsonic flow) 420-421
緩和時間 (Relaxation time) …409-411, 418-421

キ

気体運動論と気体力学との関係 (Gaskinetics, relation to gasdynamics) ………390-392, 421-422
気体定数 (Gas constant) ……………………8-10
稀薄部(度), 音波の (Rarefaction in acoustic wave) ……………………………81
境界条件 (Boundary conditions) ………226-228
軸対称物体に対する (for axially symmetric body) ……………………………242-245
迎角を持った物体に対する (for yawed body) ……………………………263
特性曲線法に於ける (in method of characteristics) ……………………………318
境界層 (Boundary layer) …………335, 347-362
の近似計算 (approximate computation of) ……………………………447
の外の流れへの影響 (effect on external flow) ……………………………376-383
の運動方程式(equation of motion) ………351, 362, 374
軸対称流の (for axially symmetric flow) …449
層流 (laminar) ……………………………347-362
円錐の (on a cone) ………………………450
への圧力勾配の影響 (pressure gradient effect on) ……………………………448-449
の厚さ (thickness of) ………349, 355, 447, 448
乱流 (turbulent) ……………………………373-375
凝縮 (Condensation) ………………………38, 426

ク

空洞輻射 (Cavity radiation) ………………426
Couette の流れ (Couette flow) ………336-344
稀薄気体の (of a rarefied gas) ………413-416
解離のある (with dissociation) ………385-389
くさび, 超音速流中の (Wedge in supersonic flow) ……………………………99-100, 116-118, 432
屈折, 光の (Refraction of light) ………170-174
屈折率 (Index of refraction) ………………170
Kutta の条件 (Kutta condition) ……………126

Knudsen数 (Knudsen number) ……………421
Gladstone-Dale 定数 (Gladstone-Dale constant) ……………………………171
Clapeyron-Clausius の式 (Clapeyron-Clausius equation) ……………………………426
Crocco の定理 (Crocco theorem) ………212-213
Crocco の変数 (Crocco's variables) ………358

ケ

Göthert の相似法則 (Göthert similarity rule) ……………………………280, 285, 288
結像, シュリーレン系に於ける光の (Focusing of light in shlieren system) ……………174
Kelvin 尺度の定義 (Definition of Kelvin scale) ……………………………9
限界線 (Limit line) ……………………………311
検査面, 運動量に対する (Control surface for momentum) ……………………………203

コ

交差, 波の (Intersection of waves) 衝撃波を見よ
光速 (Speed of light) ……………………………170
後退角, 超音速流における—の影響 (Sweepback, effect in supersonicflow) ……………………433
黒体輻射 (Black body radiation) ……………427
極超音速相似法則 (Hypersonic similarity rules) ……………………………289-296
極超音速流に対する微小変動理論 (Small-perturbation theory for hypersonic flow) ……444
混合型流れ (Mixed flow), 衝撃波なしの遷音速 (shock-free transonic) ………………306-308
混合気体, 理想気体の—の状態量 (Variable of state of mixture of perfect gas) ………29-31

サ

Sutherland の粘性法則(Sutherland viscosity law) ……………………………361, 446
雑音, シュリーレン系に於ける (Noise in schlieren system) ……………………………178
Saha の式 (Saha formula) ……………………426
散逸 (Dissipation) ……………………………373

シ

軸対称流 (Axially symmetric flow) ……………………………245-262, 274
自然座標で表わした運動方程式 (Equation of motion in natural coordinates)…211, 219, 439
質量作用の法則 (Mass action law) …31-33, 439
始動断面積, ディフューザの (Starting area for diffuser) ……………………………145-147
しぼり比, ディフューザの (Diffuser contraction ratio) ……………………………146

索　引

しぼり部，風洞の (Contraction, wind tunnel) ……………………150
しま移動 (Fringe shift) ………………182
締切り板，シュリーレン (Cutoff, schlieren) …… 176
自由エネルギーの定義 (Definition of free energy) ………………………………25
自由エンタルピー (Free enthalpy) の定義 (definition of) ………………………25
理想気体の (of perfect gas) ………………25
自由飛行試験 (Free-flight testing) ……………159
自由分子流 (Free molecular flow) ………422
Joule-Thomson 過程 (Joule-Thomson process) ………………18-19, 423
縦横比の揚力への影響 (Aspect ratio, effect on lift) ………………………127, 443
シュリーレン法 (Schlieren method) 174-179, 438
循環 (Circulation) ……………………213
衝撃波 (Shock wave(s))
　角 (angle) ……………………………96-99
　弱い衝撃波に対する (for weak shocks) ………………………103-105
　内部の状態 (conditions in) ……363-367, 447
　円錐状 (conical) ……………………134-137
　曲がった (curved) ………………116-117, 434
　の定義 (definition of) ……………………64
　離れた (detached) ………………116-119, 298, 434
　の離れの距離 (detachment distance) ……118
　内部の流れのエネルギー積分 (energy integral for flow within) ……………366
　を通過したときのエントロピー変化 (entropy change through) …………69-70, 97, 105
　の形成 (formation of) …………86-87, 107-108
　のホドグラフ (hodograph) ……………433
　ノズルの流れ中の (in nozzle flow) …141-144
　の交差 (intersections) ………114-115, 120, 432
　垂直——に対する関係 (normal, relations for) ………………64-70, 419, 428-430
　斜め——に対する関係 (oblique, relations for) ………………………96-99, 433
　の伝播 (propagation) …………71-73, 430-431
　の反射 (reflection) ……………113-115, 120, 431, 432
　への緩和効果 (relaxation effects on) ………419
　衝撃波管中の——の速さ (speed in shock tube) ………………71-74, 430-431
　の強さ (strength of) …………………68
　強い垂直 (strong normal) …………74, 419, 431
　強い斜め (strong oblique) ………99, 289-291
　の強い解 (strong solution for) ……99, 116-117
　の厚み (thickness of) …………………366, 448

遷音速 (transonic) ……………………298-301
弱い垂直 (weak normal) ………………74
弱い斜め (weak oblique) ……103-105, 327, 432
衝撃波管 (Shock tube) ………90-94, 159, 430-431
音響の (acoustic) …………………83-84
装置 (instrumentation of) ………………195
の風洞としての利用 (use as a wind tunnel) ………………………430
の用途 (uses of) ……………………94
衝撃波極線 (Shock-polar) ………………133, 433
極超音速流の場合の (for hypersonic flow) ………………………434
遷音速流の場合の (for transonic flow) ……445
のホドグラフ形 (hodograph form of) ……433
衝撃波と境界層の相互作用 (Shock-wave boundary-layer interaction) ………………378-383
断面積一定の管の中での (in constant-area duct) ………………………65
圧力探子上での (on pressure probe) ………………………161-163
衝撃波-膨張波理論 (Shock-expansion theory) ………………………120-122
衝撃波面 (Shock surface) ……………136, 434
状態方程式 (Equation of state) ……………4, 8
状態量 (Variables of state) ………………3-5
衝突断面積 (Collision cross-section) ………409
衝突の期待値 (Expected number of collision) ………………………410

ス

錐状流 (Conical flow) 有心波における (in centered wave) ……………………110
翼端における (on wing tip) ……………127
円錐を過ぎる (over cone) ……………135, 253
垂直衝撃波 (Normal shock) 衝撃波を見よ
垂直衝撃波による回復 (Normal shock recovery) ………………………144-145
Stokes の仮定 (Stokes assumption) …………421
Stokes の定理 (Stokes theorem) ……………215
滑り (Slip) ……………………416-417
滑り流 (Slipstream) ……………115, 116, 120
ずれ応力の測定 (Measurement of shearing stress) ……………………188-190
スロート (Throat) 調節できる (adjustable) …151
ノズル中の (in a nozzle) ……………139
第二 (second) ………………………145-147
における音速状態 (sonic conditions in) ………………………60, 436

セ

静圧探子 (Static probes) ………………160-163
静温度 (Static temperature) ……………167

接触面（Contact surface） ……………………90
遷音速状態を通っての加速（Acceleration through transonic speed）………………273
遷音速相似法則（Transonic similarity rules）
　　　　………282-283, 285, 287
遷音速領域の定義（Definition of transonic regime）………………………………297-298
線型化方程式（Linearized equations）音波の（acoustic）……………………………76-78
　運動の（of motion）……224, 228, 238, 242, 263
線型化，方程式の（Linearization of equations）
　　　　………77, 220-221, 223-224

ソ

総温度探子（Total temperature probe）……168
双曲型方程式（Hyperbolic equations）…312-313
相似法則（Similarity rules）Göthertの（Göthert）………………………280, 285, 288
　極超音速の（hypersonic）………289, 295-296
　Prandtl-Glauertの（Prandtl-Glauert）
　　　　……………277-281, 445
　遷音速の（transonic）……………282-283, 287
造波抵抗（Wave drag）……………121, 124-126, 129-130, 234-235
速度，音の──と分子速度との関係（Speed of sound, relation to molecular velocity）…405
　音の項をも見よ
速度の測定（Measurement of speed (velocity)）
　　　　……………166-167, 170, 437, 439
速度分布（Velocity profile）境界層内の（in boundary layer）………………360-361, 447, 449
　Couetteの流れにおける（in Couette flow）
　　　　………………341-343
速度ポテンシャル（Velocity potential）………216
そりの抵抗への影響（Camber, effect on drag）
　　　　………………125, 131

タ

Dietericの状態方程式（Dieterici equation of state）………………………………423
体積流量（Volumetric flow）………………155
体積力（Body sorces）………………………202
第二スロウトの効果（Effects of second throat）
　　　　………………145-147
楕円型方程式（Elliptic equations）…………312
単一波（Simple waves）
　一次元非定常流れにおける（in one-dimensional nonstationary flow）78-82, 88-89, 429
　二次元超音速流れにおける（in plane supersonic flow）………………113, 325-329, 330
弾道径路（Ballistic range）…………………159
断熱可逆過程（Adiabatic reversible process）
　　　　………………14-16
断熱流れ（Adiabatic flow）…………………50
　摩擦を伴う（with friction）………………435

チ

遅延ポテンシャル（Retarded potential）……274
調和振動子（Harmonic oscillator）………406-408
直接投影法（Shadow method）…………179-181

テ

抵抗（Drag）渦による（due to vortices）…270, 443
　波による（due to waves）………………
　　　　120-121, 123-126, 234-235, 433
　細長物体の誘導（induced, for slender body）
　　　　………………269
　に対する運動量定理（momentum theorem for）
　　　　………………203
　細長回転体の（of slender body of revolution）………………257-261, 442-443
　軽減（reduction of）………………………129
ディフューザ，風洞の（Wind tunnel diffuser）
　　　　………………144-147
底面圧力（Base pressure）…………………260
Taylor-Maccollの解，円錐に対する（Taylor-Maccoll solution for cone）………………135
適応係数（Accommodation coefficient）
　　　　………………416-417
電離（Ionization）………………………37, 425
　Couette流内での（in Couette flow）…388-389

ト

動圧（Dynamic pressures）…………………165
　の定義（definition of）……………………63
等エントロピーでない流れの状態（Nonisentropic flow conditions）…………………………
　　　51, 57, 87, 107, 143, 165, 213, 323-325
　非定常な波における（in nonstationary waves）
　　　　………………87-88
　超音速流における（in supersonic flow）
　　　　………………107-109
等エントロピー流れの条件（Isentropic flow conditions）……………51, 56-58, 61, 74-76, 87, 89, 106-109, 212-213, 217
等エントロピーな波（Isentropic waves）
　超音速流における（in supersonic flow）………
　　　　106-113, 325-330
　非定常な（nonstationary）………………84-90
等配，エネルギーの（Equipartition of energy）
　　　　………………407
動力，風洞の（Wind tunnel power）
　　　　………………153-154, 436
特性曲線（Characterstics）の収束（convergence

索　引

of) ……………………………86-87
の定義 (definition of) ……………313
としての Mach 線 (Mach lines as) ………102
音波の式の (of acoustic equation) …………78
特性曲線に沿っての不変量 (Invariants along characteristics)………316, 325-326, 429
特有温度, 解離の (Characteristic temperature for dissociation) ……………………35

ナ

ナイフエッジ, シュリーレン (Knife edge, schlieren) ………………………175
内部エネルギー (Internal energy) の定義 (definition of) ……………………………4-7
分子エネルギーとの関係 (relation to molecular energy) ……………401, 405-406
流れの傾きの測定 (Measurement of flow inclination) ……………………………166
流れの場の一般的性質 (General character of flow field) ……………………………292
斜め衝撃波 (Oblique shock waves) 衝撃波を見よ,
Navier-Stokes の方程式 (Navier-Stokes equations) の導出 (derivation of)…………367-372
の適用性の範囲 (range of applicability of) ………390-392, 421-422
波 (Wave(s))
有心 (centered) ……………88-89, 102, 110
等エントロピー──の相殺 (isentropic, cancellation of) ……………………330
の交差 (intersection of) ……113, 328-329, 446
有限振幅の (of finite amplitude) …………84-86
の反射 (reflection of) …………115, 330, 446
単一 (simple) 単一波を見よ,
弱い (weak) ……………………103, 327, 432
衝撃波をも見よ
波の速度の測定 (Measurement of wave speed) ……………………………195

ニ

Newton のまさつ法則 (Newton's friction law) ……………………………337

ヌ

Nusselt 数 (Nusselt number) ……………191

ネ

粘性 (Viscostiy) ……………………411-413
流れへの影響 (effect on flow) 57, 87, 147, 335-336
熱線風速計 (Hot-wire anemometer) ……190-195
熱伝達 (Heat transfer) 平板上の層流境界層に対

する (for a laminar layer on a flat plate) ……………………352-355
Couette 流れにおける (in Couette flow) ……………………………341
の測定 (measurement of) ……167-169, 438
表面まさつ力との関係 (relation to skin friction) ……………………341, 354, 376
熱伝導率 (Heat conductivity) …57, 335, 411-413
熱力学と流体力学との関係 (Thermodynamics, relation to fluid mechanics) ……………1-2
熱力学の主則 (Principal law of thermodynamics) ……………………………1
熱力学の第一および第二法則の項も見よ,
熱力学の第一法則 (First law of thermodynamics) ……………………………5
熱力学の第二法則 (Second law of thermodynamics) ……………………17-23
熱流ベクトル (Heat flux vector) ………369-372
熱量的に完全な気体 (Calorically perfect gas) ……………………10, 14, 49

ノ

濃縮部 (度), 音波の (Condensation in acoustic wave) ……………………………75, 81
ノズル (Nozzle) の設計 (design of) ……………………331-333, 446
内の流れ (flow in) ……………138-144
超音速 (supersonic) …………151, 331, 435, 446

ハ

排除厚 (Displacement thickness) …355-356, 447
波状円柱を過ぎる流れ (Flow past corrugated cylinder) ……………………………441
波状壁を過ぎる流れ (Flow past wave shaped wall) ……………………228-236, 440
波動 (Wave motion) …………71-73, 77-78, 95
波動方程式 (Wave equation) 音波の, 一般の (acoustic, general) …………273, 429, 440
一次元の (one-dimensional) …………76-77
定常軸対称流に対する (for steady axially symmetric flow) ……………………248
定常超音速流に対する (for steady supersonic flow) ……………………………233, 275
離れた衝撃波 (Detached shock waves) ……………103-105, 271, 432
離れの距離 (Detachment distance) ……105, 391
反射 (Reflection) 等エントロピーな波の (of isentropic waves) ……………122, 330, 446
衝撃波の (of shock waves) …………113, 119, 423, 431-432

ヒ

非回転流 (Irrotational flow) ……215-220, 312
非可逆過程 (Irreversible process) ………16-19,
  23-27, 51, 423-424
微小変動理論 (Small-perturbation theory) に於
  ける境界条件 (boundary condition in) ………
  226-228, 232, 242-245
  の運動方程式 (equation of motion for)
  ……………224-225, 242
  の圧力係数 (pressure coefficient for)
  ………………226, 245
歪速度テンソル (Rate of strain tensor) ……370
ピストン圧力 (Piston pressure) ………72, 88, 272
ピストン運動 (Piston motion) …72-73, 88-89, 428
  の類推 (analogy) ……………………102
  一般化された (generalized) ………95, 271-272
非線型運動方程式 (Nonlinear equation of motion) ………………………………224, 312
非線型方程式についての注意 (Remark on nonlinear equations) ………………220-221
非定常な運動量の方程式 (Nonstationary momentum equation) ……………55, 201-204
非定常なエネルギーの方程式 (Nonstationary energy equation) …………204-205, 207-208
非定常な連続の方程式 (Nonstationary continuity equation) ………………96, 200
Pitot 探子 (Pitot probe) ………………63, 437
比熱 (Specific heat) ………………11-13
  振動の自由度からの——への寄与 (contribution to, from vibrational degrees of freedom)
  …………………………408
  分子論から (from molecular theory) …………
  42-43, 401, 405-408
  気体の (of gases) ……………………42-48
表面まさつ力 (Skin friction) Couette の流れに
  おける (in Couette flow) …………344, 446
  層流境界層における (in laminar boundary layer) ……………355, 360-361, 446
  稀薄気体の流れにおける (in rarefied gas flow)
  ………………………413-416
  乱流境界層における (in turbulent boundary layer) ………………………375
  の測定 (measurement of) ………188-190
ビリヤル係数, 第二 (Second virial coefficient)
  ……………………40, 451
ビリヤル定理 (Virial theorem) ………399-400

フ

Fanno 曲線 (Fanno line) ………………436
van der Waals の方程式 (van der Waals equation) ………………………………11
Busemann の複葉 (Busemann biplane) ………
  129-131, 433

風洞 (Wind tunnel) 特性 (characteristics)
  ………………………152-154
  のディフューザ (diffusers) ……………140-150
  間欠 (intermittent) …………………144, 158, 436
  のノズル (nozzle for) ………151, 330, 332
  の出力 (power) ……………………153-154, 436
  の圧力比 (pressure ratio) ……143-144, 147-150
  亜音速 (subsonic) ……………………139
  超音速 (supersonic) ……………143, 150-152
  壁干渉 (wall interference) ……………441
Fermat の原理 (Fermat's principle) ………172
吹出し, 基本解としての (Source as basic solution) ……………………………246
吹出し (Source) 動いている——の影響域 (moving, range of influence) ……………249
吹出し分布 (Source distribution) 任意の回転体
  に対する (for arbitrary body of revolution)
  ………247-249, 254-255
  円錐に対する (for cone) ………………252
  平たい物体に対する (for planar body) ……274
  細長物体に対する (for slender body)
  ………………258-259, 274-275
輻射, 黒体 (Black body radiation) …………427
Prandtl 数 (Prandtl number) の定義 (definition of) ………………………………335
  の変化 (variation of) ………………386
Prandtl-Meyer 函数 (Prandtl-Meyer function)
  ………………111-112, 132-133
  の極超音速流に対する近似形 (approximate form for hypersonic flow) ……………293
  の遷音速流に対する近似形 (approximate form for transonic flow) ………………445
Prandtl-Meyer 流れに対するホドグラフ
  (Hodograph for Prandtl-Meyer flow) …133
Prandtl-Meyer 膨脹 (Prandtl-Meyer expansion) ………………………109-110, 433
  の軸対称な物体への応用 (application to axially symmetrical bodies) …………446
分圧 (Partial pressure) ……………………30
分子 (Molecules) 間距離 (distance between)
  …………………………450
  の速度 (speed of) ……………401-405

ヘ

平均自由行路 (Mean free path) …………409-411,
  421-422
平衡条件 (Equilibrium conditions) 流れ中の
  (in flow) ………………………56-57
  理想気体の (of a perfect gas) ……………8-9
  熱力学的 (thermodynamic) ……………27-28
平面に近い流れ (Planar flow) ………127-129,
  238-239, 275

索　引

壁干渉，風洞（Wind tunnel wall interference）……441
Bernoulliの式（Bernoulli's equation）……54, 63, 427

ホ

膨張（Expansion）円錐の肩での（at cone shoulder）……323, 446
音波での（in acoustic wave）……81–82
ノズルでの（in nozzle）……141–143
Prandtl-Meyer（Prandtl-Meyer）……100
曲がりによる超音速（supersonic, by turning）……109–111
膨張波，有心非定常（Centered nonstationary expansion wave）……88–89, 102, 110
膨張波の非線型な振舞（Nonlinear behavior of expansion waves）……87
膨張波扇（Expansion fan）……103
細長円錐（Slender cone）……255–257
細長物体（Slender body）の抵抗（drag of）……257–262, 442–443
の揚力（lift of）……266–270, 243
に対する吹出しの強さ（source strength for）……258–259, 274–275
理論（theory）……270–272
保存（Conservation）エネルギーの（of energy）……204
質量の（of mass）……199
ポテンシャル，速度（Velocity potential）……216
ポテンシャルの方程式（Potential equation）……219, 225
円柱座標で表わした（in cylindrical coordinates）……242
非定常（nonstationary）……273, 429
ホドグラフ変換（Hodograph transformation）……308–310
ホドグラフ方程式，遷音速の（Transonic hodograph equations）……310
ホドグラフ面（Hodograph plane）……32
Boltzmann定数（Boltzmann constant）……10

マ

Maxwell-Boltzmann分布（Maxwell-Boltzmann distribution）……398, 401–405
Mach円錐（Mach cone）……101, 249
Mach角（Mach angle）……101
Mach数（Mach number）
臨界（critical）……445
の定義（definition of）……58
の測定（measurement of）……164, 170, 438–439
衝撃波の（of shock wave）……73
面積との関係（relation to area）……140
密度との関係（relation to density）……61, 170
質量流との関係（relation to mass flow）……140
圧力との関係（relation to pressure）……61, 165
衝撃波パラメータとの関係（relation to shock-wave parameters）……67–70, 96–99
速さとの関係（relation to speed）……62, 167, 427, 437
温度との関係（relation to temperature）……61, 170, 427
総圧との関係（relation to total pressure）……164–165
Mach線（Mach lines）……100–102, 106–108, 313, 327
の傾きが急になる（steepening of）……108
Mach反射（Mach reflection）……120

ミ

密度の測定（Measurement of Density）……169–188, 439

ム

迎角の揚力・抵抗への影響（Angle of attack, effect on lift drag）……125
Munk-Jonesの細長物体理論（Munk-Jones slender body theory）……270

メ

面積と速度の関係（Area-velocity relation）……59–60
面積とMach数の関係（Area-Mach number relation）……140

ユ

有効縦横比（Effective aspect ratio）……128
有心波（Centered wave）……88–90, 102, 110
誘導抵抗（Induced drag）……269
輸送に対する方程式（Equation for transport）……199–200

ヨ

揚力（Lift）に対する運動量理論（momentum theory for）……203–204, 443
遷音速流れに於ける（in transonic flow）……303
細長物体の（of slender body）……266–272
超音速翼型の（of supersonic airfoils）……120–126
翼の（of wings）……120, 126
の相似則（similarity rules for）……288, 295
翼（Wings）揚力のある平板（flat lifting）……127–129
平たい（planar）……238–239
細長い（slender）……443
抑流過程（Throttling process）……18–19, 423

翼理論（Airfoil theory）
　衝撃波-膨脹波（shock-expansion）……122-126
　薄（thin）……………122-126, 236-237, 442
よどみ点圧の測定（Measurement of stagnation pressure）…………………………163-164
よどみ点状態の定義（Definition of stagnation conditions）…………………………50-52

ラ

Leibnitz の法則（Leibnitz rule）……………250
Laplace の方程式（Laplace's equation）……219
　軸対称流に対する──の解（solution of, for axially symmetric flow）……………246-247
Laval ノズル（Laval nozzle）……………138, 435
　ノズルを見よ．
Rankine 尺度の定義（Definition of Rankine scale）………………………………………9
Rankine-Hugoniot の関係（Rankine-Hugoniot relations）………………………………73, 428
乱流（Turbulence）……………………383-385
乱流境界層（Turbulent boundary layer）
　………………………373-375, 449

リ

Riemann の不変量（Riemann's invariants）
　………………………………316, 429
理想気体（Perfect gas） 熱量的に完全な気体（calorically）………………………10, 14, 49
　の定義（definition of）………………8-10
　からのずれ（deviation from）…………39-44

のエネルギーおよびエンタルピー（energy and enthalpy of）……………………14, 24-25
のエントロピー（entropy of）……………23
に対する等エントロピー関係式（isentropic relations for）………………………………16
の混合気体（mixtures of）……………29-31
の比熱（specific heat of）………………
　…………………………14, 41, 401, 405-408
粒子速度（Particle velocity）……………76, 81-82
流速の測定（Measurement of airspeed）
　………………………166-167, 170, 437, 439
流量（Mass flow）……………………140, 150
臨界点，液化に対する（Critical point for liquefaction）……………………………10-11

レ

Reynolds 数の定義（Definition of Reynolds number）……………………………………335
Rayleigh 線（Rayleigh line）…………………436
Rayleigh の音波の公式（Rayleigh's acoustic formula）……………………………………272
Rayleigh の Pitot 公式（Rayleigh Pitot formula）……………………………………165
連続体理論の限界（Limitation of continuum theory）……………………390-392, 421-422
連続の方程式（Continuity equation）
　一般の（general）…………………199-201
　円柱座標で表わした（in cylindrical coordinates）……………………………241
　一次元の（one-dimensional）……46, 64, 75, 139

Liepmann & Roshko: Elements of Gasdynamics

1960年11月15日　第一刷発行
1962年11月 5 日　第二刷発行

特製　￥1,200

訳　者　玉田　珖

発行者　吉岡　清

印刷者　坂本　起一

発行所　京都市左京区　吉岡書店
　　　　北白川西町78

発売元　東京都中央区　丸善株式会社
　　　　日本橋2丁目6

内外印刷・田中製本

\multicolumn{2}{c}{気体力学　[POD版]}
2000年2月15日	発行
著　者	リープマン・ロシュコ
訳　者	玉田　晄
発行者	吉岡　誠
発　行	株式会社　吉岡書店 〒606-8225 京都市左京区田中門前町87 TEL 075-781-4747 FAX 075-701-9075
印刷・製本	ココデ印刷株式会社 〒173-0001 東京都板橋区本町34-5

ISBN 978-4-8427-0329-9　　　　Printed in Japan

本書の無断複製複写(コピー)は、特定の場合を除き、著作者・出版社の権利侵害になります。